普通高等学校土建类“十二五”应用型规划教材

结构力学

主　编　赵延林　边亚东
副主编　李长凤　刘晓红　高红梅　王永伟
主　审　唐克东

黄河水利出版社
·郑州·

内容提要

本书是普通高等学校土建类“十二五”应用型规划教材，是依据教育部颁布实施的《普通高等学校本科专业目录》中规定的土木工程专业的培养目标、教育部高等学校非力学专业力学基础课程教学指导委员会制定的《结构力学课程教学基本要求》及住房和城乡建设部高等学校土木工程专业指导委员会制定的《结构力学课程教学大纲》编写的。

全书共12章，内容包括绪论、平面体系的几何组成分析、静定结构的受力分析、结构位移计算、力法、位移法、渐近计算与近似计算、影响线及其应用、矩阵位移法、结构动力计算基础、结构的稳定计算、结构的极限荷载。除绪论外每章均有本章小结、思考题和习题，并附有习题参考答案。

本书可作为普通高等学校土木工程、桥梁工程、水利水电工程专业的结构力学教材，也可作为相关专业工程技术人员的参考用书。

图书在版编目(CIP)数据

结构力学/赵延林，边亚东主编. —郑州：黄河水利出版社，2011.7　(2013.1　修订重印)

普通高等学校土建类“十二五”应用型规划教材

ISBN 978-7-5509-0061-5

Ⅰ. ①结…　Ⅱ. ①赵…　②边…　Ⅲ. ①结构力学-高等学校-教材　Ⅳ. ①O342

中国版本图书馆CIP数据核字(2011)第096327号

策划编辑：李洪良　电话：0371-66024331　邮箱：hongliang0013@163.com

出 版 社：黄河水利出版社

地址：河南省郑州市顺河路黄委会综合楼14层　邮政编码：450003

发行单位：黄河水利出版社

发行部电话：0371-66026940、66020550、66028024、66022620(传真)

E-mail: hhslcbs@126.com

承印单位：河南地质彩色印刷厂

开本：787 mm×1 092 mm　1/16

印张：22.25

字数：515千字　印数：3 101—6 100

版次：2011年7月第1版　印次：2013年1月第2次印刷

定价：39.00元

前言

本书是普通高等学校土建类“十二五”应用型规划教材，是依据教育部颁布实施的《普通高等学校本科专业目录》中规定的土木工程专业的培养目标、教育部高等学校非力学专业力学基础课程教学指导委员会制定的《结构力学课程教学基本要求》及住房和城乡建设部高等学校土木工程专业指导委员会制定的《结构力学课程教学大纲》，在充分考虑专业调整后土木工程专业学科领域的扩大，并吸收了近十几年来土木工程专业及结构力学课程改革成果的基础上编写的。

本书以应用型人才培养为目标，以传授知识、提高能力、培养素质为主要指导思想，重在基本概念、基本原理的讲授和基本方法的训练，兼顾工程实际应用和学科发展的新成果和新趋势，注重培养学生独立思考、分析问题和解决问题的能力。在编写上，力求做到概念清晰、内容精练、重点突出、通俗易懂，既注重基本理论的严谨性、逻辑性，又注重实用性。在结构上，遵循循序渐进、承上启下的认识规律。

全书共12章，内容包括绪论、平面体系的几何组成分析、静定结构的受力分析、结构位移计算、力法、位移法、渐近计算与近似计算、影响线及其应用、矩阵位移法、结构动力计算基础、结构的稳定计算、结构的极限荷载。除绪论外每章均有本章小结、思考题和习题，并附有习题参考答案。其中，前十章为本书的基本部分，为必修内容；后两章为本书的专题部分，各学校可根据自己的具体情况列为选修或必修内容。

本书编写分工如下：黑龙江科技学院赵延林编写第一、三、八章，黑龙江科技学院高红梅编写第二、十二章，中原工学院边亚东编写第四、五章，洛阳理工学院刘晓红编写第六、七章，黄河科技学院王永伟编写第九章，黑龙江科技学院李长凤编写第十、十一章。

本书由赵延林、边亚东担任主编，并由赵延林修改定稿，由李长凤、刘晓红、高红梅、王永伟担任副主编，由华北水利水电学院唐克东教授担任主审。

本书在编写时，借鉴和参考了相关书籍，在此向这些文献的作者表示诚挚的感谢。

由于编者水平有限，书中错误和不足之处在所难免，热忱欢迎广大读者批评指正。

作　者

2011 年 5 月

目 录

第一章　绪　论

本章主要介绍结构力学的研究对象与任务、结构计算简图、杆件结构的分类、荷载的分类共四个问题,其中结构的计算简图是重点,是本书后续章节计算的依据。

在学习中,要明确结构力学的研究对象和任务,掌握结构计算简图的简化原则和简化要点,了解杆件结构与荷载的分类。

第一节　结构力学的研究对象与任务

结构分析是结构设计中非常关键的一个环节,而结构力学就是为结构分析提供理论分析与计算方法的。结构力学的分析结果是进行各类结构设计的主要依据。

一、结构力学的研究对象

结构力学是研究各类工程结构力学行为的科学。在土木工程中,所谓结构,就是指在建筑物与其他工程设施中起骨架作用的体系,其主要作用是支承并传递荷载。如建筑工程中的梁柱体系(见图1-1)、路桥工程中的桥梁(见图1-2),以及隧洞、水利工程中的闸门和水坝等都是结构的典型例子。

图1-1

图1-2

根据构件的几何特点,通常把实际工程中的结构分为以下三类。

(1)杆件结构:是由杆件通过不同的方式连接而成的结构体系。杆件的几何特征是长度方向的尺寸远大于横截面的尺寸。建筑物中的框架结构、桁架结构都是杆件结构的典型形式。

(2)板壳结构:又称薄壁结构,其几何特征为厚度方向的尺寸远小于长度和宽度方向的尺寸。其中,表面为平面的称为板,表面为曲面的称为壳。建筑物的楼面与屋面、水利工程中的拱坝都是板壳结构。

(3)实体结构:长、宽、厚三个方向尺寸相近的结构。如挡土墙、重力式堤坝都属于实体结构。

在建筑工程领域中,杆件结构是应用最为广泛的一种结构形式,几乎在所有工程的结构设计中都含有杆件结构的设计。因此,结构力学将杆件结构作为其主要研究对象,通常所说的结构力学指的就是杆件结构力学。

二、结构力学的任务

结构力学的任务是根据力学原理研究在外力和其他外界因素作用下结构的内力与变形,结构的强度、刚度、稳定性和动力反应以及结构的组成规律。具体来说,包括以下几个方面:

(1)研究结构的组成规律、合理形式以及结构计算简图的合理选择;

(2)研究结构内力和变形的计算方法,以便进行结构强度和刚度的验算;

(3)研究结构的稳定性以及在动力荷载作用下结构的反应。

结构力学的计算问题分为两类:一类为静定结构分析问题,只需根据下面三个基本条件的第一个条件即可求解;另一类为超静定结构分析问题,必须满足以下三个基本条件,方可求解。

(1)平衡条件:在一组力系作用下,结构的整体及其任何一部分都应满足力系的平衡条件。

(2)几何条件:连续的结构在变形后仍是连续的,材料没有重叠或缝隙;同时,结构的变形和位移应满足支座和结点的约束性质。

(3)物理条件:即物理方程或本构方程。

以上三个基本条件贯穿在本课程的全部计算方法中。对于不同的计算方法,只是满足的次序和方式不同而已。

第二节　结构计算简图

实际工程中的各类结构都是很复杂的,如果完全按照结构的实际工作状态进行力学分析,往往是不可能的,也是没有必要的。因此,在对实际结构进行力学计算以前,必须对其加以简化,略去一些次要细节,用一个能反映其基本受力和变形性能的简化的计算图形来代替实际结构。这种代替实际结构的简化计算图形称为结构的计算简图。

结构计算简图的选择是结构受力分析的基础,若选择不当,计算结果就不能反映结构的实际工作状态,严重的将会引发工程事故。

一、结构计算简图的简化原则

在确定结构计算简图时,一般应遵循如下原则:

(1)计算简图应能反映实际结构的主要受力和变形性能；

(2)保留主要因素，略去次要因素，使计算简图便于计算。

应当指出，在上述原则的指导下，结构的计算简图要根据当时当地的具体要求和条件来选用，并不是一成不变的。例如，对于重要的结构，应采用比较精确的计算简图；对于不重要的结构，可以使用较为简单的计算简图。在计算时，如果用手算法，则可采用较为简单的计算简图；如果用电算法，则可以采用较为复杂的计算简图。

二、结构计算简图的简化要点

(一)结构体系的简化

实际结构一般都是空间结构，各部分相互联结成为一个空间整体，以承受各个方向可能出现的荷载。在进行结构分析时，通常可以忽略一些次要的空间约束，将空间结构分解为平面结构，从而使计算得以简化。但对于空间约束不可忽略或空间特征特别明显的结构，则必须作为空间结构进行分析。

(二)杆件的简化

由于杆件的截面尺寸通常远小于其长度尺寸，截面变形符合平截面假设，因此在计算简图中，杆件一般用其轴线表示，杆件之间的连接区域用结点表示，杆件长度用结点间的距离表示，荷载的作用点也相应地转移到杆件的轴线上。但当杆件截面尺寸较大(如超过杆长的1/4)时，用轴线代替杆件的简化方法将会引起较大的工程误差。

(三)结点的简化

结构中杆件间的连接称为结点。按照结点对杆件约束能力的不同，一般将结构中的结点划分为以下几种类型。

1. 刚结点

刚结点的特点是：被其连接的各个杆件之间既不能发生相对转动，也不能发生相对移动，即刚结点可以传递力，也可以传递力矩。图1-3(a)所示为一钢筋混凝土框架边柱和梁的结点，由于梁和柱之间的钢筋与混凝土将它们浇筑成一个整体，使梁和柱不能产生相对移动和转动，计算时将此结点简化为一刚结点，其计算简图如图1-3(b)所示。

在一般情况下，把连接两个杆件的刚结点称为单刚结点，如图1-4(a)所示；把连接两个以上杆件的刚结点称为复刚结点，如图1-4(b)所示。

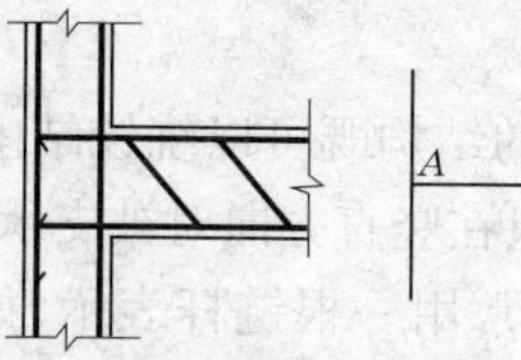

(a)　(b)

图1-3

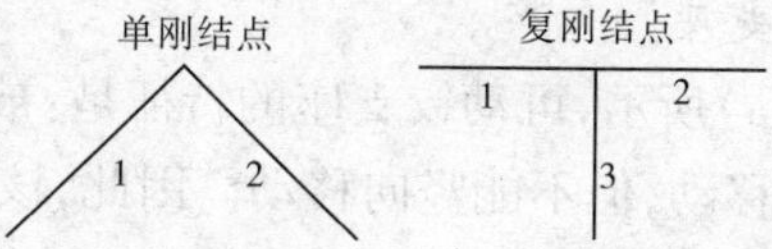

(a)　(b)

图1-4

2. 铰结点

铰结点的特点是：被其连接的各个杆件之间可以发生相对转动，但不可以发生相对移动,即铰结点可以传递力,但不能传递力矩。理想的铰结点在实际工程中很难遇到,只有木结构中的结点才比较接近于铰结点。但在实际工程中,有时为了简化计算,常把一些具有一定刚性的结点(如螺栓、铆钉的连接处)也简化为铰结点。图 1-5(a)所示为一个刚桁架的结点,虽然各杆件是用铆钉铆在联结板上,使三者牢固地联结在一起,但为了简化计算和反映桁架的受力特点,也将其简化为铰结点,如图 1-5(b)所示。

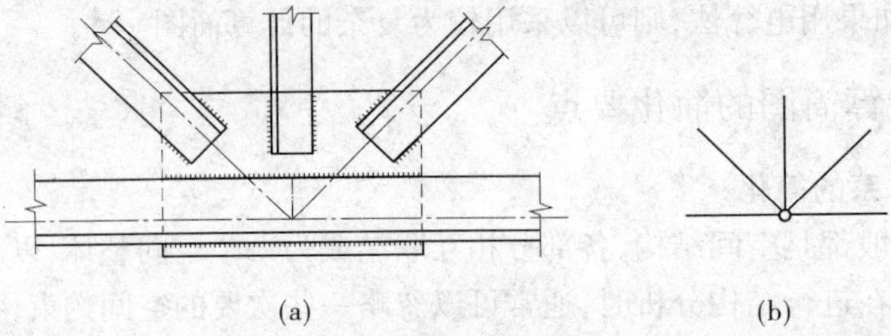

图 1-5

一般情况下,把连接两个杆件的铰结点称为单铰结点,如图 1-6(a)所示;把连接两个以上杆件的铰结点称为复铰结点,如图 1-6(b)所示。

3. 组合结点

当若干根杆件汇交于同一结点,其中某些杆件的连接应视为刚结点,而另外一些杆件的连接应简化为铰结点才符合实际时,便形成了组合结点。如图 1-7 所示,左右两杆是刚性联结,竖杆和左右两杆的联结为铰结。

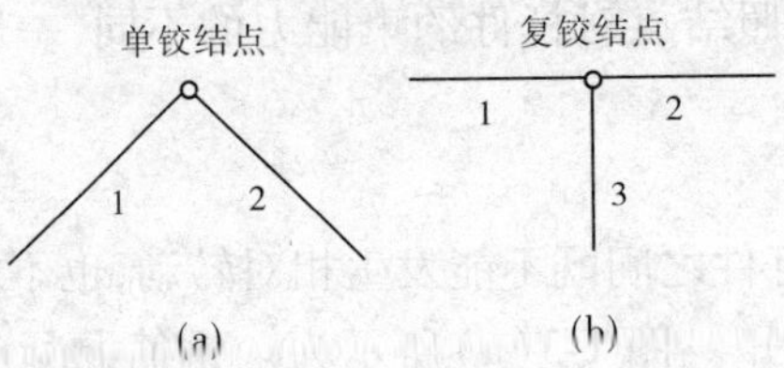

图 1-6

图 1-7

(四)支座的简化

把结构与基础联系起来的装置称为支座,支座的作用是把上部结构固定于基础上,并把结构所受的荷载通过支座传递给基础与地基。支座对结构的反作用力称为支座反力。

1. 可动铰支座

如图 1-8(a)所示,可动铰支座的特征是:被支承的结构既可以绕铰结中心转动,也可以沿水平方向移动,但不能竖向移动。因此,该支座只在竖直方向对被支承结构提供一个支座反力 F_{yA}。根据上述特点,这种支座的计算简图常用一根链杆表示,如图 1-8(b)所示,因此可动铰支座又称为链杆支座。

2. 固定铰支座

如图 1-9(a)所示,固定铰支座的特征是:被支承的结构只能绕铰结中心转动,不能沿水平方向和竖直方向移动。因此,该支座在水平方向与竖直方向对被支承结构各提供一个支座反力，即 F_{xA} 与 F_{yA}。根据上述特点，这种支座在计算简图中常用交于点 A 的两根链杆表示，如图 1-9(b)所示。

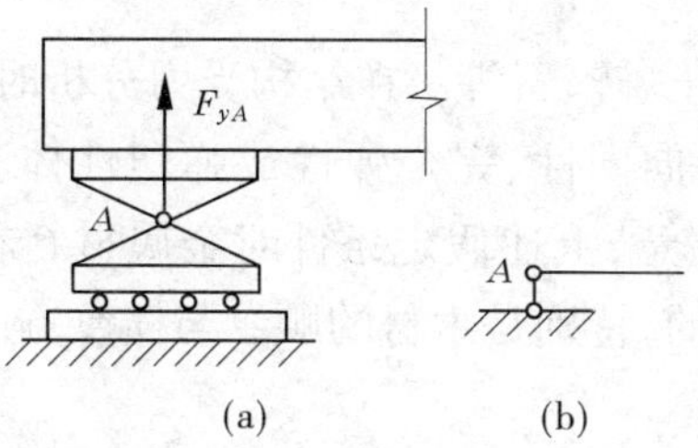

图 1-8

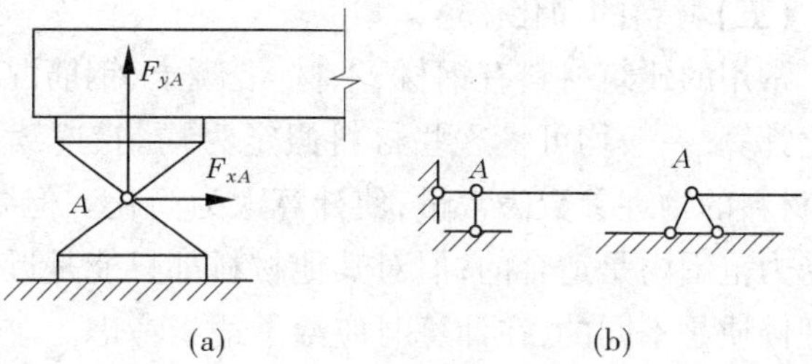

图 1-9

3. 固定支座

如图 1-10(a)所示，固定支座的特征是：被支承结构不能发生任何移动和转动，该支座对上部结构提供三个约束反力，即水平支座反力 F_{xA}、竖向支座反力 F_{yA} 和约束力矩 M_A，其计算简图如图 1-10(b)所示。

4. 定向支座

如图 1-11(a)所示，定向支座的特征是：被支承结构不能发生转动，也不能沿竖直方向移动，只能沿水平方向移动。因此，该支座对上部结构提供两个约束反力，即竖向支座反力 F_{yA} 和约束力矩 M_A，其计算简图如图 1-11(b)所示。

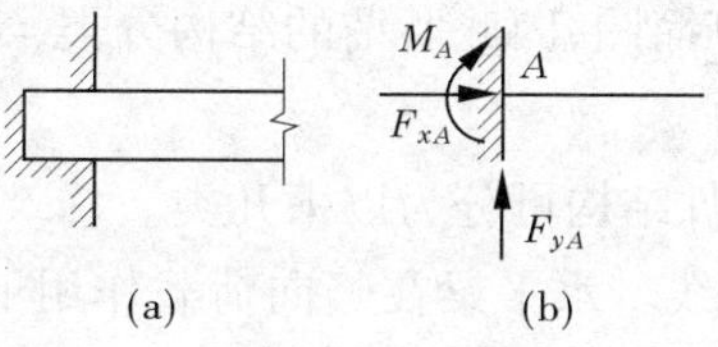

图 1-10

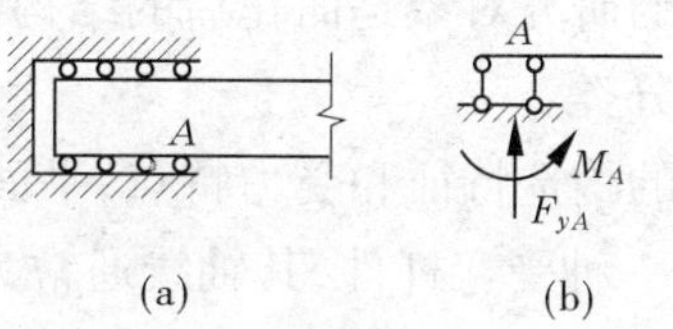

图 1-11

5. 弹性支座

弹性支座的特征是：支座主要约束结构的某种位移，同时其本身又要产生一定的位移，其约束反力与位移有关。在实际结构中，井字梁楼盖的交叉梁系(见图 1-12)及桥梁结构的纵梁支承于横梁上均属于此种情况。

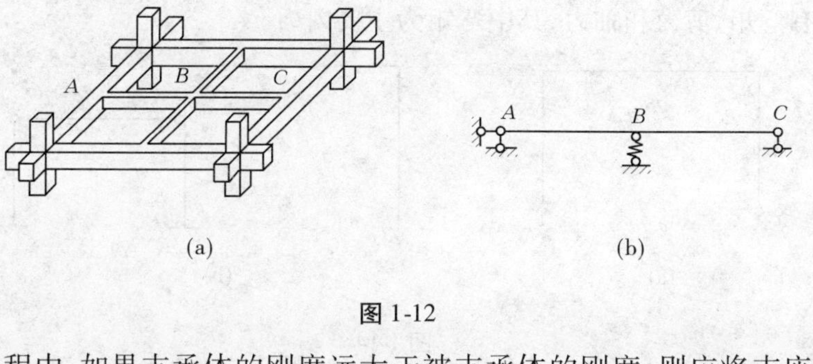

图 1-12

在实际工程中，如果支承体的刚度远大于被支承体的刚度，则应将支座视为刚性支座,不考虑支座本身变形,按前四种支座形式简化。如果支承体的刚度与被支承体的刚度相近,则应将支座视为弹性支座,考虑支座本身变形,按弹性支座形式简化。

(五)材料的简化

常用的建筑材料有钢材、木材、混凝土、钢筋混凝土、砖、石等。在结构受力分析时,为简化计算,一般均可将这些材料假定为均匀、连续、各向同性、完全弹性或弹塑性体。此时,材料的物理参数为常量,使计算大为简化。但要注意,上述假定条件对金属材料在一定受力范围内是适合的,但对其他材料都只能是近似的,特别是木材的顺纹与横纹方向的物理性质是不同的,在计算时应给予适当考虑。

(六)荷载的简化

作用于结构上的荷载可分为体积力与表面力。体积力为分布于物体体积内的力,与物体的体积有关,如自重、惯性力等。表面力为作用于物体外表面的力,通过物体之间的接触面来传递,如土压力、水压力、风荷载等。在一般的结构受力分析中,由于杆件用其轴线代替,故不论体积力还是表面力,均简化为作用于杆轴上的力。当荷载作用区域与结构本身尺寸相比很小时,可简化为集中荷载;当荷载作用区域与结构本身尺寸相比较大时,则简化为分布荷载。

第三节　杆件结构的分类

结构力学的研究对象是简化后的结构计算简图,因此所谓的结构分类,实际上就是结构计算简图的分类。

按照不同的构造特征和受力特点,平面杆件结构可分为以下几类。

(1)梁:是一种受弯杆件,其轴线通常为直线。水平梁在竖向荷载作用下无水平支座反力,内力有弯矩和剪力。梁有单跨梁(见图1-13(a))与多跨梁(见图1-13(b))之分。

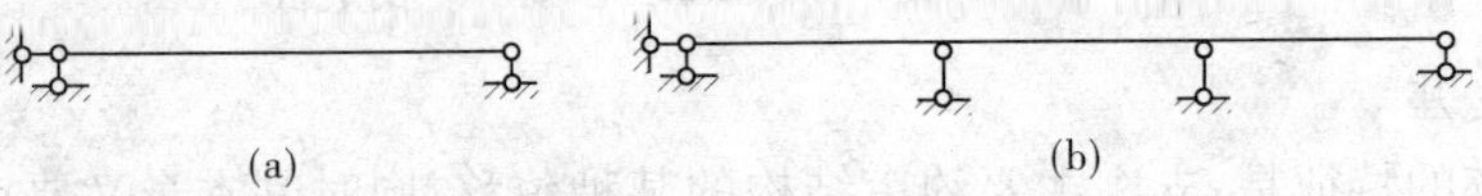

图1-13

(2)刚架:是由梁和柱等直杆组成的结构,杆件间的连接多为刚结点(见图1-14)。杆件内力一般有弯矩、剪力和轴力,其中弯矩为主要内力。

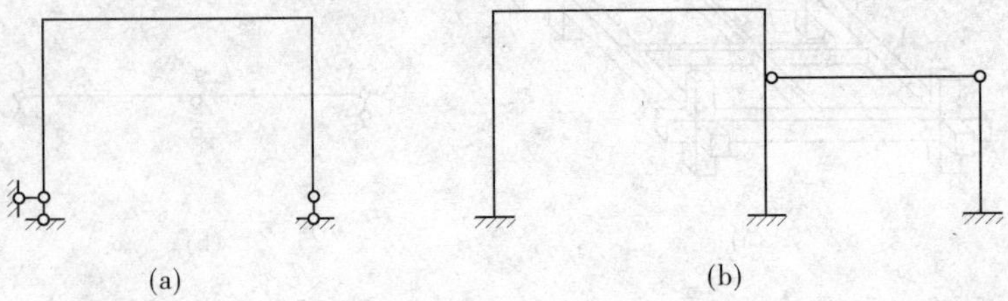

图1-14

(3)拱:轴线为曲线,在竖向荷载作用下有水平支座反力产生。因此,拱内弯矩比跨度与荷载都相同的梁内弯矩要小(见图 1-15)。

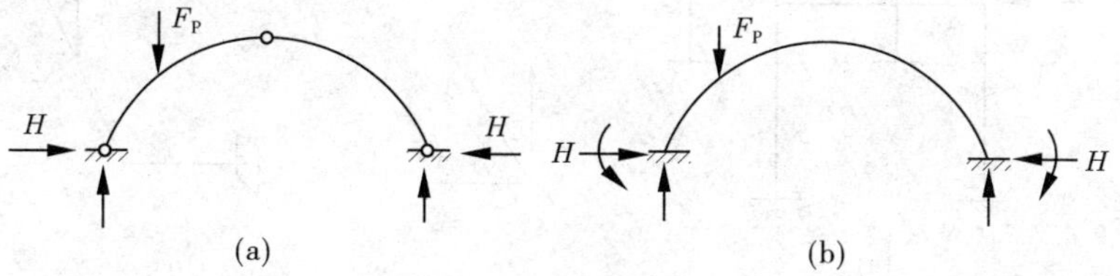

图 1-15

(4)桁架:由直杆组成,且所有结点均为铰结点(见图 1-16)。当只受到作用于结点上的集中荷载作用时,其各杆只产生轴力。

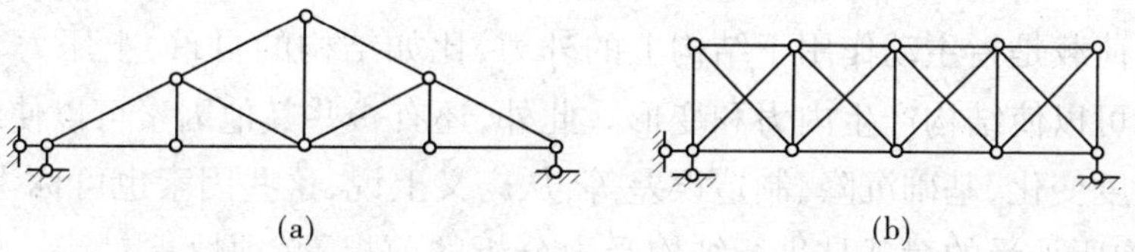

图 1-16

(5)组合结构:由只承受轴向力的链杆和主要承受弯矩的梁式杆组合而成的结构,称为组合结构,如图 1-17 所示。

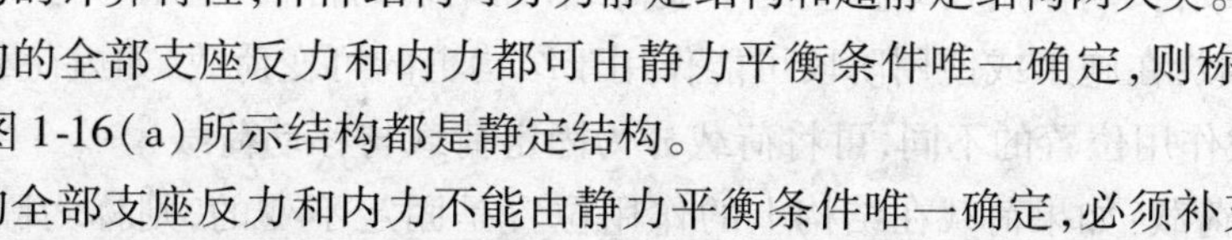

图 1-17

根据结构的计算特性,杆件结构可分为静定结构和超静定结构两大类。

如果结构的全部支座反力和内力都可由静力平衡条件唯一确定,则称为静定结构。图 1-14(a)、图 1-16(a)所示结构都是静定结构。

如果结构全部支座反力和内力不能由静力平衡条件唯一确定,必须补充变形协调条件才能完全确定,则称为超静定结构。图 1-14(b)、图 1-16(b)所示结构都是超静定结构。

根据杆件与荷载在空间的位置关系,可将结构分为平面结构和空间结构。

如结构中所有杆件的轴线与作用在结构上的荷载的作用线都在同一平面内,此种结构称为平面结构。前面给出的各种结构都属于平面结构,平面结构是本书讨论的重点。

如结构中杆件的轴线与荷载的作用线不在同一平面内,或各杆件轴线在同一平面内,但荷载的作用线不在该平面内,则此结构称为空间结构,如图 1-18 所示。

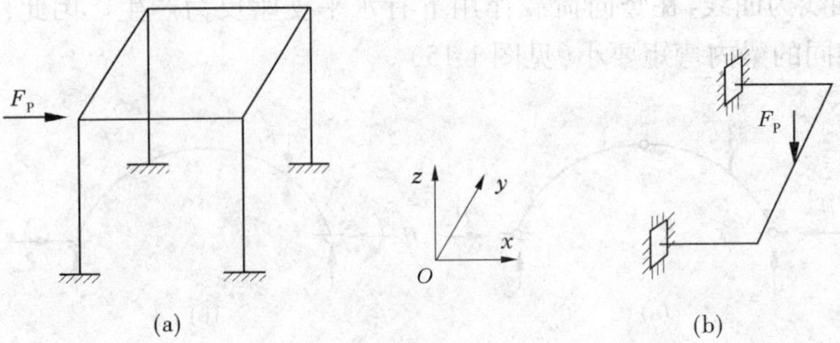

图 1-18

第四节　荷载的分类

一般地,荷载是指主动作用于结构上的外力,比如结构的自重、土压力、风荷载、雪荷载等,它们都可以使结构产生内力和变形。此外,还有一些其他因素可以使结构产生内力和变形,如温度变化、基础沉降、制造误差等,从广义上说,这些因素也可称为荷载。

确定结构所承受的荷载是进行结构受力分析的前提,必须慎重对待。如果将荷载估计得过大,则设计的结构尺寸将偏大,造成浪费;如果将荷载估计得过小,则设计的结构不够安全。

根据荷载分布形式的不同,可将荷载分为集中荷载与分布荷载。

(1)集中荷载:当荷载的分布面积远小于结构尺寸时,则可认为荷载是作用在结构的一点上,称为集中荷载,如次梁传给主梁的荷载、吊车传给吊车梁的荷载等。

(2)分布荷载:连续分布在结构上的荷载称为分布荷载。连续分布于结构内部各点上的分布荷载称为体分布荷载,如结构自重、惯性力等;连续分布于结构表面上的分布荷载称为面分布荷载,如楼面活荷载。

根据荷载作用时间的长短,可将荷载分为恒荷载与活荷载。

(1)恒荷载:长期作用在结构上的不变荷载,如结构的自重、土压力等。

(2)活荷载:在施工或使用阶段可能作用于结构上的可变荷载,如风荷载、雪荷载等。

根据荷载作用位置的不同,可将荷载分为固定荷载与移动荷载。

(1)固定荷载:如果荷载在结构上的作用位置是固定不变的,则称为固定荷载,如恒荷载与大部分活荷载都是固定荷载。

(2)移动荷载:如果荷载在结构上的作用位置是可以改变的,则称为移动荷载,如桥梁所承受的车辆荷载、吊车梁承受的吊车荷载等。

根据荷载对结构的作用效果的不同,可将荷载分为静力荷载与动力荷载。

(1)静力荷载:大小、方向与位置不随时间变化或变化得非常缓慢的荷载,它不会使结构产生显著的加速度,因而可以忽略惯性力的影响。结构的自重及其他恒荷载即属于静力荷载。

(2)动力荷载:随时间迅速变化的荷载,它将引起结构振动,使结构产生不容忽视的加速度,因而必须考虑惯性力的影响。打桩机产生的冲击荷载、动力机械产生的振动荷载、风及地震产生的随机荷载等都属于动力荷载。动荷载的具体分类详见第十章。

第五节　结构力学的学习方法

一、结构力学与其他课程的关系

结构力学是土木工程专业一门重要的专业基础课,有较强的理论性和实用性,在整个专业体系中处于承上启下的核心地位。一方面它以高等数学、理论力学、材料力学等先修课程为学习基础;另一方面它又为后续专业课程提供了力学基础,学好结构力学,掌握杆件结构的计算原理和方法是学好后续课程的必备条件。

二、结构力学的学习方法

学习时要注意结构力学与其他课程的联系。对理论力学和材料力学等先修课程的知识,应当根据情况进行必要的复习,并在运用中得到巩固和提高。

学习时要注意分析方法与解题思路。要着重掌握各种方法的解题思路,特别是要从这些具体的算法中学习分析问题的一般方法,如如何由已知领域逐步过渡到未知新领域的方法,如何将整体分解成局部再由局部综合成整体的方法,如何把有关几个问题加以对比的方法等。

学习时要注意多练。做题练习是学习结构力学的重要环节。不做一定量的习题,是很难掌握其中的概念、原理和方法的。做题前一定要看书复习,搞清概念,抓住方法的本质与要点,切忌按例题照搬照套。同时,还要培养对所得计算结果进行校核的能力。

结构力学课程具有较强的实用性,通过结构力学的学习,将为后续专业课程打下良好的理论基础,为今后解决工程技术问题提供必要的基础知识和计算技能。因此,在学习结构力学的过程中,要注意理论联系实际。

本章小结

本章讨论了四个问题:结构力学的研究对象与任务、结构计算简图、杆件结构的分类、荷载的分类。它们都是贯穿在全书中的重要问题,在学习绪论时,只要有一个基本的了解即可,在以后的学习中再逐步加深认识。

需要强调一下的是,结构的计算简图是本章的重点,也是以后计算的出发点。学习时应对其选取原则、简化要点(特别是其中的结点和支座的简化要点)等给予特别的注意,为今后进行结构的受力和变形分析打下基础。

思考题

1-1 为什么要将实际结构简化为计算简图？什么是结构的计算简图？它与实际结构有什么关系？

1-2 平面杆件结构的结点通常简化为哪几种情形？它们的构造、限制结构运动和受力的特点各是什么？

1-3 平面杆件结构的支座通常简化为哪几种情形？它们的构造、限制结构运动和受力的特点各是什么？

1-4 常用的杆件结构有哪几类？

第二章　平面体系的几何组成分析

本章的主要内容包括几何构造分析的基本概念、平面几何不变体系的组成规律、平面几何体系的计算自由度等。其中,几何不变体系的组成规律是本章的重点。

在学习中,应熟练掌握几何构造分析的基本概念和平面几何不变体系的基本组成规律,并能灵活应用其对给定的平面几何体系进行组成分析。

第一节　概　述

结构要能承受荷载的作用,首先要求它的几何构造应当合理,也就是说,结构本身应是几何稳固的,要能够使其位置和几何形状保持不变。

几何组成分析是从运动学的角度研究杆件如何联结和布置才能组成牢固的结构。它是进行结构方案选择、结构布置和计算的必备知识,几何组成分析又称为几何构造分析。

结构在任意荷载作用下,材料会产生应变,杆件会发生变形。由于这种变形一般是很微小的,所以在几何组成分析中,将不考虑这种由材料应变所引起的变形,即假设杆件是刚性体。在这一假设条件下,我们可以将杆件体系分为几何不变体系和几何可变体系两类。

(1)几何不变体系:在不考虑材料应变的条件下,体系的位置和形状是不能改变的。图2-1(a)所示的铰结体系是一个几何不变体系。

(2)几何可变体系:在不考虑材料应变的条件下,体系的位置和形状是可以改变的。图2-1(b)所示的铰结体系是一个几何可变体系。

(a)　　　(b)

图 2-1

在建筑工程中,结构一般都必须是几何不变体系,而不能采用几何可变体系。几何组成分析的一个主要目的就是要检查并设法保证结构的几何不变性。此外,进行几何组成分析的意义还在于:

(1)了解结构各部分之间的构造关系,以提高和改善结构的性能;

(2)确定结构中各部分之间的支承与传荷关系,以简化结构计算;

(3)掌握超静定结构的几何组成特性,为其内力计算奠定基础。

第二节　几何组成分析的基本概念

一、刚片

在几何构造分析中,由于不考虑材料的变形,可以把杆件当做刚性体,并称为刚片。在平面杆件体系中,除可以把杆件视为刚片外,还可以把一个几何不变体系视为一个刚片,也可以把支承结构的基础视为一个刚片。

二、自由度

我们知道,平面内一点在平面内有两种独立运动方式,既可以沿 x 轴方向移动,也可以沿 y 轴方向移动,如图 2-2 所示。换句话说,要确定平面内一点的位置,需要确定两个独立的坐标(x 坐标与 y 坐标)。因此,平面内一点在平面内有两个自由度。

如图 2-3 所示,平面内一个刚片在平面内有三种独立运动方式,既可以沿 x 轴方向移动、沿 y 轴方向移动,还可以发生转动。或者说,要确定平面内一刚片的位置,需要确定三个独立的坐标(x、y、θ)。因此,平面内一刚片在平面内有三个自由度。

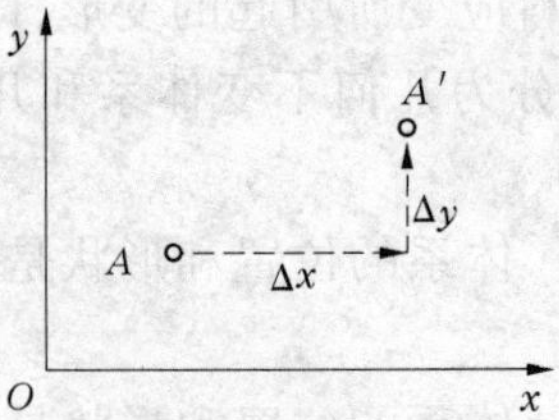

图 2-2

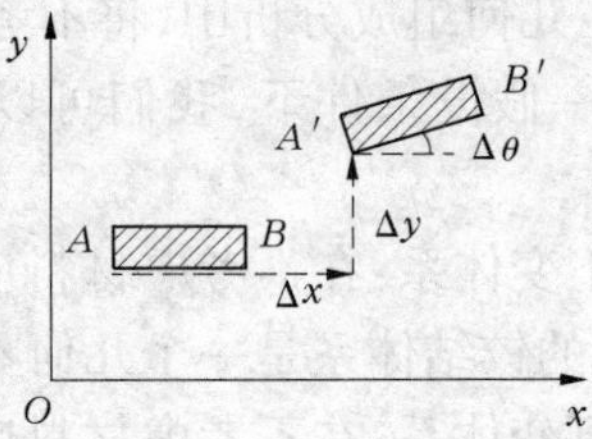

图 2-3

一般地,如果一个体系有 n 个独立运动方式(或者确定一个体系的位置需要 n 个独立坐标),则称这个体系有 n 个自由度。也就是说,一个体系的自由度等于这个体系独立运动方式(或者确定这个体系的位置所需独立坐标)的数目。

显而易见,几何不变体系的自由度为零,凡是自由度大于零的体系都是几何可变体系。

三、约束

一个体系的自由度将会因加入限制运动的装置而减少,我们把减少自由度的装置称为约束,不同的约束对自由度的影响是不同的。

如图 2-4(a)所示,刚片 AB 用一根链杆与基础相连。没有安装链杆时,刚片 AB 在平面内有 3 个自由度,加上链杆以后,刚片 AB 只有两种运动方式:沿水平方向平动、绕 A 点转动。由此可见,一根链杆使刚片 AB 的自由度由 3 减为 2,即链杆使刚片的自由度减少了一个。因此,一根单链杆相当于一个约束。

在图 2-4(b)中,刚片 AB 和刚片 BC 用铰 B 连接在一起。连接前,两个孤立的刚片在平面内共有 6 个自由度;用铰连接以后,自由度变为 4。由此可见,一个单铰使体系的自由度减少两个,所以一个单铰相当于两个约束。

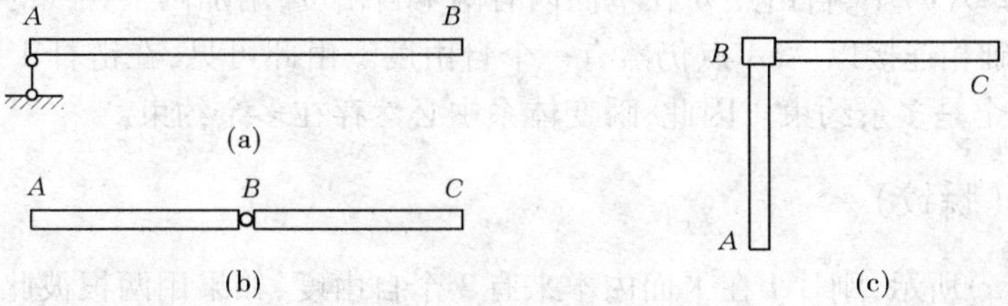

图 2-4

图 2-4(c)所示为两个刚片 AB 和 BC 在 B 点刚结成一个整体。连接前,刚片 AB 和 BC 在平面内共有 6 个自由度,刚性连接成整体以后,只有 3 个自由度,自由度减少了 3 个。因此,一个单刚结点相当于三个约束。

一般来说,根据约束在体系中所起作用的不同,可以将约束分为以下两类。

(1)必要约束:能减少体系自由度的约束。

(2)多余约束:不能减少体系自由度的约束。

如图 2-5(a)所示,自由点 A 在平面内有两个自由度,如果用两根不共线的链杆 1 和链杆 2 把 A 点与基础相连,则 A 点即被固定。由此可见,链杆 1 和链杆 2 都起到了减少体系自由度的作用,都是必要约束。

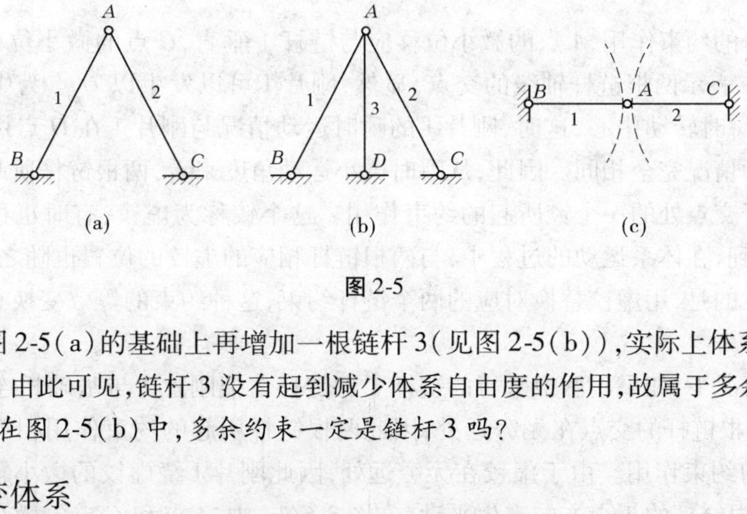

图 2-5

如果在图 2-5(a)的基础上再增加一根链杆 3(见图 2-5(b)),实际上体系仍只减少了两个自由度。由此可见,链杆 3 没有起到减少体系自由度的作用,故属于多余约束。

想一想:在图 2-5(b)中,多余约束一定是链杆 3 吗?

四、瞬变体系

如图 2-5(a)所示,用两根不共线的链杆可以把平面内的一个自由点 A 完全固定起来。但是,要特别注意图 2-5(c)所示两根链杆彼此共线的情况。这种体系具有如下一些特点:

(1)从微小运动的角度来看,这是一个几何可变体系,即 A 点可沿图中两圆弧的公切线方向作微小的运动。

(2)当 A 点沿公切线方向发生微小位移后，两根链杆就不再彼此共线，此时体系也就不再是几何可变体系了，而变成了几何不变体系。这种本来是几何可变、经过微小位移后又变成几何不变的体系称为瞬变体系。瞬变体系是几何可变体系的一种特殊情况。

(3)在图 2-5(c)中，自由点 A 在平面内有两个自由度，增加两根共线的链杆 1 和链杆 2 把 A 点与基础相连接以后，A 点仍然有一个自由度。由此可见，在链杆 1 和链杆 2 这两个约束中有一个是多余约束。因此，瞬变体系中必然存在多余约束。

五、虚铰(瞬铰)

如图 2-6(a)所示，刚片 I 在平面内本来有 3 个自由度，如果用两根彼此不平行的链杆 1 和链杆 2 把它与基础相连接，则此体系仍有一个自由度。下面就来分析一下这个体系的运动特点。

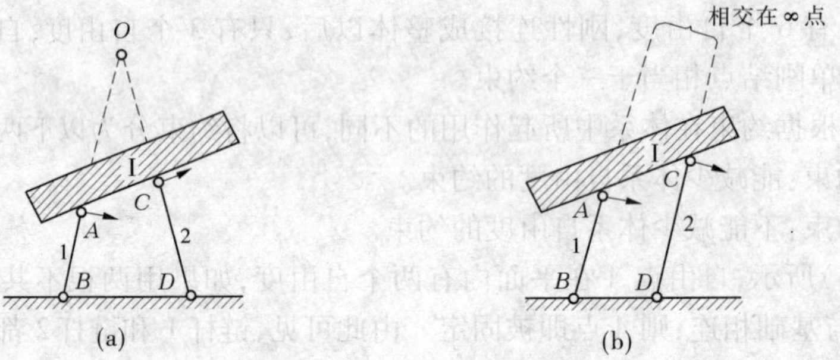

图 2-6

由于链杆的约束作用，A 点的微小位移应与链杆 1 垂直，C 点的微小位移应与链杆 2 垂直。以 O 点表示两根链杆轴线的交点，显然，刚片 I 可以发生以 O 点为中心的微小转动，O 点称为瞬时转动中心，这时，刚片 I 的瞬时运动情况与刚片 I 在 O 点用铰与基础相连接时的运动情况完全相同。因此，从瞬时微小运动角度来看，两根链杆所起的约束作用相当于在链杆交点处的一个铰所起的约束作用。这个铰称为虚铰，有时也称为瞬铰。同时，还可以看到，在体系运动的过程中，与两根链杆相应的虚铰的位置也随之在不断改变。

应当注意的是，用虚铰替换对应的两个链杆约束，这种约束的等效变换只适用于瞬时微小运动。

在特殊情况下，如果用两根平行的链杆 1 和链杆 2 把刚片 I 与基础相连接(见图 2-6(b))，由于两根链杆的交点在无穷远处，因此两根链杆所起的约束作用相当于无穷远处的虚铰所起的约束作用。由于虚铰在无穷远处，因此刚片 I 绕虚铰的微小转动就退化为平动，即沿两根链杆的正交方向产生平动(在图 2-6(b)中，A 点和 C 点的微小位移都垂直于两根链杆)。

无穷远虚铰是虚铰的一个特例，当应用其进行几何组成分析时，我们可以应用射影几何中关于∞点和∞线的一些基本结论：

(1)每个方向有一个∞点(即该方向各平行线的交点)；

(2)不同方向有不同的∞点；

(3)各∞点都在同一直线上,此直线称为∞线;

(4)各有限点都不在∞线上。

第三节　平面几何不变体系的组成规律

本节主要讨论无多余约束的平面几何不变体系的基本组成规律。

一、三刚片规律

规律1　平面内三个刚片用不共线的三个单铰两两铰连,则组成的体系为无多余约束的几何不变体系。

图2-7所示铰结三角形中,每一根杆件均视为一个刚片,每两个刚片间均用一个单铰相连,故称为“两两铰连”。由铰结三角形的性质可知,这样组成的体系是几何不变的,且无多余约束。

图2-8所示为三铰拱结构,其左、右两个拱臂可分别视为刚片Ⅰ、刚片Ⅱ,整个基础又可视为刚片Ⅲ,故此体系是由三个刚片用不在同一条直线上的三个单铰 A、B、C 两两铰结而成的,所以该体系是无多余约束的几何不变体系。

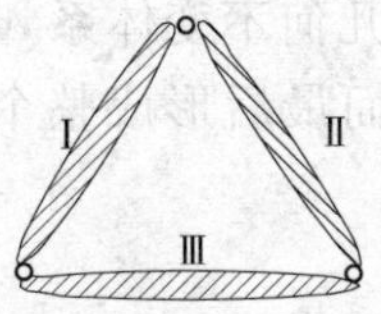

图2-7

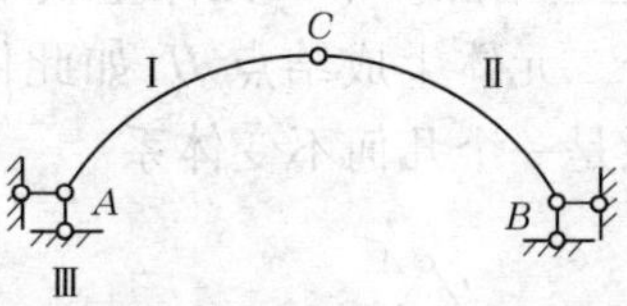

图2-8

二、两刚片规律

规律2　两个刚片用一个铰和一根不通过此铰的链杆相连,则组成无多余约束的几何不变体系。

如图2-9所示体系,显然也是按三刚片规律组成的。但如果把三个刚片中的两个作为刚片,另一个看做链杆,则此体系即为两个刚片用一个铰和一根不通过此铰的链杆相连而组成的。这当然是几何不变体系,因为这与三刚片规律实际上是相同的。

如前所述,由于两根链杆的约束作用相当于一个虚铰的约束作用,因此两刚片规律还可以表述为:两个刚片用三根不彼此平行也不交于同一点的链杆相连,则组成无多余约束的几何不变体系。

图2-10所示为两个刚片用三根不彼此平行也不交于同一点的链杆相连的情况,此时可把链杆 AB、CD 看做在其交点 O 处的一个虚铰,故此两刚片又相当于用虚铰 O 和链杆 EF 相连,而虚铰 O 与链杆 EF 不在同一直线上。因此,此体系为无多余约束的几何不变体系。

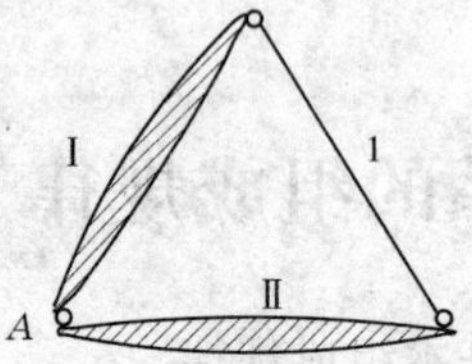

图 2-9

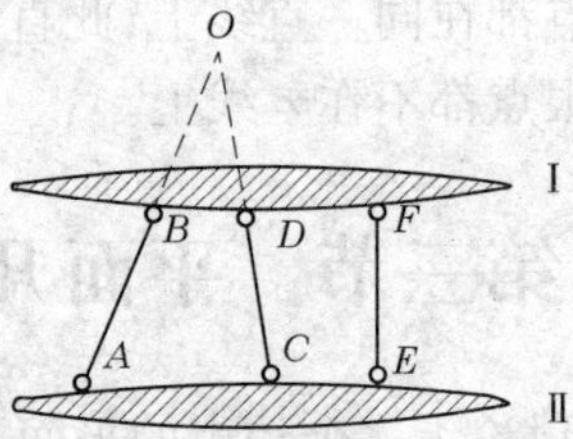

图 2-10

三、二元体规律

规律 3　在一个体系上增加或拆除二元体，不会改变原有体系的几何组成性质。

图 2-11 所示体系是按上述三刚片规律组成的。但如果把三个刚片中的一个作为刚片，而把另外两个看做链杆，则此体系又可以认为是这样组成的：在一个刚片上增加两根链杆，要求此两杆不在同一直线上，且两杆的另一端又用单铰相连。我们把这种由两根不共线的链杆联结形成一个新铰结点的构造称为二元体。显然，在刚片 I 上增添一个二元体后，体系仍为几何不变体系，体系的几何组成性质没有发生改变。

图 2-12 所示为一铰结体系，对其进行几何组成分析时，可任选一个铰结三角形（如 ABF）为基础，通过增加一个二元体生成结点 G，从而得到几何不变体系 $ABGF$；再以其为基础，增加一个二元体生成结点 H，如此依次增添二元体而最后形成整个体系。由此可知，该铰结体系是一个几何不变体系。

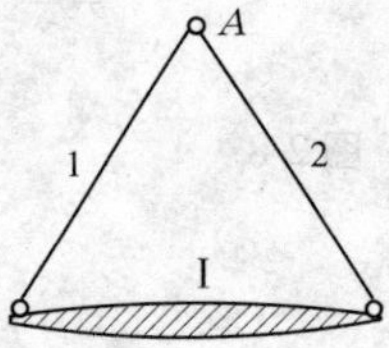

图 2-11

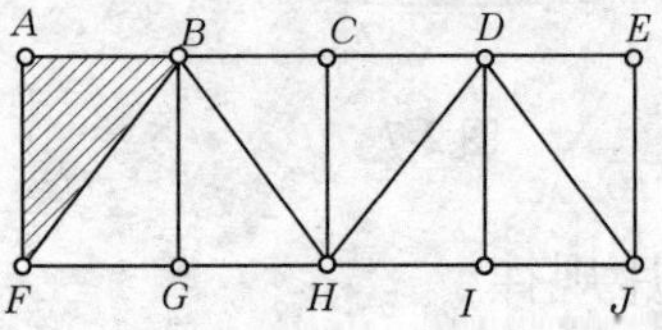

图 2-12

由于在一个体系上增加二元体与拆除二元体是一对可逆的过程，因此对于图 2-12 所示的铰结体系，也可以通过拆除二元体的方式进行几何组成分析，此处不再赘述。

上述三个组成规律，虽然表述方式不同，但实际上可归纳为一个基本规律，即如果三个铰不共线，则一个铰结三角形的形状是不变的，且没有多余约束。这个基本规律可称为三角形规律。

四、讨论

（1）在一个刚片上增加二元体时，若构成二元体的两杆共线，则形成瞬变体系（见图 2-5(c)）。

（2）两个刚片用三根链杆相连时，若三根链杆交于同一点 O（见图 2-13(a)），则两刚片可绕交点 O 作相对转动，但发生微小转动后三杆一般便不再交于同一点，故此体系为瞬变体系。若三根链杆彼此平行，可以认为它们在无穷远处相交，故亦属交于同一点的情况，此时，两刚片可沿与链杆垂直的方向作相对平动。其中，当三杆平行且不等长时（见图 2-13(b)），两刚片发生微小相对移动后，三杆便不再全平行，则体系为瞬变体系；当三杆平行且等长时（见图 2-13(c)），则运动可一直继续下去，此体系称为常变体系。

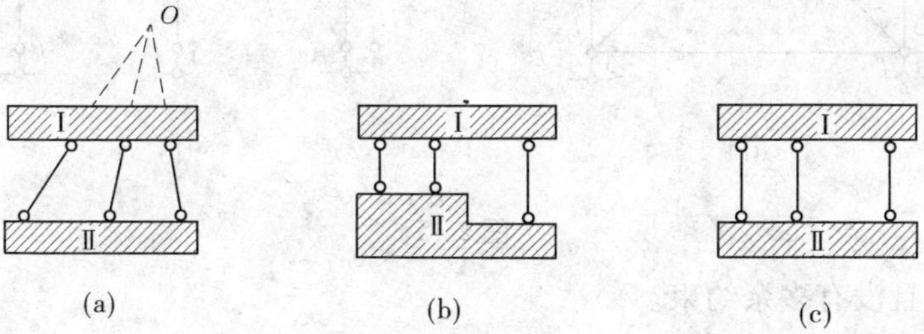

图 2-13

(3)在三刚片规律中，如果三个铰共线，则体系为瞬变体系（见图 2-5(c)）。

值得注意的是，瞬变体系和常变体系都属于几何可变体系，因此二者都不能作为结构在工程中应用。

第四节　平面体系几何组成分析举例

上一节介绍了平面杆件体系的基本组成规律，本节主要介绍这些规律的具体应用。

【例 2-1】　试分析图 2-14 所示多跨静定梁的几何组成。

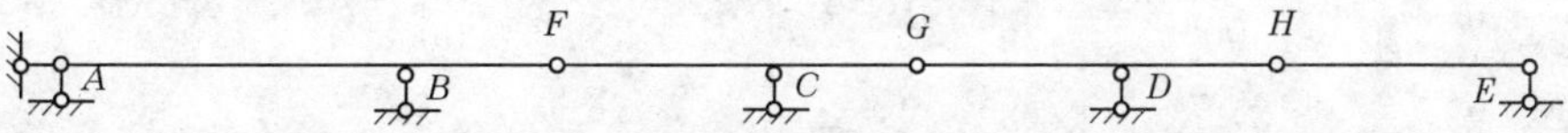

图 2-14

解　把基础作为一个刚片，观察各段梁与基础的联结情况。首先可以看出，*ABF* 段梁与基础是用三根链杆按两刚片规律相连的，为无多余约束的几何不变体系；这样，就可以把基础与 *ABF* 段梁一起看成是一个扩大了的刚片。再看 *FCG* 段梁，它与上述扩大了的刚片之间又是用一铰一杆按两刚片规律相连的，于是这个大刚片就继续扩大到包含 *FCG* 段梁；同样，*GDH* 段梁与上述大刚片又是按"两刚片规律"相连的，*HE* 段梁亦可作同样分析。因此可知，整个体系为几何不变体系，且无多余约束。

想一想：此题能不能用二元体规律或三刚片规律进行分析呢？

【例 2-2】　试分析图 2-15 所示体系的几何组成。

解　(1)分析图 2-15(a)所示的体系

把铰结三角形 *AFD* 视为一个刚片，在 *AFD* 的基础上，增加一个二元体，得到结点 *C*，由此可知，刚片 *AFCD* 为无多余约束的几何不变体系。同理，刚片 *BGCE* 也是一个无多余约束的几何不变体系。

刚片 *AFCD* 与刚片 *BGCE* 通过铰 *C* 和链杆 *AB* 相连，且链杆 *AB* 不通过铰 *C*，由两刚片规律可知，整个上部体系为一个无多余约束的几何不变体系，可视为一个大刚片。

此大刚片与基础之间是通过三根链杆 1、2、3 相连的，符合两刚片规律，因此整个体系

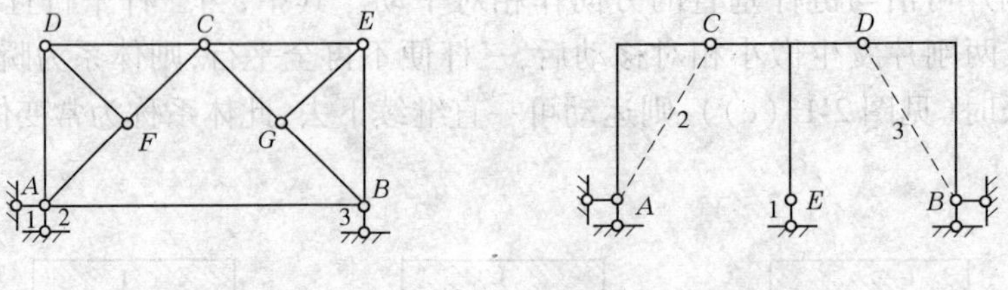

(a) (b)

图 2-15

是几何不变的，且没有多余约束。

(2)分析图 2-15(b)所示的体系

先把折线杆 AC 和 BD 用虚线表示的链杆 2 和链杆 3 来替换，于是 T 形刚片 CDE 由三个链杆 1、2、3 与基础相连。如果这三个链杆相交于同一点，则体系是瞬变的；否则为无多余约束的几何不变体系。

【例 2-3】 试分析图 2-16 所示体系的几何组成。

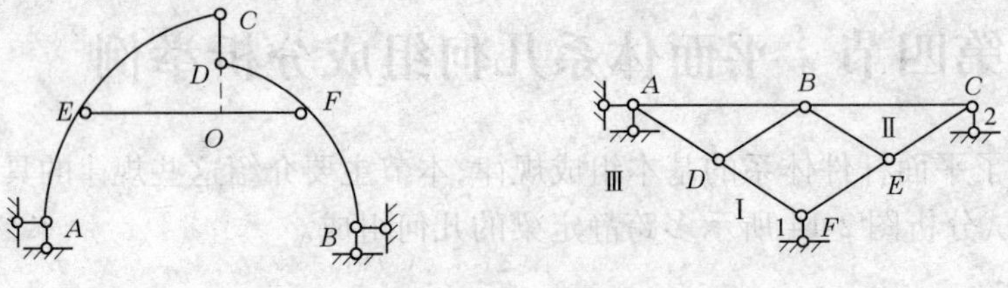

(a) (b)

图 2-16

解 (1)分析图 2-16(a)所示体系

分别将杆 AEC、杆 BFD 和基础视为三个刚片，杆 AEC 与基础之间用铰 A 相连，杆 BFD 与基础之间用铰 B 相连，杆 AEC 与杆 BFD 之间用两根链杆 CD、EF 相连，两根链杆的交点 O 相当于一个虚铰，由于 A、B、O 三个铰不共线，所以整个体系是无多余约束的几何不变体系。

(2)分析图 2-16(b)所示体系

选择杆件 DF 作为刚片Ⅰ、三角形 BCE 作为刚片Ⅱ、基础作为刚片Ⅲ，如图 2-16(b)所示。此时，刚片Ⅰ与刚片Ⅲ用链杆 1 和链杆 AD 相连，虚铰在 F 点；刚片Ⅱ与刚片Ⅲ用链杆 2 和链杆 AB 相连，虚铰在 C 点；刚片Ⅰ与刚片Ⅱ用链杆 BD 和链杆 EF 相连，因为此两杆平行，故虚铰 O 在此两杆延长线上的无穷远处。由于虚铰 O 在 EF 的延长线上，故 C、F、O 三铰在同一直线上。因此，原体系是一个瞬变体系。

想一想：如果不改变题中杆件和铰结点的数目（杆件的尺寸、方向等条件可改变），如何将图 2-16(b)所示体系改造成几何不变体系？

通过上面的实例分析，可以看到，进行几何组成分析时应灵活和综合应用三个基本组成规律。应用每一个组成规律时，应分清哪些是点、刚片，哪些是约束，约束的数目和布置是否满足要求。分析时应充分运用最基本的刚片，如杆件、铰结三角形、基础等，并注意运用约束代换和虚铰的概念。具体的分析方法有两种:一种是先从基础出发,逐次应用组成规律固定点或其他刚片;另一种是先从杆件体系内部局部刚片(如一铰结三角形或一刚性杆件)出发,应用组成规律逐渐扩大为大刚片,最后与基础联结。

第五节　平面杆件体系的计算自由度

运用前面所讲述的三角形规律,我们能够对一些常见的简单体系进行构造分析。但是,实际上有一些复杂体系并不是按照三角形规律组成的,如何对它们进行构造分析,如何求出它们的自由度 S 和多余约束 n,还需要作进一步的讨论。

一、计算自由度的概念

在给出计算自由度 W 的定义之前,先把自由度 S 的算法介绍如下:体系是由部件加上约束组成的,首先设想体系中各个约束都不存在,在此情况下计算各部件的自由度总和 a,其次在全部约束中确定必要约束数 c,最后将两数相减,得出体系的自由度 S 为

$$S = a - c \tag{2-1}$$

式(2-1)的形式非常简单,但应用时却有困难,即事先需要分清楚在全部约束中,究竟哪些是必要约束,哪些是多余约束。这个问题牵涉体系的具体构造。体系的构造越复杂,这个问题就越难解决。为了回避这个难题,我们定义一个新参数——计算自由度 W,其表达式为

$$W = a - d \tag{2-2}$$

式中,d 为全部约束的总数。

上面两个式子外表很相似,但后者要简单得多,因为在式(2-2)中只需要算出全部约束的总数 d,而不需要研究哪些约束是多余约束这个难题。

由于全部约束数 d 与必要约束数 c 的差是多余约束数 n,因此由式(2-1)减去式(2-2),可得

$$S - W = n \tag{2-3}$$

式(2-3)就是计算自由度 W、自由度 S 与多余约束 n 三者之间的关系式。

二、计算自由度与几何组成性质的关系

由式(2-3)可以推导出体系的计算自由度与几何组成性质的关系如下:

(1)$W>0$,则 $S>0$,体系为几何可变的。

(2)$W=0$,则 $S=n$,如果无多余约束,则体系是几何不变的;如果有多余约束,则体系是几何可变的。

(3)$W<0$,则 $n>0$,体系中存在多余约束。

三、计算自由度的计算方法

下面由式(2-2)导出计算自由度 W 的具体计算方法。在推导之前,还需对式(2-2)中的部件作进一步的说明。

在式(2-2)中,部件可以是点,也可以是刚片。应该注意的是,在式(2-2)中,作为部件的刚片是指内部无多余约束的刚片。如果遇到内部有多余约束的刚片,则应把它变成内部无多余约束的刚片,而它的附加约束则在计算体系的约束总数时应当考虑进去。

图 2-17(a)是内部没有多余约束的刚片,而图 2-17(b)、(c)、(d)则是内部分别有 1、2、3 个多余约束的刚片。它们可看做是在图 2-17(a)的刚片内部分别附加了一根链杆、一个单铰结点、一个单刚结点。

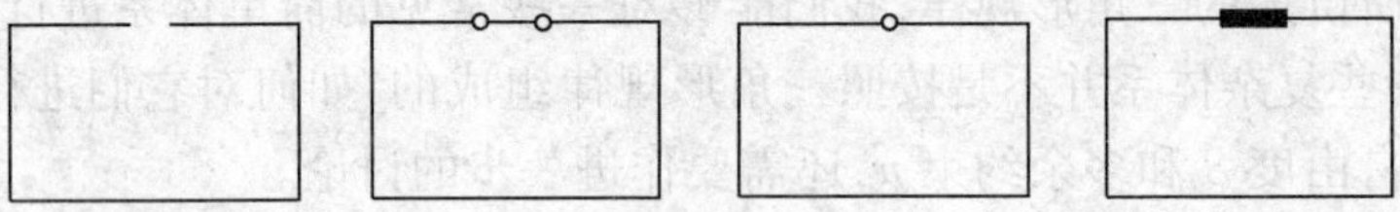

(a) (b) (c) (d)

图 2-17

约束可分为单约束和复约束。两个刚片间的结合称为单结合(如单刚结点、单铰结点),三个及三个以上刚片的结合称为复结合(如复刚结点、复铰结点)。一般来说,n 个刚片间的复结合相当于 $n-1$ 个单结合。

连接两个铰结点的链杆称为单链杆,相当于一个约束;连接三个或更多铰结点的链杆称为复链杆,如图 2-18 所示。一般地,连接 n 个铰结点的复链杆相当于 $2n-3$ 个单链杆。

(a) (b)

图 2-18

对于一个给定的体系,我们可以把它看做是由多个刚片通过铰结点、刚结点和链杆等联结而成的。如以 m 表示体系中刚片的个数,则刚片的自由度总和为 $3m$。计算约束总数时,体系中如有复约束,则应先把它折算成单约束;刚片内部如有多余约束,也应把它们计算在内。如以 g 代表单刚结点个数,以 h 代表单铰结点个数,以 b 代表单链杆根数,则约束总数为 $3g+2h+b$。因此,体系的计算自由度 W 可表示为

$$W = 3m - (3g + 2h + b) \tag{2-4}$$

对于铰结体系,设体系中铰结点的总数为 j,单链杆总数为 b。由于平面内一个结点有两个自由度,一个单链杆相当于一个约束,则铰结体系的计算自由度 W 也可表示为

$$W = 2j - b \tag{2-5}$$

式(2-4)与式(2-5)都是在式(2-2)的基础上导出的,只是选取部件的对象有所不同。在式(2-4)中选取的部件是刚片,式(2-5)中选取的部件则为铰结点。

【例 2-4】 试求图 2-19(a)所示体系的计算自由度 W。

解 把图 2-19(a)所示体系的全部支座去掉以后,剩下的是一个内部有多余约束的刚片。如果在截面 G 和截面 H 处切开,这样就变为无多余约束的刚片,如图 2-19(b)所示。按式(2-4)计算,刚片数 $m=1$,单链杆数 $b=4$,单铰结点数 $h=0$,单刚结点数 $g=4$,因此

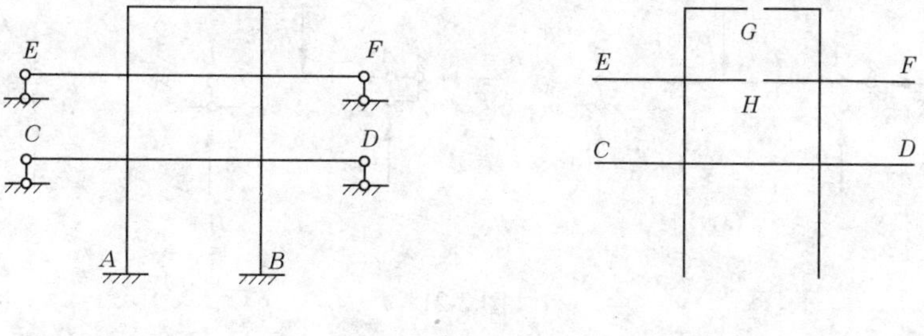

(a)　　(b)

图 2-19

$$W = 3m - (3g + 2h + b) = 3 \times 1 - (3 \times 4 + 4) = -13$$

由图可知体系为几何不变体系，故其自由度 $S=0$，则根据式(2-3)可得多余约束数为

$$n = S - W = 0 - (-13) = 13$$

故该体系为一个具有 13 个多余约束的几何不变体系。

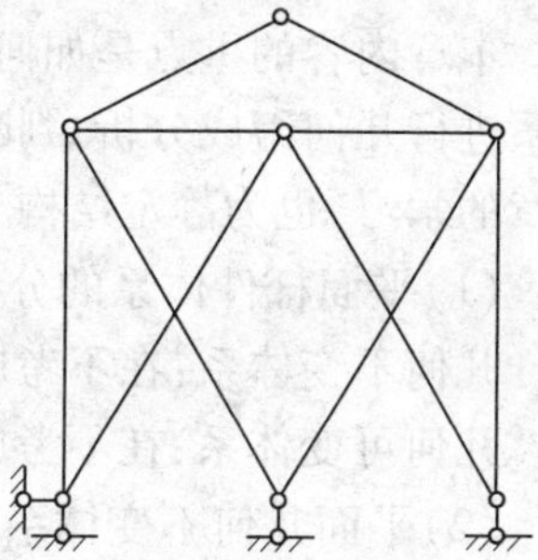

图 2-20

【例 2-5】　试求图 2-20 所示体系的计算自由度 W。

解　按式(2-4)计算，取每一根杆件作为一个刚片，则刚片数 $m=10$，单铰结点数 $h=13$，单链杆数 $b=4$，单刚结点数 $g=0$，因此

$$W = 3m - (3g + 2h + b) = 3 \times 10 - (2 \times 13 + 4) = 0$$

按式(2-5)计算，铰结点数 $j=7$，单链杆数 $b=14$，则

$$W = 2j - b = 2 \times 7 - 14 = 0$$

可见两种方法计算结果一致，但按式(2-5)计算较简便。

第六节　结构的静定性与几何组成的关系

除可以判断体系是否几何可变外，几何组成分析还有一个重要作用，就是通过判定几何不变体系是否含有多余约束，来判定结构是静定结构还是超静定结构。

静定结构是无多余约束的几何不变体系。图 2-21(a)所示为无多余约束的几何不变体系，共有三个支座反力，可以由平面一般力系的三个静力平衡条件唯一确定，支座反力确定后，就可以进一步利用静力平衡条件确定任一截面的内力，所以此体系是静定的。

超静定结构是有多余约束的几何不变体系。图 2-21(b)所示为有多余约束的几何不变体系，若去掉任一根竖向支座链杆，体系仍可保持几何不变。它共有四个支座反力，但所能建立的独立平衡方程只有三个，因此无法完全确定四个支座反力，所以此体系是超静定的。

综上所述，静定结构是无多余约束的几何不变体系，其力学特点是全部的支座反力和内力都可以由静力平衡条件唯一确定；超静定结构是有多余约束的几何不变体系，其力学

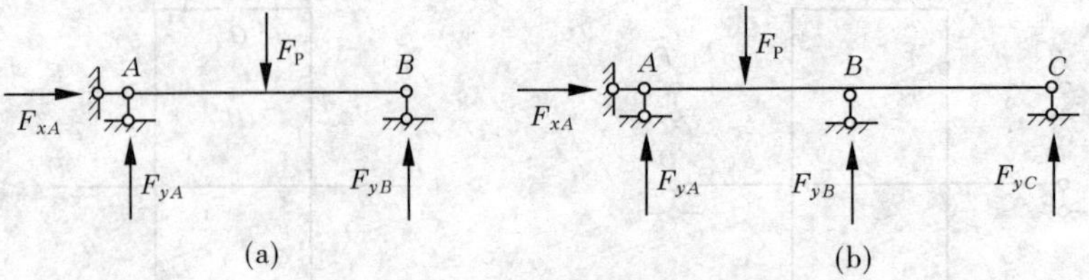

图 2-21

特点是全部的支座反力和内力不能由静力平衡条件唯一确定。

本章小结

本章内容的重点是如何运用平面几何不变体系的三个基本组成规律对各类平面杆件体系进行几何组成分析,判断体系是否几何不变,从而决定其能否作为结构。同时,通过本章的学习,也为静定结构与超静定结构的内力分析奠定了基础。

(1)平面杆件体系的分类。

几何不变体系:在不考虑材料应变的条件下,体系的位置和形状是不能改变的。

几何可变体系:在不考虑材料应变的条件下,体系的位置和形状是可以改变的。

(2)平面几何不变体系的基本组成规律。

三刚片规律:平面内三个刚片用不共线的三个单铰两两铰连,则组成的体系为无多余约束的几何不变体系。

两刚片规律:两个刚片用一个铰和一根不通过此铰的链杆相连,则组成无多余约束的几何不变体系。

二元体规律:在一个体系上增加或拆除二元体,不会改变原有体系的几何组成性质。

三个基本组成规律实际上可归纳为一个基本规律,即三角形规律。

(3)平面杆件体系的计算自由度与几何组成的关系:

$W>0$,则 $S>0$,体系为几何可变的。

$W=0$,则 $S=n$,如果无多余约束,则体系是几何不变的;如果有多余约束,则体系是几何可变的。

$W<0$,则 $n>0$,体系中存在多余约束。

(4)结构的静定性与几何组成的关系。

从几何组成角度来看,静定结构是无多余约束的几何不变体系,超静定结构是具有多余约束的几何不变体系。

从静力分析角度来看,静定结构的全部支座反力和内力可由静力平衡条件唯一确定,而超静定结构的全部支座反力和内力不能由静力平衡条件完全确定。

思考题

2-1　什么是几何不变体系?什么是几何可变体系?

2-2　为什么要对杆件体系进行几何组成分析？

2-3　什么是必要约束和多余约束？

2-4　简述平面几何不变体系的基本组成规律。

2-5　何谓瞬变体系？瞬变体系有哪些特点？

2-6　在几何构造分析中可以进行哪些等效变换？如何保证变换的等效性？

2-7　体系的计算自由度与实际自由度有何区别与联系？

2-8　体系的计算自由度与几何组成特性的关系是什么？

2-9　静定结构的几何组成有什么特征？

2-10　超静定结构的几何组成与静定结构有什么区别？

习　题

2-1　试分析图 2-22 所示体系的几何组成。

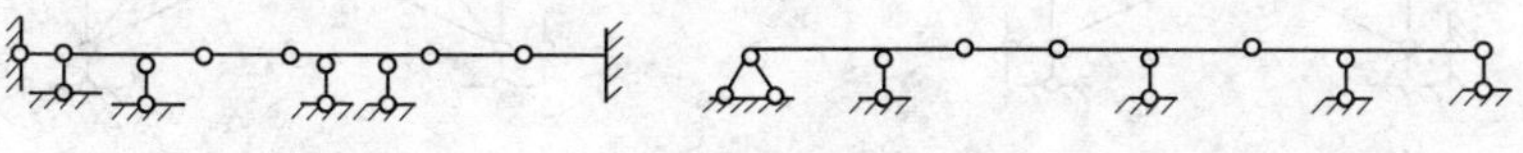

(a)　(b)

图 2-22

2-2　试分析图 2-23 所示体系的几何组成。

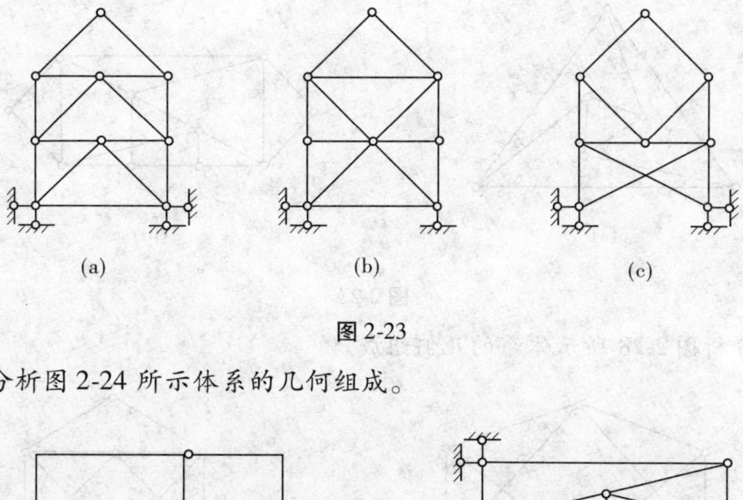

(a)　(b)　(c)

图 2-23

2-3　试分析图 2-24 所示体系的几何组成。

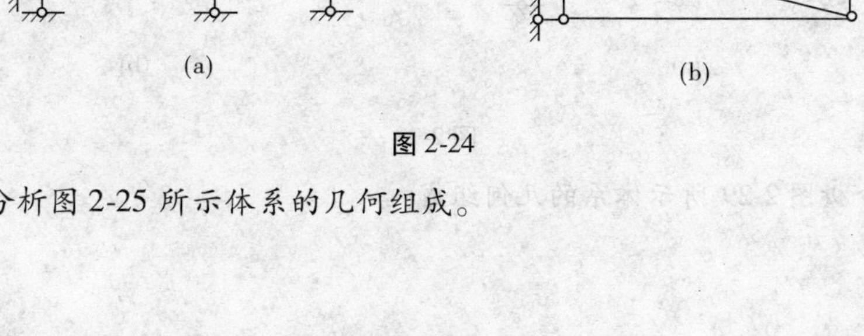

(a)　(b)

图 2-24

2-4　试分析图 2-25 所示体系的几何组成。

(a)　　(b)

图 2-25

2-5　试分析图 2-26 所示体系的几何组成。

(a)　　(b)

图 2-26

2-6　试分析图 2-27 所示体系的几何组成。

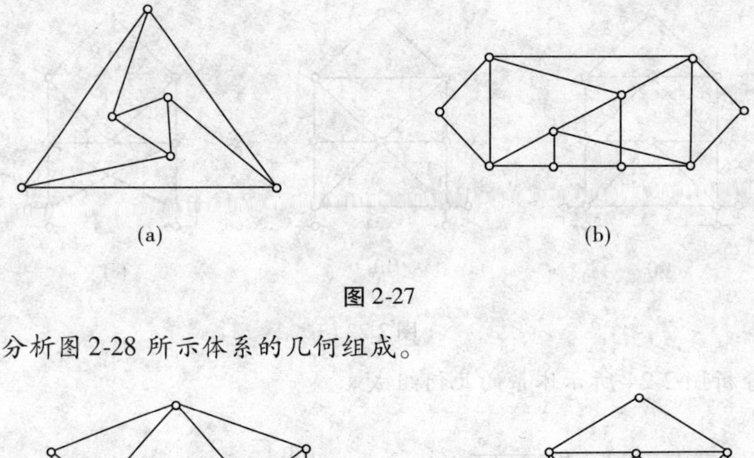

(a)　　(b)

图 2-27

2-7　试分析图 2-28 所示体系的几何组成。

(a)　　(b)

图 2-28

2-8　试分析图 2-29 所示体系的几何组成。

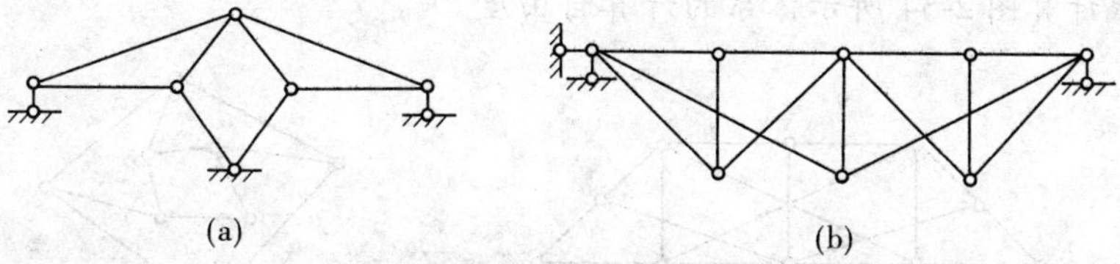

图 2-29

2-9　试分析图 2-30 所示体系的几何组成。

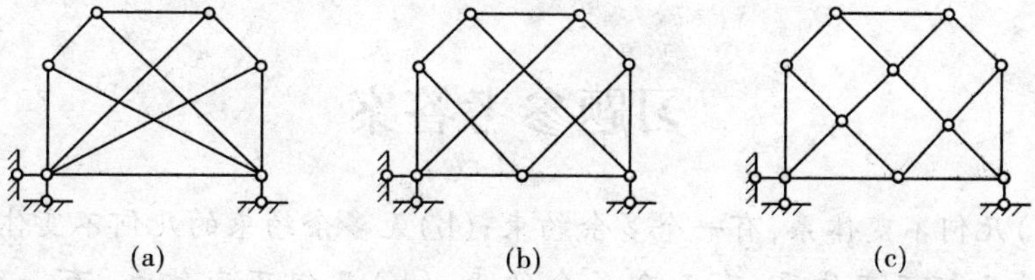

图 2-30

2-10　试分析图 2-31 所示体系的几何组成。

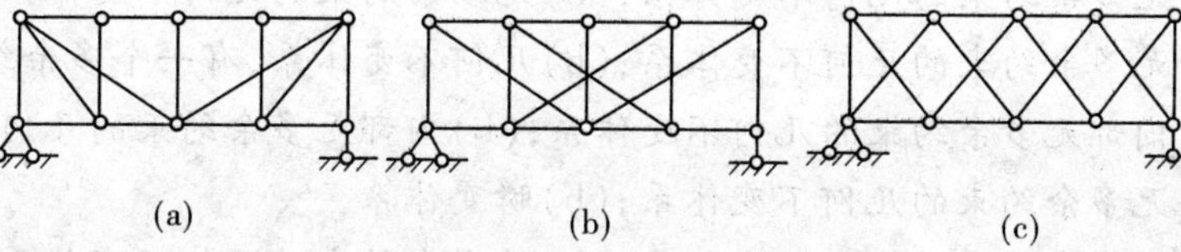

图 2-31

2-11　试分析图 2-32 所示体系的几何组成。

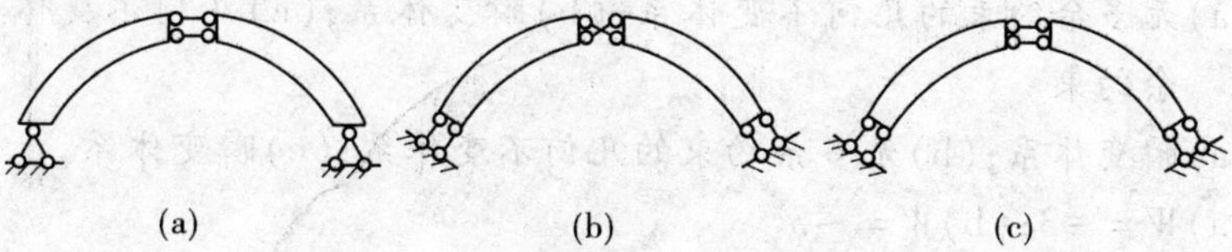

图 2-32

2-12　试计算图 2-33 所示体系的计算自由度。

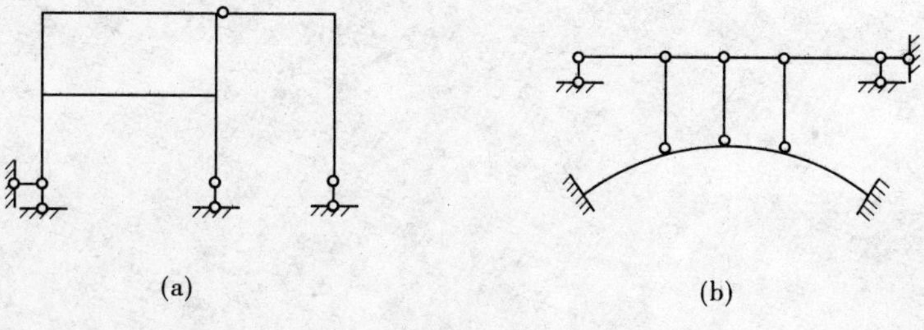

图 2-33

2-13　试计算图 2-34 所示体系的计算自由度。

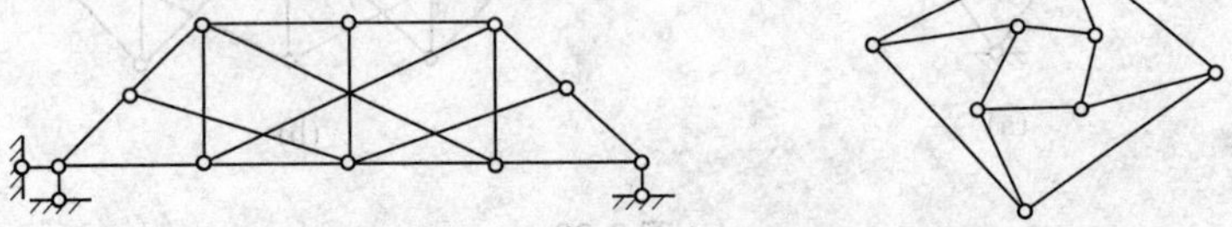

(a)　　(b)

图 2-34

习题参考答案

2-1　(a)几何不变体系,有一个多余约束;(b)无多余约束的几何不变体系

2-2　(a)几何不变体系,有一个多余约束;(b)几何不变体系,有一个多余约束;(c)瞬变体系

2-3　(a)无多余约束的几何不变体系;(b)无多余约束的几何不变体系

2-4　(a)无多余约束的几何不变体系;(b)无多余约束的几何不变体系

2-5　(a)无多余约束的几何不变体系;(b)几何不变体系,有一个多余约束

2-6　(a)内部无多余约束的几何不变体系;(b)内部无多余约束的几何不变体系

2-7　(a)无多余约束的几何不变体系;(b)瞬变体系

2-8　(a)无多余约束的几何不变体系;(b)无多余约束的几何不变体系

2-9　(a)几何不变体系,有一个多余约束;(b)无多余约束的几何不变体系;(c)无多余约束的几何不变体系

2-10　(a)无多余约束的几何不变体系;(b)瞬变体系;(c)几何不变体系,有一个多余约束

2-11　(a)瞬变体系;(b)无多余约束的几何不变体系;(c)瞬变体系

2-12　(a) $W=-3$;(b) $W=-3$

2-13　(a) $W=0$;(b) $W=4$

第三章　静定结构的受力分析

本章主要介绍静定结构内力分析与计算方法。静定结构内力分析的基本方法是截面法,利用截面法求出控制截面上的内力值,再利用内力变化规律作出结构的内力图。静定结构的内力计算是静定结构位移计算与超静定结构内力计算的基础,因此本章是结构力学重要的基础性内容,必须熟练掌握。

利用截面法求控制截面内力和作结构的内力图是本章的重点。截面法从概念上并不难理解,但要做到能灵活地运用其计算各类结构的内力,就必须在学习中进行大量的练习。

第一节　静定单跨梁受力分析

在实际工程中,静定单跨梁的应用很多,而且静定单跨梁的受力分析是静定多跨梁、静定刚架等结构受力分析的基础。常见的静定单跨梁主要有三种类型:简支梁(见图3-1(a))、悬臂梁(见图3-1(b))和伸臂梁(见图3-1(c))。

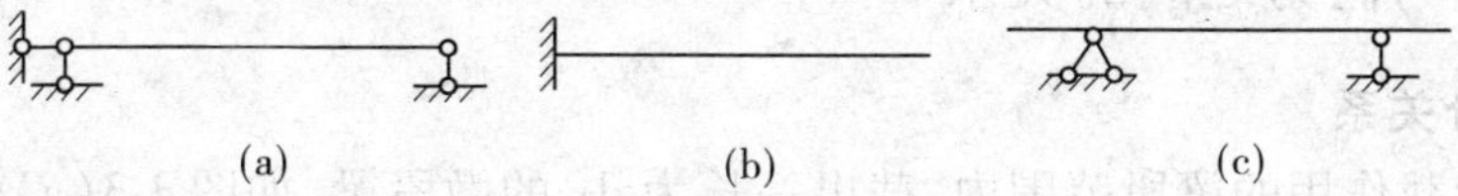

图3-1

本节主要讨论静定单跨梁截面内力的计算方法与内力图的绘制。

一、杆件的截面内力

平面杆件任一横截面上的内力一般包括轴力 F_N、剪力 F_Q 和弯矩 M 三个分量,如图3-2所示。

图3-2

轴力是指杆件截面上应力沿杆轴切线方向的合力,以受拉为正。

剪力是指杆件截面上应力沿杆轴法线方向的合力,以绕微段隔离体顺时针转为正。

弯矩是指杆件截面上应力对截面形心的合力矩。对于水平杆件,当弯矩使杆件下部受拉时为正。

二、截面法

截面法是计算杆件指定截面内力的基本方法,即将杆件在指定截面切开,取截面的一边为隔离体,利用隔离体的静力平衡条件,来确定该截面上的三个内力分量。

用截面法计算杆件指定截面内力的一般步骤为:

(1)沿杆件指定截面切开,取截面一边(通常取受力简单的部分)为隔离体。

(2)画出隔离体的受力分析图。

(3)利用隔离体的静力平衡条件建立平衡方程,求出该截面的三个内力分量。

显然,要正确建立静力平衡方程,求出截面内力,关键是要能正确地画出隔离体的受力分析图。画隔离体的受力分析图时,应注意以下几点:

(1)隔离体与其周围的约束要全部截断,以相应的约束力代替。

(2)约束力要符合约束的性质。截断链杆时,在截面上加轴力;截断受弯杆件时,在截面上加轴力、剪力和弯矩;去掉滚轴支座、铰支座、固定支座时,分别加一个、二个和三个支座反力。

(3)不要遗漏力。受力分析图上的力包括两类:一类是荷载,另一类是截断约束处的约束力。

(4)作用在隔离体上的已知力按实际方向画,数值是绝对值;未知力一般假设为正号方向,数值是代数值,计算得到的正负号就是未知力的实际正负号。

由截面法可以得出杆件截面内力的计算公式如下:

(1)轴力等于截面一边的所有外力沿杆轴切线方向投影的代数和。

(2)剪力等于截面一边的所有外力沿杆轴法线方向投影的代数和。

(3)弯矩等于截面一边的所有外力对截面形心力矩的代数和。

三、荷载与内力之间的关系

(一)微分关系

在分布荷载作用的梁段范围内,截出一长为 dx 的微段梁,如图 3-3(a)所示。作用在微段 dx 上的荷载可视为均匀分布,并设荷载集度为 $q(y)$。由微段梁的静力平衡条件,可知

$$\sum F_y = 0 \qquad F_Q - (F_Q + \mathrm{d}F_Q) - q(y)\mathrm{d}x = 0 \tag{a}$$

$$\sum M = 0 \qquad M + \mathrm{d}M - M - F_Q\mathrm{d}x + q(y)\mathrm{d}x\,\frac{\mathrm{d}x}{2} = 0 \tag{b}$$

略去式(b)中的二阶微量 $q(y)(\mathrm{d}x)^2$,由式(a)、式(b)可联合求得

$$\left.\begin{aligned}\frac{\mathrm{d}F_Q}{\mathrm{d}x} &= -q(y)\\ \frac{\mathrm{d}M}{\mathrm{d}x} &= F_Q\\ \frac{\mathrm{d}^2M}{\mathrm{d}x^2} &= -q(y)\end{aligned}\right\} \tag{3-1}$$

式(3-1)表明,剪力图上某点处的切线斜率等于梁上相应位置处的荷载集度负值,弯矩图上某点处的切线斜率等于相应横截面上的剪力,而弯矩图某点处对 x 的二阶导数则等于梁上相应位置处的荷载集度负值。

由剪力、弯矩与荷载集度之间的微分关系式,可以得到剪力图和弯矩图的一些几何特征:

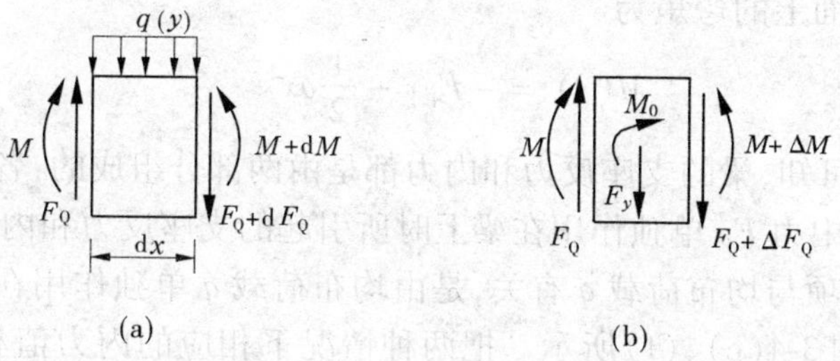

图 3-3

(1)梁的某段上如无分布荷载作用,即 $q(y)=0$,则在该段内,F_Q = 常数,故剪力图为水平直线,弯矩图为斜直线。弯矩图的倾斜方向由剪力的正负确定:正剪力梁段的弯矩图向下倾斜,负剪力梁段的弯矩图向上倾斜。

(2)梁的某段上如有均布荷载作用,即 $q(y)$ = 常数,则在该段内,F_Q 为 x 的线性函数,而 M 为 x 的二次函数,故剪力图为斜直线,弯矩图为二次抛物线。其倾斜或凸凹方向由 $q(y)$ 的正负确定:正荷载($q(y)$ 向下)梁段的剪力图向下倾斜,弯矩图向下凸;负荷载($q(y)$ 向上)梁段的剪力图向上倾斜,弯矩图向上凸。在 $F_Q=0$ 的截面上,弯矩出现极值。

(3)如分布荷载集度随 x 成线性变化,则剪力图为二次曲线,弯矩图为三次曲线。弯矩图的凸凹方向仍由 $q(y)$ 的正负确定,而剪力图的凸凹方向则可由

$$\frac{d^2F_Q}{dx^2}=-\frac{dq(y)}{dx}$$

的正负确定,且在 $q(y)=0$ 的截面上,剪力出现极值。

(二)增量关系

在集中荷载作用处,取微段为隔离体,如图 3-3(b)所示。其中 F_y 是竖向集中力,向下为正;M_0 是集中力偶,顺时针方向为正。右侧截面与左侧截面相比,内力增量分别为 ΔF_Q 和 ΔM。由静力平衡条件可得

$$\left.\begin{aligned}\Delta F_Q&=-F_y\\ \Delta M&=M_0\end{aligned}\right\}\tag{3-2}$$

式(3-2)表明,在集中力作用处,左右两侧截面上的剪力有突变,弯矩图有转折;在集中力偶作用处,左右两侧截面上的弯矩有突变,剪力图无变化。

利用上述规律,不需列出剪力方程和弯矩方程,就可以较方便地作出剪力图和弯矩图,这种作内力图的方法称为简易法。

四、分段叠加法作弯矩图

当梁上有多项荷载作用时,梁的支座反力和内力可以这样计算:先分别计算出每项荷载单独作用时的支座反力和内力,然后把这些相应的计算结果相加,即得到多项荷载共同作用时的支座反力和内力。如图 3-4(a)所示悬臂梁,梁上作用有均布荷载 q 和集中力 F_P,梁的固定端 B 的支座反力为

$$F_{yB}=F_P+ql,M_B=F_Pl+\frac{ql^2}{2}\tag{c}$$

在距 A 端 x 处任一截面上的弯矩为

$$M(x)=-F_{\mathrm{P}}x-\frac{1}{2}qx^{2} \tag{d}$$

由式(c)、式(d)可知,梁的支座反力和内力都是由两部分组成的:各式中第一项与集中力 F_{P} 有关,是由集中力 F_{P} 单独作用在梁上时所引起的支座反力和内力,如图 3-4(b)、(e)所示;各式中第二项与均布荷载 q 有关,是由均布荷载 q 单独作用在梁上时所引起的支座反力和内力,如图 3-4(c)、(f)所示。把两种情况下相应的内力值相加,即可得到两项荷载共同作用下的内力值,这种方法即为叠加法。

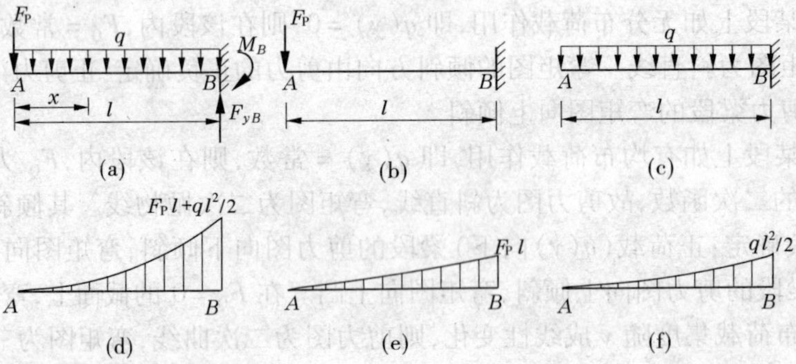

图 3-4

采用叠加法作内力图会带来很大的方便,如在图 3-4 中,可将集中力 F_{P} 和均布荷载 q 单独作用下的弯矩图分别画出,然后叠加,就得到两项荷载共同作用时的弯矩图(见图 3-4(d))。

值得注意的是,内力图的叠加是指内力图的纵坐标的叠加,而不是内力图图形的简单拼合。

【例 3-1】 试用叠加法作图 3-5(a)所示简支梁的弯矩图。

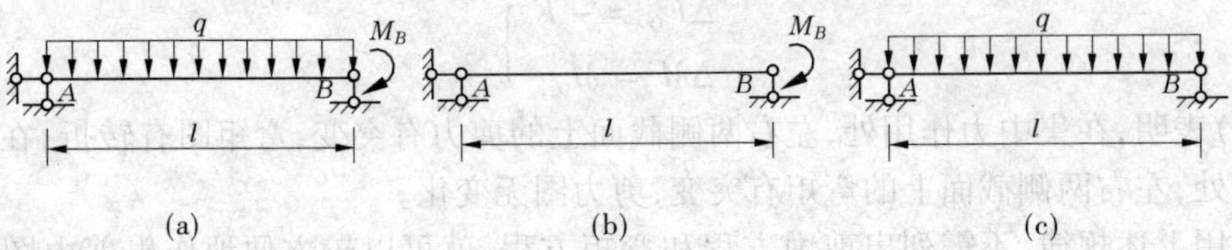

图 3-5

解 由叠加原理可知,图 3-5(a)所示简支梁的内力状态等于图 3-5(b)、(c)所示两种内力状态之和。

分别画出力偶 M_B 和均布荷载 q 单独作用时的弯矩图,如图 3-6(b)、(c)所示。其中,力偶 M_B 作用下的弯矩图是使梁的上侧受拉,均布荷载 q 作用下的弯矩图是使梁的下侧受拉。两个弯矩图叠加应是两个弯矩图的纵坐标相减。两个弯矩图叠加的作法是:以弯矩图 3-6(b)的斜直线为基线,向下作铅直线,其长度等于图 3-6(c)中相应的纵坐标,即以图 3-6(b)的斜直线为基线作弯矩图 3-6(c);两图的重叠部分相互抵消,不重叠部分为叠加后的弯矩图(见图 3-6(a))。

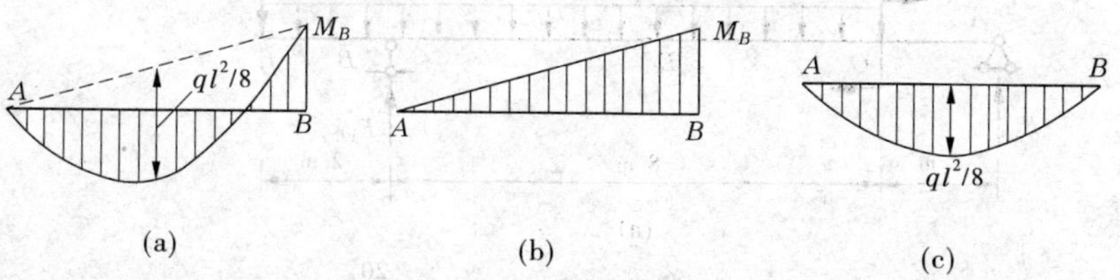

图 3-6

下面讨论如何利用叠加法作梁中任意直杆段的弯矩图。

以图 3-7(a)中的杆段 AB 为例,其隔离体如图 3-7(b)所示,隔离体上的作用力除荷载 q 外,在杆端还有弯矩 M_A、M_B 和剪力 F_{QA}、F_{QB}。为了说明杆段 AB 弯矩图的特性,把它与图 3-7(c)中的简支梁相比。设简支梁承受相同的荷载 q 和相同的杆端弯矩 M_A、M_B 的作用,支座竖向反力为 F_{yA}、F_{yB}。由静力分析可知

$$F_{QA} = F_{yA},F_{QB} = F_{yB}$$

因此,图 3-7(b)、(c)的弯矩图彼此相同。这样,作任意直杆段弯矩图的问题就归结为作相应简支梁弯矩图的问题,从而也可采用叠加法作 M 图,如图 3-7(d)所示。具体作法分成两步:首先根据 A、B 两点的弯矩 M_A、M_B,作直线$\overline{M}$图;然后以此直线为基线,再叠加相应简支梁 AB 在跨间荷载作用下的 M^0 图。

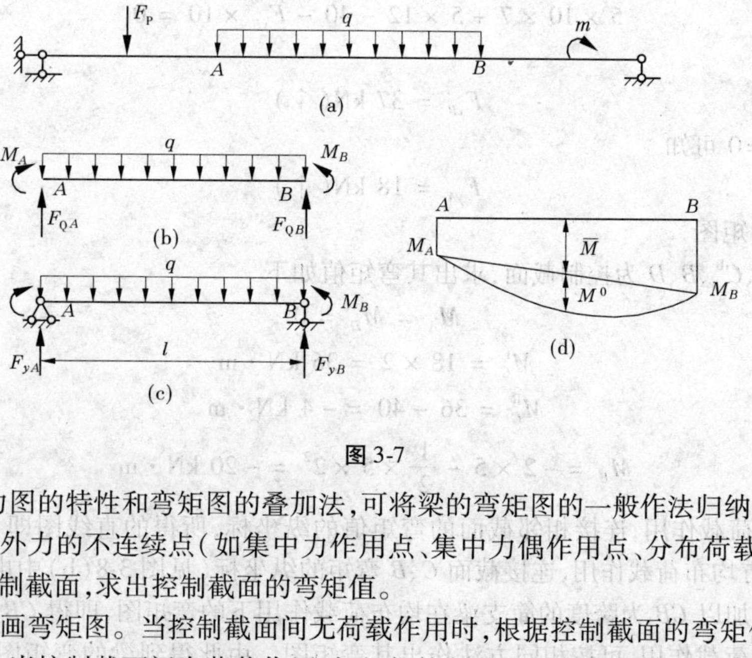

图 3-7

利用内力图的特性和弯矩图的叠加法,可将梁的弯矩图的一般作法归纳如下:

(1)选定外力的不连续点(如集中力作用点、集中力偶作用点、分布荷载的起点和终点等)作为控制截面,求出控制截面的弯矩值。

(2)分段画弯矩图。当控制截面间无荷载作用时,根据控制截面的弯矩值,即可作出直线弯矩图。当控制截面间有荷载作用时,根据控制截面的弯矩值作出直线图形后,还应叠加这一段按简支梁求得的弯矩图。

【例 3-2】　试作图 3-8(a)所示伸臂梁的剪力图和弯矩图。

解　(1)求支座反力

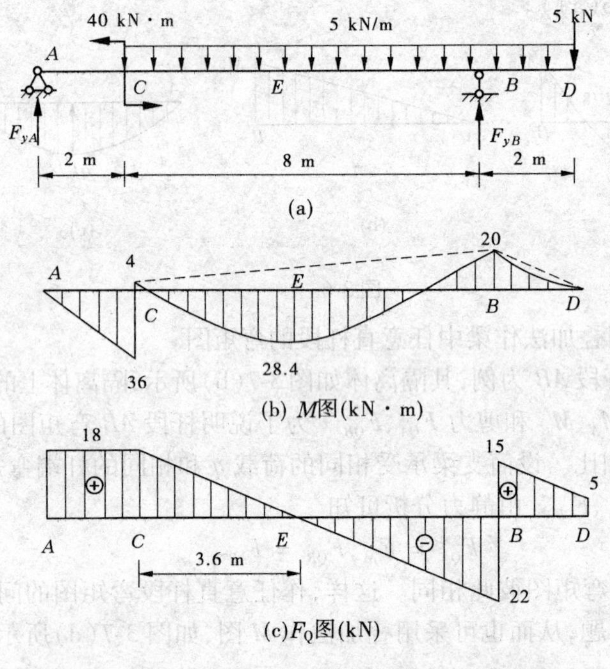

图 3-8

取整体为研究对象，由静力平衡条件$\sum M_A=0$，可得

$$5\times10\times7+5\times12-40-F_{yB}\times10=0$$

解得

$$F_{yB}=37\ \text{kN}(\uparrow)$$

由$\sum F_y=0$可知

$$F_{yA}=18\ \text{kN}(\uparrow)$$

(2)作弯矩图

选 A、C^{L}、C^{R}、B、D 为控制截面，求出其弯矩值如下

$$M_A=M_D=0$$

$$M_C^{L}=18\times2=36\ \text{kN}\cdot\text{m}$$

$$M_C^{R}=36-40=-4\ \text{kN}\cdot\text{m}$$

$$M_B=-2\times5-\frac{1}{2}\times5\times2^2=-20\ \text{kN}\cdot\text{m}$$

AC 段无荷载作用，连接相邻截面的弯矩值的纵坐标，所得的直线图即为 AC 段的弯矩图；CB 段有均布荷载作用，连接截面 C、B 弯矩的纵坐标(见图 3-8(b)中虚线)，以此直线为基线，叠加以 CB 为跨度的简支梁在均布荷载作用下的弯矩图，即得 CB 段的弯矩图；BD 段有均布荷载作用，可按相同方法作出其弯矩图。由此得到梁的弯矩图如图 3-8(b)所示。

(3)作剪力图

AC 段无荷载作用，F_Q 为常数，F_Q 图为水平线。CB、BD 段有均布荷载，F_Q 图是斜直

线。从 A 端开始，可求出各控制截面的剪力为

$$F_{QA}=18\ \text{kN},F_{QB}^{L}=-22\ \text{kN},F_{QB}^{R}=15\ \text{kN},F_{QD}=5\ \text{kN}$$

把相邻截面的剪力纵坐标连成直线，即得 F_Q 图，如图 3-8(c)所示。

想一想：截面 E 的弯矩极值如何确定？

第二节　静定多跨梁受力分析

静定多跨梁是由若干单跨梁（简支梁、悬臂梁、伸臂梁）通过铰结点联结而成的静定结构。在工程结构中，常用做房屋建筑中的檩条（见图 3-9(a)）和公路桥梁的主要承重结构（见图 3-10(a)）。图 3-9(b)和图 3-10(b)分别为它们的计算简图。

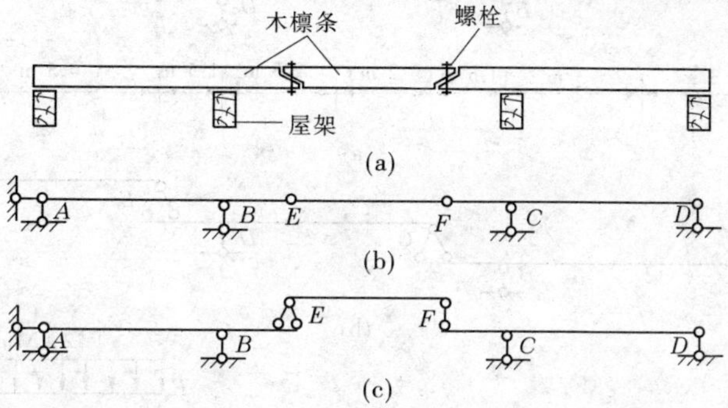

图 3-9

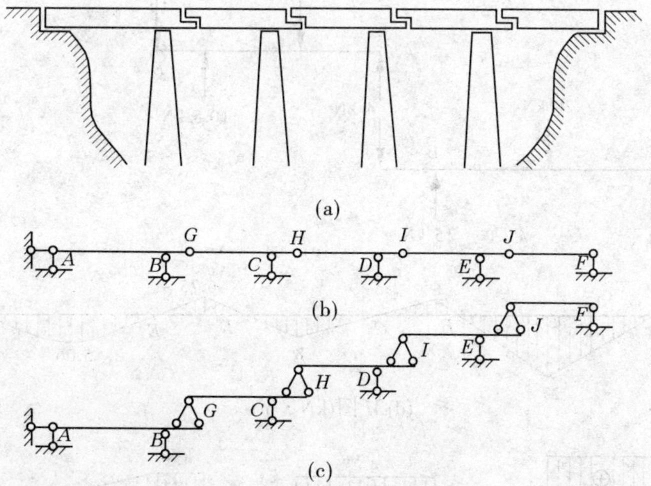

图 3-10

对于上述计算简图，从几何组成来看，静定多跨梁可分为基本部分和附属部分。在图 3-9(b)中，梁 ABE 可不依赖于其他部分而独立地与地基构成一个几何不变部分，称其为基本部分；梁 FCD 在竖向荷载作用下仍能独立维持其平衡，故在竖向荷载作用时也可将其看做基本部分；梁 EF 需要依靠基本部分才能维持其几何不变性，因而称其为附属部

分。图 3-9(c)为各梁段之间的支承关系图。

从几何构造来看,静定多跨梁是由几根单跨梁组成的,组成的次序是先固定基本部分,后固定附属部分。因此,在计算静定多跨梁时,应遵循的原则是:先计算附属部分,再计算基本部分;如果结构中存在多个附属部分,则应从附属程度最高的一层开始,逐步计算。将附属部分的支座反力反其指向,就是加于基本部分的荷载。这样,便把多跨梁拆成多个单跨梁,逐个解决,从而可避免解算联立方程组。将各单跨梁的内力图连在一起,就是多跨梁的内力图。

【例 3-3】 试作图 3-11(a)所示多跨静定梁的内力图。

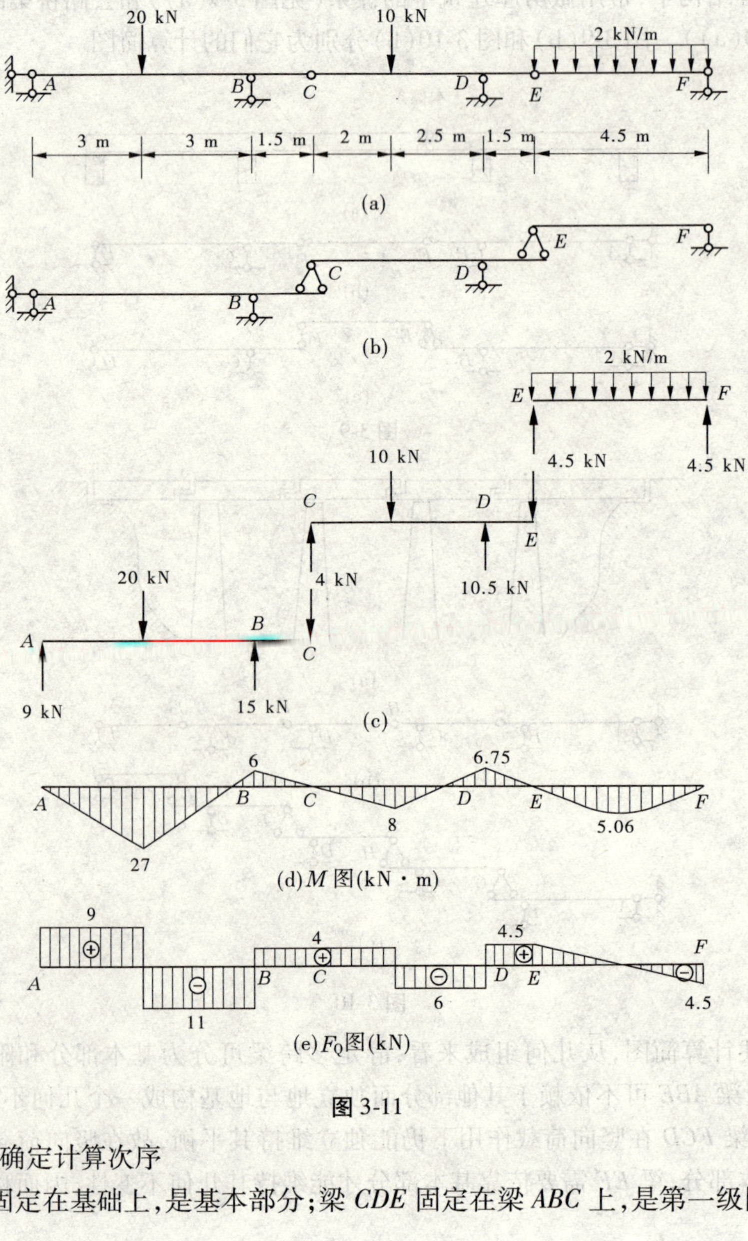

图 3-11

解　(1)确定计算次序

梁 ABC 固定在基础上,是基本部分;梁 CDE 固定在梁 ABC 上,是第一级附属部分;梁

EF 固定在梁 CDE 上，是第二级附属部分。因此，梁的组成次序为：$ABC \rightarrow CDE \rightarrow EF$。计算次序为组成次序的反顺序。多跨静定梁的支承关系图如图 3-11(b)所示。

(2)计算支座反力

从上面的分析可以看出，整个多跨静定梁由三个单跨梁构成。在计算时，先计算梁 EF，再计算梁 CDE，最后计算梁 ABC。

取 EF 为隔离体(见图 3-11(c))，由静力平衡方程 $\sum M_E = 0$ 和 $\sum F_y = 0$，可求得

$$F_{yF} = 4.5\ \text{kN}(\uparrow),\ F_{yE} = 4.5\ \text{kN}(\uparrow)$$

取梁 CDE 为隔离体(见图 3-11(c))，将梁 EF 的支座反力 F_{yE} 的反作用力作为荷载加在梁 CDE 的 E 端，利用静力平衡条件求出梁 CDE 的支座反力为

$$F_{yD} = 10.5\ \text{kN}(\uparrow),\ F_{yC} = 4\ \text{kN}(\uparrow)$$

取梁 ABC 为隔离体(见图 3-11(c))，将梁 CDE 的支座反力 F_{yC} 的反作用力作为荷载加在梁 ABC 的 C 端，利用静力平衡条件求出梁 ABC 的支座反力为

$$F_{yB} = 15\ \text{kN}(\uparrow),\ F_{yA} = 9\ \text{kN}(\uparrow)$$

(3)作内力图

利用分段叠加法绘制各段梁的内力图，此处将其计算和绘图过程略去；再将各段梁的内力图连接在一起就是所求的多跨静定梁的内力图(见图 3-11(d)、(e))。

点一点：当荷载作用在基本部分上时，只有基本部分受力，并产生内力，附属部分不受影响，不产生内力；当荷载作用于附属部分上时，力将通过铰结点传递到与其有关的基本部分，使其产生内力。

第三节　静定平面刚架受力分析

一、刚架的组成与特点

刚架结构是由梁和柱组合而成的，在刚架中结点全部或部分为刚结点。如果构成刚架的杆件的轴线都在同一个平面内，且所承受的荷载也作用在该平面内，则称该刚架为平面刚架。本节主要讨论静定平面刚架的受力分析。

与铰结点相比，刚结点具有不同的特点。从变形角度来看，在刚结点处各杆不能发生相对转动，因而各杆间的夹角在变形前后始终保持不变(见图 3-12)。从受力角度来看，刚结点可以承受和传递弯矩，因而在刚架中弯矩是主要内力。

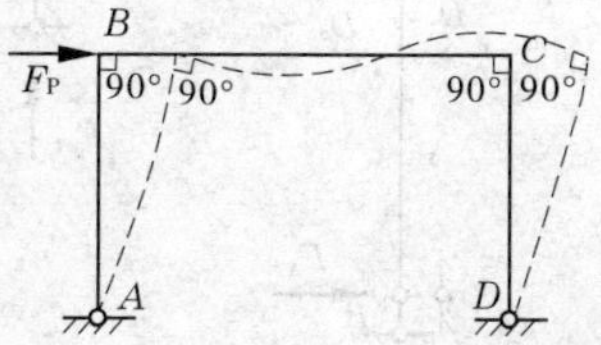

图 3-12

为了将刚架与简支梁加以比较，在图 3-13 中给出了两者在均布荷载作用下的弯矩图。在刚架中由于刚结点可以承受弯矩，从而可以部分削减横梁跨中截面弯矩的峰值，使弯矩分布较均匀，故比较节省材料。此外，由于刚架具有刚结点，杆数较少，内部空间大，便于利用，且多数是由直杆组成的，制作方便，因此在实际工程中得到了广泛的应用。在建筑工程中，常用刚架作为主要承重骨架，通过它将荷载传到基础和地基上。

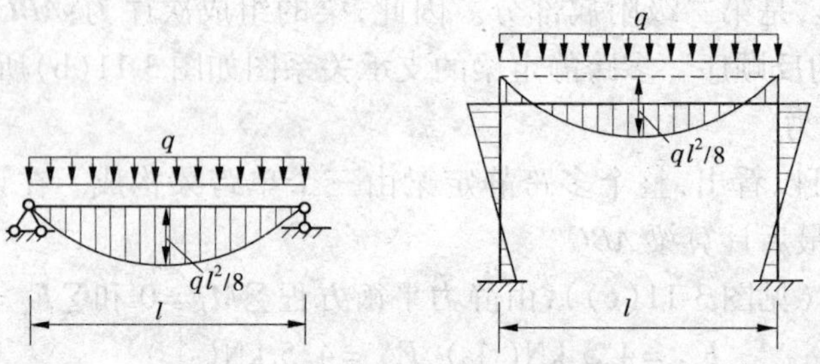

(a)　　　　(b)

图 3-13

二、单跨刚架的计算

单跨刚架是最简单、最基本的刚架结构,多跨(或多层)刚架是由多个单跨刚架按照一定的组成规则构成的。因此,单跨刚架的内力计算是多跨刚架内力计算的基础。

单跨静定平面刚架内力计算的基本步骤为:

(1)求支座反力。取刚架整体或部分为隔离体,利用隔离体的静力平衡条件求出刚架的支座反力。

(2)求杆件截面内力。对于刚架中任意杆件截面上的内力,可由截面法求出。在计算刚架内力时,应注意下面几个问题:

①要注意内力正负号的有关规定。在刚架中,剪力和轴力都规定正负号(与梁相同),但弯矩则不规定正负号,而只规定弯矩图的纵坐标应画在杆件受拉一侧。

②要注意在结点处有不同的杆端截面。图 3-14(a)所示的刚架中,在结点 D 处有三个杆件 DA、DB、DC 相交。因此,在结点 D 处有三个不同的截面 D_1、D_2、D_3,如果笼统地说截面 D,则是无意义的。这三个截面 D_1、D_2、D_2 的弯矩通常分别用 M_{DA}、M_{DB}、M_{DC} 来表示。对于剪力和轴力也采用同样的写法。

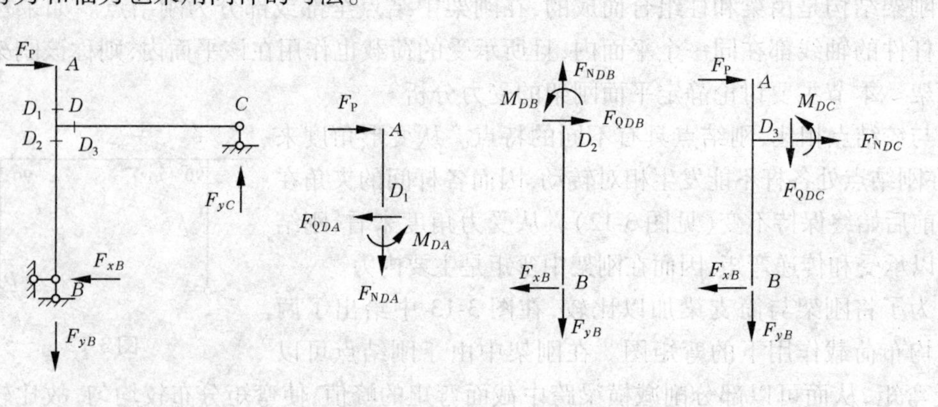

(a)　　　(b)　　　(c)　　　(d)

图 3-14

③要正确选取隔离体。用截面法求三个指定截面 D_1、D_2、D_3 的内力时,应分别在指定截面切开,取出隔离体如图 3-14(b)、(c)、(d)所示。这里在每个切开的截面处作用有三个未知力 F_N、F_Q、M,其中未知力 F_N 和 F_Q 都按正方向画出,而未知力 M 则按任意指定的方向画出。

(3)绘制刚架的内力图。绘制刚架内力图的方法与静定梁内力图的绘制方法相同,即先计算控制截面上的内力值,然后由内力变化规律及分段叠加法作出内力图。对于刚架来说,通常把每个杆件的两端作为控制截面。

【例 3-4】　试作图 3-15(a)所示简支刚架的内力图。

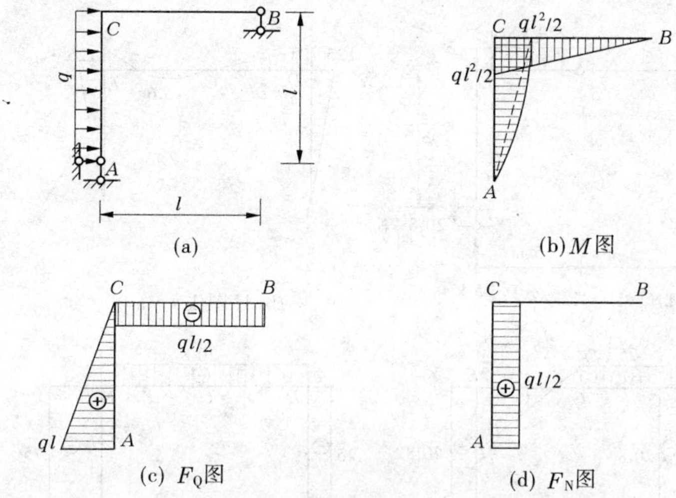

图 3-15

解　(1)求支座反力

取整体为研究对象,利用静力平衡条件计算支座反力。

$$\sum F_x = 0, F_{xA} = ql(\leftarrow)$$

$$\sum M_A = 0, F_{yB} = \frac{ql}{2}(\uparrow)$$

$$\sum F_y = 0, F_{yA} = \frac{ql}{2}(\downarrow)$$

(2)求杆件截面内力

应用截面法计算各杆件任意截面的内力。

各杆端弯矩为

$$M_{AC} = 0, M_{CA} = \frac{ql^2}{2}(\text{右边受拉})$$

$$M_{BC} = 0, M_{CB} = \frac{ql^2}{2}(\text{下边受拉})$$

各杆端剪力为

$$F_{QAC}=ql,F_{QCA}=0,F_{QBC}=F_{QCB}=-\frac{ql}{2}$$

各杆端轴力为

$$F_{NAC}=F_{NCA}=\frac{ql}{2},F_{NBC}=F_{NCB}=0$$

(3)作内力图

用叠加法作刚架的弯矩图如图 3-15(b)所示,剪力图和轴力图分别如图 3-15(c)、(d)所示。

【例 3-5】　试作图 3-16(a)所示三铰刚架的内力图。

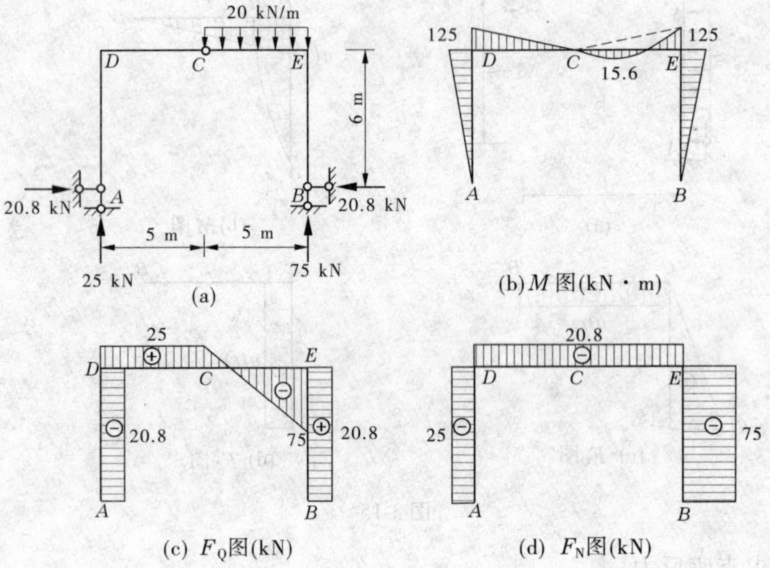

图 3-16

解　(1)求支座反力

三铰刚架有四个支座反力,需用四个平衡方程求解四个未知量。取刚架整体为隔离体建立三个平衡方程,另外,再取半刚架为隔离体,利用刚架中间铰处弯矩为零这一已知条件建立一个补充方程,从而求出全部支座反力。

取刚架整体为隔离体,由平衡方程$\sum M_A=0$,可求得

$$F_{yB}=75\ \text{kN}(\uparrow)$$

由平衡方程$\sum F_y=0$,可求得

$$F_{yA}=25\ \text{kN}(\uparrow)$$

取刚架的左半部分为隔离体,由平衡方程$\sum M_C=0$,可求得

$$F_{xA}=20.8\ \text{kN}(\rightarrow)$$

取刚架整体为隔离体,由平衡方程$\sum F_x=0$,可求得

$$F_{xB}=20.8\ \text{kN}(\leftarrow)$$

(2)求杆件内力

各杆端弯矩为

$$M_{AD}=0,M_{DA}=125\ \text{kN}\cdot\text{m},M_{DC}=125\ \text{kN}\cdot\text{m}$$

$$M_{CD}=M_{CE}=0,M_{EC}=125\ \text{kN}\cdot\text{m},M_{BE}=0$$

各杆端剪力为

$$F_{QAD}=F_{QDA}=-20.8\ \text{kN},F_{QDC}=F_{QCD}=F_{QCE}=25\ \text{kN}$$

$$F_{QEC}=-75\ \text{kN},F_{QEB}=F_{QBE}=20.8\ \text{kN}$$

各杆端轴力为

$$F_{NAD}=F_{NDA}=-25\ \text{kN},F_{NEB}=F_{NBE}=-75\ \text{kN}$$

$$F_{NDC}=F_{NCD}=F_{NCE}=F_{NEC}=-20.8\ \text{kN}$$

(3)作内力图

根据以上求出的各杆端内力，绘出刚架的内力图如图 3-16(b)、(c)、(d)所示。

点一点：注意三铰刚架支座反力的计算步骤。

三、多跨刚架的计算

多跨刚架的计算是以单跨刚架的计算为基础，计算步骤与多跨静定梁相似。即首先对原结构进行几何组成分析，确定多跨刚架的组装次序，从而确定多跨刚架的计算次序（与组装次序相反）。然后按照先计算附属部分，后计算基本部分的原则，依次取各单跨刚架进行计算。最后将各单跨刚架的内力图连在一起，就得到整个多跨刚架的内力图。

【例 3-6】　试作图 3-17(a)所示多跨静定刚架的内力图。

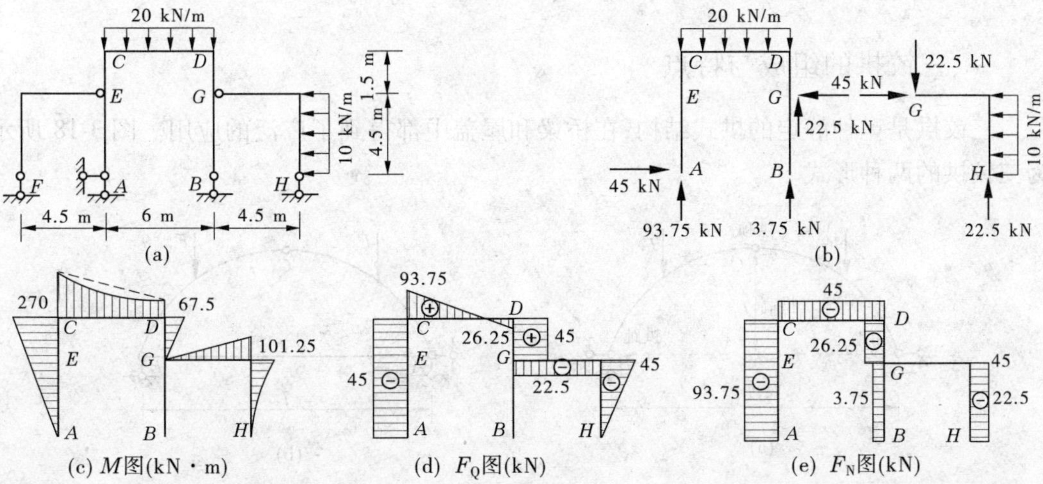

图 3-17

解　(1)几何组成分析

ACDB 为基本部分，*EF* 和 *GH* 为附属部分。因此，先计算附属部分 *EF* 和 *GH*，后计算基本部分 *ACDB*。

(2)求支座反力

由于附属部分 EF 无荷载作用，所以 EF 部分无约束反力和内力。

取 GH 为隔离体（见图 3-17(b)），由静力平衡方程 $\sum M_G = 0$，可求得

$$F_{yH} = 22.5 \text{ kN}(\uparrow)$$

由 $\sum F_x = 0$，可求得

$$F_{xG} = 45 \text{ kN}(\rightarrow)$$

由 $\sum F_y = 0$，可求得

$$F_{yG} = 22.5 \text{ kN}(\downarrow)$$

取 $ACDB$ 部分为隔离体（见图 3-17(b)），由 $\sum M_A = 0$，可求得

$$F_{yB} = 3.75 \text{ kN}(\uparrow)$$

由 $\sum F_y = 0$，可得

$$F_{yA} = 93.75 \text{ kN}(\uparrow)$$

由 $\sum F_x = 0$，可得

$$F_{xA} = 45 \text{ kN}(\rightarrow)$$

(3)作内力图

作结构的弯矩图、剪力图、轴力图如图 3-17(c)、(d)、(e)所示。

想一想：在绘制刚架内力时，如何根据弯矩图来绘制剪力图，又如何根据剪力图来绘制轴力图？

第四节 三铰拱受力分析

一、三铰拱的组成与特点

三铰拱是一种静定的拱式结构，在桥梁和屋盖中都得到了广泛的应用。图 3-18 所示为三铰拱的两种形式。

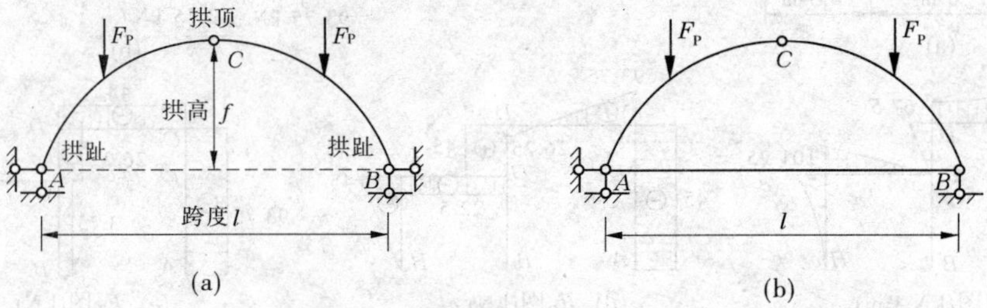

图 3-18

图 3-18(a)为无拉杆的三铰拱，AC 和 BC 是两根曲杆，在 C 点用铰连接，A、B 两点是固定铰支座。图 3-18(b)为有拉杆的三铰拱，B 点改为活动铰支座，同时增加拉杆 AB。拱的基本特点是：在竖向荷载作用下支座产生水平推力。对于有拉杆的三铰拱，可将推力转化为拉杆内的拉力，推力对拱的内力有重要影响。曲杆的轴线常为抛物线和圆弧，有时采

用悬链线。拱高 f 与跨度 l 的比值(高跨比)是拱的基本参数,工程实际中,高跨比一般取 1～1/10,变化的范围很大。

由于水平推力的存在,要求三铰拱结构应有坚固的基础,这样就给施工带来较大的困难。为了克服这一缺点,常采用带拉杆的三铰拱(见图 3-18(b)),水平推力由拉杆来承受。如房屋的屋盖采用图 3-19 所示带拉杆的拱结构,在竖向荷载的作用下只产生竖向支座反力,对墙体不产生水平推力。

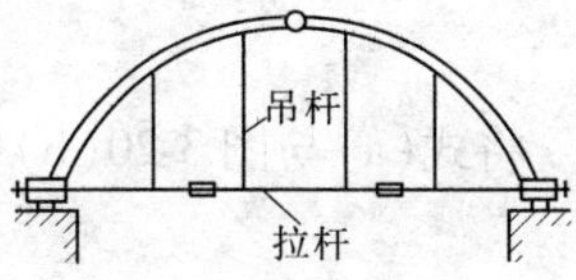

图 3-19

二、三铰拱的计算

下面讨论在竖向荷载作用下三铰拱的支座反力和内力的计算方法,并将拱与梁加以比较,用以说明拱的受力特性。

(一)支座反力的计算

图 3-20(a)所示三铰拱,有四个支座反力 F_{yA}、F_{xA}、F_{yB}、F_{xB},求解时需要四个方程。拱的整体有三个平衡方程,此外,铰 C 又增加一个静力平衡方程,即 C 点的弯矩应为零。所以,三铰拱是静定结构。

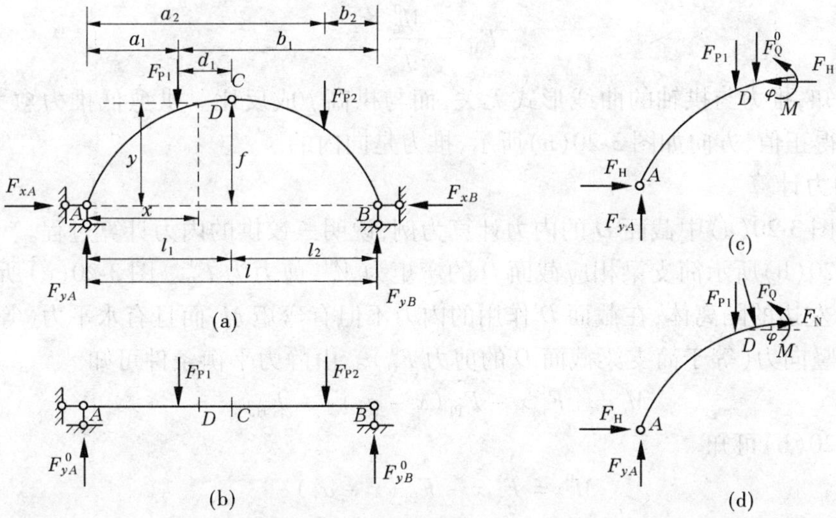

图 3-20

为了便于比较,我们在图 3-20(b)中画出一个简支梁,跨度和荷载都与三铰拱相同。因为荷载是竖向的,梁没有水平支座反力,只有竖向支座反力 F_{yA}^0 和 F_{yB}^0,它们可由简支梁的静力平衡条件直接求出。

考虑拱的整体平衡,由 $\sum M_B=0$ 和 $\sum M_A=0$,可求出拱的竖向支座反力为

$$\left.\begin{aligned}F_{yA} &= \frac{1}{l}(F_{P1}b_1 + F_{P2}b_2)\\F_{yB} &= \frac{1}{l}(F_{P1}a_1 + F_{P2}a_2)\end{aligned}\right\}\tag{a}$$

将式(a)与图 3-20(b)中简支梁的支座反力相比较,可知

$$\left.\begin{aligned}F_{yA} &= F_{yA}^0\\F_{yB} &= F_{yB}^0\end{aligned}\right\}\tag{3-3}$$

式(3-3)表明,拱的竖向支座反力与相应简支梁的竖向支座反力相等。

由$\sum F_x=0$,得

$$F_{xA} = F_{xB} = F_H \tag{b}$$

式(b)表明,A、B 两点的水平反力方向相反,数量相等,以 F_H 表示推力的数量。

为了求出推力 F_H,取曲杆 AC 为研究对象,应用静力平衡条件$\sum M_C=0$,可得

$$F_{yA}l_1 - F_{P1}d_1 - F_Hf = 0 \tag{c}$$

式(c)中,前两项是 C 点左边所有竖向力对 C 点的力矩代数和,等于图 3-20(b)中简支梁相应截面 C 的弯矩。以 M_C^0 表示简支梁截面 C 的弯矩,则式(c)可写为

$$M_C^0 - F_Hf = 0$$

即

$$F_H = \frac{M_C^0}{f} \tag{3-4}$$

由此可知,推力与拱轴的曲线形式无关,而与拱高 f 成反比。拱愈低推力愈大,荷载向下时,F_H 得正值,方向如图 3-20(a)所示,推力是向内的。

(二)内力计算

下面以图 3-20(a)中截面 D 的内力计算为例,说明三铰拱的内力计算过程。

设图 3-20(b)所示简支梁相应截面 D 的弯矩为 M^0、剪力为 F_Q^0。图 3-20(c)所示为三铰拱截面 D 左边的隔离体,在截面 D 作用的内力不但有弯矩 M,而且有水平力(等于拱的推力 F_H)和竖向力(等于简支梁截面 D 的剪力 F_Q^0)。由静力平衡条件可知

$$M = [F_{yA}x - F_{P1}(x - a_1)] - F_Hy \tag{d}$$

由图 3-20(b)可知

$$M^0 = F_{yA}x - F_{P1}(x - a_1) \tag{e}$$

将式(e)代入式(d),得

$$M = M^0 - F_Hy \tag{3-5}$$

式中,y 是 D 点到直线 AB 的垂直距离,弯矩 M 以使拱的内侧受拉为正。

图 3-20(d)所示为设计中使用的内力分量,剪力 F_Q 与截面 D 处轴线的切线垂直,轴力 F_N 与轴线的切线平行。把图 3-20(c)中的竖向力 F_Q^0 和水平力 F_H 加以分解,就得到剪力 F_Q 和轴力 F_N 为

$$\left.\begin{aligned}F_Q &= F_Q^0\cos\varphi - F_H\sin\varphi\\F_N &= -F_Q^0\sin\varphi - F_H\cos\varphi\end{aligned}\right\}\tag{3-6}$$

式中，φ 表示截面 D 处轴线的切线与水平线所成的锐角。在拱的左半部分，φ 取正号；在拱的右半部分，φ 取负号。截面剪力和轴力的符号规定与梁相同。

由上述分析可知，拱的受力特点为：

(1)在竖向荷载作用下，梁没有水平反力，而拱则有水平推力。

(2)由于水平推力的存在，三铰拱截面上的弯矩比简支梁的弯矩小。弯矩的降低，使拱能更充分地发挥材料的作用。

(3)在竖向荷载作用下，梁的截面内一般没有轴力，而拱的截面内轴力较大，且一般为压力。

总体来看，拱比梁能更有效地发挥材料的作用，因此适用于较大的跨度和较重的荷载。由于拱主要是受压，便于利用抗压性能好而抗拉性能差的材料，如砖、石、混凝土等。但是由于三铰拱要受到向内的推力作用，也就给基础施加了向外的推力，所以三铰拱的基础比梁的基础要大。因此，用拱作屋顶时，都使用有拉杆的三铰拱，以减少对墙（或柱）的推力。

【例 3-7】　试求图 3-21 所示三铰拱的支座反力，并作内力图。已知拱的轴线方程为 $y=\dfrac{4f}{l^2}x(l-x)$。

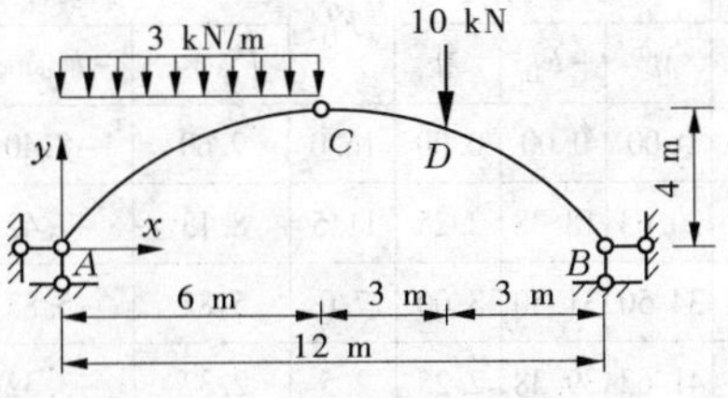

图 3-21

解　(1)求支座反力

$$F_{yA}=F_{yA}^0=\frac{10\times3+3\times6\times9}{12}=16\ \text{kN}(\uparrow)$$

$$F_{yB}=F_{yB}^0=\frac{3\times6\times3+10\times9}{12}=12\ \text{kN}(\uparrow)$$

$$F_{\text{H}}=\frac{M_C^0}{f}=\frac{16\times6-3\times6\times3}{4}=10.5\ \text{kN}$$

(2)内力计算

为了绘制内力图，将拱沿跨度方向分成八等份，算出每个截面的弯矩、剪力和轴力的数值。现以 $x=9$ m 的截面 D 为例，来说明计算步骤。

①截面 D 的几何参数计算

$$y=\frac{4f}{l^2}\cdot x(l-x)=\frac{4\times4}{12^2}\times9\times(12-9)=3\ \text{m}$$

$$\tan\varphi = \frac{dy}{dx} = \frac{4f}{l^2}(l-2x) = \frac{4\times4}{12^2}\times(12-2\times9) = -0.667$$

由此得出

$$\sin\varphi = -0.555, \cos\varphi = 0.832$$

②截面 D 的内力计算

由式(3-5)得

$$M = M^0 - F_H y = 12\times3 - 10.5\times3 = 4.5 \text{ kN}\cdot\text{m}$$

根据式(3-6)计算截面 D 的剪力和轴力。因为在集中荷载作用处，F_Q^0 有突变，所以要计算出左、右两边的剪力 F_{QD}^L、F_{QD}^R 和轴力 F_{ND}^L、F_{ND}^R。

$$F_{QD}^L = F_Q^{L0}\cos\varphi - F_H\sin\varphi = (-2)\times0.832 - 10.5\times(-0.555) = 4.16 \text{ kN}$$

$$F_{ND}^L = -F_Q^{L0}\sin\varphi - F_H\cos\varphi = -(-2)\times(-0.555) - 10.5\times0.832 = -9.85 \text{ kN}$$

$$F_{QD}^R = F_Q^{R0}\cos\varphi - F_H\sin\varphi = (-12)\times0.832 - 10.5\times(-0.555) = -4.16 \text{ kN}$$

$$F_{ND}^R = -F_Q^{R0}\sin\varphi - F_H\cos\varphi = -(-12)\times(-0.555) - 10.5\times0.832 = -15.4 \text{ kN}$$

具体计算时，可列表进行(见表 3-1)。根据表 3-1 中的数值，绘出内力图，如图 3-22 所示。

表 3-1　三铰拱内力计算

截面号	截面几何参数					弯矩计算			F_Q^0	剪力计算			轴力计算		
	x	y	$\tan\varphi$	$\sin\varphi$	$\cos\varphi$	M^0	$-F_H y$	M		$F_Q^0\cos\varphi$	$-F_H\sin\varphi$	F_Q	$-F_Q^0\sin\varphi$	$-F_H\cos\varphi$	F_N
0	0	0	1.333	0.800	0.600	0.00	0.00	0.00	16.0	9.60	-8.40	1.20	-12.80	-6.30	-19.10
1	1.5	1.75	1.000	0.707	0.707	20.63	18.38	2.25	11.5	8.13	-7.42	0.71	-8.13	-7.42	-15.55
2	3.0	3.0	0.667	0.555	0.832	34.50	31.50	3.00	7.0	5.82	-5.83	-0.01	-3.89	-8.74	-12.63
3	4.5	3.75	0.333	0.316	0.949	41.63	39.38	2.25	2.5	2.37	-3.32	-0.95	-0.79	-9.96	-10.75
4	6.0	4.0	0.000	0.000	1.000	42.00	42.00	0.00	-2.0	-2.00	0.00	-2.00	0.00	-10.5	-10.50
5	7.5	3.75	-0.333	-0.316	0.949	30.00	30.38	0.38	2.0	1.90	3.32	1.42	0.63	9.96	10.59
6	9.0	3.0	-0.667	-0.555	0.832	36.00	31.50	4.50	-2.0	-1.66	5.82	4.16	-1.11	-8.74	-9.85
									-12.0	-9.98	5.82	-4.16	-6.66	-8.74	-15.40
7	10.5	1.75	-1.000	-0.707	0.707	18.00	18.38	-0.38	-12.0	-8.48	7.42	-1.06	-8.48	-7.42	-15.90
8	12.0	0	-1.333	-0.800	0.600	0.00	0.00	0.00	-12.0	-7.20	8.40	1.20	-9.60	-6.30	-15.90

注：表中尺寸单位为 m，弯矩单位为 kN · m，剪力、轴力单位为 kN。

三、三铰拱的合理轴线

从前面三铰拱的内力计算可以看出，拱的任意截面上既有弯矩和剪力，又有轴力。由于弯矩和剪力引起的应力在杆件截面上的分布是不均匀的，为了改善三铰拱截面上的应力状态，应设法使截面上的弯矩和剪力尽量小，以使拱处于均匀受压状态。当然，最理想的状态就是使拱的所有截面上的弯矩全为零(剪力也相应为零)，使拱轴仅承受压力的作用。这时，材料的使用最经济。在固定荷载作用下使拱处于无弯矩状态的轴线称为合理拱轴线。

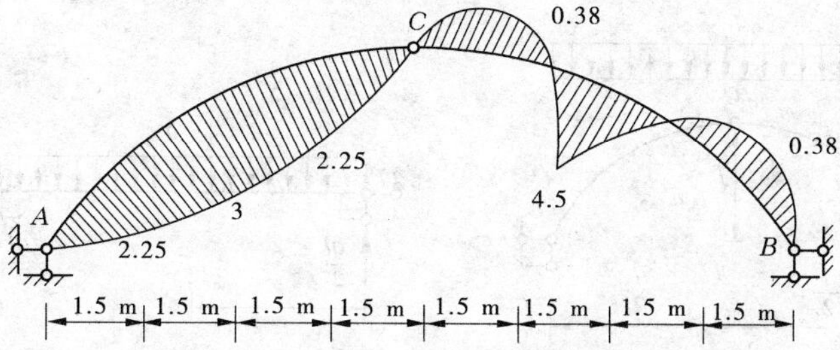

(a) M图(kN · m)

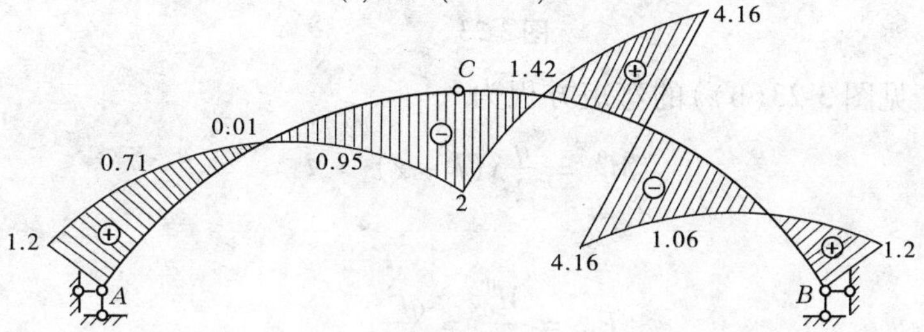

(b) F_Q图(kN)

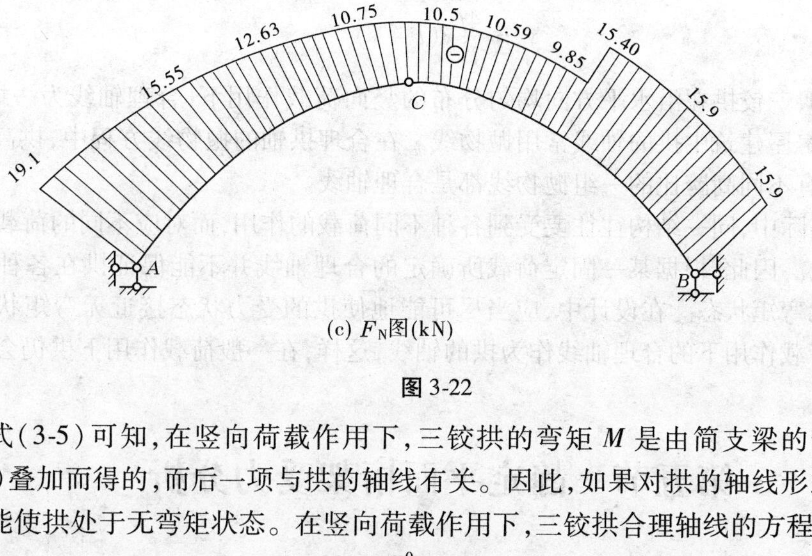

(c) F_N图(kN)

图 3-22

由式(3-5)可知，在竖向荷载作用下，三铰拱的弯矩 M 是由简支梁的弯矩(M^0)与($-F_H y$)叠加而得的，而后一项与拱的轴线有关。因此，如果对拱的轴线形式加以选择，则有可能使拱处于无弯矩状态。在竖向荷载作用下，三铰拱合理轴线的方程可表示为

$$M = M^0 - F_H y = 0$$

即

$$y = \frac{M^0}{F_H} \tag{3-7}$$

式(3-7)表明，在竖向荷载作用下，三铰拱的合理轴线的纵坐标与简支梁弯矩图的纵坐标成正比。

【例 3-8】　试求图 3-23(a)所示三铰拱的合理轴线。

解　由式(3-7)可知

$$y = \frac{M^0}{F_H}$$

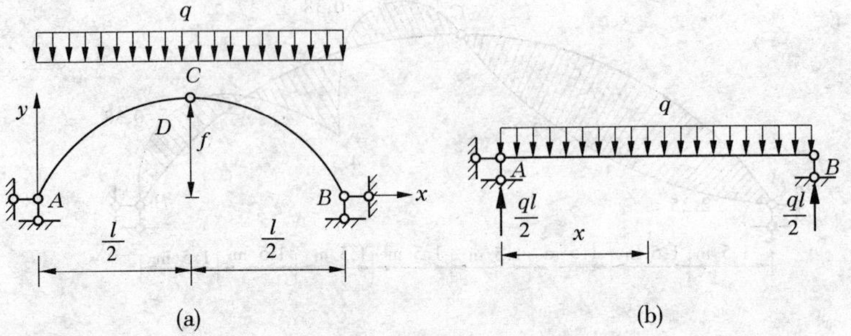

图 3-23

相应简支梁(见图 3-23(b))的弯矩方程为

$$M^0 = \frac{q}{2}x(l - x)$$

拱的推力为

$$F_{\mathrm{H}} = \frac{M_C^0}{f} = \frac{ql^2}{8f}$$

所以

$$y = \frac{4f}{l^2}x(l - x)$$

由此可知,三铰拱在沿水平方向均匀分布的竖向荷载作用下,合理轴线为一抛物线。正因为如此,房屋建筑中拱的轴线常用抛物线。在合理拱轴的抛物线方程中,拱高 f 没有确定,因此具有不同高跨比的一组抛物线都是合理轴线。

在工程实际中,同一结构往往要受到各种不同荷载的作用,而对应不同的荷载就有不同的合理轴线。因此,根据某一固定荷载所确定的合理轴线并不能保证拱在各种荷载作用下都处于无弯矩状态。在设计中,应当尽可能地使拱的受力状态接近无弯矩状态。通常是以主要荷载作用下的合理轴线作为拱的轴线,这样,在一般荷载作用下拱仍会产生不大的弯矩。

第五节　静定平面桁架受力分析

一、桁架的组成与特点

桁架是由直杆通过铰结点联结而成的格构式体系,是建筑工程中常用的一种大跨度结构。图 3-24(a)所示为一钢筋混凝土组合屋架,其计算简图如图 3-24(b)所示。

梁和刚架承受荷载后,主要产生弯曲内力,截面上应力分布是不均匀的,因而材料不能充分利用。桁架在结点荷载作用下,各杆内力主要为轴力,截面上的应力基本上分布均匀,可以充分发挥材料的作用。因此,桁架是大跨结构常用的一种形式。

实际桁架的受力情况比较复杂,在计算中必须抓住其主要特征,对实际桁架作必要的简化。通常在桁架的内力计算中,采用下列基本假定:

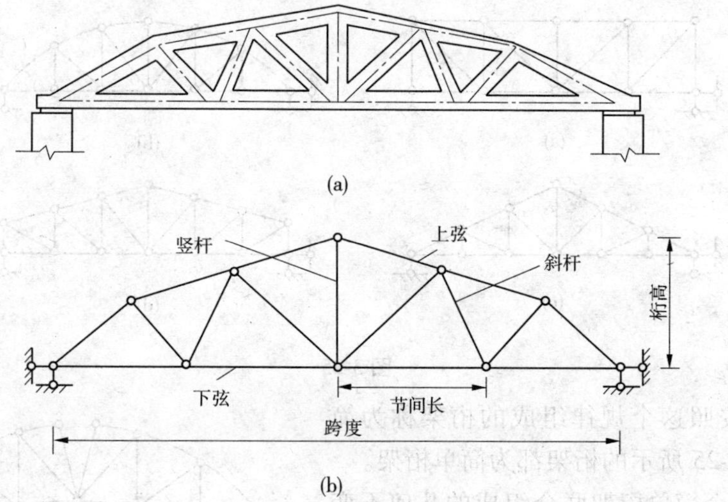

图 3-24

(1)桁架的结点都是理想的光滑铰结点。

(2)各杆的轴线都是直线,且通过铰结中心。

(3)荷载和支座反力都作用在结点上。

依据上述基本假设,桁架中各杆都只在杆端受轴向力,为二力杆。其轴力可能是拉力,也可能是压力,在计算中通常规定轴力以使杆件受拉为正。

实际桁架与上述基本假定是有差别的。在实际工程中,除木桁架的连接结点比较接近于铰结点外,钢桁架和钢筋混凝土桁架的结点都有很大的刚性,甚至有些杆件在结点处是连续不断的;各杆的轴线也不一定全是直线,且结点上各杆的轴线也不一定全交于一点。但工程实践证明,结点刚性等因素的影响一般对桁架来说是次要的。按上述基本假定计算得到的桁架内力称为主内力,由于实际情况与上述假定不同而产生的附加内力称为次内力。本节只讨论主内力的计算。

二、桁架的分类

按照桁架的外形特点,静定平面桁架可分为以下四类:

(1)平行弦桁架,如图 3-25(a)所示。

(2)抛物线桁架,如图 3-25(b)所示。

(3)三角形桁架,如图 3-25(c)所示。

(4)梯形弦桁架,如图 3-25(d)所示。

按照整体受力特征,静定平面桁架可分为两类:

(1)梁式桁架或无推力桁架(见图 3-25)

(2)拱式桁架或有推力桁架(见图 3-26)。

根据几何构造的特点,静定平面桁架可分为三类:

(1)由基础或一个基本铰结三角形开始,每次用不在一条直线上的两根链杆连接一

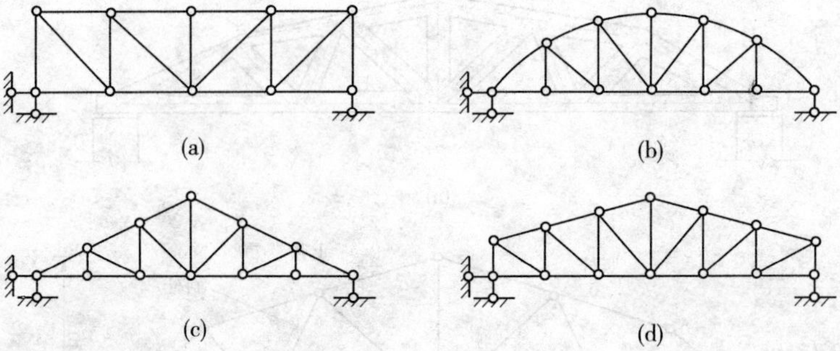

图 3-25

个新结点。按照这个规律组成的桁架称为简单桁架。图 3-25 所示的桁架都为简单桁架。

(2)由几个简单桁架联合组成的几何不变的铰结体系，这类桁架称为联合桁架。图 3-27(a)所示桁架为联合桁架。

(3)凡不属于前两类的桁架，称为复杂桁架。图 3-27(b)所示为一复杂桁架。

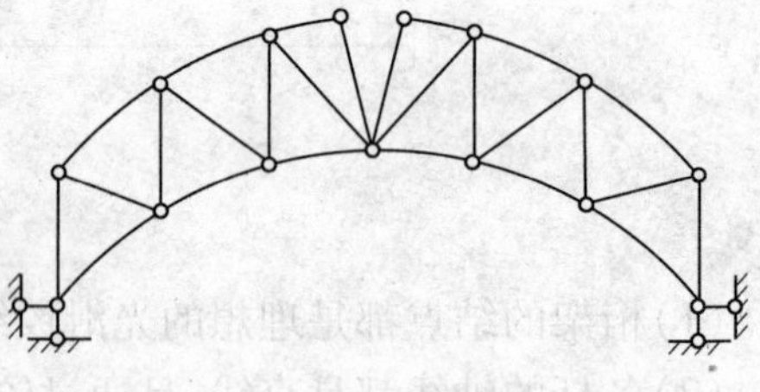

图 3-26

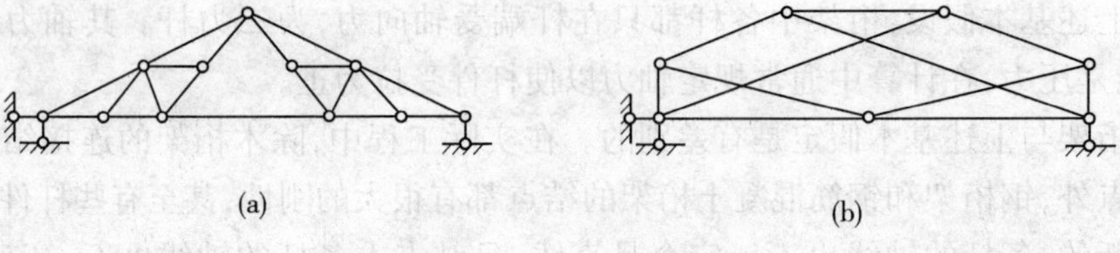

图 3-27

二、桁架的计算方法

为了计算桁架中各杆的轴力，通常的做法为：截取桁架中的一部分为隔离体，利用隔离体的静力平衡条件建立平衡方程，由平衡方程解出杆件的轴力。如果隔离体中只包含一个结点，这种方法称为结点法；如果隔离体中包含两个及两个以上的结点，这种方法称为截面法。

在计算过程中，通常先假设杆件的未知轴力为拉力。计算结果如得正值，表示轴力确是拉力；计算结果如得负值，表示轴力为压力。

(一)结点法

结点法是取桁架结点为隔离体，利用平面汇交力系的两个静力平衡条件计算各杆的未知轴力。结点法最适用于计算简单桁架。利用结点法计算桁架内力时，应从未知内力不超过两个的结点开始，依次进行，直到将全部未知力解出。

桁架中有时会出现轴力为零的杆件，称为零杆。在计算桁架时，如果能先判断出所有零杆，则可减少计算工作量，从而使计算得到简化。判断零杆的基本方法主要有以下三种：

(1)结点只包含两个不共线的未知轴力杆，如结点不受荷载作用，则两杆均为零杆(见图3-28(a))。

(2)结点只包含两个不共线的未知轴力杆，如结点荷载与一杆共线，则另一杆为零杆(见图3-28(b))。

(3)结点只包含三个未知轴力杆，其中有两杆共线，如结点不受荷载作用，则第三根杆为零杆(见图3-28(c))。

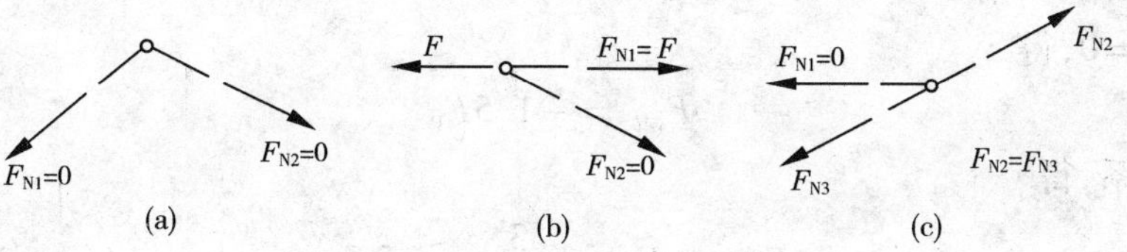

图3-28

【例3-9】　试求图3-29(a)所示桁架中各杆的轴力。

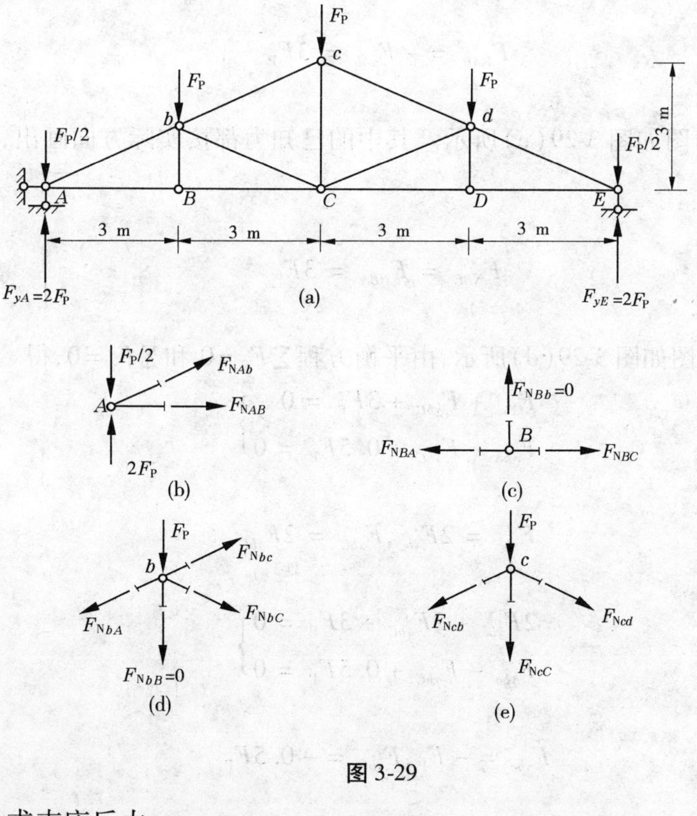

图3-29

解　(1)求支座反力

取整体为隔离体，由静力平衡条件$\sum M_A=0$、$\sum F_y=0$可求得

$$F_{yA}=2F_P(\uparrow),F_{yE}=2F_P(\uparrow)$$

(2)求各杆轴力

计算各杆轴力之前,先判定零杆。根据对结点 B 和结点 D 的分析,可知杆 Bb、杆 Dd 为零杆。

此桁架为对称结构,只要计算其中一半杆件的轴力即可。这里取左半部分进行计算,从只包含两个未知力的结点 A 开始,顺序取结点 B、b、c 为隔离体。

①结点 A

结点 A 的受力分析图如图 3-29(b)所示,未知力 F_{NAB}、F_{NAb} 假设为拉力,并将斜杆轴力 F_{NAb} 分解为 F_{xAb} 和 F_{yAb}。

由 $\sum F_y=0$,得

$$F_{yAb}=-1.5F_P$$

利用比例关系,得

$$F_{xAb}=F_{yAb}\times\frac{3}{1.5}=-3F_P$$

$$F_{NAb}=F_{yAb}\times\frac{3.35}{1.5}=-3.35F_P$$

由 $\sum F_x=0$,得

$$F_{NAB}=-F_{xAb}=3F_P$$

②结点 B

结点 B 的受力图如图 3-29(c)所示。其中的已知力都按实际方向画出,未知力 F_{NBC} 假设为拉力。

由 $\sum F_x=0$,得

$$F_{NBC}=F_{NBA}=3F_P$$

③结点 b

结点 b 的受力图如图 3-29(d)所示,由平衡方程 $\sum F_x=0$ 和 $\sum F_y=0$,得

$$\left.\begin{array}{l}F_{xbc}+F_{xbC}+3F_P=0\\F_{ybc}-F_{ybC}+0.5F_P=0\end{array}\right\}$$

由比例关系,得

$$F_{xbc}=2F_{ybc},F_{xbC}=2F_{ybC}$$

于是有

$$\left.\begin{array}{l}2F_{ybc}+2F_{ybC}+3F_P=0\\F_{ybc}-F_{ybC}+0.5F_P=0\end{array}\right\}$$

解方程组,得

$$F_{ybc}=-F_P,F_{ybC}=-0.5F_P$$

由比例关系,得

$$F_{xbc}=-2F_P,F_{Nbc}=-2.24F_P$$
$$F_{xbC}=-F_P,F_{NbC}=-1.12F_P$$

④结点 c

结点 c 的受力图如图 3-29(e)所示,由结构的对称性可知:$F_{Ncb}=F_{Ncd}$。再由平衡方程 $\sum F_y=0$,可得

$$F_{NcC}=F_P$$

最后,根据结构的对称性,可以得到另一半杆件的轴力。

上例中的桁架是一个简单桁架。可以认为它是从三角形 dDE 开始,每次用两根链杆连接一个新结点 C、c、b、B、A 组装而成的。在计算中,只要按照与组装顺序相反的次序依次取结点 A、B、b、c、C、D、d 为隔离体,则每个结点只会包含两个未知轴力,从而可以利用结点的两个静力平衡条件,很方便地将杆件的轴力求出。

因此,用结点法计算简单桁架时,如果截取结点的计算次序与桁架组装结点的次序相反,就可以顺利地求出全部杆件的轴力。

(二)截面法

截面法是用截面切断拟求内力的杆件,从桁架中截出一部分为隔离体(隔离体包含两个以上的结点),利用平面任意力系的三个平衡方程,计算所切各杆的未知轴力。截面法适用于联合桁架与复杂桁架的计算,也适用于计算简单桁架中某些指定杆件的内力。

为了便于计算,这里首先介绍一下截面单杆的概念。

如果某个截面所截的内力为未知的各杆中,除某一杆外,其余各杆都交于一点(或彼此平行),则此杆称为该截面的单杆。特殊情况下,如果截面只截断三个杆,且此三杆不交于一点,也不彼此平行,则其中每一杆都是截面单杆。

截面单杆具有如下性质,即截面单杆的内力可由该截面所截取的隔离体的静力平衡条件直接求出。应用截面法计算联合桁架和某些复杂桁架时,应注意利用截面单杆的这个性质。

图 3-30 所示桁架虽然是一个复杂桁架,但对图中所示水平截面 m—m 来说,AF 杆是截面单杆,因此其轴力可由此截面所截取的隔离体的静力平衡条件($\sum F_x=0$)直接求出。此杆轴力求出后,其余各杆轴力即可用结点法依次求出。

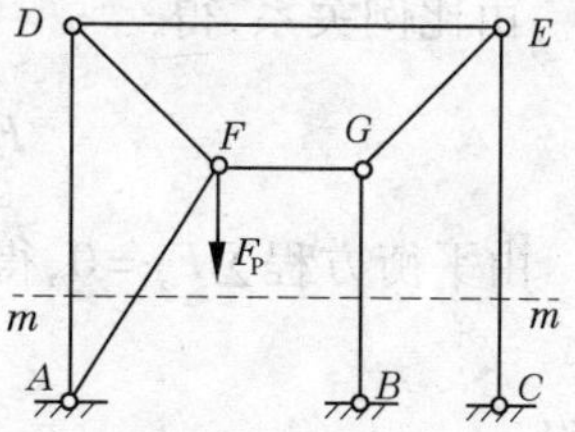

图 3-30

【例 3-10】 试求图 3-31(a)所示桁架中杆 1、2、3 的轴力。

解 (1)求支座反力

取整体为研究对象,由平衡方程 $\sum M_A=0$、$\sum F_y=0$,可求得

$$F_{yA}=4.5\ \text{kN}(\uparrow),F_{yB}=1.5\ \text{kN}(\uparrow)$$

(2)求杆件轴力

作截面 m—m,切断杆 1、2、3,取右边部分为隔离体(见图 3-31(b)),其中共有三个未知力 F_{N1}、F_{N2}、F_{N3},全都设为拉力,可利用隔离体的三个平衡方程求出。

由平衡方程 $\sum M_G=0$,得

$$F_{N1}\times 2.5+1\times 3-1.5\times 12=0$$

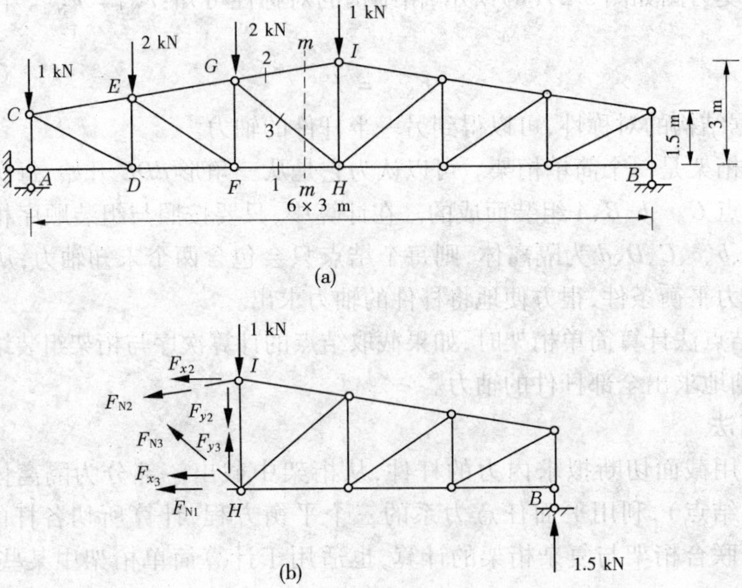

图 3-31

解得

$$F_{N1} = 6\ \text{kN}$$

由平衡方程$\sum M_H = 0$,得

$$F_{x2} \times 3 + 1.5 \times 9 = 0$$

解得

$$F_{x2} = -4.5\ \text{kN}$$

由比例关系,得

$$F_{N2} = (-4.5) \times \frac{3.04}{3} = -4.56\ \text{kN}$$

由平衡方程$\sum F_x = 0$,得

$$-F_{x3} - F_{N1} - F_{x2} = 0$$

解得

$$F_{x3} = -F_{N1} - F_{x2} = -6 + 4.5 = -1.5\ \text{kN}$$

由比例关系,得

$$F_{N3} = (-1.5) \times \frac{3.91}{3} = -1.96\ \text{kN}$$

以上计算结果,可应用平衡方程$\sum F_y = 0$来校核。

(三)结点法与截面法的联合应用

当未知轴力的杆件所处的位置比较特殊,或桁架构造比较复杂时,想用一个截面就直接求出杆件的轴力将会遇到困难,这时联合应用结点法和截面法更为方便。

如图 3-32(a)所示简单桁架,拟求两根斜杆 1、2 的轴力。如果我们使用截面 $m—m$,

考虑左半部分的平衡，由 $\sum F_y=0$ 得到的方程包括 F_{y1} 和 F_{y2} 两个未知量，还需要对 F_{y1} 和 F_{y2} 补充一个方程。这个补充方程可以利用结点法得到。由结点 G 的平衡（见图 3-32(b)），可以建立 F_{y1} 和 F_{y2} 的关系。这样 F_{y1} 和 F_{y2} 就可以计算出来了。

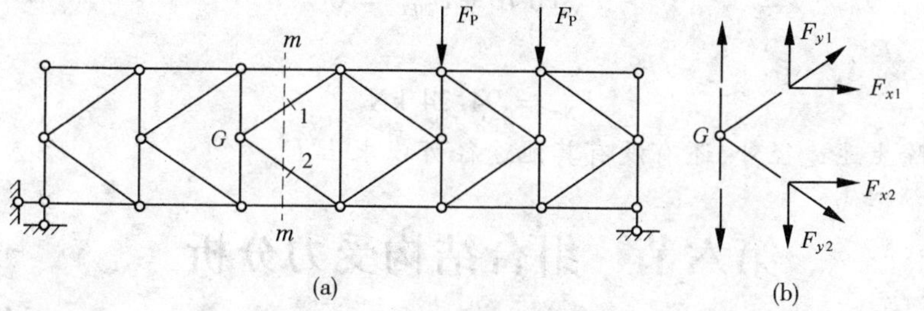

图 3-32

【例 3-11】 试求图 3-33(a)所示桁架中 a 杆的轴力。

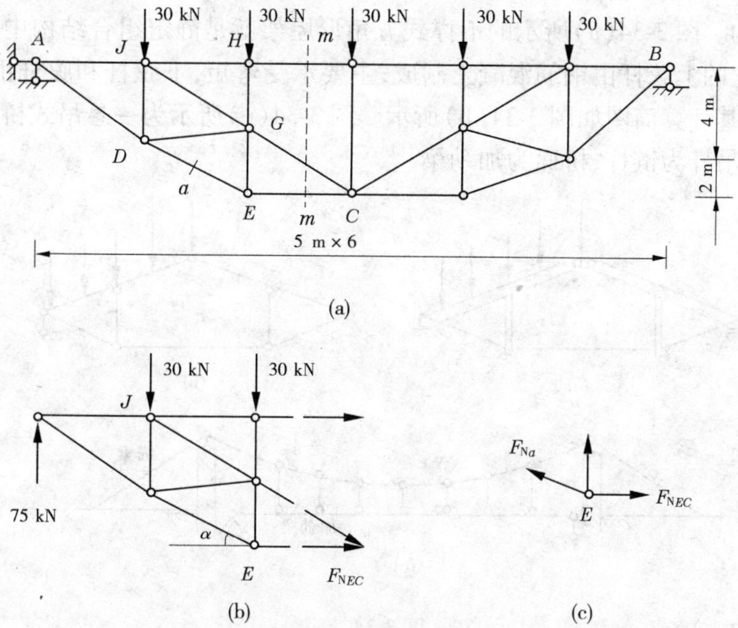

图 3-33

解 根据 a 杆的位置，无论如何选择截面或取结点，想要一次就直接求出它的轴力都是很困难的。于是考虑首先作截面 $m—m$，求出 F_{NEC}，然后取结点 E 就可求出 a 杆的轴力 F_{Na}。

(1)求支座反力

取整体为研究对象，由结构及荷载的对称性可知

$$F_{yA}=F_{yB}=75\ \text{kN}(\uparrow)$$

(2)求杆 EC 的轴力 F_{NEC}

作截面 $m—m$，取截面以左部分为隔离体（见图 3-33(b)），由 $\sum M_J=0$ 可得

$$75\times5+30\times5-F_{NEC}\times6=0$$

解得　　$F_{NEC} = 87.5\ \mathrm{kN}$

(3)求杆 a 的轴力 F_{Na}

取结点 E 为隔离体(见图 3-33(c)),由平衡方程 $\sum F_x = 0$,得

$$-F_{Na}\cos\alpha + F_{NEC} = 0$$

解得

$$F_{Na} = 94.24\ \mathrm{kN}$$

想一想:除上述途径外,还有没有其他途径可以求出 F_{Na}。

第六节　组合结构受力分析

一、组合结构的组成与特点

在工程实际中,经常会遇到由链杆(二力杆)和梁式杆混合组成的结构,这种结构通常称为组合结构。图 3-34(a)所示的下撑式五角形屋架就是静定组合结构中的一个较为典型的例子。它的上弦杆由钢筋混凝土制成,主要承受弯矩,下弦杆和腹杆由型钢制成,主要承受轴力,其计算简图如图 3-34(b)所示。图 3-34(c)所示为一悬吊式桥梁的计算简图,柔性悬索和吊杆为链杆,桥面为加劲梁。

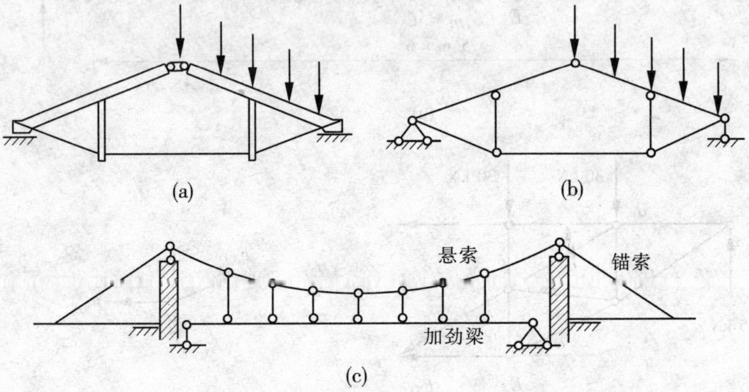

图 3-34

组合结构由于在梁式杆上装置了若干个二力杆,故可使梁式杆的支点间距减小或产生负弯矩,使梁式杆的弯矩减小,改善了受弯杆件的工作状态,从而达到节约材料及增加刚度的目的。梁式杆及二力杆还可采用不同的材料做成,如梁式杆用钢筋混凝土制作,二力杆用钢材制作。

二、组合结构的内力计算

计算组合结构内力时,一般先求出二力杆的内力,并将其反作用于梁式杆上,再计算梁式杆的弯矩、剪力和轴力。计算二力杆的内力与计算桁架的内力一样,可以用结点法和截面法。但需要注意的是,如果二力杆的一端与梁式杆相联结,则不能不加分辨地引用前

面所讲的结点法来求解二力杆的轴力。同时,为了减少隔离体上未知力的数目,应尽量避免截断梁式杆。

下面结合例题说明组合结构的内力计算过程。

【例 3-12】　试计算图 3-35(a)所示组合结构。

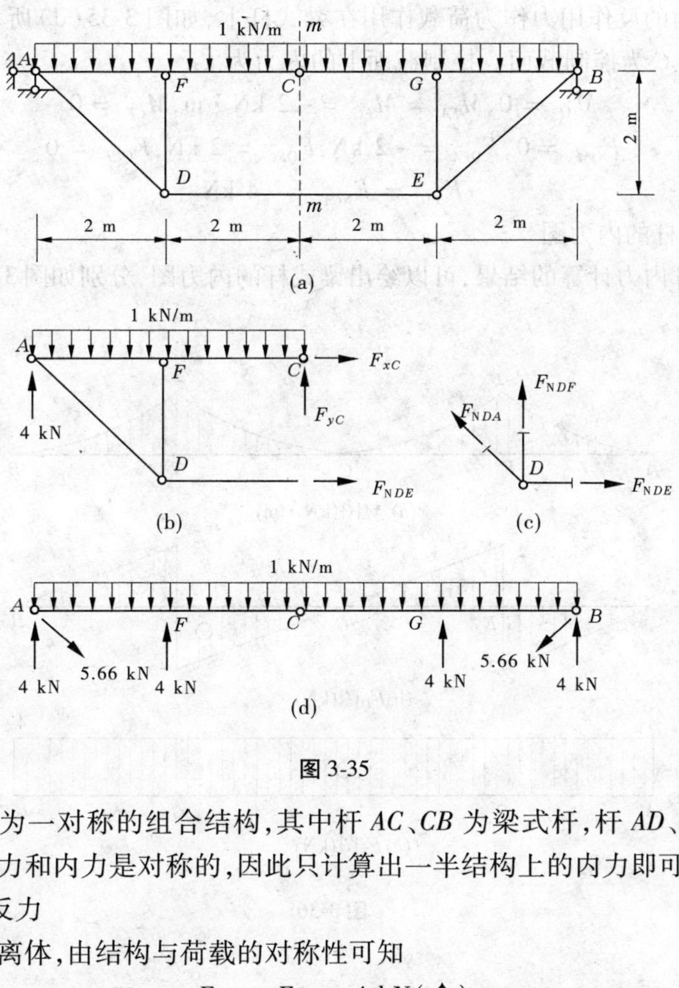

图 3-35

解　此结构为一对称的组合结构,其中杆 AC、CB 为梁式杆,杆 AD、DF、DE、EG、EB 为链杆。支座反力和内力是对称的,因此只计算出一半结构上的内力即可。

(1)求支座反力

取整体为隔离体,由结构与荷载的对称性可知

$$F_{yA} = F_{yB} = 4\ \text{kN}(\uparrow)$$

(2)计算链杆的轴力

用截面 m—m 从铰 C 处截断结构,取左半部分为隔离体(见图 3-35(b)),由平衡方程 $\sum M_C = 0$ 得

$$F_{NDE} \times 2 - F_{yA} \times 4 + 4 \times 2 = 0$$

解得

$$F_{NDE} = 4\ \text{kN}$$

取结点 D 为隔离体(见图 3-35(c)),由平衡方程 $\sum F_x = 0$ 得

$$F_{xDA} = 4\ \text{kN}$$

利用比例关系,得

$$F_{\text{N}DA}=\sqrt{2}F_{xDA}=5.66\ \text{kN},F_{yDA}=4\ \text{kN}$$

由平衡方程$\sum F_y=0$得

$$F_{\text{N}DF}=-F_{yDA}=-4\ \text{kN}$$

(3)计算梁式杆内力

将链杆内力的反作用力作为荷载作用在梁式杆上,如图3-35(d)所示。取杆AFC为隔离体,以A、F、C为控制截面。控制截面上的内力为

$$M_{AF}=0,M_{FA}=M_{FC}=-2\ \text{kN}\cdot\text{m},M_{CF}=0$$

$$F_{\text{Q}AF}=0,F_{\text{Q}FA}=-2\ \text{kN},F_{\text{Q}FC}=2\ \text{kN},F_{\text{Q}CF}=0$$

$$F_{\text{N}AC}=F_{\text{N}CA}=-4\ \text{kN}$$

(4)作梁式杆的内力图

根据梁式杆内力计算的结果,可以绘出梁式杆的内力图,分别如图3-36(a)、(b)、(c)所示。

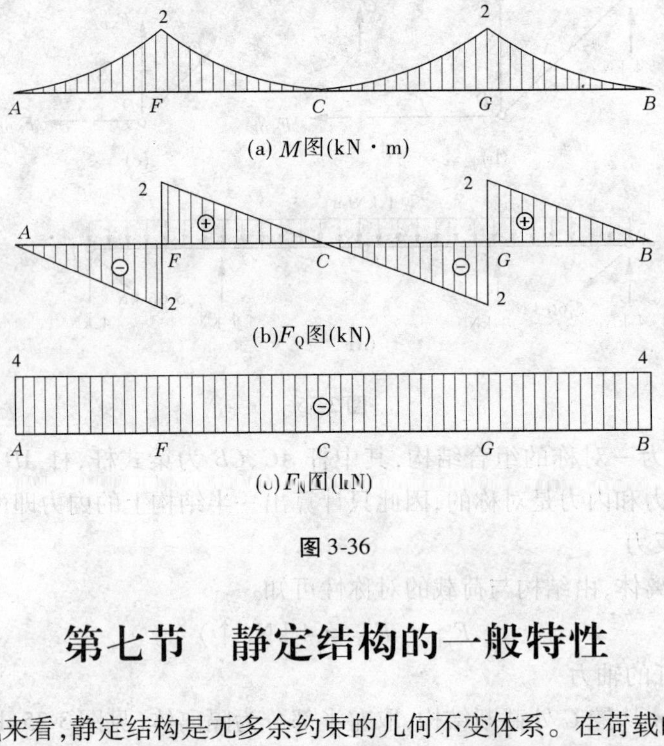

图3-36

第七节 静定结构的一般特性

从几何组成来看,静定结构是无多余约束的几何不变体系。在荷载的作用下,如不考虑杆件的变形,静定结构的几何形状是不能改变的。由于静定结构没有多余约束,其所有的支座反力和内力都可以由静力平衡条件完全确定,并且解答是唯一的。这种满足平衡条件的内力解答的唯一性是静定结构的基本特性。下面提到的一些特性,都是在此基础上派生出来的。

一、内力与杆件截面刚度无关

由于静定结构的支座反力和内力仅由静力平衡条件即可唯一确定,因此其支座反力

和内力只与荷载以及结构的几何形状和尺寸有关，而与杆件所用材料、截面形状及尺寸无关，即与杆件的截面刚度无关。

二、非荷载因素在静定结构中不引起内力

支座移动、温度改变、制造误差等因素只能使静定结构产生变形和位移，但不会引起支座反力和内力。这是因为静定结构内部没有多余约束，当有上述非荷载因素作用时，结构可以自由变形，并不产生内力。如图3-37(a)所示简支梁，支座B下沉只会引起刚体位移（如虚线所示），而在梁内并不引起内力；如图3-37(b)所示桁架，由于杆件的制作误差，拼装后结构形状略有改变（如虚线所示），但桁架内部不会产生内力；如图3-37(c)所示，设简支梁的上方和下方温度分别改变了$-t$和$+t$，因为简支梁可以自由地产生弯曲变形（如虚线所示），所以梁内不会产生内力。

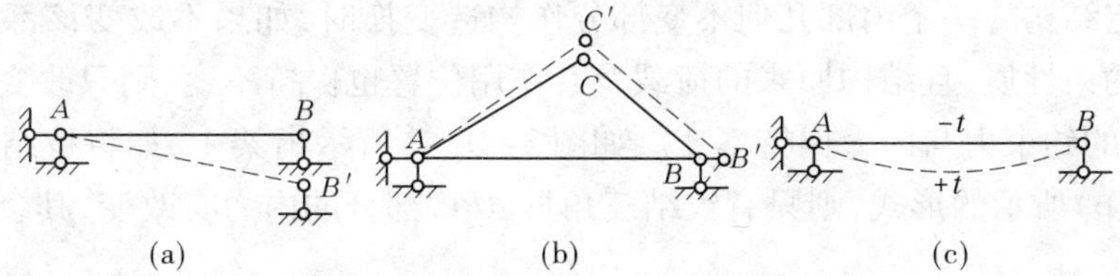

图3-37

三、静定结构的局部平衡特性

在荷载的作用下，如果静定结构中某一局部可以与荷载维持平衡，则其余部分的内力必然为零。也就是说，当平衡力系加在静定结构的某一内部几何不变部分时，其余部分均不产生内力和反力。如图3-38(a)所示静定多跨梁，当梁AB承受荷载时，它自身的支座反力可与荷载维持平衡，因而梁BC无内力；如图3-38(b)所示静定桁架，当杆AB承受任意平衡力系时，除杆AB产生内力外，其余各杆都是零杆。

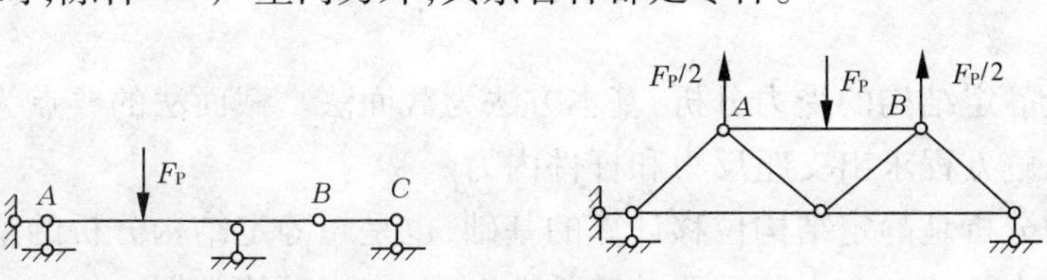

图3-38

四、静定结构的荷载等效特性

当对静定结构的一个内部几何不变部分上的荷载进行等效变换时，其余部分的内力和反力不变。所谓荷载的等效变换，就是把一组荷载变换成另一组荷载，且保持两组荷载

的合力相同。图 3-39(a)中的荷载 F_P 与图 3-39(b)中结点 A、B 上的两个荷载$\frac{F_P}{2}$是等效荷载。将图 3-39(a)变为图 3-39(b)时，只有杆 AB 的内力改变，其余各杆的内力都不变。

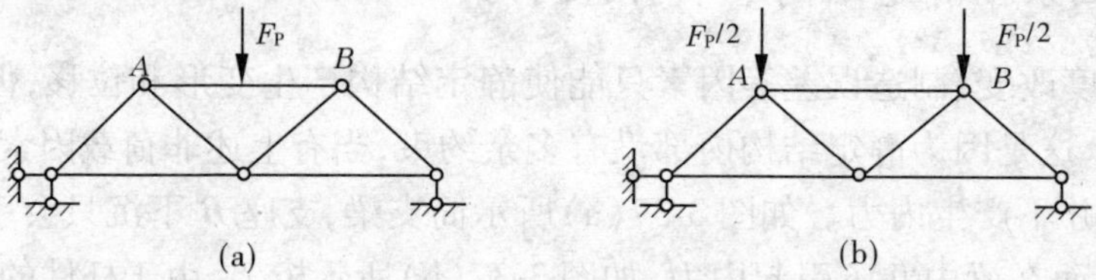

图 3-39

五、静定结构的构造变换特性

当对静定结构的一个内部几何不变部分作构造变换时，如果不改变该部分与其他部分联系处的约束性质，且结构原来的荷载及其作用位置也保持不变，则只改变该局部的内力，其他部分的约束力与内力保持不变。如图 3-40(a)所示桁架中，如将铰结三角形 ABC 改为图 3-40(b)所示的形式，则只有铰结三角形 ABC 部分的内力有改变，其余部分的内力没有改变。

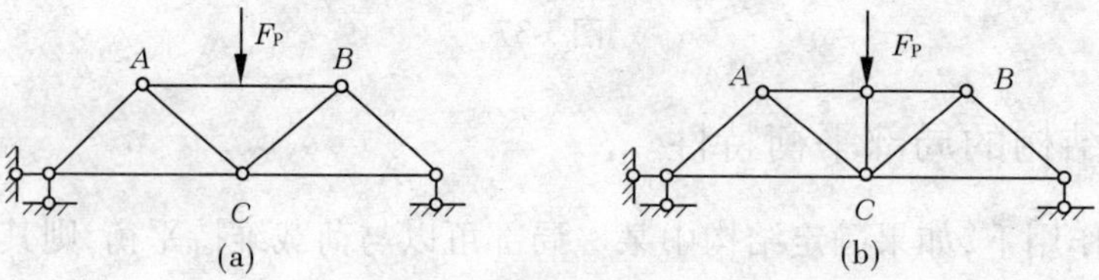

图 3-40

本章小结

本章主要讨论静定结构的受力分析，基本方法为截面法。截面法的要点为：选取隔离体，建立平衡方程，解方程求出支座反力和杆件内力。

静定结构受力分析是静定结构位移计算的基础，也是超静定结构分析的基础。因此，本章的内容是结构力学的一个十分重要的基础性内容，应当熟练掌握。

(1)静定单跨梁和多跨梁多为水平杆件，在竖向荷载作用下，主要内力为剪力和弯矩。其计算步骤为：先计算支座反力，然后用截面法计算指定截面的内力，最后用分段叠加法绘制内力图。计算中要特别注意内力及内力图的正、负号问题。

(2)静定平面刚架在荷载作用下，杆件截面上一般有三个内力分量(弯矩、剪力与轴力)，其计算步骤与静定梁相同。但对于三铰刚架，要注意其支座反力的计算具有与简支刚架不同的特点。

(3)三铰拱的受力分析比较简单，在学习中，除要记住其水平推力与内力的计算公式外,还应注意掌握三铰拱的两个主要力学特性:一是由于水平推力的影响,三铰拱的截面弯矩比相应简支梁的要小;二是如果合理地选定三铰拱的轴线形式,就可以使拱处于无弯矩状态,从而得到拱轴线形状的最优化结果。

(4)静定桁架的突出特点是各结点均为铰结点,在结点荷载作用下,各杆的内力只有轴力。结点法和截面法是计算桁架内力的基本方法,要熟练掌握,并会联合应用,还要善于识别零杆和截面单杆。根据几何构造分析,要会识别简单桁架和联合桁架,并会优选最简捷的分析方法和分析顺序。

(5)静定组合结构是由链杆和梁式杆件组成的。链杆的内力只有轴力,梁式杆的内力一般有弯矩、剪力和轴力。其计算步骤为:先求出链杆的轴力,并将其反作用于梁式杆上,再计算梁式杆的弯矩、剪力和轴力。计算时必须注意分清哪些杆是链杆,哪些杆是梁式杆。

在学习中,还要注意掌握静定结构的一般特性,并能将其与静定结构的内力计算结合起来,以提高计算效率。

思考题

3-1　杆件的横截面上一般会出现几种内力分量?分别与哪些变形相对应?

3-2　截面法计算内力的思路和计算步骤是怎样的?

3-3　只根据梁上的分布荷载集度能否确定剪力图和弯矩图?还需要什么条件?如何利用三者之间的微分关系判断剪力图、弯矩图的正确性?

3-4　用叠加法画弯矩图的适用条件是什么?

3-5　在进行静定结构内力计算时,为什么只考虑结构的静力平衡条件而不考虑结构的变形条件?

3-6　在用叠加法绘制直杆构件的内力图时,为什么必须是纵坐标的相加,而不是两个图形简单的拼合?

3-7　静定多跨梁当荷载作用在基本部分上时,对附属部分是否引起内力,为什么?

3-8　静定多跨梁的基本部分和附属部分的划分在有些情况下是否与所受的荷载有关?

3-9　刚结点与铰结点相比,在受力和变形上各有什么特点?

3-10　刚架与梁相比,力学性能有什么不同?内力计算上有哪些异同?

3-11　在进行刚架的内力图绘制时,如何根据弯矩图来绘制剪力图?如何根据剪力图来绘制轴力图?

3-12　对于简单桁架和联合桁架,怎样利用桁架几何构造的特点简化计算,以避免解联立方程组?

3-13　什么叫截面单杆?它有什么特点?在桁架的计算中它有什么用处?

3-14　组合结构的计算与桁架的计算有什么不同?应注意哪些特点?

3-15　三铰拱式屋架常加拉杆,为什么?

3-16　什么是三铰拱的合理拱轴线？如何确定合理拱轴？在什么情况下三铰拱的合理拱轴为二次抛物线？

3-17　三铰拱的相应简支梁是如何确定的？相应简支梁上的弯矩是大于还是小于三铰拱上的弯矩？

3-18　静定结构的一般特性有哪些？

习　题

3-1　试用分段叠加法作图 3-41 所示梁的内力图。

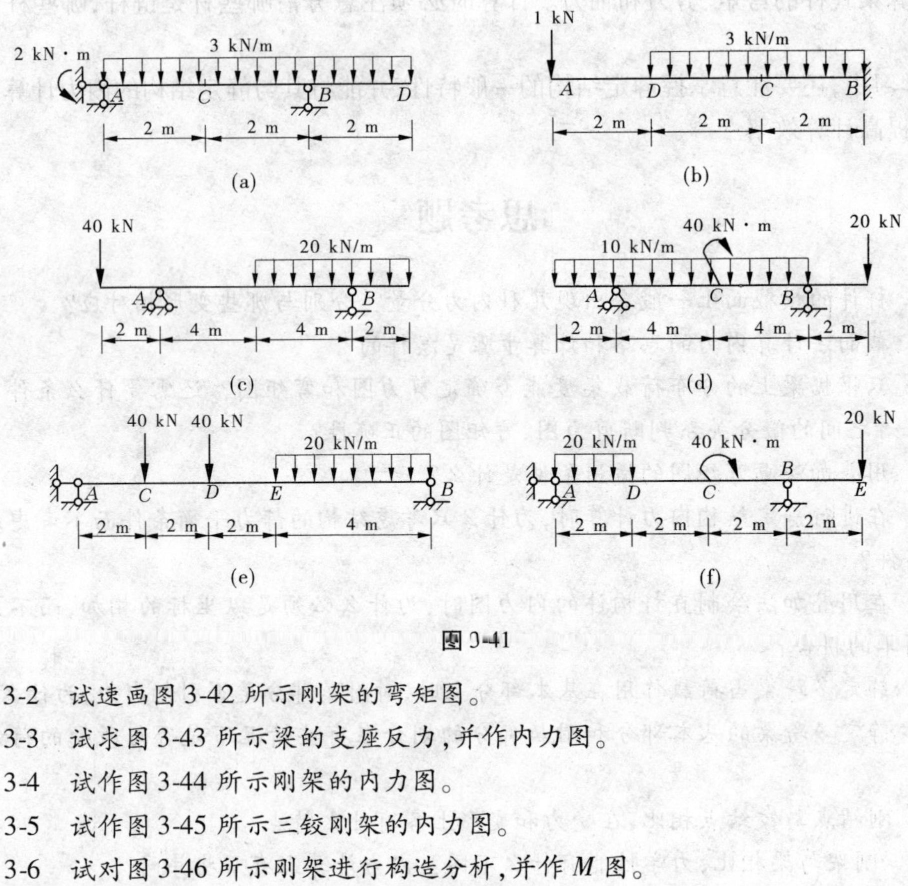

图 3-41

3-2　试速画图 3-42 所示刚架的弯矩图。

3-3　试求图 3-43 所示梁的支座反力，并作内力图。

3-4　试作图 3-44 所示刚架的内力图。

3-5　试作图 3-45 所示三铰刚架的内力图。

3-6　试对图 3-46 所示刚架进行构造分析，并作 M 图。

3-7　试判断图 3-47 所示桁架的零杆。

3-8　试用结点法计算图 3-48 所示桁架的所有杆轴力。

3-9　试用结点法或截面法求图 3-49 所示桁架中指定杆的轴力。

3-10　图 3-50 所示抛物线三铰拱轴线的方程为 $y=\dfrac{4f}{l^2}x(l-x)$，$l=16$ m，$f=4$ m。试求：

(1) 支座反力；

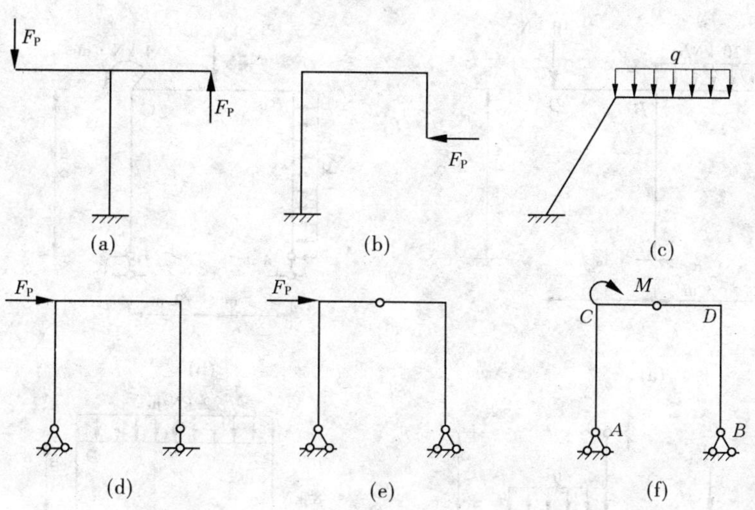

图 3-42

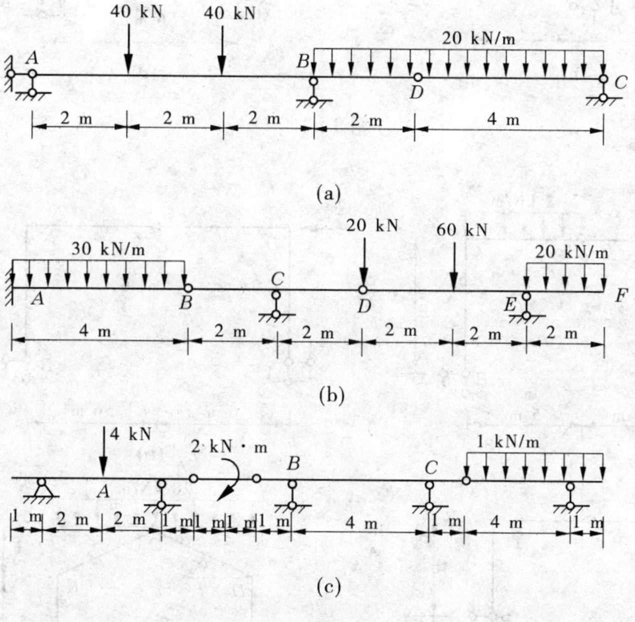

图 3-43

(2)截面 E 的 M、F_N、F_Q 值；

(3)D 点左右两侧截面的 F_N、F_Q 值。

3-11　试作图 3-51 所示组合结构的内力图。

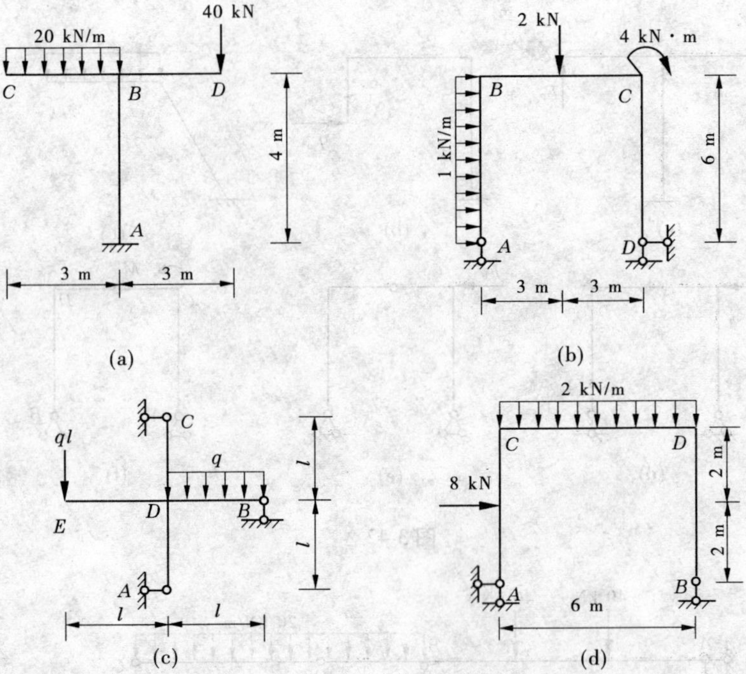
20 kN/m
40 kN
C
B
D
A
4 m
3 m
3 m
(a)
2 kN
4 kN · m
B
C
1 kN/m
6 m
A
D
3 m
3 m
(b)
C
ql
q
E
D
B
A
l
l
l
l
(c)
2 kN/m
C
D
8 kN
2 m
2 m
A
B
6 m
(d)

图 3-44

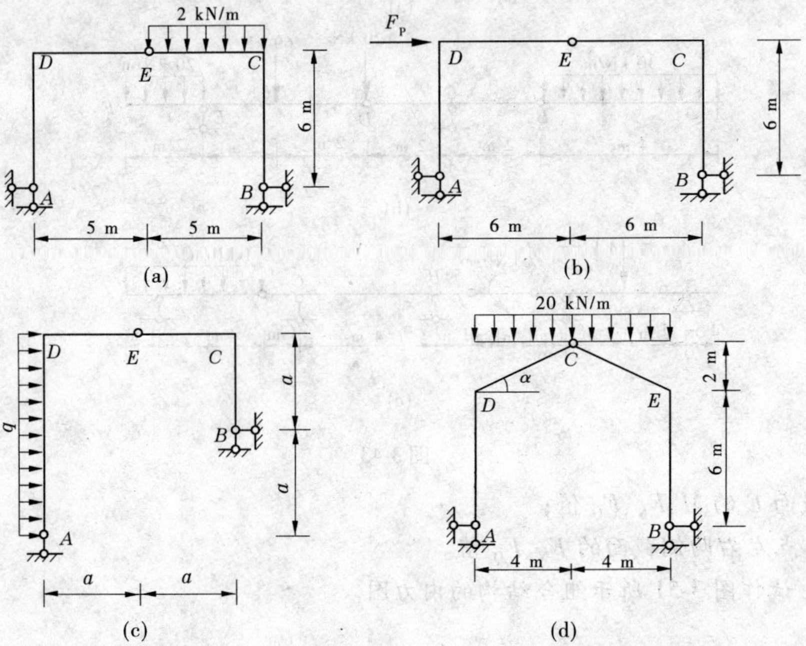
2 kN/m
D
E
C
6 m
A
B
5 m
5 m
(a)
F_P
D
E
C
6 m
A
B
6 m
6 m
(b)
D
E
C
q
a
a
B
A
a
a
(c)
20 kN/m
C
α
D
E
2 m
6 m
A
B
4 m
4 m
(d)

图 3-45

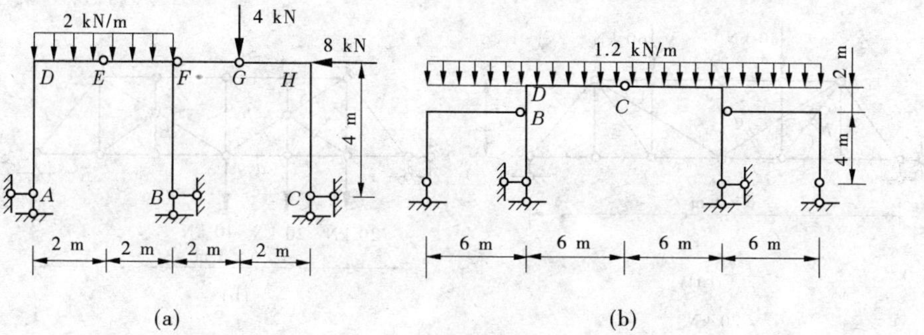

图 3-46

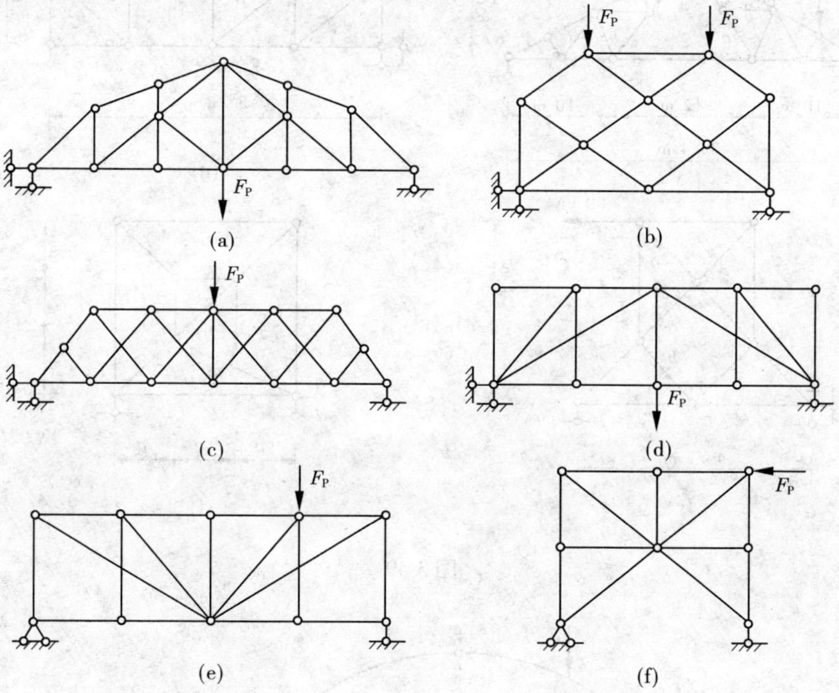

图 3-47

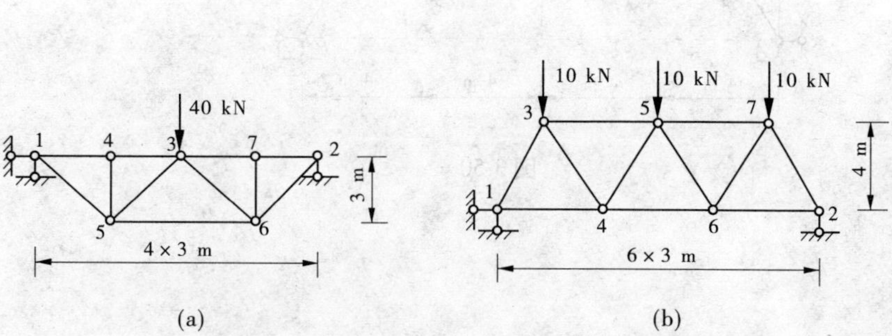

图 3-48

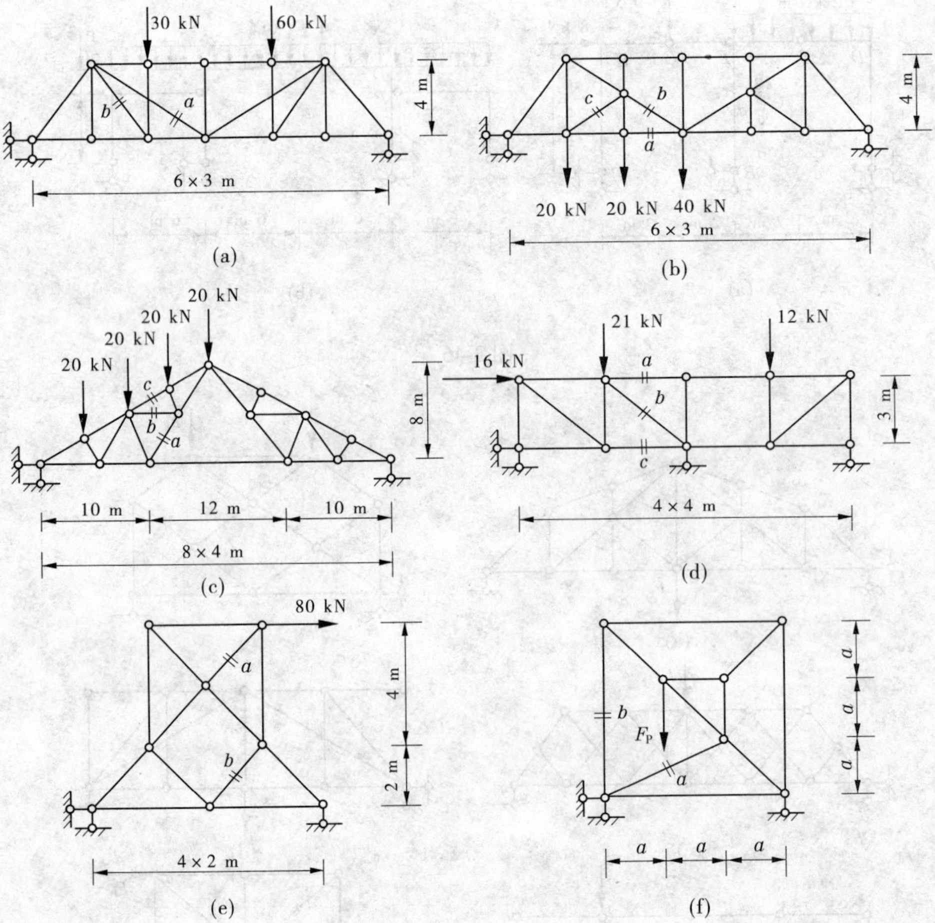
30 kN
60 kN
a
b
4 m
6 × 3 m
(a)
c
b
a
4 m
20 kN
20 kN
40 kN
6 × 3 m
(b)
20 kN
20 kN
20 kN
20 kN
c
b
a
10 m
12 m
10 m
8 × 4 m
(c)
21 kN
12 kN
16 kN
a
b
c
8 m
3 m
4 × 4 m
(d)
80 kN
a
b
4 m
2 m
4 × 2 m
(e)
b
F_P
a
a
a
a
a
a
a
(f)

图 3-49

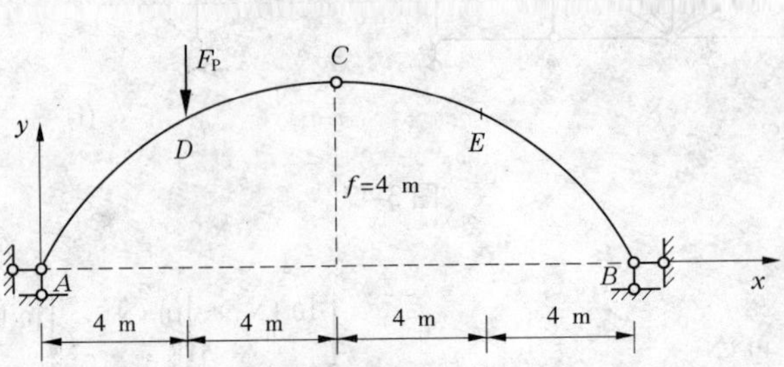
F_P
C
y
D
E
f=4 m
A
B
x
4 m
4 m
4 m
4 m

图 3-50

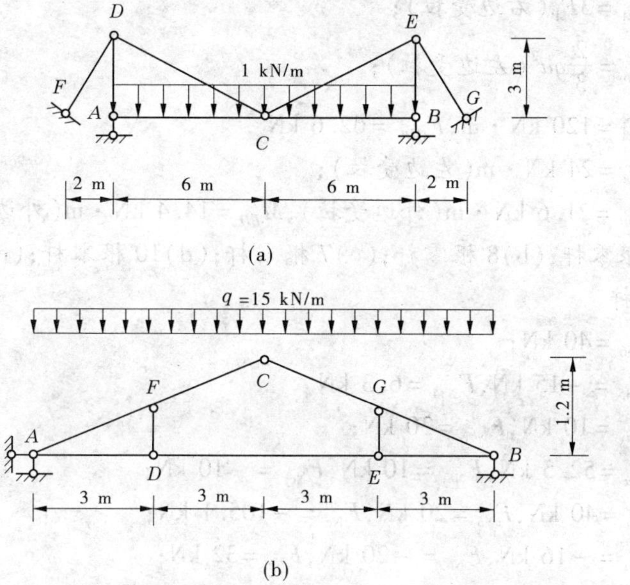

图3-51

习题参考答案

3-1　(a) $M_C = 2\ \text{kN}\cdot\text{m}$;

(b) $M_C = -10\ \text{kN}\cdot\text{m}$;

(c) $F_{yA} = 65\ \text{kN}(\uparrow)$;

(d) $F_{yA} = 52.5\ \text{kN}(\uparrow)$;

(e) $M_E = 192\ \text{kN}\cdot\text{m}, F_{QE} = -8\ \text{kN}$;

(f) $F_{yA} = 20\ \text{kN}, M_C^{\text{L}} = -40\ \text{kN}\cdot\text{m}, M_C^{\text{R}} = 0, F_{QC} = -20\ \text{kN}$

3-2　略

3-3　(a) $F_{yB} = 140\ \text{kN}, M_B = -120\ \text{kN}\cdot\text{m}, F_{QB}^{\text{L}} = -60\ \text{kN}$;

(b) $M_A = -80\ \text{kN}\cdot\text{m}, M_C = -80\ \text{kN}\cdot\text{m}, M_E = -40\ \text{kN}\cdot\text{m}, F_{QA} = 80\ \text{kN}, F_{QB} = -40\ \text{kN}, F_{QC}^{\text{L}} = -40\ \text{kN}, F_{QC}^{\text{R}} = 40\ \text{kN}, F_{QD}^{\text{R}} = 20\ \text{kN}$;

(c) $M_A = 4.5\ \text{kN}\cdot\text{m}, M_B = -1\ \text{kN}\cdot\text{m}, M_C = -1.87\ \text{kN}\cdot\text{m}$

3-4　(a) $M_{AB} = -30\ \text{kN}\cdot\text{m}$;

(b) $M_{CB} = 40\ \text{kN}\cdot\text{m}, F_{QBA} = -6\ \text{kN}$;

(c) $M_{DA} = \dfrac{5}{4}ql^2$(右边受拉), $M_{DB} = \dfrac{3}{2}ql^2$(下边受拉), $M_{DC} = \dfrac{5}{4}ql^2$(左边受拉), $M_{DE} = ql^2$(上边受拉);

(d) $M_{CA} = 16\ \text{kN}\cdot\text{m}$(右边受拉), $F_{QCA} = 0, F_{NCA} = -3.3\ \text{kN}$

3-5　(a) $M_{DA} = 12.5\ \text{kN}\cdot\text{m}$(左边受拉);

(b) $M_{DA}=3F_{P}$(右边受拉);

(c) $M_{DA}=\frac{2}{3}qa^{2}$(左边受拉);

(d) $M_{DA}=120\ \text{kN}\cdot\text{m}, F_{QDC}=62.6\ \text{kN}$

3-6　(a) $M_{DA}=24\ \text{kN}\cdot\text{m}$(左边受拉);

(b) $M_{DB}=21.6\ \text{kN}\cdot\text{m}$(外边受拉), $M_{BD}=14.4\ \text{kN}\cdot\text{m}$(外边受拉)

3-7　(a)6 根零杆;(b)8 根零杆;(c)7 根零杆;(d)10 根零杆;(e)8 根零杆;(f)9 根零杆

3-8　(a) $F_{N56}=40\ \text{kN}$;

(b) $F_{N35}=-15\ \text{kN}, F_{N34}=6.3\ \text{kN}$

3-9　(a) $F_{Nay}=10\ \text{kN}, F_{Nby}=30\ \text{kN}$;

(b) $F_{Na}=52.5\ \text{kN}, F_{Nby}=10\ \text{kN}, F_{Ncy}=-10\ \text{kN}$;

(c) $F_{Na}=40\ \text{kN}, F_{Nb}=20\ \text{kN}, F_{Nc}=-105.1\ \text{kN}$;

(d) $F_{Na}=-16\ \text{kN}, F_{Nb}=-20\ \text{kN}, F_{Nc}=32\ \text{kN}$;

(e) $F_{Na}=56.6\ \text{kN}, F_{Nb}=-28.3\ \text{kN}$;

(f) $F_{Na}=0.75F_{P}, F_{Nb}=-F_{P}$

3-10　(1) $F_{yA}=\frac{3}{4}F_{P}, F_{yB}=\frac{1}{4}F_{P}, F_{H}=\frac{1}{2}F_{P}$;

(2) $M_{E}=-0.5F_{P}$;

(3) $F_{ND}^{L}=-0.78F_{P}, F_{QD}^{L}=0.45F_{P}$

3-11　(a) $F_{NAD}=-12\ \text{kN}, F_{QAC}=3\ \text{kN}$;

(b) $F_{NDE}=225\ \text{kN}, M_{GB}=67.5\ \text{kN}\cdot\text{m}$

第四章　结构位移计算

本章主要讨论虚功原理和静定结构位移计算问题。首先介绍虚功原理，并在此基础上推导出结构位移计算的一般公式；然后介绍不同类型的静定结构在荷载、温度改变和支座移动等因素作用下的位移计算方法；最后介绍线性变形体系的互等定理。其中，应用图乘法计算结构位移是本章的重点。

在学习中，应掌握虚功原理与结构位移计算的一般公式，并能应用其计算各类静定结构在荷载、支座移动及温度变化等因素作用下的位移；熟练掌握梁和刚架位移计算的图乘法；了解功的互等定理。

第一节　概　述

一、结构的位移及其分类

结构在荷载作用下，会产生应力和应变，以致结构的原有形状会发生变化，这种变化称为变形。结构变形时，结构上某个点发生的移动或某个截面发生的转动，称为结构的位移。除荷载作用可以引起结构位移外，温度改变、支座移动与制造误差等因素，也能使结构产生位移。

结构的位移一般分为线位移和角位移两大类。线位移是指结构上点的移动，包括绝对线位移（水平、竖向）和相对线位移；角位移是指杆件横截面的转动，包括绝对角位移和相对角位移。

如图 4-1 所示刚架，在荷载作用下发生如虚线所示的变形。A 点移动到了 A' 点，AA' 是 A 点沿 AA' 方向的线位移，记为 Δ_A，它也可以用水平线位移 Δ_{Ax} 和竖向线位移 Δ_{Ay} 两个分量来表示。图中的 θ_A 为截面 A 的转角，也就是截面 A 的角位移。上述位移都是绝对位移。

如图 4-2 所示简支梁，在荷载作用下发生如虚线所示的变形。截面 A 和 B 的角位移 θ_A 与 θ_B 之和称为 A、B 两截面的相对角位移，即 $\theta_{AB} = \theta_A + \theta_B$。无论是线位移还是角位移，无论是绝对位移还是相对位移，都统称为结构的广义位移。

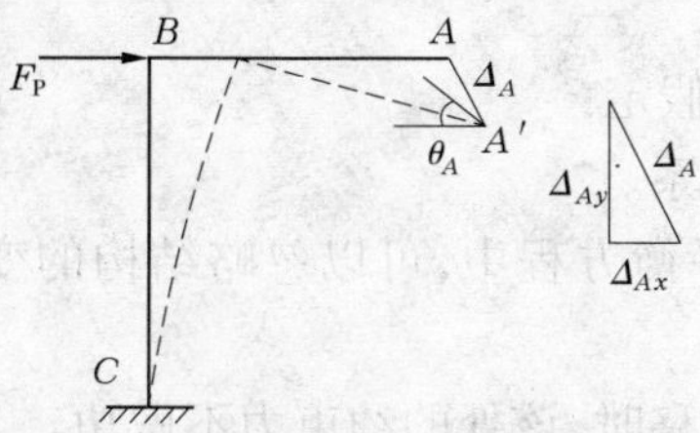

图 4-1

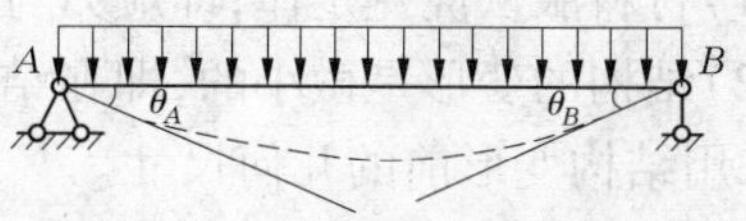

图 4-2

二、结构位移计算的目的

结构位移计算在工程上具有重要的意义，其目的主要包括以下三个方面。

（一）验算结构的刚度

在结构设计中，除要求结构满足强度条件外，还要求结构必须具有足够的刚度，即保证结构在使用过程中不至于产生过大的变形而影响结构的正常使用。例如，《高层建筑混凝土结构技术规程》（JGJ 3—2002）规定：高度不大于150 m的高层框架结构建筑，其最大层间位移不应超过高度的1/550。《钢结构设计规范》（GB 50017—2003）规定：吊车梁的挠度容许值为梁跨度的1/1 200～1/500。结构的刚度是以其变形或位移来衡量的，因此为了验算结构的刚度，需要计算结构的位移。

（二）为超静定结构的内力计算打下基础

在弹性范围内计算超静定结构的反力和内力时，只应用静力平衡条件不能唯一地确定它们，还必须考虑位移条件。因此，位移计算是超静定结构计算的基础，是解答超静定结构必不可少的一个组成部分。此外，结构的动力计算和稳定性分析也要用到结构的位移计算。

（三）结构制作、施工的需要

在结构的制作、施工架设等过程中，往往需要预先知道结构可能发生的位移，以便采取必要的防范和加固措施。图4-3（a）所示屋架为桁架结构，在荷载作用下，下弦各结点将产生虚线所示的竖向位移，中间结点的竖向位移最大。为减小屋架下弦结点的竖向位移，在制作过程中，通常将下弦杆件的长度做得比设计尺寸略短（见图4-3（b））。屋架拼装后，在荷载作用下，下弦各杆就能接近于水平位置。这种做法称为建筑起拱。确定下弦各杆的实际长度，也需要计算其竖向位移。

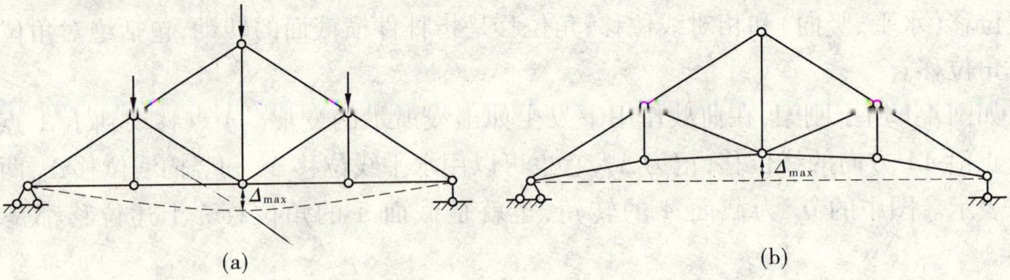

图4-3

三、结构位移计算的假定

在计算结构位移时，为了简化计算，常采用如下假定：

（1）材料服从虎克定律，即应力与应变成线性关系。

（2）结构的变形是微小的，即在结构变形后的平衡方程中，可以忽略结构的变形，而仍然采用结构变形前的几何尺寸。

（3）结构中的约束都是理想约束，即结构发生位移时，该处的约束力不做功。

满足上述条件的结构体系称为线弹性体系。显然,线弹性体系的位移与荷载成线性关系,故在计算结构位移时可应用叠加原理。在荷载全部撤除后,线弹性体系的位移将全部消失,即体系恢复到变形前的位置。

第二节　虚功原理

一、刚体体系虚功原理

(一)虚功的概念

力和位移是功的两个要素,如果使力做功的位移不是由该力本身所引起的,即做功的力与相应于力的位移彼此独立,二者无因果关系,这时力所做的功称为虚功。

在虚功中,做功的力和相应的位移是彼此独立的两个因素,故可将二者看成是分别属于同一体系的两种彼此无关的状态,其中力系所属状态称为力状态,位移所属状态称为位移状态。

下面以实例说明虚功与实功的差别。

如图4-4(a)所示简支梁,在荷载 F_{P1} 的作用下,荷载作用点的竖向位移为 Δ_{11}。在结构静力分析中,作用在结构上的外力 F_{P1} 是静力荷载,即该力是从零逐渐增大到 F_{P1} 值。对于线弹性体系,位移与荷载成线性关系,如图4-4(b)所示。通过对图示三角形积分,可得加载过程中荷载所做的实功为 $W_{11} = \frac{1}{2}F_{P1} \times \Delta_{11}$。式中出现 $\frac{1}{2}$ 这个系数是由于荷载与位移成比例地由零开始逐渐增加到其最后值。

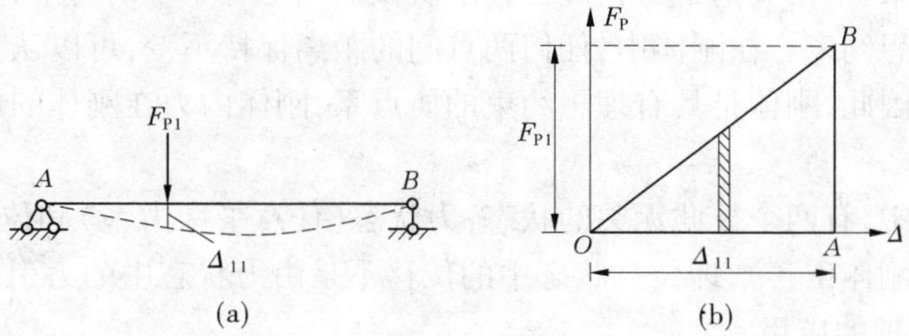

图4-4

现设 F_{P1} 加载完毕,简支梁达到图4-5(a)所示虚线Ⅰ的平衡位置。然后再加载 F_{P2},简支梁继续变形到虚线Ⅱ的平衡位置。在 F_{P2} 的作用点产生新位移 Δ_{22},同理,力 F_{P2} 所做的实功为 $W_{22} = \frac{1}{2}F_{P2} \times \Delta_{22}$。

由于在加载 F_{P2} 的过程中,F_{P1} 作用点沿 F_{P1} 的方向又产生了新的位移 Δ_{12}(Δ_{ij} 的第一个下标表示位移发生的位置和方向,第二个下标表示产生位移的原因)。在此过程中,F_{P1} 的值保持不变,故 F_{P1} 在位移 Δ_{12} 上所做的功为 $W_{12} = F_{P1} \times \Delta_{12}$。由于位移 Δ_{12} 是由 F_{P2} 引起的,与 F_{P1} 无关,故 W_{12} 是 F_{P1} 在位移 Δ_{12} 上所做的虚功。

为清楚起见,今后在研究 F_{P1} 在 F_{P2} 引起的位移 Δ_{12} 上所做的虚功时,不再绘出图4-5

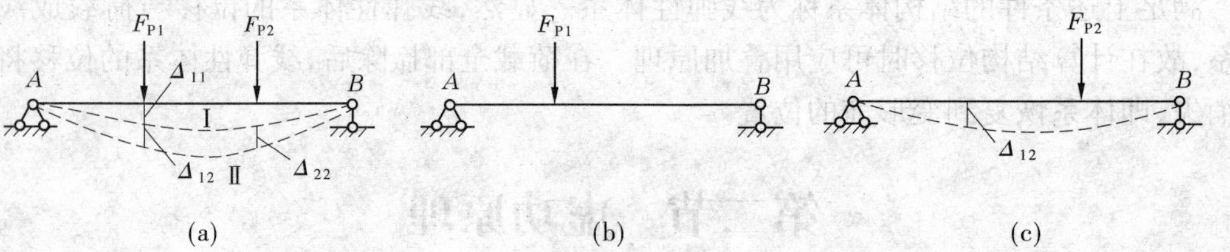

图 4-5

(a)的情况,而把做虚功的力 F_{P1} 和虚位移 Δ_{12} 分别绘在两个图上,并称为同一结构的两个状态。其中,图 4-5(b)代表力状态,称为状态 1;图 4-5(c)代表位移状态,称为状态 2。将 F_{P1} 在虚位移 Δ_{12} 上所做的虚功称为“状态 1 的力在状态 2 的位移上所做的虚功”,即 $W_{12} = F_{P1} \times \Delta_{12}$。

点一点:状态 1 上的力也可以不是一个力,而是一组力;状态 2 上的虚位移也可以不是由一个力或一组力引起的,而是由其他因素(如温度改变、支座移动等)引起的。虚位移可以理解为结构可能发生的连续的、微小的、符合约束性质的位移。

(二)虚功原理

对于具有理想约束的刚体体系,虚功原理可表述为:刚体体系在任意平衡力系作用下,体系上所有主动力在任一与约束条件相符合的无限小刚体位移上所做的虚功总和恒等于零,即

$$W = 0 \tag{4-1}$$

式(4-1)称为刚体体系的虚功方程。

所谓理想约束,是指其约束力在虚位移上所做的功恒等于零的约束,如光滑铰结与刚性链杆均属于理想约束。在刚体中,任何两点间的距离保持不变,可以认为任何两点间有刚性链杆相连。因此,刚体是具有理想约束的质点系,刚体内力在刚体的可能位移上所做的功恒等于零。

在虚功原理中,有两个彼此无关的状态:力状态(任意平衡力系)和位移状态(符合约束性质的无限小刚体位移),即位移状态中的位移不是由力状态中的力引起的。

(三)虚功原理的应用

由于虚功原理中存在两种彼此独立的状态,故在应用虚功原理时,不仅可以将位移状态看做是虚设的,也可以将力状态看做是虚设的。根据虚设对象的不同,虚功原理主要有两种应用形式,现分别讨论如下。

1. 虚位移原理

图 4-6(a)所示简支梁,现拟求支座 A 处的支反力 F_{yA}。

在应用刚体体系虚功原理求未知力时,可将与所求未知力相对应的约束去掉,并以未知力 F_{yA} 代替,如图 4-6(b)所示。于是,原结构变成了自由度等于 1 的机构,该机构在外力和支座反力的作用下维持平衡,如图 4-6(c)所示。把这个刚体位移取为虚位移,可建立虚功方程如下

$$W = F_{yA} \times \Delta_A - F_P \times \Delta_P = 0 \tag{a}$$

可得

$$F_{yA} = \frac{\Delta_P}{\Delta_A}F_P \tag{b}$$

式中，Δ_P、Δ_A 分别是沿 F_P 与 F_{yA} 方向的虚位移。

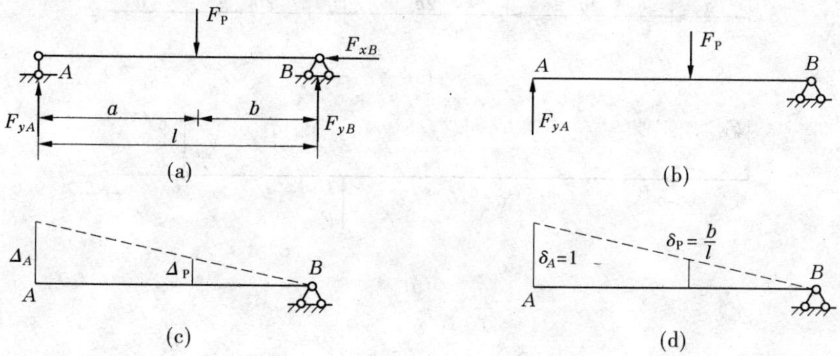

图 4-6

根据图 4-6(c)所示几何关系，可知

$$\frac{\Delta_P}{\Delta_A} = \frac{b}{l} \tag{c}$$

将式(c)代入式(b)，可求得

$$F_{yA} = \frac{b}{l}F_P \tag{d}$$

由于 $\frac{\Delta_P}{\Delta_A}$ 的值不随 Δ_A 的大小而变，为计算方便，可令 $\Delta_A = \delta_A = 1$，此时，式(b)简化为

$$F_{yA} = F_P\delta_P \tag{e}$$

根据图 4-6(d)所示几何关系，可知 $\delta_P = \frac{b}{l}$，将其代入式(e)，可得

$$F_{yA} = \frac{b}{l}F_P \tag{f}$$

上述计算是在给定力系和虚设位移之间应用虚功方程，这种形式的应用称为虚位移原理。

应用虚位移原理求解静定结构的某一约束力时，一般应遵循如下步骤：

(1)解除与所求约束反力相应的约束，并用约束反力来代替，这时原来的静定结构就变成了具有一个自由度的机构，而约束反力也变成了主动力。

(2)把机构可能发生的刚体位移当做虚位移，写出虚功方程。

(3)求出虚位移之间的几何关系，利用虚功方程即可求解约束反力。

根据虚位移原理建立的虚功方程，实质上是静力平衡方程(本例中，虚功方程与 $\sum M_B = 0$ 的方程是相同的)。这个方法的特点是采用几何方法来求解静力平衡问题，关键在于虚设位移以及确定虚设位移之间的几何关系。由于虚设的位移一般是单位位移，因此这种方法又称为单位位移法。

【例 4-1】 试求图 4-7(a)所示静定多跨梁的支座反力 F_{yD} 和截面 C 处的弯矩 M_C。

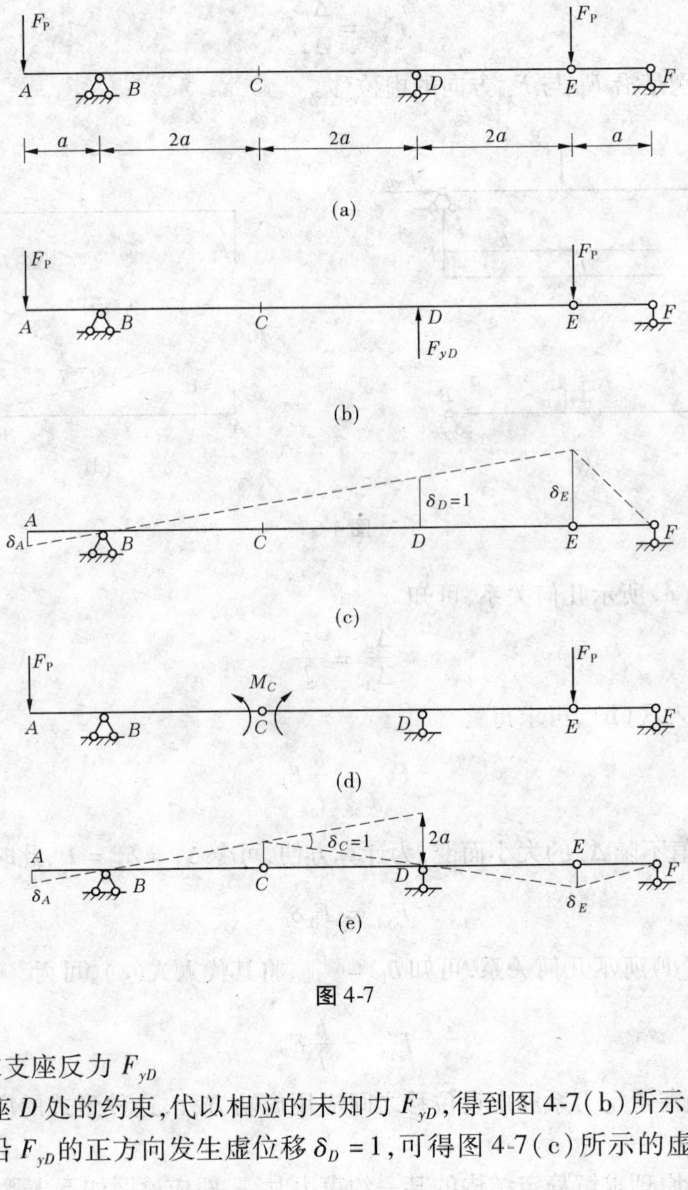

图 4-7

解　(1)求支座反力 F_{yD}

①解除支座 D 处的约束,代以相应的未知力 F_{yD},得到图 4-7(b)所示的机构。

②令机构沿 F_{yD} 的正方向发生虚位移 $\delta_D=1$,可得图 4-7(c)所示的虚位移图,由几何关系可求得

$$\delta_A = 0.25, \delta_E = 1.5$$

③建立虚功方程为

$$F_P \times \delta_A + F_{yD} \times \delta_D - F_P \times \delta_E = 0$$

可求得

$$F_{yD} = 1.25F_P$$

(2)求弯矩 M_C

①解除与弯矩 M_C 相应的约束,即截面 C 由刚结变为铰结。同时,弯矩 M_C 由约束力变成主动力,由一对大小相等、方向相反的力偶所组成,如图 4-7(d)所示。

②取虚位移如图 4-7(e)所示，δ_C 即为一对力偶在截面 C 处的相对位移，由几何关系可知

$$\delta_A = 0.5a, \delta_E = a$$

③建立虚功方程为

$$F_P \times \delta_A + M_C \times \delta_C + F_P \times \delta_E = 0$$

可求得

$$M_C = -1.5F_P a$$

负号表示弯矩 M_C 的实际方向与图中假设方向相反。

2. *虚力原理*

如图 4-8(a)所示简支梁，支座 B 向上移动一个已知距离 c，现拟求 C 点的竖向位移 Δ_C。

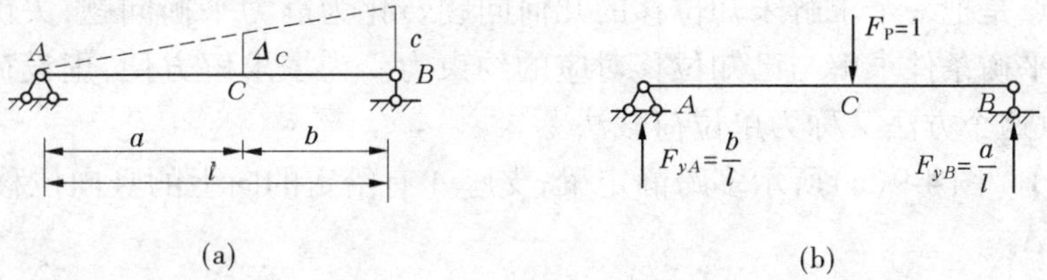

图 4-8

对于静定结构，支座移动并不引起内力，也不引起应变，故支座移动时静定结构的位移是刚体位移，因而可利用刚体体系虚功原理来求解。

图示的位移状态是给定的，按照虚功原理，可虚设力系来求解未知位移。为了便于求解 Δ_C，虚功方程中应该除未知位移 Δ_C 外，不再包含其他未知位移，故在虚设力系时，应只在拟求位移的方向上设置单位荷载，而在其他处不再设置荷载。虚设的荷载与相应的支座反力构成平衡力系，如图 4-8(b)所示。

建立虚功方程为

$$F_P \times \Delta_C + F_{yB} \times c = 0 \tag{g}$$

可得

$$\Delta_C = -\frac{F_{yB}}{F_P}c \tag{h}$$

支座反力 F_{yB} 可根据图 4-8(b)所示力系平衡条件求得

$$F_{yB} = \frac{a}{l} \tag{i}$$

将式(i)代入式(h)，可得

$$\Delta_C = -\frac{ac}{l}$$

负号表示 C 点竖向位移 Δ_C 的实际方向与虚设单位荷载的方向相反。

上述计算是在给定位移和虚设力系之间应用虚功方程，这种形式的应用称为虚力原理。

当支座有给定的位移时，静定结构的位移可用虚力原理求解。设支座 n 有给定位移 $c_n(n=1,2,3,\cdots)$，计算步骤如下：

(1)沿拟求位移 Δ 方向虚设相应的单位荷载,并求出单位荷载作用下的支座反力 $\overline{F}_{Rn}$。

(2)令虚设力系在实际位移上做虚功,写出虚功方程为 $1\times\Delta+\sum\overline{F}_{Rn}c_n=0$。其中,$\overline{F}_{Rn}c_n$ 是支座反力 $\overline{F}_{Rn}$ 在相应位移 c_n 上做的虚功,当两者的方向一致时,乘积为正。

(3)由虚功方程,解出拟求位移为

$$\Delta=-\sum\overline{F}_{Rn}c_n \tag{4-2}$$

式(4-2)就是静定结构在支座移动时的位移计算公式。若求得的位移 Δ 为正值,说明位移的实际方向和虚设的单位荷载的方向一致。

根据虚力原理建立的虚功方程,实质上是未知位移与已知位移之间的几何方程。这个方法的特点是把一个求解未知位移的几何问题转化为静力平衡问题,关键在于虚设力系以及利用平衡条件求解与已知位移对应的约束力。为了求解方便,虚设荷载一般设为单位荷载,故这个方法又称为单位荷载法。

【例 4-2】 图 4-9(a)所示多跨静定梁,支座 A 有给定的向上的竖向位移 c,试求 C 点的竖向位移 Δ_C。

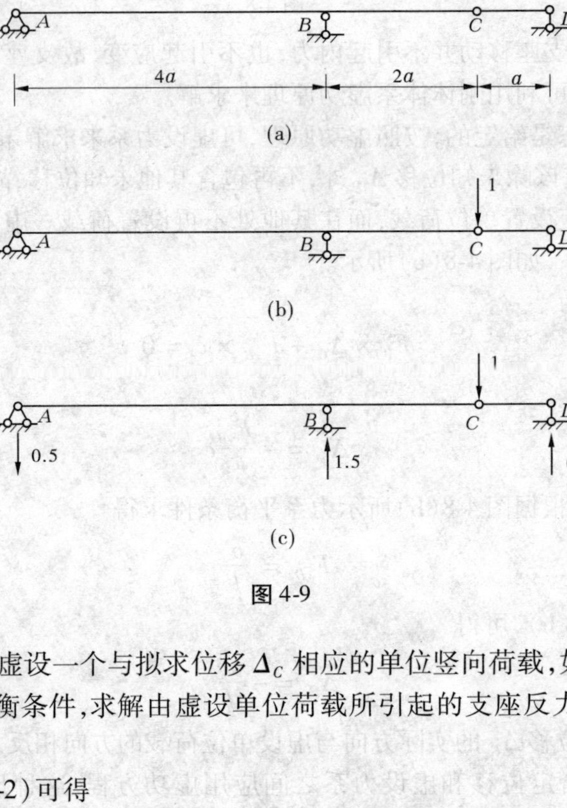

图 4-9

解　(1)在 C 点虚设一个与拟求位移 Δ_C 相应的单位竖向荷载,如图 4-9(b)所示。

(2)根据静力平衡条件,求解由虚设单位荷载所引起的支座反力,计算结果如图 4-9(c)所示。

(3)根据公式(4-2)可得

$$\Delta_C=-\sum\overline{F}_{Rn}c_n=-(-0.5\times c)=0.5c$$

求得的位移为正,表示位移的实际方向与虚设单位荷载的方向一致。

二、变形体体系虚功原理

(一)虚功原理

变形体体系虚功原理与刚体体系虚功原理具有不同的描述,主要区别在于:在刚体体系中,由于刚体的应变恒为零,内力所做的功恒为零,故只需考虑外力所做的功;而在变形体体系中,由于体系内部存在应变,因此不仅外力要做功,内力也将在相应的变形上做功。

变形体体系的虚功原理可表述为:处于平衡状态的变形体体系,当发生符合约束条件的微小连续变形时,外力在位移上所做的外虚功 W_e 恒等于各个微段的应力合力在变形上所作的内虚功 W_i,即

$$W_e = W_i \tag{4-3}$$

式(4-3)称为变形体体系的虚功方程。

(二)变形体体系虚功方程的推导

如图 4-10(a)所示简支梁在荷载作用下处于平衡状态,图 4-10(b)为简支梁由于其他原因而产生的虚位移状态。从简支梁中取出一个微段 ds 来研究。其中,图 4-10(a)中微段 ds 的内力如图 4-10(c)所示;图 4-10(b)中相应微段 ds 的变形用相对变形表示,如图 4-10(d)所示。

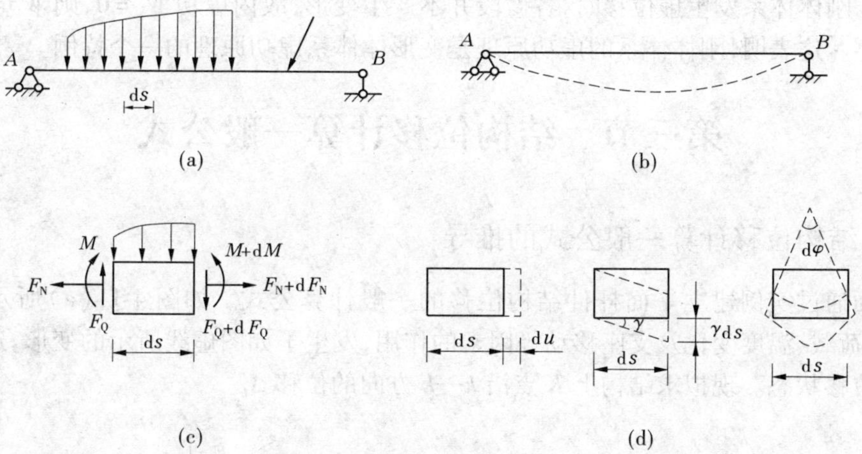

图 4-10

考虑到内力增量 dF_N、dF_Q 与 dM 为一阶微量,其在微段 ds 的变形 du、γds 与 $d\varphi$ 上所做的功是二阶微量,故在内虚功的表达式中可略去不计。因此,微段 ds 上内虚功 dW_i 可表达为

$$dW_i = F_N du + F_Q \gamma ds + M d\varphi \tag{4-4}$$

简支梁 AB 的内虚功 W_i 为

$$W_i = \int_A^B (F_N du + F_Q \gamma ds + M d\varphi) \tag{4-5}$$

对于杆件体系而言,内虚功 W_i 可表示为

$$W_i = \sum \int (F_N du + F_Q \gamma ds + M d\varphi) \tag{4-6}$$

式中，F_N、F_Q、M 为微段 ds 截面的内力；du、γds、$d\varphi$ 为微段 ds 截面相应的变形，即相对轴向变形、相对剪切变形和相对转角；$\int$ 为对杆长积分；$\sum$ 为对各个杆件求和。

与相对变形对应的相对应变可分别用 ε、γ、κ 表示，其中 $\varepsilon = \frac{du}{ds}$ 为相对轴向应变，γ 为相对切应变，$\kappa = \frac{d\varphi}{ds}$ 为相对轴线曲率，这样式(4-6)可表达为

$$W_i = \sum \int (F_N \varepsilon + F_Q \gamma + M\kappa) ds \tag{4-7}$$

将式(4-7)代入式(4-3)可得

$$W_e = \sum \int (F_N \varepsilon + F_Q \gamma + M\kappa) ds \tag{4-8}$$

式(4-8)就是变形体体系的虚功方程，可以表述为：力状态的外力在位移状态的位移上所做的外力虚功，等于力状态的内力在位移状态的变形上所做的内力虚功。

在上述推导过程中，并没有涉及材料的物理性质，故该虚功方程无论对于弹性、非弹性、线性、非线性的变形体体系均适用。

由于刚体体系发生虚位移时，各微段并不产生变形，故内虚功 $W_i = 0$，则 $W_e = 0$，即外虚功为零。这表明，刚体体系的虚功原理是变形体体系虚功原理的一个特例。

第三节　结构位移计算一般公式

一、结构位移计算一般公式的推导

下面通过实例建立平面杆件结构位移的一般计算公式。如图 4-11(a)所示平面刚架，由于荷载、温度变化及支座移动等因素的作用，发生了如图虚线所示的变形，这是结构的实际位移状态。现拟求结构上 K 点沿 k—k 方向的位移 Δ_k。

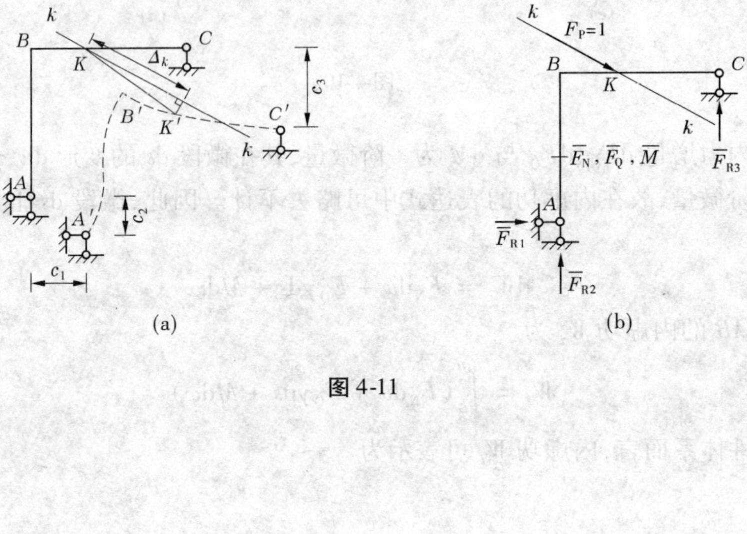

图 4-11

利用虚功原理求结构上任一点沿任一方向的位移，可根据所求位移的需要和尽可能简化计算的原则，虚设一个与所求位移方向一致的单位荷载，如图 4-11(b)所示。在该单位荷载的作用下，结构将产生相应的支座反力 $\overline{F}_{Rn}$ 和内力 $\overline{F}_N$、$\overline{F}_Q$、$\overline{M}$，它们构成了一个虚设力系，即所谓的力状态。

力状态中的外力在位移状态中的位移上所做的外虚功 W_e 为

$$W_e = F_k\Delta_k + \overline{F}_{R1}c_1 + \overline{F}_{R2}c_2 + \overline{F}_{R3}c_3 = 1\cdot\Delta_k + \sum \overline{F}_{Rn}c_n \tag{a}$$

力状态中的内力在位移状态中的变形上所做的内虚功 W_i 为

$$W_i = \sum\int(\overline{F}_N\varepsilon + \overline{F}_Q\gamma + \overline{M}\kappa)\,\mathrm{d}s \tag{b}$$

将式(a)、(b)代入式(4-3)，可求得

$$\Delta_k = \sum\int(\overline{F}_N\varepsilon + \overline{F}_Q\gamma + \overline{M}\kappa)\,\mathrm{d}s - \sum \overline{F}_{Rn}c_n \tag{4-9}$$

式(4-9)即为平面杆件结构位移计算的一般公式。需要注意的是，这里的位移状态是实际给定的，是几何可能的位移和变形状态；而力状态则是虚设的平衡力系。求解的关键在于沿拟求位移方向上虚设单位荷载。

对于式(4-9)等号右侧的每一个乘积项，只有当虚设力状态中力的作用方向与实际位移状态中位移或变形的方向一致时，乘积为正；否则为负。

二、结构位移计算的一般步骤

已知平面杆件结构各微段的应变 ε、γ、κ 和支座位移 c_n，拟求结构某点沿某方向的位移 Δ，计算步骤如下：

(1)沿拟求位移 Δ 方向虚设相应的单位荷载。

(2)在单位荷载作用下，根据静力平衡条件，计算结构的支座反力 $\overline{F}_{Rn}$ 和内力 $\overline{F}_N$、$\overline{F}_Q$、$\overline{M}$。

(3)利用式(4-9)计算结构位移 Δ。

(4)如果求得的位移 Δ 为正值，说明位移的实际方向和虚设的单位荷载的方向一致；否则方向相反。

三、广义位移的计算

式(4-9)中的拟求位移 Δ 可引申为广义位移，只要虚设的单位荷载是与拟求位移相对应的广义力即可。表 4-1 列举了几种典型的广义力和广义位移的对应关系。

表 4-1　广义位移和虚设广义力示例

广义位移	虚设广义力
A、B 截面的相对转角 $\Delta=\theta_A+\theta_B$ 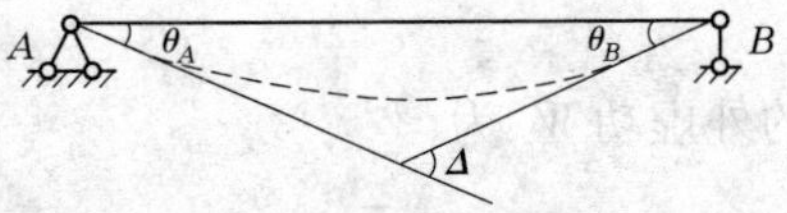	A、B 截面处的一对方向相反的单位力偶 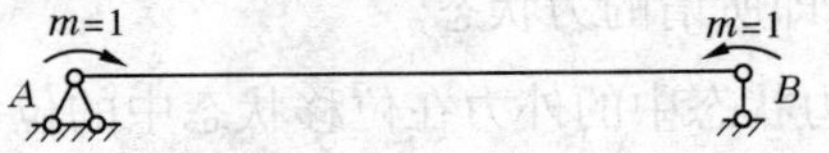
A、B 两点的水平相对位移 $\Delta=\Delta_A+\Delta_B$ 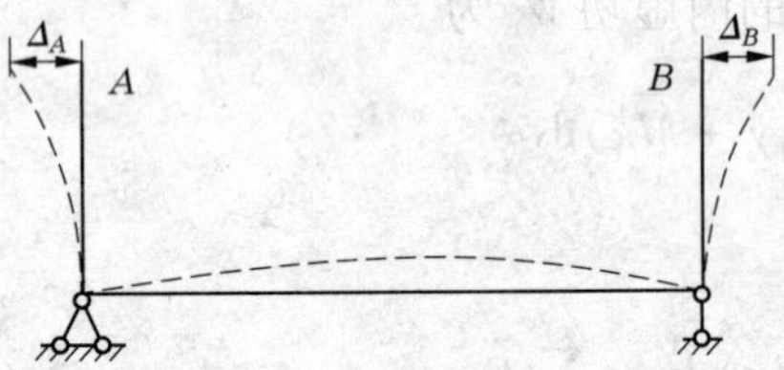	A、B 两点处的一对方向相反的单位水平力 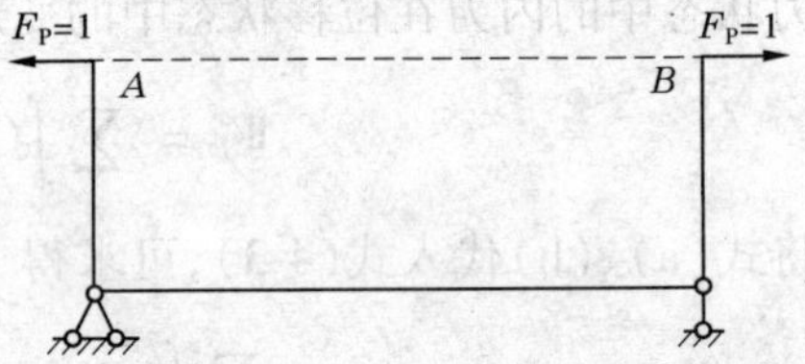
A、B 两点的竖向相对位移 $\Delta=\Delta_A+\Delta_B$ 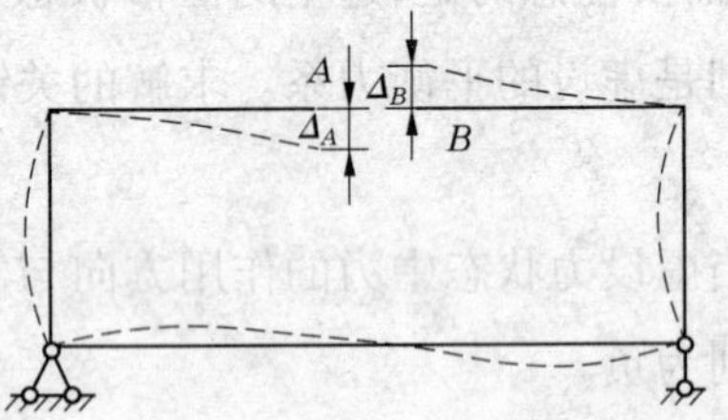	A、B 两点处的一对方向相反的单位竖向力 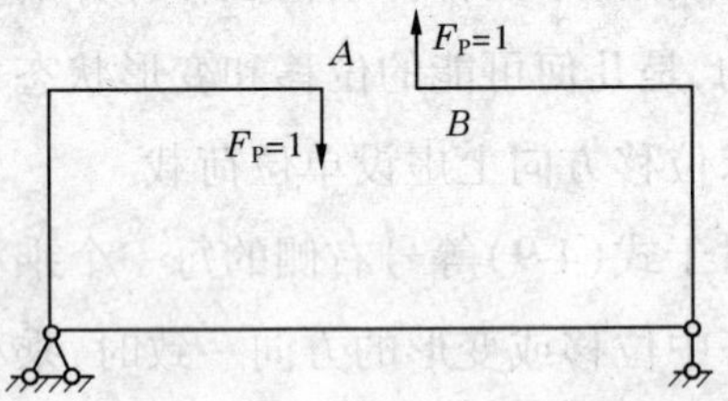

第四节　荷载作用下的结构位移计算

一、荷载作用下的位移计算公式

对于荷载作用下线弹性结构的位移计算，可根据结构位移计算的一般公式(4-9)进行推导。

由于没有支座位移的影响，即 $c=0$，式(4-9)可简化为

$$\Delta=\sum\int\overline{F}_{\mathrm{N}}\varepsilon\mathrm{d}s+\sum\int\overline{F}_{\mathrm{Q}}\gamma\mathrm{d}s+\sum\int\overline{M}\kappa\mathrm{d}s \tag{4-10}$$

式中，微段 $\mathrm{d}s$ 的变形($\varepsilon\mathrm{d}s$、$\gamma\mathrm{d}s$、$\kappa\mathrm{d}s$)仅是由荷载作用所引起的。设以 F_{NP}、F_{QP}、M_{P} 分别表示实际位移状态中微段 $\mathrm{d}s$ 上所受的轴力、剪力和弯矩，由材料力学可知

$$\varepsilon=\frac{F_{\mathrm{NP}}}{EA},\gamma=k\frac{F_{\mathrm{QP}}}{GA},\kappa=\frac{M_{\mathrm{P}}}{EI} \tag{4-11}$$

式中，E、G 分别表示材料的弹性模量和剪切弹性模量；A 和 I 分别表示杆件截面的面积和惯性矩；EA、GA、EI 分别表示杆件截面的抗拉刚度、抗剪刚度、抗弯刚度；k 表示与截面形状有关的系数，其值与截面形状有关，对于矩形截面 $k=\dfrac{6}{5}$，圆形截面 $k=\dfrac{10}{9}$，薄壁圆环形

截面 $k=2$，工字形截面 $k=\frac{A}{A_1}$（A 为截面面积，A_1 为腹板面积）。

将式(4-11)代入式(4-10)可得

$$\Delta = \sum\int\frac{\overline{F}_N F_{NP}}{EA}ds + \sum\int\frac{k\,\overline{F}_Q F_{QP}}{GA}ds + \sum\int\frac{\overline{M}M_P}{EI}ds \tag{4-12}$$

式(4-12)即为平面杆件结构在荷载作用下的位移计算公式。它适用于静定或超静定结构的位移计算。公式中有两套内力：F_{NP}、F_{QP}、M_P 表示结构由实际荷载产生的内力，$\overline{F}_N$、$\overline{F}_Q$、$\overline{M}$表示结构由虚设的单位荷载产生的内力。

二、各类结构的位移简化计算公式

式(4-12)右边三项分别代表结构的轴向变形、剪切变形和弯曲变形对所求位移的影响。对于不同类型的结构而言，这三种影响所占的比例有所不同。在实际计算中，常根据结构的受力特点进行相应的简化计算。

（一）梁和刚架

梁和刚架中，主要考虑弯曲变形对结构位移的影响，轴向变形和剪切变形的影响可略去不计。式(4-12)可简化为

$$\Delta = \sum\int\frac{\overline{M}M_P}{EI}ds \tag{4-13}$$

若杆件截面为矩形，轴向变形和剪切变形对结构位移的影响程度取决于杆件的高跨比（杆件截面高度与杆长的比值），高跨比愈小，其影响愈小。对于深梁，剪切变形对位移的影响不可忽略。

（二）桁架

桁架中，杆件只受轴力作用，且一般情况下每根杆件的截面面积、轴力沿杆长 l 均为常数。式(4-12)简化为

$$\Delta = \sum\int\frac{\overline{F}_N F_{NP}}{EA}ds = \sum\frac{\overline{F}_N F_{NP} l}{EA} \tag{4-14}$$

（三）组合结构

组合结构中，梁式杆只考虑弯曲变形的影响，链杆只考虑轴向变形的影响。式(4-12)可简化为

$$\Delta = \sum\int\frac{\overline{M}M_P}{EI}ds + \sum\frac{\overline{F}_N F_{NP} l}{EA} \tag{4-15}$$

（四）拱

对于拱，一般只考虑弯曲变形的影响，按式(4-13)计算。但对于扁平拱或当拱的轴线与合理轴线相近时，应考虑弯曲变形和轴向变形的影响，即

$$\Delta = \sum\int\frac{\overline{M}M_P}{EI}ds + \sum\int\frac{\overline{F}_N F_{NP}}{EA}ds \tag{4-16}$$

三、荷载作用下位移计算举例

【例 4-3】 试求图 4-12(a)所示悬臂梁 C 端的竖向位移 Δ_C 和 B 截面的转角 θ_B。

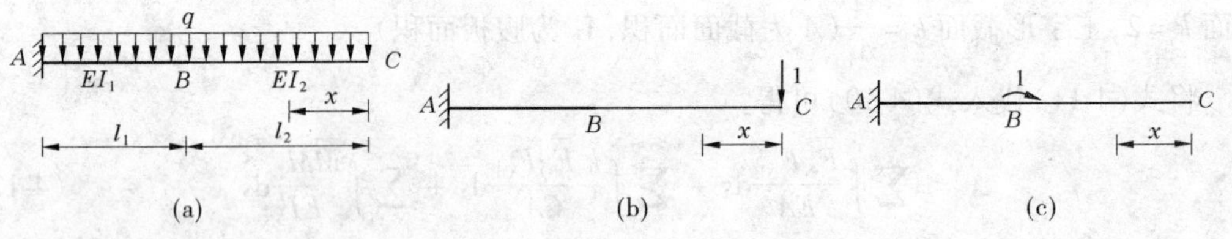

图 4-12

解　(1)求 C 端的竖向位移 Δ_C

①在 C 端虚设一个与所求位移相应的竖向单位荷载，如图 4-12(b)所示。

②设 C 端为坐标原点，则实际荷载与虚设单位荷载作用下的结构内力分别为：

实际荷载作用下　　$M_P = \frac{1}{2}qx^2$

虚设荷载作用下　　$\overline{M} = x$

③将上述表达式代入式(4-13)即可求解 Δ_C，由于悬臂梁的抗弯刚度在整个跨度范围内不相同，故需分段求解，即

$$\Delta_C = \int_0^{l_2} \frac{x \cdot \frac{1}{2}qx^2}{EI_2}\mathrm{d}x + \int_{l_2}^{l_1+l_2} \frac{x \cdot \frac{1}{2}qx^2}{EI_1}\mathrm{d}x = \frac{ql_2^4}{8EI_2} + \frac{q(l_1+l_2)^4 - ql_2^4}{8EI_1}$$

(2)求 B 截面的角位移 θ_B

①在 B 端虚设一个与所求位移相应的单位力偶，如图 4-12(c)所示。

②设 C 端为坐标原点，则实际荷载与虚设单位荷载作用下的结构内力为：

实际荷载作用下　　$M_P = \frac{1}{2}qx^2$

虚设荷载作用下　　$\overline{M} = \begin{cases} 0 & 0 \leqslant x \leqslant l_2 \\ 1 & l_2 \leqslant x \leqslant l_1 + l_2 \end{cases}$

③将上述表达式代入式(4-13)，可得

$$\theta_B = \int_0^{l_2} \frac{0 \cdot \frac{1}{2}qx^2}{EI_2}\mathrm{d}x + \int_{l_2}^{l_1+l_2} \frac{1 \cdot \frac{1}{2}qx^2}{EI_1}\mathrm{d}x = \frac{q(l_1+l_2)^3 - ql_2^3}{6EI_1}$$

【例 4-4】　试求图 4-13(a)所示桁架 C 点的挠度。

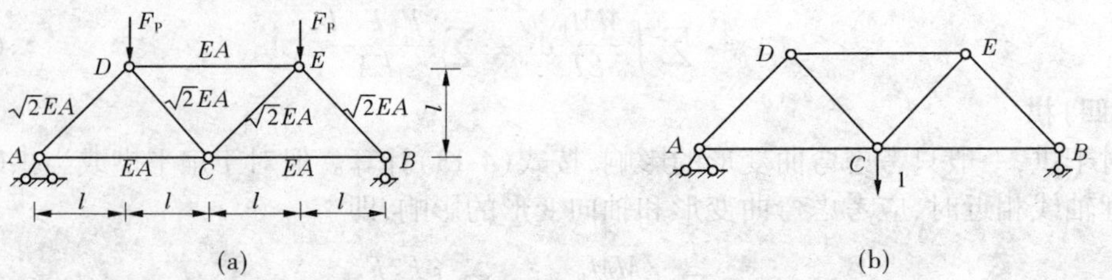

图 4-13

解　(1)在 C 端虚设一个竖向单位荷载，如图 4-13(b)所示。

(2)分别计算实际荷载和虚设荷载作用下桁架的轴力，计算 C 点挠度 Δ_C 的具体过程见表 4-2。

表 4-2　挠度 Δ_C 的计算过程

杆件	实际荷载作用下 F_{NP}	虚设荷载作用下 $\overline{F}_N$	杆长	抗拉刚度	$\frac{\overline{F}_N F_{NP} l}{EA}$
AC	F_P	$\frac{1}{2}$	$2l$	EA	$\frac{F_P l}{EA}$
BC	F_P	$\frac{1}{2}$	$2l$	EA	$\frac{F_P l}{EA}$
DE	$-F_P$	-1	$2l$	EA	$\frac{2F_P l}{EA}$
AD	$-\sqrt{2}F_P$	$-\frac{\sqrt{2}}{2}$	$\sqrt{2}l$	$\sqrt{2}EA$	$\frac{F_P l}{EA}$
CD	0	$\frac{\sqrt{2}}{2}$	$\sqrt{2}l$	$\sqrt{2}EA$	0
CE	0	$\frac{\sqrt{2}}{2}$	$\sqrt{2}l$	$\sqrt{2}EA$	0
BE	$-\sqrt{2}F_P$	$-\frac{\sqrt{2}}{2}$	$\sqrt{2}l$	$\sqrt{2}EA$	$\frac{F_P l}{EA}$
$\Delta_C = \sum \frac{\overline{F}_N F_{NP} l}{EA} = \frac{6F_P l}{EA}(\downarrow)$					

C 点挠度 Δ_C 求出后为正值，表示该点实际位移方向与虚设单位荷载方向一致。

【例 4-5】　试求图 4-14(a)所示 1/4 圆弧曲杆 B 点的竖向位移，圆弧的半径为 R。

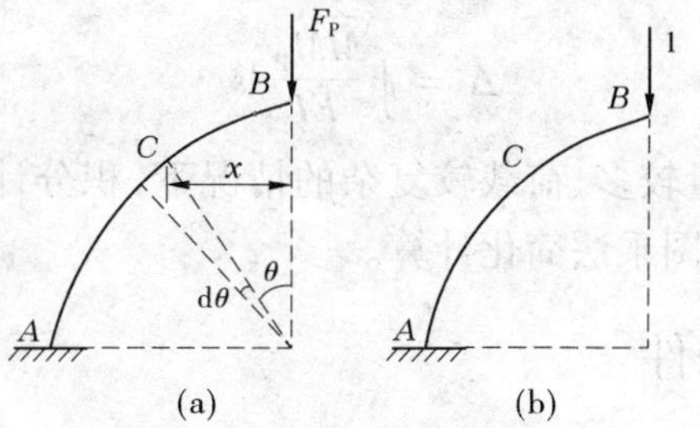

图 4-14

解　(1)在 B 点虚设一个竖向单位荷载，如图 4-14(b)所示。

(2)计算实际荷载和虚设荷载作用下曲杆的内力，设任一截面 C 处距离 B 点的水平距离为 x。

在实际荷载作用下，截面 C 处的曲杆内力为

$$M_P = F_P x = F_P R\sin\theta, F_{QP} = F_P\cos\theta, F_{NP} = -F_P\sin\theta$$

在虚设单位荷载作用下，截面 C 处的曲杆内力为

$$\overline{M} = 1\cdot x = R\sin\theta, \overline{F}_Q = 1\cdot\cos\theta = \cos\theta, \overline{F}_N = -1\cdot\sin\theta = -\sin\theta$$

(3)将上述表达式代入式(4-12)，得

$$\Delta_B = \int_0^{\frac{\pi}{2}} \frac{\overline{F}_N F_{NP}}{EA} R\mathrm{d}\theta + \int_0^{\frac{\pi}{2}} \frac{k\,\overline{F}_Q F_{QP}}{GA} R\mathrm{d}\theta + \int_0^{\frac{\pi}{2}} \frac{\overline{M} M_P}{EI} R\mathrm{d}\theta$$

$$= \int_0^{\frac{\pi}{2}} \frac{F_P R}{EA} \sin^2\theta d\theta + \int_0^{\frac{\pi}{2}} \frac{kF_P R}{GA} \cos^2\theta d\theta + \int_0^{\frac{\pi}{2}} \frac{F_P R^3}{EI} \sin^2\theta d\theta$$

$$= \frac{\pi}{4}\left(\frac{F_P R}{EA} + \frac{kF_P R}{GA} + \frac{F_P R^3}{EI} \right)$$

(4)所求位移 Δ_B 结果中包括三项，分别是轴向变形、剪切变形和弯曲变形对位移 Δ_B 的贡献，分别用 Δ_N、Δ_Q 和 Δ_M 表示。

$$\Delta_N = \frac{\pi}{4} \frac{F_P R}{EA}, \Delta_Q = \frac{\pi}{4} \frac{kF_P R}{GA}, \Delta_M = \frac{\pi}{4} \frac{F_P R^3}{EI}$$

若杆件截面为矩形（截面尺寸为 $b \times h$），$I/A = h^2/12, h/R = 1/10, E/G = 2.5, k = 1.2$，则

$$\frac{\Delta_N}{\Delta_M} = \frac{I}{R^2 A} = \frac{h^2}{12R^2} = \frac{1}{1\ 200}$$

$$\frac{\Delta_Q}{\Delta_M} = \frac{kEI}{R^2 GA} = \frac{kh^2 E}{12R^2 G} = \frac{1}{400}$$

上述结果表明，在给定条件下，仅需考虑弯矩引起的位移，轴力和剪力引起的位移可忽略不计。

第五节　图乘法

计算梁和刚架在荷载作用下的位移时，需要先写出 $\overline{M}$ 和 M_P 的表达式，然后代入公式

$$\Delta = \int \frac{\overline{M} M_P}{EI} ds \tag{a}$$

进行积分运算。在杆件数量较多、荷载较复杂的情况下，积分计算过程烦琐且容易出错。在特定的条件下，可以利用图乘法简化计算。

一、图乘法的适用条件

当结构的各杆段符合下列条件时，则可采用图乘法代替积分运算，从而简化计算工作：

(1)杆轴为直线；

(2)EI 为常数；

(3)$\overline{M}$ 与 M_P 两个弯矩图中至少有一个直线图形。

二、图乘法计算公式的推导

如图 4-15 所示等截面直杆 BD 段的两个弯矩图中：一个弯矩图为直线图形，设为 M_i 图；另一个弯矩图可为任意图形，设为 M_K 图。

以 M_i 图中直线与 x 轴的交点 O 为坐标原点，其倾角为 α，则 M_i 图中横坐标为 x 的截面上的弯矩可表示为

$$M_i = x\tan\alpha \tag{b}$$

将式(b)代入式(a),可得

$$\Delta = \int \frac{\overline{M}M_P}{EI}ds = \frac{1}{EI}\int M_i M_K dx = \frac{1}{EI}\tan\alpha\int_B^D xM_K dx \quad (c)$$

式中,$M_K dx$ 表示 M_K 图的微分面积。由静矩的概念可知,$xM_K dx$ 是这个微分面积对 y 轴的面积矩,故 $\int_B^D xM_K dx$ 就是 M_K 图的总面积 A 对 y 轴的面积矩。以 x_0 表示 M_K 图的形心 C 到 y 轴的距离,则

$$\int_B^D xM_K dx = Ax_0 \quad (d)$$

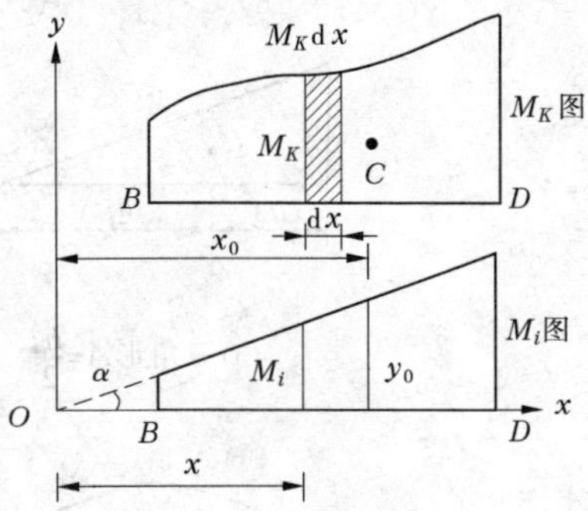

图 4-15

将式(d)代入式(c),得

$$\Delta = \frac{1}{EI}\tan\alpha Ax_0 = \frac{1}{EI}Ay_0 \quad (e)$$

式中,y_0 为 M_K 图形心 C 对应于 M_i 图的标距。

若结构上所有杆段都符合图乘法的条件,对式(e)求和即得结构位移的图乘法计算公式

$$\Delta = \sum \frac{1}{EI}Ay_0 \quad (4\text{-}17)$$

三、图乘法的注意事项

应用图乘法计算梁或刚架的位移时,需注意以下几点:

(1)符合图乘法的适用条件,即杆段是直杆、EI 为常数、$\overline{M}$ 与 M_P 两个弯矩图中至少有一个直线图形。

(2)标距 y_0 取自两个弯矩图中的直线图形。

(3)面积 A 与标距 y_0 在杆件的同一侧,乘积 Ay_0 取正;否则取负。

四、几种常见图形的面积和形心位置

图 4-16 给出了位移计算中几种常见图形的面积和形心位置公式。需要注意的是,图示的各次抛物线均为标准抛物线,即抛物线顶点处的切线都与基线平行。

五、复杂弯矩图图乘的处理方法

应用图乘法时,需要确定面积 A 与标距 y_0 的数值。对于简单的弯矩图,确定 A 与 y_0 是不困难的;对于较为复杂的弯矩图,往往不易直接确定。这时,需要将弯矩图分解为几个简单图形,分项计算后再进行叠加。

(一)曲线弯矩图与折线弯矩图的图乘

图乘的两个弯矩图中,若一个是曲线图,另一个为折线图,如图 4-17 所示。由于图乘法的适用条件规定两个弯矩图中至少有一个为直线图,因此需要将折线图分段进行考虑,相应地也要将曲线图进行分段。于是有

$$\Delta = \frac{1}{EI}(A_1y_1 + A_2y_2 + A_3y_3) \quad (4\text{-}18)$$

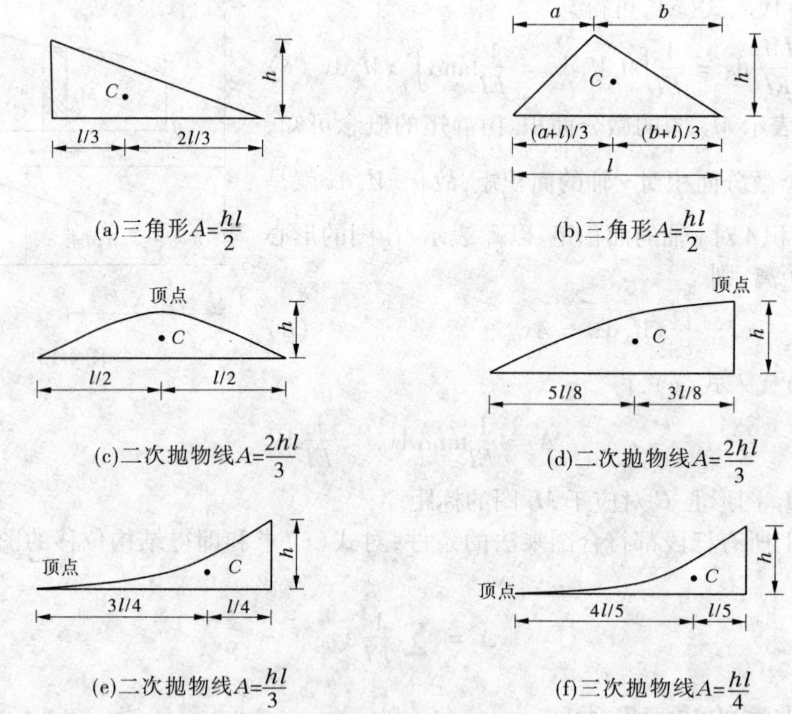

图 4-16

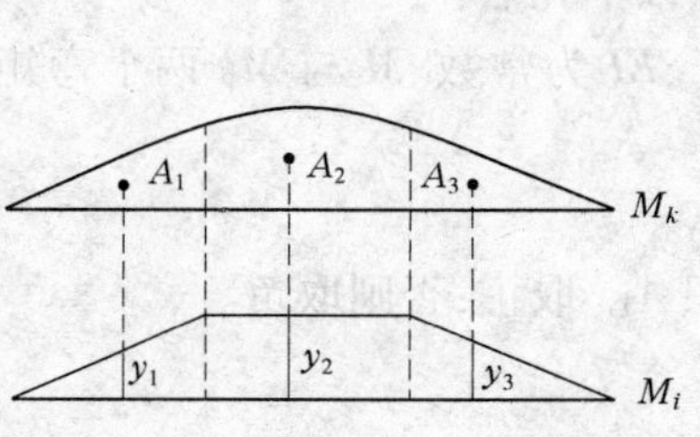

图 4-17

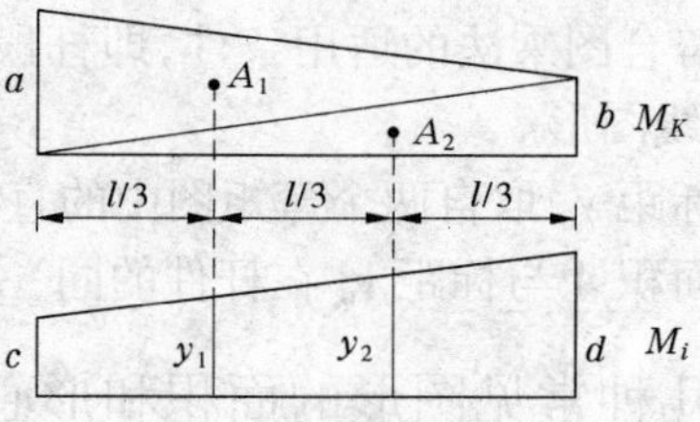

图 4-18

(二)两个梯形弯矩图之间的图乘

如图 4-18 所示的两个弯矩图均为梯形,在实际计算中,为避免确定 M_K 图的形心,可将梯形分为两个三角形(或一个矩形和一个三角形),分别图乘后再叠加。

$$\begin{aligned}\Delta &= \frac{1}{EI}(A_1 y_1 + A_2 y_2) = \frac{1}{EI}\left(\frac{1}{2}al \times \frac{2c+d}{3} + \frac{1}{2}bl \times \frac{c+2d}{3}\right) \\ &= \frac{l}{6EI}(2ac + 2bd + ad + bc)\end{aligned} \tag{4-19}$$

式(4-19)即为梯形弯矩图之间的图乘公式。当相乘的两个标距位于基线同侧时,乘积为正;否则为负。

对于任意两个直线图图乘的情况,都可以利用公式(4-19)进行计算。如图 4-19(a)所示的两个弯矩图,一个为梯形,一个为三角形,其图乘结果为

$$\Delta = \frac{6}{6EI}(2 \times 5 \times 0 - 2 \times 3 \times 2 - 5 \times 2 + 3 \times 0) = -\frac{22}{EI}$$

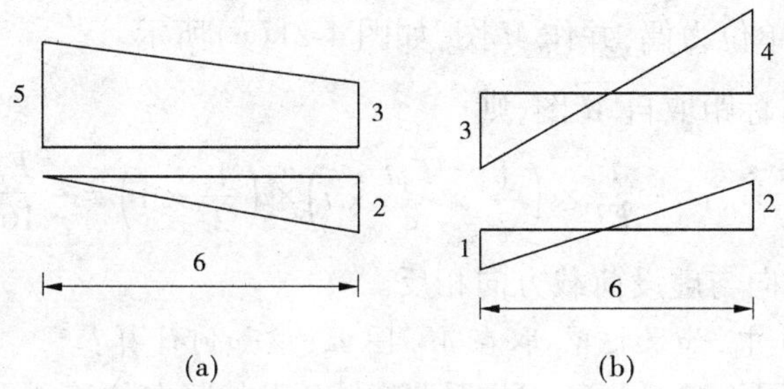

图 4-19

对于图 4-19(b)所示的两个弯矩图图乘结果为

$$\Delta = \frac{6}{6EI}(2\times 3\times 1 + 2\times 4\times 2 - 3\times 2 - 4\times 1) = \frac{12}{EI}$$

(三)非标准抛物线弯矩图与直线弯矩图的图乘

图 4-20(a)所示为杆 AB 在均布荷载作用下的弯矩图,为非标准抛物线。图 4-20(b)所示为虚设单位荷载作用下的弯矩图。由叠加原理可知,图 4-20(a)可分解为图 4-20(c)、(d)两种情况的叠加,其中图 4-20(d)为简支梁在均布荷载作用下的弯矩图,为标准抛物线。因此,非标准抛物线弯矩图与直线弯矩图的图乘可处理为:首先将非标准抛物线分解为一个梯形和一个标准抛物线,然后分别将梯形和标准抛物线与直线弯矩图图乘,最后将两部分图乘结果相加即可。

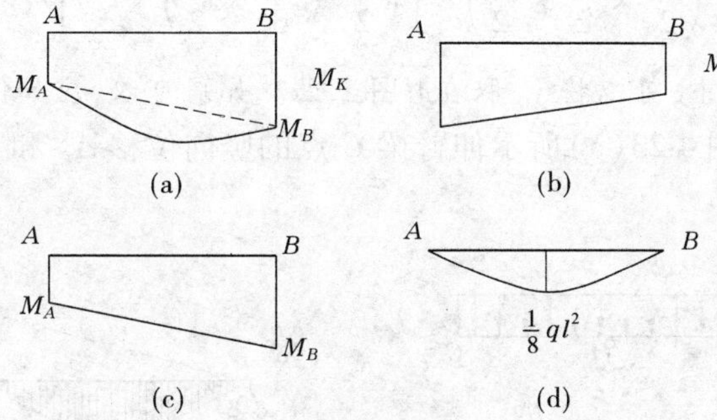

图 4-20

六、图乘法应用举例

【例 4-6】 试求图 4-21(a)所示简支梁 A 截面的角位移 θ_A,已知 EI 为常数。

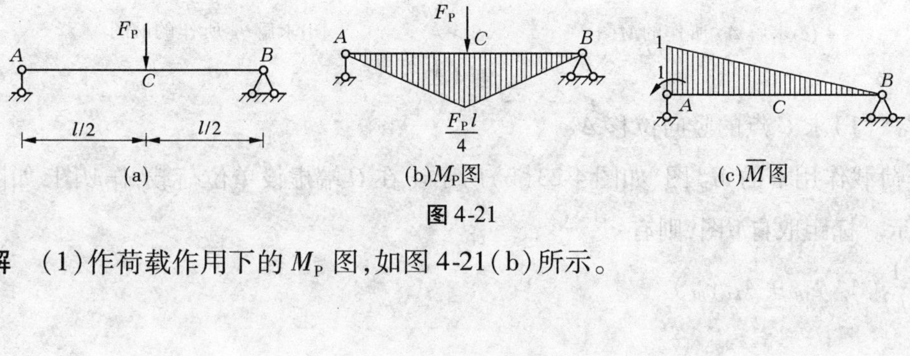

图 4-21

解　(1)作荷载作用下的 M_P 图,如图 4-21(b)所示。

(2)在 A 端虚设单位力偶,并作 $\overline{M}$ 图,如图 4-21(c)所示。

(3)利用图乘法,标距取自 $\overline{M}$ 图,则

$$\theta_A = \frac{1}{EI}Ay_0 = -\frac{1}{EI}\times\left(\frac{1}{2}\times\frac{F_P l}{4}\times l\right)\times\left(\frac{1}{2}\times 1\right) = -\frac{F_P l^2}{16EI}(\curvearrowright)$$

负号表示位移实际方向与虚设荷载方向相反。

想一想:在例 4-6 中,如果把 y_0 取在 M_P 图上,该如何计算?

【例 4-7】　试求图 4-22(a)所示悬臂梁跨中 B 点的竖向位移 Δ_B,已知 EI 为常数。

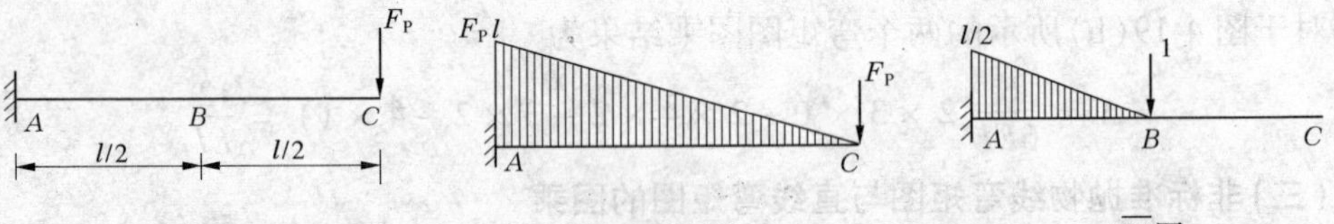

(a)　　(b)M_P图　　(c)$\overline{M}$图

图 4-22

解　(1)作荷载作用下的 M_P 图,如图 4-22(b)所示。

(2)在 B 端虚设单位荷载,作$\overline{M}$图,如图 4-22(c)所示。

(3)利用图乘法,标距取自 M_P 图,则

$$\Delta_B = \frac{1}{EI}\times\left(\frac{1}{2}\times\frac{l}{2}\times\frac{l}{2}\right)\times\left[\left(\frac{1}{2}+\frac{2}{3}\times\frac{1}{2}\right)\times F_P l\right] = \frac{5F_P l^3}{48EI}(\downarrow)$$

想一想:在例 4-7 中,可以将 y_0 取在$\overline{M}$图上吗?如果可以,应如何计算?

【例 4-8】　试求图 4-23(a)所示伸臂梁 C 点的竖向位移 Δ_C 和 A 端的转角 θ_A。已知 EI 为常数。

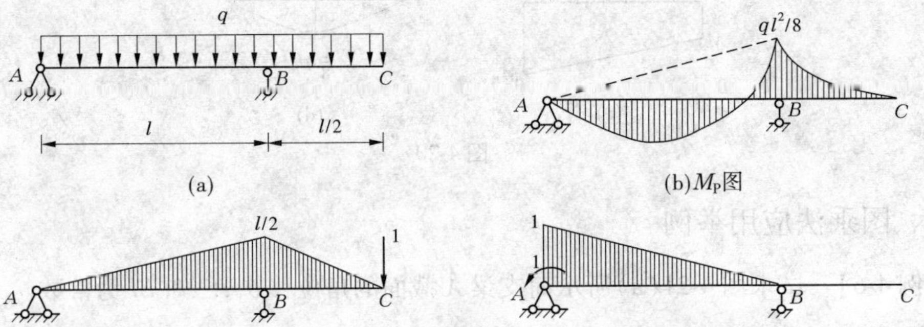

(a)　　(b)M_P图

(c)求解 Δ_C 所作的$\overline{M}$图　　(d)求解 θ_A 所作的$\overline{M}$图

图 4-23

解　(1)求 C 点的竖向位移 Δ_C

作荷载作用下的 M_P 图,如图 4-23(b)所示。在 C 端虚设单位荷载,作$\overline{M}$图,如图 4-23(c)所示。标距取自$\overline{M}$图,则有

$$\Delta_C = \frac{1}{EI}(A_{AB}y_{AB} + A_{BC}y_{BC})$$

$$= \frac{1}{EI}\left[\left(\frac{1}{2}\times l\times\frac{ql^2}{8}\times\frac{2}{3}\times\frac{l}{2}-\frac{2}{3}\times l\times\frac{ql^2}{8}\times\frac{1}{2}\times\frac{l}{2}\right)+\left(\frac{1}{3}\times\frac{l}{2}\times\frac{ql^2}{8}\times\frac{3}{4}\times\frac{l}{2}\right)\right]$$

$$= \frac{ql^4}{128EI}(\downarrow)$$

式中,A_{AB}、A_{BC}分别表示 M_P 图中 AB 段与 BC 段的面积。

(2)求 A 端的转角 θ_A

在 A 端虚设单位力偶,作$\overline{M}$图,如图 4-23(d)所示。标距取自$\overline{M}$图,则

$$\theta_A = \frac{1}{EI}A_{AB}y_{AB} = \frac{1}{EI}\times\left(\frac{1}{2}\times l\times\frac{ql^2}{8}\times\frac{1}{3}\times 1-\frac{2}{3}\times l\times\frac{ql^2}{8}\times\frac{1}{2}\times 1\right) = -\frac{ql^3}{48EI}(\curvearrowright)$$

【例 4-9】 试求图 4-24(a)所示刚架 D 点的水平位移 Δ_D。已知各杆 EI 为常数。

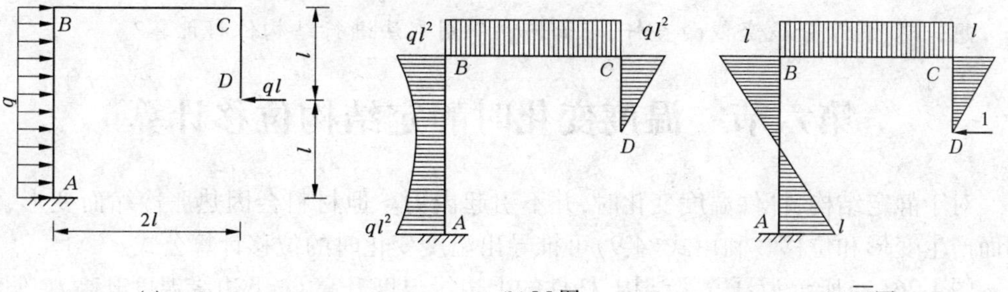

(a)　(b)M_P图　(c)$\overline{M}$图

图 4-24

解 作荷载作用下的 M_P 图,如图 4-24(b)所示。在 D 端虚设单位荷载,作$\overline{M}$图,如图 4-24(c)所示。利用图乘法,标距取自$\overline{M}$图,则

$$\Delta_D = \frac{1}{EI}\times(A_{CD}y_{CD}+A_{BC}y_{BC}+A_{AB}y_{AB})$$

$$= \frac{1}{EI}\left(\frac{1}{2}\times l\times ql^2\times\frac{2}{3}\times l+2l\times ql^2\times l+0\right)$$

$$= \frac{7ql^4}{3EI}(\leftarrow)$$

【例 4-10】 试求图 4-25(a)所示简支梁跨中 C 点的挠度 Δ_C。已知 EI 为常数,弹簧的刚度系数为 k。

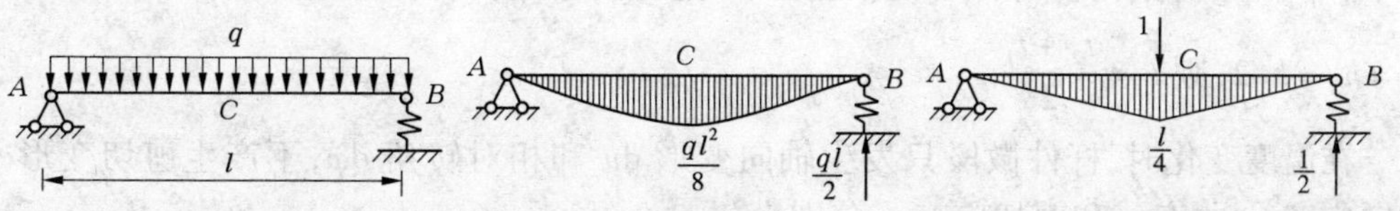

(a)　(b)M_P图　(c)$\overline{M}$图

图 4-25

解 作荷载作用下的 M_P 图,并求得弹簧支反力 $F_{yB} = \dfrac{ql}{2}$,如图 4-25(b)所示。在 C

点虚设单位荷载，求得弹簧支反力$\overline{F}_{yB}=\dfrac{1}{2}$，作$\overline{M}$图，如图 4-25(c)所示。

首先把弹性支座看做刚性支座，由图乘法可知

$$\Delta_{C1}=\frac{2}{EI}\left(\frac{2}{3}\times\frac{l}{2}\times\frac{ql^2}{8}\times\frac{5}{8}\times\frac{l}{4}\right)=\frac{5ql^4}{384EI}(\downarrow)$$

再考虑弹性支座变形的影响，由式(4-2)可知

$$\Delta_{C2}=-\sum\overline{F}_{Rn}c_n=-\overline{F}_{yB}\times\Delta_B=\overline{F}_{yB}\times\frac{F_{yB}}{k}=\frac{ql}{4k}(\downarrow)$$

故

$$\Delta_C=\Delta_{C1}+\Delta_{C2}=\frac{5ql^4}{384EI}+\frac{ql}{4k}(\downarrow)$$

想一想：对于分段变截面直杆，应如何利用图乘法进行结构位移计算？

第六节　温度变化时静定结构位移计算

对于静定结构，杆件温度变化时，并不引起内力。但材料会因热胀冷缩而变形，结构因而产生变形和位移。利用式(4-9)可推导出温度变化时的位移计算公式。

图 4-26(a)所示为悬臂梁结构，杆件的上边缘温度升高 t_1，下边缘温度升高 t_2，假定温度沿截面高度 h 为线性规律变化，变形后截面仍将保持为平面，如图 4-26(b)所示。

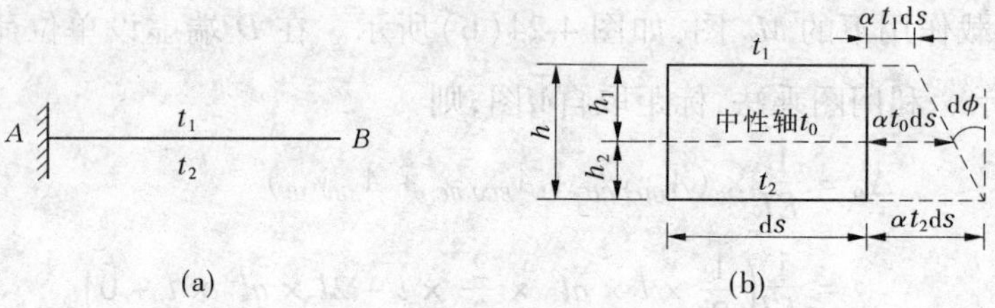

图 4-26

杆件中性轴温度变化量 t_0 与上、下边缘的温差 Δt 分别为

$$t_0=\frac{h_1t_2+h_2t_1}{h},\Delta t=t_2-t_1 \tag{a}$$

式中，h_1 和 h_2 分别为由杆件中性轴至上、下边缘的距离。若杆件截面关于中性轴对称，即 $h_1=h_2=h/2$，则 $t_0=\dfrac{t_2+t_1}{2}$。

在温度变化时，杆件微段只发生轴向变形 du 和相对转角 $d\varphi$，不产生剪切变形 γds。轴向应变 ε、曲率 κ 和剪切应变 γ 分别为

$$\varepsilon=\alpha t_0,\kappa=\frac{d\varphi}{ds}=\frac{\alpha(t_2-t_1)ds}{hds}=\frac{\alpha\Delta t}{h},\gamma=0 \tag{b}$$

式中，α 为材料的线膨胀系数。

将式(a)、式(b)代入式(4-9)，并令支座位移 $c=0$，可得

$$\Delta = \sum \int \overline{F}_{N} \alpha t_0 ds + \sum \int \overline{M} \frac{\alpha \Delta t}{h} ds \tag{4-20}$$

如果 t_0、Δt 和 h 沿杆件全长为常数，则得

$$\Delta = \sum \alpha t_0 \int \overline{F}_{N} ds + \sum \frac{\alpha \Delta t}{h} \int \overline{M} ds \tag{4-21}$$

式中，$\int$ 表示沿杆件全长积分；$\sum$ 表示对结构中所有杆件求和。

在应用式(4-21)时，当弯矩 $\overline{M}$ 和温差 Δt 引起杆件的弯曲方向相同时，其乘积取正值，否则取负值，轴力 $\overline{F}_{N}$ 以受拉为正，t_0 以升高为正。

【例 4-11】　试求图 4-27(a)所示刚架由于温度变化在 C 点产生的竖向位移 Δ_C。已知杆件内部温度升高 10 ℃，外部降低 20 ℃；$l = 4$ m，$\alpha = 0.000\ 01$/℃，各杆截面均为矩形，截面高度 $h = 40$ cm。

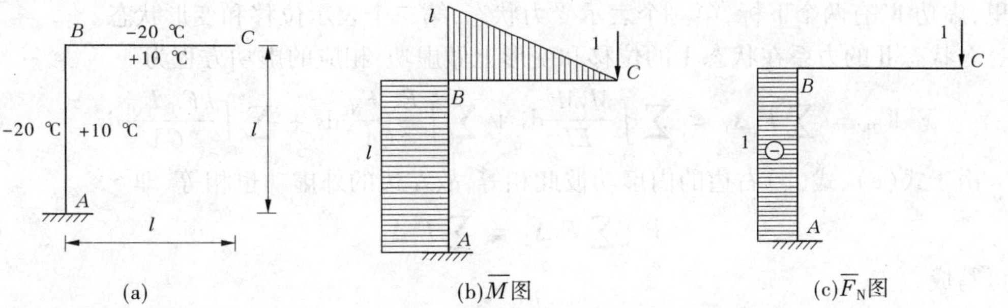

图 4-27

解　由已知条件可知

$$t_1 = -20\ ℃, t_2 = 10\ ℃, t_0 = \frac{10 + (-20)}{2} = -5\ ℃, \Delta t = 30\ ℃$$

在 C 点虚设单位荷载，分别作其作用下的 $\overline{M}$ 图和 $\overline{F}_{N}$ 图，如图 4-27(b)、(c)所示。

根据式(4-21)可知

$$\Delta = \sum \alpha t_0 \int \overline{F}_{N} ds + \sum \frac{\alpha \Delta t}{h} \int \overline{M} ds = -5\alpha \times (-1 \times l) + \frac{30\alpha}{h} \times \left(-l \times l - \frac{1}{2} \times l \times l\right)$$

$$= -1.78\ \text{cm}(\uparrow)$$

负号表示 C 点的实际位移方向向上。

第七节　线弹性体系互等定理

线弹性体系有四个互等定理，其中最基本的是功的互等定理，还包括位移互等定理、反力互等定理与位移反力互等定理。后三个定理都可根据功的互等定理推导出来，这些互等定理对结构的计算是很有用的。

一、功的互等定理

对于任一线弹性体系，设有两组外力分别作用于其上，分别称为状态Ⅰ和状态Ⅱ，如

图 4-28 所示。在状态 I 中，力系用 F_1、F_{N1}、F_{Q1} 和 M_1 表示，位移和应变用 Δ_1、ε_1、γ_1 和 κ_1 表示。在状态 Ⅱ 中，力系用 F_2、F_{N2}、F_{Q2} 和 M_2 表示，位移和应变用 Δ_2、ε_2、γ_2 和 κ_2 表示。

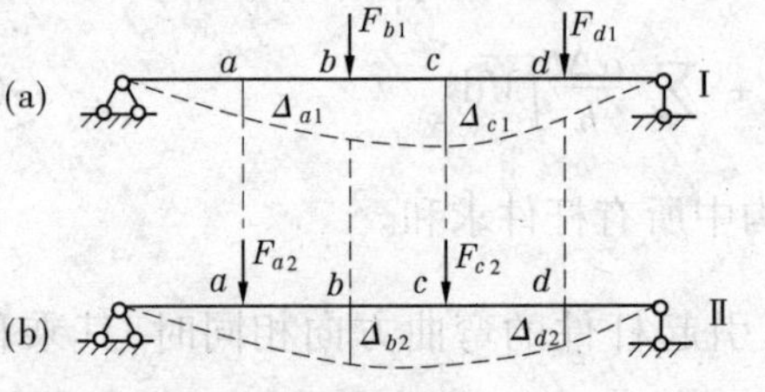

图 4-28

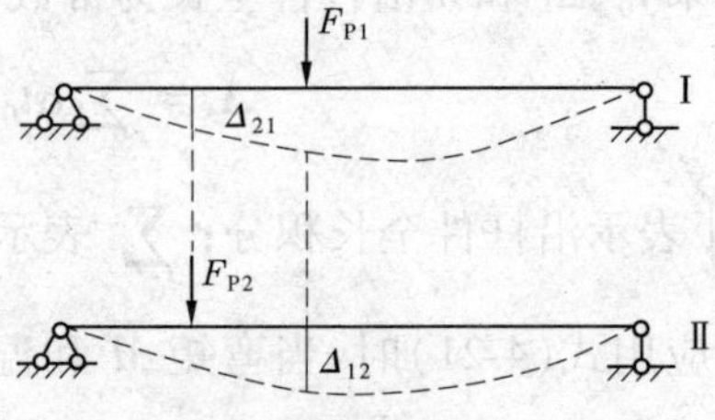

图 4-29

令状态 I 的力系在状态 Ⅱ 的位移和变形上做虚功，相应的虚功方程为

$$W_{12} = \sum F_1\Delta_2 = \sum\int\frac{M_1M_2}{EI}\mathrm{d}s + \sum\int\frac{F_{N1}F_{N2}}{EA}\mathrm{d}s + \sum\int\frac{kF_{Q1}F_{Q2}}{GA}\mathrm{d}s \tag{a}$$

这里，虚功 W 有两个下标，第一个表示受力状态，第二个表示位移和变形状态。

令状态 Ⅱ 的力系在状态 I 的位移和变形上做虚功，相应的虚功方程为

$$W_{21} = \sum F_2\Delta_1 = \sum\int\frac{M_2M_1}{EI}\mathrm{d}s + \sum\int\frac{F_{N2}F_{N1}}{EA}\mathrm{d}s + \sum\int\frac{kF_{Q2}F_{Q1}}{GA}\mathrm{d}s \tag{b}$$

由于式(a)、式(b)右边的内虚功彼此相等，故左边的外虚功也相等，即

$$\sum F_1\Delta_2 = \sum F_2\Delta_1 \tag{c}$$

也可写成

$$W_{12} = W_{21} \tag{4-22}$$

这就是功的互等定理，可表达为：状态 I 的外力在状态 Ⅱ 的位移上所做的虚功等于状态 Ⅱ 的外力在状态 I 的位移上所做的虚功。

二、位移互等定理

利用功的互等定理可以推导出位移互等定理。在图 4-29 中，状态 I 与状态 Ⅱ 分别只有一个荷载 F_{P1} 与 F_{P2}，位移 Δ_{ij} 也采用两个下标，其中第一个下标 i 表示位移是与 F_{Pi} 的作用位置相应的，第二个下标 j 表示位移是由力 F_{Pj} 引起的。

根据功的互等定理，可知

$$F_{P1}\Delta_{12} = F_{P2}\Delta_{21} \tag{d}$$

由式(d)可得

$$\frac{\Delta_{12}}{F_{P2}} = \frac{\Delta_{21}}{F_{P1}} \tag{e}$$

令 $\dfrac{\Delta_{ij}}{F_{Pj}} = \delta_{ij}$，则式(e)变为

$$\delta_{12} = \delta_{21} \tag{4-23}$$

δ_{ij} 的物理意义是单位力 $F_{Pj}=1$ 所引起的与 F_{Pi} 相应的位移，称为位移影响系数。由于式(d)两边都是功的量纲，同时除以 $F_{P1}F_{P2}$ 后量纲仍然相同，故 δ_{12}、δ_{21} 的量纲也相同。

式(4-23)称为位移影响系数互等定理，简称位移互等定理。可表达为：由荷载 F_{P1} 引

起的与荷载 F_{P2} 相应的位移影响系数 δ_{21} 等于由荷载 F_{P2} 引起的与荷载 F_{P1} 相应的位移影响系数 δ_{12}。也可表达为:由单位力 F_{P1} 引起的与 F_{P2} 相应的位移 δ_{21} 等于由单位力 F_{P2} 引起的与 F_{P1} 相应的位移 δ_{12}。

这里的荷载可以是广义荷载,而位移则是相应的广义位移。一般情况下,定理中的两个广义位移的量纲可能是不相同的,但它们的影响系数在数值和量纲上仍然是相同的。

三、反力互等定理

图 4-30 所示为同一线弹性变形体系的两种变形状态。在图 4-30(a)中,由于支座 1 发生位移 c_1,而在支座 1 和支座 2 处引起的反力分别用 F_{R11} 和 F_{R21} 表示;在图 4-30(b)中,由于支座 2 发生位移 c_2,而在支座 1 和支座 2 处引起的反力分别用 F_{R12} 和 F_{R22} 表示。图中的反力 F_{Rij} 用双下标表示,第一个下标 i 表示反力与位移 c_i 相对应,第二个下标 j 表示反力是由位移 c_j 引起的。

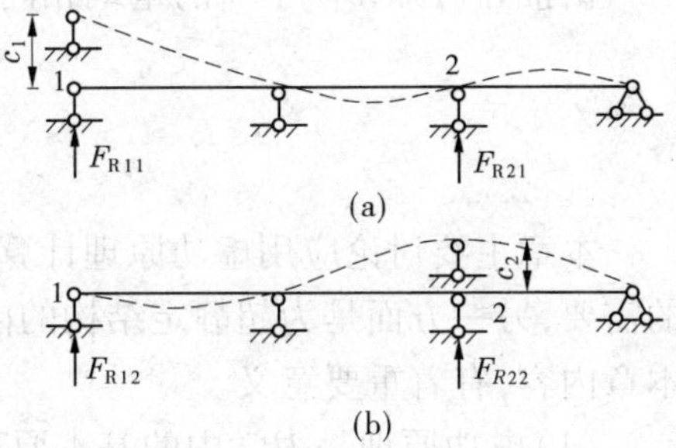

图 4-30

对这两种状态应用功的互等定理可得

$$F_{R11} \times 0 + F_{R21} \times c_2 = F_{R12} \times c_1 + F_{R22} \times 0 \tag{f}$$

由式(f)可得

$$\frac{F_{R21}}{c_1} = \frac{F_{R12}}{c_2} \tag{g}$$

令 $\dfrac{F_{Rij}}{c_j} = r_{ij}$,则式(g)变为

$$r_{12} = r_{21} \tag{4-24}$$

式中,r_{ij} 的物理意义是单位位移 $c_j = 1$ 所引起的第 i 个支座处的反力,称为反力影响系数。

式(4-24)称为反力影响系数互等定理,简称反力互等定理。其内容可表述为:由位移 c_1 引起的与位移 c_2 相应的反力影响系数 r_{21} 等于由位移 c_2 引起的与位移 c_1 相应的反力影响系数 r_{12}。也可表述为:由单位位移 c_1 引起的与位移 c_2 相应的反力 r_{21} 等于由单位位移 c_2 引起的与位移 c_1 相应的反力 r_{12}。

由推导过程可知,r_{12} 与 r_{21} 的量纲相同。这里所说的支座可以换成别的约束,而支座位移可以换成与该约束相应的广义位移,支座反力可换成与该约束相应的广义力。

四、位移反力互等定理

图 4-31 所示为同一线弹性变形体系的两种变形状态。在图 4-31(a)中,由荷载 F_{P1} 所引起的支座 2 的反力为 F_{R21};在图 4-31(b)中,由于支座 2 发生位移 c_2,而在 1 处所引起的位移为 Δ_{12}。根据功的互等定理有

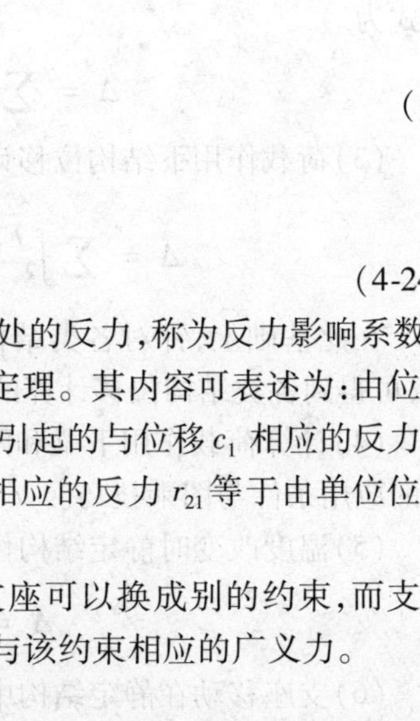

图 4-31

$$F_{P1} \times \Delta_{12} + F_{R21} \times c_2 = 0 \tag{h}$$

即

$$F_{P1} \times \Delta_{12} = -F_{R21} \times c_2 \tag{i}$$

令 $\dfrac{\Delta_{12}}{c_2} = \delta'_{12}, \dfrac{F_{R21}}{F_{P1}} = r'_{21}$，则式(i)变为

$$\delta'_{12} = -r'_{21} \tag{4-25}$$

式(4-25)称为位移反力互等定理，可表达为：由位移 c_2 引起的与荷载 F_{P1} 相应的位移影响系数 δ'_{12}，与由荷载 F_{P1} 引起的与位移 c_2 相应的反力影响系数 r'_{21} 大小相等，符号相反。

由推导可知，δ'_{12} 与 r'_{21} 的量纲相同。这里的力可以是广义力，位移可以是广义位移。

本章小结

本章主要讨论应用虚功原理计算静定结构的位移。位移计算一方面是计算结构位移的需要，另一方面是为超静定结构的内力计算做准备，起着承上启下的作用，因此掌握好本章内容，有着重要意义。

(1)虚功原理是力学中的基本原理。虚功和虚功方程的特点是力系与位移无关。所以，在有一组给定的力系时，可以虚设一位移状态，求未知的约束力，即虚位移原理；在有一组给定的变形时，可以虚设一力系状态，求未知的位移，即虚力原理。

(2)结构位移计算的基本方法是单位荷载法。应用单位荷载法计算结构位移的一般公式为

$$\Delta = \sum \int (\overline{F}_N \varepsilon + \overline{F}_Q \gamma + \overline{M} \kappa) ds - \sum \overline{F}_{Rn} c_n$$

(3)荷载作用下结构位移计算公式为

$$\Delta = \sum \int \frac{\overline{F}_N F_{NP}}{EA} ds + \sum \int \frac{k \overline{F}_Q F_{QP}}{GA} ds + \sum \int \frac{\overline{M} M_P}{EI} ds$$

在此基础上，针对各类结构中弯曲变形、剪切变形和轴向变形对位移影响程度的不同，可得到各类结构位移计算的简化公式。

(4)计算荷载作用下梁和刚架的位移时，可应用图乘法代替积分计算，但要注意图乘法的应用条件与图乘技巧。

(5)温度改变时静定结构位移计算公式为

$$\Delta = \sum \int \overline{F}_N \alpha t_0 ds + \sum \int \overline{M} \frac{\alpha \Delta t}{h} ds$$

(6)支座移动在静定结构中引起的位移属于刚体位移，其计算公式为

$$\Delta = -\sum \overline{F}_{Rn} c_n$$

(7)互等定理是力学分析中的另一个基本原理。应理解位移互等定理与反力互等定理在各种不同变形条件下的意义和应用。

思考题

4-1　产生位移的因素有哪些？位移一般分为哪几类？

4-2　何为线弹性体系？

4-3　试说明实功与虚功的区别。

4-4　刚体体系的虚功原理和变形体体系的虚功原理有何区别和联系？

4-5　试说明虚位移原理和虚力原理的区别。

4-6　试说明静定结构位移计算的一般公式中各物理量的含义。

4-7　不同的结构形式在荷载作用下，静定结构位移计算公式有哪些简化？

4-8　图乘法的应用条件及注意点是什么？

4-9　图乘法能在拱结构或连续变截面梁上应用吗？

4-10　温度变化引起的位移计算公式中，如何确定各项的正负号？

4-11　线弹性体系互等定理中的互等指的是什么？

习　题

4-1　试利用虚位移原理求图4-32所示结构的支座反力 F_{yC} 和内力 F_{QC}^{L}、M_C。

4-2　试利用虚位移原理求图4-33所示结构的支座反力 F_{yB} 和内力 M_C。

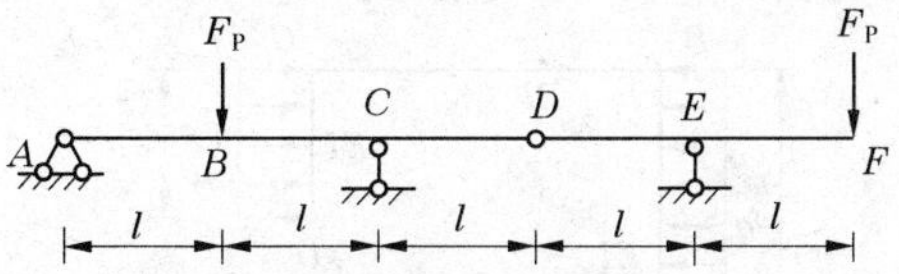

图4-32

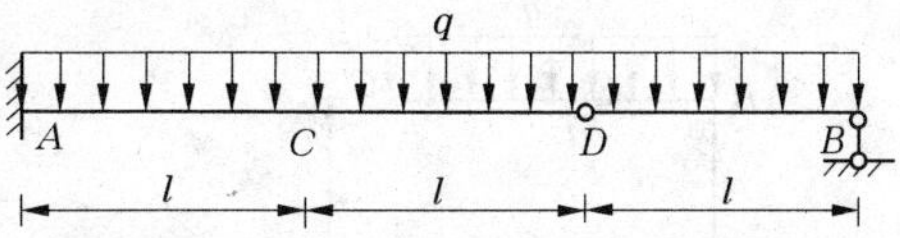

图4-33

4-3　试用虚力原理求图4-34所示结构 B 点的水平位移和竖向位移，设支座 A 向左移动1 cm，支座 C 向下移动2 cm。

4-4　试用虚力原理求图4-35所示结构 C 点的水平位移和竖向位移，设支座 B 向右移动1 cm。

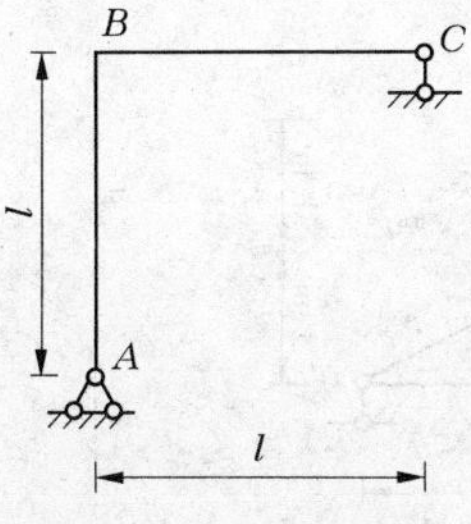

图4-34

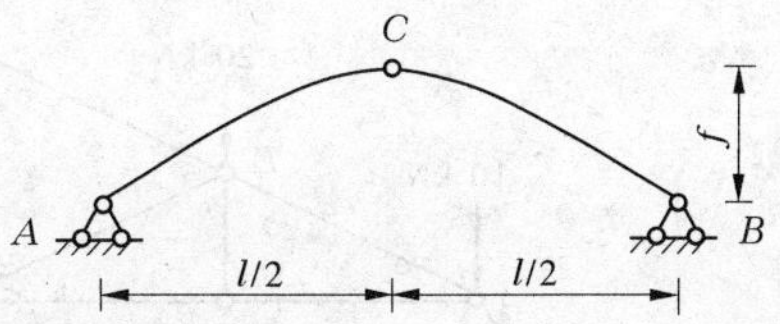

图4-35

4-5　试用积分法求图4-36所示结构 B 点的竖向位移和 C 点的转角，已知 EI = 常量。

4-6　试用积分法求图4-37所示结构 C 点的竖向位移、水平位移和转角，已知 EI = 常量。

4-7　试用积分法求图4-38所示结构 D 点的水平位移，已知 EI = 常量。

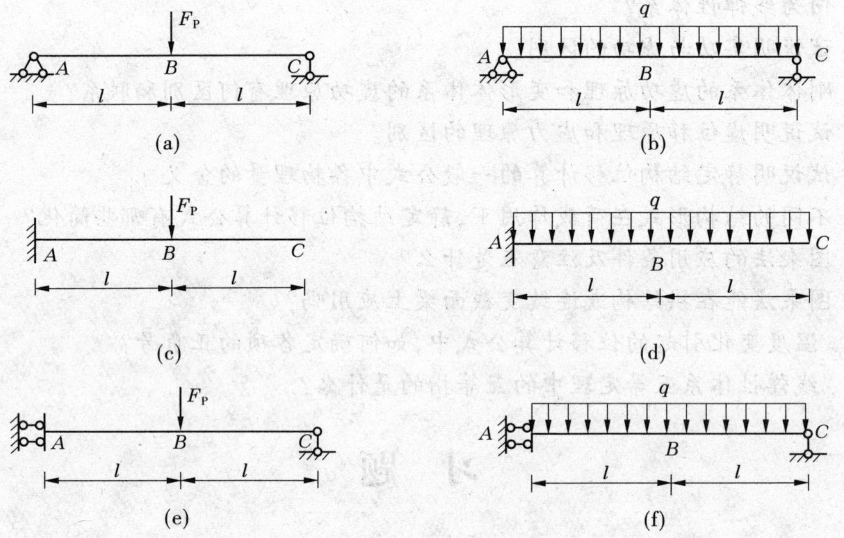

图 4-36

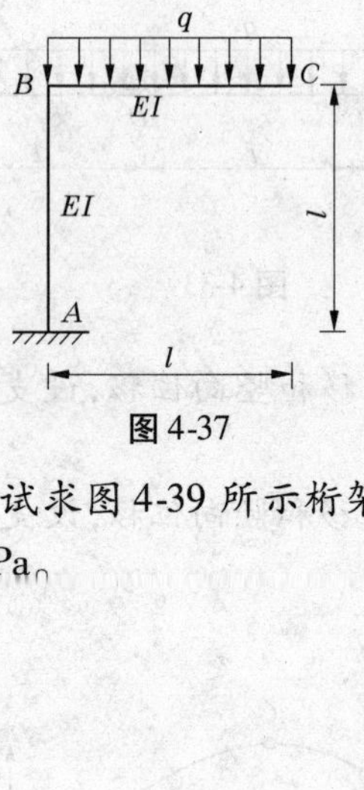

图 4-37

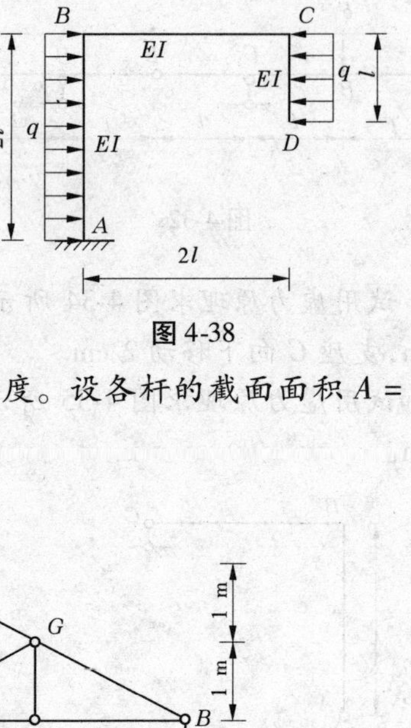

图 4-38

4-8　试求图 4-39 所示桁架下弦中间结点的挠度。设各杆的截面面积 $A = 144\ \text{cm}^2$，$E = 8.5\ \text{GPa}$。

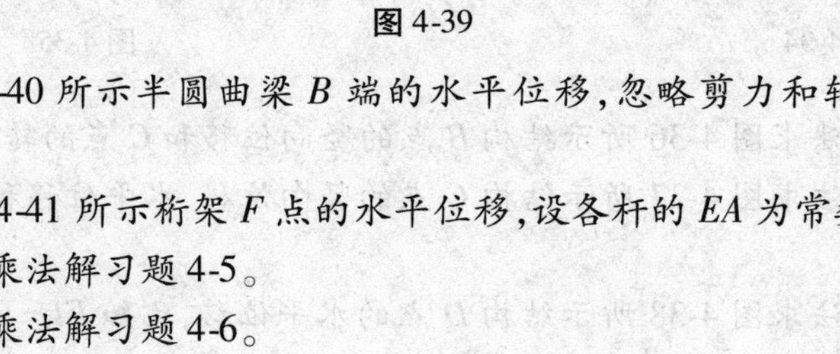

图 4-39

4-9　试求图 4-40 所示半圆曲梁 B 端的水平位移，忽略剪力和轴力的影响，EI = 常量。

4-10　试求图 4-41 所示桁架 F 点的水平位移，设各杆的 EA 为常数。

4-11　试用图乘法解习题 4-5。

4-12　试用图乘法解习题 4-6。

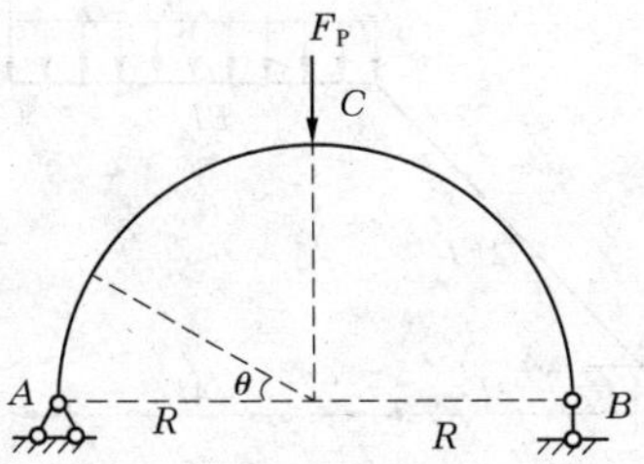

图 4-40

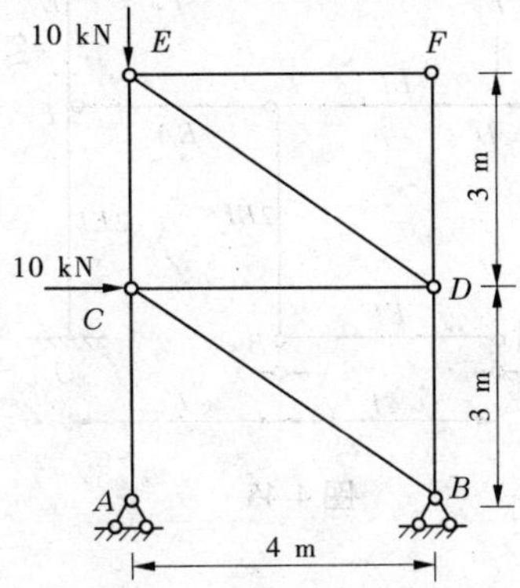

图 4-41

4-13　试用图乘法解习题 4-7。

4-14　试求图 4-42 所示三铰刚架 C 点的竖向位移，已知各杆的 EI 相同，且为常量。

4-15　试求图 4-43 所示刚架 B 点与 D 点的水平相对位移，已知各杆的 EI 相同，且为常量。

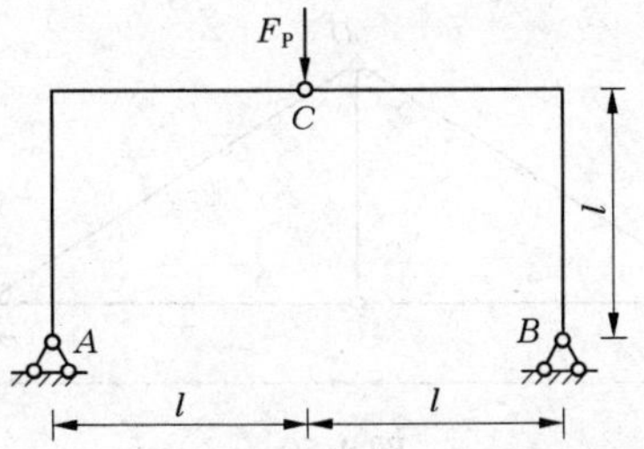

图 4-42

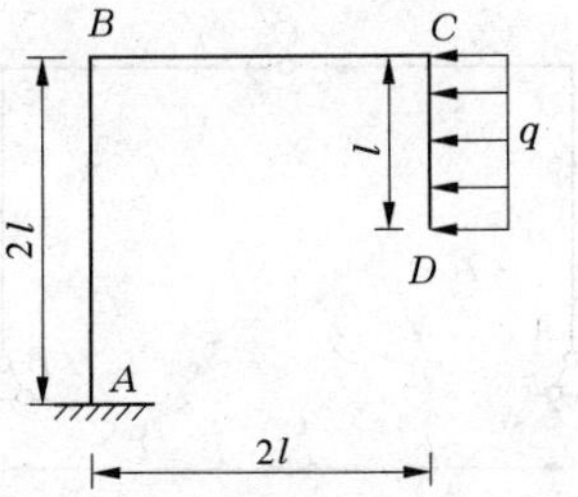

图 4-43

4-16　试求图 4-44 所示简支梁的跨中挠度。

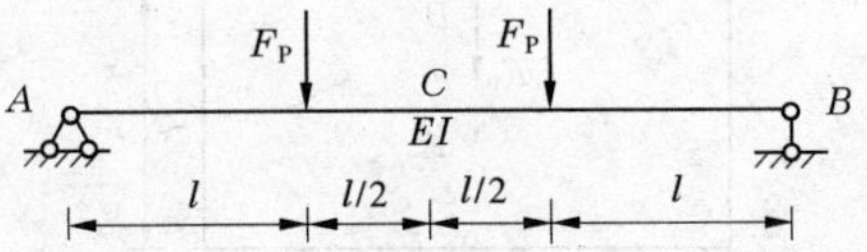

图 4-44

4-17　试求图 4-45 所示组合结构 A 支座的水平位移。

4-18　试求图 4-46 所示刚架 C 端的竖向位移。

4-19　试求图 4-47 所示结构 C 点的挠度 Δ_C，EI 为常数，弹簧的刚度系数为 k。

4-20　试求图 4-48 所示结构 B 点的挠度 Δ_B，EI 为常数，弹簧的刚度系数为 k。

4-21　图 4-49 所示刚架内部升温 30 ℃，试求 C 点的竖向位移 Δ_C，已知各杆截面均为矩形，且截面高度相同。

4-22　如图 4-50 所示桁架中，AD 杆的温度上升 t，试求 C 点的竖向位移 Δ_C。

4-23　试求图 4-51 所示结构 A、B 截面的相对转角。

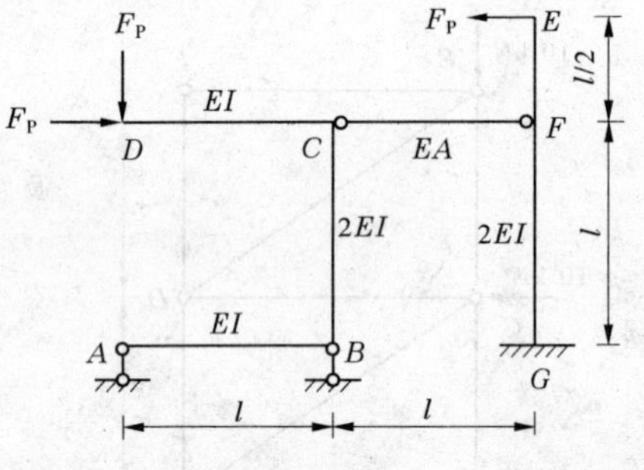

图 4-45

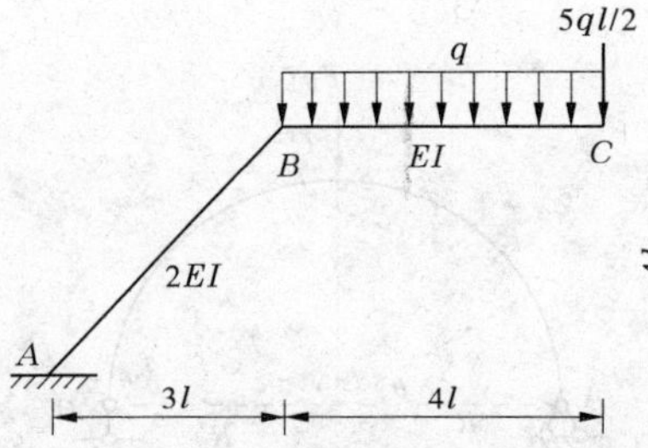

图 4-46

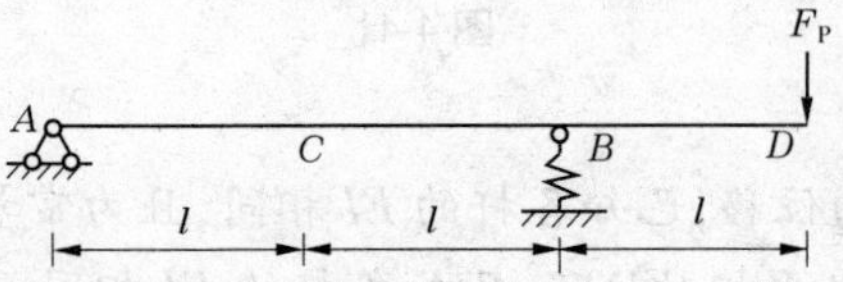

图 4-47

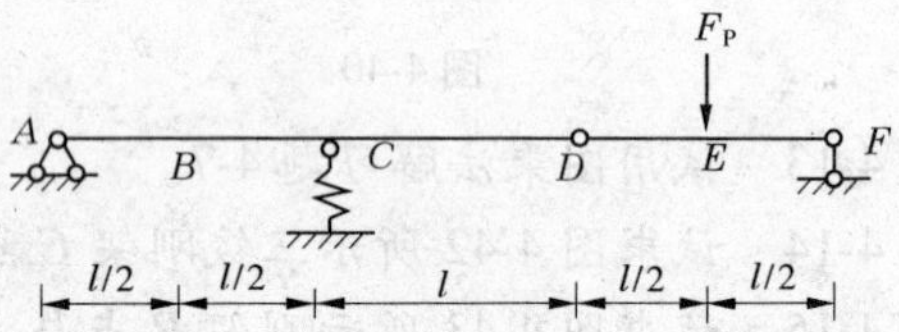

图 4-48

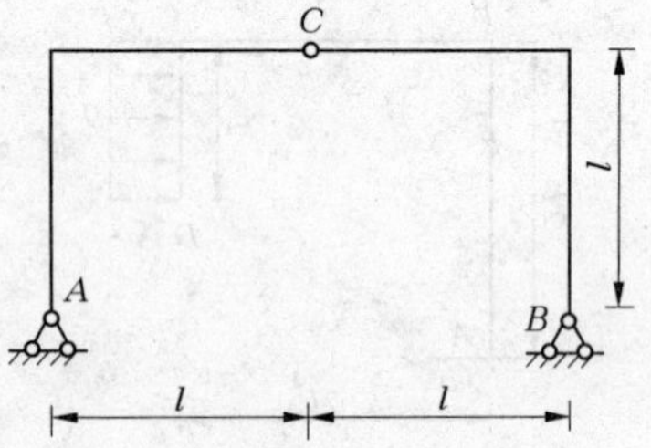

图 4-49

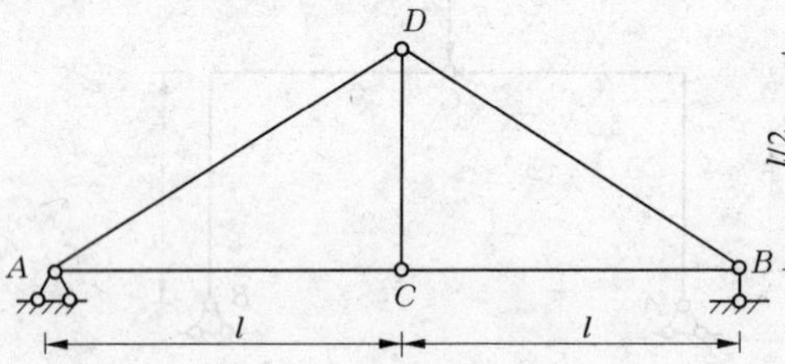

图 4-50

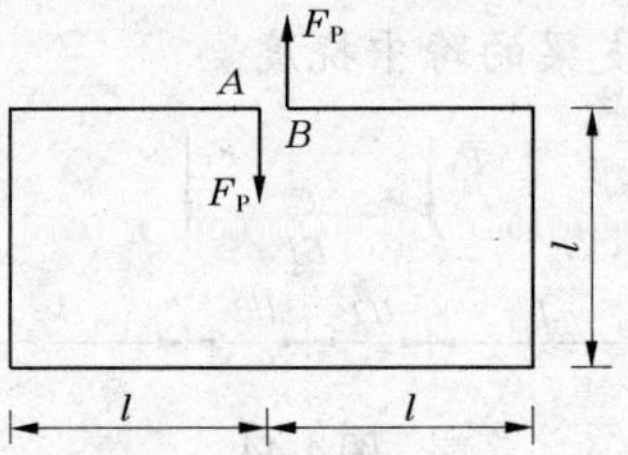

图 4-51

习题参考答案

4-1　$F_{yC} = -F_P(\downarrow), F_{QC}^L = 0, M_C = F_P l$(下部受拉)

4-2　$F_{yB} = \frac{1}{2}ql(\uparrow), M_C = -ql^2$(上部受拉)

4-3　$\Delta_{BH} = -1\ \mathrm{cm}(\rightarrow), \Delta_{BV} = 0$

4-4　$\Delta_{CH} = \frac{1}{2}\ \mathrm{cm}(\rightarrow), \Delta_{CV} = \frac{l}{4f}\ \mathrm{cm}(\downarrow)$

4-5　(a)$\Delta_B = \frac{F_P l^3}{6EI}(\downarrow)$，$\theta_C = \frac{F_P l^2}{4EI}$(逆时针)

(b)$\Delta_B = \frac{5ql^4}{24EI}(\downarrow)$，$\theta_C = \frac{ql^3}{3EI}$(逆时针)

(c)$\Delta_B = \frac{F_P l^3}{3EI}(\downarrow)$，$\theta_C = -\frac{F_P l^2}{2EI}$(顺时针)

(d)$\Delta_B = \frac{17ql^4}{24EI}(\downarrow)$，$\theta_C = -\frac{4ql^3}{3EI}$(顺时针)

(e)$\Delta_B = \frac{4F_P l^3}{3EI}(\downarrow)$，$\theta_C = \frac{3F_P l^2}{2EI}$(逆时针)

(f)$\Delta_B = \frac{19ql^4}{8EI}(\downarrow)$，$\theta_C = \frac{8ql^3}{3EI}$(逆时针)

4-6　$\Delta_{CV} = \frac{5ql^4}{8EI}(\downarrow)$，$\Delta_{CH} = -\frac{ql^4}{4EI}(\rightarrow)$，$\theta_C = -\frac{2ql^3}{3EI}$(顺时针)

4-7　$\Delta_{DH} = \frac{9ql^4}{8EI}(\leftarrow)$

4-8　$\Delta_C = 0.44\ \text{cm}(\downarrow)$

4-9　$\Delta_{BH} = \frac{F_P R^3}{2EI}(\rightarrow)$

4-10　$\Delta_{FH} = \frac{44.375}{EA}(\rightarrow)$

4-11　见习题 4-5

4-12　见习题 4-6

4-13　见习题 4-7

4-14　$\Delta_{CV} = \frac{F_P l^3}{3EI}(\downarrow)$

4-15　$\Delta_{BD} = \frac{ql^4}{8EI}(\rightarrow\leftarrow)$

4-16　$\Delta_{CV} = \frac{23F_P l^3}{24EI}(\downarrow)$

4-17　$\Delta_{AH} = \frac{11F_P l^3}{24EI} + \frac{F_P l}{EA}(\rightarrow)$

4-18　$\Delta_{CV} = \frac{5\,749ql^4}{12EI}(\downarrow)$

4-19　$\Delta_C = -0.25\frac{F_P l^3}{EI} + 0.75\frac{F_P}{k}(\downarrow)$

4-20　$\Delta_B = -\frac{F_P l^3}{32EI} + \frac{F_P}{2k}(\downarrow)$

4-21　$\Delta_c = -30\alpha l - \frac{30\alpha}{h}l^2(\uparrow)$

4-22　$\Delta_C = -\frac{5}{4}\alpha t l(\uparrow)$

4-23　$\theta = 0$

第五章　力　法

本章讨论用力法计算超静定结构问题。重点介绍力法的基本概念和基本原理；详细讨论如何选择力法的基本未知量、基本体系和如何根据变形条件建立力法的基本方程；作为力法计算的应用，分别讨论各种超静定结构的计算问题，并介绍超静定结构在温度变化、支座移动下的内力计算，同时讨论对称结构的简化计算方法；最后介绍超静定结构的位移计算。

在学习中，应掌握力法的基本原理与解题步骤，并能应用其计算各种超静定结构在荷载、支座移动、温度改变等因素作用下的内力；学会利用结构的对称性来简化力法的计算；掌握超静定结构位移的计算方法。

第一节　概　述

前面几章介绍了静定结构的内力分析及位移计算方法，从本章开始我们将讨论超静定结构的计算问题。超静定结构的内力计算与静定结构不同，必须要同时考虑静力平衡条件和变形协调条件才能求解。其基本计算方法包括力法和位移法。

力法是以多余约束力作为基本未知量，将变形或位移表示为基本未知量的函数，利用变形协调条件建立补充方程，进而求解结构的内力。

一、超静定结构的组成

图 5-1(a)所示悬臂梁是无多余约束的几何不变体系，其支座反力和内力可以利用静力平衡条件唯一确定，故它是静定结构。图 5-1(b)所示结构是具有一个多余约束的几何不变体系，共有四个未知支座反力，利用独立的三个静力平衡方程不能求出全部的支座反力，也不能求解结构的全部内力，故它是超静定结构。

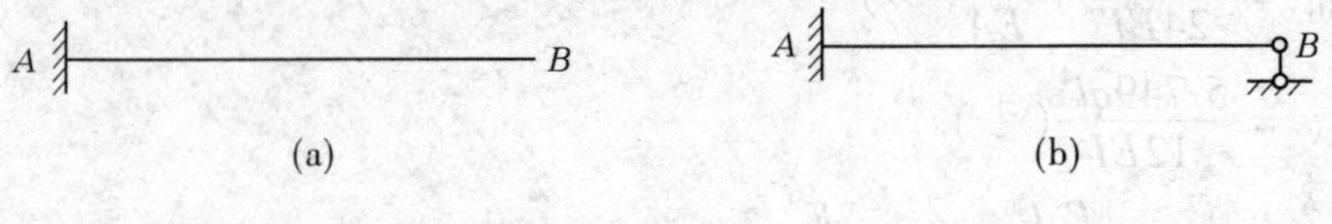

图 5-1

从几何组成分析来看，静定结构和超静定结构都是几何不变体系，区别在于前者没有多余约束，后者具有多余约束。从静力分析来看，仅由静力平衡条件就可求解全部内力的是静定结构，必须要同时考虑变形协调条件才能求解全部内力的是超静定结构。因此，具有多余约束且无法根据静力平衡条件求解结构的全部内力是超静定结构区别于静定结构的基本特点。

二、超静定次数的确定

从几何组成分析的角度出发,超静定次数就是超静定结构中多余约束的个数;从静力分析的角度出发,超静定次数就是利用静力平衡条件求解结构支座反力和内力所缺少的方程数目,即多余未知力的数目。

通常,在确定超静定次数时,可先将超静定结构中的多余约束去掉,使其变为相应的静定结构,则去掉的多余约束的数目即为原结构的超静定次数。

为便于理解,根据约束的性质,把在超静定结构中去掉多余约束的方式概括为以下几种基本情况:

(1)去掉或切断一根链杆、将刚结点变为单铰、将固定端改为铰支座,都相当于解除了一个约束,如图 5-2 所示。

(2)去掉一个固定端或切断一根梁式杆,相当于解除了三个约束,如图 5-3 所示。

(3)去掉一个单铰、去掉一个铰支座或去掉一个定向支座,都相当于解除了两个约束,如图 5-4 所示。

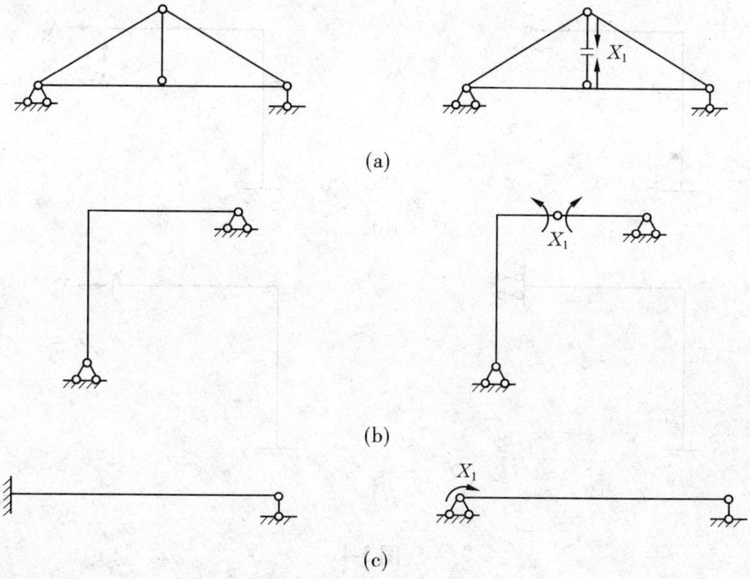

图 5-2

应用上述去掉多余约束的方式,不难确定任何超静定结构的超静定次数。但在具体应用时,应注意:

(1)对于同一超静定结构,可采用不同的方式去掉多余约束而得到不同的静定结构,但去掉多余约束的数目总是相同的。图 5-3(a)、(b)所示为同一个超静定结构,分别通过去掉固定支座与切断梁式杆的方式得到了两个不同的静定结构,由于去除的约束都是三个,故原结构的超静定次数为三次。

(2)要去除包括结构内部多余约束在内的全部约束。如图 5-5(a)所示超静定结构,

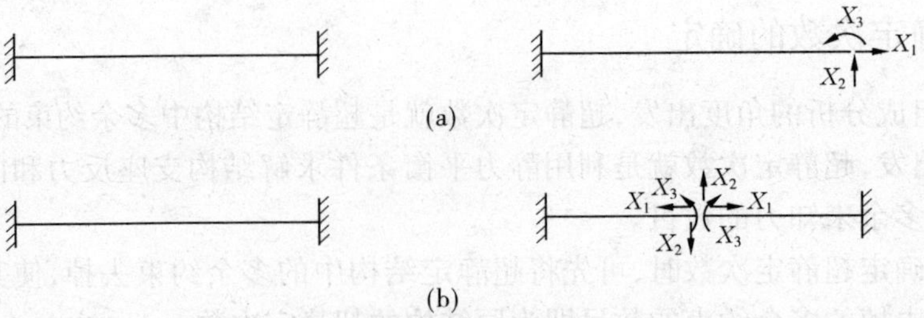

图 5-3

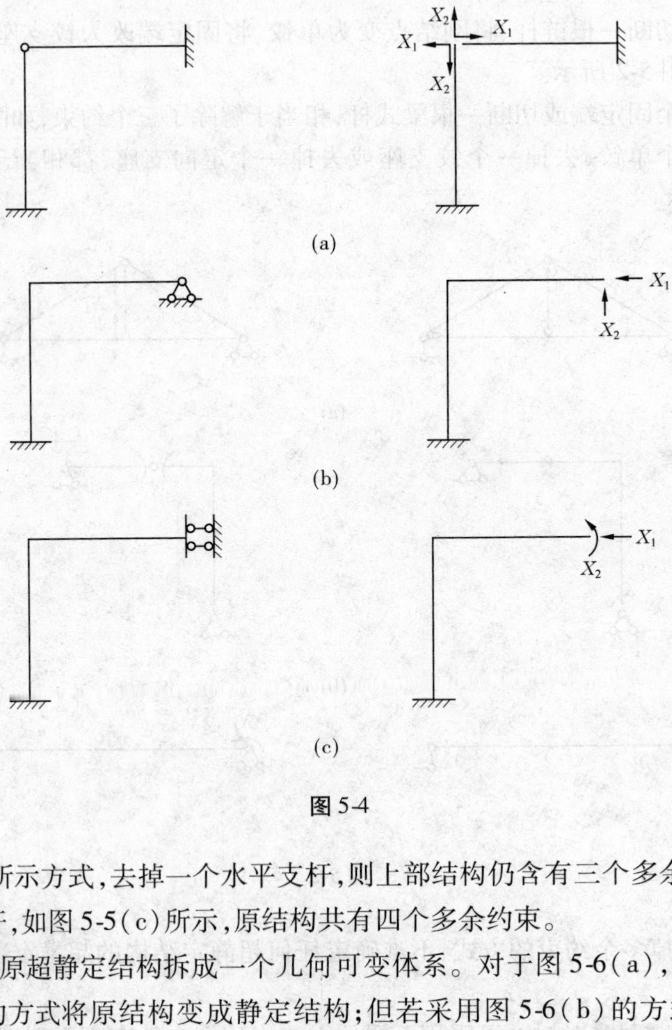

图 5-4

按照图 5-5(b)所示方式，去掉一个水平支杆，则上部结构仍含有三个多余约束，故还需再切断一根梁式杆，如图 5-5(c)所示，原结构共有四个多余约束。

(3)不要将原超静定结构拆成一个几何可变体系。对于图 5-6(a)，我们可采用去掉任一竖向支杆的方式将原结构变成静定结构；但若采用图 5-6(b)的方式将水平支杆去掉，则原结构就变成了几何可变体系，这种去除多余约束的方式不能用于求解超静定结构。

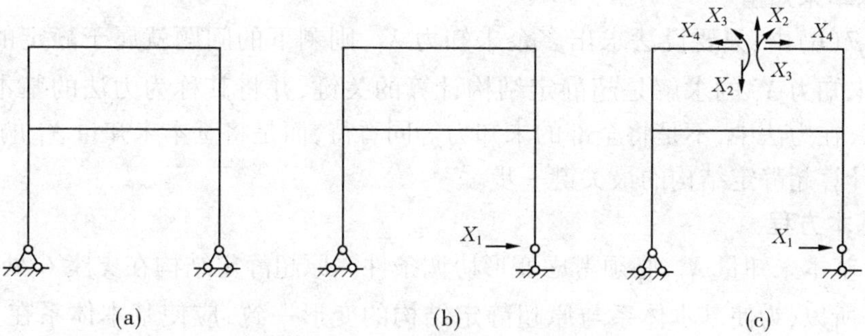

图 5-5

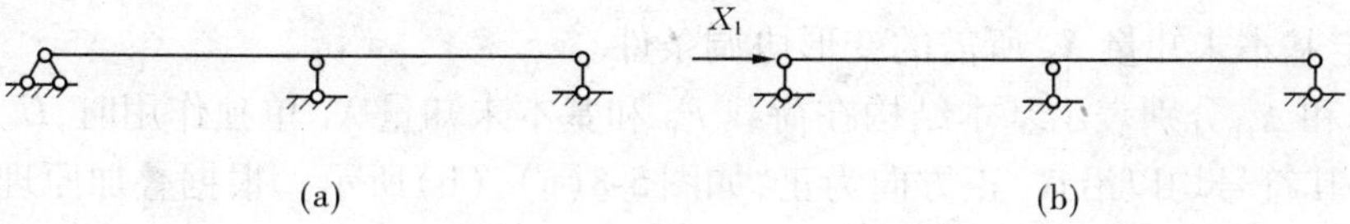

图 5-6

第二节　力法的基本原理

一、力法的基本概念

利用力法求解超静定结构的内力时,应设法将未知的超静定问题转化为已知的静定问题来解决。下面以一次超静定刚架为例,来阐述力法的基本概念。

(一)基本体系和基本结构

如图 5-7(a)所示为一次超静定刚架结构,若将其滚轴支座 C 作为多余约束去掉,并代以未知力 X_1,便得到图 5-7(b)所示的静定结构,此静定结构称为力法的基本体系。将原超静定结构中的多余约束(支座 C)和外荷载都去掉后得到的静定结构称为力法的基本结构,如图 5-7(c)所示。

由上可知,基本体系本身既是静定结构,同时又代表了原超静定结构,它是把超静定结构计算问题转化为静定结构计算问题的一座桥梁。

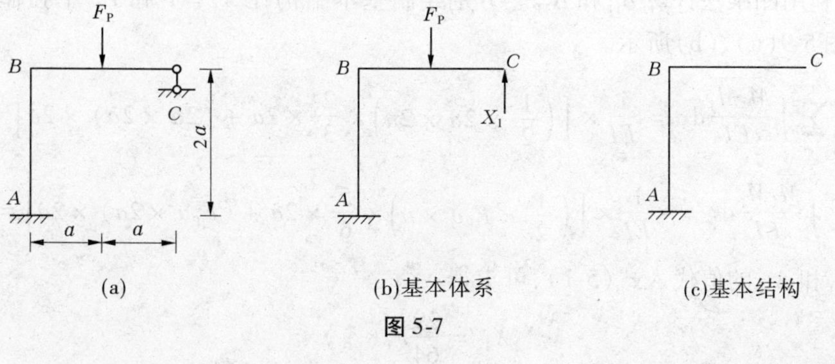

图 5-7

(二)基本未知量

在图 5-7(b)中,只要设法求出多余未知力 X_1,则剩下的问题就属于静定的问题了。因此,多余未知力 X_1 的求解是超静定结构计算的关键,并将其称为力法的基本未知量。这里应注意,在力法中,不是将全部的未知力等同看待,而是将基本未知量 X_1 的求解突出出来,作为计算超静定结构的最关键一步。

(三)基本方程

为求解基本未知量 X_1,必须考虑变形协调条件。原超静定结构在支座 C 处的竖向位移等于零。所以,为使基本体系与原超静定结构的变形一致,应使基本体系在支座 C 处的竖向位移 Δ_1 与原超静定结构中的相应位移相等,即

$$\Delta_1 = 0 \tag{a}$$

这就是确定基本未知量 X_1 所需的变形协调条件。

以 Δ_{1P} 和 Δ_{11} 分别表示基本结构在荷载 F_P 和基本未知量 X_1 单独作用时,C 点沿 X_1 方向的位移,其符号均以沿 X_1 正方向为正,如图 5-8(a)、(b)所示。根据叠加原理,式(a)可写成

$$\Delta_1 = \Delta_{1P} + \Delta_{11} = 0 \tag{b}$$

对于线性变形体系,以 δ_{11} 表示 $X_1 = 1$ 单独作用于基本结构上,C 点沿 X_1 方向的位移,如图 5-8(c)所示,则式(b)可表达为

$$\delta_{11}X_1 + \Delta_{1P} = 0 \tag{5-1}$$

式中,δ_{11} 和 Δ_{1P} 是基本结构在荷载作用下的位移,可应用静定结构位移计算公式求得,故 X_1 可由式(5-1)求得。式(5-1)称为原超静定结构力法计算的基本方程。

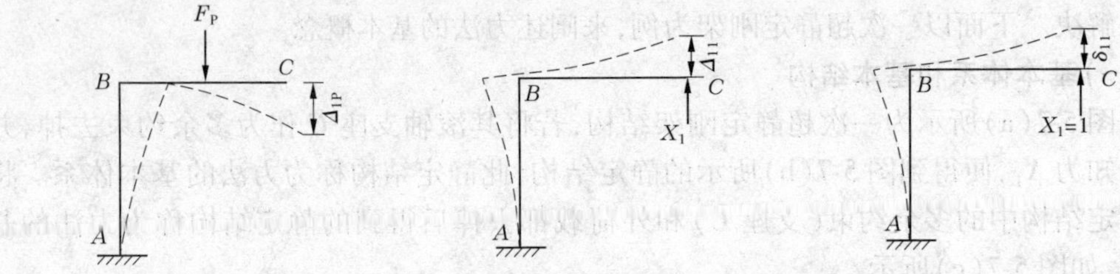

图 5-8

下面利用图乘法计算 δ_{11} 和 Δ_{1P}。分别绘制基本结构在 $X_1 = 1$ 和 F_P 单独作用下的弯矩图,如图 5-9(a)、(b)所示。

$$\delta_{11} = \sum\int \frac{\overline{M}_1\overline{M}_1}{EI}dx = \frac{1}{EI}\times\left[\left(\frac{1}{2}\times 2a\times 2a\right)\times\frac{2}{3}\times 2a + (2a\times 2a)\times 2a\right] = \frac{32a^3}{3EI}$$

$$\Delta_{1P} = \sum\int \frac{\overline{M}_1 M_P}{EI}ds = -\frac{1}{EI}\times\left[\left(\frac{1}{2}\times F_P a\times a\right)\times\frac{5}{6}\times 2a + (F_P a\times 2a)\times 2a\right] = -\frac{29F_P a^3}{6EI}$$

将 δ_{11} 和 Δ_{1P} 的值代入式(5-1),可求得

$$X_1 = \frac{29}{64}F_P(\uparrow)$$

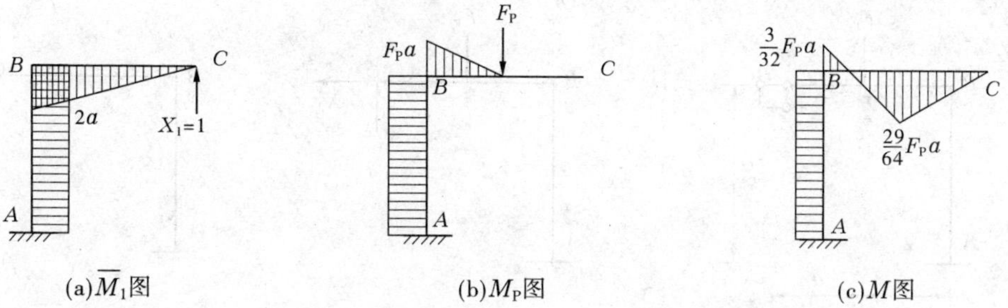

图 5-9

求得的基本未知量 X_1 为正,表示 X_1 的实际方向与原设的方向相同。

基本未知量 X_1 求出后,其余支座反力和内力皆可根据静力平衡条件求解,原结构的弯矩图如图 5-9(c)所示。这里,也可以根据叠加原理,按式(5-2)求得原结构的弯矩图

$$M = \overline{M}_1 X_1 + M_P \tag{5-2}$$

此时,基本体系与原超静定结构的受力和变形情况完全相同,因此二者是完全等价的。

想一想:应用力法计算图 5-7(a)所示结构时,基本未知量、基本结构、基本体系以及基本方程的选取方法是唯一的吗?

综上所述,力法的基本特点可归纳为:以多余未知力作为基本未知量,以去掉多余约束后的静定结构作为基本结构,根据基本体系与原超静定结构在被去掉的多余约束处的变形协调条件建立力法基本方程,由基本方程求出多余未知力,再由静力平衡条件求解其他支座反力和内力。

二、力法典型方程

下面以一个二次超静定刚架为例,说明如何建立二次超静定结构的力法方程。再进一步推及 n 次超静定结构的求解,即得到力法典型方程。

(一)二次超静定结构的求解

如图 5-10(a)所示为二次超静定刚架结构,采用力法分析时,需去掉两个多余约束。若采用图 5-10(b)所示静定结构作为基本体系(X_1、X_2 为基本未知量),考虑到原结构与基本体系的变形协调条件,基本体系中 C 点沿 X_1、X_2 方向的线位移均为零,即

$$\left.\begin{aligned}\Delta_1 = 0\\ \Delta_2 = 0\end{aligned}\right\} \tag{c}$$

式中,Δ_1、Δ_2 分别为基本体系中 C 点沿 X_1、X_2 方向的线位移。

设基本结构分别在 $X_1=1$、$X_2=1$ 和荷载 F_P 单独作用下,C 点沿 X_1 方向的位移分别为 δ_{11}、δ_{12} 和 Δ_{1P},C 点沿 X_2 方向的位移分别为 δ_{21}、δ_{22} 和 Δ_{2P},如图 5-11 所示。根据叠加原理,式(c)可表达为

$$\left.\begin{aligned}\Delta_1 = \delta_{11}X_1 + \delta_{12}X_2 + \Delta_{1P} = 0\\ \Delta_2 = \delta_{21}X_1 + \delta_{22}X_2 + \Delta_{2P} = 0\end{aligned}\right\} \tag{5-3}$$

这就是二次超静定结构的力法基本方程。

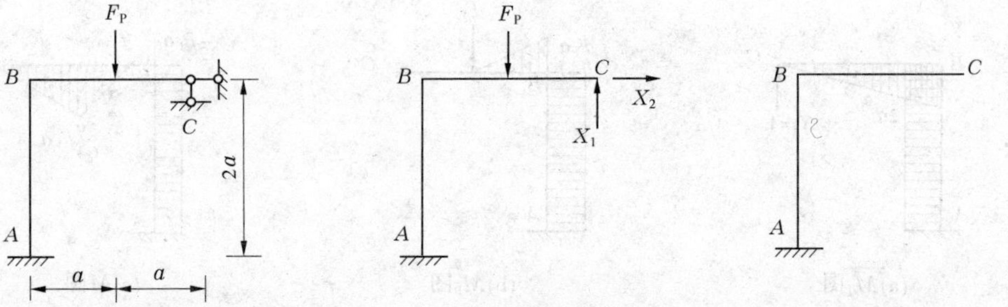

(a)原结构　　(b)基本体系　　(c)基本结构

图 5-10

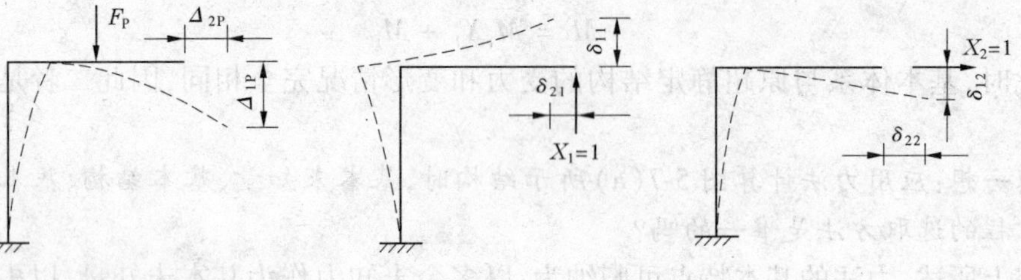

(a)　　(b)　　(c)

图 5-11

式(5-3)中的系数和自由项都是基本结构的位移,可由静定结构位移计算公式求得。通过求解联立方程组,便可求出多余未知力 X_1、X_2,然后利用静力平衡条件即可求出原结构的支座反力和内力。此外,也可以根据叠加原理求得原结构的内力,如原结构任一截面的弯矩 M 可用下面的叠加公式计算

$$M = \overline{M}_1 X_1 + \overline{M}_2 X_2 + M_P \tag{5-4}$$

式中,M_P 是荷载在基本结构任一截面上所引起的弯矩;$\overline{M}_1$ 和 $\overline{M}_2$ 分别是 $X_1 = 1$、$X_2 = 1$ 在基本结构同一截面上所引起的弯矩。

(二)n 次超静定结构的求解

对于 n 次超静定结构,力法的基本未知量为 n 个多余未知力 $X_1, X_2, \cdots, X_n$,力法的基本体系是从原结构中去掉 n 个多余约束,而代之以相应的 n 个多余未知力后所得到的一个静定结构,力法的基本方程是在 n 个多余约束处所应满足的 n 个变形协调条件,即基本体系中沿 n 个多余未知力方向的位移应与原结构中相应的位移相等。根据叠加原理,线性变形体系的 n 个变形协调条件一般可表达为

$$\left.\begin{aligned}
\delta_{11}X_1 + \delta_{12}X_2 + \cdots + \delta_{1n}X_n + \Delta_{1P} &= 0 \\
\delta_{21}X_1 + \delta_{22}X_2 + \cdots + \delta_{2n}X_n + \Delta_{2P} &= 0 \\
&\vdots \\
\delta_{n1}X_1 + \delta_{n2}X_2 + \cdots + \delta_{nn}X_n + \Delta_{nP} &= 0
\end{aligned}\right\} \tag{5-5}$$

式(5-5)即为 n 次超静定结构在荷载作用下力法方程的一般形式。无论结构形式如何,结构的基本体系和基本未知量如何选取,力法方程的一般形式都是相同的,故又称为力法典型方程。

式(5-5)中,系数 δ_{ij} 和自由项 Δ_{iP} 都是基本结构的位移,属于静定结构位移计算问题。位移符号中采用两个下标,第一个下标表示发生位移的位置与方向,第二个下标表示引起位移的原因。如 δ_{ij} 表示基本结构在单位力 $X_j=1$ 单独作用下沿 X_i 方向的位移,通常称为柔度系数;Δ_{iP} 表示基本结构在荷载 F_P 单独作用下沿 X_i 方向的位移。只有当位移 δ_{ij} 或 Δ_{iP} 的方向与相应力 X_i 的正方向相同时,δ_{ij} 和 Δ_{iP} 才为正,否则为负。

式(5-5)可用矩阵表示为

$$\begin{bmatrix} \delta_{11} & \delta_{12} & \cdots & \delta_{1n} \\ \delta_{21} & \delta_{22} & \cdots & \delta_{2n} \\ & \vdots & & \\ \delta_{n1} & \delta_{n2} & \cdots & \delta_{nn} \end{bmatrix} \begin{bmatrix} X_1 \\ X_2 \\ \vdots \\ X_n \end{bmatrix} + \begin{bmatrix} \Delta_{1P} \\ \Delta_{2P} \\ \vdots \\ \Delta_{nP} \end{bmatrix} = \begin{bmatrix} 0 \\ 0 \\ \vdots \\ 0 \end{bmatrix} \tag{5-6}$$

式中,由柔度系数构成的矩阵称为柔度矩阵。根据位移互等定理可知,$\delta_{ij}=\delta_{ji}$,因此柔度矩阵是一个对称矩阵。在柔度矩阵中,当 $j=i$ 时,系数 δ_{ij} 称为主系数,其值恒为正,且不为零;当 $j\neq i$ 时,系数 δ_{ij} 称为副系数,其值可为正、负或零。

当柔度系数和自由项求出后,可根据力法典型方程求解多余未知力 $X_1, X_2, \cdots, X_n$,然后根据静力平衡条件或叠加原理,计算结构内力,绘制内力图。按叠加原理计算内力的公式为

$$\left.\begin{aligned} M &= \overline{M}_1 X_1 + \overline{M}_2 X_2 + \cdots + \overline{M}_n X_n + M_P \\ F_Q &= \overline{F}_{Q1} X_1 + \overline{F}_{Q2} X_2 + \cdots + \overline{F}_{Qn} X_n + F_{QP} \\ F_N &= \overline{F}_{N1} X_1 + \overline{F}_{N2} X_2 + \cdots + \overline{F}_{Nn} X_n + F_{NP} \end{aligned}\right\} \tag{5-7}$$

式中,$\overline{M}_i$、$\overline{F}_{Qi}$、$\overline{F}_{Ni}$ 分别表示 $X_i=1$ 单独作用于基本结构上所产生的弯矩、剪力和轴力;M_P、F_{QP}、F_{NP} 分别表示荷载 F_P 单独作用于基本结构上所产生的弯矩、剪力和轴力。

三、力法的计算步骤

基于以上的分析,采用力法计算超静定结构的步骤可归纳如下:

(1)确定结构的超静定次数,选取力法基本体系,以多余未知力代替相应多余约束的作用。

(2)按照变形协调条件,建立力法典型方程。

(3)分别绘制基本结构在荷载和各单位未知力作用下的弯矩图,求解力法方程中的柔度系数和自由项。

(4)根据典型方程,求解多余未知力。

(5)按照式(5-7)求解结构内力,绘制内力图。

想一想:当采用不同的基本体系对同一超静定结构进行力法计算时,计算过程会有哪些不同?

第三节　力法计算举例

不同类型的结构在荷载作用下,由于轴向变形、剪切变形和弯曲变形对位移的影响不同,故在计算力法典型方程中的柔度系数和自由项时,常采取考虑主要影响、忽略次要影响的原则,对系数计算进行简化。本节分别以荷载作用下的超静定梁、刚架、排架、桁架、组合结构和拱为例,说明力法计算的基本思路。

一、超静定梁和刚架的计算

用力法计算超静定梁和刚架时,通常忽略轴向变形和剪切变形的影响,其柔度系数和自由项的计算只考虑弯曲变形的影响。

【例 5-1】　试作图 5-12(a)所示超静定梁的内力图。

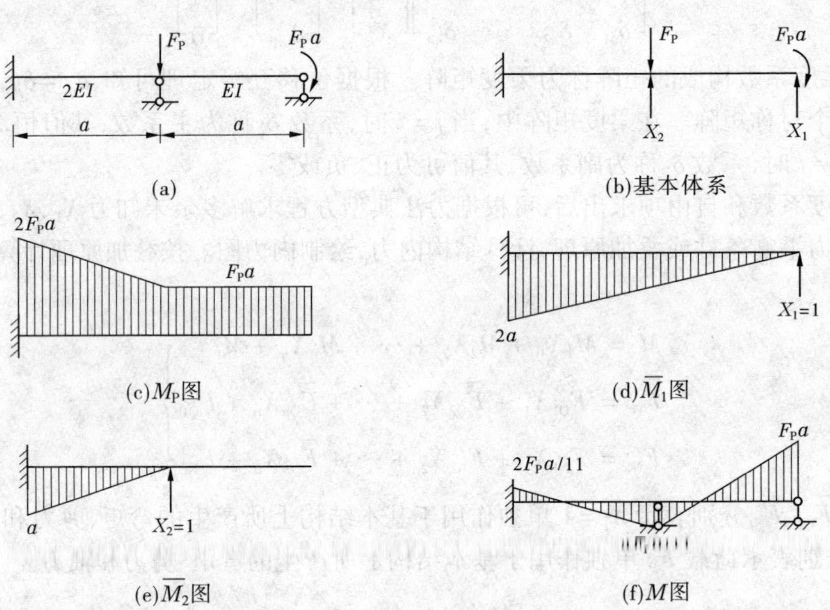

图 5-12

解　(1)确定超静定次数,选取力法基本体系

该梁为二次超静定结构,取基本体系如图 5-12(b)所示。

(2)建立力法典型方程

$$\left.\begin{aligned}\delta_{11}X_1 + \delta_{12}X_2 + \Delta_{1P} = 0\\ \delta_{21}X_1 + \delta_{22}X_2 + \Delta_{2P} = 0\end{aligned}\right\}$$

(3)求柔度系数和自由项

分别作基本结构在荷载与单位未知力作用下的弯矩图,如图 5-12(c)、(d)、(e)所示。利用图乘法计算系数和自由项如下

$$\delta_{11} = \sum\int\frac{\overline{M}_1\overline{M}_1}{EI}\mathrm{d}s = \frac{1}{EI}\times\left(\frac{1}{2}\times a\times a\times\frac{2}{3}a\right)+$$

$$\frac{a}{6\times 2EI}\times(2\times 2a\times 2a+2\times a\times a+2a\times a+a\times 2a)=\frac{3a^3}{2EI}$$

$$\delta_{22}=\sum\int\frac{\overline{M}_2\overline{M}_2}{EI}\mathrm{d}s=\frac{1}{2EI}\times\left(\frac{1}{2}\times a\times a\times\frac{2}{3}a\right)=\frac{a^3}{6EI}$$

$$\delta_{12}=\delta_{21}=\sum\int\frac{\overline{M}_1\overline{M}_2}{EI}\mathrm{d}s=\frac{1}{2EI}\times\left(\frac{1}{2}\times a\times a\times\frac{5}{6}\times 2a\right)=\frac{5a^3}{12EI}$$

$$\Delta_{1\mathrm{P}}=\sum\int\frac{\overline{M}_1M_\mathrm{P}}{EI}\mathrm{d}s=-\frac{1}{EI}\times\left(\frac{1}{2}\times a\times a\times F_\mathrm{P}a\right)-$$

$$\frac{1}{2EI}\times\frac{a}{6}(2\times 2F_\mathrm{P}a\times 2a+2\times F_\mathrm{P}a\times a+2F_\mathrm{P}a\times a+F_\mathrm{P}a\times 2a)=-\frac{5F_\mathrm{P}a^3}{3EI}$$

$$\Delta_{2\mathrm{P}}=\sum\int\frac{\overline{M}_2M_\mathrm{P}}{EI}\mathrm{d}s=-\frac{1}{2EI}\times\frac{a}{6}\times(2\times 2F_\mathrm{P}a\times a+0+0+F_\mathrm{P}a\times a)=-\frac{5F_\mathrm{P}a^3}{12EI}$$

(4)解方程

将系数和自由项代入典型方程，得

$$\left.\begin{aligned}\frac{3}{2}X_1+\frac{5}{12}X_2-\frac{5}{3}F_\mathrm{P}=0\\\frac{5}{12}X_1+\frac{1}{6}X_2-\frac{5}{12}F_\mathrm{P}=0\end{aligned}\right\}$$

解得

$$X_1=\frac{15}{11}F_\mathrm{P},X_2=-\frac{10}{11}F_\mathrm{P}$$

负值表示实际方向与假设的方向相反。

(5)作内力图

利用公式 $M=\overline{M}_1X_1+\overline{M}_2X_2+M_\mathrm{P}$，可作出 M 图如图 5-12(f)所示。请自己绘制 F_Q 图。

点一点：计算荷载作用下的超静定梁或刚架时，结构内力的大小只与各杆 EI 的相对值有关，而与各杆 EI 的绝对值无关。

【例 5-2】 试作图 5-13(a)所示超静定刚架的弯矩图。各杆 EI 为常数。

解 (1)确定超静定次数，选取力法基本体系

该刚架为二次超静定结构，取基本体系如图 5-13(b)所示。

(2)建立力法典型方程

$$\left.\begin{aligned}\delta_{11}X_1+\delta_{12}X_2+\Delta_{1\mathrm{P}}=0\\\delta_{21}X_1+\delta_{22}X_2+\Delta_{2\mathrm{P}}=0\end{aligned}\right\}$$

(3)求柔度系数和自由项

分别作基本结构在荷载与单位未知力作用下的弯矩图，如图 5-13(c)、(d)、(e)所示。利用图乘法计算系数和自由项如下

$$\delta_{11}=\sum\int\frac{\overline{M}_1\overline{M}_1}{EI}\mathrm{d}s=\frac{1}{EI}\left(\frac{1}{2}\times 2a\times 2a\times\frac{2}{3}\times 2a+2a\times 2a\times 2a\right)=\frac{32a^3}{3EI}$$

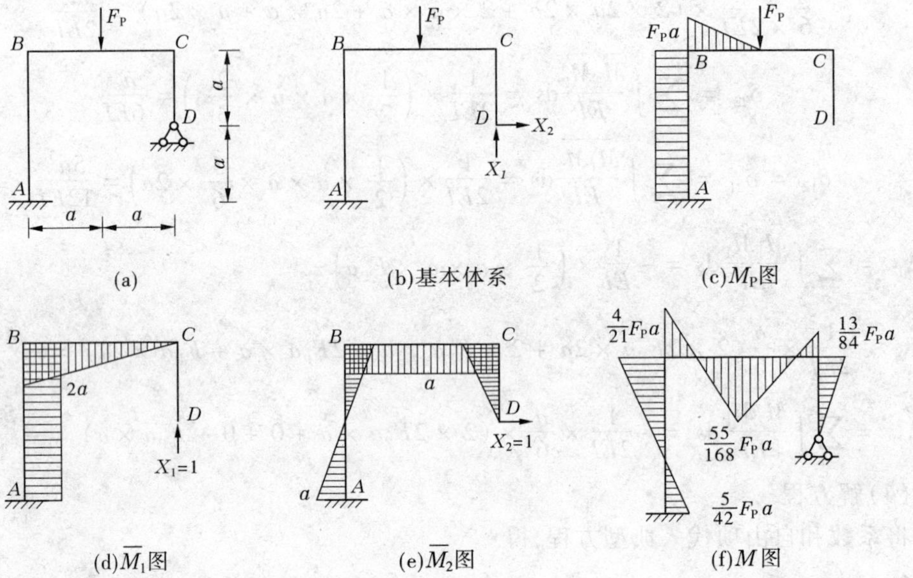

图 5-13

$$\delta_{22} = \sum\int\frac{\overline{M}_2\overline{M}_2}{EI}ds = \frac{1}{EI}\left(\frac{1}{2}\times a\times a\times\frac{2}{3}\times a + a\times 2a\times a\right)+$$

$$\frac{1}{EI}\left[\frac{2a}{6}\times(2\times a\times a + 2\times a\times a - a\times a - a\times a)\right] = \frac{3a^3}{EI}$$

$$\delta_{12} = \delta_{21} = \sum\int\frac{\overline{M}_1\overline{M}_2}{EI}ds = \frac{1}{EI}\times\left(\frac{1}{2}\times 2a\times 2a\times a\right) = \frac{2a^3}{EI}$$

$$\Delta_{1P} = \sum\int\frac{\overline{M}_1 M_P}{EI}ds = -\frac{1}{EI}\times\left(\frac{1}{2}\times F_P a\times a\times\frac{5}{6}\times 2a + F_P a\times 2a\times 2a\right) = -\frac{29F_P a^3}{6EI}$$

$$\Delta_{2P} = \sum\int\frac{M_2 M_P}{EI}ds = -\frac{1}{EI}\left(\frac{1}{2}\times F_P a\times a\times a\right) = -\frac{F_P a^3}{2EI}$$

(4)解方程

将系数和自由项代入典型方程，得

$$\left.\begin{aligned}\frac{32}{3}X_1 + 2X_2 - \frac{29}{6}F_P = 0\\ 2X_1 + 3X_2 - \frac{1}{2}F_P = 0\end{aligned}\right\}$$

解得

$$X_1 = \frac{27}{56}F_P, X_2 = -\frac{13}{84}F_P$$

(5)作 M 图

利用公式 $M = \overline{M}_1X_1 + \overline{M}_2X_2 + M_P$，可绘制 M 图如图 5-13(f)所示。

二、超静定排架的计算

排架结构是由屋架、柱和基础所组成的,适用于单层工业厂房。对于钢筋混凝土排架,通常假定柱下端固定于基础顶面,柱上端与屋架铰结;计算柱子的内力时,通常将屋架视为一根无轴向变形的横梁。由于柱上常放置吊车梁,故柱子一般为变截面柱。

图 5-14(a)所示为一次超静定排架的计算简图。计算排架时,一般把横梁作为多余联系而切断,代之以多余未知力,利用切口两侧相对位移为零的条件建立力法方程,如图 5-14(b)所示。在横梁的切口处,实际只切断轴向约束,而与剪力、弯矩相应的两个约束仍保留,如图 5-14(c)所示。

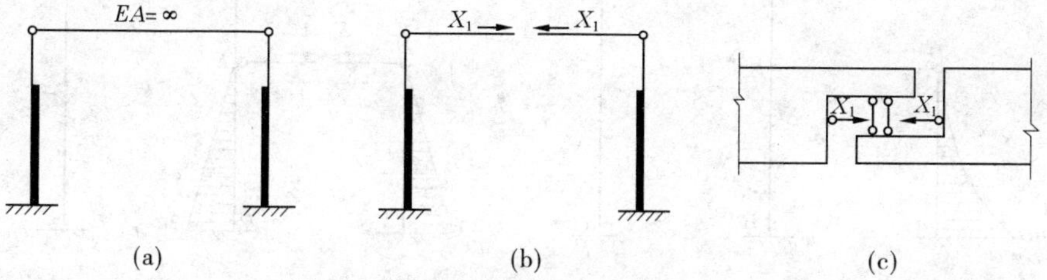

图 5-14

【例 5-3】 试用力法计算图 5-15(a)所示超静定排架。

解　(1)该排架为二次超静定结构,取基本体系如图 5-15(b)所示。

(2)根据变形协调条件,建立力法典型方程。

$$\left.\begin{aligned}\delta_{11}X_1+\delta_{12}X_2+\Delta_{1P}&=0\\ \delta_{21}X_1+\delta_{22}X_2+\Delta_{2P}&=0\end{aligned}\right\}$$

(3)分别绘制 M_P、$\overline{M}_1$ 及 $\overline{M}_2$ 图,如图 5-15(c)、(d)、(e)所示。利用图乘法计算系数和自由项如下

$$\delta_{11}=\sum\int\frac{\overline{M}_1\overline{M}_1}{EI}\mathrm{d}s=\frac{2}{EI}\left(\frac{1}{2}\times2a\times2a\times\frac{2}{3}\times2a\right)=\frac{16a^3}{3EI}$$

$$\delta_{22}=\sum\int\frac{\overline{M}_2\overline{M}_2}{EI}\mathrm{d}s=\frac{2}{EI}\left(\frac{1}{2}\times3a\times3a\times\frac{2}{3}\times3a\right)=\frac{18a^3}{EI}$$

$$\delta_{12}=\delta_{21}=\sum\int\frac{\overline{M}_1\overline{M}_2}{EI}\mathrm{d}s=-\frac{1}{EI}\times\left(\frac{1}{2}\times2a\times2a\times\frac{7}{9}\times3a\right)=-\frac{14a^3}{3EI}$$

$$\Delta_{1P}=\sum\int\frac{\overline{M}_1M_P}{EI}\mathrm{d}s=\frac{1}{EI}\times\left(\frac{1}{3}\times2qa^2\times2a\times\frac{3}{4}\times2a\right)=\frac{2qa^4}{EI}$$

$$\Delta_{2P}=\sum\int\frac{\overline{M}_2M_P}{EI}\mathrm{d}s=0$$

(4)解方程

将系数和自由项代入典型方程,得

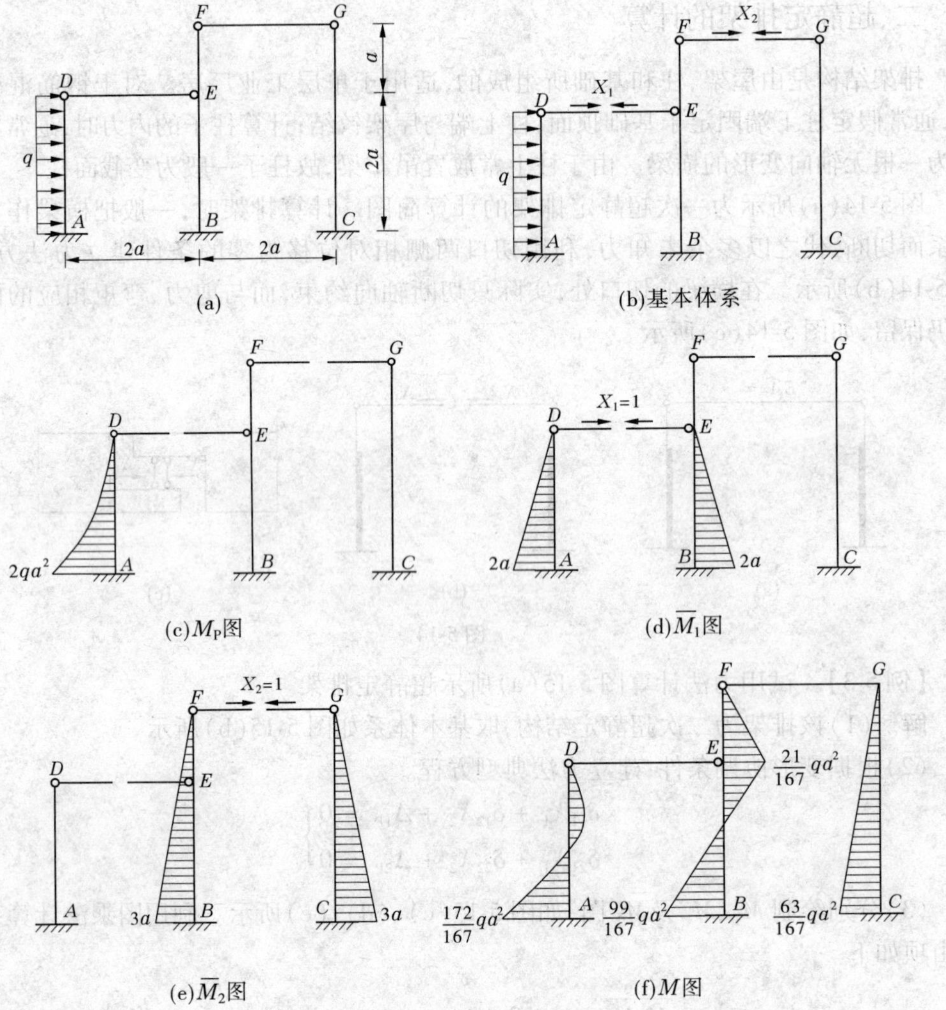

图 5-15

$$\left.\begin{aligned} \frac{16}{3}X_1 - \frac{14}{3}X_2 + 2qa &= 0 \\ -\frac{14}{3}X_1 + 18X_2 &= 0 \end{aligned}\right\}$$

解得

$$X_1 = -\frac{81}{167}qa, X_2 = -\frac{21}{167}qa$$

(5)作 M 图

作 M 图如图 5-15(f)所示。

三、超静定桁架的计算

在结点荷载作用下，桁架中各杆只产生轴力，且一般情况下，各杆均为等截面直杆，抗拉刚度为常数，力法典型方程中的系数和自由项的计算只考虑轴向变形的影响。

【例 5-4】 试用力法计算图 5-16(a)所示超静定桁架的内力。

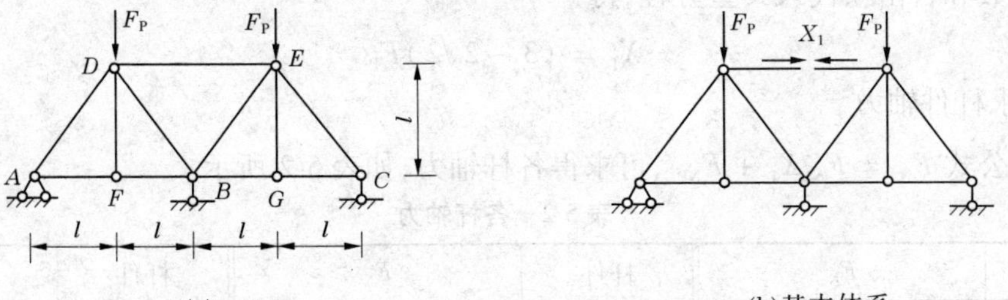

图 5-16

解 (1)该桁架为一次超静定结构,取基本体系如图 5-16(b)所示。

(2)建立力法方程

$$\delta_{11}X_1 + \Delta_{1P} = 0$$

(3)求柔度系数和自由项

分别计算桁架在荷载和单位未知力作用下的轴力,系数和自由项的计算过程见表 5-1。

表 5-1　系数和自由项的计算过程

杆件	F_{NP}	$\overline{F}_{N1}$	杆长	$\frac{\overline{F}_{N1}^2}{EA}l$	$\frac{\overline{F}_{N1}F_{NP}}{EA}l$
AF	$\frac{1}{2}F_P$	$-\frac{1}{2}$	l	$\frac{l}{4EA}$	$-\frac{F_Pl}{4EA}$
FB	$\frac{1}{2}F_P$	$-\frac{1}{2}$	l	$\frac{l}{4EA}$	$-\frac{F_Pl}{4EA}$
BG	$\frac{1}{2}F_P$	$-\frac{1}{2}$	l	$\frac{l}{4EA}$	$-\frac{F_Pl}{4EA}$
GC	$\frac{1}{2}F_P$	$-\frac{1}{2}$	l	$\frac{l}{4EA}$	$-\frac{F_Pl}{4EA}$
AD	$-\frac{\sqrt{2}}{2}F_P$	$\frac{\sqrt{2}}{2}$	$\sqrt{2}l$	$\frac{\sqrt{2}l}{2EA}$	$-\frac{\sqrt{2}F_Pl}{2EA}$
DF	0	0	l	0	0
DB	$-\frac{\sqrt{2}}{2}F_P$	$-\frac{\sqrt{2}}{2}$	$\sqrt{2}l$	$\frac{\sqrt{2}l}{2EA}$	$\frac{\sqrt{2}F_Pl}{2EA}$
BE	$-\frac{\sqrt{2}}{2}F_P$	$-\frac{\sqrt{2}}{2}$	$\sqrt{2}l$	$\frac{\sqrt{2}l}{2EA}$	$\frac{\sqrt{2}F_Pl}{2EA}$
GE	0	0	l	0	0
CE	$-\frac{\sqrt{2}}{2}F_P$	$\frac{\sqrt{2}}{2}$	$\sqrt{2}l$	$\frac{\sqrt{2}l}{2EA}$	$-\frac{\sqrt{2}F_Pl}{2EA}$
DE	0	1	$2l$	$\frac{2l}{EA}$	0

$$\delta_{11} = \sum\frac{\overline{F}_{N1}^2}{EA}l = \frac{3+2\sqrt{2}}{EA}l$$

$$\Delta_{1P} = \sum\frac{\overline{F}_{N1}F_{NP}}{EA}l = -\frac{F_Pl}{EA}$$

(4)解方程

将系数和自由项代入典型方程,得

$$X_1 = (3 - 2\sqrt{2})F_P$$

(5)求杆件轴力

利用公式 $F_N = \overline{F}_{N1}X_1 + F_{NP}$,可求得各杆轴力,如表 5-2 所示。

表 5-2　各杆轴力

杆件	F_N	杆件	F_N	杆件	F_N
AF	$(\sqrt{2}-1)F_P$	AD	$(\sqrt{2}-2)F_P$	GE	0
FB	$(\sqrt{2}-1)F_P$	DF	0	CE	$(\sqrt{2}-2)F_P$
BG	$(\sqrt{2}-1)F_P$	DB	$(2-2\sqrt{2})F_P$	DE	$(3-2\sqrt{2})F_P$
GC	$(\sqrt{2}-1)F_P$	BE	$(2-2\sqrt{2})F_P$		

四、超静定组合结构的计算

组合结构通常由梁式杆和链杆组成。计算力法典型方程中的系数和自由项时,梁式杆只考虑弯曲变形的影响,链杆只考虑轴向变形的影响。

【例 5-5】　试计算图 5-17(a)所示超静定组合结构的内力。其中梁式杆刚度 EI、链杆刚度 E_1A 均为常数。

解　(1)该组合结构为一次超静定结构,切断链杆 FG 并代以多余未知力 X_1,基本体系如图 5-17(b)所示。

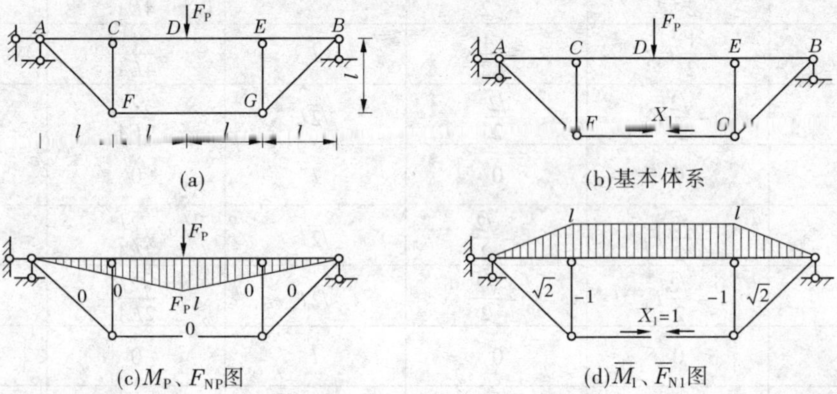

图 5-17

(2)建立力法典型方程

$$\delta_{11}X_1 + \Delta_{1P} = 0$$

(3)分别绘制基本结构在荷载与单位未知力作用下的弯矩图与轴力图,如图 5-17(c)、(d)所示。计算系数和自由项如下

$$\delta_{11}=\sum\int\frac{\overline{M}_1\overline{M}_1}{EI}ds+\sum\frac{\overline{F}_{N1}\overline{F}_{N1}l}{EA}$$

$$=\frac{2}{EI}\left(\frac{1}{2}\times l\times l\times\frac{2}{3}\times l+l\times l\times l\right)+\frac{1}{E_1A}\left[2\times(-1)^2\times l+2\times(\sqrt{2})^2\times\sqrt{2}\times l+1^2\times 2\times l\right]$$

$$=\frac{8l^3}{3EI}+\frac{(4+4\sqrt{2})l}{E_1A}$$

$$\Delta_{1P}=\sum\int\frac{\overline{M}_1M_P}{EI}ds+\sum\frac{\overline{F}_{N1}F_{NP}l}{EA}$$

$$=-\frac{2}{EI}\times\left[\frac{1}{2}\times\frac{1}{2}F_Pl\times l\times\frac{2}{3}\times l+\frac{1}{2}\times\left(\frac{1}{2}F_Pl+F_Pl\right)\times l\times l\right]=-\frac{11F_Pl^3}{6EI}$$

(4)解方程，得

$$X_1=\frac{11F_Pl^2}{16l^2+24(1+\sqrt{2})EI/E_1A}$$

(5)利用公式 $M=\overline{M}_1X_1+M_P$ 作出梁式杆的 M 图，利用 $F_N=\overline{F}_{N1}X_1+F_{NP}$ 求得各链杆的轴力。请学生自行绘制 M 图和求解各杆的轴力。

五、超静定拱的计算

拱结构在工程上应用较广泛，常用的超静定拱有无铰拱和两铰拱两种。由于超静定结构的内力与变形有关，故在计算超静定拱之前，须事先确定拱轴线方程和截面变化规律。这里仅以两铰拱为例，说明如何利用力法计算超静定拱。

图 5-18(a)所示为一无拉杆两铰拱结构，应用力法计算时，可选择图 5-18(b)所示的简支曲梁作为基本结构。由于基本结构为曲梁，故在求解力法典型方程中的系数和自由项时，只能采用积分法。一般情况下，两铰拱的计算可不考虑剪力和轴力的影响；但对于较平的扁拱且截面较厚时，需要考虑轴力的影响。

图 5-18

图 5-19(a)所示为一有拉杆的两铰拱结构，其力法计算的基本体系如图 5-19(b)所示。在计算力法典型方程中的系数 δ_{11} 时，还应考虑拉杆轴力的影响，自由项 Δ_{1P} 的计算与无拉杆两铰拱相同。

【例 5-6】 图 5-20(a)所示为一有拉杆两铰拱，拱轴线为抛物线 $y=\frac{4f}{9a^2}x(3a-x)$（以 A 点为坐标原点，AB 方向为 x 正方向），拉杆的抗拉刚度为 E_1A_1，拱轴抗弯刚度为 EI，试求拉杆的内力。

(a)　(b)

图 5-19

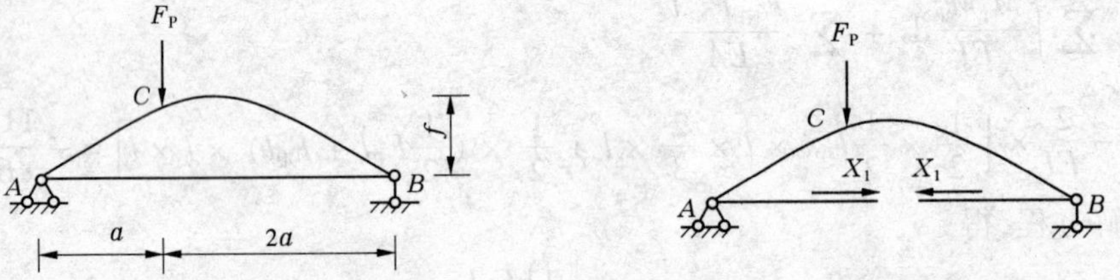

(a)　(b)基本体系

图 5-20

解　(1)选取基本体系如图 5-20(b)所示。为简化计算,忽略拱的轴力对位移的影响;由于拱身较平,近似取 $ds = dx$。

(2)建立力法典型方程

$$\delta_{11}X_1 + \Delta_{1P} = 0$$

(3)求系数和自由项

分别写出$\overline{M}_1$ 和 M_P 的表达式为

$$\overline{M}_1 = -\frac{4f}{9a^2}x(3a - x)$$

$$M_P = \begin{cases} \dfrac{2}{3}F_P x & (0 \leqslant x \leqslant a) \\ \dfrac{1}{3}F_P(3a - x) & (a \leqslant x \leqslant 3a) \end{cases}$$

则

$$\delta_{11} = \int \frac{\overline{M}_1 \overline{M}_1}{EI}ds + \frac{l}{E_1A_1} = \frac{8f^2a}{5EI} + \frac{3a}{E_1A_1}$$

$$\Delta_{1P} = \int \frac{\overline{M}_1 M_P}{EI}ds = -\frac{22F_Pa^2f}{27EI}$$

(4)解方程

将系数项和自由项代入力法典型方程,得

$$X_1 = \frac{\dfrac{22F_Pa^2f}{27EI}}{\dfrac{8f^2a}{5EI} + \dfrac{3a}{E_1A_1}} = \frac{110F_PfaE_1A_1}{216f^2E_1A_1 + 405EI}$$

(5)作内力图。本部分的计算由学生自行求解。

六、具有弹性支座的超静定结构的计算

利用力法计算具有弹性支座的超静定结构时，采用的方程仍是力法典型方程。下面通过实例来说明其力法计算的基本过程。

【例5-7】　试作图5-21(a)所示超静定结构的弯矩图，已知弹簧刚度系数为k。

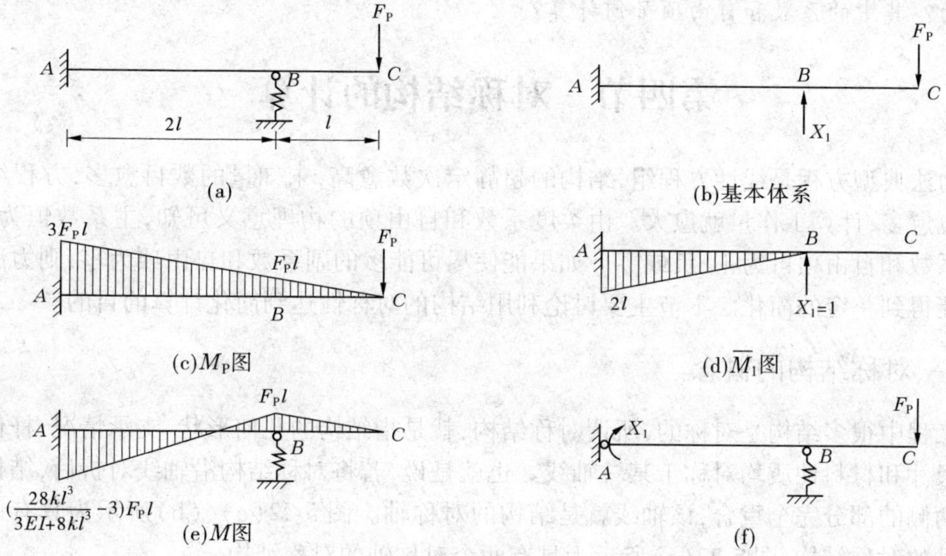

图5-21

解　(1)该结构为一次超静定结构，取基本体系如图5-21(b)所示。

(2)建立力法典型方程

由变形协调条件可知，支座B处的位移Δ_1在数值上应等于弹簧的变形量，即

$$\Delta_1 = -\frac{X_1}{k}$$

负号表示B处的竖向位移与多余未知力X_1的方向相反。

因此，力法方程为

$$\delta_{11}X_1 + \Delta_{1P} = -\frac{X_1}{k}$$

(3)分别绘制基本结构在荷载与单位未知力作用下的弯矩图，如图5-21(c)、(d)所示。计算系数和自由项如下

$$\delta_{11} = \frac{1}{EI}\times\left(\frac{1}{2}\times 2l\times 2l\times\frac{2}{3}\times 2l\right) = \frac{8l^3}{3EI}$$

$$\Delta_{1P} = -\frac{1}{EI}\times\left(\frac{1}{2}\times 2l\times 2l\times\frac{7}{9}\times 3F_Pl\right) = -\frac{14F_Pl^3}{3EI}$$

(4)解方程

将系数项和自由项代入力法典型方程，得

$$X_1 = \frac{14kl^3}{3EI+8kl^3}F_P$$

(5)作 M 图

利用公式 $M = \overline{M}_1 X_1 + M_P$ 可绘制 M 图,如图 5-21(e)所示。

点一点:具有弹性支座的超静定结构的内力值,不仅与杆件的抗弯刚度 EI 有关,还与弹簧的刚度系数 k 有关。

想一想:在例 5-7 中,如果采用图 5-21(f)所示的基本体系,那么力法方程的形式是什么样的? 其中的系数和自由项如何计算?

第四节　对称结构的计算

力法典型方程是线性方程组,结构的超静定次数愈高,未知量的数目愈多,方程组的个数也愈多,计算工作量就愈大。由柔度系数和自由项的物理意义可知,主系数恒为正,而副系数和自由项可为正、负或零。如果能使尽可能多的副系数和自由项为零,则力法计算就能得到一定的简化。本节主要讨论利用结构的对称性达到简化计算的目的。

一、对称结构的概念

工程中很多结构是对称的,所谓对称结构,就是指结构的几何形状、支承情况、杆件的截面尺寸和材料性质均对称于某一轴线。也就是说,若将对称结构沿轴线对折后,结构在轴线两侧的部分完全重合,该轴线就是结构的对称轴。图 5-22(a)、(b)所示为具有一个对称轴的对称结构,图 5-22(c)所示为具有两个对称轴的对称结构。

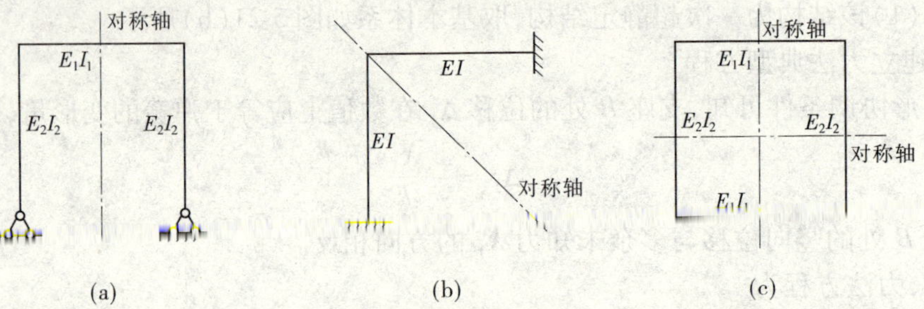

图 5-22

二、对称结构计算的简化

(一)对称荷载作用下的简化

图 5-23(a)所示为一对称刚架结构,作用在结构上的荷载为对称荷载。所谓对称荷载,是指对称结构沿对称轴对折后,轴线两侧的荷载完全重合。这里应注意,结构本身与作用在结构上的荷载是关于同一个对称轴对称的。

在应用力法计算时,为简化计算,应选择对称的基本结构,并取对称力或反对称力作为基本未知量,如图 5-23(b)所示。根据变形协调条件,可列出力法典型方程为

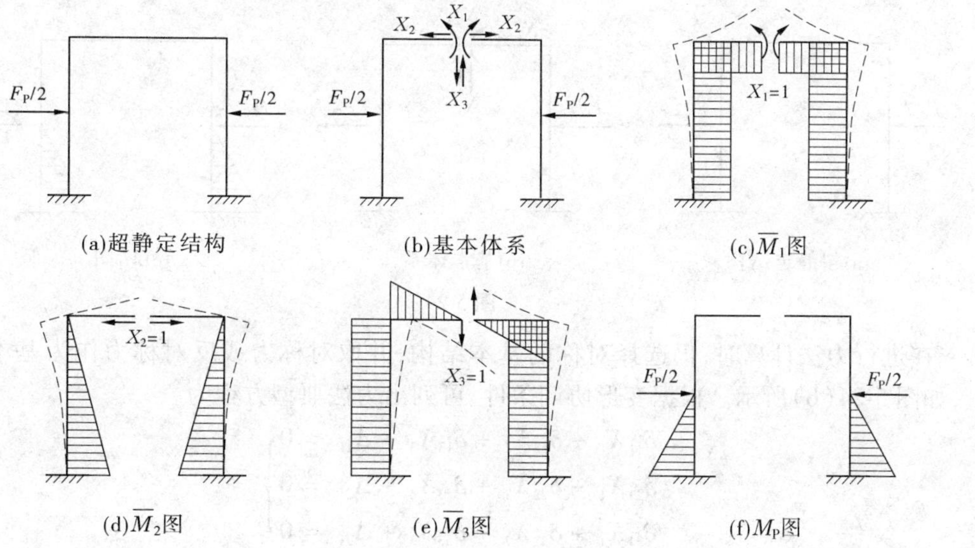

(a)超静定结构　(b)基本体系　(c)$\overline{M}_1$图

(d)$\overline{M}_2$图　(e)$\overline{M}_3$图　(f)M_P图

图 5-23

$$\left.\begin{aligned}\delta_{11}X_1+\delta_{12}X_2+\delta_{13}X_3+\Delta_{1P}&=0\\\delta_{21}X_1+\delta_{22}X_2+\delta_{23}X_3+\Delta_{2P}&=0\\\delta_{31}X_1+\delta_{32}X_2+\delta_{33}X_3+\Delta_{3P}&=0\end{aligned}\right\}$$

分别作基本结构在单位未知力和荷载作用下的弯矩图,如图 5-23(c)、(d)、(e)、(f)所示。由弯矩图的对称性可知

$$\delta_{13}=\delta_{31}=\sum\int\frac{\overline{M}_1\overline{M}_3}{EI}ds=0$$

$$\delta_{23}=\delta_{32}=\sum\int\frac{\overline{M}_2\overline{M}_3}{EI}ds=0$$

$$\Delta_{3P}=\sum\int\frac{\overline{M}_3M_P}{EI}ds=0$$

代入力法方程,可得

$$\left.\begin{aligned}\delta_{11}X_1+\delta_{12}X_2+\Delta_{1P}&=0\\\delta_{21}X_1+\delta_{22}X_2+\Delta_{2P}&=0\\\delta_{33}X_3&=0\end{aligned}\right\}$$

由此可知

$$X_3=0$$

只需计算对称的基本未知量 X_1 和 X_2 。因此,力法计算得到简化。

(二)反对称荷载作用下的简化

图 5-24(a)所示为一对称刚架结构,作用在结构上的荷载为反对称荷载。所谓反对称荷载,是指结构沿对称轴对折后,轴线两侧的荷载正好相反。应注意,结构本身与作用在结构上的荷载是关于同一个对称轴对称或反对称的。

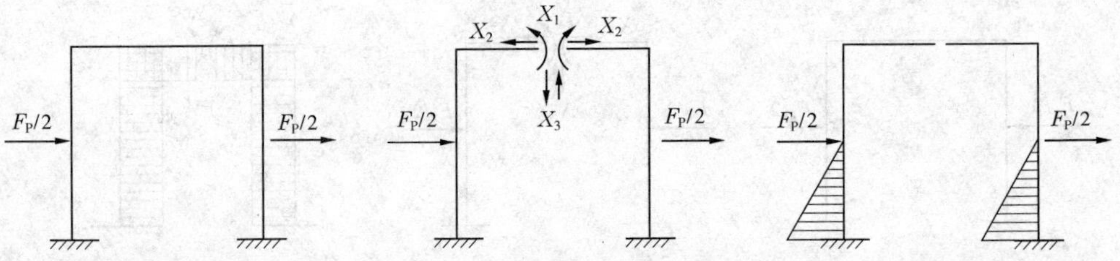

(a)超静定结构　　(b)基本体系　　(c)M_P图

图 5-24

在进行力法计算时,仍选择对称的基本结构,并取对称力或反对称力作为基本未知量,如图 5-24(b)所示。根据变形协调条件,可列出力法典型方程为

$$\left.\begin{aligned}\delta_{11}X_1+\delta_{12}X_2+\delta_{13}X_3+\Delta_{1P}&=0\\ \delta_{21}X_1+\delta_{22}X_2+\delta_{23}X_3+\Delta_{2P}&=0\\ \delta_{31}X_1+\delta_{32}X_2+\delta_{33}X_3+\Delta_{3P}&=0\end{aligned}\right\}$$

基本结构在单位未知力作用下的弯矩图仍如图 5-23(c)、(d)、(e)所示,基本结构在荷载作用下的弯矩图如图 5-24(c)所示。由弯矩图的对称性可知

$$\delta_{13}=\delta_{31}=\sum\int\frac{\overline{M}_1\overline{M}_2}{EI}\mathrm{d}s=0$$

$$\delta_{23}=\delta_{32}=\sum\int\frac{\overline{M}_2\overline{M}_3}{EI}\mathrm{d}s=0$$

$$\Delta_{1P}=\sum\int\frac{\overline{M}_1M_P}{EI}\mathrm{d}s=0$$

$$\Delta_{2P}=\sum\int\frac{\overline{M}_2M_P}{EI}\mathrm{d}s=0$$

代入力法方程,得

$$\left.\begin{aligned}\delta_{11}X_1+\delta_{12}X_2&=0\\ \delta_{21}X_1+\delta_{22}X_2&=0\\ \delta_{33}X_3+\Delta_{3P}&=0\end{aligned}\right\}$$

由此可知

$$X_1=0,X_2=0$$

只需计算反对称的基本未知量 X_3。因此,力法计算得到简化。

(三)任意荷载作用下的简化

当对称结构承受任意荷载作用时,可将任意荷载分解为对称荷载和反对称荷载两种情况的叠加。图 5-25(a)所示对称结构承受任意荷载 F_P 的作用,为简化力法计算,可将其分解为对称荷载作用(见图 5-25(b))和反对称荷载作用(见图 5-25(c))两种情况的叠加;然后按上述计算方法分别对两种情况进行计算。

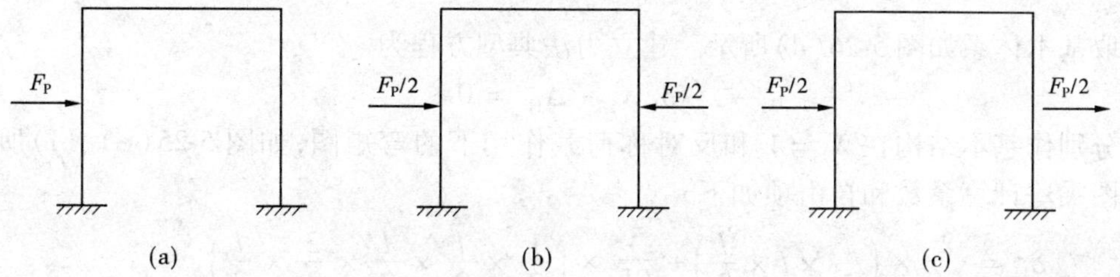

图 5-25

综上所述，对称结构在对称荷载作用下，如果所选的基本结构是对称的，且基本未知量都是对称力或反对称力，则反对称力必为零，只需计算对称未知力；对称结构在反对称荷载作用下，如果所选的基本结构是对称的，且基本未知量都是对称力或反对称力，则对称力必为零，只需计算反对称未知力。

三、对称结构计算举例

【例 5-8】 试作图 5-26(a)所示对称结构的弯矩图。

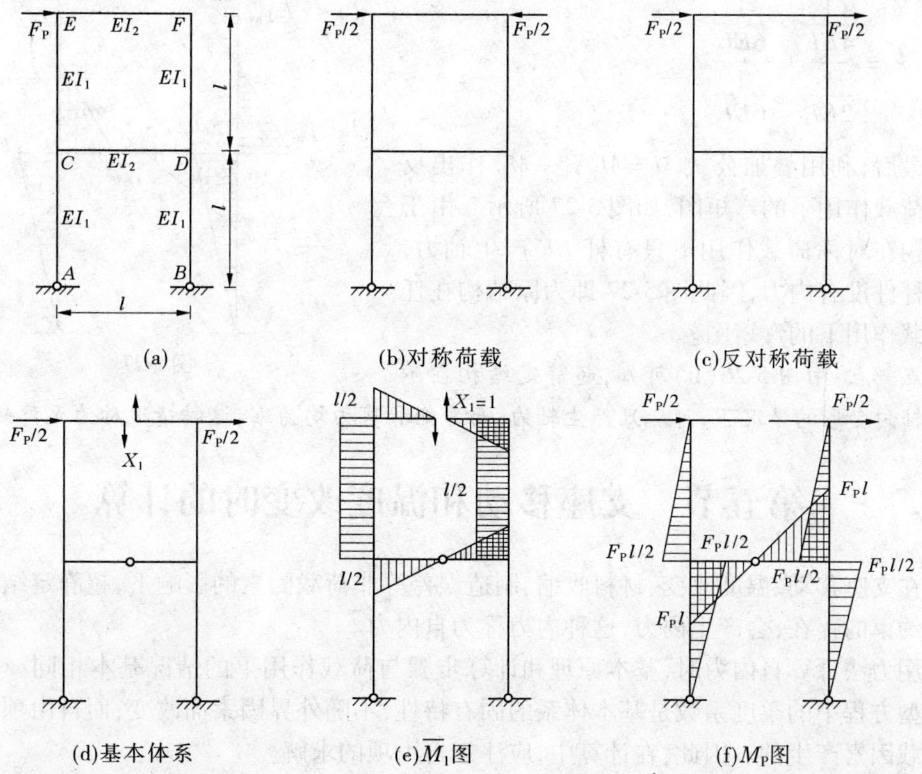

图 5-26

解　该结构为对称结构，承受任意荷载作用。首先将荷载分解为对称荷载和反对称荷载两种情况，如图 5-26(b)、(c)所示。在对称荷载作用时，只有杆 EF 产生轴力，且 $F_N = -F_P/2$，其他杆件没有内力。因此，只需计算图 5-26(c)所示反对称荷载作用的情况。

取基本体系如图 5-26(d)所示。建立力法典型方程为

$$\delta_{11}X_1 + \Delta_{1P} = 0$$

分别作基本结构在 $X_1 = 1$ 和反对称荷载作用下的弯矩图,如图 5-25(e)、(f)所示。利用图乘法计算系数和自由项如下

$$\delta_{11} = \frac{2}{EI_1}\times\left(\frac{l}{2}\times l\times\frac{l}{2}\right)+\frac{4}{EI_2}\times\left(\frac{1}{2}\times\frac{l}{2}\times\frac{l}{2}\times\frac{2}{3}\times\frac{l}{2}\right)$$

$$=\frac{l^3}{2EI_1}+\frac{l^3}{6EI_2}$$

$$\Delta_{1P} = \frac{2}{EI_1}\times\left(\frac{1}{2}\times\frac{1}{2}F_Pl\times l\times\frac{l}{2}\right)+\frac{2}{EI_2}\times\left(\frac{1}{2}\times F_Pl\times\frac{l}{2}\times\frac{2}{3}\times\frac{l}{2}\right)$$

$$=\frac{F_Pl^3}{4EI_1}+\frac{F_Pl^3}{6EI_2}$$

代入力法方程,得

$$X_1 = -kF_P$$

其中,$k = \dfrac{\dfrac{1}{4EI_1}+\dfrac{1}{6EI_2}}{\dfrac{1}{2EI_1}+\dfrac{1}{6EI_2}}$。

最后,利用叠加公式 $M = \overline{M}_1X_1 + M_P$ 作出反对称荷载作用下的弯矩图,如图 5-27 所示。由于原结构在对称荷载作用下只有杆 EF 产生轴力,其他杆件没有内力,因此图 5-27 即为原结构在任意荷载作用下的弯矩图。

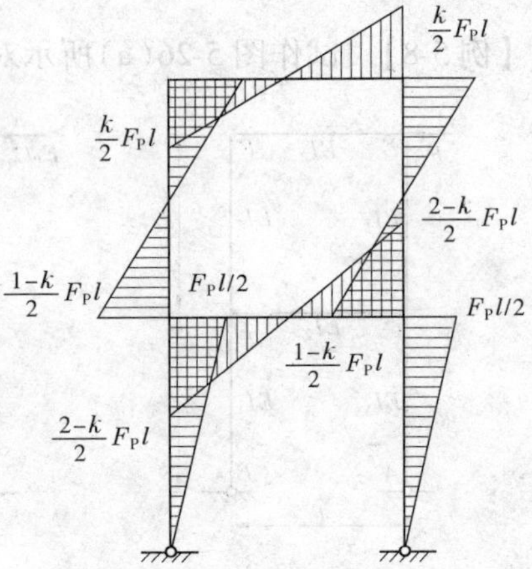

图 5-27

点一点:由图 5-26(b)可知,超静定结构在不考虑轴向变形的情况下,可能只产生轴力,而弯矩和剪力均为零,这种情况称为无弯矩状态。

第五节　支座移动和温度改变时的计算

在支座移动、温度改变、材料收缩、制造误差等非荷载因素的影响下,超静定结构由于多余约束的存在,会产生内力,这种内力称为自内力。

用力法计算自内力时,基本原理和计算步骤与荷载作用下的情况基本相同。由于力法典型方程中的柔度系数是基本体系的固有特性,不随外界因素而改变;而自由项则是由非荷载因素产生的。因此,在计算中,应注意自由项的求解。

一、支座移动时超静定结构的计算

如图 5-28(a)所示为三次超静定刚架,假设支座 A 向右水平移动 a、向下竖向移动 b,并产生顺时针转角 θ。在计算该结构内力时,可选择基本体系如图 5-28(b)所示。根据变

形协调条件，可知

$$\Delta_1 = a, \Delta_2 = \theta, \Delta_3 = 0$$

故力法方程为

$$\left.\begin{aligned}\delta_{11}X_1 + \delta_{12}X_2 + \delta_{13}X_3 + \Delta_{1c} &= a\\ \delta_{21}X_1 + \delta_{22}X_2 + \delta_{23}X_3 + \Delta_{2c} &= \theta\\ \delta_{31}X_1 + \delta_{32}X_2 + \delta_{33}X_3 + \Delta_{3c} &= 0\end{aligned}\right\}$$

其中，$\Delta_{ic}(i=1,2,3)$表示基本结构由于支座移动所引起的沿 X_i 方向上的位移，可由几何关系或刚体体系虚力原理求得。

作出基本结构在各单位基本未知量单独作用下的弯矩，如图5-28(c)、(d)、(e)所示。柔度系数的求解与荷载作用下的情况相同，此处从略。

自由项是由支座 A 的竖向位移 b 引起的，可由几何关系求得，也可以由刚体体系的虚力原理求得。

$$\Delta_{1c} = -(-1)\times b = b, \Delta_{2c} = -\frac{1}{l}\times b = -\frac{b}{l}, \Delta_{3c} = -\frac{1}{l}\times b = -\frac{b}{l}$$

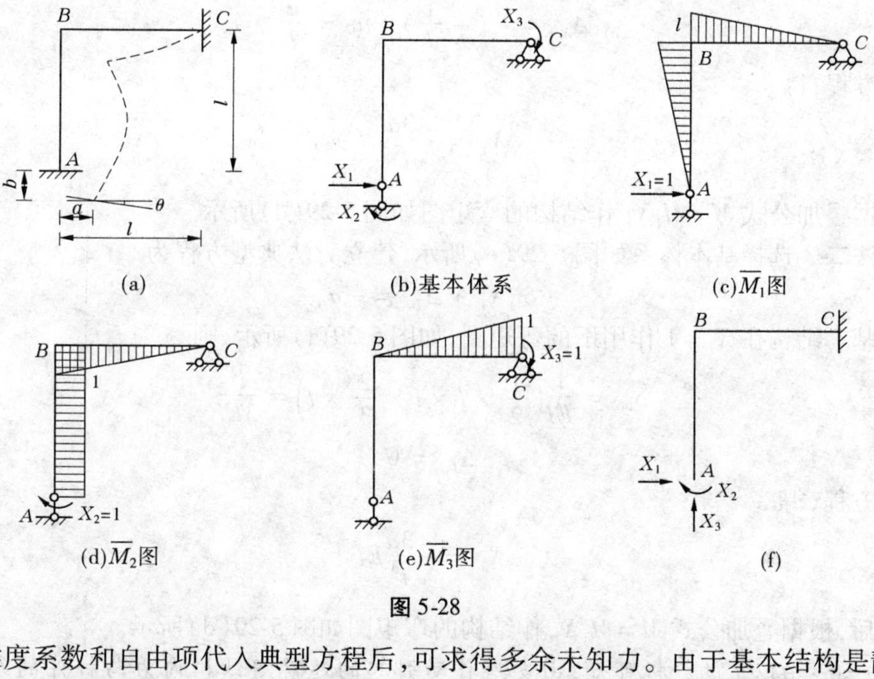

图 5-28

将柔度系数和自由项代入典型方程后，可求得多余未知力。由于基本结构是静定结构，支座移动在基本结构中并不产生内力，故内力全部由多余未知力引起。利用公式 $M = \overline{M}_1X_1 + \overline{M}_2X_2 + \overline{M}_3X_3$，即可作出 M 图。

想一想：如果选择图5-28(f)作为基本体系，那么力法方程的形式、系数和自由项的计算方法与上述计算有何异同？

【例5-9】 试作图5-29(a)所示梁的弯矩图。设支座 B 向下移动 a，已知梁的跨度为 l，刚度为 EI。

解法一 选择基本体系如图5-29(b)所示。建立力法典型方程为

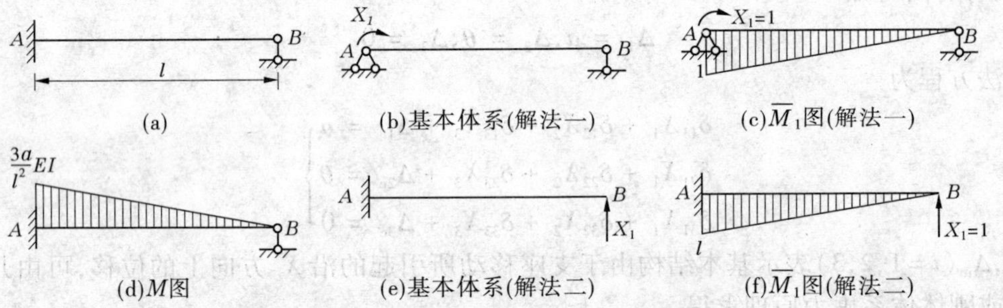

图 5-29

$$\delta_{11}X_1 + \Delta_{1c} = 0$$

作基本结构在 $X_1 = 1$ 作用下的 $\overline{M}_1$ 图如图 5-29(c)所示,则

$$\delta_{11} = \frac{1}{EI}\left(\frac{1}{2} \times 1 \times l \times \frac{2}{3}\right) = \frac{l}{3EI}$$

由几何关系可知

$$\Delta_{1c} = -\left(-\frac{1}{l}\right) \times a = \frac{a}{l}$$

解方程,得

$$X_1 = -\frac{3a}{l^2}EI$$

根据叠加公式 $M = \overline{M}_1 X_1$ 作结构的弯矩图如图 5-29(d)所示。

解法二　选择基本体系如图 5-29(e)所示,建立力法典型方程为

$$\delta_{11}X_1 + \Delta_{1c} = -a$$

作基本结构在 $X_1 = 1$ 作用下的弯矩图,如图 5-29(f)所示,则

$$\delta_{11} = \frac{1}{EI}\left(\frac{1}{2} \times l \times l \times \frac{2}{3} \times l\right) = \frac{l^3}{3EI}$$

$$\Delta_{1c} = 0$$

解方程,得

$$X_1 = -\frac{3a}{l^3}EI$$

最后,根据叠加公式 $M = \overline{M}_1 X_1$ 作结构的弯矩图如图 5-29(d)所示。

点一点:由以上的分析可知,由支座移动引起的超静定结构内力与杆件的绝对刚度有关。

二、温度改变时超静定结构的计算

如图 5-30(a)所示的二次超静定结构,温度变化时,可选取图 5-30(b)所示结构作为基本体系,力法典型方程可表达为

$$\left.\begin{aligned}\delta_{11}X_1 + \delta_{12}X_2 + \Delta_{1t} = 0\\ \delta_{21}X_1 + \delta_{22}X_2 + \Delta_{2t} = 0\end{aligned}\right\}$$

其中，$\Delta_{it}(i=1,2)$表示基本结构由于温度变化所引起的沿 X_i 方向上的位移，可根据温度变化时静定结构的位移计算公式求得，即

$$\Delta_{it} = \sum \alpha t_0 \int \overline{F}_{Ni} \mathrm{d}s + \sum \frac{\alpha \Delta t}{h} \int \overline{M}_i \mathrm{d}s$$

柔度系数的计算方法与荷载作用时的情况相同。

将系数和自由项代入力法典型方程即可求得多余未知力。与支座移动情况类似，温度改变对于作为静定结构的基本结构也不产生内力，利用叠加公式 $M = \overline{M}_1 X_1 + \overline{M}_2 X_2$ 即可作出 M 图。

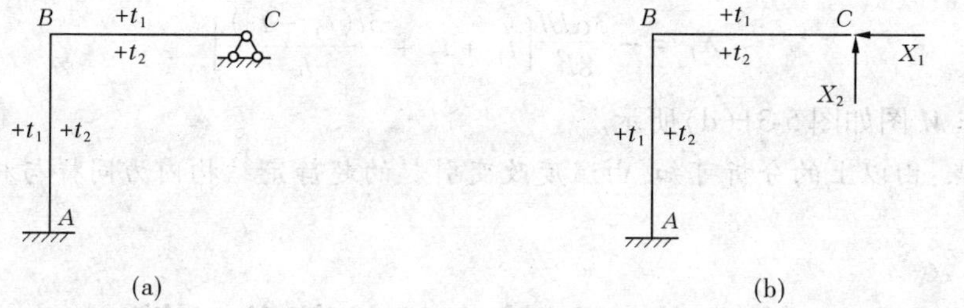

图 5-30

【例 5-10】　试作图 5-31(a)所示刚架的弯矩图。设刚架内部温度升高 t_2，外部升高 $t_1(t_1 < t_2)$，杆长都为 l，刚度为 EI。

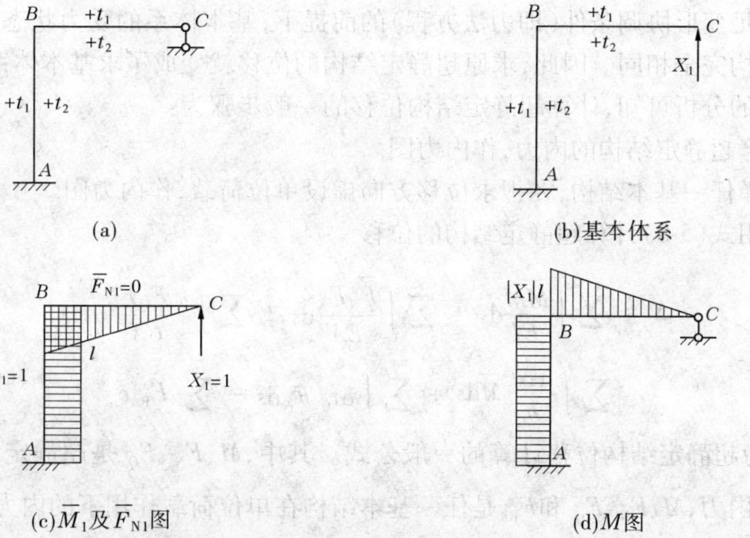

图 5-31

解　(1)选择基本体系如图 5-31(b)所示。

(2)建立力法典型方程

$$\delta_{11} X_1 + \Delta_{1t} = 0$$

(3)求系数和自由项

作基本结构在 $X_1 = 1$ 作用下的弯矩及轴力图，如图 5-31(c)所示，则

$$\delta_{11} = \frac{1}{EI}\left(\frac{1}{2} \times l \times l \times \frac{2}{3} \times l + l \times l \times l\right) = \frac{4l^3}{3EI}$$

$$t_0 = \frac{t_2 + t_1}{2}, \Delta t = t_2 - t_1$$

$$\Delta_{1t} = \sum \alpha t_0 \int \overline{F}_{Ni}\mathrm{d}s + \sum \frac{\alpha \Delta t}{h}\int \overline{M}_i \mathrm{d}s = \alpha t_0 \times (l \times 1) + \frac{\alpha \Delta t}{h}\left(\frac{1}{2}l^2 + l^2\right)$$

$$= \frac{t_2 + t_1}{2}\alpha l + \frac{3\alpha l^2(t_2 - t_1)}{2h}$$

(4)解方程,得

$$X_1 = -\frac{3\alpha EI}{8l^2}\left[t_1 + t_2 + \frac{3l(t_2 - t_1)}{h}\right]$$

(5)作 M 图如图 5-31(d)所示。

点一点:由以上的分析可知,由温度改变引起的超静定结构内力同样与杆件的绝对刚度有关。

第六节　超静定结构位移计算

与静定结构位移计算相同,超静定结构的位移计算仍采用单位荷载法。

由于力法计算的基本思路是取静定结构作为基本体系,利用基本体系来求原结构的内力。在满足变形协调条件(即力法方程)的前提下,基本体系的受力状态和变形状态与原超静定结构完全相同。因此,求原超静定结构的位移就变成了求基本体系的相应位移。

由以上的分析可知,计算超静定结构位移的一般步骤为:

(1)计算超静定结构的内力,作内力图。

(2)选择任一基本结构,在拟求位移方向虚设单位荷载,作内力图。

(3)利用式(5-8)计算超静定结构的位移

$$\Delta = \sum \int \frac{\overline{M}M}{EI}\mathrm{d}s + \sum \int \frac{\overline{F}_N F_N}{EA}\mathrm{d}s + \sum \int \frac{k\,\overline{F}_Q F_Q}{GA}\mathrm{d}s + \sum \int \frac{\alpha \Delta t}{h}\overline{M}\mathrm{d}s + \sum \int \alpha t_0\,\overline{F}_N \mathrm{d}s - \sum \overline{F}_{Rn} c_n \tag{5-8}$$

式(5-8)即为超静定结构位移计算的一般公式。其中,M、F_N、F_Q 是超静定结构在全部因素作用下的内力,$\overline{M}$、$\overline{F}_N$、$\overline{F}_Q$ 和$\overline{F}_{Rn}$是任一基本结构在单位荷载作用下的内力和支座反力。

一、荷载作用下的位移计算公式

由式(5-8)可知,超静定结构在荷载作用下的位移计算公式为

$$\Delta = \sum \int \frac{\overline{M}M}{EI}\mathrm{d}s + \sum \int \frac{\overline{F}_N F_N}{EA}\mathrm{d}s + \sum \int \frac{k\,\overline{F}_Q F_Q}{GA}\mathrm{d}s \tag{5-9}$$

式中,M、F_N、F_Q 是超静定结构在实际外荷载作用下的内力;$\overline{M}$、$\overline{F}_N$、$\overline{F}_Q$ 是任一基本结构在

单位荷载作用下的内力。

二、支座移动时的位移计算公式

由式(5-8)可知,支座移动时超静定结构的位移计算公式为

$$\Delta = \sum\int\frac{\overline{M}M}{EI}ds + \sum\int\frac{\overline{F}_N F_N}{EA}ds + \sum\int\frac{k\,\overline{F}_Q F_Q}{GA}ds - \sum \overline{F}_{Rn}c_n \tag{5-10}$$

式中,M、F_N、F_Q 是超静定结构由支座移动所引起的内力;$\overline{M}$、$\overline{F}_N$、$\overline{F}_Q$ 和$\overline{F}_{Rn}$是任一基本结构在单位荷载作用下的内力和支座反力。

三、温度改变时的位移计算公式

由式(5-8)可知,温度改变时超静定结构的位移计算公式为

$$\Delta = \sum\int\frac{\overline{M}M}{EI}ds + \sum\int\frac{\overline{F}_N F_N}{EA}ds + \sum\int\frac{k\,\overline{F}_Q F_Q}{GA}ds + \sum\int\frac{\alpha\Delta t}{h}\overline{M}ds + \sum\int\alpha t_0\,\overline{F}_N ds \tag{5-11}$$

式中,M、F_N、F_Q 是超静定结构由支座移动所引起的内力;$\overline{M}$、$\overline{F}_N$、$\overline{F}_Q$ 是任一基本结构在单位荷载作用下的内力。

【例 5-11】 试求图 5-32(a)所示刚架 B 点的水平位移。

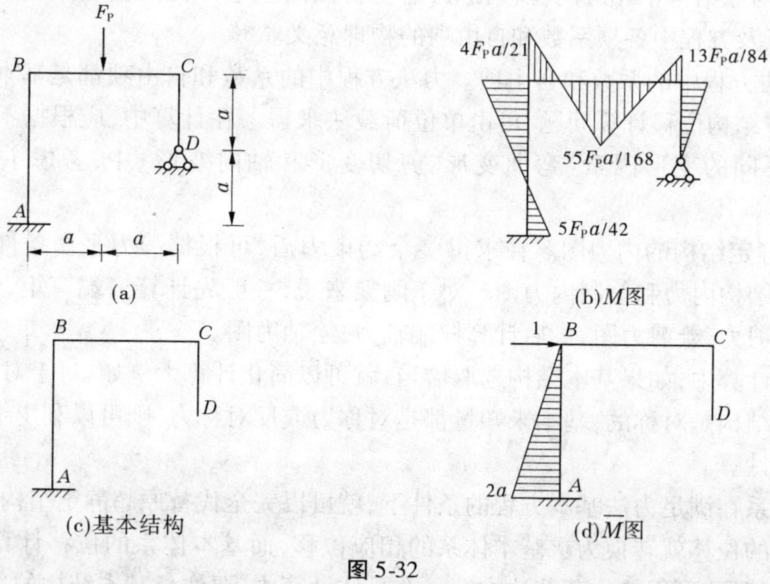

图 5-32

解　(1)用力法求解超静定结构,并作 M 图如图 5-32(b)所示。

(2)选择图 5-32(c)所示结构作为基本结构,沿拟求位移方向虚设单位荷载,作 $\overline{M}$ 图如图 5-32(d)所示。

(3)利用式(5-9)求解位移

$$\Delta_{BH} = \sum\int\frac{\overline{M}M}{EI}\mathrm{d}s = \frac{1}{EI}\times\frac{2a}{6}\times\left(-2\times 2a\times\frac{5F_{\mathrm{P}}a}{42}+\frac{4F_{\mathrm{P}}a}{21}\times 2a\right) = -\frac{2F_{\mathrm{P}}a^3}{63EI}(\leftarrow)$$

点一点：由例 5-11 可知，在超静定结构位移计算中，基本结构的选取要恰当，一方面要确保其在单位荷载作用下的 $\overline{M}$ 图便于求解，另一方面要确保 $\overline{M}$ 图与 M 图的图乘要尽量简单。

本章小结

力法是计算超静定结构的基本方法之一。它是以多余约束力作为基本未知量，以去掉多余约束后得到的静定结构作为基本结构，利用基本体系的变形协调条件建立力法基本方程，从而求解多余未知力。求得多余约束力后，超静定问题就转化为静定问题，即可用静力平衡条件求解结构的内力和支座反力。

(1) 基本未知量和基本体系。超静定结构是具有多余约束的几何不变体系。力法中，把去掉多余约束后得到的静定结构称为基本结构，把去掉的多余约束作为基本未知量，基本结构在外荷载与基本未知量共同作用下的体系即为力法的基本体系。因此，基本未知量和基本体系是同时选定的，且一一对应。同一超静定结构可以选择多种基本体系（或基本未知量），在确定基本体系时，应以便于计算作为选取原则。

(2) 力法基本方程。利用基本体系的变形协调条件，即基本体系沿各基本未知量方向的位移应与原结构中相应的位移相等，建立力法的基本方程。应充分理解力法方程的力学含义，以及方程中各项系数和自由项的物理意义。

(3) 力法方程中的系数和自由项。力法方程中的系数和自由项都是基本结构上的位移，属于静定结构位移计算问题，可由单位荷载法求得。在计算中，应根据不同结构的受力特性，在不同的变形因素（弯曲变形、剪切变形和轴向变形）中，考虑主要变形影响因素。

(4) 超静定结构的内力图。在求得多余约束力后，可根据静力平衡条件或叠加原理计算超静定结构内力和绘制内力图。对于刚架来说，一般先计算杆端弯矩，绘弯矩图，然后计算杆端剪力，绘剪力图，最后计算杆端轴力，绘轴力图。

在力法计算中，如果基本结构选取恰当，就可以简化计算。例如，对于对称结构，如果所选的基本结构是对称的，基本未知量都是对称力或反对称力，则可以利用结构的对称性来简化力法计算。

基本体系在满足力法基本方程的条件下，就可以完全代替原超静定结构。因此，求原超静定结构的位移就转换为求基本体系的相应位移，而基本体系的位移计算属于静定结构位移计算问题，可用单位荷载法求解。在具体计算中，要注意基本结构的选取问题。

思考题

5-1 超静定结构与静定结构有何区别？

5-2　如何确定结构的超静定次数？撤除多余约束的方法有哪些？

5-3　撤除多余约束时应注意些什么问题？

5-4　什么是力法的基本结构、基本体系和基本未知量？

5-5　力法的基本特点是什么？

5-6　力法方程的物理意义是什么？

5-7　为什么力法方程中的主系数恒大于零，而副系数及自由项可为正、负或零？

5-8　什么是对称结构？为什么利用对称性可以使计算得到简化？

5-9　没有荷载作用，超静定结构就没有内力。这一结论适用于什么情况？

5-10　用力法计算超静定结构在温度变化和支座移动时的内力与荷载作用下有何异同？

5-11　计算超静定结构位移时，为什么可以选取不同的基本结构绘制虚设单位荷载的弯矩图？

5-12　超静定结构位移计算的一般公式是什么？各系数的物理意义是什么？

习　题

5-1　试确定图 5-33 所示结构的超静定次数。

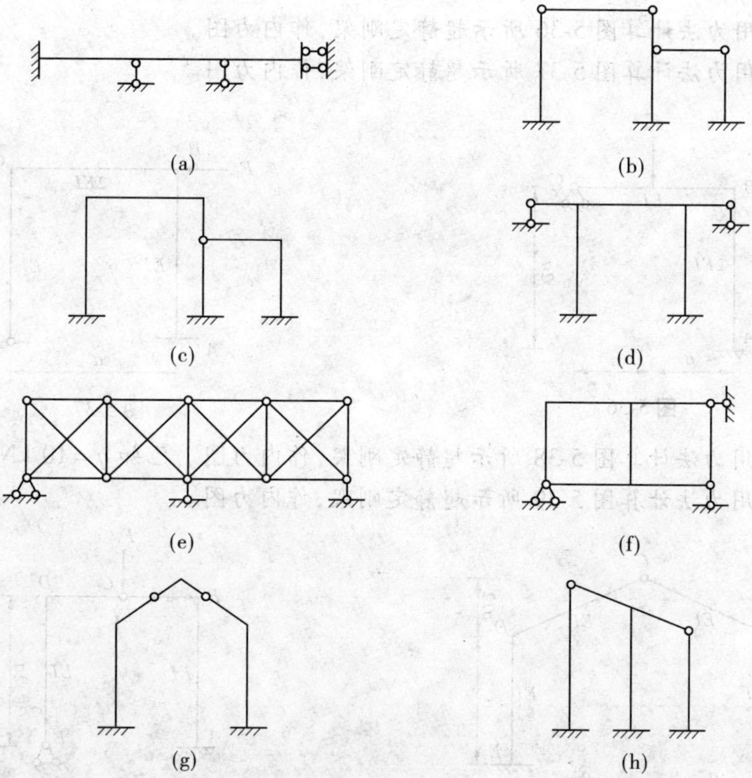

图 5-33

5-2　试用力法计算图 5-34 所示梁结构，作内力图。

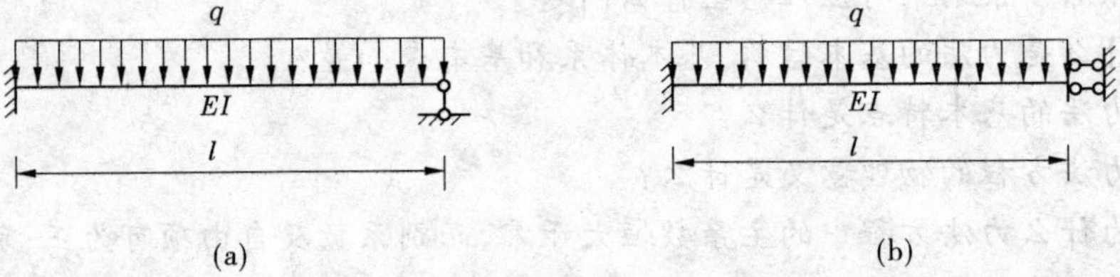

图 5-34

5-3　试用力法计算图 5-35 所示超静定刚架，作内力图。

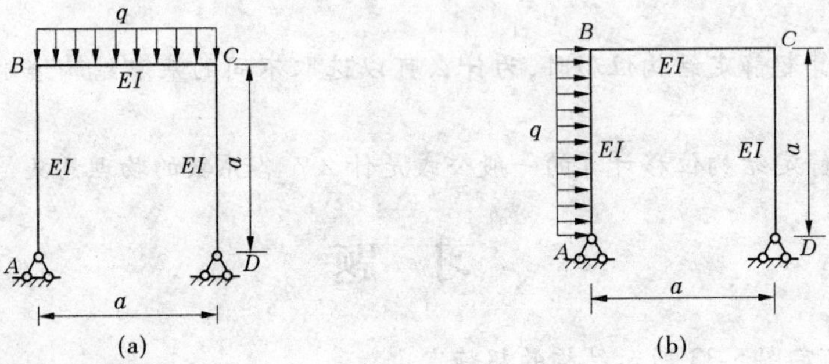

图 5-35

5-4　试用力法计算图 5-36 所示超静定刚架，作内力图。

5-5　试用力法计算图 5-37 所示超静定刚架，作内力图。

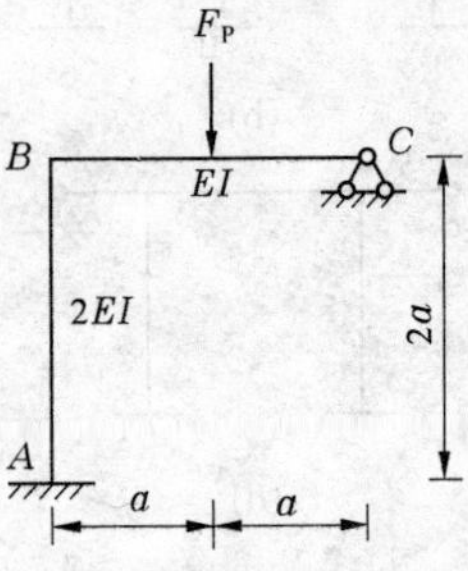

图 5-36

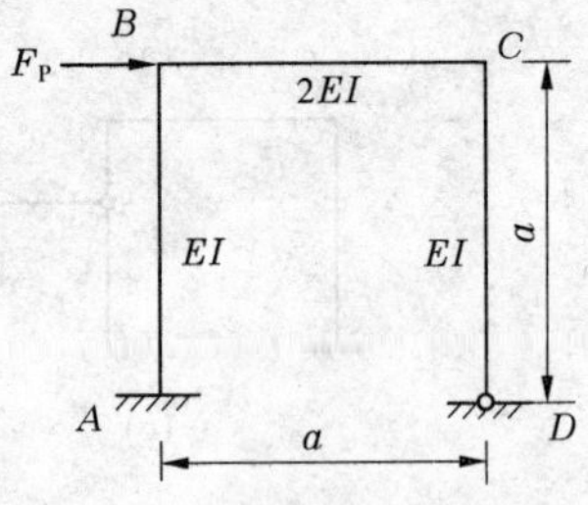

图 5-37

5-6　试用力法计算图 5-38 所示超静定刚架，作内力图。已知 $q=10\ \mathrm{kN/m}$，$a=4\ \mathrm{m}$。

5-7　试用力法计算图 5-39 所示超静定刚架，作内力图。

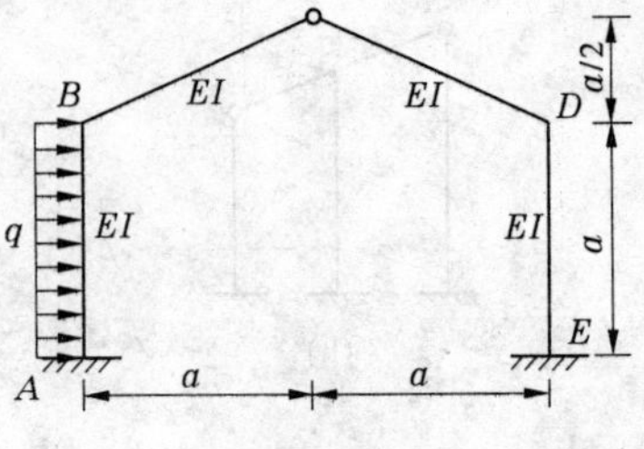

图 5-38

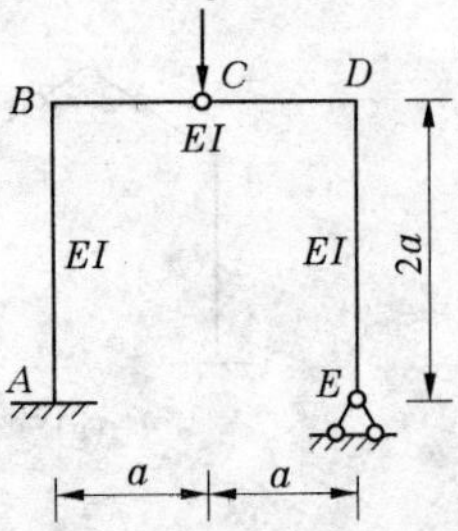

图 5-39

5-8　试用力法计算图 5-40 所示超静定排架。

5-9　试用力法计算图 5-41 所示超静定排架。

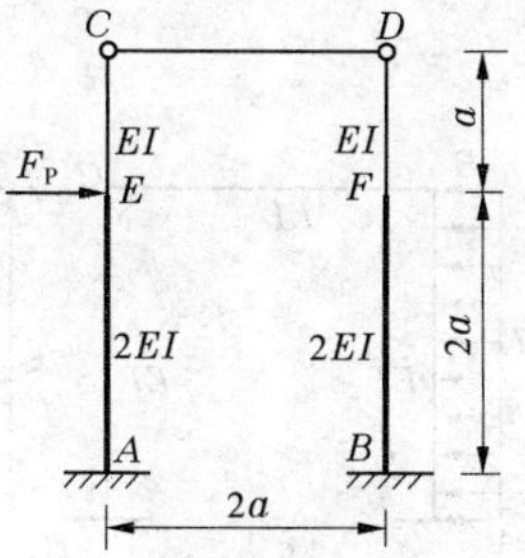

图 5-40

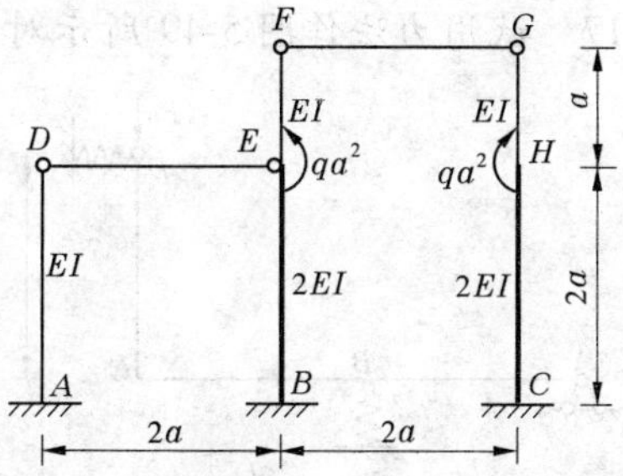

图 5-41

5-10　试用力法计算图 5-42 所示超静定桁架各杆的轴力。假定各杆刚度均为 EA。

5-11　试用力法计算图 5-43 所示超静定桁架各杆的轴力。假定各杆刚度均为 EA。

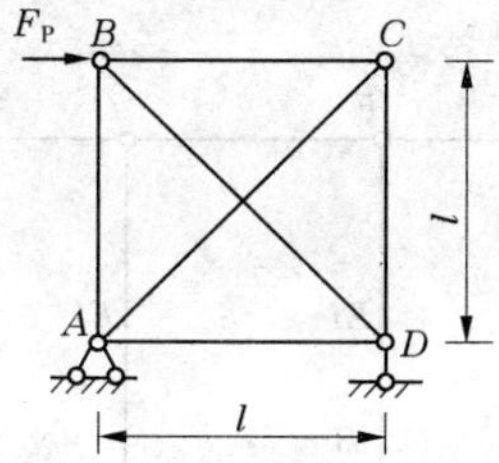

图 5-42

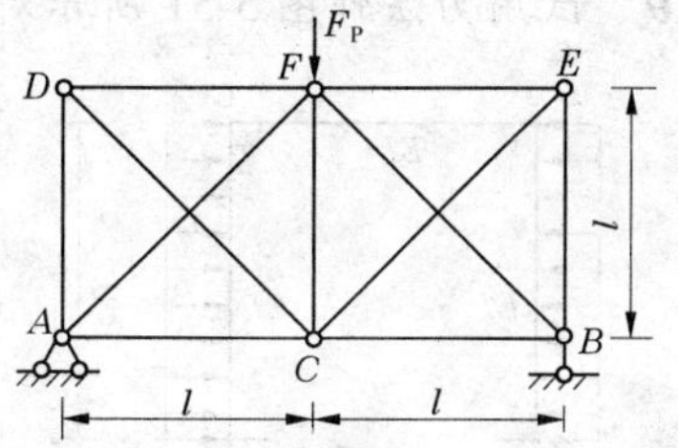

图 5-43

5-12　试用力法作图 5-44 所示结构横梁的弯矩图,并计算各杆的轴力。

5-13　试用力法计算图 5-45 所示组合结构。

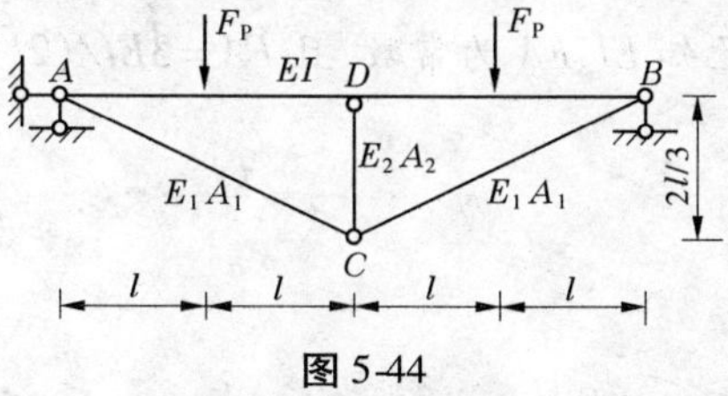

图 5-44

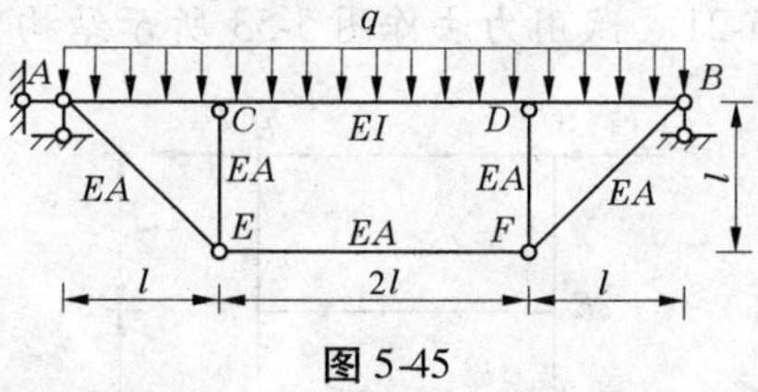

图 5-45

5-14　试用力法计算图 5-46 所示两铰拱拉杆的内力。已知拱轴线为抛物线 $y=\dfrac{4f}{l^2}x(l-x)$,拉杆的抗拉刚度为 E_1A_1,拱轴抗弯刚度为 EI,且 $E_1:E=n$。

5-15　试用力法作图 5-47 所示超静定结构的弯矩图。已知弹簧的刚度系数为 k,梁的抗弯刚度为 EI。

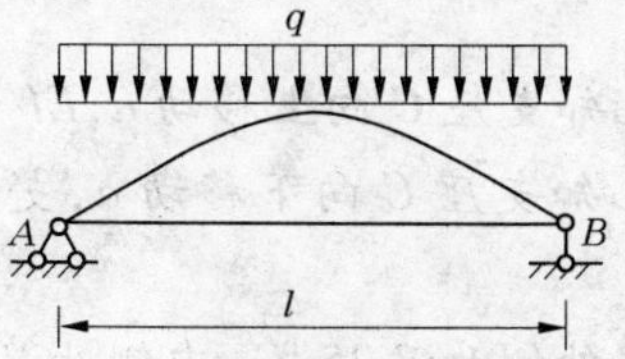

图 5-46

图 5-47

5-16　试用力法作图 5-48 所示结构的弯矩图。已知弹簧的刚度系数 $k = EI/l^3$，各杆的抗弯刚度均为 EI。

5-17　试用力法作图 5-49 所示对称刚架的弯矩图。

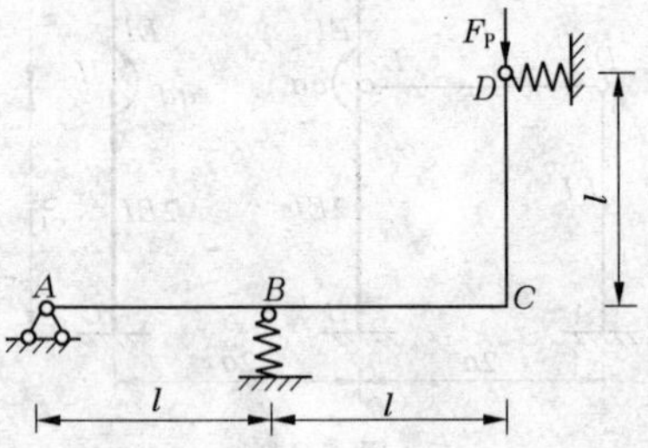

图 5-48

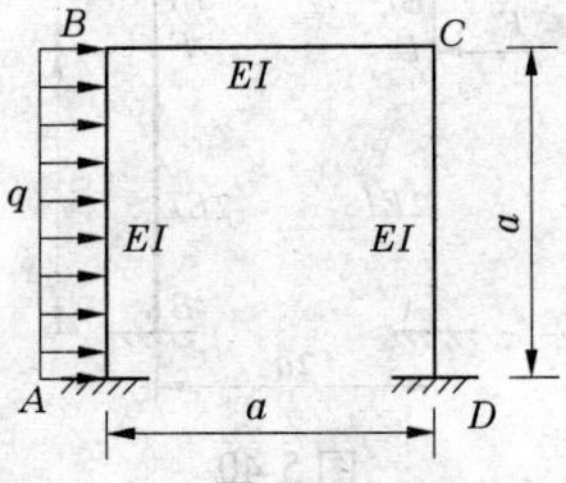

图 5-49

5-18　试用力法作图 5-50 所示对称刚架的弯矩图。

5-19　试用力法作图 5-51 所示对称刚架的弯矩图。

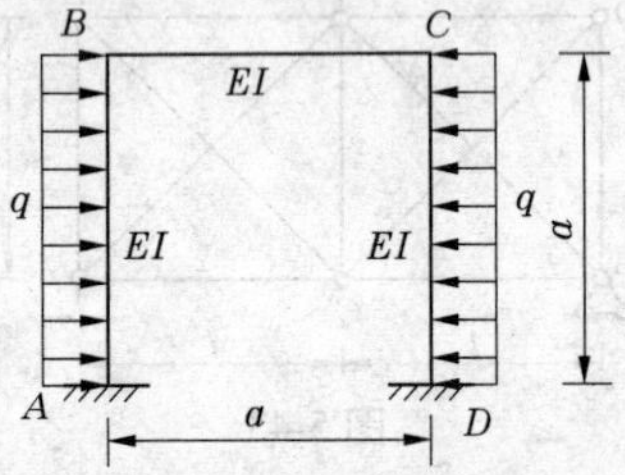

图 5-50

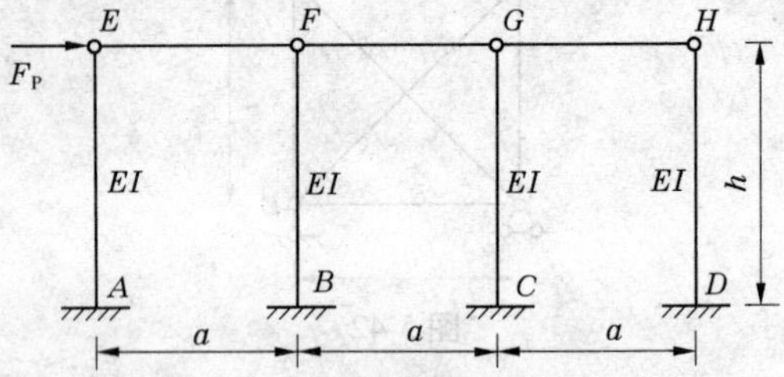

图 5-51

5-20　试用力法计算图 5-52 所示对称结构，EI 为常数。

5-21　试用力法作图 5-53 所示结构弯矩图。已知 EI、EA 为常数，且 $EA = 3EI/(2l^2)$。

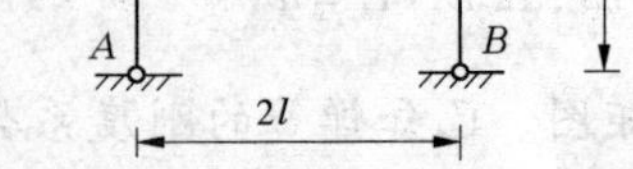

图 5-52

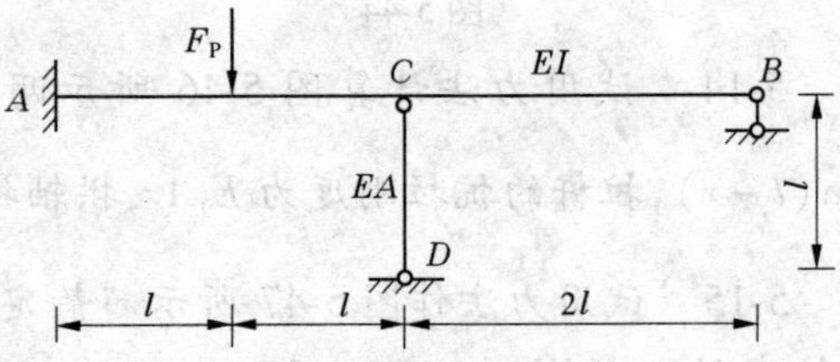

图 5-53

5-22　试用力法作图 5-54 所示结构的弯矩图。已知支座 C 向上移动 a，EI 为常数。

5-23　试用力法作图 5-55 所示结构的弯矩图。已知支座 C 向下移动 a，支座 A 向下移动 b，顺时针转动 θ，EI 为常数。

5-24　试作图 5-56 所示结构的弯矩图。已知刚架外侧升温 25 ℃，内侧升温 35 ℃，EI 为常数，杆件截面高度 $h = l/10$，材料线膨胀系数为 α。

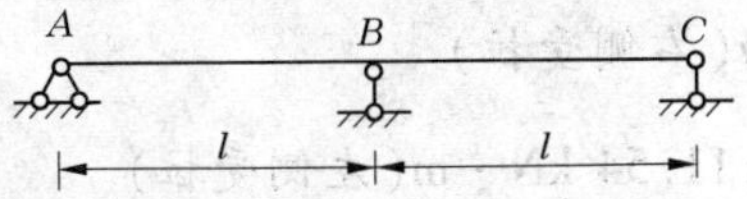

图 5-54

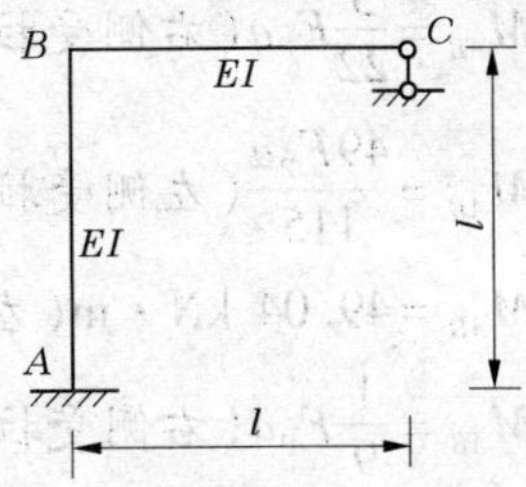

图 5-55

5-25　试用力法作图 5-57 所示结构的弯矩图。已知刚架内侧升温 25 ℃，外侧降温 5 ℃，EI 为常数，杆件截面高度 $h=l/10$，材料线膨胀系数为 α。

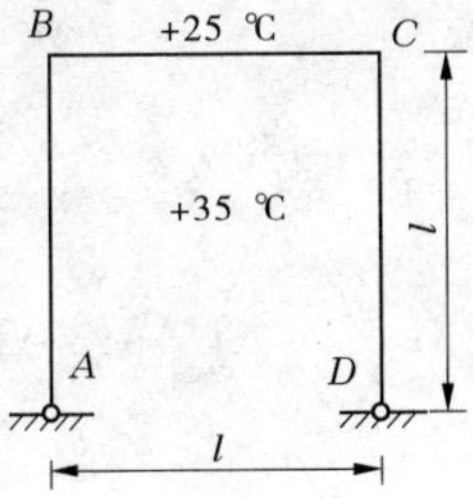

图 5-56

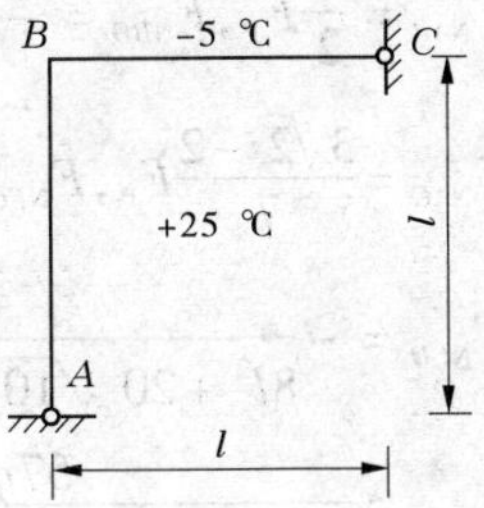

图 5-57

5-26　试求图 5-58 所示结构 B 点的水平位移。

5-27　试求图 5-59 所示结构 D 点的竖向位移。已知支座 C 向下移动 a，支座 A 向下移动 b，顺时针转动 θ，EI 为常数。

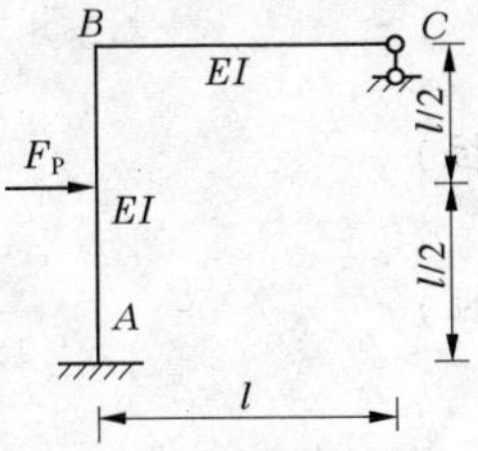

图 5-58

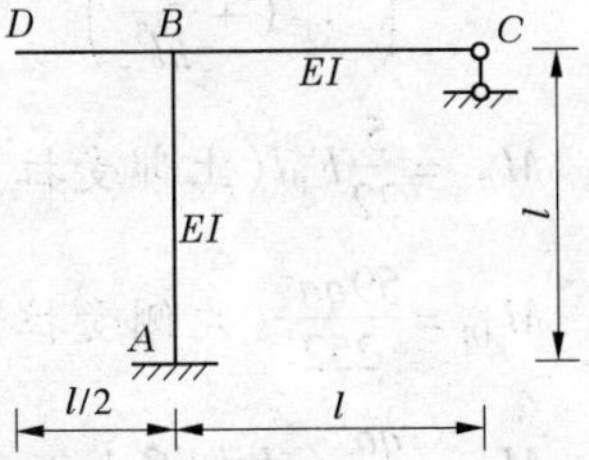

图 5-59

习题参考答案

5-1　(a)四次；(b)二次；(c)四次；(d)五次；(e)五次；(f)七次；(g)一次；(h)四次

5-2　(a)左端弯矩$\dfrac{ql^2}{8}$(上部受拉)；(b)左端弯矩$\dfrac{ql^2}{3}$(上部受拉)

5-3　(a)$M_{BA}=\dfrac{qa^2}{20}$(左侧受拉)；(b)$M_{BA}=\dfrac{9qa^2}{40}$(右侧受拉)

5-4　$M_{AB}=\frac{3}{22}F_{P}a$(右侧受拉),$M_{BC}=\frac{3}{11}F_{P}a$(上部受拉)

5-5　$M_{AB}=\frac{49F_{P}a}{115}$(左侧受拉),$M_{CD}=\frac{26}{115}F_{P}a$(右侧受拉)

5-6　$M_{AB}=49.04\ \mathrm{kN\cdot m}$(左侧受拉),$M_{ED}=11.54\ \mathrm{kN\cdot m}$(左侧受拉)

5-7　$M_{AB}=\frac{1}{9}F_{P}a$(右侧受拉),$M_{DE}=\frac{5}{9}F_{P}a$(右侧受拉)

5-8　$M_{AE}=\frac{5}{4}F_{P}a$(左侧受拉),$M_{EC}=\frac{1}{4}F_{P}a$(右侧受拉)

5-9　$M_{BE}=\frac{2}{7}qa^{2}$(左侧受拉),$M_{CH}=\frac{2}{7}qa^{2}$(右侧受拉)

5-10　$F_{NAB}=\frac{1}{2}F_{P}, F_{NBD}=-\frac{\sqrt{2}}{2}F_{P}$

5-11　$F_{NAC}=\frac{3\sqrt{2}-2}{7}F_{P}, F_{NFC}=\frac{6\sqrt{2}-11}{7}F_{P}$

5-12　$F_{NCD}=-\frac{11F_{P}l^{2}}{8l^{2}+20\sqrt{10}EI/E_{1}A_{1}+4EI/E_{2}A_{2}}$

5-13　$F_{NEF}=\frac{57ql}{32+(48+48\sqrt{2})EI/(EAl^{2})}$

5-14　$F_{NAB}=\frac{ql^{2}f}{8f^{2}+15I/nA_{1}}$

5-15　$M_{AB}=\left(1-\frac{1}{1+\frac{3EI}{kl^{3}}}\right)F_{P}l$(上部受拉)

5-16　$M_{BA}=\frac{5}{22}F_{P}l$(上部受拉),$M_{CD}=\frac{17}{22}F_{P}l$(右侧受拉)

5-17　$M_{AB}=\frac{59qa^{2}}{252}$(左侧受拉),$M_{DC}=\frac{31qa^{2}}{252}$(左侧受拉)

5-18　$M_{AB}=\frac{qa^{2}}{9}$(左侧受拉),$M_{BC}=\frac{qa^{2}}{36}$(上部受拉)

5-19　$M_{AE}=M_{BF}=M_{CG}=M_{DH}=\frac{F_{P}h}{4}$(左侧受拉)

5-20　$M_{GH}=\frac{9}{10}F_{P}l$(下部受拉),$M_{EF}=\frac{21}{10}F_{P}l$(下部受拉)

5-21　$M_{AC}=\frac{1}{2}F_{P}l$(上部受拉),$M_{CB}=\frac{1}{24}F_{P}l$(下部受拉)

5-22　$M_{BA}=M_{BC}=\frac{3EIa}{2l^{2}}$(下部受拉)

5-23　$M_{BC}=\frac{3EI(l\theta+b-a)}{4l^{2}}$(下部受拉)

5-24　$M_{BC}=\dfrac{138\alpha EI}{l}$（上部受拉）

5-25　$M_{BC}=\dfrac{480\alpha EI}{l}$（上部受拉）

5-26　$\Delta_{BH}=\dfrac{11F_{P}l^{3}}{192EI}$（→）

5-27　$\Delta_{DV}=\dfrac{-l\theta+11b-3a}{8}$（↓）

第六章 位移法

本章讨论用位移法计算超静定结构。首先介绍位移法的基本概念和基本原理，详细讨论如何确定位移法的基本未知量、选取位移法的基本体系和建立位移法的基本方程。作为应用，分别讨论各种超静定结构在荷载作用下的位移法计算问题。在此基础上，介绍如何用直接平衡法来建立位移法的基本方程，同时，还讨论如何利用对称性来简化位移法计算。最后介绍超静定结构在支座移动和温度变化时的内力计算问题。

在学习中，应掌握位移法的基本原理与解题步骤，并能应用其计算各种超静定结构在荷载作用下的内力；学会利用结构的对称性来简化位移法计算；能够应用直接平衡法建立位移法的基本方程，并对结构进行求解。

第一节 概 述

位移法与力法是计算超静定结构的两种基本方法。力法的发展较早，19 世纪末已经应用于分析各种超静定结构。随着结构的日益复杂，出现了大量高次超静定结构，力法计算显得十分烦琐。在 20 世纪初，人们为了计算复杂刚架建立起来了位移法。

力法分析超静定结构的基本思路是以结构的多余未知力作为基本未知量，利用多余约束处的变形条件建立力法方程，求出未知量后，再据此计算出结构的全部内力和位移。位移法是以结构的结点位移作为基本未知量，通过平衡条件建立位移法方程，求出位移后，再求出结构的内力。

下面以图 6-1(a)所示结构为例，来说明位移法的基本概念。

图 6-1(a)所示刚架在荷载 q 作用下，杆件 AB 和 AC 将发生如虚线所示的变形。由于结点 A 为刚结点，杆件 AB 和 AC 在结点 A 处有相同的转角 θ_A；在忽略杆件轴向变形的条件下，此刚架没有结点线位移，只有结点角位移，即结点 A 的转角 θ_A。为了确定每根杆件的内力，可以把结点角位移 θ_A 作为基本未知量，先设法求出结点 A 处的角位移 θ_A，然后利用线弹性结构位移与内力之间的对应关系，求出相应杆件的内力。

现在讨论如何求基本未知量 θ_A 的问题。在刚结点 A 处添加一约束刚结点转动的刚臂，如图 6-1(b)所示；同时，为了保持杆件受力状态不改变，让结点 A 发生一个转角 θ_A，此时结构实际上变为两个单跨超静定梁，如图 6-1(c)、(d)所示。杆件 AB 为 B 端铰支、A 端固定，有转角 θ_A 且有均布荷载 q 作用的单跨梁；杆件 AC 为两端固定、A 端有转角 θ_A 的单跨梁。在荷载和支座位移作用下，这两根杆件的内力可用力法求出；其中杆件 AB 的内力可由图 6-1(e)所示两种情况叠加得到。

由力法算得两个单跨梁 AB 和 AC 的杆端弯矩为

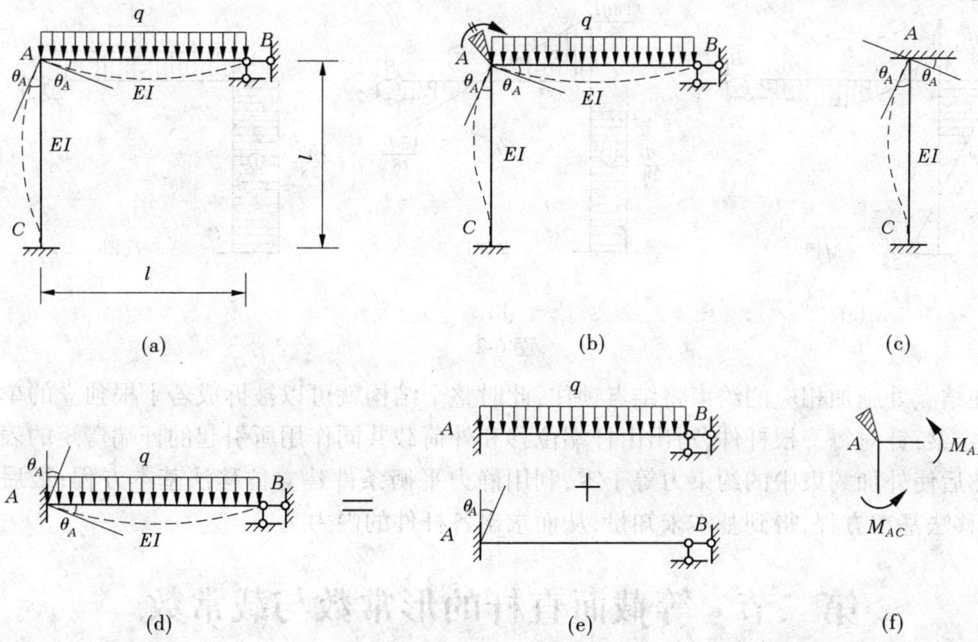

图 6-1

$$\left.\begin{aligned} M_{AB} &= 3i\theta_A - \frac{1}{8}ql^2 \\ M_{AC} &= 4i\theta_A \\ M_{CA} &= 2i\theta_A \end{aligned}\right\} \tag{a}$$

式中，i 为杆件的线刚度，且 $i=\dfrac{EI}{l}$。

为了求出未知角位移 θ_A，取结点 A 为研究对象，如图 6-1(f)所示。由于外加刚臂中的约束力为零，由 $\sum M_A=0$ 可得

$$M_{AB}+M_{AC}=0 \tag{b}$$

将式(a)代入式(b)得

$$3i\theta_A - \frac{1}{8}ql^2 + 4i\theta_A = 0$$

解得

$$\theta_A = \frac{ql^2}{56i}$$

结果为正，说明 θ_A 与图示顺时针转向相同。

再把 θ_A 代入式(a)，即得到各杆的杆端弯矩为

$$M_{AB} = -\frac{2}{28}ql^2,\ M_{AC} = \frac{2}{28}ql^2,\ M_{CA} = \frac{1}{28}ql^2$$

求得各杆端弯矩后，即可作出刚架的弯矩图如图 6-2(a)所示，根据弯矩图可进一步作出刚架的剪力图和轴力图，如图 6-2(b)、(c)所示。

通过以上的分析，可以看到位移法的基本解题思路为：选取结点位移作为基本未知

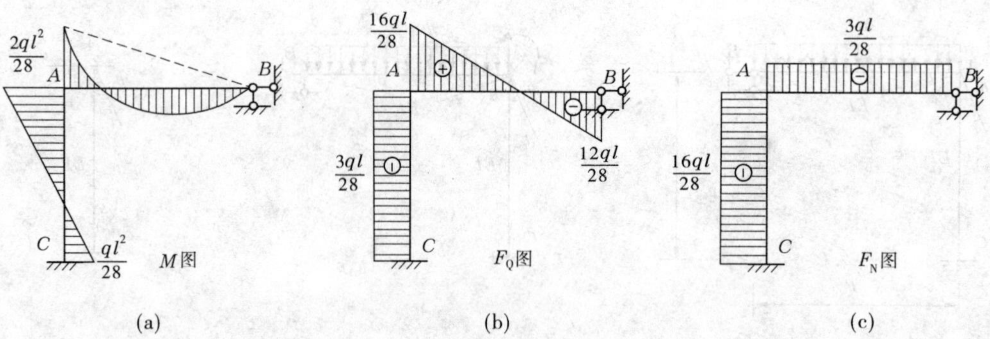

图 6-2

量,在结点处施加相应的约束将结点锁住,此时整个结构就可以被拆成若干根独立的单跨超静定梁;针对每一根杆件,写出由杆端位移和外荷载共同作用所引起的杆端弯矩的表达式;然后使外加约束中的约束力等于零,利用静力平衡条件建立位移法基本方程;最后求解位移法基本方程,得到基本未知量,从而求出各杆件的内力。

第二节　等截面直杆的形常数与载常数

从上一节的分析可以看到,针对每一根杆件,写出由杆端位移和外荷载共同作用所引起的杆端内力的表达式是位移法解题的关键。为此,本节将着重讨论如何建立杆端位移及外荷载与杆端内力的关系式,即杆件的刚度方程。

一、杆端内力和杆端位移的符号规定

为了便于计算,在位移法中,对杆端内力和杆端位移的符号作如下规定:

杆端弯矩以绕杆端顺时针转向为正,逆时针转向为负;杆端剪力与轴力的符号规定与前面各章相同。

杆端角位移以顺时针转向为正,逆时针转向为负。杆件两端在垂直于杆轴方向的相对线位移的正负号用相应弦转角的正负来表示,即杆件的弦转角顺时针转向为正,逆时针转向为负。如图 6-3所示,与杆件 AB 在垂直于杆轴方向的相对线位移 Δ 相应的弦转角为 φ,且 $\varphi=\frac{\Delta}{l}$。这里应注意,如果杆件沿平行或垂直于杆轴方向平行移动,则不引起杆端弯矩。

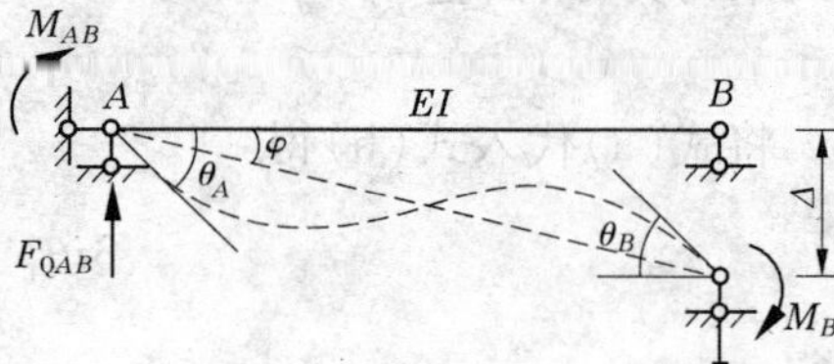

图 6-3

二、等截面直杆的形常数

在位移法中,由单位杆端位移所引起的杆端内力称为等截面直杆的刚度系数。刚度系数是只与杆件材料性质和截面尺寸有关的常数,故又称为形常数。

图 6-4(a)所示为两端均为固定端的梁,设 A 端产生顺时针转角 $\theta_A=1$,B 端不动。用力法求得其内力图如图 6-4(b)所示,杆端内力为

$$\left.\begin{aligned} M_{AB} &= 4i \\ M_{BA} &= 2i \\ F_{QAB} &= F_{QBA} = -\frac{6i}{l} \end{aligned}\right\} \tag{a}$$

式(a)表明:对于两端为固定端的等截面直杆,由 $\theta_A=1$ 引起的杆件 A、B 两端弯矩的形常数分别为 $4i$、$2i$,剪力的形常数均为 $-\dfrac{6i}{l}$。

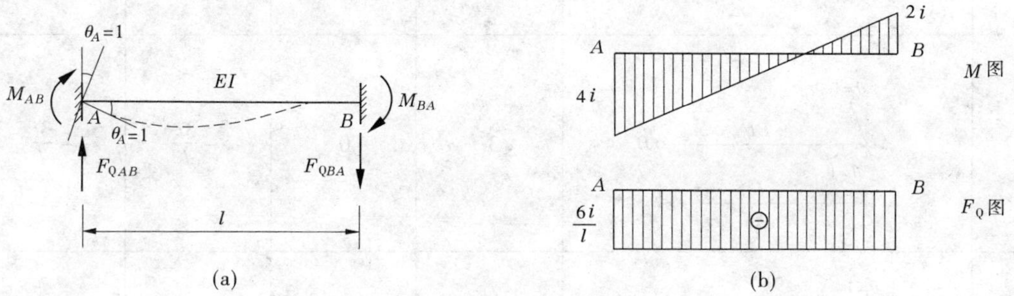

图 6-4

图 6-5(a)所示为两端均为固定端的梁,设杆件在垂直于杆轴方向上发生了相对线位移 $\Delta=1$。同理,可用力法求得其内力图如图 6-5(b)所示,杆端内力为

$$\left.\begin{aligned} M_{AB} &= M_{BA} = -\frac{6i}{l} \\ F_{QAB} &= F_{QBA} = \frac{12i}{l^2} \end{aligned}\right\} \tag{b}$$

式(b)表明:对于两端为固定端的等截面直杆,由 $\Delta=1$ 引起的杆件 A、B 两端弯矩的形常数均为 $-\dfrac{6i}{l}$,剪力的形常数均为 $\dfrac{12i}{l^2}$。

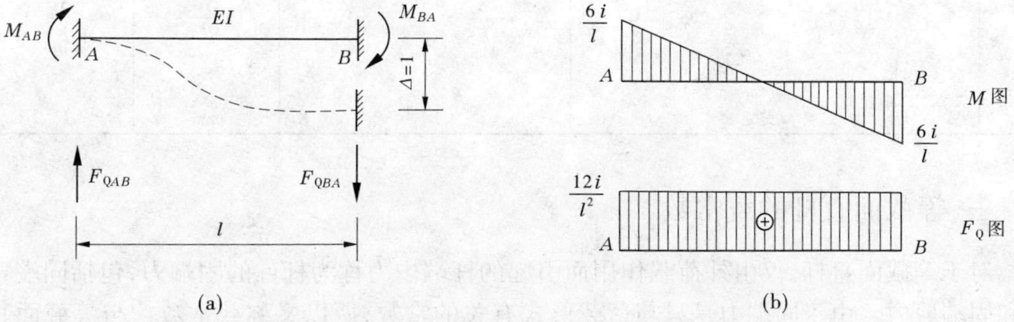

图 6-5

同理,可以求出各种情形的形常数如表 6-1 所示。

表 6-1　等截面直杆的形常数

编号	简图	杆端弯矩		杆端剪力	
		M_{AB}	M_{BA}	F_{QAB}	F_{QBA}
1	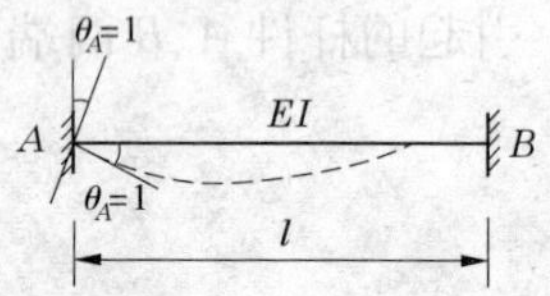	$4i$	$2i$	$-\frac{6i}{l}$	$-\frac{6i}{l}$
2	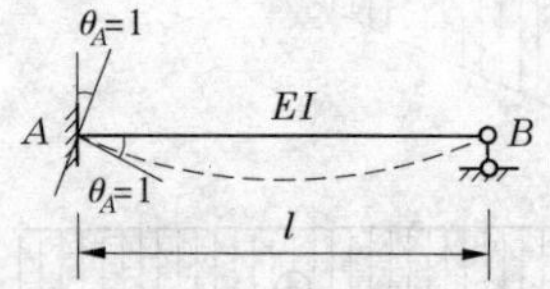	$3i$	0	$-\frac{3i}{l}$	$-\frac{3i}{l}$
3	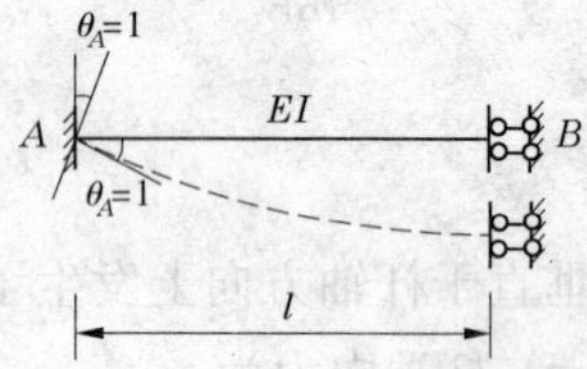	i	$-i$	0	0
4	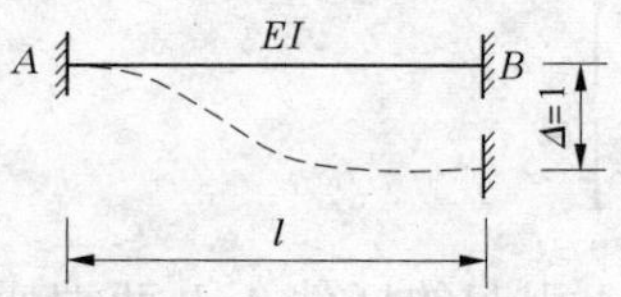	$-\frac{6i}{l}$	$-\frac{6i}{l}$	$\frac{12i}{l^2}$	$\frac{12i}{l^2}$
5	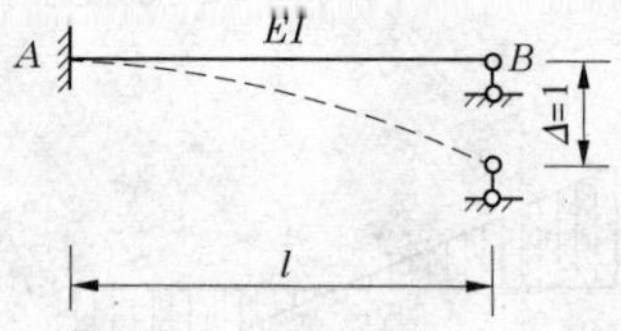	$-\frac{3i}{l}$	0	$\frac{3i}{l^2}$	$\frac{3i}{l^2}$

三、等截面直杆的载常数

对于等截面直杆,仅由外荷载作用而引起的杆端内力称为杆件的固端力,包括固端弯矩和固端剪力。由于固端力是只与荷载形式有关的常数,所以又称载常数。与等截面直杆的形常数求解方法相同,可利用力法计算出各种荷载作用下杆件的固端弯矩和固端剪力,列于表 6-2 中。通常情况下,固端弯矩用 M_{AB}^{F}、M_{BA}^{F} 表示,固端剪力用 F_{QAB}^{F}、F_{QBA}^{F} 表示。

表 6-2　等截面直杆的载常数

编号	简图	固端弯矩	固端剪力
1	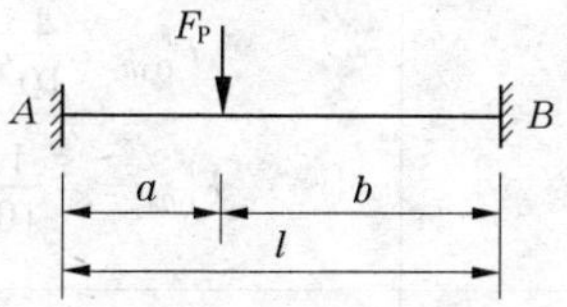	$M_{AB}^{F}=-\frac{F_{P}ab^{2}}{l^{2}}$ $M_{BA}^{F}=\frac{F_{P}a^{2}b}{l^{2}}$	$F_{QAB}^{F}=\frac{F_{P}b^{2}}{l^{2}}\left(1+\frac{2a}{l}\right)$ $F_{QBA}^{F}=-\frac{F_{P}a^{2}}{l^{2}}\left(1+\frac{2b}{l}\right)$
2	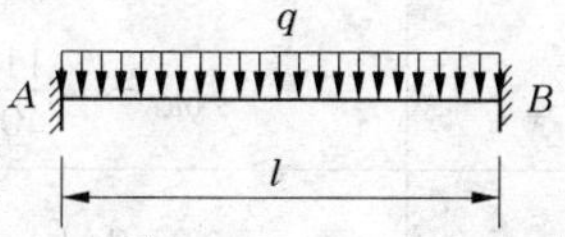	$M_{AB}^{F}=-\frac{1}{12}ql^{2}$ $M_{BA}^{F}=\frac{1}{12}ql^{2}$	$F_{QAB}^{F}=\frac{1}{2}ql$ $F_{QBA}^{F}=-\frac{1}{2}ql$
3	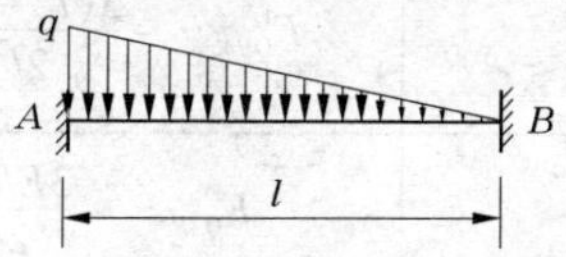	$M_{AB}^{F}=-\frac{1}{20}ql^{2}$ $M_{BA}^{F}=\frac{1}{30}ql^{2}$	$F_{QAB}^{F}=\frac{7}{20}ql$ $F_{QBA}^{F}=-\frac{3}{20}ql$
4	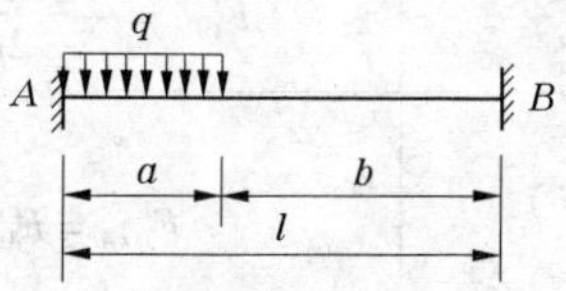	$M_{AB}^{F}=-\frac{qa^{2}}{2l^{2}}(6l^{2}-8la+3a^{2})$ $M_{BA}^{F}=\frac{qa^{3}}{12l^{2}}(4l-3a)$	$F_{QAB}^{F}=\frac{qa}{2l^{3}}(2l^{3}-2la^{2}+a^{3})$ $F_{QBA}^{F}=-\frac{qa^{3}}{2l^{3}}(2l-a)$
5	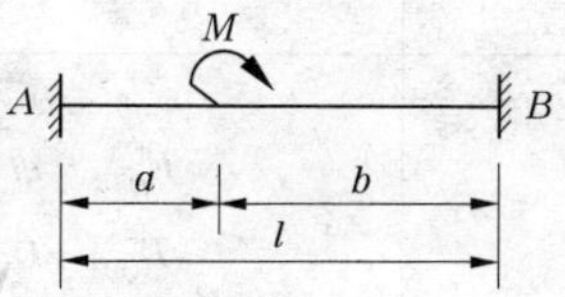	$M_{AB}^{F}=\frac{b(3a-l)}{l^{2}}M$ $M_{BA}^{F}=\frac{a(3b-l)}{l^{2}}M$	$F_{QAB}^{F}=-\frac{6ab}{l^{3}}M$ $F_{QBA}^{F}=-\frac{6ab}{l^{3}}M$
6	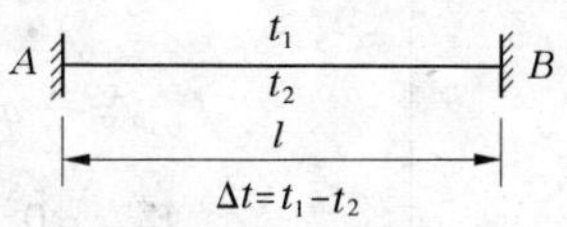	$M_{AB}^{F}=\frac{EI\alpha\Delta t}{h}$ $M_{BA}^{F}=-\frac{EI\alpha\Delta t}{h}$	$F_{QAB}^{F}=0$ $F_{QBA}^{F}=0$
7	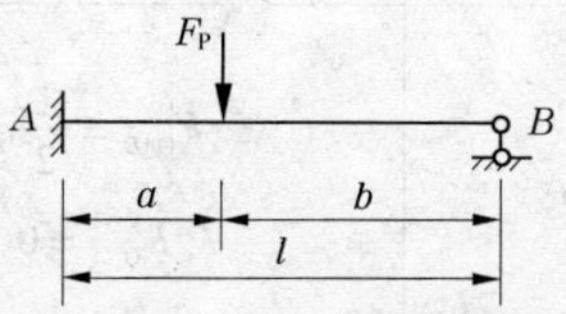	$M_{AB}^{F}=-\frac{F_{P}ab(l+b)}{2l^{2}}$	$F_{QAB}^{F}=\frac{F_{P}b(3l^{2}-b^{2})}{2l^{3}}$ $F_{QBA}^{F}=-\frac{F_{P}a^{2}(2l+b)}{2l^{3}}$
8	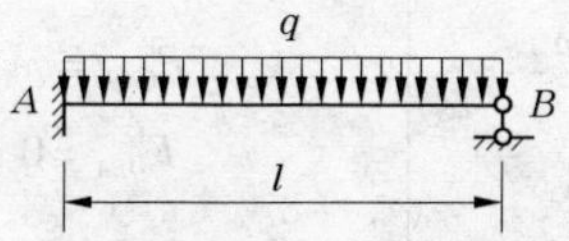	$M_{AB}^{F}=-\frac{ql^{2}}{8}$	$F_{QAB}^{F}=\frac{5ql}{8}$ $F_{QBA}^{F}=-\frac{3ql}{8}$

续表 6-2

编号	简图	固端弯矩	固端剪力
9	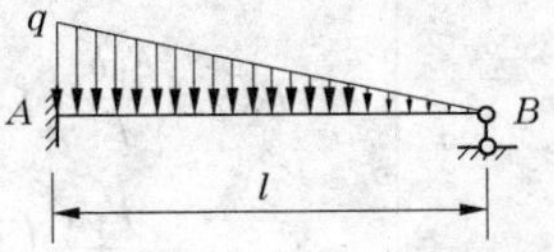	$M_{AB}^{F}=-\frac{1}{15}ql^2$	$F_{QAB}^{F}=\frac{4}{10}ql$ $F_{QBA}^{F}=-\frac{1}{10}ql$
10	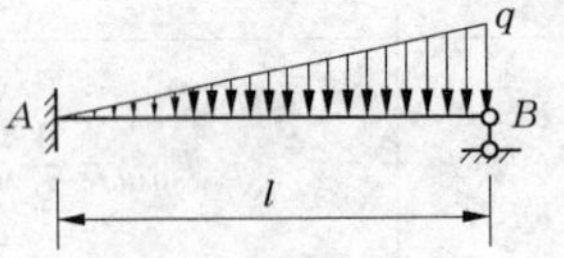	$M_{AB}^{F}=-\frac{7}{120}ql^2$	$F_{QAB}^{F}=\frac{9}{40}ql$ $F_{QBA}^{F}=-\frac{11}{40}ql$
11	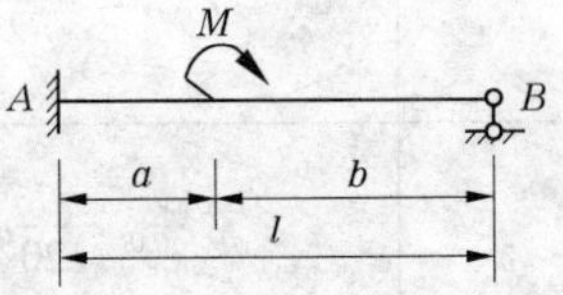	$M_{AB}^{F}=\frac{(l^2-3b^2)}{2l^2}M$	$F_{QAB}^{F}=-\frac{3(l^2-b^2)}{2l^3}M$ $F_{QBA}^{F}=-\frac{3(l^2-b^2)}{2l^3}M$
12	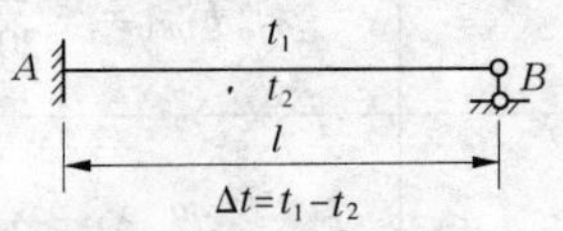	$M_{AB}^{F}=\frac{3EI\alpha\Delta t}{2h}$	$F_{QAB}^{F}=-\frac{3EI\alpha\Delta t}{2hl}$ $F_{QBA}^{F}=-\frac{3EI\alpha\Delta t}{2hl}$
13	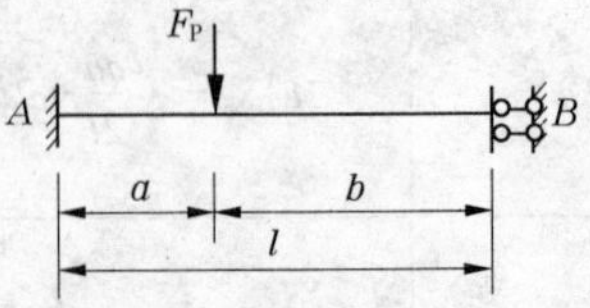	$M_{AB}^{F}=-\frac{F_{P}a}{2l}(l+b)$ $M_{BA}^{F}=-\frac{F_{P}a^2}{2l}$	$F_{QAB}^{F}=F_{P}$ $F_{QBA}^{F}=0$
14	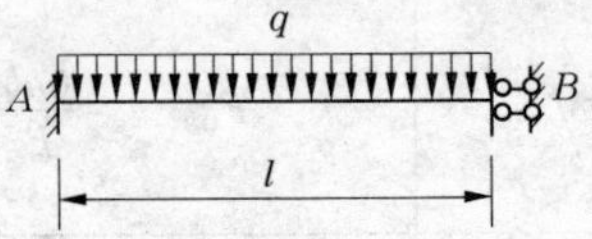	$M_{AB}^{F}=-\frac{ql^2}{3}$ $M_{BA}^{F}=-\frac{ql^2}{6}$	$F_{QAB}^{F}=ql$ $F_{QBA}^{F}=0$
15	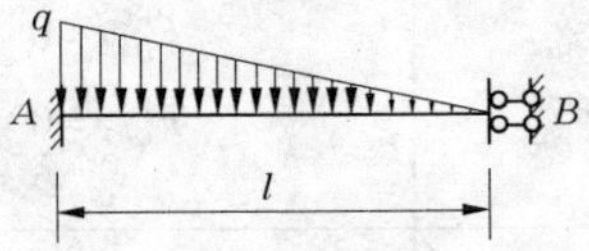	$M_{AB}^{F}=-\frac{ql^2}{8}$ $M_{BA}^{F}=-\frac{ql^2}{24}$	$F_{QAB}^{F}=\frac{1}{2}ql$ $F_{QBA}^{F}=0$
16	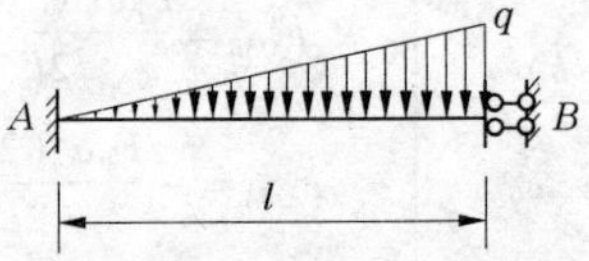	$M_{AB}^{F}=-\frac{5ql^2}{24}$ $M_{BA}^{F}=-\frac{ql^2}{8}$	$F_{QAB}^{F}=\frac{1}{2}ql$ $F_{QBA}^{F}=0$
17	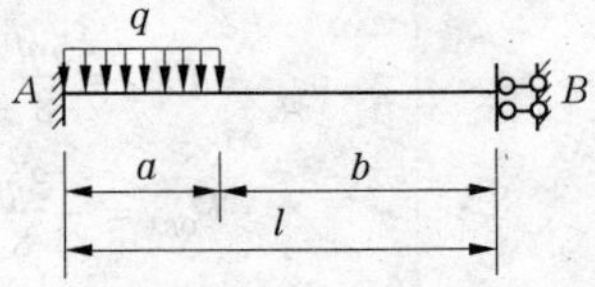	$M_{AB}^{F}=-\frac{qa^2}{6l}(3l-a)$ $M_{BA}^{F}=-\frac{qa^3}{6l}$	$F_{QAB}^{F}=qa$ $F_{QBA}^{F}=0$

续表 6-2

编号	简图	固端弯矩	固端剪力
18	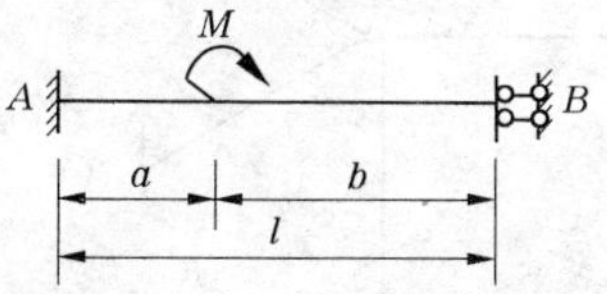	$M_{AB}^{F}=-\dfrac{b}{l}M$ $M_{BA}^{F}=-\dfrac{a}{l}M$	$F_{QAB}^{F}=0$ $F_{QBA}^{F}=0$
19	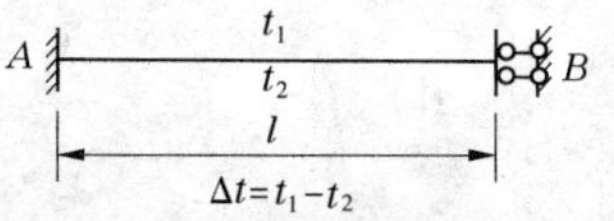	$M_{AB}^{F}=\dfrac{EI\alpha\Delta t}{h}$ $M_{BA}^{F}=-\dfrac{EI\alpha\Delta t}{h}$	$F_{QAB}^{F}=0$ $F_{QBA}^{F}=0$

在使用表 6-1 和表 6-2 时应注意，表中的形常数和载常数是根据图示方向的支座位移和荷载求得的。当计算某一具体结构时，应根据杆件两端实际的位移方向和杆上荷载的方向来判断形常数和载常数的正负号。

第三节　位移法的基本原理

一、位移法的基本未知量

位移法以结点位移作为基本未知量。结点位移包括结点角位移和独立的结点线位移，计算时首先要确定基本未知量的数目。

（一）结点角位移

由于在同一刚结点处的各杆端的转角都相等，因此每个刚结点只有一个独立的角位移。至于铰结点或铰支座处各杆端的转角，在位移法中一般可不将其作为基本未知量。因此，结点角位移的数目就等于结构内部刚结点的数目。

图 6-6（a）所示刚架中，独立结点角位移的数目为 5，即刚结点 D、E、F、G、I 的转角。这里应注意，D 结点的转角是指杆 AD 和杆 DG 的 D 端转角，而杆件 DE 的 D 端转角不作为基本未知量，F 结点的转角类似。图 6-6（b）所示刚架中，独立结点角位移的数目为 3；组合结点 E 处有两个刚结点，对应两个角位移，F 点有一个角位移，共 3 个角位移。

（二）结点线位移

我们知道，平面杆件体系内的一个结点在平面内有两个线位移。为了简化计算，在位移法中，通常假设结构的变形是微小的，并忽略受弯杆件的轴向变形。也就是说，杆件在变形前后，其两端结点之间的距离可以认为是保持不变的。依据这样的假设，下面讨论如何确定结构中独立结点线位移的数目。

图 6-7（a）所示刚架中，由于杆 AB 和杆 CD 在变形前后两端距离保持不变，因此结点 B 和结点 D 都没有竖向位移，只有水平线位移。但由于杆件 BD 的长度不变，结点 B 和结点 D 的水平线位移相等，都为 Δ。由此可知，图 6-7（a）所示刚架的独立结点线位移只有一个，即结点 B 和结点 D 的水平线位移。

对于简单刚架，可以通过观察法来确定结构中独立结点线位移的数目，即独立结点线

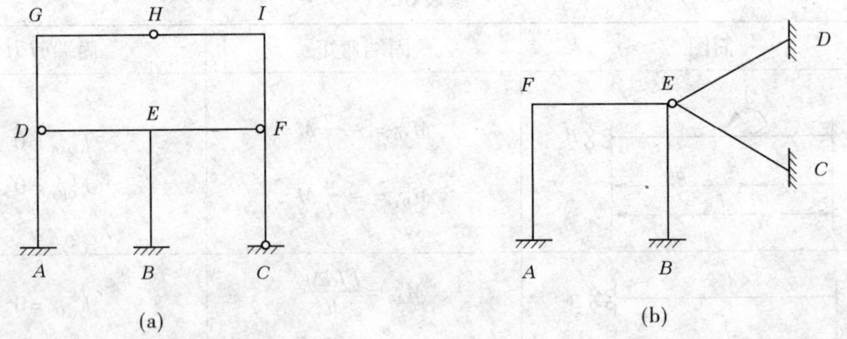

图 6-6

位移的数目等于刚架的层数。对于图 6-7(a)所示单层刚架，只有一个独立结点线位移，即横梁 BD 的水平线位移；对于图 6-7(b)所示两层刚架，结构内部有两个独立结点线位移，即横梁 DE 与横梁 FG 的水平线位移。

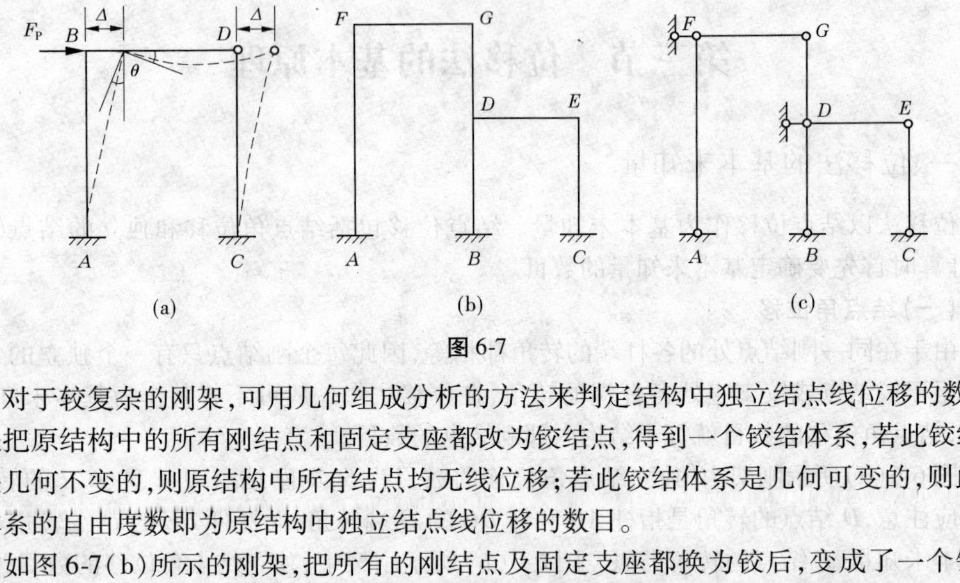

图 6-7

对于较复杂的刚架，可用几何组成分析的方法来判定结构中独立结点线位移的数目。首先把原结构中的所有刚结点和固定支座都改为铰结点，得到一个铰结体系，若此铰结体系是几何不变的，则原结构中所有结点均无线位移；若此铰结体系是几何可变的，则此铰结体系的自由度数即为原结构中独立结点线位移的数目。

如图 6-7(b)所示的刚架，把所有的刚结点及固定支座都换为铰后，变成了一个铰结体系。由几何组成分析可知，该铰结体系为几何可变体系，如果在此铰结体系中添加两根支座链杆(见图 6-7(c))，则此铰结体系变为无多余约束的几何不变体系。由此可知，该铰结体系的自由度数为 2。因此，原结构中有两个独立的结点线位移。

特殊情况下，在某些结构中有些结点虽然也有结点角位移或结点线位移，由于分析内力时可以不需要先计算出该位移，因而不必将它们作为基本未知量。如图 6-8(a)所示结构中，EF 为一附属部分，且为静定结构，其内力可由静力平衡条件直接求出，因此在计算中，不需要将结点 E 的角位移和线位移作为基本未知量。同理，如图 6-8(b)所示刚架中，由于 EF 杆为静定部分，因此在位移法计算中，不将结点 F 的竖向线位移作为基本未知量。

概括起来，用位移法计算结构时，基本未知量包括结点角位移和独立结点线位移。结点角位移的数目等于结构中刚结点的数目，独立结点线位移的数目等于将刚结点改为铰

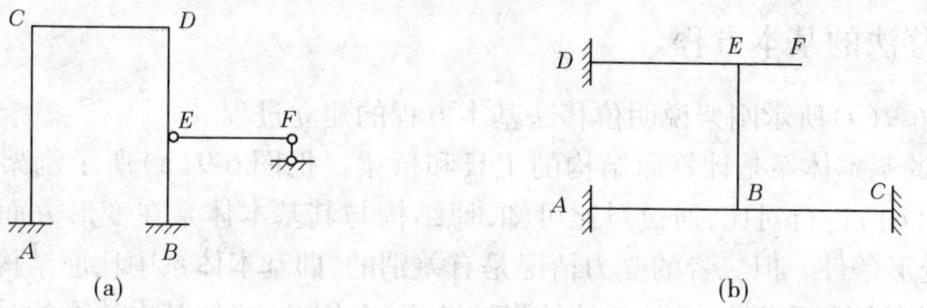

图 6-8

结点后得到的铰结体系的自由度数目。

二、位移法的基本体系

在位移法计算中，由于要将原结构拆成若干根独立的杆件进行分析，为此需要在原结构中具有独立位移的结点上添加相应的附加约束，使其成为固定端或铰支端。具体做法为：在每个刚结点上添加一个附加刚臂，以阻止结点的转动，但不阻止结点的移动；同时，在每个产生独立线位移的结点上，沿其线位移的方向添加一根附加链杆，以阻止结点的线位移，而不阻止结点的转动。这样就得到了一个新的结构，该结构中所有的杆件都单独变形，互不影响，我们将此结构称为原结构的位移法基本结构。

图 6-9(a)所示刚架有一个结点角位移 Δ_1（结点 B 的转角）和一个独立结点线位移 Δ_2（结点 B、D 的水平线位移），共两个基本未知量。在结点 B 添加附加刚臂，约束结点 B 的转动；在结点 D 处添加一水平方向的附加链杆，约束结点 D 的水平线位移，便得到其位移法基本结构，如图 6-9(b)所示。

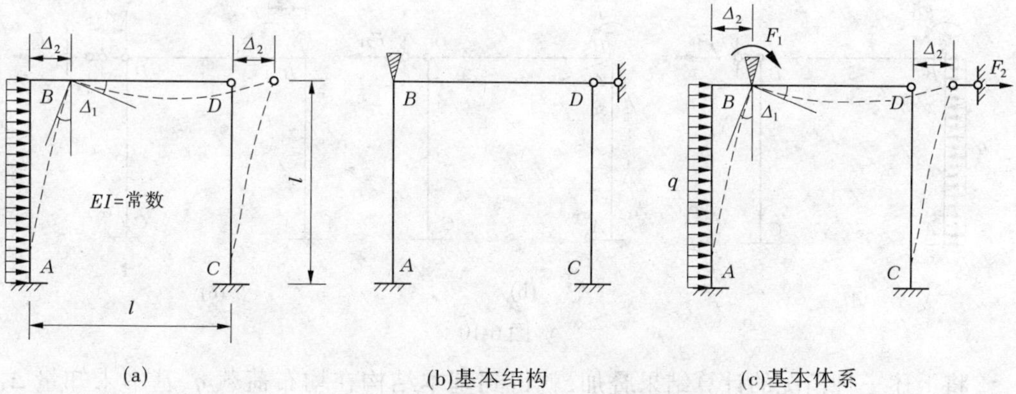

图 6-9

把基本结构在荷载和基本未知位移共同作用下的体系称为原结构的位移法基本体系。图 6-9(a)所示结构的位移法基本体系如图 6-9(c)所示。图中用 Δ_1 表示结点 B 的角位移，用 Δ_2 表示结点 B、D 处的独立结点线位移。

想一想：力法的基本结构与基本体系是不唯一的，那么位移法的基本结构与基本体系是否是唯一的呢？

三、位移法的基本方程

现以图 6-9(a)所示刚架说明位移法基本方程的建立过程。

位移法的基本体系是计算原结构的工具和桥梁。把图 6-9(a)所示刚架与其基本体系(见图 6-9(c))进行对比,通过对比可知,原结构与其基本体系在变形方面是完全相同的,即满足变形条件。但二者的受力情况是有差别的,即基本体系中比原结构多了两个约束(结点 B 处的附加刚臂与结点 D 处的附加链杆)。因此,要使基本体系的受力状态与原结构完全相同,就必须要求基本体系中两个附加约束的约束反力等于零,即

$$\left.\begin{aligned} F_1 &= 0 \\ F_2 &= 0 \end{aligned}\right\} \tag{a}$$

式(a)就是基本体系转化为原结构所应满足的条件,也是建立位移法基本方程的条件。

下面利用叠加原理来建立位移法的基本方程。

根据叠加原理,基本体系(见图 6-9(c))等于图 6-10(a)、(b)、(c)所示三种情况的叠加:

(1)基本结构在荷载单独作用下,两个附加约束中产生的约束反力为 F_{1P} 和 F_{2P},如图 6-10(a)所示。

(2)基本结构在结点位移 Δ_1 单独作用下,两个附加约束中产生的约束反力为 F_{11} 和 F_{21},如图 6-10(b)所示。

(3)基本结构在结点位移 Δ_2 单独作用下,两个附加约束中产生的约束反力为 F_{12} 和 F_{22},如图 6-10(c)所示。

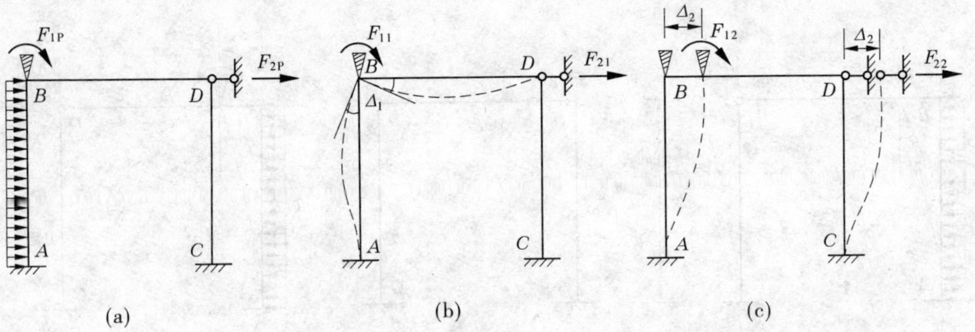

图 6-10

将上述三种情况的计算结果叠加,就得到基本结构在均布荷载 q、基本未知量 Δ_1 和 Δ_2 共同作用下的附加约束反力 F_1 和 F_2。即

$$\left.\begin{aligned} F_1 &= F_{1P} + F_{11} + F_{12} \\ F_2 &= F_{2P} + F_{21} + F_{22} \end{aligned}\right\} \tag{b}$$

再考虑式(a),可得

$$\left.\begin{aligned} F_{1P} + F_{11} + F_{12} &= 0 \\ F_{2P} + F_{21} + F_{22} &= 0 \end{aligned}\right\} \tag{c}$$

设基本结构分别在 $\Delta_1 = 1$、$\Delta_2 = 1$ 单独作用时,在附加约束 1 和 2 中产生的约束反力

分别为 k_{11}、k_{21}、k_{12}、k_{22}。则有

$$F_{11} = k_{11}\Delta_1, F_{12} = k_{12}\Delta_2, F_{21} = k_{21}\Delta_1, F_{22} = k_{22}\Delta_2$$

代入式(c)得

$$\left.\begin{aligned} k_{11}\Delta_1 + k_{12}\Delta_2 + F_{1P} = 0 \\ k_{21}\Delta_1 + k_{22}\Delta_2 + F_{2P} = 0 \end{aligned}\right\} \tag{6-1}$$

式(6-1)就是具有两个基本未知量的位移法基本方程,由此可求出基本未知量 Δ_1 和 Δ_2。

下面按照上述计算步骤进行具体的计算。

(1)基本结构在荷载单独作用时的计算。

如图 6-10(a)所示,先根据表 6-2 求出各杆件的载常数,作出弯矩图如图 6-11(a)所示。基本结构在荷载作用下的弯矩图称为 M_P 图。然后分别取结点 B 和横梁 BD 为隔离体,如图 6-11(b)、(c)所示,根据静力平衡条件可求得

$$F_{1P} = \frac{ql^2}{12}, F_{2P} = -\frac{ql}{2}$$

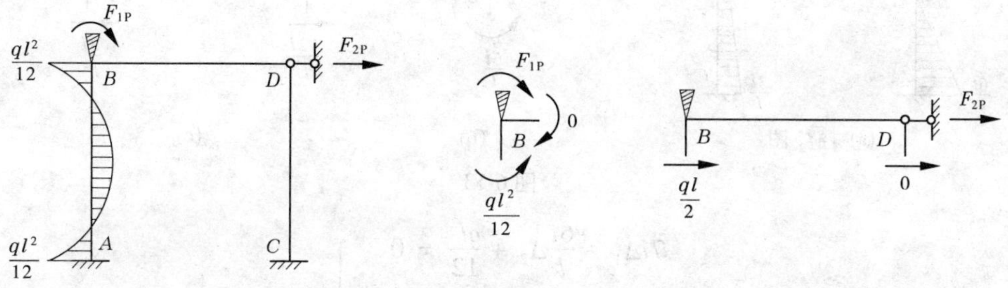

(a) M_P 图　(b)　(c)

图 6-11

(2)基本结构在 $\Delta_1 = 1$ 单独作用时的计算。

如图 6-10(b)所示,令 $\Delta_1 = 1$,由表 6-1 求出各杆件的形常数,作弯矩图如图 6-12(a)所示。基本结构在 $\Delta_1 = 1$ 作用下的弯矩图称为$\overline{M}_1$ 图。然后分别取结点 B 和横梁 BD 为隔离体,如图 6-12(b)、(c)所示,由静力平衡条件可求得

$$k_{11} = 4i + 3i = 7i, k_{21} = -\frac{6i}{l}$$

(3)基本结构在 $\Delta_2 = 1$ 单独作用时的计算。

如图 6-10(c)所示,令 $\Delta_2 = 1$,由表 6-1 求出各杆件的形常数,作弯矩图如图 6-13(a)所示。基本结构在 $\Delta_2 = 1$ 作用下的弯矩图称为 $\overline{M}_2$ 图。然后分别取结点 B 和横梁 BD 为隔离体,如图 6-13(b)、(c)所示,由静力平衡条件可求得

$$k_{12} = -\frac{6i}{l}, k_{22} = \frac{12i}{l^2} + \frac{3i}{l^2} = \frac{15i}{l^2}$$

(4)求解未知量 Δ_1 和 Δ_2。

将计算结果 k_{11}、k_{21}、k_{12}、k_{22} 以及 F_{1P}、F_{2P}代入式(6-1),得

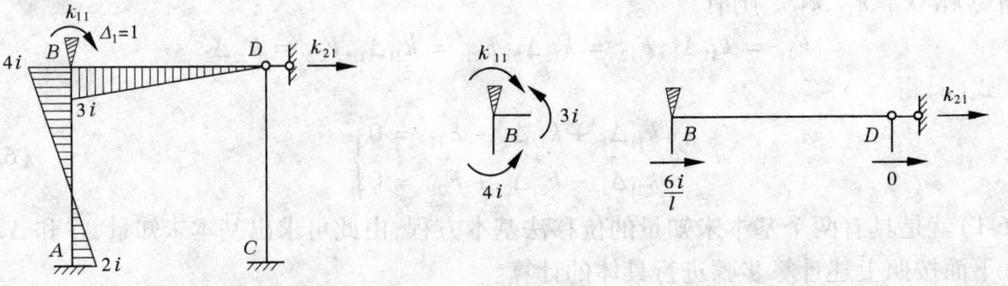

(a)　$\overline{M}_1$图　　　　(b)　　　　(c)

图 6-12

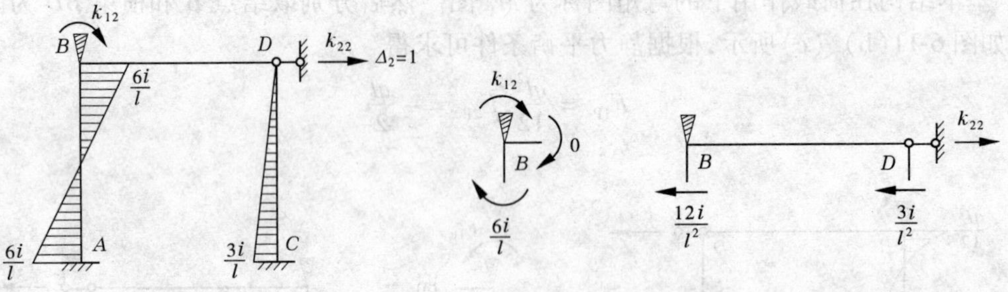

(a)　$\overline{M}_2$ 图　　　　(b)　　　　(c)

图 6-13

$$\left.\begin{aligned} 7i\Delta_1 - \frac{6i}{l}\Delta_2 + \frac{ql^2}{12} &= 0 \\ -\frac{6i}{l}\Delta_1 + \frac{15i}{l^2}\Delta_2 - \frac{ql}{2} &= 0 \end{aligned}\right\}$$

解得

$$\Delta_1 = \frac{7}{276i}ql^2, \Delta_2 = \frac{1}{23i}ql^3$$

(5)作弯矩图。

利用叠加公式 $M = \overline{M}_1\Delta_1 + \overline{M}_2\Delta_2 + M_P$ 计算杆端弯矩如下

$$M_{AB} = 2i \times \frac{7}{276i}ql^2 - \frac{6i}{l} \times \frac{1}{23i}ql^3 - \frac{ql^2}{12} = -\frac{27}{92}ql^2$$

$$M_{BA} = 4i \times \frac{7}{276i}ql^2 - \frac{6i}{l} \times \frac{1}{23i}ql^3 + \frac{ql^2}{12} = -\frac{7}{92}ql^2$$

$$M_{BD} = 3i \times \frac{7}{276i}ql^2 = \frac{7}{92}ql^2$$

$$M_{CD} = -\frac{3i}{l} \times \frac{1}{23i}ql^3 = -\frac{3}{23}ql^2 = -\frac{12}{92}ql^2$$

根据杆端弯矩作出 M 图如图 6-14 所示。

上面以具有两个基本未知量的刚架为例,说明了位移法方程的建立及计算过程。从中可以看出,位移法的基本方程实质上就是要使基本体系能完全代替原结构所要满足的静力平衡条件。结构有几个基本未知量,就有几个附加约束,也就有几个相应的平衡方程。

对于具有 n 个基本未知量的结构，则相应地在基本结构上有 n 个附加约束。根据上述位移法方程的物理含义，也就有 n 个附加约束处的静力平衡条件，可以列出 n 个平衡方程，即

$$\left.\begin{aligned} k_{11}\Delta_1 + k_{12}\Delta_2 + \cdots + k_{1n}\Delta_n + F_{1P} = 0 \\ k_{21}\Delta_1 + k_{22}\Delta_2 + \cdots + k_{2n}\Delta_n + F_{2P} = 0 \\ \vdots \\ k_{n1}\Delta_1 + k_{n2}\Delta_2 + \cdots + k_{nn}\Delta_n + F_{nP} = 0 \end{aligned}\right\} \quad (6\text{-}2)$$

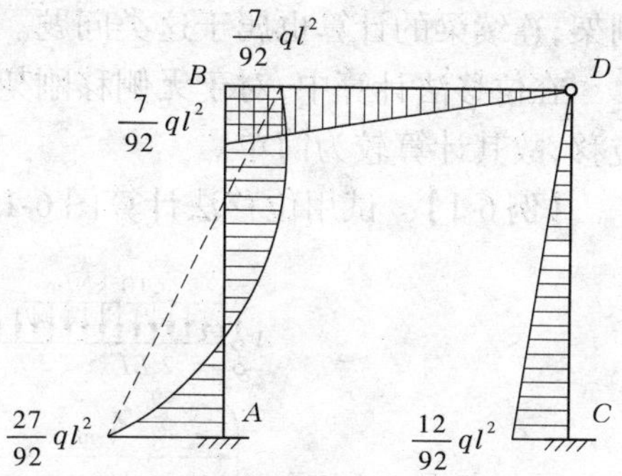

图 6-14

式(6-2)就是位移法方程的一般形式，称为位移法典型方程。其中，k_{ii}表示基本结构在单位位移$\Delta_i=1$单独作用下附加约束 i 中产生的约束反力，k_{ij}表示基本结构在单位位移 $\Delta_j=1$ 单独作用下附加约束 i 中产生的约束反力，F_{iP}表示基本结构在荷载单独作用下附加约束 i 中产生的约束反力。

式(6-2)中的系数 k_{ii}、k_{ij}也称为结构的刚度系数，可由杆件的形常数求得。通常，把两个下标相同的系数 k_{ii}称为主系数，两个下标不同的系数 $k_{ij}(i\neq j)$称为副系数。显然，主系数 k_{ii}恒为正，副系数则可能为正、为负或为零。由反力互等定理可知：$k_{ij}=k_{ji}$。

在建立位移法典型方程式时，基本未知量 $\Delta_1,\Delta_2,\cdots,\Delta_n$ 均假设为正号方向。如果计算结果为正，说明 $\Delta_1,\Delta_2,\cdots,\Delta_n$ 的实际方向与假设的方向一致；如果计算结果为负，说明 $\Delta_1,\Delta_2,\cdots,\Delta_n$ 的实际方向与假设的方向相反。

依据位移法典型方程求出基本未知量 $\Delta_1,\Delta_2,\cdots,\Delta_n$ 后，即可根据叠加公式 $M=\overline{M}_1\Delta_1+\overline{M}_2\Delta_2+\cdots+\overline{M}_n\Delta_n+M_P$ 绘制 M 图，进而求出整个结构的剪力和轴力。

四、位移法的解题步骤

综上所述，位移法的一般解题步骤可归纳如下：

(1)确定基本未知量和基本体系。

(2)建立位移法典型方程。

(3)计算典型方程中的系数和自由项。

(4)求解典型方程，求出基本未知量 $\Delta_1,\Delta_2,\cdots,\Delta_n$。

(5)绘制内力图。根据叠加公式 $M=\overline{M}_1\Delta_1+\overline{M}_2\Delta_2+\cdots+\overline{M}_n\Delta_n+M_P$ 绘制 M 图，然后根据 M 图来绘制结构的剪力图和轴力图。

想一想：如何利用结构的 M 图来绘制结构的剪力图和轴力图？

第四节　位移法应用举例

在上一节，我们详细介绍了位移法的基本原理与解题步骤。本节将通过一些算例，介绍如何用位移法来计算不同类型的超静定结构。

一、无侧移刚架的计算

如果刚架的各个结点(不包括支座)只有角位移而没有线位移，这种刚架称为无侧移

刚架，连续梁的计算也属于这类问题。

在位移法计算中，对于无侧移刚架，其基本未知量只包括结点角位移，而没有结点线位移，故其计算较为简单。

【例 6-1】 试用位移法计算图 6-15(a)所示连续梁，作内力图。已知 $EI=$常数。

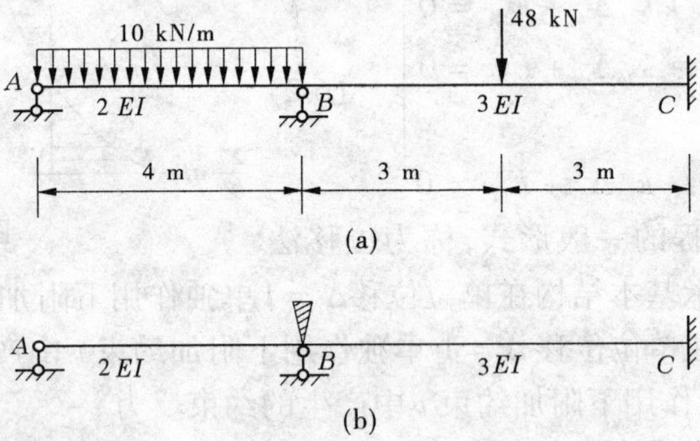

图 6-15

解 (1)确定基本未知量和基本结构

此连续梁只有一个刚结点 B，取其角位移 Δ_1 作为基本未知量。在刚结点 B 处加上附加刚臂就得到基本结构，如图 6-15(b)所示。

(2)建立位移法典型方程

$$k_{11}\Delta_1 + F_{1P} = 0$$

(3)计算典型方程中的系数和自由项

为计算方便，可取 $EI=1$。此时，$i_{AB}=i_{BC}=\dfrac{1}{2}$。

首先作基本结构在 $\Delta_1=1$ 作用下的 $\overline{M}_1$ 图如图 6-16(a)所示。然后取结点 B 作为研究对象(见图 6-16(b))，由 $\sum M_B=0$ 可求得

$$k_{11} = \frac{3}{2} + 2 = \frac{7}{2}$$

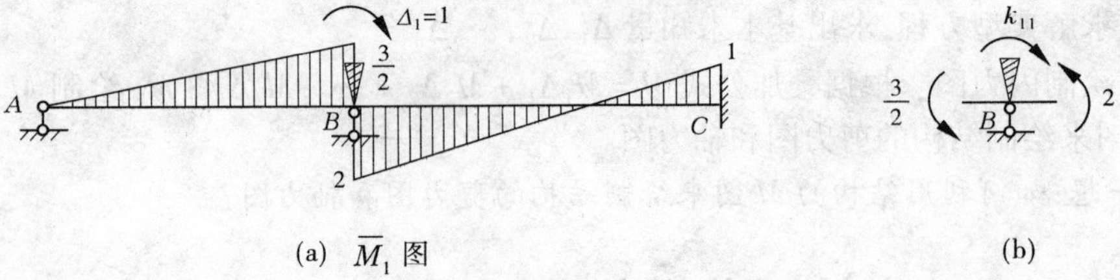

图 6-16

作基本结构在荷载单独作用下的 M_P 图，如图 6-17(a)所示。取结点 B 作为研究对象(见图 6-17(b))，由 $\sum M_B=0$ 可求得

$$F_{1P} = 20 - 36 = -16\ \text{kN}\cdot\text{m}$$

(4)求解典型方程

将 k_{11} 和 F_{1P} 代入位移法典型方程，解得

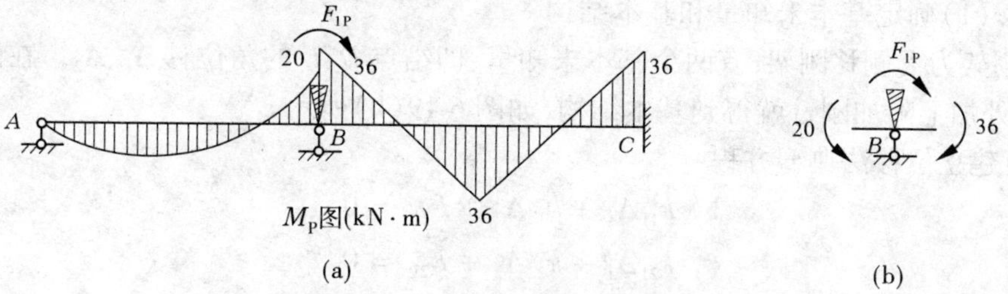

图 6-17

$$\Delta_1 = \frac{32}{7}$$

(5)绘制内力图

根据叠加公式 $M = \overline{M}_1\Delta_1 + M_P$ 绘制 M 图如图 6-18(a)所示。根据弯矩图进而可绘制结构的剪力图如图 6-18(b)所示。

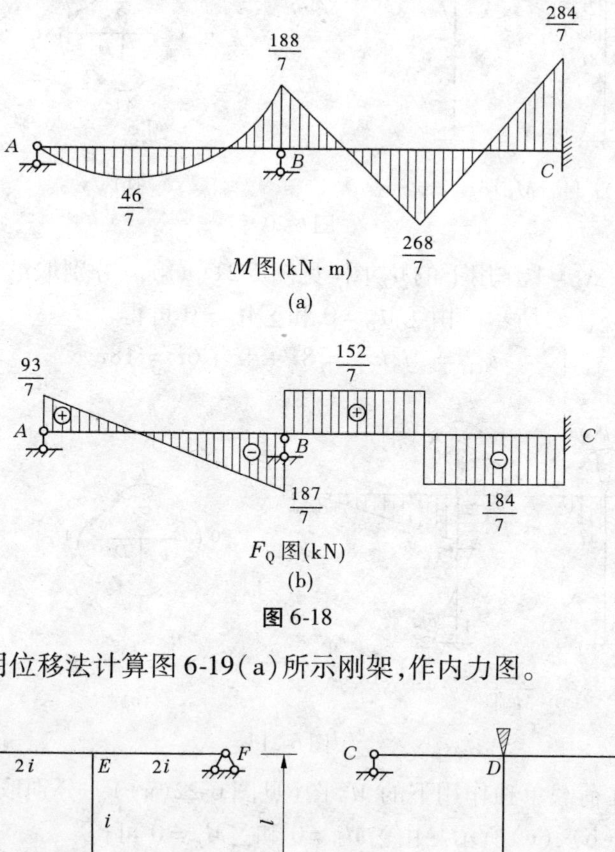

图 6-18

【例 6-2】　试用位移法计算图 6-19(a)所示刚架,作内力图。

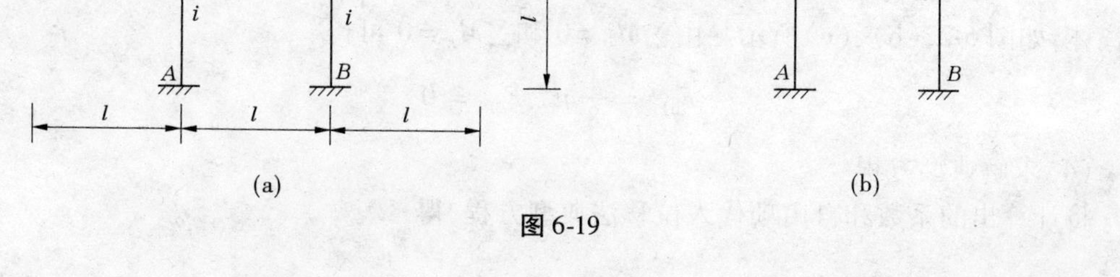

图 6-19

解　(1)确定基本未知量和基本结构

此刚架为无侧移刚架，有两个基本未知量，即结点 D、E 的角位移 Δ_1、Δ_2。在两个刚结点 D、E 处加上附加刚臂就得到基本结构，如图 6-19(b)所示。

(2)建立位移法典型方程

$$\left.\begin{aligned} k_{11}\Delta_1 + k_{12}\Delta_2 + F_{1P} = 0 \\ k_{21}\Delta_1 + k_{22}\Delta_2 + F_{2P} = 0 \end{aligned}\right\}$$

(3)计算典型方程中的系数和自由项

作基本结构在 $\Delta_1 = 1$ 作用下的 $\overline{M}_1$ 图(见图 6-20(a))。分别取结点 D 和结点 E 为隔离体，如图 6-20(b)、(c)所示。由 $\sum M_D = 0$ 和 $\sum M_E = 0$ 可得

$$k_{11} = 6i + 4i + 8i = 18i, k_{21} = 4i$$

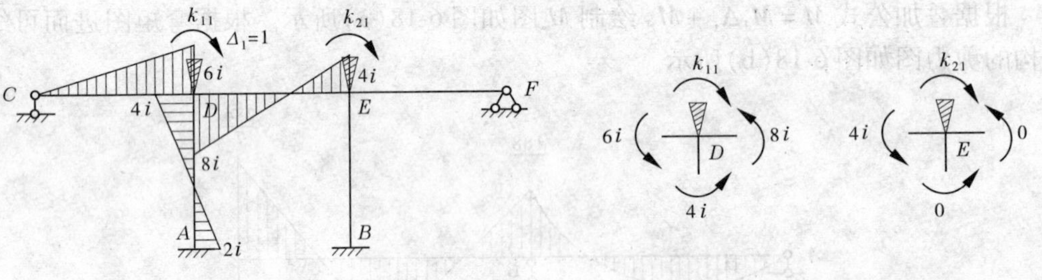

(a) $\overline{M}_1$ 图　　(b)　　(c)

图 6-20

作基本结构在 $\Delta_2 = 1$ 作用下的 $\overline{M}_2$ 图(见图 6-21(a))。分别取结点 D 和结点 E 为隔离体，如图 6-21(b)、(c)所示。由 $\sum M_D = 0$ 和 $\sum M_E = 0$ 可得

$$k_{12} = 4i, k_{22} = 8i + 4i + 6i = 18i$$

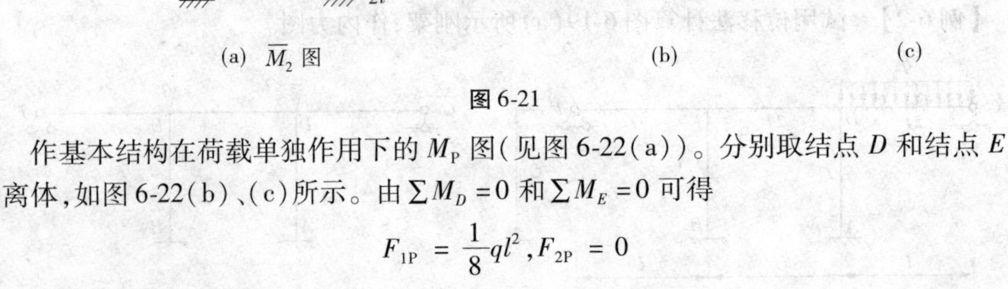

(a) $\overline{M}_2$ 图　　(b)　　(c)

图 6-21

作基本结构在荷载单独作用下的 M_P 图(见图 6-22(a))。分别取结点 D 和结点 E 为隔离体，如图 6-22(b)、(c)所示。由 $\sum M_D = 0$ 和 $\sum M_E = 0$ 可得

$$F_{1P} = \frac{1}{8}ql^2, F_{2P} = 0$$

(4)求解典型方程

将计算出的系数和自由项代入位移法典型方程，得

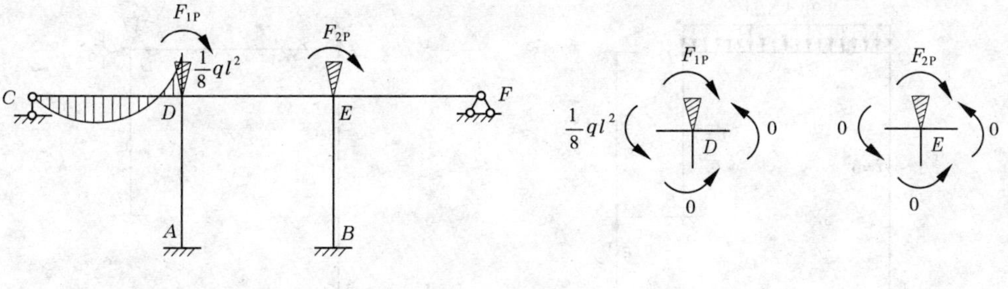

(a) M_P 图　(b)　(c)

图 6-22

$$\left.\begin{aligned}18i\Delta_1 + 4i\Delta_2 + \frac{1}{8}ql^2 = 0\\ 4i\Delta_1 + 18i\Delta_2 + 0 = 0\end{aligned}\right\}$$

解得

$$\Delta_1 = -\frac{9}{1\ 232i}ql^2, \Delta_2 = \frac{1}{616i}ql^2$$

(5)作内力图

根据叠加公式 $M = \overline{M}_1\Delta_1 + \overline{M}_2\Delta_2 + M_P$ 作 M 图如图 6-23(a)所示。然后根据弯矩图，取各个杆件作为隔离体，由静力平衡条件计算各杆端剪力，作结构的剪力图如图 6-23(b)所示。最后根据剪力图，取结点为隔离体，由静力平衡条件计算各杆端轴力，作出结构的轴力图(由学生自己作出)。

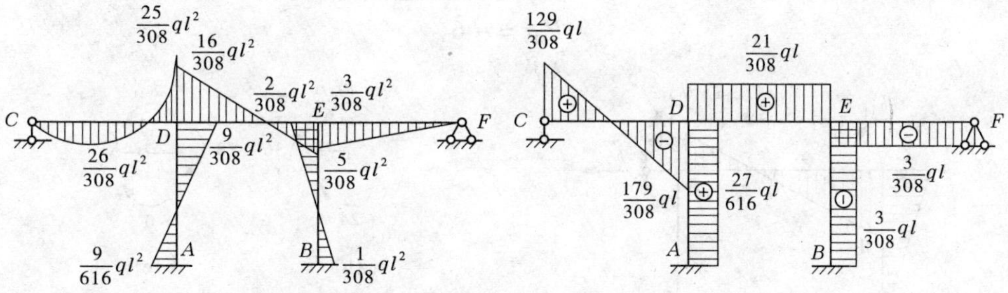

(a) M 图　(b) F_Q 图

图 6-23

二、有侧移刚架的计算

有侧移刚架一般是指除有结点角位移外，还具有结点线位移的刚架。在位移法计算中，有侧移刚架的基本未知量既包括结点角位移，又包括结点线位移。因此，有侧移刚架的位移法计算比较复杂。

【例 6-3】　用位移法计算图 6-24(a)所示刚架，并作弯矩图。

解　(1)确定基本未知量和基本结构

此刚架有三个基本未知量：结点 C 的转角 Δ_1、结点 D 的转角 Δ_2 和结点 D 的水平线位移 Δ_3。其位移法计算的基本结构如图 6-24(b)所示。

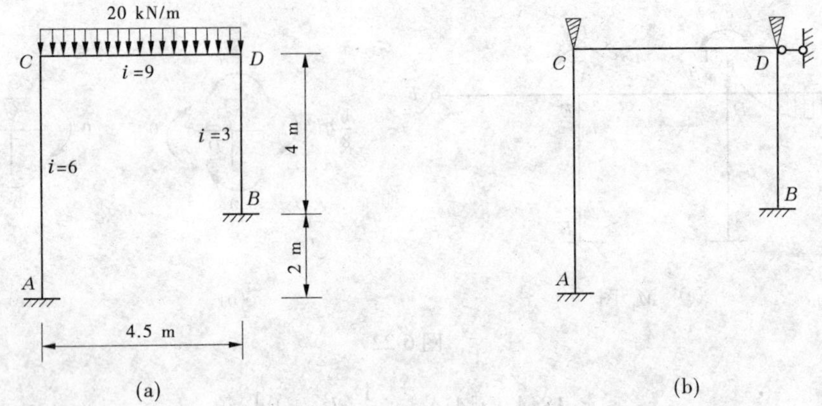

图 6-24

(2)建立位移法典型方程

$$\left.\begin{aligned}k_{11}\Delta_1+k_{12}\Delta_2+k_{13}\Delta_3+F_{1P}&=0\\k_{21}\Delta_1+k_{22}\Delta_2+k_{23}\Delta_3+F_{2P}&=0\\k_{31}\Delta_1+k_{32}\Delta_2+k_{33}\Delta_3+F_{3P}&=0\end{aligned}\right\}$$

(3)计算典型方程中的系数和自由项

作基本结构在 $\Delta_1=1$ 单独作用下的 $\overline{M}_1$ 图(见图 6-25(a))。分别取结点 C 和结点 D 为隔离体,如图 6-25(b)、(c)所示。由 $\sum M_C=0$ 和 $\sum M_D=0$ 可得

$$k_{11}=24+36=60,k_{21}=18$$

再取横梁 CD 为隔离体,如图 6-25(d)所示。由 $\sum F_x=0$ 可得

$$k_{31}=-6$$

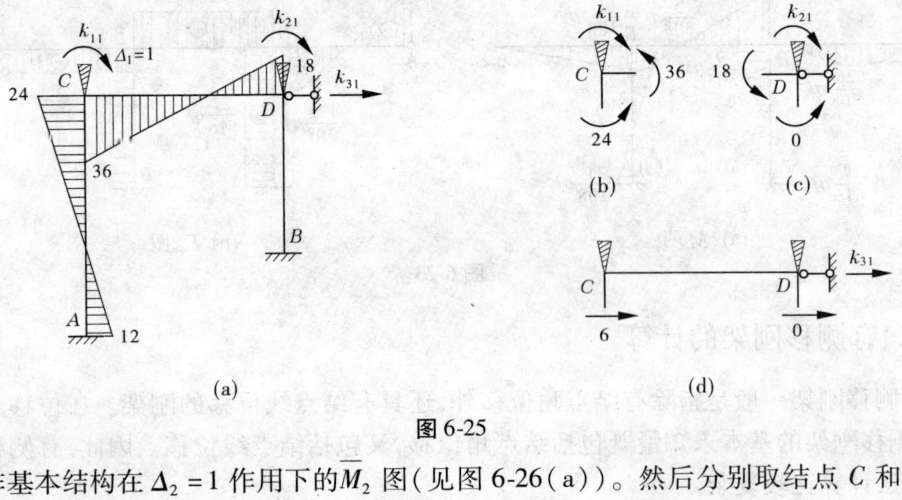

图 6-25

作基本结构在 $\Delta_2=1$ 作用下的 $\overline{M}_2$ 图(见图 6-26(a))。然后分别取结点 C 和结点 D 为隔离体,如图 6-26(b)、(c)所示。由 $\sum M_C=0$ 和 $\sum M_D=0$ 可得

$$k_{12}=18,k_{22}=36+12=48$$

再取横梁 CD 为隔离体如图 6-26(d)所示。由 $\sum F_x=0$ 可得

$$k_{32}=-4.5$$

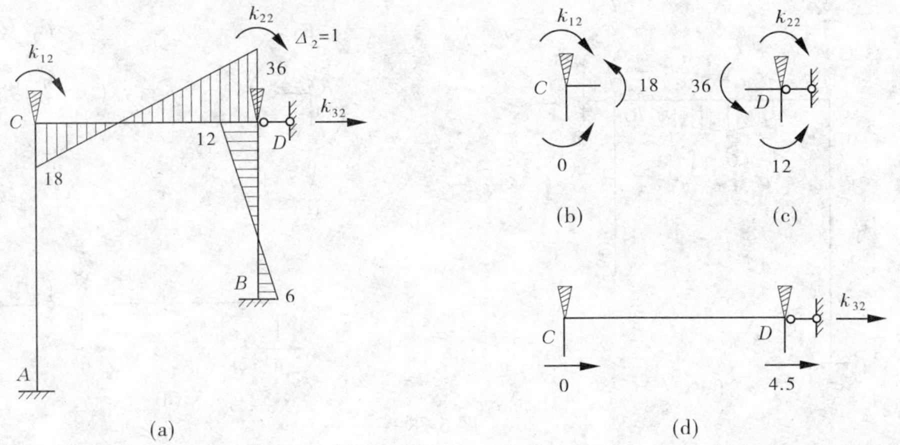

图 6-26

作基本结构在 $\Delta_3=1$ 单独作用下的 $\overline{M}_3$ 图(见图 6-27(a))。分别取结点 C 和结点 D 为隔离体,如图 6-27(b)、(c)所示。由 $\sum M_C=0$ 和 $\sum M_D=0$ 可得

$$k_{13}=-6,k_{23}=-4.5$$

再取横梁 CD 为隔离体,如图 6-27(d)所示。由 $\sum F_x=0$ 可得

$$k_{33}=2+2.25=4.25$$

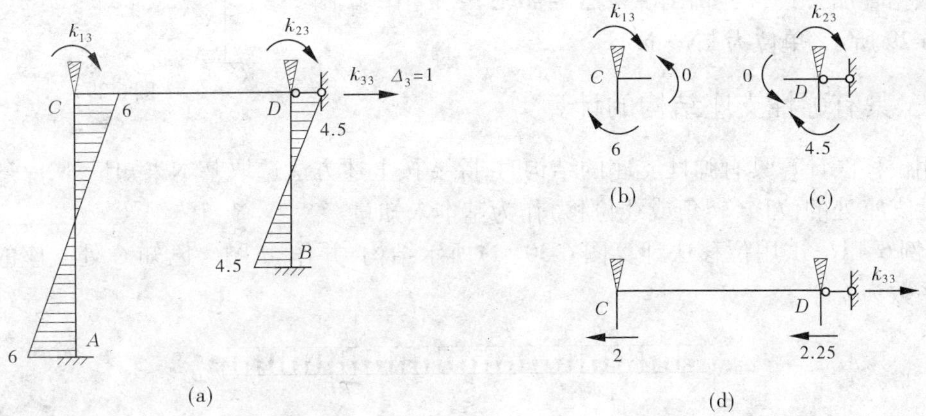

图 6-27

作基本结构在荷载单独作用下的 M_P 图(见图 6-28(a))。分别取结点 C 和结点 D 为隔离体,如图 6-28(b)、(c)所示。由 $\sum M_C=0$ 和 $\sum M_D=0$ 可得

$$F_{1P}=-33.75\ \text{kN}\cdot\text{m},F_{2P}=33.75\ \text{kN}\cdot\text{m}$$

再取横梁 CD 为隔离体,如图 6-28(d)所示。由 $\sum F_x=0$ 可得

$$F_{3P}=0$$

(4)求解典型方程

将计算出的系数和自由项代入位移法典型方程,得

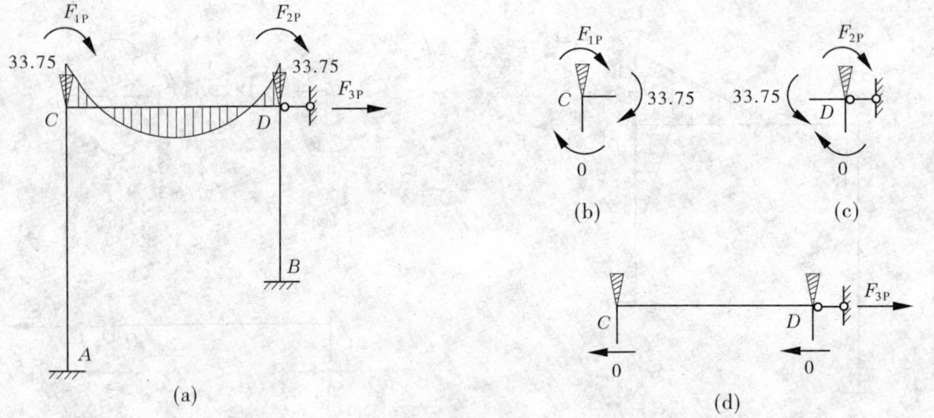

图 6-28

$$\left.\begin{aligned}60\Delta_1+18\Delta_2-6\Delta_3-33.75&=0\\18\Delta_1+48\Delta_2-4.5\Delta_3+33.75&=0\\-6\Delta_1-4.5\Delta_2+4.25\Delta_3+0&=0\end{aligned}\right\}$$

解得

$$\Delta_1=0.885\,3,\Delta_2=-1.019,\Delta_3=0.170\,8$$

(5)作弯矩图

根据叠加公式 $M=\overline{M}_1\Delta_1+\overline{M}_2\Delta_2+\overline{M}_3\Delta_3+M_P$ 作 M 图如图 6-29 所示,单位为 kN · m。

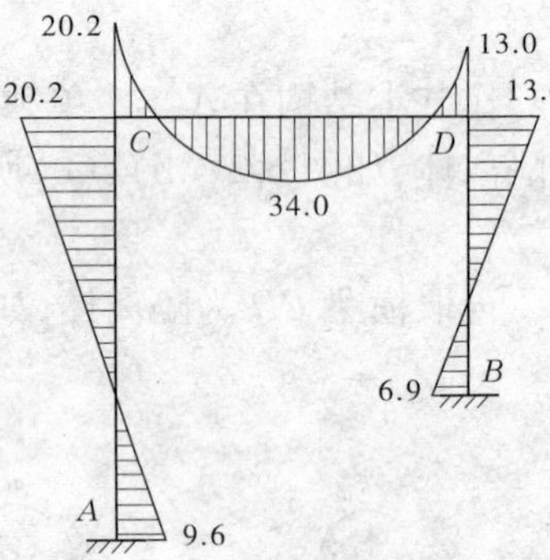

图 6-29

三、具有弹性支座结构的计算

用位移法计算具有弹性支座的结构时,除要按上述方法选取基本未知量外,一般还要将弹性支座处的位移(转角或线位移)作为基本未知量。

【例 6-4】 试用位移法计算图 6-30(a)所示结构,并作 M 图。已知 C 处支座的弹簧刚度系数为 k。

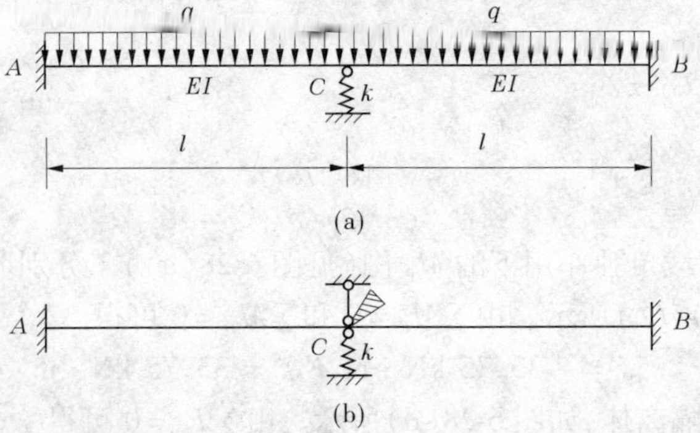

图 6-30

解 (1)确定基本未知量和基本结构

此结构有两个基本未知量:结点 C 的转角 Δ_1 与 C 处弹簧支座的竖向线位移 Δ_2。其位移法计算的基本结构如图 6-30(b)所示。

(2)建立位移法典型方程

$$\left.\begin{aligned} k_{11}\Delta_1 + k_{12}\Delta_2 + F_{1P} = 0 \\ k_{21}\Delta_1 + k_{22}\Delta_2 + F_{2P} = 0 \end{aligned}\right\}$$

(3)计算典型方程中的系数和自由项

作基本结构在 $\Delta_1 = 1$ 单独作用下的 $\overline{M}_1$ 图(见图 6-31(a))。取结点 C 为隔离体,如图 6-31(b)所示。由 $\sum M_C = 0$ 和 $\sum F_y = 0$ 可得

$$k_{11} = 4i + 4i = 8i, k_{21} = 0$$

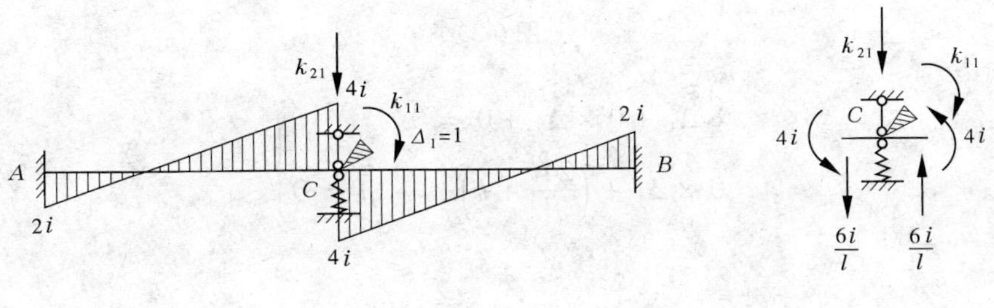

(a)　$\overline{M}_1$ 图　　(b)

图 6-31

作基本结构在 $\Delta_2 = 1$ 单独作用下的 $\overline{M}_2$ 图(见图 6-32(a))。取结点 C 为隔离体,如图 6-32(b)所示,由 $\sum M_C = 0$ 和 $\sum F_y = 0$ 可得

$$k_{12} = 0, k_{22} = \frac{12i}{l^2} + \frac{12i}{l^2} + k = \frac{24i}{l^2} + k$$

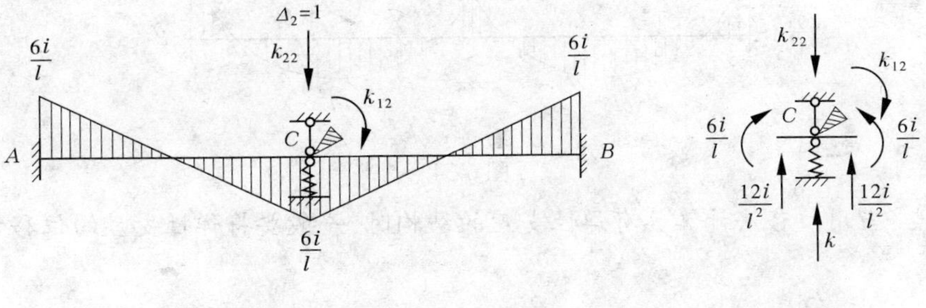

(a)　$\overline{M}_2$ 图　　(b)

图 6-32

作基本结构在荷载单独作用下的 M_P 图(见图 6-33(a))。取结点 C 为隔离体,如图 6-33(b)所示。由 $\sum M_C = 0$ 和 $\sum F_y = 0$ 可得

$$F_{1P} = 0, F_{2P} = -\frac{ql}{2} - \frac{ql}{2} = -ql$$

(4)求解典型方程

将计算出的系数和自由项代入位移法典型方程,得

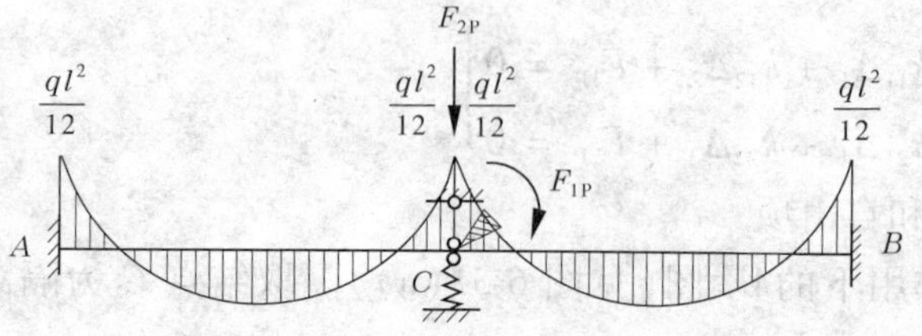

(a) M_P 图

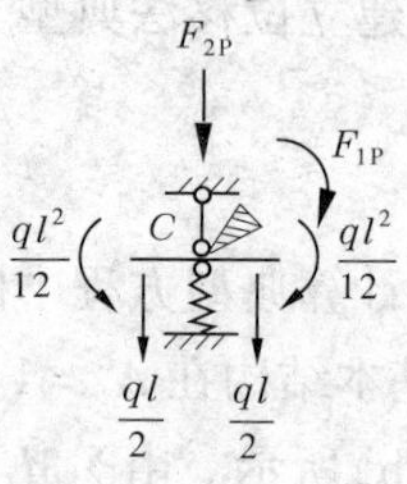

(b)

图 6-33

$$\left.\begin{aligned}&8i\Delta_1+0\times\Delta_2+0=0\\&0\times\Delta_1+\left(\frac{24i}{l^2}+k\right)\Delta_2-ql=0\end{aligned}\right\}$$

解得

$$\Delta_1=0,\Delta_2=\frac{ql}{\frac{24i}{l^2}+k}$$

(5)作弯矩图

根据叠加公式 $M=\overline{M}_1\Delta_1+\overline{M}_2\Delta_2+M_P$ 作 M 图如图 6-34 所示。

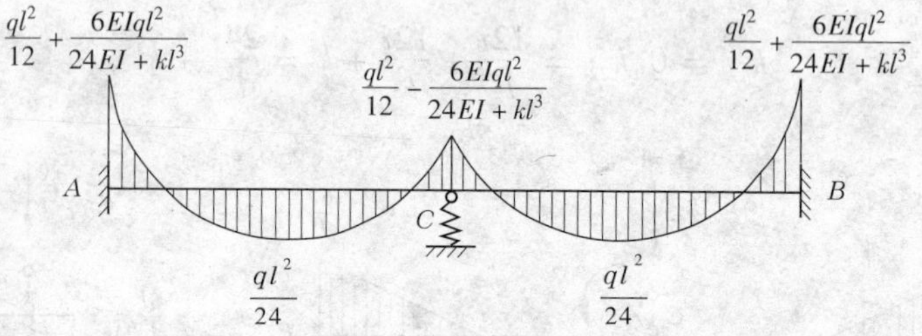

图 6-34

点一点:当用位移法计算具有弹性支座的结构时,一般要将弹性支座的位移作为基本未知量。

第五节 直接由平衡条件建立位移法方程

在位移法中,也可以不通过由基本体系建立位移法典型方程的方法来进行计算,而是利用杆件的形常数和载常数来建立各个杆件的刚度方程,然后直接利用原结构的静力平衡条件来建立位移法方程,计算出基本未知量,最后求出杆端力。此种方法称为直接平衡法。

下面以图 6-35(a)所示连续梁为例,说明直接平衡法的计算思路。

采用直接平衡法计算时,仍取结点 B 的转角位移 Δ_1 作为基本未知量。由表 6-1 和表 6-2计算各杆的形常数和载常数,从而写出所有杆件杆端力的表达式

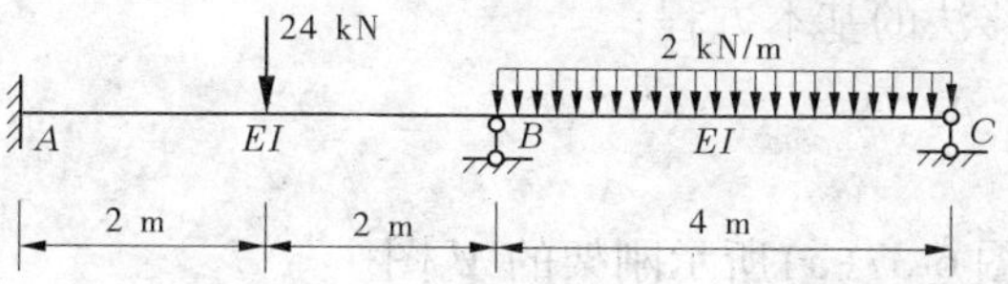

(a)

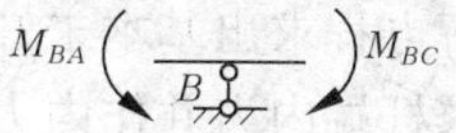

(b)

图 6-35

$$\left.\begin{aligned}M_{AB} &= 2i\Delta_1 - \frac{1}{8}F_{\mathrm{P}}l = 2i\Delta_1 - 12\\M_{BA} &= 4i\Delta_1 + \frac{1}{8}F_{\mathrm{P}}l = 4i\Delta_1 + 12\\M_{BC} &= 3i\Delta_1 - \frac{1}{8}ql^2 = 3i\Delta_1 - 4\end{aligned}\right\}\tag{a}$$

取结点 B 为隔离体,如图 6-35(b)所示。根据结点 B 的力矩平衡条件 $\sum M_B=0$,可建立如下平衡方程

$$M_{BA} + M_{BC} = 0 \tag{b}$$

将式(a)中 M_{BA} 和 M_{BC} 的表达式代入式(b),得

$$4i\Delta_1 + 3i\Delta_1 + 12 - 4 = 0 \tag{c}$$

式(c)即为位移法的基本方程。由此可求出基本未知量

$$\Delta_1 = -\frac{8}{7i} \tag{d}$$

将式(d)代入式(a),即可求出各杆杆端弯矩为

$$M_{AB} = 2i \times \left(-\frac{8}{7i}\right) - 12 = -\frac{100}{7}\ \mathrm{kN\cdot m}$$

$$M_{BA} = 4i \times \left(-\frac{8}{7i}\right) + 12 = \frac{52}{7}\ \mathrm{kN\cdot m}$$

$$M_{BC} = 3i \times \left(-\frac{8}{7i}\right) - 4 = -\frac{52}{7}\ \mathrm{kN\cdot m}$$

据此,可作出 M 图如图 6-36 所示。

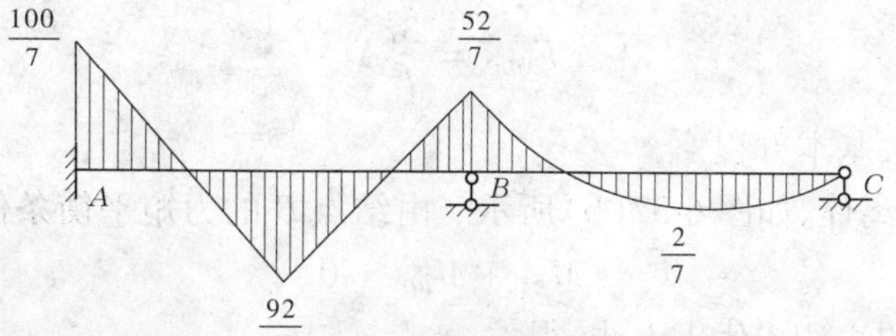

M 图(kN · m)

图 6-36

由以上的分析可知,直接平衡法的解题步骤可概括为:

(1)确定基本未知量;

(2)写出各杆件的刚度方程,即杆端内力的表达式;

(3)应用静力平衡条件建立位移法的基本方程；

(4)解方程求出基本未知量；

(5)求杆端内力并作内力图。

【例 6-5】　试用直接平衡法作图 6-37(a)所示刚架的 M 图。

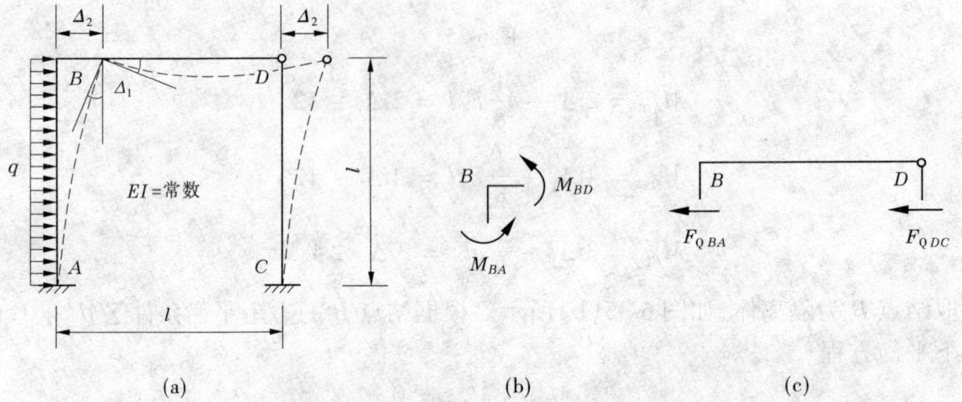

图 6-37

解　(1)确定基本未知量

该刚架有两个基本未知量：结点 B 的转角 Δ_1 和结点 D 的水平线位移 Δ_2。

(2)各杆件杆端内力的表达式如下

$$M_{AB} = 2i\Delta_1 - \frac{6i}{l}\Delta_2 - \frac{1}{12}ql^2$$

$$M_{BA} = 4i\Delta_1 - \frac{6i}{l}\Delta_2 + \frac{1}{12}ql^2$$

$$M_{BD} = 3i\Delta_1$$

$$M_{CD} = -\frac{3i}{l}\Delta_2$$

$$F_{QBA} = -\frac{6i}{l}\Delta_1 + \frac{12i}{l^2}\Delta_2 - \frac{1}{2}ql$$

$$F_{QDC} = \frac{3i}{l^2}\Delta_2$$

(3)建立位移法基本方程

取结点 B 为隔离体，如图 6-37(b)所示。由结点 B 的力矩平衡条件 $\sum M_B = 0$ 可得

$$M_{BA} + M_{BD} = 0$$

将 M_{BA} 和 M_{BD} 的表达式代入上式，得

$$7i\Delta_1 - \frac{6i}{l}\Delta_2 + \frac{1}{12}ql^2 = 0 \qquad \text{(e)}$$

取横梁 BD 为隔离体，如图 6-37(c)所示。由横梁 BD 的静力平衡条件 $\sum F_x = 0$ 可得

$$F_{QBA} + F_{QDC} = 0$$

将 F_{QBA} 和 F_{QDC} 的表达式代入上式，得

$$-\frac{6i}{l}\Delta_1+\frac{15i}{l^2}\Delta_2-\frac{1}{2}ql=0 \tag{f}$$

(4)求基本未知量

由式(e)、式(f)组成方程组,解得

$$\Delta_1=\frac{7}{276i}ql^2,\Delta_2=\frac{1}{23i}ql^3$$

(5)求杆端内力

将求得的位移代入上述各杆杆端内力的表达式,得

$$M_{AB}=2i\times\frac{7}{276i}ql^2-\frac{6i}{l}\times\frac{1}{23i}ql^3-\frac{ql^2}{12}=-\frac{27}{92}ql^2$$

$$M_{BA}=4i\times\frac{7}{276i}ql^2-\frac{6i}{l}\times\frac{1}{23i}ql^3+\frac{ql^2}{12}=-\frac{7}{92}ql^2$$

$$M_{BD}=3i\times\frac{7}{276i}ql^2=\frac{7}{92}ql^2$$

$$M_{CD}=-\frac{3i}{l}\times\frac{1}{23i}ql^3=-\frac{3}{23}ql^2=-\frac{12}{92}ql^2$$

据此,可作出刚架的 M 图如图 6-14 所示。

想一想:直接平衡法与典型方程法实质上是同一种方法吗?

第六节　对称结构的计算

对称的连续梁和刚架在工程中应用很多。对称结构在对称荷载作用下,只产生对称的变形和位移,这时内力中的弯矩、轴力为对称,剪力为反对称;对称结构在反对称荷载作用下,只产生反对称的变形和位移,这时内力中的弯矩、轴力为反对称,剪力为对称。作用于对称结构上的一般荷载可分解为对称荷载和反对称荷载,分别进行计算,最后再进行叠加。因此,用位移法计算对称结构时,利用上述规律,只需计算半边结构,从而使计算工作量得到简化。

下面讨论如何选取对称结构的半边结构。

一、奇数跨对称结构的半边结构

(一)对称荷载作用情况

图 6-38(a)所示为单跨对称刚架,作用荷载为对称荷载。对称轴上的截面 C 没有转角和水平位移,但有竖向位移。因此,计算中所取的半边结构如图 6-38(b)所示,C 端为定向支座。

(二)反对称荷载作用情况

图 6-39(a)所示为单跨对称刚架,作用荷载为反对称荷载。对称轴上的截面 C 没有竖向位移,但有水平位移和转角。因此,计算中所取的半边结构如图 6-39(b)所示,C 端

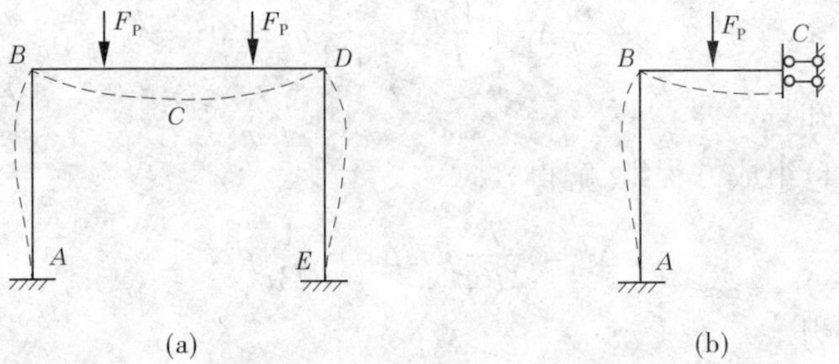

图 6-38

为可动铰支座。

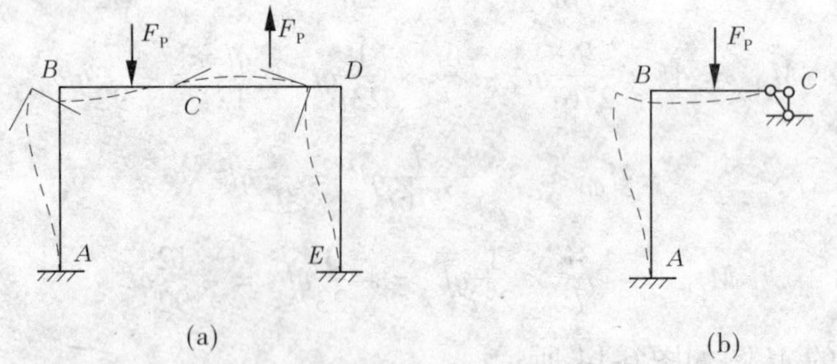

图 6-39

二、偶数跨对称结构的半边结构

(一)对称荷载作用情况

图 6-40(a)所示为两跨对称刚架,作用荷载为对称荷载。对称轴上的截面 C 没有转角和水平位移,柱 CD 没有弯矩和剪力;由于忽略杆 CD 的轴向变形,故截面 C 也没有竖向位移。因此,计算中所取的半边结构如图 6-40(b)所示,C 端为固定支座。

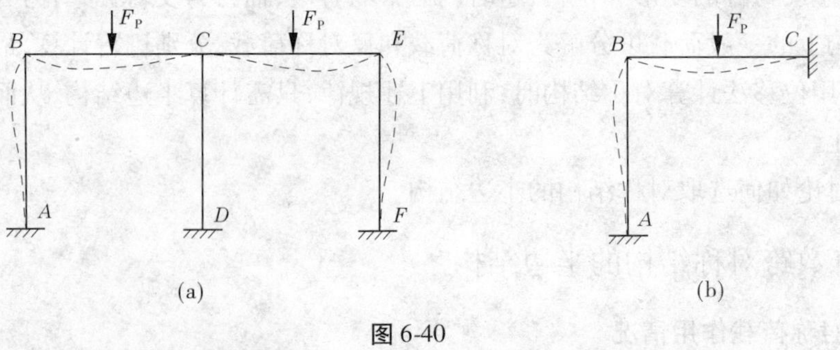

图 6-40

(二)反对称荷载作用情况

图 6-41(a)所示为两跨对称刚架,作用荷载为反对称荷载。在对称轴上,柱 CD 没有轴力和轴向位移,但有弯矩和弯曲变形。可将柱 CD 分成两根分柱,分柱的抗弯刚度为原柱的一半,这样问题就变为奇数跨的问题。由前面的分析可知,计算中所取的半边结构如图 6-41(b)所示。中间柱 CD 的总内力为两根分柱内力之和。由于两根分柱的弯矩、剪力相同,故总弯矩和总剪力为分柱弯矩和剪力的两倍。又由于两根分柱的轴力绝对值相同

而正负号相反，故总轴力为零。

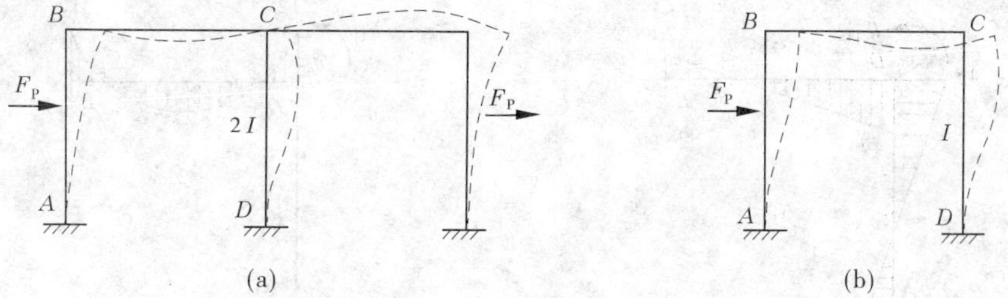

图6-41

【例6-6】 试作图6-42(a)所示刚架的弯矩图。已知 EI = 常数。

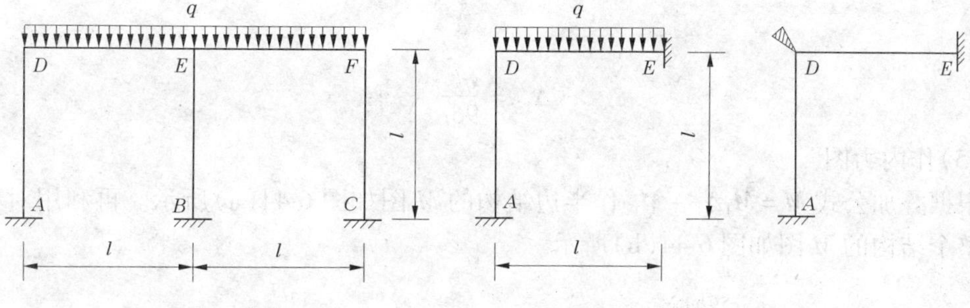

图6-42

解　此刚架为对称结构承受对称荷载作用，可取图6-42(b)所示的半边结构进行分析。

(1)确定基本未知量和基本结构

半边结构只有一个基本未知量，即结点 D 的转角 Δ_1。位移法计算的基本结构如图6-42(c)所示。

(2)建立位移法典型方程

$$k_{11}\Delta_1 + F_{1P} = 0$$

(3)求典型方程中的系数和自由项

作基本结构在 $\Delta_1 = 1$ 单独作用下的 $\overline{M}_1$ 图(见图6-43(a))。取结点 D 为隔离体，由结点的力矩平衡条件可得

$$k_{11} = 4i + 4i = 8i$$

作基本结构在荷载单独作用下的 M_P 图(见图6-43(b))。取结点 D 为隔离体，由结点的力矩平衡条件可得

$$F_{1P} = -\frac{1}{12}ql^2$$

(4)求解典型方程

将计算出的系数和自由项代入位移法典型方程，得

$$8i\Delta_1 - \frac{1}{12}ql^2 = 0$$

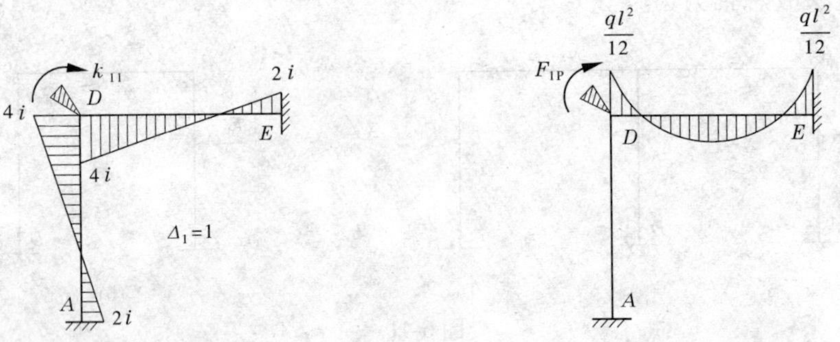

(a) $\overline{M}_1$ 图　　(b) M_P 图

图 6-43

解得

$$\Delta_1 = \frac{ql^2}{96i}$$

(5)作内力图

根据叠加公式 $M=\overline{M}_1\Delta_1+M_P$ 作半边结构的 M 图如图 6-44(a)所示。再利用对称性作出整个结构的 M 图如图 6-44(b)所示。

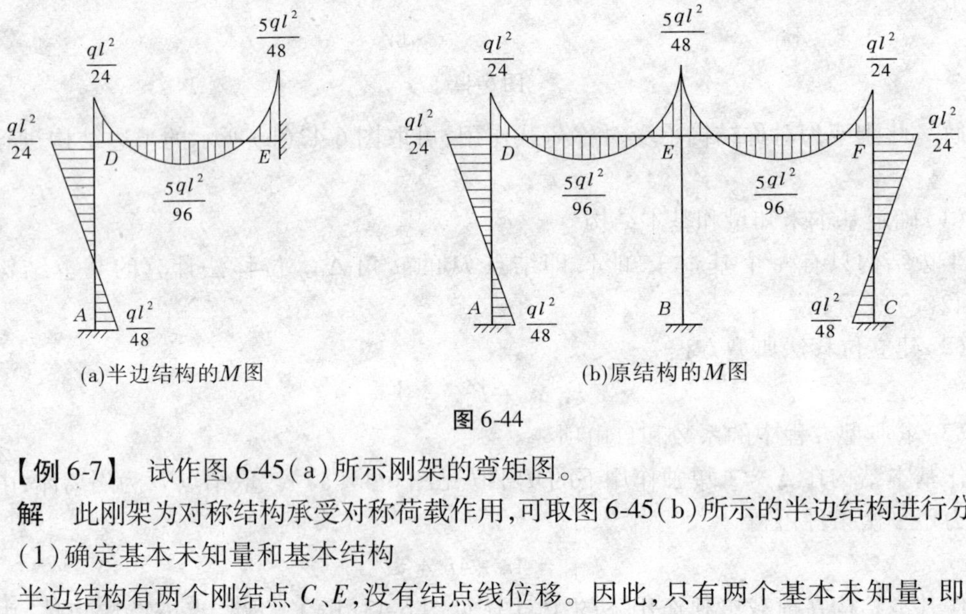

(a)半边结构的 M 图　　(b)原结构的 M 图

图 6-44

【例 6-7】 试作图 6-45(a)所示刚架的弯矩图。

解 此刚架为对称结构承受对称荷载作用,可取图 6-45(b)所示的半边结构进行分析。

(1)确定基本未知量和基本结构

半边结构有两个刚结点 C、E,没有结点线位移。因此,只有两个基本未知量,即刚结点 C、E 处的未知角位移,分别设为 Δ_1、Δ_2。在刚结点 C、E 处加上附加刚臂,得到基本结构,如图 6-45(c)所示。

(2)建立位移法典型方程

此半边结构有两个未知量,可列两个平衡方程,即此半边结构的位移法典型方程为

$$\left.\begin{aligned} k_{11}\Delta_1 + k_{12}\Delta_2 + F_{1P} = 0 \\ k_{21}\Delta_1 + k_{22}\Delta_2 + F_{2P} = 0 \end{aligned}\right\}$$

(3)求典型方程中的系数和自由项

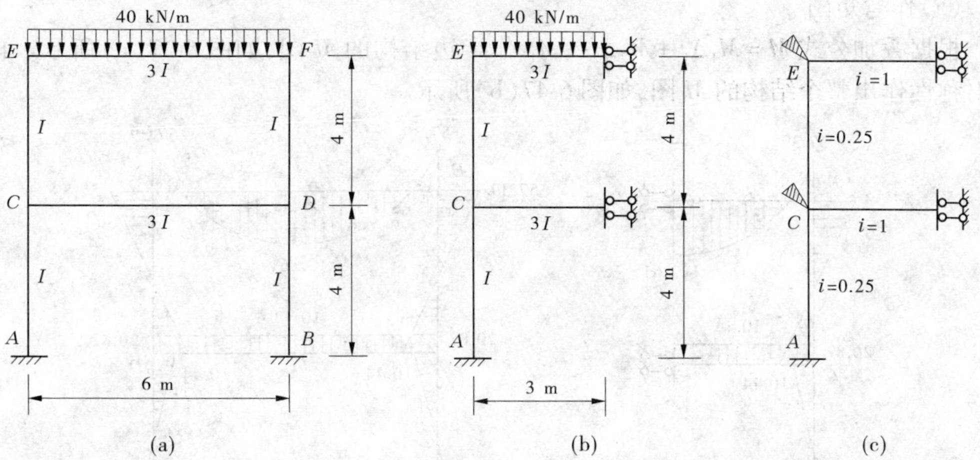

图 6-45

为便于计算,设 $EI=1$。作基本结构分别在 $\Delta_1=1$、$\Delta_2=1$ 单独作用下的 $\overline{M}_1$ 图与 $\overline{M}_2$ 图,如图 6-46(a)、(b)所示。然后分别取结点 C、E 为隔离体,由结点的力矩平衡条件可得

$$k_{11}=3, k_{21}=k_{12}=\frac{1}{2}, k_{22}=2$$

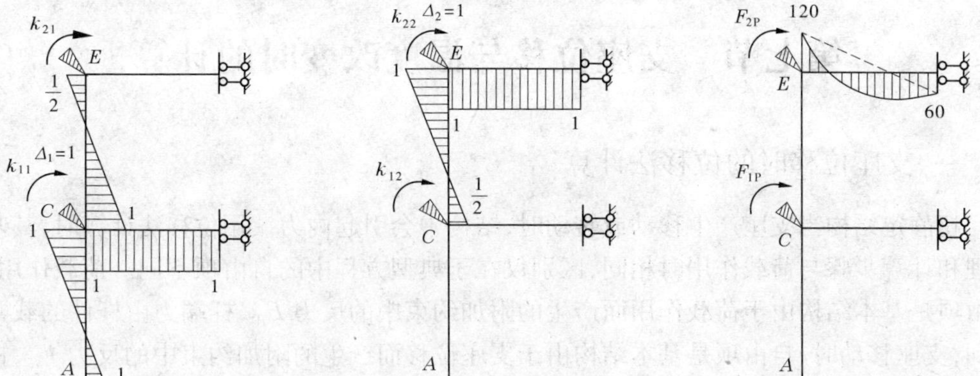

图 6-46

作基本结构在荷载单独作用下的 M_P 图(见图 6-46(c))。分别取结点 C、E 为隔离体,由结点的力矩平衡条件可得

$$F_{1P}=0, F_{2P}=-120\ \text{kN}\cdot\text{m}$$

(4)求解典型方程

将计算出的系数和自由项代入位移法典型方程,得

$$\left.\begin{aligned}3\Delta_1+0.5\Delta_2+0&=0\\0.5\Delta_1+2\Delta_2-120&=0\end{aligned}\right\}$$

解得

$$\Delta_1=-10.43, \Delta_2=62.61$$

(5)作弯矩图

根据叠加公式 $M=\overline{M}_1\Delta_1+\overline{M}_2\Delta_2+M_P$ 作半边结构的 M 图,如图 6-47(a)所示。再利用对称性作出整个结构的 M 图,如图 6-47(b)所示。

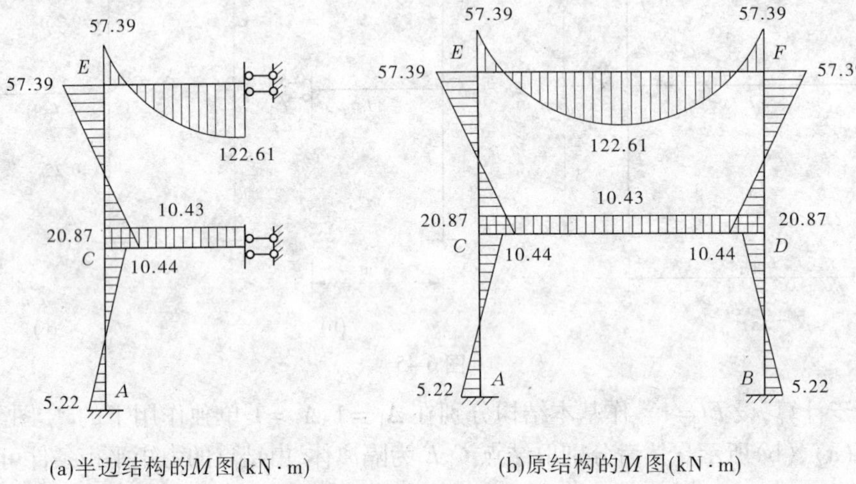

图 6-47

点一点:在取半边结构进行计算时,应注意被截断杆件的线刚度的变化。

第七节　支座位移与温度改变时的计算

一、支座位移时的位移法计算

超静定结构当支座产生移动或转动时,结构中会引起内力。用位移法计算时,其基本原理和计算步骤与荷载作用时相同,区别仅在于典型方程中的自由项不同。荷载作用时,自由项是基本结构由于荷载作用而产生的附加约束中的反力 F_{iP},杆端力由杆件的载常数得到;支座移动时,自由项是基本结构由于支座位移而产生的附加约束中的反力 F_{ic},杆端力由杆件的形常数得到。具体计算通过下面的例题加以说明。

【例 6-8】　图 6-48(a)所示刚架的支座 A 下沉了 0.02 m,支座 C 沿逆时针方向转动 0.01 rad,试作刚架的弯矩图。已知 $EI=5.0\times10^4\ \text{kN}\cdot\text{m}^2$。

解　(1)确定基本未知量和基本结构

此刚架只有一个基本未知量,即结点 B 的转角 Δ_1。其位移法计算的基本结构如图 6-48(b)所示。

(2)建立位移法典型方程

$$k_{11}\Delta_1+F_{1c}=0$$

(3)求典型方程中的系数和自由项

作基本结构在 $\Delta_1=1$ 单独作用下的 $\overline{M}_1$ 图(见图 6-49(a))。取结点 B 为隔离体,由结点的力矩平衡条件可得

$$k_{11}=11\times10^4$$

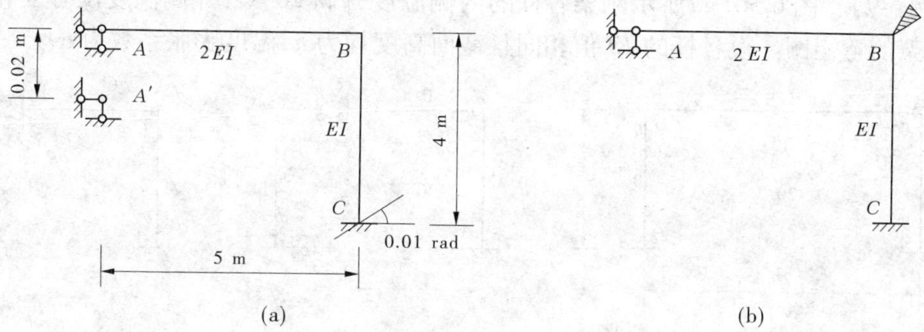

图 6-48

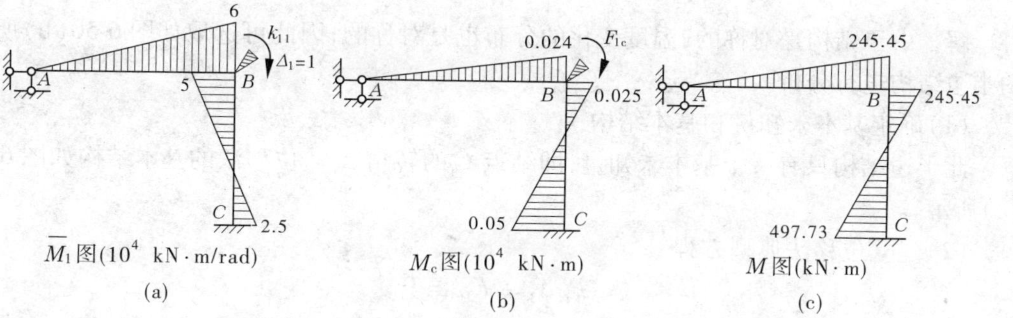

图 6-49

作基本结构在支座位移单独作用下的 M_c 图(见图 6-49(b))。取结点 B 为隔离体,由结点的力矩平衡条件可得

$$F_{1c} = -0.001 \times 10^4 \text{ kN} \cdot \text{m}$$

(4)求解典型方程

将计算出的系数和自由项代入位移法典型方程,得

$$11\Delta_1 - 0.001 = 0$$

解得

$$\Delta_1 = 9.09 \times 10^{-5}$$

(5)作弯矩图

根据叠加公式 $M = \overline{M}_1\Delta_1 + M_c$ 作出刚架的 M 图,如图 6-49(c)所示。

点一点:由支座位移引起的结构内力与结构内部各杆 EI 的绝对值有关,因此计算中不能采用各杆 EI 的相对值。

二、温度改变时的位移法计算

在位移法中,温度改变时的计算与支座位移时的计算基本相同,区别仅在于位移法典型方程中的自由项不同,此时自由项是基本结构由于温度改变而产生的附加约束中的反力 F_{it}。但必须注意的是,温度改变时杆件除由于内外温差而产生弯曲变形外,杆件的轴向变形也不容忽视,因为这种轴向变形会在其他杆件上引起已知的相对侧向移动,所以在计算时必须考虑这一因素。

【例 6-9】 图 6-50(a)所示刚架各杆的内侧温度升高 20 ℃,外侧温度没有变化。试作出刚架的弯矩图。设各杆的 EI 值相同且截面高度均为 h,温度膨胀系数为 α。

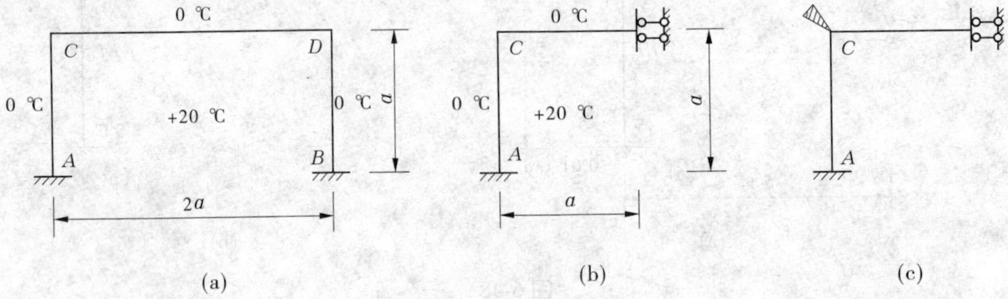

图 6-50

解 由于结构是对称的,温度变化的分布也是对称的,因此可选取如图 6-50(b)所示的半边结构进行分析。

(1)确定基本未知量和基本结构

此半边结构只有一个基本未知量,即结点 C 的转角 Δ_1。位移法的基本结构如图 6-50(c)所示。

(2)建立位移法典型方程

$$k_{11}\Delta_1 + F_{1t} = 0$$

(3)求典型方程中的系数和自由项

半边结构中各杆件的线刚度 $i = \dfrac{EI}{a}$,杆件内外温差为 $\Delta t = t_2 - t_1 = 20$ ℃,杆轴温度变化为 $t_0 = +10$ ℃。

作基本结构在 $\Delta_1 = 1$ 单独作用下的 $\overline{M}_1$ 图(见图 6-51(a))。取结点 C 为隔离体,由结点的力矩平衡条件可得

$$k_{11} = 5i$$

作基本结构在温度变化单独作用下的 M_t 图(见图 6-51(b))。取结点 C 为隔离体,由结点的力矩平衡条件可得

$$F_{1t} = 6i\alpha t_0$$

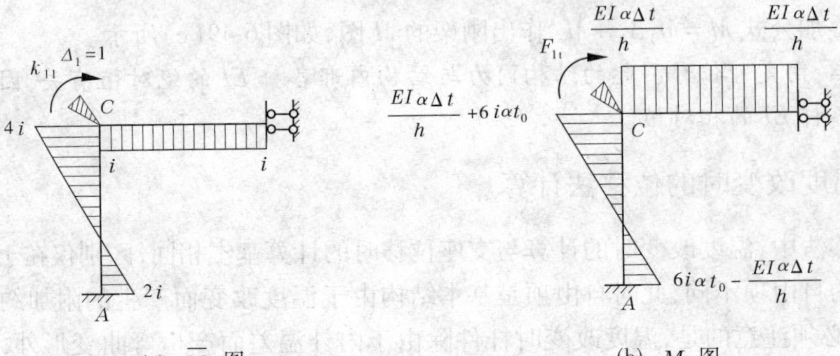

图 6-51

点一点：在作 M_t 图时，杆端弯矩一般应包括两项：一是杆件由内外温差产生的弯曲变形所引起的杆端弯矩，一是由杆件轴向变形使得其他杆上产生已知的相对侧向移动所引起的杆端弯矩，如图 6-51(b) 中的 M_{AC} 和 M_{CA}。

(4)求解典型方程

将计算出的系数项和自由项代入位移法典型方程，得

$$5i\Delta_1 + 6i\alpha t_0 = 0$$

解得

$$\Delta_1 = -\frac{6}{5}\alpha t_0$$

(5)作弯矩图

根据叠加公式 $M = \overline{M}_1\Delta_1 + M_t$ 作出半边结构的 M 图，如图 6-52(a)所示。再利用对称性作出整个结构的 M 图，如图 6-52(b)所示。

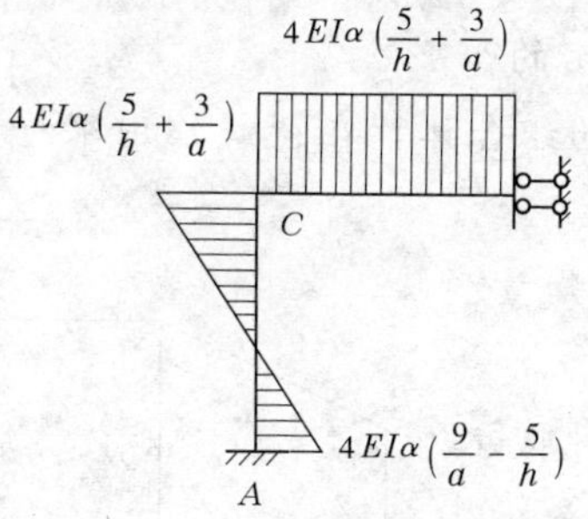

(a) 半边结构的 M 图

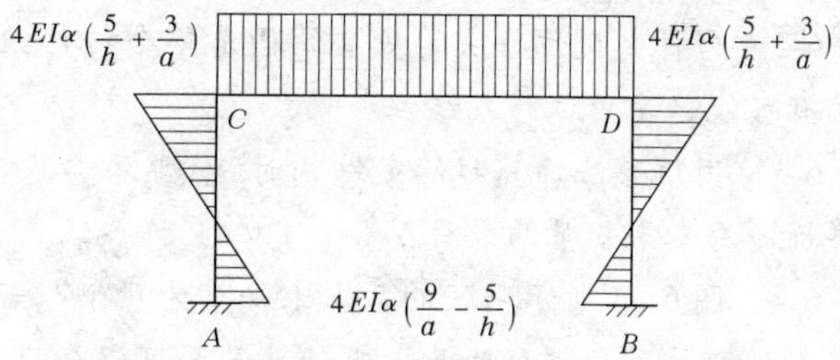

(b) 原结构的 M 图

图 6-52

本章小结

位移法同力法一样，也是计算超静定结构的一种基本方法。力法是以结构的多余未知力作为基本未知量，利用多余约束处的位移条件建立力法方程进行求解。位移法是以结构的结点位移作为基本未知量，通过静力平衡条件建立位移法方程进行求解。

(1)位移法的基本未知量。

位移法是以结点位移为基本未知量，包括刚结点的角位移和独立的结点线位移。确定基本未知量时一般不考虑杆件的轴向变形。位移法基本未知量的个数与超静定次数无关，因此位移法适用于求解超静定次数较高的连续梁和刚架。应清楚地理解等截面直杆形常数和载常数的物理意义，要注意杆端力和杆端位移的正负号规定。

(2)位移法的基本体系。

位移法的基本结构是通过在结点位移处增加附加刚臂和附加链杆得到的，是彼此独立的单跨超静定梁的组合体。一般情况下只有一种形式的基本结构。把基本结构在荷载和基本未知位移共同作用下的体系称为原结构的基本体系。

(3)位移法的基本方程。

位移法方程实质上就是静力平衡方程。对每一个刚结点,可以写一个结点力矩平衡方程;对每一个独立的结点线位移,可以写一个截面平衡方程。有几个基本未知量,就有几个相应的平衡方程。建立位移法方程有两种方法:一种是位移法典型方程,另一种是直接利用平衡条件建立位移法方程。要注意用位移法方程计算不同类型的超静定结构的特点。

应用位移法分析对称结构时,取半边结构进行计算,可使计算得到简化。其关键在于如何选取半边结构和确定结构在对称荷载或反对称荷载作用下有哪些独立的结点位移。

支座位移与温度改变时的计算,其基本原理和计算步骤与荷载作用时相同,区别仅在于典型方程中的自由项不同。此时,自由项是基本结构由于支座位移和温度改变而产生的附加约束中的反力。必须注意的是,温度改变时杆件的轴向变形不能忽略。

思考题

6-1　位移法中杆端力、杆端位移的正负号是怎样规定的?

6-2　为什么说位移法的基本结构是单个杆件组成的组合体?在荷载作用下杆件的杆端有可能产生角位移或线位移吗?

6-3　用位移法计算超静定结构时,有哪两类基本未知量?怎样确定基本未知量的数目?

6-4　图6-53所示刚架的基本未知量为几个?若同时取铰结点F处杆端的角位移为基本未知量是否可以?应怎样分析?

6-5　什么是杆件的形常数和载常数?

6-6　试问计算附加约束反力时,什么情况下取结点为隔离体?什么情况下取包括杆件和结点在内的结构一部分为隔离体?

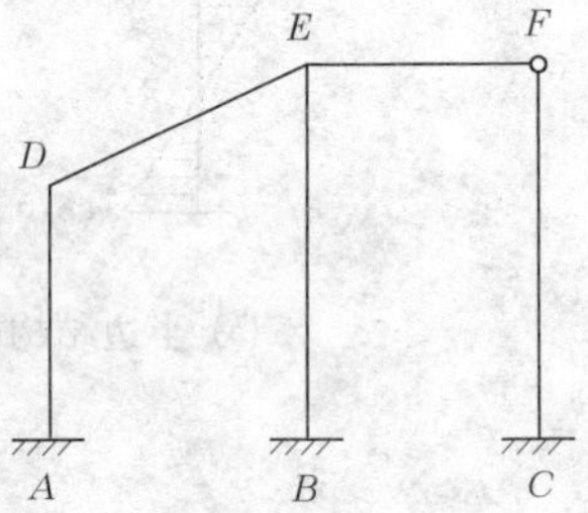

图6-53

6-7　位移法方程有哪两种建立方法?它们的实质是什么?在计算超静定刚架时,如何综合考虑平衡条件和变形条件?

6-8　位移法典型方程中的系数k_{ii}、k_{ij}和自由项F_{iP}各代表什么物理意义?

6-9　位移法典型方程右端是否恒为零?若不是,什么情况下不为零?

6-10　为什么求荷载作用下的结构内力时可采用各杆刚度的相对值?用刚度相对值所解得的基本未知量是真实的结点位移吗?由此得到的内力是真实的内力吗?

6-11　利用结构对称性的基本条件是什么?为什么可以用半边结构的计算代替原结构的计算?

6-12　计算等高铰结排架时,基本未知量是什么?计算方法是什么?

6-13　位移法可否用来计算静定结构?为什么不用它来计算静定刚架?

6-14　图6-54所示两结构EI相同,一个有弹簧支座,另一个无弹簧支座。试问这两种情况的位移法方程有哪些异同?

6-15　在位移法中,支座位移和温度改变时的计算与荷载作用时的计算有什么异同?

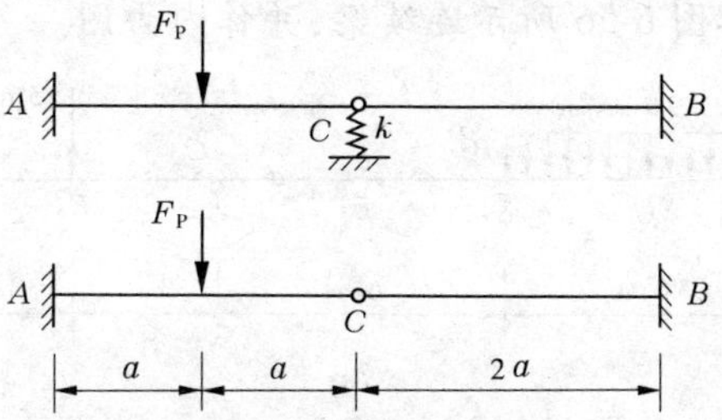

图 6-54

习　题

6-1　试确定图 6-55 所示结构用位移法计算时基本未知量的数目。

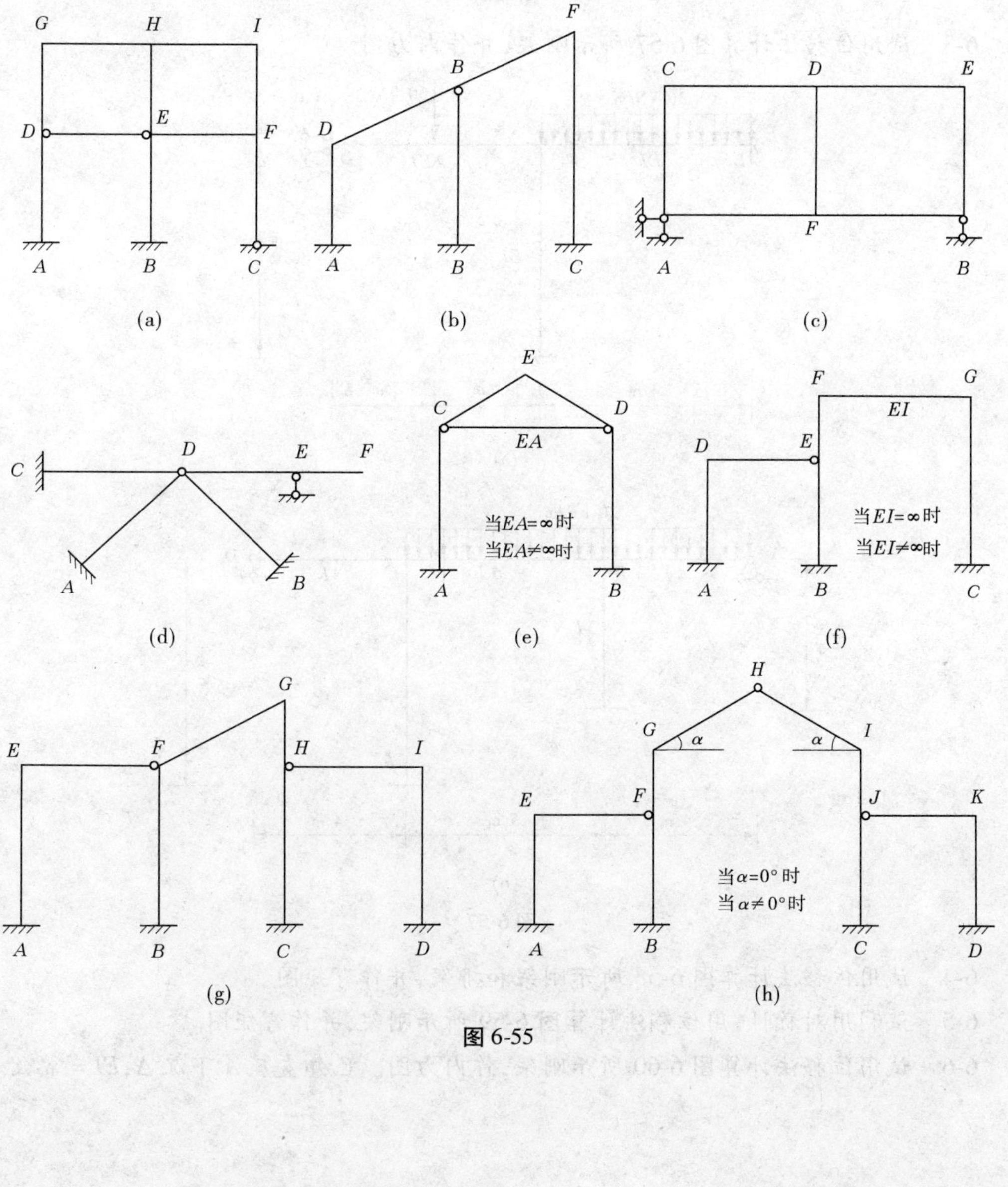

图 6-55

6-2　试用位移法计算图 6-56 所示连续梁，并作内力图。

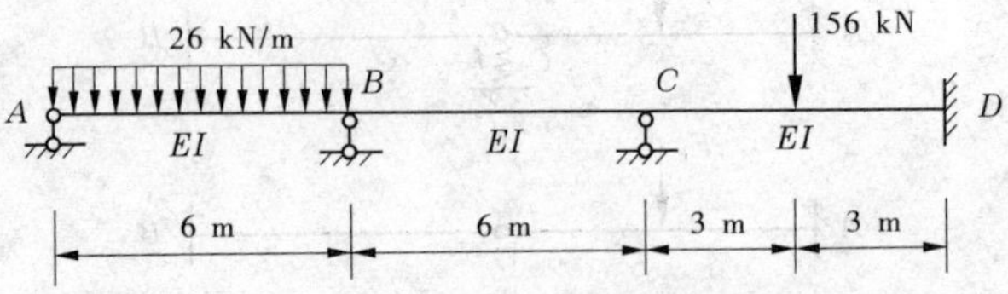

(a)

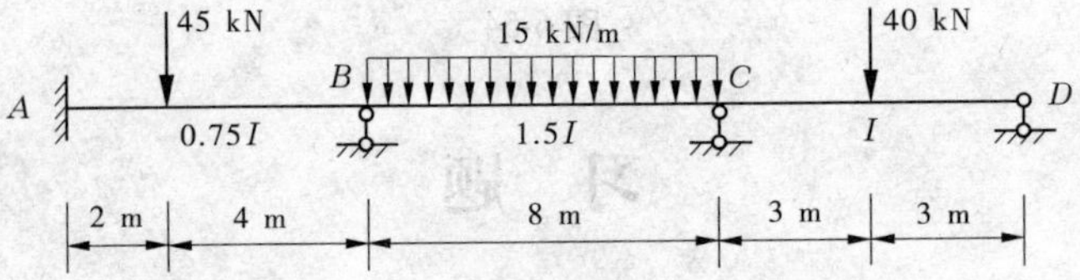

(b)

图 6-56

6-3　试用位移法计算图 6-57 所示刚架，并作内力图。

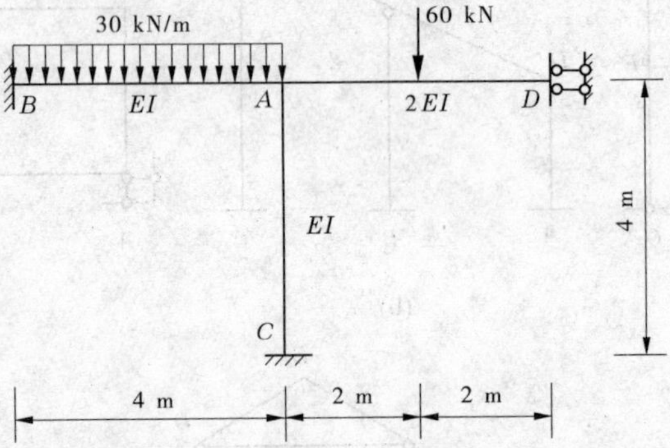

(a)

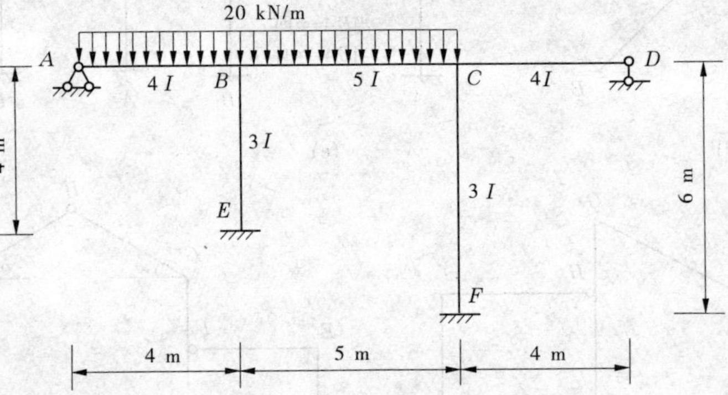

(b)

图 6-57

6-4　试用位移法计算图 6-58 所示刚架和排架，并作弯矩图。

6-5　试利用对称性，用位移法计算图 6-59 所示刚架，并作弯矩图。

6-6　试用位移法计算图 6-60 所示刚架，作内力图。已知支座 A 下沉 Δ，EI = 常数。

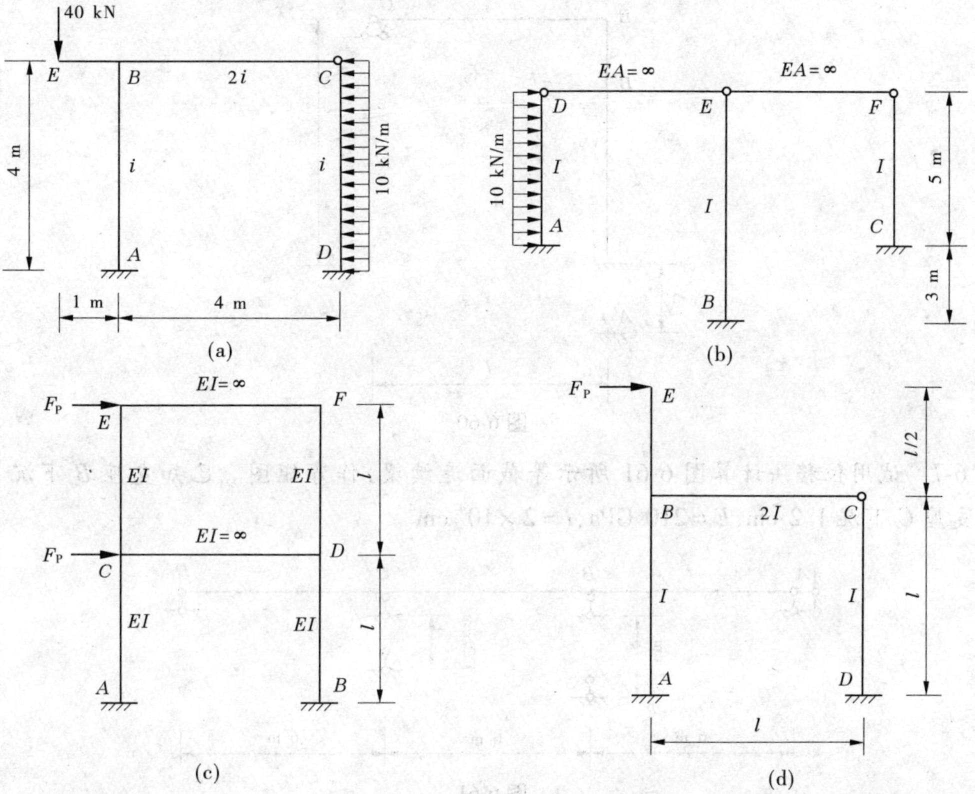
40 kN
E
B
2i
C
4 m
i
i
10 kN/m
A
D
1 m
4 m
(a)
EA=∞
EA=∞
D
E
F
10 kN/m
I
I
I
5 m
A
C
3 m
B
(b)
EI=∞
F
F_P
E
EI
EI
l
EI=∞
F_P
D
C
EI
EI
l
A
B
(c)
F_P
E
l/2
B
2I
C
I
I
l
A
D
l
(d)

图 6-58

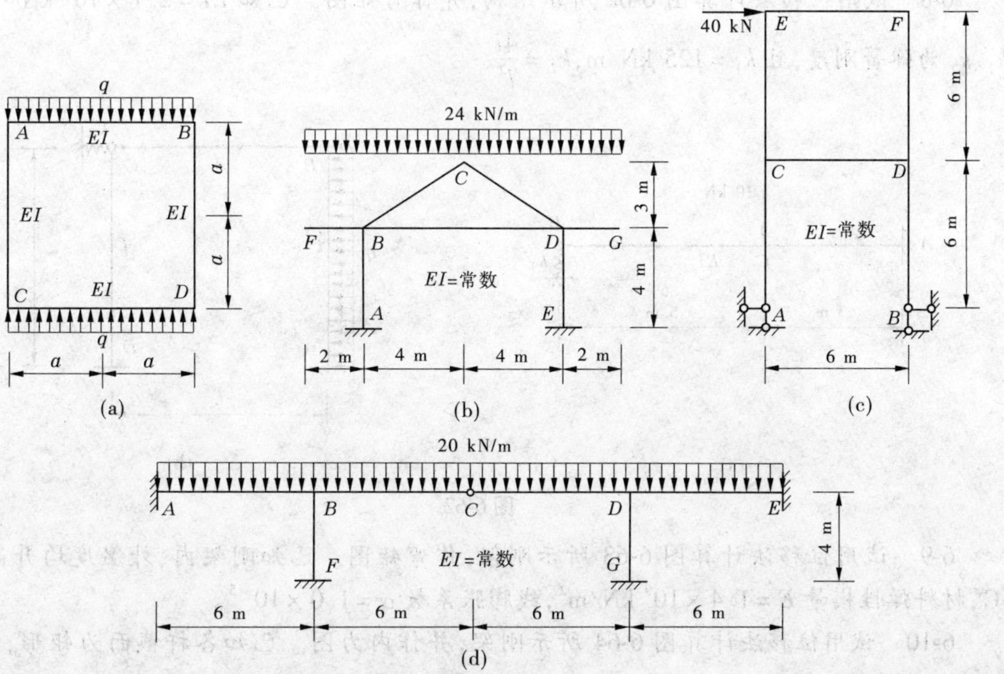
q
A
EI
B
a
EI
EI
a
C
EI
D
q
a
a
(a)
24 kN/m
C
3 m
F
B
D
G
EI=常数
4 m
A
E
2 m
4 m
4 m
2 m
(b)
40 kN
E
F
6 m
C
D
EI=常数
6 m
A
B
6 m
(c)
20 kN/m
A
B
C
D
E
4 m
EI=常数
F
G
6 m
6 m
6 m
6 m
(d)

图 6-59

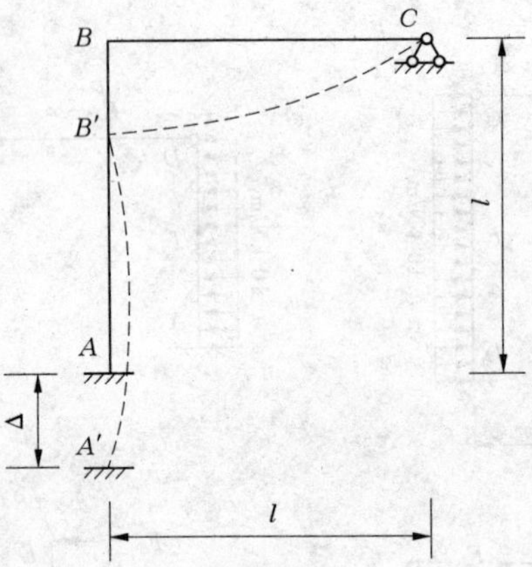

图 6-60

6-7 试用位移法计算图 6-61 所示等截面连续梁，作弯矩图。已知支座 B 下沉 2.0 cm，支座 C 下沉 1.2 cm，$E=210\ \text{GPa}$，$I=2\times10^4\ \text{cm}^4$。

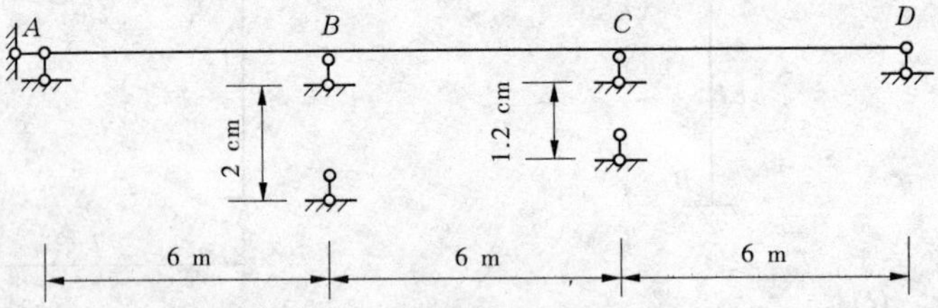

图 6-61

6-8 试用位移法计算图 6-62 所示结构，并作弯矩图。已知 $EI=2.1\times10^4\ \text{kN}\cdot\text{m}^2$，$k_1$、$k_2$ 为弹簧刚度，且 $k_1=125\ \text{kN/m}$，$k_2=\dfrac{4i}{l^2}$。

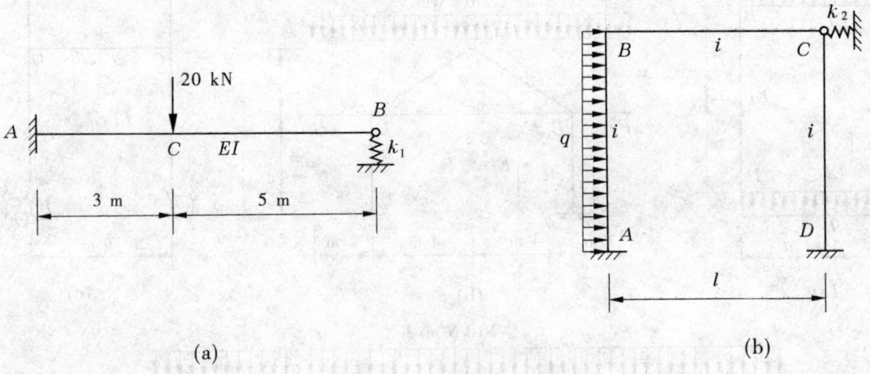

图 6-62

6-9 试用位移法计算图 6-63 所示刚架，作弯矩图。已知刚架内、外温度均升高 15 ℃，材料弹性模量 $E=1.4\times10^9\ \text{kN/m}^2$，线膨胀系数 $\alpha=1.0\times10^{-5}$。

6-10 试用位移法计算图 6-64 所示刚架，并作内力图。已知各杆截面为矩形，截面高度为 $h=\dfrac{l}{10}$，线膨胀系数为 α，EI 为常数。

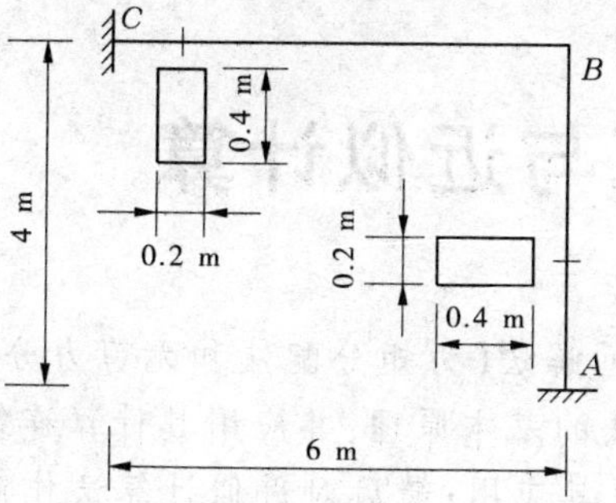

图 6-63

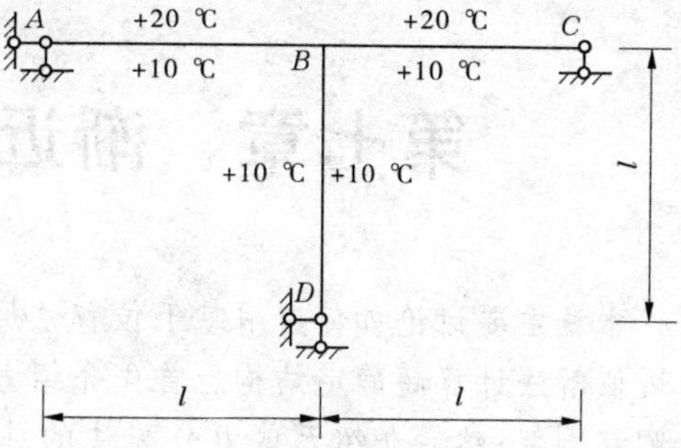

图 6-64

习题参考答案

6-1　(a)8 个;(b)4 个;(c)8 个;(d)2 个;(e)$EA=\infty$,4 个,$EA\neq\infty$,5 个;(f)$EI=\infty$,4 个,$EI\neq\infty$,6 个;(g)7 个;(h)$\alpha=0°$,11 个,$\alpha\neq0°$,10 个

6-2　(a)$M_{BA}=49.5$ kN·m,$M_{DC}=157.5$ kN·m;

(b)$M_{BA}=50.98$ kN·m,$M_{CB}=68.3$ kN·m

6-3　(a)$M_{AB}=60$ kN·m,$M_{AD}=-80$ kN·m,$M_{CA}=10$ kN·m;

(b)$M_{BA}=43.5$ kN·m,$M_{BC}=-46.9$ kN·m,$M_{FC}=-4.89$ kN·m

6-4　(a)$M_{BA}=10.53$ kN·m,$M_{DC}=42.11$ kN·m;

(b)$M_{AD}=-73.03$ kN·m,$M_{BE}=-16.32$ kN·m,$M_{CF}=-41.78$ kN·m;

(c)$M_{AC}=-\frac{2}{4}F_Pl$,$M_{DC}=\frac{3}{4}F_Pl$,$M_{FD}=-\frac{1}{4}F_Pl$;

(d)$M_{AB}=-\frac{17}{38}F_Pl$,$M_{BC}=\frac{27}{38}F_Pl$,$M_{DC}=-\frac{13}{38}F_Pl$

6-5　(a)$M_{AB}=-\frac{qa^2}{6}$;

(b)$M_{AB}=-3.9$ kN·m,$M_{BD}=-1.95$ kN·m,$M_{CB}=28.88$ kN·m;

(c)$M_{CA}=-120$ kN·m,$M_{CD}=165$ kN·m,$M_{FD}=-75$ kN·m;

(d)$M_{AB}=0$,$M_{BA}=180$ kN·m,$M_{BC}=-360$ kN·m

6-6　$M_{AB}=-\frac{6EI}{7l^2}\Delta$,$M_{BC}=\frac{12EI}{7l^2}\Delta$

6-7　$M_{BC}=50.4$ kN·m,$M_{CB}=5.6$ kN·m

6-8　(a)$M_{AB}=-45.12$ kN·m;

(b)$M_{AB}=-\frac{21}{76}ql^2$,$M_{BA}=-\frac{5}{76}ql^2$

6-9　$M_{AB}=-397.6$ kN·m,$M_{BC}=291.2$ kN·m,$M_{CB}=220.3$ kN·m

6-10　$M_{BA}=-105\alpha EI/l$,$M_{BD}=-30\alpha EI/l$

第七章　渐近计算与近似计算

本章主要讨论如何应用基于位移法原理的渐近解法(力矩分配法和无剪力分配法)与近似解法计算超静定结构。首先介绍力矩分配法的基本原理,并应用其计算连续梁和无侧移刚架;然后介绍无剪力分配法的计算要点及其应用;最后对近似计算法作简单介绍,同时讨论超静定结构的基本性质。力矩分配法是本章的重点。

在学习中,应掌握力矩分配法的基本原理,并能熟练应用其计算连续梁和无侧移刚架;了解无剪力分配法的计算要点以及几种近似计算方法;掌握超静定结构的基本性质。

第一节　概　述

前面两章介绍了计算超静定结构的两种基本方法,即力法和位移法。不论用哪一种方法计算超静定结构,都要解联立方程组,当未知量较多时,计算工作将是十分繁重的。为了避免建立和解算联立方程组,人们提出了许多实用的计算方法,以简化计算。本章将着重讨论其中的渐近计算法(力矩分配法和无剪力分配法)和近似计算法。

力矩分配法是在位移法的基础上发展起来的一种渐近计算方法,是直接从实际结构的受力和变形状态出发,根据位移法基本原理,从开始建立的近似状态逐步通过增量调整修正,最后收敛于真实状态。与力法和位移法相比,力矩分配法的计算过程较为简单直观,计算过程不容易出错,主要应用于计算连续梁和无侧移刚架。

无剪力分配法是力矩分配法的一个特例,也是属于位移法范畴的一种渐近计算方法,适用于某些特殊的有侧移刚架的计算。这种刚架虽然会发生侧移,但横梁的两端无垂直于杆轴方向的相对线位移,立柱的剪力都是静定的,根据这些特点而提出的无剪力分配法可使计算工作大为简化。

渐近法因为不必解算联立方程组,计算步骤既简单又规整,且直接求得的是杆端弯矩,计算精度可以满足工程要求,因此在工程中得到了广泛的应用。

另外,对于多层多跨刚架,如果在计算中忽略一些次要影响,则可得到各种近似计算法,如分层计算法、弯矩二次分配法、反弯点法和 D 值法等。这些近似计算方法以较小的工作量取得较为粗略的解答,可用于结构的初步设计,也可用于对计算结果的合理性进行判断。

第二节　力矩分配法的基本原理

力矩分配法以位移法为理论基础,因此有关杆端转角、杆端弯矩的符号规定与位移法相同。力矩分配法的适用范围是连续梁和无侧移刚架。

在介绍力矩分配法的基本原理之前,先引入转动刚度、分配系数、传递系数等几个名词定义,并据此提出力矩分配法的基本概念和解题思路。

一、名词和概念

(一)转动刚度

转动刚度表示杆端对转角变形的抵抗能力,在数值上等于使杆端产生单位转角时需要施加的力矩。如图7-1所示等截面直杆,为使杆件AB的A端产生单位转角,在A端所需施加的力矩称为杆件AB的转动刚度,用S_{AB}表示。其中,产生转角的A端称为近端,B端称为远端。

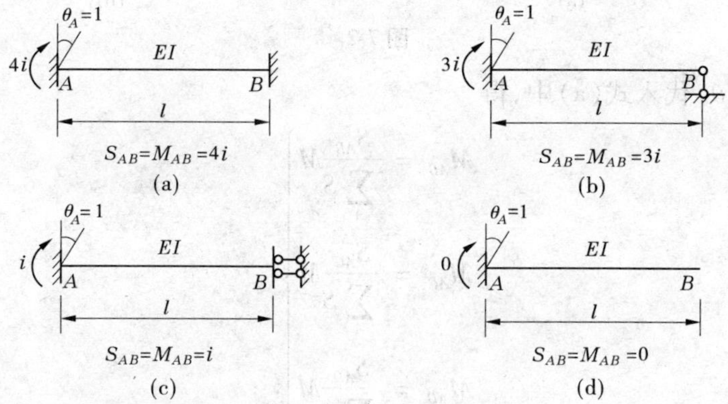

图7-1

图7-1给出了等截面直杆在A端的转动刚度S_{AB}的数值。由图7-1可知,当远端为不同支承情况时,S_{AB}的数值也不同,即

$$S_{AB}=\begin{cases}4i & (\text{远端固定})\\ 3i & (\text{远端简支})\\ i & (\text{远端滑动})\\ 0 & (\text{远端自由})\end{cases} \tag{7-1}$$

式中,$i=EI/l$。

(二)分配系数

图7-2(a)所示刚架由等截面杆件组成,在力偶M作用下,结点A产生转角θ_A,各杆发生如图7-2(a)中虚线所示的变形。试求杆端弯矩M_{AB}、M_{AC}和M_{AD}。

由转动刚度的定义可知

$$\left.\begin{aligned}M_{AB}&=S_{AB}\theta_A\\ M_{AC}&=S_{AC}\theta_A\\ M_{AD}&=S_{AD}\theta_A\end{aligned}\right\} \tag{a}$$

取结点A为隔离体如图7-2(b)所示,由结点A的力矩平衡条件得

$$M=M_{AB}+M_{AC}+M_{AD}=S_{AB}\theta_A+S_{AC}\theta_A+S_{AD}\theta_A$$

由此可得

$$\theta_A=\frac{M}{S_{AB}+S_{AC}+S_{AD}}=\frac{M}{\sum\limits_A S}$$

式中，$\sum_A S$ 表示交于结点 A 的各杆件在 A 端的转动刚度之和。

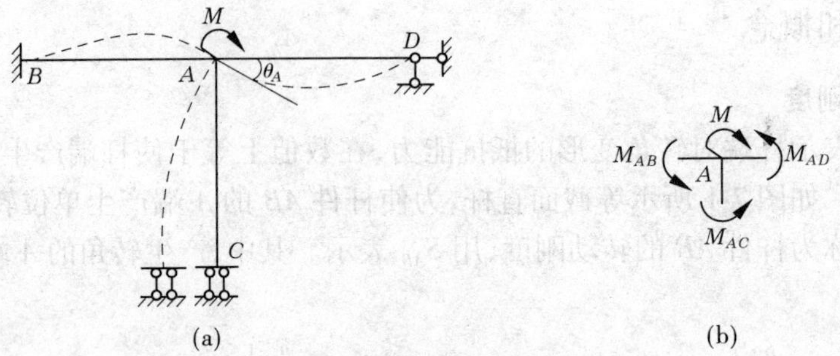

图 7-2

将所求得的 θ_A 代入式(a)中，得

$$\left.\begin{aligned} M_{AB} &= \frac{S_{AB}}{\sum_A S}M \\ M_{AC} &= \frac{S_{AC}}{\sum_A S}M \\ M_{AD} &= \frac{S_{AD}}{\sum_A S}M \end{aligned}\right\} \tag{b}$$

式(b)表明：各杆 A 端的弯矩与各杆 A 端的转动刚度成正比。

令

$$\mu_{Aj} = \frac{S_{Aj}}{\sum_A S} \tag{7-2}$$

式中，μ_{Aj} 称为各杆在近端(即 A 端)的分配系数；j 表示交于结点 A 的各杆件的远端(本例中即为 B、C、D 端)。如 μ_{AB} 为杆 AB 在 A 端的分配系数，它等于杆 AB 的转动刚度与交于刚结点 A 的各杆的转动刚度之和的比值。

由此可知

$$M_{Aj} = \mu_{Aj}M \tag{7-3}$$

式(7-3)表明，施加于结点 A 的外力偶 M，可按各杆端的分配系数分配给各杆的近端。因此，杆端弯矩 M_{Aj} 称为分配弯矩。各杆端的分配弯矩与该杆端的转动刚度成正比，转动刚度越大，则该杆端所产生的弯矩越大。

显然，交于同一刚结点的各杆端的分配系数之和恒等于 1，即

$$\sum_A \mu_{Aj} = \mu_{AB} + \mu_{AC} + \mu_{AD} = 1$$

利用这一性质可检验分配系数的计算是否正确。

(三)传递系数

在图 7-2(a)中，当力偶 M 加于结点 A 时，该结点发生转角 θ_A，于是各杆的近端和远端都将产生杆端弯矩。由位移法可知

$$M_{AB}=4i_{AB}\theta_A, M_{BA}=2i_{AB}\theta_A$$
$$M_{AC}=i_{AC}\theta_A, M_{CA}=-i_{AC}\theta_A$$
$$M_{AD}=3i_{AD}\theta_A, M_{DA}=0$$

将杆件远端弯矩与近端弯矩的比值称为传递系数，用 C_{Aj} 表示。如 $C_{AB}=\frac{M_{BA}}{M_{AB}}=\frac{1}{2}$，系数 C_{AB} 称为由 A 端至 B 端的弯矩传递系数。对于等截面直杆来说，传递系数随远端的支承情况而不同，即

$$C=\begin{cases}\frac{1}{2} & \text{（远端固定）}\\ -1 & \text{（远端滑动）}\\ 0 & \text{（远端简支）}\end{cases} \tag{7-4}$$

由传递系数的定义可知，远端弯矩（也称传递弯矩）等于近端弯矩与传递系数的乘积，即

$$M_{jA}=C_{Aj}M_{Aj} \tag{7-5}$$

由以上的分析可知，对于图 7-2(a)所示只有一个刚结点的结构，在结点力矩 M 的作用下，该结点只产生角位移，其杆端弯矩的求解过程可分为两步：第一步，按各杆的分配系数求出近端弯矩，亦即分配弯矩，此步称为分配过程；第二步，根据各杆远端的支承情况，将近端弯矩乘以传递系数得到远端弯矩，亦即传递弯矩，此步称为传递过程。经过分配和传递得到各杆的杆端弯矩，这种求解方法就是力矩分配法。

二、力矩分配法

在实际结构中，连续梁和无侧移刚架中的刚结点往往不止一个。通常，根据所计算结构中刚结点的数量将力矩分配法划分为单结点力矩分配法和多结点力矩分配法。

（一）单结点力矩分配法

图 7-3(a)所示是具有一个刚结点的连续梁，用砝码加荷载 F_P 后，其变形如图 7-3(a)虚线所示，结点 B 产生转角 θ_B。伴随着这个变形出现的杆端弯矩 M_{AB}、M_{BA}、M_{BC} 是我们计算的目标，其做法可形象地归纳为以下两步：

首先，锁住结点。在结点 B 加上一个阻止其转动的附加刚臂，于是得到一个由两个单跨超静定梁 AB 和 BC 组成的基本结构。然后施加砝码荷载，在荷载作用下，因结点 B 无角位移，只是 AB 跨中有变形，如图 7-3(b)所示。此时，杆 AB 两端都产生弯矩，即固端弯矩 M_{AB}^F 和 M_{BA}^F，由于 BC 跨无荷载作用，所以固端弯矩 $M_{BC}^F=0$。因此，在结点 B 处，各杆的固端弯矩不能互相平衡，附加刚臂中必然产生附加约束力矩 M_B，其值可由结点 B 的力矩平衡条件求得，即

$$M_B=M_{BA}^F+M_{BC}^F$$

约束力偶矩 M_B 称为结点 B 上的不平衡力矩，以顺时针转向为正，其值等于交于该结点各杆端的固端弯矩之和。

其次，放松结点。由于原结构的结点 B 既没有附加刚臂，也没有约束力矩 M_B，在荷载作用下产生了转角 θ_B，因此必须对并不反映实际状态的图 7-3(b)的结果进行修正。

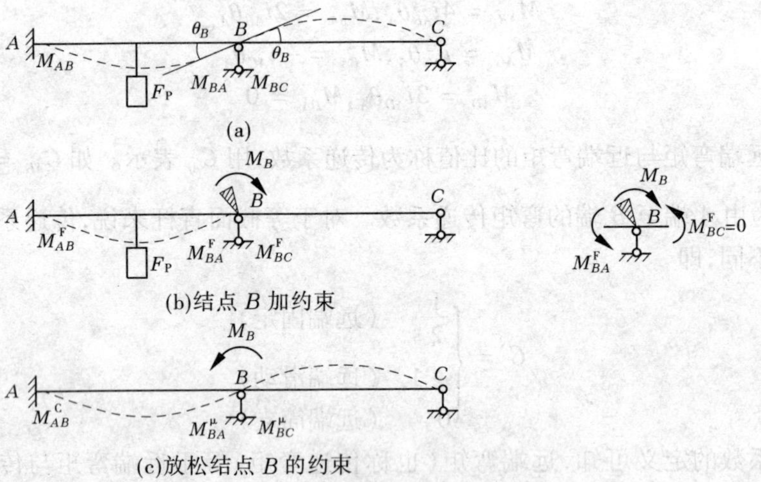

图 7-3

为了利用叠加原理,我们在不考虑原来荷载的情况下单独放松结点 B,即在结点 B 加上一个外力矩,使结点 B 产生逆时针转角 θ_B,这个外力矩称为放松力矩。为了叠加后能消去约束力矩 M_B,放松力矩应为 $-M_B$(负号表示其方向与约束力矩方向相反)。此时,梁上没有原来的荷载,连续梁产生了新的变形如图 7-3(c)所示。于是,连续梁的各杆端产生了分配弯矩(近端 B)和传递弯矩(远端 A、C)。

最后,将图 7-3(b)和图 7-3(c)所示的两种情况叠加,就消去了约束力偶矩,也就是消去了附加刚臂的约束作用,同时梁上的荷载和结点 B 的转角与原结构完全一致。实际杆端弯矩就是图 7-3(b)和图 7-3(c)所示的两种情况杆端弯矩的叠加,如 $M_{BA}=M_{BA}^F+M_{BA}^\mu$。

综上所述,单结点力矩分配法的计算步骤可概括为:先在刚结点上加上附加刚臂,把结构分为单跨梁,计算各单跨梁的固端弯矩和结点的不平衡力矩;然后去掉约束,相当于在结点上加一反向的不平衡力矩,计算分配弯矩和传递弯矩;最后,叠加各杆端的弯矩就得到实际的杆端弯矩。

(二)多结点力矩分配法

单结点力矩分配法的基本原理可推广到多结点的连续梁和无侧移刚架。对于多结点的连续梁和无侧移刚架,只要逐次对每一个结点应用单结点力矩分配的基本运算,就可求出杆端弯矩。

现以图 7-4(a)所示的三跨连续梁为例来说明逐次渐近的过程。连续梁在中间跨用砝码加上荷载 F_P 后的变形曲线如图 7-4(a)所示,相应于此变形的杆端弯矩是我们要计算的目标。

(1)首先在结点 B、C 上加上附加刚臂,阻止结点转动,这时连续梁被分成三根在结点 B、C 处为固端的单跨梁。然后加上砝码荷载 F_P,各单跨梁具有独立的变形,现在仅 BC 一跨有变形,如图 7-4(b)中虚线所示。这时,杆 BC 两端有固端弯矩,在刚臂上必然产生附加约束力矩 M_B 和 M_C。

(2)先放松结点 B,即去掉结点 B 的附加刚臂,此时结点 C 仍保持锁住状态,变形如图 7-4(c)虚线所示。这相当于在结点 B 加一反向的约束力矩 $-M_B$,在交于结点 B 的各

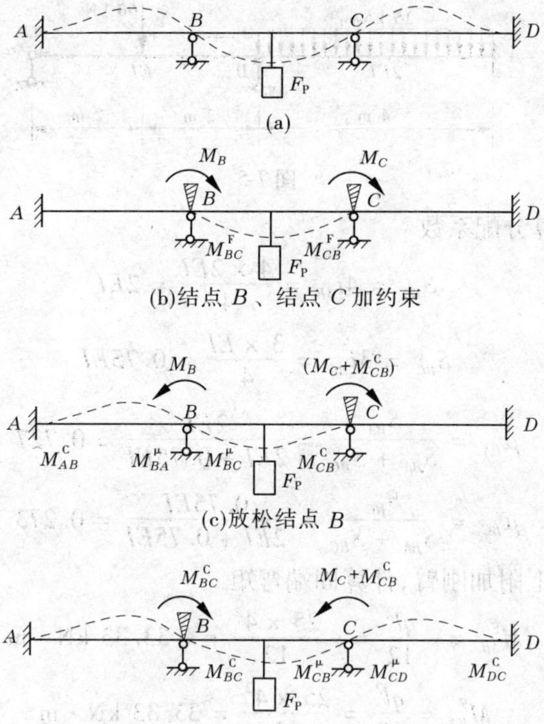

(a)

(b)结点 B、结点 C 加约束

(c)放松结点 B

(d)结点 B 加约束，放松结点 C

图 7-4

杆端上进行力矩分配，分配后向各杆远端传递，因此结点 C 的约束力矩增加了 M_{CB}^{C}。

(3)重新在结点 B 加上附加刚臂，然后放松结点 C，即去掉结点 C 的附加刚臂，变形如图 7-4(d)虚线所示。这相当于在结点 C 加一反向约束力矩 $-(M_C+M_{CB}^{C})$，在交于结点 C 各杆端上进行分配，分配后向各杆远端传递，因此结点 B 又有残留约束力矩 M_{BC}^{C}。

按照以上步骤，重复步骤(2)和步骤(3)，即轮流去掉结点 B 和结点 C 的约束，进行力矩的分配和传递，直到残留约束力矩足够小。在这一过程中，连续梁的变形和内力将逐步接近其真实情况。最后，将以上各步所得的各杆端的固端弯矩、分配弯矩和传递弯矩对应叠加，即得各杆端的最终杆端弯矩。一般情况下，只需对各结点进行 2 ~3 个循环的运算，就能达到较好的精度。

这种不需要解联立方程组，直接从开始的近似状态逐步计算修正，最后收敛于真实解的计算方法称为渐近法，力矩分配法是一种典型的渐近解法。

第三节　力矩分配法计算举例

掌握了力矩分配法的基本计算原理，就可以应用其来计算连续梁和无侧移刚架了。下面分别举例说明连续梁的力矩分配计算和无侧移刚架的力矩分配计算。

一、单结点力矩分配计算

【例 7-1】　用力矩分配法计算图 7-5 所示连续梁，并作弯矩图。

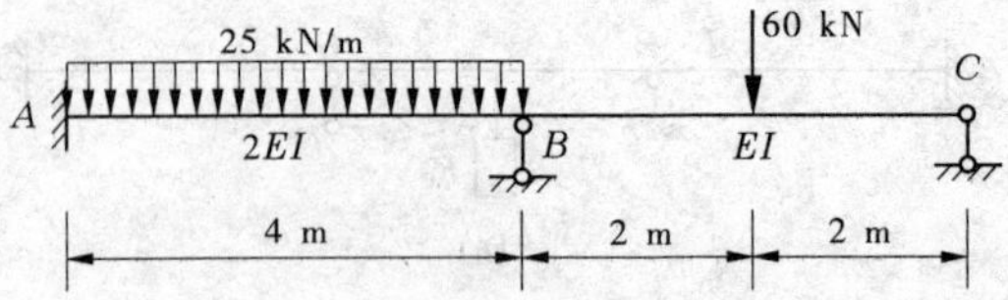

图 7-5

解　(1)计算分配系数

$$S_{BA} = 4i_{AB} = \frac{4 \times 2EI}{4} = 2EI$$

$$S_{BC} = 3i_{BC} = \frac{3 \times EI}{4} = 0.75EI$$

$$\mu_{BA} = \frac{S_{BA}}{S_{BA} + S_{BC}} = \frac{2EI}{2EI + 0.75EI} = 0.727$$

$$\mu_{BC} = \frac{S_{BC}}{S_{BA} + S_{BC}} = \frac{0.75EI}{2EI + 0.75EI} = 0.273$$

(2)在结点 B 加上附加刚臂,计算固端弯矩

$$M_{AB}^{\mathrm{F}} = -\frac{ql^2}{12} = -\frac{25 \times 4^2}{12} = -33.33\ \mathrm{kN \cdot m}$$

$$M_{BA}^{\mathrm{F}} = \frac{ql^2}{12} = \frac{25 \times 4^2}{12} = 33.33\ \mathrm{kN \cdot m}$$

$$M_{BC}^{\mathrm{F}} = -\frac{3F_{\mathrm{P}}l}{16} = -\frac{3 \times 60 \times 4}{16} = -45\ \mathrm{kN \cdot m}$$

结点 B 的不平衡力矩为

$$M_B = \sum M_{Bj}^{\mathrm{F}} = M_{BA}^{\mathrm{F}} + M_{BC}^{\mathrm{F}} = 33.33 - 45 = -11.67\ \mathrm{kN \cdot m}$$

(3)放松结点 B,进行力矩分配和传递

将不平衡力矩反号进行分配,计算分配弯矩,即

$$M_{BA}^{\mu} = \mu_{BA} \times (-M_B) = 0.727 \times 11.67 = 8.48\ \mathrm{kN \cdot m}$$

$$M_{BC}^{\mu} = \mu_{BC} \times (-M_B) = 0.273 \times 11.67 = 3.19\ \mathrm{kN \cdot m}$$

计算传递弯矩

$$M_{AB}^{\mathrm{C}} = C_{BA} M_{BA}^{\mu} = 0.5 \times 8.48 = 4.24\ \mathrm{kN \cdot m}$$

(4)将以上结果叠加,即得到最后的杆端弯矩,作 M 图如图 7-6 所示。

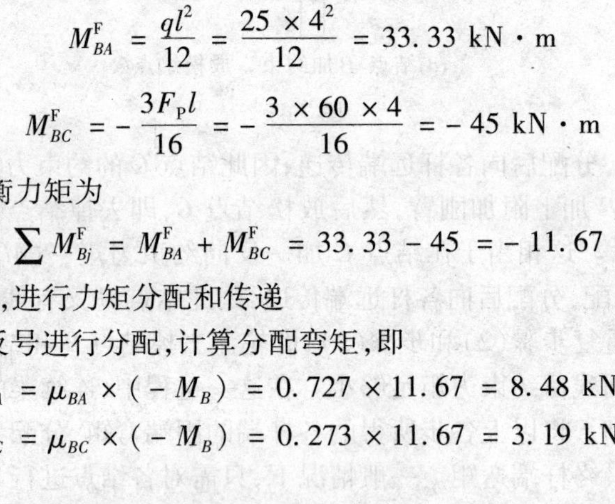

M 图(kN · m)

图 7-6

以上的计算过程也可以用计算表格的形式来表达,如表 7-1 所示。

表 7-1　力矩分配计算

结点	A	B		C
杆端	AB	BA	BC	CB
分配系数		0.727	0.273	
固端弯矩	-33.33	33.33	-45	0
分配弯矩和传递弯矩	4.24	8.48	3.19	0
最后杆端弯矩	-29.09	41.81	-41.81	0

注:表中弯矩的单位为 kN·m。

显然,结点 B 满足力矩平衡条件,这一条件以后可以用来验证分配计算是否正确。

【例 7-2】　用力矩分配法计算图 7-7 所示刚架,并作弯矩图。

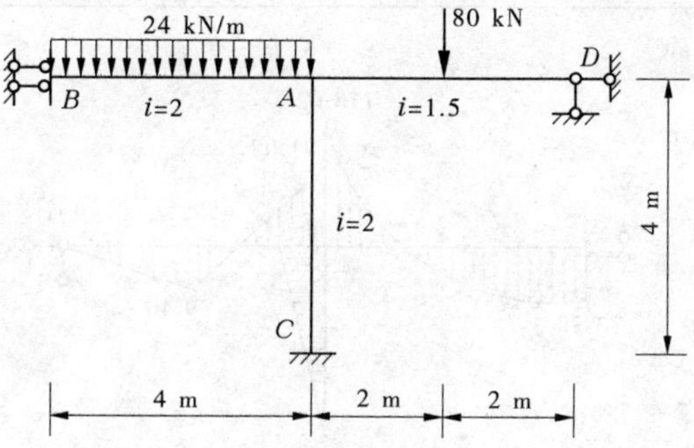

图 7-7

解　(1)计算分配系数

$$S_{AB} = i = 2$$

$$S_{AC} = 4i = 4 \times 2 = 8$$

$$S_{AD} = 3i = 3 \times 1.5 = 4.5$$

$$\mu_{AB} = \frac{S_{AB}}{\sum\limits_A S} = \frac{2}{14.5} = 0.138$$

$$\mu_{AC} = \frac{S_{AC}}{\sum\limits_A S} = \frac{8}{14.5} = 0.552$$

$$\mu_{AD} = \frac{S_{AD}}{\sum\limits_A S} = \frac{4.5}{14.5} = 0.310$$

(2)在结点 A 上加附加刚臂,计算固端弯矩

$$M_{BA}^{F} = \frac{ql^2}{6} = \frac{24 \times 4^2}{6} = 64\ \text{kN}\cdot\text{m}$$

$$M_{AB}^{F} = \frac{ql^2}{3} = \frac{24 \times 4^2}{3} = 128\ \text{kN}\cdot\text{m}$$

$$M_{AD}^{F} = -\frac{3F_P l}{16} = -\frac{3 \times 80 \times 4}{16} = -60\ \text{kN}\cdot\text{m}$$

结点 A 的不平衡力矩为

$$M_A = \sum M_{Aj}^F = 128 + 0 - 60 = 68 \text{ kN} \cdot \text{m}$$

(3)放松结点 A,计算分配弯矩、传递弯矩以及最后的杆端弯矩,整个计算过程列表进行,见表 7-2。结构的弯矩图如图 7-8 所示。

表 7-2 力矩分配计算

结点	B	A			C	D
杆端	BA	AB	AC	AD	CA	DA
分配系数		0.138	0.552	0.310		
固端弯矩	64	128	0	-60	0	0
分配弯矩和传递弯矩	9.38	-9.38	-37.54	-21.08	-18.77	0
最后杆端弯矩	73.38	118.62	-37.54	-81.08	-18.77	0

注:表中弯矩的单位为 kN · m。

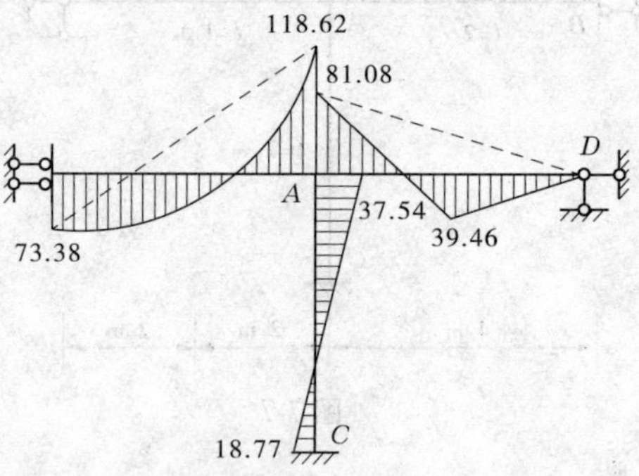

M图(kN · m)

图 7-8

二、多结点力矩分配计算

【例 7-3】 试用力矩分配法计算图 7-9 所示连续梁,并作弯矩图。

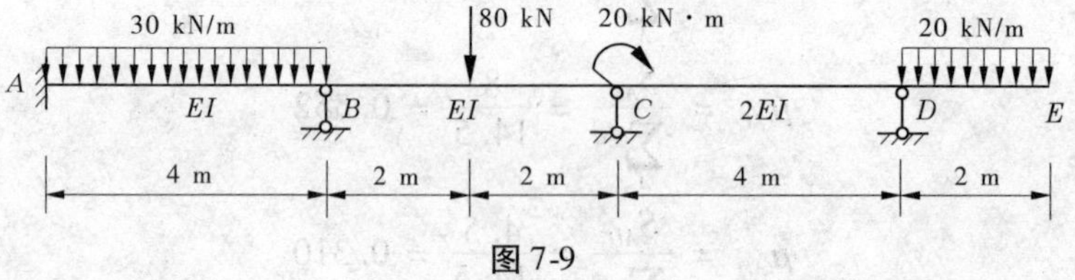

图 7-9

解 由于 DE 段是静定的,因此原结构可按图 7-10 所示情况进行计算。

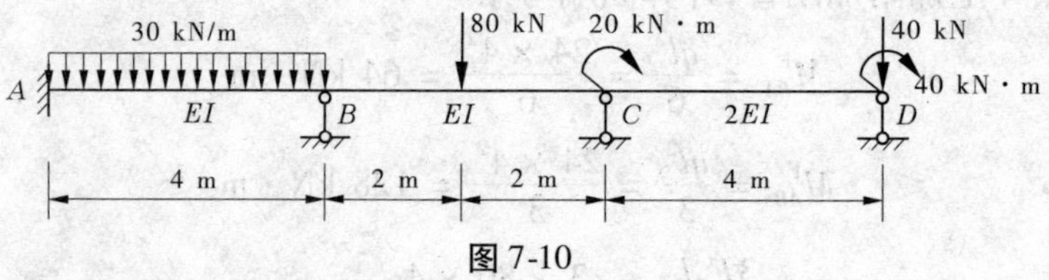

图 7-10

(1)计算分配系数

为便于计算,设 $EI = 1$,则:

结点 B 的分配系数为

$$S_{BA}=4i_{BA}=4\times\frac{1}{4}=1, S_{BC}=4i_{BC}=4\times\frac{1}{4}=1$$

$$\mu_{BA}=\frac{S_{BA}}{\sum_B S}=\frac{1}{1+1}=0.5, \mu_{BC}=\frac{S_{BC}}{\sum_B S}=\frac{1}{1+1}=0.5$$

结点 C 的分配系数为

$$S_{CB}=4i_{BC}=4\times\frac{1}{4}=1, S_{CD}=3i_{CD}=3\times\frac{2}{4}=1.5$$

$$\mu_{CB}=\frac{S_{CB}}{\sum_C S}=\frac{1}{1+1.5}=0.4, \mu_{CD}=\frac{S_{CD}}{\sum_C S}=\frac{1.5}{1+1.5}=0.6$$

(2)在结点 B、结点 C 加上附加刚臂,计算固端弯矩

$$M_{AB}^{F}=-\frac{ql^2}{12}=-\frac{30\times4^2}{12}=-40\ \text{kN}\cdot\text{m}$$

$$M_{BA}^{F}=\frac{ql^2}{12}=\frac{30\times4^2}{12}=40\ \text{kN}\cdot\text{m}$$

$$M_{BC}^{F}=-\frac{F_P l}{8}=-\frac{80\times4}{8}=-40\ \text{kN}\cdot\text{m}$$

$$M_{CB}^{F}=\frac{F_P l}{8}=\frac{80\times4}{8}=40\ \text{kN}\cdot\text{m}$$

$$M_{CD}^{F}=\frac{m}{2}=\frac{40}{2}=20\ \text{kN}\cdot\text{m}$$

$$M_{DC}^{F}=40\ \text{kN}\cdot\text{m}$$

根据结点 B 的平衡条件,可求出结点 B 的不平衡力矩为

$$M_B=M_{BA}^{F}+M_{BC}^{F}=40-40=0\ \text{kN}\cdot\text{m}$$

结点 C 的不平衡力矩为

$$M_C=M_{CB}^{F}+M_{CD}^{F}-20=40+20-20=40\ \text{kN}\cdot\text{m}$$

(3)轮流放松结点 C、结点 B,计算分配弯矩和传递弯矩。整个计算过程见表 7-3。

表 7-3　力矩分配计算

结点	A	B		C		D
杆端	AB	BA	BC	CB	CD	DC
分配系数		0.5	0.5	0.4	0.6	
固端弯矩	−40	40	−40	40	20	40
放松 C			−8.00	−16.00	−24.00	0
放松 B	2.00	4.00	4.00	2.00		
放松 C			−0.40	−0.80	−1.20	0
放松 B	0.10	0.20	0.20	0.10		
放松 C			−0.02	−0.04	−0.06	0
放松 B		0.01	0.01			
最后杆端弯矩	−37.90	44.21	−44.21	25.26	−5.26	40

注:表中弯矩的单位为 kN·m。

最后，作弯矩图如图 7-11 所示。

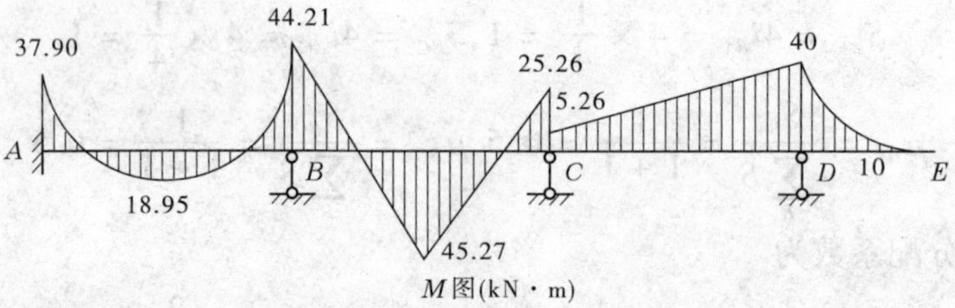

图 7-11

【例 7-4】　用力矩分配法计算图 7-12 所示刚架，并作弯矩图。

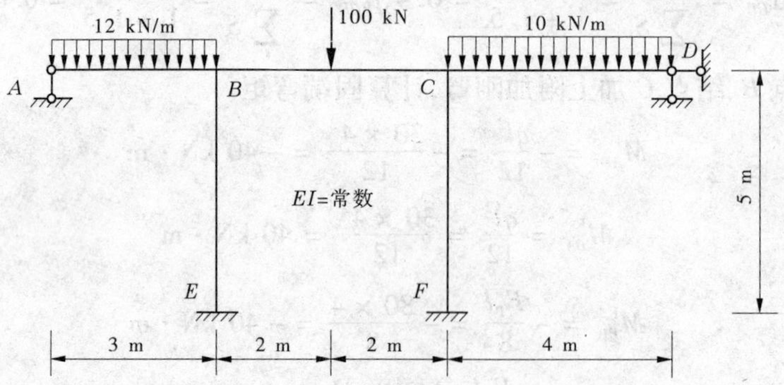

图 7-12

解　(1)计算分配系数

结点 B 的分配系数为

$$S_{BA} = 3i_{BA} = 3 \times \frac{EI}{3} = EI$$

$$S_{BC} = 4i_{BC} = 4 \times \frac{EI}{4} = EI$$

$$S_{BE} = 4i_{BE} = 4 \times \frac{EI}{5} = 0.8EI$$

$$\mu_{BA} = \frac{S_{BA}}{\sum_B S} = \frac{EI}{2.8EI} = 0.357$$

$$\mu_{BC} = \frac{S_{BC}}{\sum_B S} = \frac{EI}{2.8EI} = 0.357$$

$$\mu_{BE} = \frac{S_{BE}}{\sum_B S} = \frac{0.8EI}{2.8EI} = 0.286$$

结点 C 的分配系数为

$$S_{CB} = 4i_{BC} = 4 \times \frac{EI}{4} = EI$$

$$S_{CD} = 3i_{CD} = 3 \times \frac{EI}{4} = 0.75EI$$

$$S_{CF} = 4i_{CF} = 4 \times \frac{EI}{5} = 0.8EI$$

$$\mu_{CB} = \frac{S_{CB}}{\sum_{C} S} = \frac{EI}{2.55EI} = 0.392$$

$$\mu_{CD} = \frac{S_{CD}}{\sum_{C} S} = \frac{0.75EI}{2.55EI} = 0.294$$

$$\mu_{CF} = \frac{S_{CF}}{\sum_{C} S} = \frac{0.8EI}{2.55EI} = 0.314$$

（2）在结点 B、结点 C 加上附加刚臂，计算固端弯矩

$$M_{BA}^{\mathrm{F}} = \frac{ql^2}{8} = \frac{12 \times 3^2}{8} = 13.5\ \mathrm{kN \cdot m}$$

$$M_{BC}^{\mathrm{F}} = -\frac{F_{\mathrm{P}}l}{8} = -\frac{100 \times 4}{8} = -50\ \mathrm{kN \cdot m}$$

$$M_{BE}^{\mathrm{F}} = 0$$

$$M_{CB}^{\mathrm{F}} = \frac{F_{\mathrm{P}}l}{8} = \frac{100 \times 4}{8} = 50\ \mathrm{kN \cdot m}$$

$$M_{CD}^{\mathrm{F}} = -\frac{ql^2}{8} = -\frac{10 \times 4^2}{8} = -20\ \mathrm{kN \cdot m}$$

$$M_{CF}^{\mathrm{F}} = 0$$

结点 B 的不平衡力矩为

$$M_B = \sum M_{Bj}^{\mathrm{F}} = M_{BA}^{\mathrm{F}} + M_{BC}^{\mathrm{F}} + M_{BE}^{\mathrm{F}} = 13.5 - 50 + 0 = -36.5\ \mathrm{kN \cdot m}$$

结点 C 的不平衡力矩为

$$M_C = \sum M_{Cj}^{\mathrm{F}} = M_{CB}^{\mathrm{F}} + M_{CD}^{\mathrm{F}} + M_{CF}^{\mathrm{F}} = 50 - 20 + 0 = 30\ \mathrm{kN \cdot m}$$

（3）轮流放松结点 B、结点 C，计算分配弯矩和传递弯矩。整个计算过程见表 7-4。

表 7-4　杆端弯矩计算

结点	A	B			C			D	E	F
杆端	AB	BA	BC	BE	CB	CD	CF	DC	EB	FC
分配系数		0.357	0.357	0.286	0.392	0.294	0.314			
固端弯矩	0	13.5	−50	0	50	−20	0	0	0	0
放松 B	0	13.03	13.03	10.44	6.52				5.22	
放松 C			−7.16		−14.31	−10.74	−11.47	0		−5.74
放松 B	0	2.56	2.56	2.04	1.28				1.02	
放松 C			−0.25		−0.50	−0.38	−0.40	0		−0.20
放松 B	0	0.09	0.09	0.07	0.05				0.04	
放松 C					−0.02	−0.01	−0.02	0		−0.01
最后杆端弯矩	0	29.18	−41.73	12.55	43.02	−31.13	−11.89	0	6.28	−5.95

注：表中弯矩的单位为 kN · m。

最后,作结构的弯矩图如图 7-13 所示。

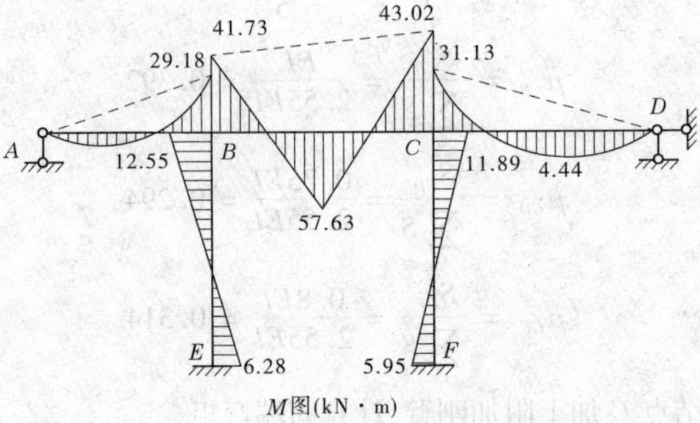

图 7-13

第四节　无剪力分配法

力矩分配法是无侧移刚架的渐近解法,不能直接用于有侧移刚架的计算。但对某些特殊的有侧移刚架,可以用与力矩分配法类似的无剪力分配法进行计算。

一、无剪力分配法的适用范围

图 7-14(a)所示的有侧移刚架中,各梁的两端结点没有垂直于杆轴方向的相对线位移,这种杆件称为两端无相对线位移的杆件。各柱的两端结点虽然有侧移,但剪力是静定的(见图 7-14(b),$F_{QBA} = F_{P1} + F_{P2}$),这种杆件称为剪力静定杆件。

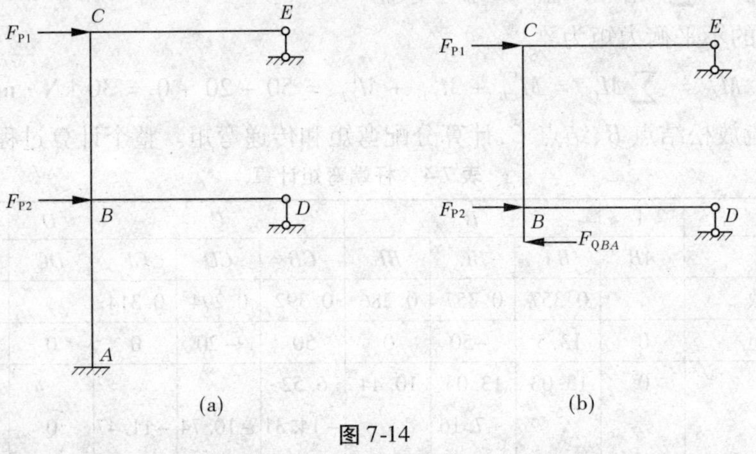

图 7-14

若一刚架中只有两端无相对线位移和剪力静定这两种杆件,便可用无剪力分配法求杆端弯矩。由此可知,无剪力分配法的适用范围是:除两端无相对线位移的杆件外,其余杆件都是剪力静定杆件的刚架。

二、无剪力分配法的计算要点

无剪力分配法的基本原理和计算步骤与力矩分配法是一样的。不同之处在于:在无剪力分配法中,剪力静定杆件的固端弯矩、转动刚度和传递系数的计算与力矩分配法是不同的。为此,本部分将着重讨论剪力静定杆件的相关计算问题。

(一)剪力静定杆件的固端弯矩

用无剪力分配法计算图 7-14(a)所示刚架时,首先在结点 B 和结点 C 上添加附加刚臂,如图 7-15(a)所示。此时,刚架处于锁住状态,附加刚臂只能阻止刚结点的转动,不能阻止水平位移,虚线表示荷载产生的变形。

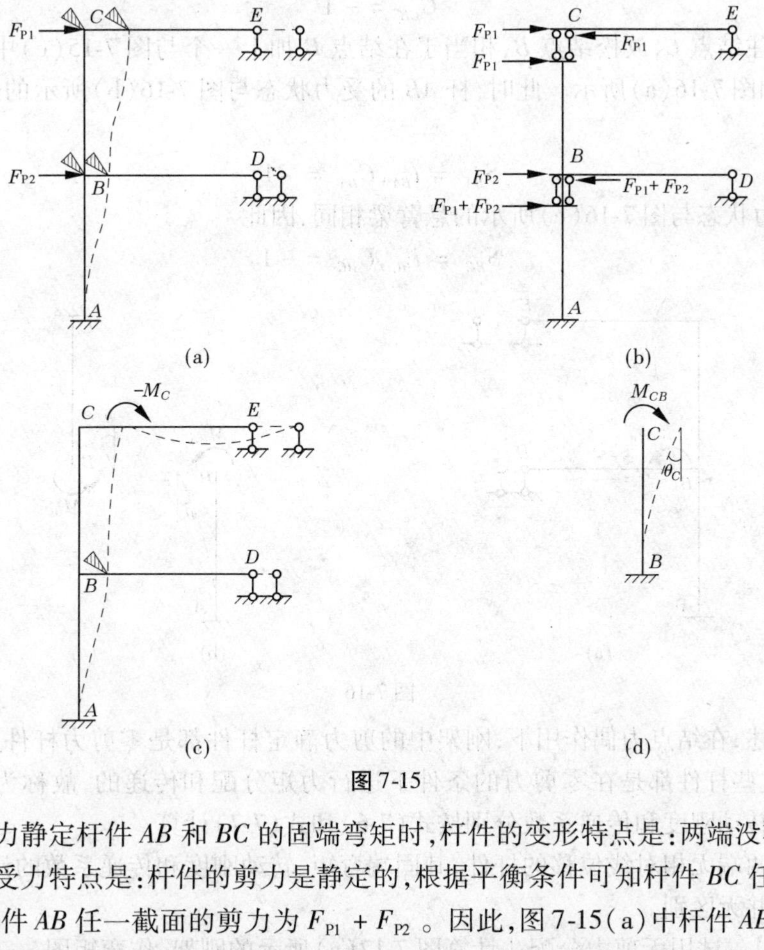

图 7-15

在求剪力静定杆件 AB 和 BC 的固端弯矩时,杆件的变形特点是:两端没有转角,但有相对侧移。受力特点是:杆件的剪力是静定的,根据平衡条件可知杆件 BC 任一截面的剪力为 F_{P1},杆件 AB 任一截面的剪力为 $F_{P1}+F_{P2}$。因此,图 7-15(a)中杆件 AB 的受力状态与图 7-15(b)所示下端固定、上端滑动的杆 AB 相同,杆 BC 的受力状态与图 7-15(b)所示下端固定、上端滑动的杆 BC 相同。它们的固端弯矩可根据表 6-2 求得。

由此可知,对于刚架中的剪力静定杆件,其固端弯矩的计算方法为:先根据静力平衡条件求出杆端剪力,然后将杆端剪力看做杆端荷载,按该端滑动、另一端固定的杆件进行计算。

(二)剪力静定杆件的转动刚度与传递系数

现在讨论放松结点 B 和结点 C 时引起的附加内力的计算问题。

假设先放松结点 C,相当于在结点 C 加上一个与图 7-15(a)中约束力矩相反的力矩,如图 7-15(c)所示。此时,杆 CB 的变形特点是:结点 C 有转角,同时也有侧移。受力特点

是:各截面的剪力都为零。因此,图 7-15(c)中杆 CB 的受力状态与图 7-15(d)所示的悬臂梁相同,故可知

$$M_{BA} = 4i_{BA}\theta_B, M_{AB} = -M_{BA}$$

由此可知,剪力静定杆件 BC 的转动刚度为

$$S_{CB} = i_{CB} \tag{7-6}$$

传递系数为

$$C_{CB} = -1 \tag{7-7}$$

重新锁住结点 C,放松结点 B,相当于在结点 B 加上一个与图 7-15(c)中约束力矩相反的力矩,如图 7-16(a)所示。此时,杆 AB 的受力状态与图 7-16(b)所示的悬臂梁相同,因此

$$S_{BA} = i_{BA}, C_{BA} = -1$$

杆 BC 的受力状态与图 7-16(c)所示的悬臂梁相同,因此

$$S_{BC} = i_{BC}, C_{BC} = -1$$

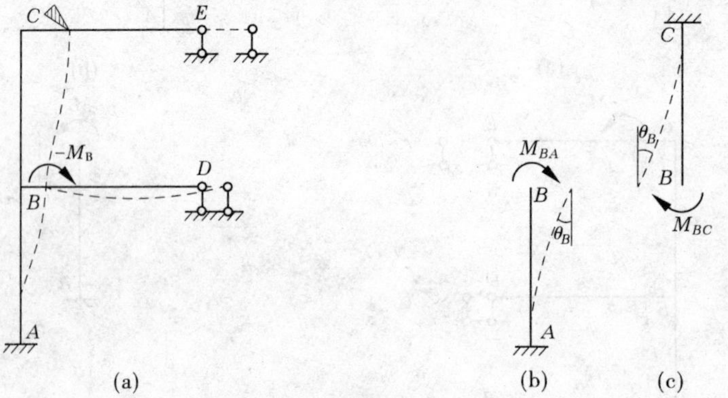

图 7-16

综上所述,在结点力偶作用下,刚架中的剪力静定杆件都是零剪力杆件。因此,当放松结点时,这些杆件都是在零剪力的条件下进行力矩分配和传递的,故称为无剪力分配法。它们的转动刚度和传递系数分别按式(7-6)和式(7-7)计算。

而对于两端无相对线位移的杆件,其固端弯矩、转动刚度和传递系数的计算方法与力矩分配法中并无区别。

【例 7-5】 试用无剪力分配法计算图 7-17(a)所示的刚架,作弯矩图。

解 刚架为一单跨两层对称结构,其上作用反对称荷载,可取图 7-17(b)所示的半边结构进行计算。

(1)计算分配系数

结点 B 的分配系数为

$$S_{BA} = i_{BA} = 3, S_{BC} = i_{BC} = 1, S_{BG} = 3i_{BG} = 24$$

$$\mu_{BA} = \frac{S_{BA}}{\sum_B S} = \frac{3}{3 + 1 + 24} = 0.107$$

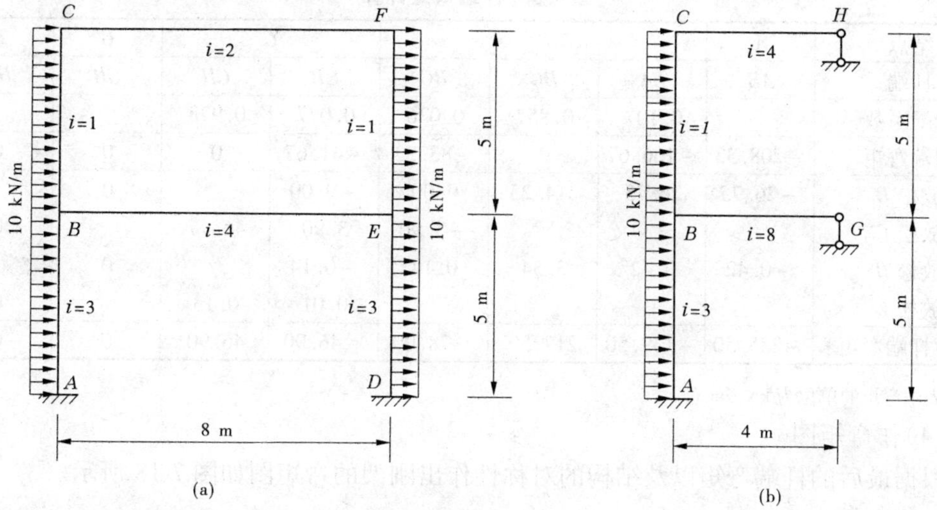

图 7-17

$$\mu_{BC} = \frac{S_{BC}}{\sum_B S} = \frac{1}{3+1+24} = 0.036$$

$$\mu_{BG} = \frac{S_{BG}}{\sum_B S} = \frac{24}{3+1+24} = 0.857$$

结点 C 的分配系数为

$$S_{CB} = i_{CB} = 1, S_{CH} = 3i_{CH} = 12$$

$$\mu_{CB} = \frac{S_{CB}}{\sum_C S} = \frac{1}{1+12} = 0.077$$

$$\mu_{CH} = \frac{S_{CH}}{\sum_C S} = \frac{12}{1+12} = 0.923$$

(2)计算固端弯矩

$$M_{BA}^{\mathrm{F}} = -\frac{ql^2}{6} - \frac{F_{\mathrm{P}}l}{2} = -\frac{10\times 5^2}{6} - \frac{50\times 5}{2} = -166.67\ \mathrm{kN\cdot m}$$

$$M_{AB}^{\mathrm{F}} = -\frac{ql^2}{3} - \frac{F_{\mathrm{P}}l}{2} = -\frac{10\times 5^2}{3} - \frac{50\times 5}{2} = -208.33\ \mathrm{kN\cdot m}$$

$$M_{CB}^{\mathrm{F}} = -\frac{ql^2}{6} = -\frac{10\times 5^2}{6} = -41.67\ \mathrm{kN\cdot m}$$

$$M_{BC}^{\mathrm{F}} = -\frac{ql^2}{3} = -\frac{10\times 5^2}{3} = -83.33\ \mathrm{kN\cdot m}$$

(3)力矩分配与传递

无剪力分配的计算过程见表 7-5,其中,杆 BA、CB 的传递系数为 -1。

表 7-5　杆端弯矩计算

结点	A	B			C		G	H
杆端	AB	BA	BG	BC	CB	CH	GB	HC
分配系数		0.107	0.857	0.036	0.077	0.923		
固端弯矩	-208.33	-166.67	0	-83.33	-41.67	0	0	0
放松 B	-26.75	26.75	214.25	9.00	-9.00		0	
放松 C				-3.90	3.90	46.77		0
放松 B	-0.42	0.42	3.34	0.14	-0.14		0	
放松 C					0.01	0.13		0
最后杆端弯矩	-235.50	-139.50	217.59	-78.09	-46.90	46.90	0	0

注：表中弯矩的单位为 kN · m。

(4)作弯矩图

根据最后的杆端弯矩以及结构的对称性作出刚架的弯矩图如图 7-18 所示。

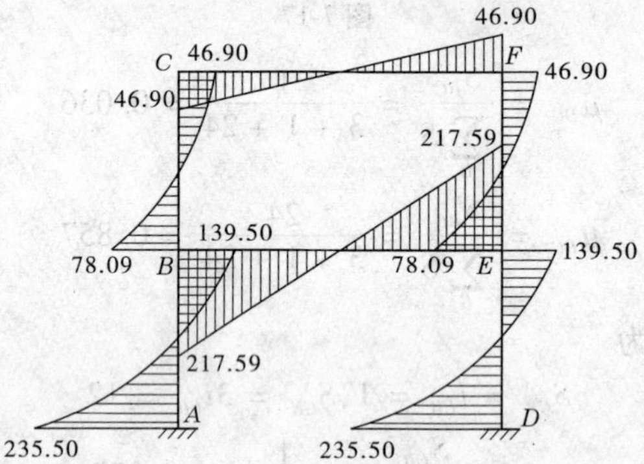

M图(kN · m)

图 7-18

第五节　近似计算法

用精确法计算多层多跨刚架，常常要有大量的计算工作，若不借助于计算机，往往无法进行计算。近似法可以在一定条件下，以较小的工作量取得较为粗略的解答，具有一定的实际意义。

本节主要简单介绍几种常用的近似计算方法。

一、竖向荷载作用下的近似计算

对于竖向荷载作用下的多层多跨刚架，其内力的近似计算方法主要包括分层计算法和弯矩二次分配法。

(一)分层计算法

多层多跨刚架在一般竖向荷载作用下侧移是很小的。因此，用分层法计算时，可忽略刚架侧移的影响，按照无侧移刚架的计算方法进行内力分析。由精确分析可知，各层荷载对其他层杆件的内力影响不大,因此可将多层刚架简化为多个单层刚架,并且用力矩分配法求解杆件内力。

如图 7-19(a)所示的三层刚架,可分成如图 7-19(b)、(c)、(d)所示的三个单层刚架,分别计算。在计算中,除底层外,每个柱同属于上、下相邻两层刚架,将上、下两层所得的同一柱子的弯矩叠加,就得到该柱的最终弯矩。

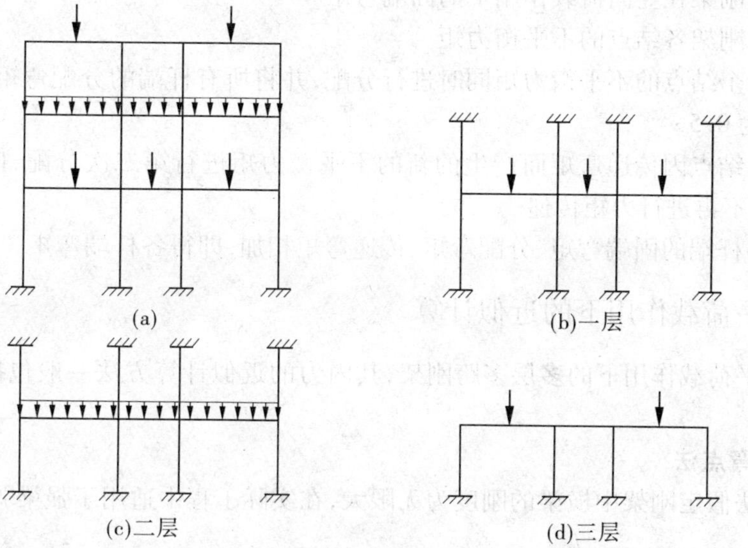

图 7-19

用分层计算法计算多层多跨刚架的基本要点可概括为:

(1)刚架分层后,各层柱高和梁跨度与原结构相同,把柱的远端假定为固定端。

(2)作用在各层梁上的竖向荷载与原结构相同,计算由其引起的梁端固端弯矩。

(3)计算梁、柱线刚度及弯矩分配系数。在各个分层刚架中,柱的远端都假定为固定端。而实际上,除底层柱底部外,其他各柱的远端并不是固定端,而是弹性约束端。为了反映这个特点,分层计算时将除底层柱外的其他柱子的线刚度乘以 0.9 的修正系数。在计算结点各杆端的分配系数时,用修正后的柱的线刚度计算。

(4)计算传递系数。底层柱和各层梁的传递系数都取 1/2,上层各柱对其远端的传递系数修改为 1/3。

(5)分别用力矩分配法计算得到各层刚架的杆端弯矩,并将上、下两层分别计算得到的同一个柱端的弯矩叠加。这样得到的结点上的弯矩可能不平衡,但误差不会很大。如果要求更精确一些,可将结点的不平衡力矩再进行一次分配。

(二)弯矩二次分配法

采用无侧移刚架的力矩分配法计算竖向荷载作用下刚架结构的杆端弯矩时,由于要考虑任一结点不平衡力矩对刚架所有杆件的影响,因而计算十分烦琐。由分层法可知,多层多跨刚架的结点不平衡力矩对邻近结点影响较大,对较远结点影响较小。为了简化计算,可假定某一结点的不平衡力矩只对交于该结点的各杆件的远端有影响,而对其余杆件的影响可忽略不计。计算时,先对各结点不平衡力矩进行第一次分配,并向远端传递,再将因传递弯矩而产生的新的不平衡力矩进行第二次分配，整个弯矩分配和传递过程即告结束，此即弯矩二次分配法。

弯矩二次分配法是力矩分配法的一种简化计算方法，这种方法是将各结点的不平衡力矩同时分配和传递，并以两次分配为限，其具体计算步骤为：

(1)根据梁、柱的线刚度计算杆件的弯矩分配系数。

(2)计算刚架在竖向荷载作用下的固端弯矩。

(3)计算刚架各结点的不平衡力矩。

(4)将各个结点的不平衡力矩同时进行分配，并将所有杆端的分配弯矩向远端传递，传递系数均为0.5。

(5)将各结点因传递弯矩而产生的新的不平衡力矩进行第二次分配，使各结点处于平衡状态，而不再进行力矩传递。

(6)将各杆端的固端弯矩、分配弯矩、传递弯矩相加，即得各杆端弯矩。

二、水平荷载作用下的近似计算

对于水平荷载作用下的多层多跨刚架，其内力的近似计算方法一般包括反弯点法和 D 值法。

(一)反弯点法

反弯点法假定刚架中横梁的刚度为无限大，在实际工程中适用于强梁弱柱的情况，只有横梁与立柱线刚度之比 $\frac{i_b}{i_c} \geqslant 3$ 时，才可用反弯点法计算。

如图7-20(a)所示的简单刚架，横梁假定为刚性梁。这时，刚架变形的特点是结点有侧移而无转角，弯矩图的特点是立柱中点的弯矩为零，如图7-20(b)所示。设左柱线刚度为 i_1，高度为 h_1；右柱线刚度为 i_2，高度为 h_2。由于两柱侧移 Δ 相等，因此由杆件的形常数可知，两柱的剪力(见图7-20(c))为

$$\left.\begin{aligned} F_{Q1} &= \frac{12i_1}{h_1^2}\Delta = k_1\Delta \\ F_{Q2} &= \frac{12i_2}{h_2^2}\Delta = k_2\Delta \end{aligned}\right\} \tag{a}$$

式中，k 为柱的抗侧移刚度，即柱上、下两端有单位相对侧移时在柱中引起的剪力，$k = \frac{12i}{h^2}$。

由静力平衡条件可知，两柱剪力的和应等于 F_P，即

$$F_P = F_{Q1} + F_{Q2} \tag{b}$$

将式(a)代入式(b)，得

$$\Delta = \frac{F_P}{k_1 + k_2} \tag{c}$$

将式(c)代入式(a)，求出两柱的剪力为

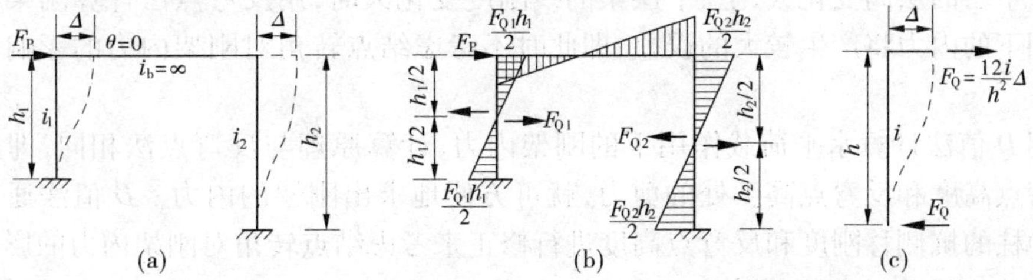

图 7-20

$$
\left.\begin{aligned}
F_{Q1} &= \frac{k_1}{\sum_{i=1}^{2} k_i} F_P = \eta_1 F_P \\
F_{Q2} &= \frac{k_2}{\sum_{i=1}^{2} k_i} F_P = \eta_2 F_P
\end{aligned}\right\} \tag{7-8}
$$

式中，η_1、η_2 为剪力分配系数，且 $\eta_i = \dfrac{k_i}{\sum_{i=1}^{n} k_i}$。

由此可以看出，各柱的剪力与该柱的抗侧移刚度 k_i 成正比。因此，荷载 F_P 按剪力分配系数分配给各柱。求出各柱剪力后，再利用反弯点在各柱中点这个特点，可知各柱两端弯矩为

$$
M = F_Q \cdot \frac{h}{2} \tag{7-9}
$$

由此可画出立柱的弯矩图。然后根据结点的力矩平衡条件，可求出梁端弯矩，画出横梁的弯矩图，如图 7-20(b)所示。

综上所述，用反弯点法计算多层多跨刚架内力的要点可归纳为：

(1)刚架在结点水平荷载作用下，当横梁与立柱线刚度之比 $\dfrac{i_b}{i_c} \geqslant 3$ 时，才可用反弯点法计算。

(2)反弯点法假定横梁的线刚度为无限大，刚架结点不发生转角，只有侧移。

(3)刚架同层各柱有相同侧移时，同层各柱剪力与柱的抗侧移刚度成正比。每层柱共同承受该层及以上的水平荷载作用。各层的总剪力按各柱的剪力分配系数分配给各柱。

(4)柱的弯矩是由侧移引起的，所以柱的反弯点在柱中点处。在多层刚架中，底层柱的反弯点常设在柱的 2/3 高度处。

(5)柱端弯矩根据柱的剪力和反弯点位置确定。梁端弯矩由结点力矩平衡条件确定，中间结点的两侧梁端弯矩按梁的转动刚度分配不平衡力矩求得。

(二)D 值法

D 值法又称改进的反弯点法。该法是在反弯点法的基础上，近似考虑了刚架结点转动对柱的抗侧移刚度和反弯点高度位置的影响，其精度高于反弯点法。当刚架柱的线刚

度大，上、下层的层高变化大，上、下层梁的线刚度变化大时，用反弯点法计算刚架在水平荷载作用下的内力将产生较大的误差，即此时不考虑结点转角对刚架内力的影响是不适宜的。

采用 D 值法计算水平荷载作用下的刚架内力，计算原理与反弯点法相同，即先求出柱的反弯点高度和反弯点高度处的剪力，就可方便地求出刚架的内力。D 值法通过对反弯点法中柱的抗侧移刚度和反弯点高度进行修正来考虑结点转角对刚架内力的影响。

1. 柱的抗侧移刚度 D 值的修正

在反弯点法中，柱的抗侧移刚度是按柱两端为固定端且无转角确定的，但实际上刚架结点是有转角的，考虑这个转角对刚架内力的影响，根据转角位移方程可得

$$D = \alpha_c \frac{12 i_c}{h^2} \tag{7-10}$$

式中，α_c 为结点转动对柱抗侧移刚度的影响系数，且 $\alpha_c < 1$，α_c 的计算公式见表 7-6。

表 7-6　结点转动影响系数 α_c

层别	边柱	中柱	α_c
一般层	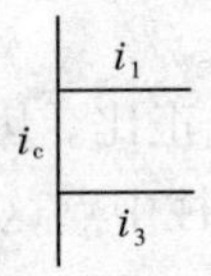 $\bar{K} = \frac{i_1 + i_3}{2 i_c}$	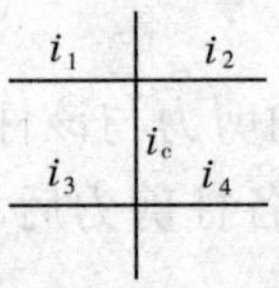 $\bar{K} = \frac{i_1 + i_2 + i_3 + i_4}{2 i_c}$	$\alpha_c = \frac{\bar{K}}{2 + \bar{K}}$
底层	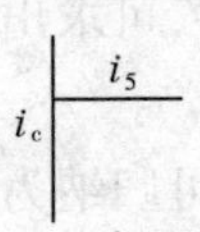 $\bar{K} = \frac{i_5}{i_c}$	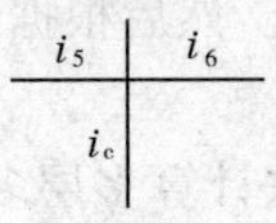 $\bar{K} = \frac{i_5 + i_6}{i_c}$	$\alpha_c = \frac{0.5 + \bar{K}}{2 + \bar{K}}$

2. 柱反弯点高度的修正

当刚架梁线刚度与柱线刚度之比不是很大时，柱的两端转角较大，尤其是最上层和最下几层更是如此。因此，柱的反弯点位置不一定在柱的中点（底层柱不一定在柱的 2/3 高度处），而与该柱上、下端转角的大小直接有关，反弯点向转角小的一方移动。柱端转角大小取决于梁、柱线刚度比，上、下层横梁线刚度比，上、下层层高的变化，该柱所在楼层位置等因素。考虑上述影响因素，在 D 值法中，柱的反弯点高度可按式(7-11)计算

$$\gamma h = (\gamma_0 + \gamma_1 + \gamma_2 + \gamma_3) h \tag{7-11}$$

式中，γh 为反弯点高度，h 为该柱层高；γ 为柱的反弯点高度比，即柱反弯点位置到柱下端的距离与该柱高度的比值；γ_0 为标准反弯点高度比，主要考虑梁、柱线刚度比及楼层位置的影响，可根据梁、柱相对线刚度比 $\bar{K}$、框架总层数 m、该柱所在层数 n 及荷载作用形式查表确定；γ_1 为柱上、下横梁刚度比不同时的修正值，当上层梁刚度小于下层梁刚度时，即

上层梁 i_1+i_2 小于下层梁 i_3+i_4 时，令 $\alpha_1=\frac{i_1+i_2}{i_3+i_4}$，反弯点上移，$\gamma_1$ 取正值，当上层梁 i_1+i_2 大于下层梁 i_3+i_4 时，令 $\alpha_1=\frac{i_3+i_4}{i_1+i_2}$，反弯点下移，$\gamma_1$ 取负值，γ_1 可根据 α_1 和 $\overline{K}$ 查表求得，底层柱无刚接的基础梁时不作此项修正；γ_2 为上层层高 $h_上$ 与本层层高 h 不等时对反弯点高度的影响系数，当 $\alpha_2=\frac{h_上}{h}>1$ 时，反弯点上移，γ_2 取正值，反之则取负值，γ_2 可根据 α_2 和 $\overline{K}$ 查表求得；γ_3 为下层层高 $h_下$ 与本层层高 h 不等时对反弯点高度的影响系数，当 $\alpha_3=\frac{h_下}{h}>1$ 时，反弯点下移，γ_3 取负值，反之则取正值，γ_3 根据 α_3 和 $\overline{K}$ 查表求得。

当各层柱的抗侧移刚度 D 值和反弯点高度 γh 确定后，与反弯点法一样，就可确定各柱在反弯点处的剪力值和柱端弯矩，再由结点平衡条件，进而求出横梁的内力。

第六节　超静定结构总论

一、超静定结构基本计算方法的对比分析

超静定结构的基本计算方法有力法和位移法。在计算过程中，二者都要建立用来求解基本未知量的典型方程，然后应用直接法来求解典型方程。为了避免解多元联立方程组，也可以采用渐近法来求解，力矩分配法和无剪力分配法便是以位移法为基础的渐近解法。

下面对超静定结构的几种解法作一比较。

(一)计算途径的比较

从选取的基本未知量来看，力法是以多余约束中的多余未知力作为基本未知量，位移法是以结点位移作为基本未知量，力矩分配法实质上也是以结点位移作为基本未知量，只不过改用杆端力矩来进行运算。

从典型方程建立的过程来看，在力法中，通常是以去掉多余约束后的静定结构为基本结构，根据基本结构在外界因素和多余未知力共同作用下的位移与原结构相同的条件来建立力法的基本方程，所以力法的典型方程乃是位移协调方程。在位移法中，通常是将原结构转化为由单跨超静定梁组成的组合体作为基本结构，以每个附加约束的总反力为零的条件来建立位移法的基本方程，所以位移法的典型方程实质上是与附加约束相连的原结构的某一结点或某一部分的平衡方程。

在每一种计算方法中，平衡条件和变形连续条件都必须同时得到满足，只是方式上有所不同。在力法中，首先利用平衡条件来计算基本体系的内力（如作 M_P 图和 $\overline{M}_i$ 图），这时平衡条件是满足的，然后再建立力法的基本方程以满足变形连续条件。在位移法中，首先保证变形连续条件得到满足，如对每个刚结点只有一个转角，这就满足了同一刚结点处各杆转角应相等的变形连续条件，然后再建立位移法的基本方程以满足平衡条件。在力矩分配法和无剪力分配法中，情况与位移法相似，在渐近计算的每一个循环中，变形连续

条件是始终满足的(由分配系数和传递系数来保证),而平衡条件在每一个循环中只是局部地满足,但经过多次循环之后可以逐渐地全面地得到满足。

(二)适用范围的比较

对一个具体结构来说,不同方法的计算工作量有繁简之别,适当地选择计算方法是必要的。

就力法和位移法来说,基本未知量的多少是影响其计算工作量的主要因素。凡是多余约束多而结点位移少的结构,位移法优于力法;反之,则力法优于位移法。此外,当两种方法的基本未知量数目相差不多时,宜选用位移法,这是因为在计算基本方程的系数和自由项时,位移法比力法要简单一些。

就渐近法(力矩分配法和无剪力分配法)和位移法来说,由于渐近法省去了建立方程和解算方程的工作,并且直接计算杆端弯矩,故计算更为简捷。但单纯用力矩分配法只能计算无结点线位移的结构,无剪力分配法则只能用于其各层柱为剪力静定的刚架。在个别情况下,如果计算收敛太慢,也不宜采用渐近法。

对于各种类型的结构,其适用的计算方法可概括如下:

(1)对于超静定桁架,由于结点位移太多,宜使用力法进行计算,但计算桁架次应力时,以力矩分配法为宜。

(2)对于两铰拱和无铰拱,需用力法进行计算;计算连续拱时,可取曲杆为单元,使用位移法或渐近法进行计算。

(3)对于连续梁,最宜于采用力矩分配法计算。

(4)对于无侧移刚架,可采用力矩分配法计算;对于有侧移刚架,可采用位移法或无剪力分配法计算;对于多层刚架,可采用无剪力分配法或近似法计算。

对于某些结构,也可以考虑几种方法的联合应用,如力法与位移法的联合应用,力法与力矩分配法的联合应用,位移法与力矩分配法的联合应用,力矩分配法与无剪力分配法的联合应用等。

最后指出,以上的比较是从手算的角度来说的,如采用计算机进行计算,则位移法的计算程序比较简单,易于实现自动化,因此多数结构类型都采用矩阵位移法。

二、超静定结构的基本性质

(一)超静定结构具有多余约束

从几何组成角度看,多余约束的存在是超静定结构区别于静定结构的主要特征。由于存在多余约束,因此超静定结构的反力和内力仅凭静力平衡条件不能唯一确定,必须同时考虑变形条件后才能得到解答。

(1)超静定结构具有较强的防护能力。对于静定结构,当有一个约束被破坏时,结构就变成了几何可变体系,从而丧失承载能力。但对于超静定结构,当有一个或多个多余约束被破坏时,结构仍为几何不变体系,还具有继续承受荷载的能力。因此,超静定结构具有较强的防护能力,在设计工作中,选择结构形式时应注意这一特性。

(2)超静定结构内力和变形分布比较均匀,峰值较小。图 7-21(a)所示为三跨连续梁在荷载 F_P 作用下的弯矩图和变形图,由于梁的连续性,两个边跨也产生内力。图 7-21(b)所示为一静定多跨梁在荷载 F_P 作用下的弯矩图和变形图,由于铰的作用,两边跨不产生内力。这说明局部荷载在超静定结构中的影响范围一般比在静定结构中要大。因此,超静定结构内力分布的范围较广,其内力分布也比静定结构均匀,内力的峰值也较小。

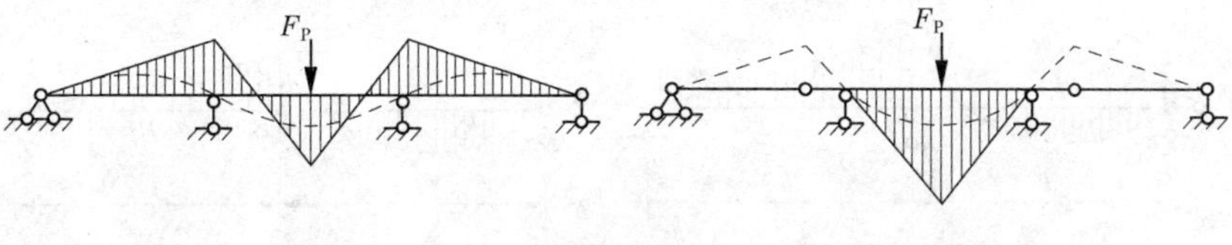

(a)　(b)

图 7-21

(3)超静定结构具有较强的刚度和稳定性。从结构变形的角度来看,在均布荷载作用下,简支梁的最大挠度为两端固定梁的 5 倍,如图 7-22 所示。这说明由于多余约束的存在,超静定结构的刚度有所提高。从结构稳定的角度来看,两端铰支柱的临界力为一端固定、另一端滑动柱的临界力的 1/4 ,如图 7-23 所示。这说明由于多余约束的存在,超静定结构的稳定性有所提高。

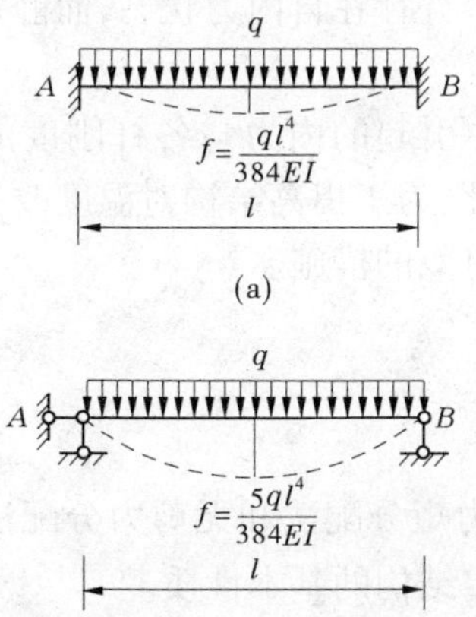

(b)

图 7-22

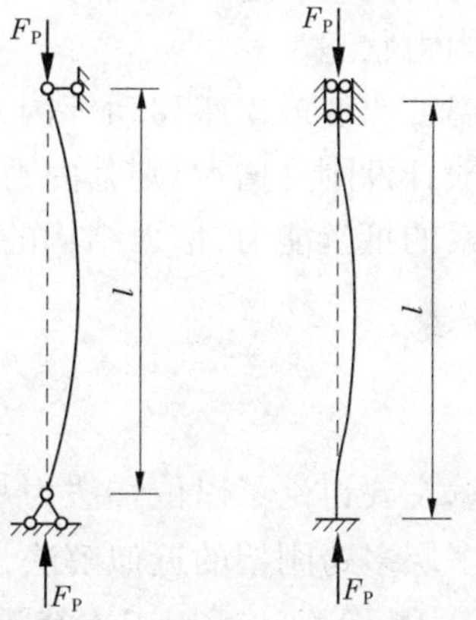

(a)　(b)

图 7-23

(二)超静定结构的内力与杆件的截面尺寸和材料性质有关

对于静定结构,杆件的截面尺寸或材料性质改变时,结构的内力分布不会发生任何改变。而在超静定结构中,杆件的截面尺寸或材料性质的改变都会使结构的内力产生重新分布。图 7-24(a)所示为两跨连续梁在均布荷载作用下的弯矩图。当其中某跨梁的截面尺寸或材料性质改变时,两跨梁的抗弯刚度 EI 的比值便会有改变,倘若用力矩分配法求解,则表现为 B 结点处的分配系数将有所变化,因而内力分布也会改变,如图 7-24(b)所示。但如果两跨梁的刚度的比值不变,而只是按同一比例增减,则分配系数保持不变,内力也不变。由此可见,在荷载作用下,超静定结构的内力分布只与各杆刚度的比值有关,而与绝对值无关。因此,在计算内力时,允许采用相对刚度。

由于超静定结构具有以上性质,在荷载作用下设计超静定结构时,须先假设截面尺寸才能求出内力,然后根据所得内力来重新选择截面,也就是需要经过一个试算过程,而静定结构则无此问题。此外,也可以利用超静定结构的这个特点,通过改变杆件截面尺寸的办法来达到调整内力状态的目的。

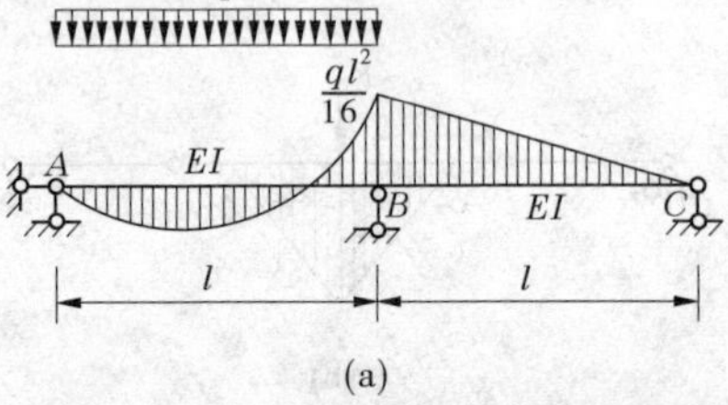

图 7-24

(三)非荷载因素在超静定结构中引起内力

“没有荷载,就没有内力。”这个结论只适用于静定结构,而不适用于超静定结构。在超静定结构中,不仅荷载产生内力,温度改变、支座移动、制作误差、材料收缩等因素都可以引起内力。这是因为这些因素所引起的超静定结构的变形,在其发生过程中,一般将受到多余约束的限制,因而相应地产生了内力。这种没有荷载作用而在结构中引起的内力状态称为自内力状态。由此可以看出,超静定结构容许存在自内力状态,而静定结构则不能有自内力状态。

由温度改变或支座移动等因素在超静定结构中引起的内力与各杆刚度的绝对值有关。一般杆件刚度增大,则其内力也随着增大。因此,为了提高结构对温度改变或支座移动等因素的抵抗能力,增大结构的截面尺寸并不是有效的措施。

本章小结

本章主要讨论了以位移法为基础的渐近解法(力矩分配法和无剪力分配法),并简单介绍了多层多跨刚架的近似解法,最后总结了超静定结构的基本性质。

(1)力矩分配法适用于连续梁和无侧移刚架的计算。转动刚度、分配系数、传递系数以及分配弯矩和传递弯矩都是在无结点线位移的前提下导出的。

用力矩分配法计算单结点结构时,只需固定结点和放松结点一次即可完成,计算结果为精确解。主要计算步骤包括:

①固定结点。对刚结点设置阻止其转动的附加刚臂,以固定结点,然后计算各杆的固端弯矩和结点的不平衡力矩。

②放松结点。根据各杆的转动刚度计算分配系数,将结点的不平衡力矩反号后乘以分配系数,得到各杆近端的分配弯矩;然后将各杆近端的分配弯矩乘以传递系数,得到各杆远端的传递弯矩。

③最后将以上两步中各杆端的弯矩值进行叠加,即得到各杆端弯矩的最终值。

对于多结点结构的力矩分配法,首先固定全部结点,计算各杆固端弯矩;然后逐个放松结点,轮流进行弯矩分配和传递;最后将各次计算所得的杆端弯矩叠加即得最后杆端弯矩。

力矩分配法中结点的每一次放松都是在已经变形了的位置上新增加的变形，所产生的分配弯矩、传递弯矩都是杆端弯矩的增量。

(2)无剪力分配法是力矩分配法的一个特例，适用于刚架中除两端无相对线位移的杆件外，其余杆件都是剪力静定杆件的结构。

对于剪力静定的杆件，虽然有结点线位移，但可以不将结点线位移作为基本未知量，即可以直接求出其分配系数及传递系数，从而通过与力矩分配法相同的方法进行单结点的力矩分配或多结点的力矩分配。

(3)分层计算法、弯矩二次分配法是多层多跨刚架承受竖向荷载作用时的近似计算方法，反弯点法、D值法是多层多跨刚架在水平结点荷载作用下常用的近似计算方法。这些近似计算方法对于较简单的工程结构，用手算时较为实用。

(4)超静定结构由于有多余约束的存在，其具有一些静定结构所没有的性质。只有正确认识这些性质产生的原因及带来的相应影响，才能充分利用它们设计出更加合理的结构形式。

思考题

7-1　力矩分配法中对杆端的固端弯矩及杆端弯矩的正、负号是怎样规定的？

7-2　什么是转动刚度？分配系数与转动刚度有何关系？为什么每个结点的分配系数之和应等于1？

7-3　什么是固端弯矩？不平衡力矩如何计算？为什么不平衡力矩要变号后再进行分配？

7-4　在力偶荷载作用下，杆端的分配弯矩和传递弯矩是怎样得到的？

7-5　力矩分配法的基本运算步骤有哪些？每一步骤的物理意义是什么？

7-6　在用力矩分配法计算多结点结构时，为什么每次只放松一个结点？

7-7　为什么力矩分配法不能直接应用于有结点线位移的刚架？

7-8　用力矩分配法计算连续梁和无侧移刚架时，为什么结点的不平衡力矩(约束力矩)会趋于0，即为什么计算过程是收敛的？

7-9　在力矩分配法的计算过程中，如果仅仅是传递弯矩有误，杆端最后弯矩能否满足结点的力矩平衡条件？为什么？

7-10　什么是无剪力分配法？它适用于计算什么样的刚架？

7-11　无剪力分配法能否用于多跨刚架？

7-12　超静定结构与静定结构有哪些区别？

习　题

7-1　试用力矩分配法计算图7-25所示单结点超静定梁，作弯矩图。

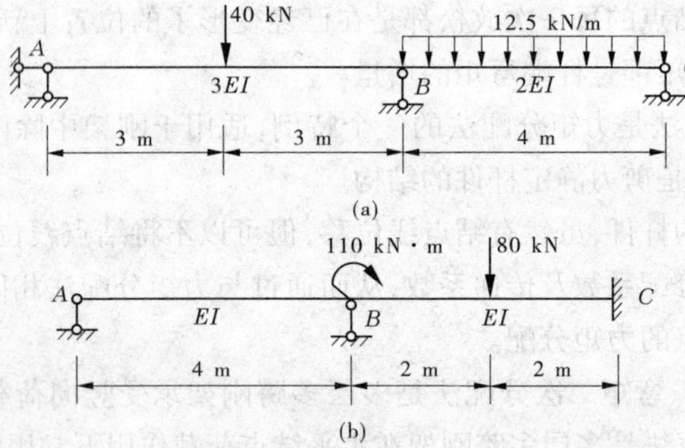

图 7-25

7-2　试用力矩分配法计算图 7-26 所示单结点刚架,作弯矩图。

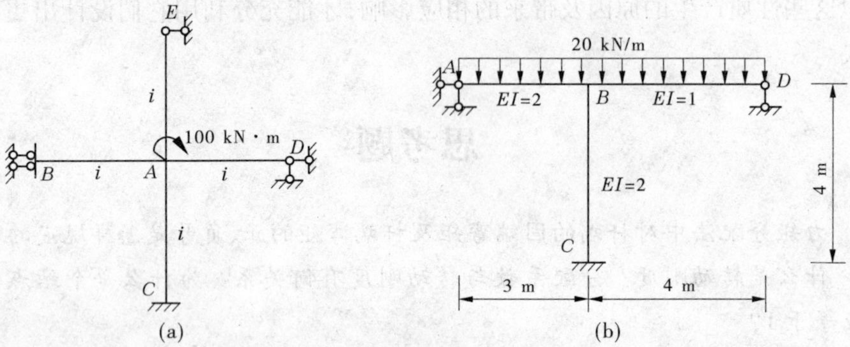

图 7-26

7-3　试用力矩分配法计算图 7-27 所示多结点超静定梁,作弯矩图。

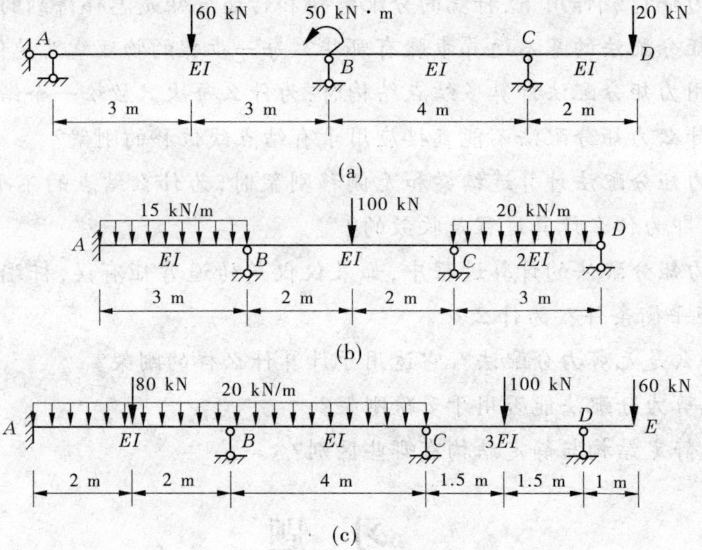

图 7-27

7-4　试用力矩分配法计算图 7-28 所示多结点刚架，作弯矩图。

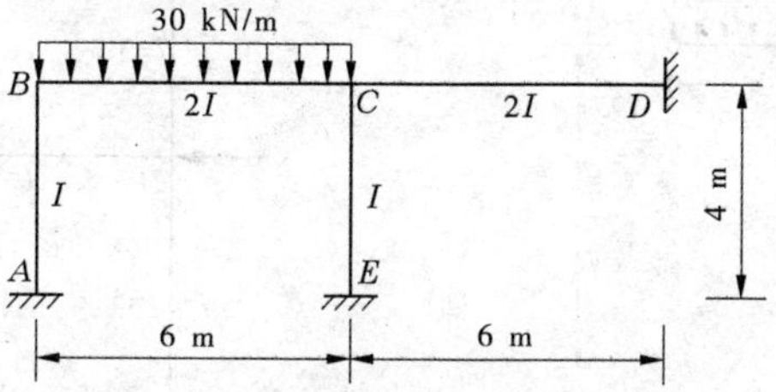

(a)

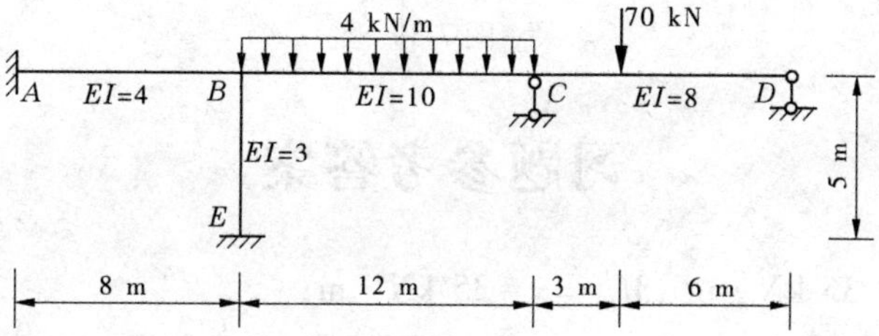

(b)

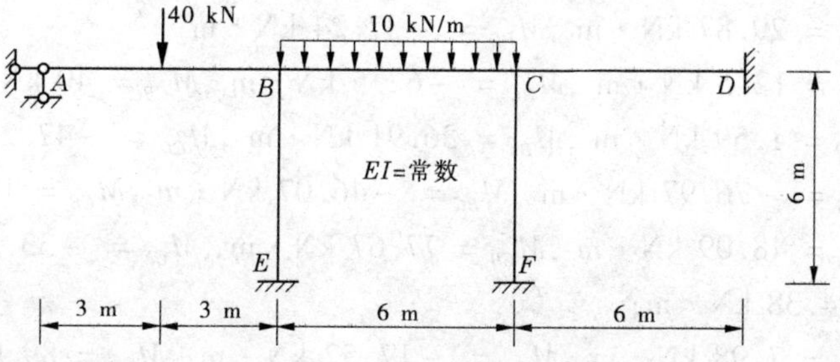

(c)

图 7-28

7-5　试用力矩分配法计算图 7-29 所示对称梁结构，作弯矩图。已知支座 B、C 都向下发生 0.03 m 的线位移，$E = 200$ GPa，$I = 4 \times 10^{-4}\text{m}^4$。

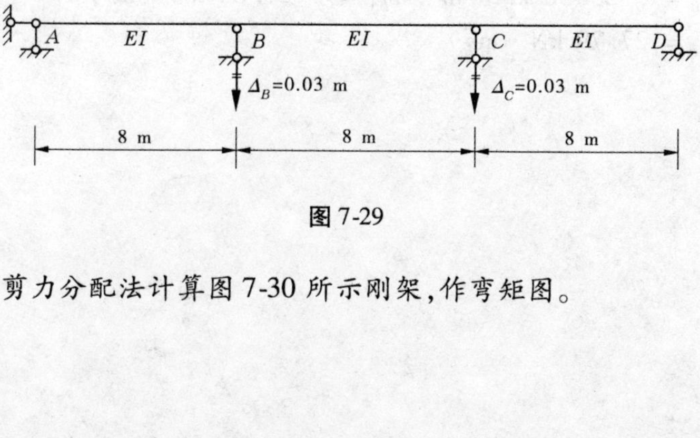

图 7-29

7-6　试用无剪力分配法计算图 7-30 所示刚架，作弯矩图。

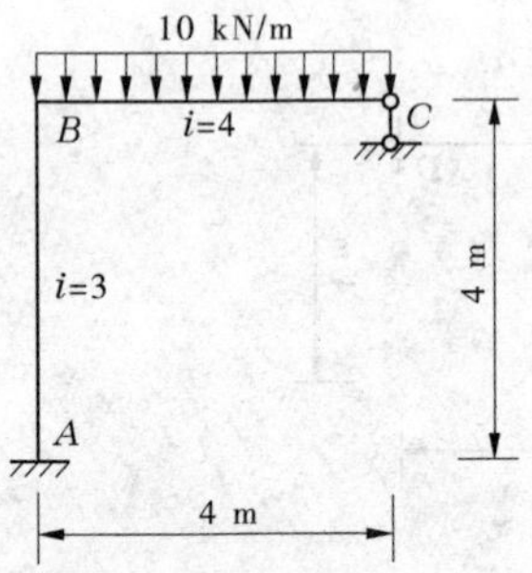

(a)

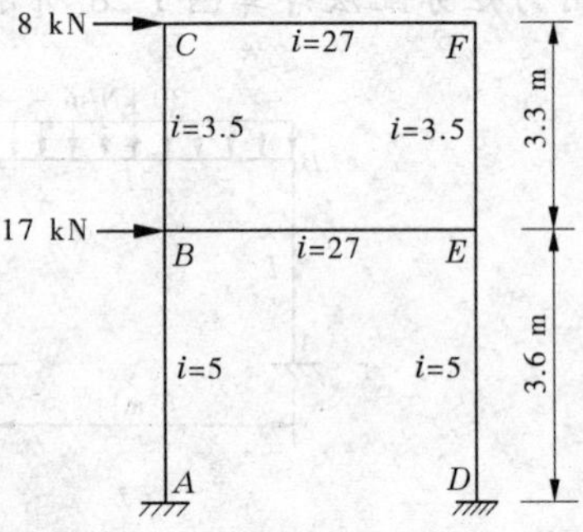

(b)

图 7-30

习题参考答案

7-1　(a) $M_{BA} = 35\ \text{kN}\cdot\text{m}$, $M_{BC} = -35\ \text{kN}\cdot\text{m}$;

(b) $M_{BA} = 64.29\ \text{kN}\cdot\text{m}$, $M_{BC} = 45.71\ \text{kN}\cdot\text{m}$, $M_{CB} = 82.86\ \text{kN}\cdot\text{m}$

7-2　(a) $M_{AB} = 9.09\ \text{kN}\cdot\text{m}$, $M_{AC} = 36.36\ \text{kN}\cdot\text{m}$, $M_{AD} = 27.27\ \text{kN}\cdot\text{m}$;

(b) $M_{BA} = 29.87\ \text{kN}\cdot\text{m}$, $M_{BD} = -37.24\ \text{kN}\cdot\text{m}$

7-3　(a) $M_{BA} = 12.5\ \text{kN}\cdot\text{m}$, $M_{BC} = -62.5\ \text{kN}\cdot\text{m}$, $M_{CB} = 40\ \text{kN}\cdot\text{m}$;

(b) $M_{AB} = 1.59\ \text{kN}\cdot\text{m}$, $M_{BA} = 36.91\ \text{kN}\cdot\text{m}$, $M_{CD} = -47.27\ \text{kN}\cdot\text{m}$;

(c) $M_{AB} = -76.97\ \text{kN}\cdot\text{m}$, $M_{BC} = -46.07\ \text{kN}\cdot\text{m}$, $M_{CB} = 18.85\ \text{kN}\cdot\text{m}$

7-4　(a) $M_{BA} = 48.09\ \text{kN}\cdot\text{m}$, $M_{CB} = 77.67\ \text{kN}\cdot\text{m}$, $M_{CE} = -33.29\ \text{kN}\cdot\text{m}$, $M_{CD} = -44.38\ \text{kN}\cdot\text{m}$;

(b) $M_{BA} = 7.98\ \text{kN}\cdot\text{m}$, $M_{BC} = -17.52\ \text{kN}\cdot\text{m}$, $M_{CB} = 89.05\ \text{kN}\cdot\text{m}$, $M_{BE} = 9.54\ \text{kN}\cdot\text{m}$;

(c) $M_{BA} = 42.19\ \text{kN}\cdot\text{m}$, $M_{BC} = -38.44\ \text{kN}\cdot\text{m}$, $M_{BE} = -3.75\ \text{kN}\cdot\text{m}$, $M_{CB} = 18.75\ \text{kN}\cdot\text{m}$, $M_{CF} = -9.37\ \text{kN}\cdot\text{m}$

7-5　$M_{BA} = -45\ \text{kN}\cdot\text{m}$

7-6　(a) $M_{BC} = -4\ \text{kN}\cdot\text{m}$;

(b) $M_{AB} = -23.36\ \text{kN}\cdot\text{m}$, $M_{BA} = -21.64\ \text{kN}\cdot\text{m}$, $M_{CB} = -7.05\ \text{kN}\cdot\text{m}$, $M_{BE} = 27.79\ \text{kN}\cdot\text{m}$

第八章　影响线及其应用

本章主要讨论结构在移动荷载作用下的内力计算问题，而影响线是解决此类问题的基本工具。首先介绍静定结构和连续梁影响线的绘制方法，包括静力法和机动法；然后介绍如何利用影响线来确定结构在移动荷载作用下的最不利荷载位置、计算结构的最大内力及绘制内力包络图，从而为结构设计提供依据。

在学习中，首先应掌握绘制影响线的基本方法，并能熟练应用其作各类结构的影响线；其次能应用影响线解决移动荷载作用下结构的内力计算问题。

第一节　概　述

前面各章讨论的作用在结构上的荷载都是固定荷载。但在实际工程中，有些结构除要承受固定荷载作用外，还要承受移动荷载的作用。例如，桥梁要承受火车或汽车荷载的作用，吊车梁要承受吊车荷载的作用等。

本章着重讨论结构在移动荷载作用下的内力计算问题。这个问题具有如下特点：结构内力随荷载的移动而变化，为此需要研究内力的变化范围和变化规律；设计时必须以内力的最大(小)值作为设计依据，为此需要确定荷载的最不利位置，即使结构某个内力或支座反力达到最大(小)值时所对应的荷载位置。

移动荷载的类型很多，我们没有必要逐个加以讨论，而只需抽出其中的共性进行典型分析。典型的移动荷载就是单位移动荷载 $F_P=1$，它是从各种移动荷载中提取出来的最简单、最基本的元素。只要把单位移动荷载作用下结构内力的变化规律分析清楚，根据叠加原理，就可以顺利地解决各种移动荷载作用下的结构内力计算问题以及最不利荷载位置的确定问题。

影响线是研究结构在移动荷载作用下内力计算问题的基本工具。下面以简支梁为例，来说明影响线的基本概念。

图 8-1(a)所示为一简支梁 AB，设单个竖向荷载 F_P 在梁上移动，现讨论支座反力 F_{yB} 的变化规律。

取 A 点为坐标原点，用 x 表示荷载作用点的位置参数。如果 x 是常量，则 F_P 就是一个固定荷载。反之，如果把 x 看做变量，则 F_P 就成为移动荷载。

当荷载 F_P 作用在梁上任意位置 $x(0\leqslant x\leqslant l)$时，由静力平衡条件 $\sum M_A=0$ 可知

$$F_{yB}=\frac{x}{l}F_P\quad(0\leqslant x\leqslant l)\tag{a}$$

由式(a)可知，F_{yB}与 F_P 成正比，比例系数$\frac{x}{l}$称为 F_{yB}的影响系数，用$\overline{F}_{yB}$表示，即

$$\overline{F}_{yB}=\frac{x}{l}\quad(0\leqslant x\leqslant l)\tag{8-1}$$

显然，影响系数$\overline{F}_{yB}$在数值上等于当$F_{\mathrm{P}}=1$时引起的支座反力F_{yB}。

式(8-1)表示影响系数$\overline{F}_{yB}$与荷载位置参数x之间的函数关系。这个函数的图形便称为F_{yB}的影响线。式(8-1)的函数图形如图8-1(b)所示，此图形即为F_{yB}的影响线。

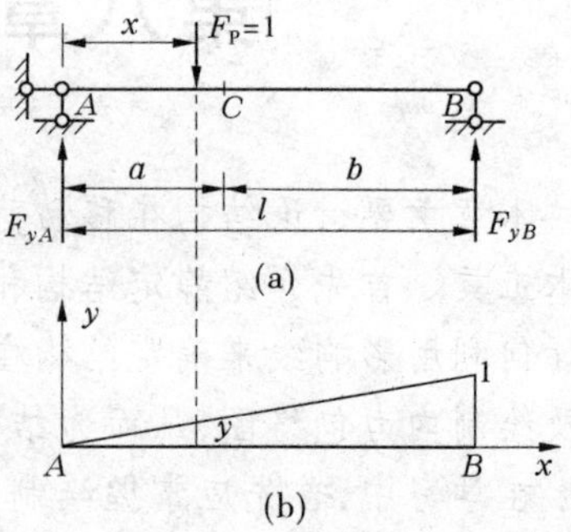

图 8-1

从图8-1(b)中可以看出，F_{yB}的影响线形象地表明了支座反力F_{yB}随荷载$F_{\mathrm{P}}=1$的移动而变化的规律：当荷载$F_{\mathrm{P}}=1$从A点开始逐渐向B点移动时，支座反力影响系数$\overline{F}_{yB}$则相应地从零开始，逐渐增大，最后达到最大值$\overline{F}_{yB}=1$。

概括起来，当单位集中荷载$F_{\mathrm{P}}=1$沿结构移动时，表示结构某量Z变化规律的曲线就称为Z的影响线。影响线上任一点的横坐标x表示荷载作用点的位置参数，纵坐标y表示荷载作用于该点时Z的影响系数$\overline{Z}$。

由Z与其影响系数$\overline{Z}$之间的关系式$Z=F_{\mathrm{P}}\overline{Z}$可知，当$F_{\mathrm{P}}=1$时，$\overline{Z}$与$Z$在数值上彼此相等，但$\overline{Z}$与$Z$的量纲不同，它们相差一个荷载$F_{\mathrm{P}}$的量纲。

第二节　静力法作静定梁的影响线

静定结构内力和支座反力的影响线有两种基本作法：静力法和机动法。本节主要介绍如何应用静力法来作静定梁内力和支座反力的影响线。

静力法是以荷载的作用位置参数x为变量，通过静力平衡条件确定所求内力和支座反力的影响函数，从而作出其影响线。

一、简支梁的影响线

(一)支座反力的影响线

如图8-1(a)所示简支梁，其支座反力F_{yB}的影响线已在上节中讨论过，现在讨论支座反力F_{yA}的影响线。

将$F_{\mathrm{P}}=1$放在梁上的任意位置，设距A为x。由平衡方程$\sum M_B=0$可知

$$F_{yA}l-F_{\mathrm{P}}(l-x)=0$$

即

$$F_{yA}=\frac{l-x}{l}F_{\mathrm{P}}$$

F_{yA}的影响系数$\overline{F}_{yA}$为

$$\overline{F}_{yA}=\frac{l-x}{l}\quad(0\leqslant x\leqslant l)$$

这就是 F_{yA} 的影响线函数。作出此影响线函数的图形如图 8-2(a)所示，此图形即为支座反力 F_{yA} 的影响线。

(二)剪力的影响线

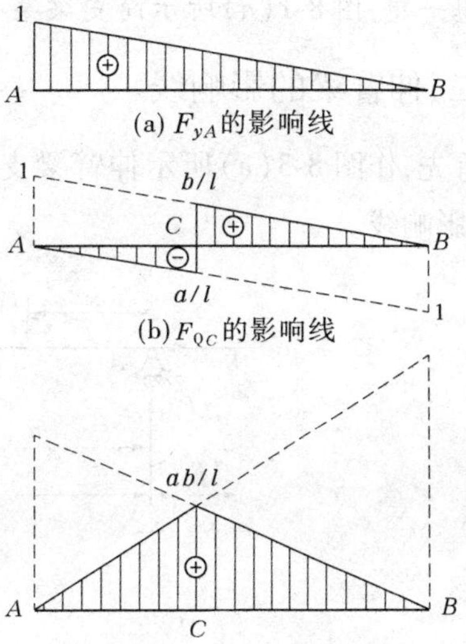

(a) F_{yA} 的影响线

(b) F_{QC} 的影响线

(c) M_C 的影响线

图 8-2

现在拟求图 8-1(a)所示简支梁指定截面 C 的剪力 F_{QC} 的影响线。

当 $F_P=1$ 作用在 C 点以左或以右时，剪力 F_{QC} 的影响系数具有不同的表达式，应当分别加以讨论。

当 $F_P=1$ 作用在 CB 段时，取截面 C 的左边为隔离体，由 $\sum F_y=0$，得

$$F_{QC} = F_{yA} \tag{a}$$

式(a)表明，在 CB 段内，F_{QC} 的影响线与 F_{yA} 的影响线相同。因此，可先作 F_{yA} 的影响线，然后保留其中的 CB 段。C 点的纵坐标可由比例关系求得为 b/l。

当 $F_P=1$ 作用在 AC 段时，取截面 C 的右边为隔离体，由 $\sum F_y=0$，得

$$F_{QC} = -F_{yB} \tag{b}$$

式(b)表明，在 AC 段内，F_{QC} 的影响线与 F_{yB} 的影响线相同，但符号相反。因此，可先把 F_{yB} 的影响线翻过来画在基线下面，然后保留其中的 AC 段。C 点的纵坐标可按比例关系求得为 $-a/l$。

综合起来，F_{QC} 的影响线分为 AC 和 CB 两段，由两段平行线所组成，如图 8-2(b)所示。由 F_{QC} 的影响线可知，当 $F_P=1$ 作用在 AC 段时，剪力 F_{QC} 为负值；当 $F_P=1$ 作用在 CB 段上时，剪力 F_{QC} 为正值；当 $F_P=1$ 越过 C 点由左侧移到右侧时，截面 C 的剪力产生突变。

(三)弯矩的影响线

现在拟求图 8-1(a)所示简支梁指定截面 C 的弯矩 M_C 的影响线。

由于当 $F_P=1$ 作用在 C 点以左或以右时，弯矩 M_C 的影响系数具有不同的表达式，所以应当分别加以讨论。

当 $F_P=1$ 作用在 CB 段时，取 C 点的左边为隔离体，得

$$M_C = F_{yA} \cdot a \tag{c}$$

式(c)表明，在 CB 段内，M_C 的影响系数等于 F_{yA} 的影响系数的 a 倍。因此，可先把 F_{yA} 的影响线的纵坐标乘以 a，然后保留其中的 CB 段，就得到 M_C 在 CB 段的影响线。这里，C 点的纵坐标为 ab/l。

当 $F_P=1$ 作用在 AC 段时，取 C 点的右边为隔离体，得

$$M_C = F_{yB} \cdot b \tag{d}$$

式(d)表明，可先把 F_{yB} 的影响线的纵坐标乘以 b，然后保留其中的 AC 段，就得到 M_C 在 AC 段的影响线。这里，C 点的纵坐标仍是 ab/l。

综合起来，M_C 的影响线分为 AC 和 CB 两段，每一段都是直线，形成一个三角形，如

图 8-2(c)所示。由影响线图形可以看出，当 $F_P=1$ 作用在 C 点时，弯矩 M_C 为极大值。当 $F_P=1$ 由 C 点向梁的两端移动时，弯矩 M_C 逐渐减小到零。

想一想：图 8-1(a)所示简支梁某个截面弯矩的影响线图与梁的弯矩图有什么不同？

二、伸臂梁的影响线

首先，作图 8-3(a)所示伸臂梁支座反力 F_{yA}、F_{yB} 与 AB 跨内截面 C 的剪力 F_{QC}、弯矩 M_C 的影响线。

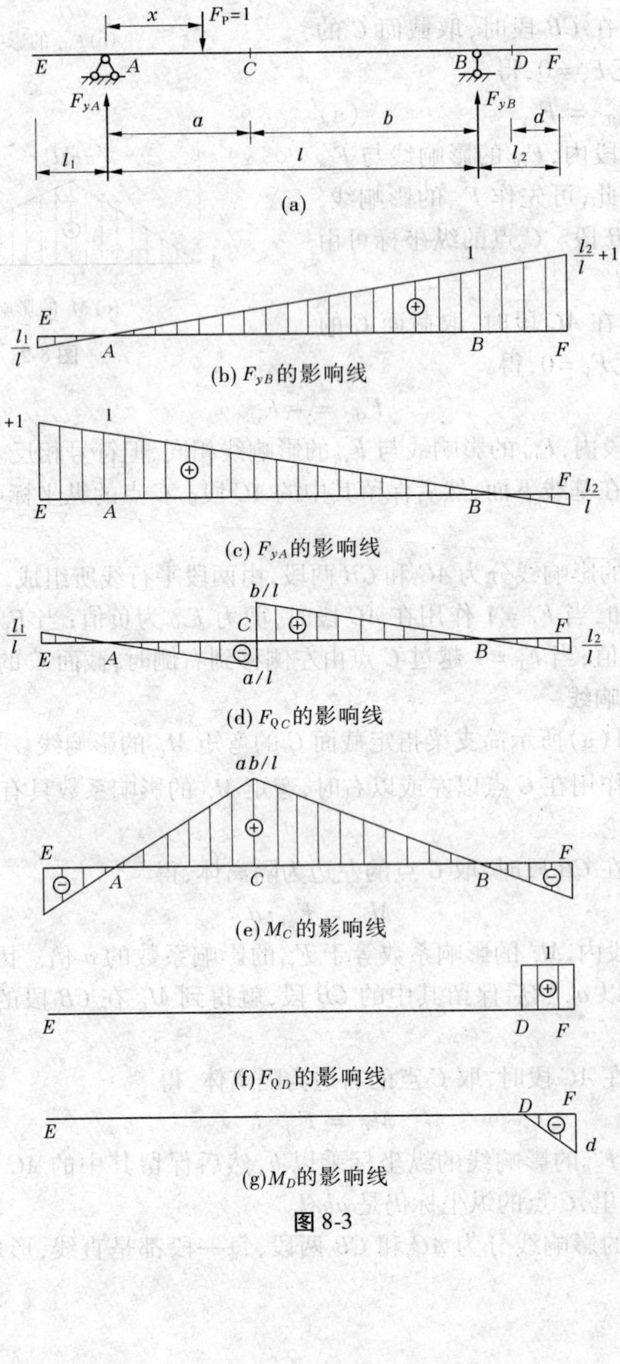

图 8-3

取 A 点为坐标原点，横坐标 x 以向右为正。通过静力分析可知，伸臂梁的 F_{yA}、F_{yB}、F_{QC}、M_C 的影响函数的表达式与相应简支梁的情况相同；不同之处在于 x 坐标的变化范围由简支梁的$(0\leqslant x\leqslant l)$变为现在的$(-l_1\leqslant x\leqslant l+l_2)$。由此可作出伸臂梁的 F_{yB}、F_{yA}、F_{QC} 与 M_C 的影响线如图 8-3(b)、(c)、(d)、(e)所示。

由上述分析可知，伸臂梁支座反力和 AB 跨内某截面内力的影响线与相应简支梁的情况相同，只需将简支梁的影响线沿原直线向两个伸臂部分延长，即得到伸臂梁的影响线。

其次，作图 8-3(a)所示伸臂梁的伸臂部分剪力和弯矩的影响线。

(1)剪力 F_{QD}的影响线。

当 $F_P=1$ 作用在 D 点以左时，取 D 点的右边为隔离体，得

$$\overline{F}_{QD}=0$$

当 $F_P=1$ 作用在 D 点以右时，仍取 D 点的右边为隔离体，得

$$\overline{F}_{QD}=1$$

由此可作出 F_{QD}的影响线如图 8-3(f)所示。这里只有 DF 段的影响系数不为零，也就是说，只有当荷载作用在 DF 段时，才对 F_{QD}产生影响。

(2)弯矩 M_D 的影响线。

当 $F_P=1$ 作用在 D 点以左时，取 D 点的右边为隔离体，得

$$\overline{M}_D=0$$

当 $F_P=1$ 作用在 D 点以右时，仍取 D 点的右边为隔离体，以 D 点为坐标原点，得

$$\overline{M}_D=x\quad(0\leqslant x\leqslant d)$$

作出 M_D 的影响线如图 8-3(g)所示。

三、静定多跨梁的影响线

应用静力法作静定多跨梁的影响线时，应首先分清结构的基本部分和附属部分，然后利用二者的支承关系求解结构的影响线。

下面以图 8-4(a)所示静定梁为例，说明利用静力法作静定多跨梁影响线的基本过程。

(一)支座反力 F_{yD}的影响线

由几何组成分析可知，图 8-4(a)所示静定多跨梁中，ABC 为基本部分，CD 为附属部分。

当 $F_P=1$ 作用在基本部分上时，附属部分不受力，故此时，$F_{yD}=0$。

当 $F_P=1$ 作用在附属部分上时，附属部分要受力。在附属部分，F_{yD}的影响线是以 CD 为简支梁的 D 支座反力的影响线。

由此可作出 F_{yD}的影响线如图 8-4(b)所示。

(二)剪力 F_{QE}的影响线

截面 E 在梁的基本部分上，当 $F_P=1$ 作用在基本部分上时，附属部分不受力。所以，此时在基本部分上 F_{QE}的影响线是以 AC 为伸臂梁的 E 截面剪力的影响线。

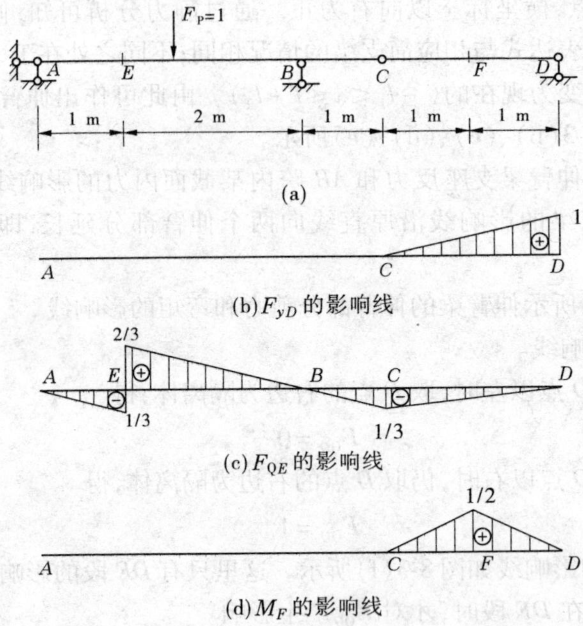

图 8-4

当 $F_P=1$ 作用在附属部分上时，基本部分也受力，故 F_{QE} 的影响线在附属部分也有值。以 C 点为坐标原点，由静力平衡条件可知

$$\overline{F}_{QE} = -F_{yA} = -\frac{2-x}{6} \quad (0 \leqslant x \leqslant 2)$$

由此可作出 F_{QE} 的影响线如图 8-4(c)所示。

(三) 弯矩 M_F 的影响线

当 $F_P=1$ 作用在基本部分上时，附属部分不受力，由于截面 F 在梁的附属部分上，所以此时 $M_F=0$。

当 $F_P=1$ 作用在附属部分上时，附属部分要受力。在附属部分，M_F 的影响线是以 CD 为简支梁的截面 F 弯矩的影响线。

由此可作出 M_F 的影响线如图 8-4(d)所示。

由以上的分析可知，作静定多跨梁影响线的规律为：附属部分某量的影响线仅在附属部分有值，其作法与相应单跨梁的相同，而在基本部分上的量值为零；基本部分某量的影响线在基本部分和附属部分都有值，基本部分的作法与相应单跨梁相同，附属部分为直线变化规律。

想一想：如何按照上述规律作出图 8-4(a)所示多跨静定梁 F_{yA}、F_{QF} 和 M_E 的影响线？

第三节　结点荷载作用下静定梁的影响线

上节讨论影响线时，单位荷载 $F_P=1$ 是直接作用在梁上的，称为直接荷载。在工程实际中，还会遇到具有纵横梁的结构体系，如楼盖体系、桥面体系等，其荷载都是经过结点传递到主梁上的。图 8-5(a)所示为一桥梁结构的计算简图，纵梁的两端简支在横梁上，横梁由主梁支撑。荷载作用在纵梁上，并通过横梁传到主梁。这样，不论纵梁承受何种荷载，主梁只在结点处承受集中力，称为结点荷载。

下面讨论用静力法作图 8-5(a)中主梁在结点荷载作用下的影响线。

一、支座反力的影响线

支座反力 F_{yA} 和 F_{yB} 的影响线与相应简支梁的情况完全相同，此处不再赘述。

二、弯矩 M_C 的影响线

C 点正好是结点，$F_P=1$ 作用在 C 点以右时，取 AC 为隔离体，利用 F_{yA} 求出 M_C；当 $F_P=1$ 作用在 C 点以左时，取 BC 为隔离体，利用 F_{yB} 求出 M_C。

由此可见，M_C 的影响线的作法与图 8-2(c)完全相同，如图 8-5(b)所示。C 点的纵坐标为

$$\frac{ab}{l}=\frac{d\cdot 3d}{4d}=\frac{3}{4}d$$

三、弯矩 M_D 的影响线

先说明 M_D 影响线的作法，然后加以证明。

假设 $F_P=1$ 直接作用在主梁 AB 上，则 M_D 的影响线为一三角形(其中 CE 段为虚线)。D 点的纵坐标为

$$y_D=\frac{ab}{l}=\frac{\frac{3}{2}d\times\frac{5}{2}d}{4d}=\frac{15}{16}d$$

由比例关系可知，C、E 两点的纵坐标为

$$y_C=\frac{15}{16}d\times\frac{2}{3}=\frac{5}{8}d$$

$$y_E=\frac{15}{16}d\times\frac{4}{5}=\frac{3}{4}d$$

将 C、E 两点的纵坐标连成直线，就得到结点荷载作用下 M_D 的影响线，如图 8-5(c)中实线所示。

下面证明上述作法的正确性。

首先，考虑当 $F_P=1$ 作用在各结点时的情况。这种情况相当于 $F_P=1$ 直接作用于主梁的各结点上，所以在结点荷载作用下 M_D 的影响线在各结点处的纵坐标与直接荷载作用下相应的纵坐标完全相同。

其次，考虑当 $F_P=1$ 在纵梁 CE 上移动时的情况。如图 8-5(d)所示，此时，M_D 是由上部 CE 梁通过支座传下的压力 F_{yC} 和 F_{yE} 引起的，由影响线的定义及叠加原理可知

$$M_D=F_{yC}y_C+F_{yE}y_E$$

式中，y_C、y_E 分别表示简支梁 AB 的 M_D 影响线在 C 点和 E 点处的纵坐标，均为常数。

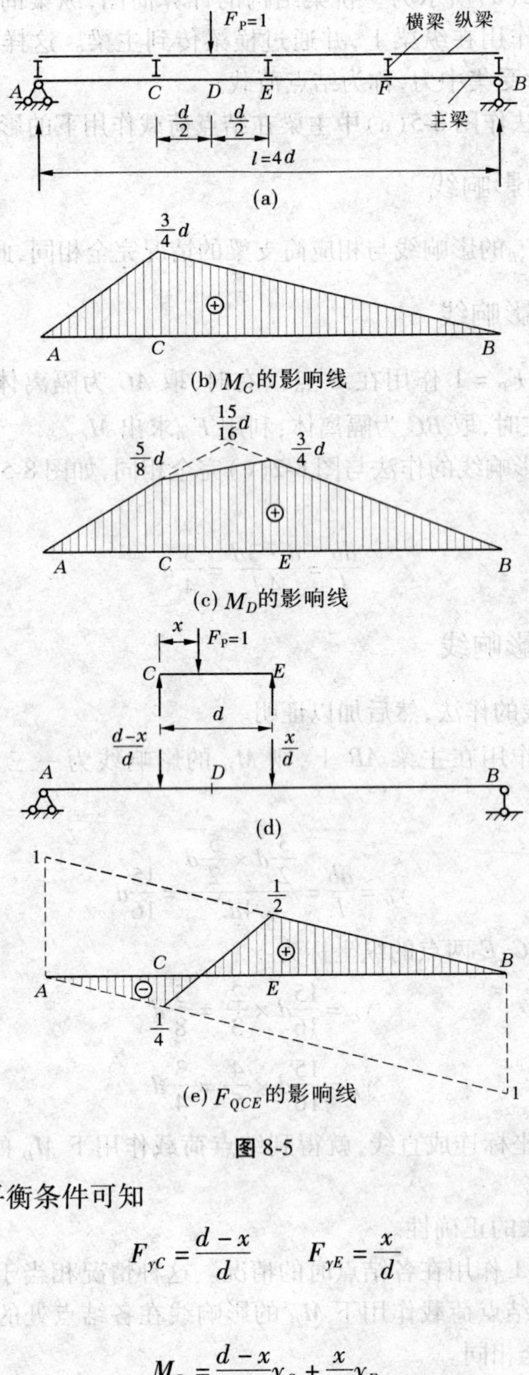

图 8-5

由梁 CE 的静力平衡条件可知

$$F_{yC}=\frac{d-x}{d}\qquad F_{yE}=\frac{x}{d}$$

故有

$$M_D=\frac{d-x}{d}y_C+\frac{x}{d}y_E$$

上式表明，M_D 为 x 的一次函数。由此可知，在结点荷载作用下，M_D 的影响线在 CE 段为一直线，只要将直接荷载作用下影响线上 C 点和 E 点的纵坐标 y_C 与 y_E 的顶点连成直线即可。当 $F_P=1$ 在其他纵梁上移动时，M_D 影响线的作法与此类似。

由上述分析可知,作结点荷载作用下梁的影响线的一般步骤为:

(1)在结点荷载作用下,结构任何影响线在相邻两结点之间为一直线。

(2)先作直接荷载作用下的影响线,用直线连接相邻两结点的纵坐标,就得到结点荷载作用下的影响线。

四、F_{QCE}的影响线

在结点荷载作用下,主梁在 C、E 两点之间没有外力,因此 CE 段各截面的剪力都相等,通常称为结间剪力,以 F_{QCE}表示。按照上述结论,可作出 F_{QCE}的影响线如图 8-5(e)所示。

第四节　静力法作静定桁架的影响线

用静力法作静定桁架的影响线时,应先由静力平衡条件求出杆件内力的影响线函数,再作出相应的影响线。在确定杆件内力的影响线函数时,采用的方法仍然是结点法与截面法,只是此时作用在结构上的荷载不再是固定荷载,而是单位移动荷载 $F_P=1$。由于桁架通常承受结点荷载作用,因此第三节中关于结点荷载作用下梁的影响线的性质,对于桁架来说都是适用的。

下面结合图 8-6(a)来说明如何应用静力法作桁架的影响线,设单位移动荷载 $F_P=1$ 作用在上弦杆。

一、支座反力的影响线

由图 8-6(a)可知,桁架支座反力的影响线与相应简支梁支座反力的影响线相同,此处不再赘述。

二、上弦杆轴力 F_{N1} 的影响线

作截面 $m—m$,以点 I 为力矩中心,用力矩平衡方程 $\sum M_I=0$ 求 F_{N1}。

如果单位荷载 $F_P=1$ 作用在 D 点以右,取截面 $m—m$ 以左部分为隔离体,得

$$F_{yA}\times 5l+F_{N1}\times h=0$$

即

$$F_{N1}=-\frac{5l}{h}F_{yA} \tag{a}$$

如果单位荷载 $F_P=1$ 作用在 C 点以左,取截面 $m—m$ 以右部分为隔离体,得

$$F_{yF}\times 5l+F_{N1}\times h=0$$

即

$$F_{N1}=-\frac{5l}{h}F_{yF} \tag{b}$$

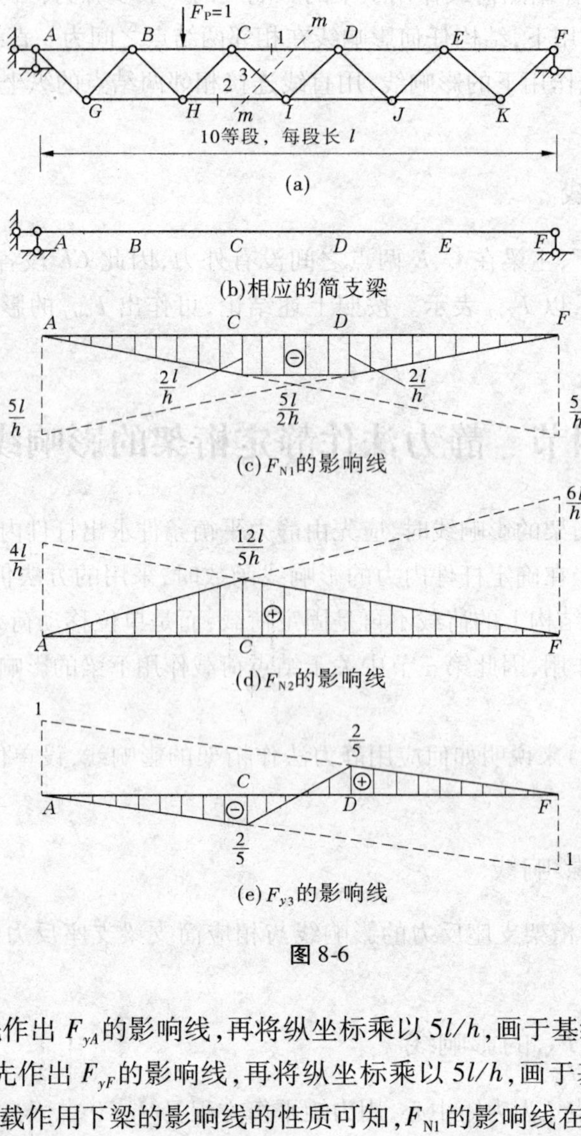

图 8-6

根据式(a)先作出 F_{yA} 的影响线，再将纵坐标乘以 $5l/h$，画于基线以下，保留 D 点以右一段；根据式(b)先作出 F_{yF} 的影响线，再将纵坐标乘以 $5l/h$，画于基线以下，保留 C 点以左一段；由结点荷载作用下梁的影响线的性质可知，F_{N1} 的影响线在结点 C、D 之间为一直线，故将结点 C、D 的纵坐标连成直线，即得到 F_{N1} 的影响线如图 8-6(c)所示。

式(a)、式(b)可以合并为一个式子，即

$$F_{N1} = -\frac{M_I^0}{h} \tag{c}$$

式中，M_I^0 是相应的简支梁(见图 8-6(b))I 截面的弯矩。

由式(c)可知，F_{N1} 的影响线可以这样作出：先作简支梁(见图 8-6(b))I 截面弯矩的影响线，再把所有的纵坐标乘以$(-1/h)$，最后把相邻结点 C、D 的纵坐标连成直线。

三、下弦杆轴力 F_{N2} 的影响线

仍取截面 $m—m$，以点 C 为力矩中心，用力矩平衡方程 $\sum M_C = 0$ 求 F_{N2}。

当单位荷载 $F_P=1$ 作用在 C 点以右时，取截面 $m—m$ 以左部分为隔离体，得

$$F_{N2} = \frac{4l}{h}F_{yA} \tag{d}$$

当单位荷载 $F_P=1$ 作用在 C 点以左时，取截面 $m—m$ 以右部分为隔离体，得

$$F_{N2} = \frac{6l}{h}F_{yF} \tag{e}$$

式(d)、式(e)可以合并为一个式子，即

$$F_{N2} = \frac{M_C^0}{h} \tag{f}$$

式中，M_C^0 是相应的简支梁(见图 8-6(b))C 截面的弯矩。

由式(f)可知，先作简支梁(见图 8-6(b))C 截面弯矩的影响线，再把所有的纵坐标乘以$(1/h)$，即得到 F_{N2} 的影响线如图 8-6(d)所示。

四、腹杆轴力的竖向分力 F_{y3} 的影响线

仍取截面 $m—m$，用静力平衡方程 $\sum F_y=0$ 求 F_{y3}。

当单位荷载 $F_P=1$ 作用在 D 点以右时，取截面 $m—m$ 以左部分为隔离体，得

$$F_{y3} = F_{yA} \tag{g}$$

当单位荷载 $F_P=1$ 作用在 C 点以左时，取截面 $m—m$ 以右部分为隔离体，得

$$F_{y3} = -F_{yF} \tag{h}$$

当单位荷载 $F_P=1$ 作用在 C、D 之间时，影响线为直线。

根据上述分析，作出 F_{y3} 的影响线如图 8-6(e)所示。利用相应梁结间 CD 的剪力 F_{QCD}^0，可将式(g)和式(h)合并为一个式子，即

$$F_{y3} = F_{QCD}^0 \tag{i}$$

由式(i)可知，F_{y3} 的影响线其实就是结间剪力 F_{QCD}^0 的影响线。

通过以上的分析，我们可以看到，桁架中杆件轴力的影响线可以通过相应简支梁的影响线作出。

想一想：对于图 8-6(a)所示桁架，如果单位移动荷载 $F_P=1$ 作用在下弦杆，上述杆件轴力的影响线是否与单位移动荷载 $F_P=1$ 作用在上弦杆时相同？

第五节　机动法作静定梁的影响线

作静定结构内力和支座反力的影响线时，除可以采用静力法外，还可以采用机动法。所谓机动法，是以虚功原理为基础，把作内力或支座反力影响线的静力问题转化为作位移图的几何问题。

与静力法作影响线相比，机动法有一个优点，即不需要经过静力分析就能很快地绘出影响线的轮廓图。因此，对于某些问题(如确定荷载的最不利位置)，用机动法处理特别方便。

一、机动法的基本原理

下面以简支梁支座反力的影响线为例，运用虚功原理，说明机动法作影响线的概念和步骤。

现在拟求图8-7(a)所示简支梁的支座B反力$Z=F_{yB}$的影响线。为此，将与Z相应的约束（支杆B）撤去，代以未知量Z（见图8-7(b)），使体系具有一个自由度。然后给体系以虚位移δ_Z，使梁绕A点作微小转动，列出虚功方程

$$Z\delta_Z + F_P\delta_P = 0 \tag{a}$$

式中，δ_P是与单位移动荷载$F_P=1$作用位置相应的位移，由于F_P以向下为正，故δ_P也以向下为正；δ_Z是与未知力Z相应的位移，δ_Z以与Z正方向一致为正。

由式(a)求得

$$\overline{Z} = -\frac{\delta_P}{\delta_Z} \tag{b}$$

当$F_P=1$移动时，位移δ_P随着变化，是荷载位置参数x的函数；而位移δ_Z则与x无关，是一个常数。因此，式(b)可表示为

$$\overline{Z}(x) = \left(-\frac{1}{\delta_Z}\right)\delta_P(x) \tag{8-2}$$

式中，函数$\overline{Z}(x)$表示Z的影响线，函数$\delta_P(x)$表示荷载作用点的竖向位移图。由此可知，Z的影响线与荷载作用点的竖向位移图成正比，也就是说，根据位移δ_P图就可以作出影响线的轮廓图。

如果还要确定影响线中纵坐标的数值，则应将位移δ_P图除以δ_Z，由此得到的图8-7(c)就从形状上和数值上完全确定了Z的影响线。为方便起见，通常在位移图中设$\delta_Z=1$。

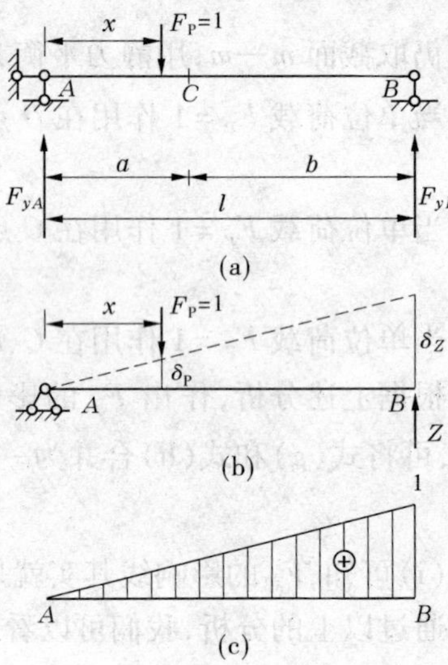

图8-7

至于影响线纵坐标的正负号可规定为：当δ_Z为正值时，由式(8-2)可知，Z与δ_P的正负号正好相反。由于δ_P以向下为正，因此如果位移图在横坐标轴上方，则δ_P值为负，因而影响系数为正。

一般地，应用机动法作静定结构内力或支座反力的影响线的步骤可归纳为：

(1)撤去与Z相应的约束，代以未知力Z。

(2)使体系沿Z的正方向发生位移，作出荷载作用点的竖向位移图（δ_P图），由此可得到Z的影响线的轮廓图。

(3)令$\delta_Z=1$，可进一步确定影响线各纵坐标的数值。

(4)横坐标轴以上的图形，影响系数取正号；横坐标轴以下的图形，影响系数取负号。

二、机动法作单跨静定梁的影响线

现以图 8-7(a)所示的简支梁为例，说明用机动法作单跨静定梁影响线的基本过程。

(一)支座反力的影响线

上面已经给出了机动法作简支梁支座反力 F_{yB}影响线的具体过程。支座 A 的反力 F_{yA} 的影响线的作法与支座反力 F_{yB}的相同，这里不再赘述。

(二)弯矩 M_C 的影响线

撤去与弯矩 M_C 相应的约束，即在截面 C 处将原来的刚结点改为铰结点，代以一对等值反向的力矩 M_C。这时，铰 C 两侧的刚体可以相对转动。

给体系以虚位移，如图 8-8(a)所示。这里，与 M_C 相应的位移 δ_Z 就是铰 C 两侧截面的相对转角。由于 δ_Z 是微小转角，可先求得 $BB_1=\delta_Z\cdot b$，再按几何关系，可求出 C 点竖向位移为$\frac{ab}{l}\delta_Z$。这样得到的位移图即为 M_C 的影响线的轮廓。

为了求得影响系数的数值，设 $\delta_Z=1$，即得到 M_C 影响线如图 8-8(b)所示，其中 C 点的影响系数为$\frac{ab}{l}$。

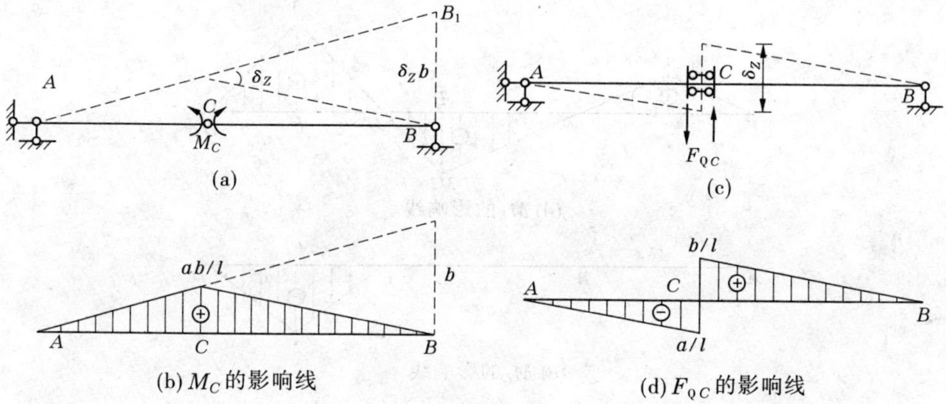

图 8-8

(三)剪力 F_{QC}的影响线

撤去截面 C 处相应于剪力的约束，代以剪力 F_{QC}，得到图 8-8(c)所示的机构。此时，在截面 C 处能发生相对的竖向位移，但不能发生相对的转动和水平移动。因此，切口两边的梁在发生位移后保持平行，切口的相对竖向位移即为 δ_Z。令 $\delta_Z=1$，由几何关系即可确定影响线的各控制点数值，剪力 F_{QC}的影响线如图 8-8(d)所示。

三、机动法作静定多跨梁的影响线

现以图 8-9(a)所示的静定多跨梁结构为例，说明用机动法作静定多跨梁影响线的基本过程。

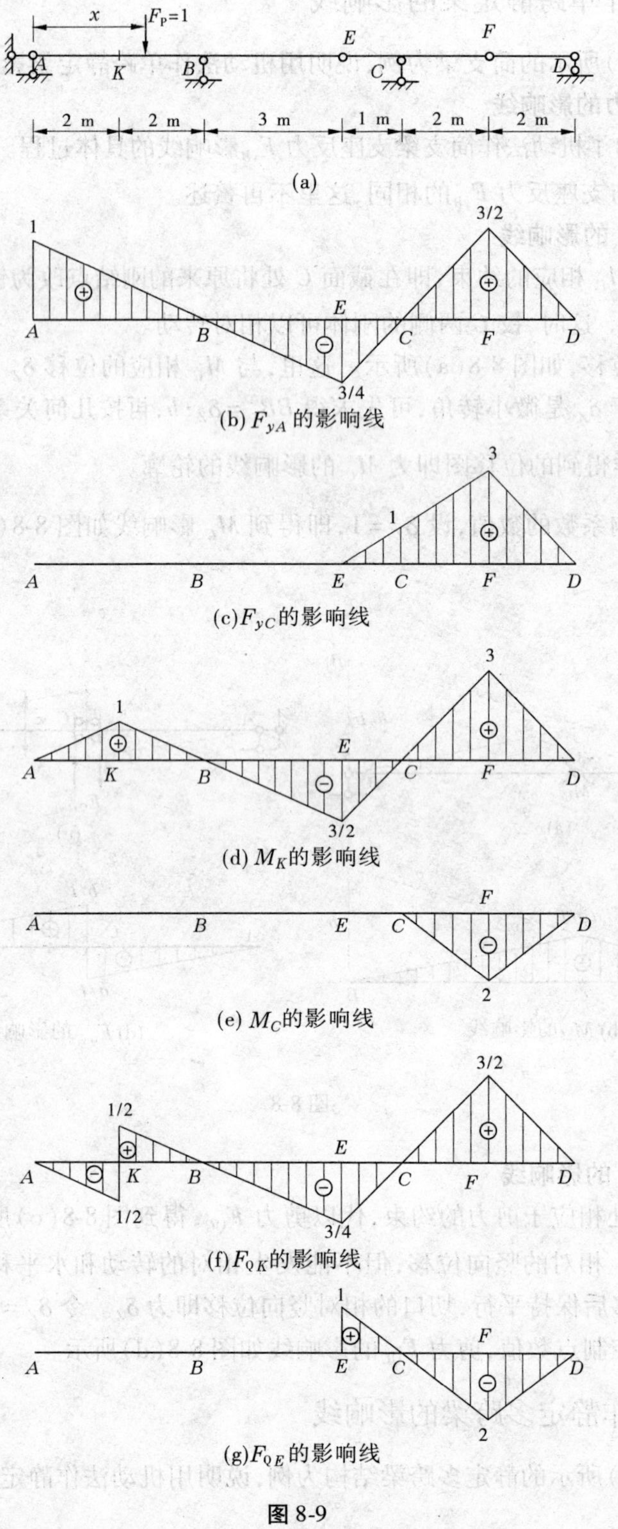
x
$F_P=1$
A K B E C F D
2 m 2 m 3 m 1 m 2 m 2 m
(a)
1 3/2 A B E C F D 3/4
(b) F_{yA} 的影响线
3 1 A B E C F D
(c) F_{yC} 的影响线
1 3 A K B E C F D 3/2
(d) M_K 的影响线
A B E C F D 2
(e) M_C 的影响线
3/2 1/2 A K B E C F D 1/2 3/4
(f) F_{QK} 的影响线
1 A B E C F D 2
(g) F_{QE} 的影响线

图 8-9

（一）支座反力的影响线

1. F_{yA}的影响线

在图 8-9(a)所示静定多跨梁中，杆 ABE 是基本部分，杆 ECF 和 FD 是附属部分。撤去与 F_{yA} 相应的约束（支杆 A），代以未知力 F_{yA}，使体系具有一个自由度。然后使体系沿 F_{yA} 的正方向发生虚位移 $\delta_Z=1$，作出荷载作用点的竖向位移图（见图 8-9(b)），即为 F_{yA} 的影响线。

2. F_{yC}的影响线

撤去与 F_{yC} 相应的约束（支杆 C），代以未知力 F_{yC}，使体系具有一个自由度。然后使体系沿 F_{yC} 的正方向发生虚位移 $\delta_Z=1$，作出荷载作用点的竖向位移图（见图 8-9(c)），即为 F_{yC} 的影响线。

点一点：由于杆 ABE 是基本部分，杆 ECF 是附属部分，当撤去支杆 C 时，杆 ABE 不能发生位移，因此 F_{yC} 的影响线在 ABE 段恒等于零。

（二）弯矩的影响线

1. M_K 的影响线

撤去与 M_K 相应的约束，即在截面 K 把原来的刚结点变为铰结点，代以未知力 M_K。使体系沿 M_K 的正方向发生虚位移 $\delta_Z=1$，即得 M_K 的影响线如图 8-9(d)所示。

2. M_C 的影响线

撤去与 M_C 相应的约束，即在截面 C 把原来的刚结点变为铰结点，代以未知力 M_C。使体系沿 M_C 的正方向发生虚位移，由于 AE 和 EC 不能发生虚位移，因此 M_C 的影响线在 AC 段与基线重合。但附属部分 CF 和 FD 可发生虚位移。设 $\delta_Z=1$，故可得 M_C 的影响线如图 8-9(e)所示。

（三）剪力的影响线

1. F_{QK}的影响线

撤去截面 K 处相应于剪力的约束，代以剪力 F_{QK}。此时，在截面 C 处能发生相对的竖向位移，但不能发生相对的转动和水平移动。因此，切口两边的梁在发生位移后保持平行，切口的相对竖向位移为 δ_Z，令 $\delta_Z=1$，作出荷载作用点的竖向位移图（见图 8-9(f)），即为剪力 F_{QK} 的影响线。

2. F_{QE}的影响线

撤去截面 E 处相应于剪力的约束，代以剪力 F_{QE}。当令 E 点两侧截面沿 F_{QE} 正方向发生位移时，基本部分 AE 不能发生位移，因此在 AE 段 F_{QE} 的影响线恒等于零。EF 段绕支座 C 转动，FD 段绕支座 D 转动。令与 F_{QE} 对应的相对位移 $\delta_Z=1$，便得到 F_{QE} 的影响线如图 8-9(g)所示。

想一想：如何用机动法作 C 左右截面剪力 F_{QC}^{L} 和 F_{QC}^{R} 的影响线。

由图 8-9 所示各影响线的图形可以看出，在静定多跨梁中，基本部分内力（或支座反力）的影响线是布满全梁的；附属部分内力（或支座反力）的影响线则只在附属部分不为零，在基本部分上恒等于零。

点一点：对于静定结构，由机动法的基本原理可知，荷载作用点的位移图为刚体体系位移图。因此，静定结构的影响线是由直线段组成的折线图。

第六节　超静定结构的影响线

作超静定结构影响线的方法仍然有静力法和机动法两种。前者一般是利用力法（或位移法、力矩分配法等）直接建立结构某量（内力或支座反力）的影响线函数，后者是利用超静定结构的影响线与挠度图之间的比拟关系求解。本节介绍后一种方法，因为它可以极方便地作出影响线的形状，这对判断最不利荷载的分布是很有用的。

下面以图 8-10(a)所示连续梁为例，说明利用机动法作超静定结构影响线的基本原理与一般步骤。

现拟求图 8-10(a)所示连续梁支座 B 反力 Z_1 的影响线。

以 A 点为坐标原点，设单位移动荷载 $F_P=1$ 作用于任一位置 x，采用力法求解支座 B 的反力 Z_1。

取 Z_1 作为基本未知量，基本体系如图 8-10(b)所示。显然，这个基本体系仍是超静定的，力法方程为

$$\delta_{11}Z_1+\delta_{1P}=0$$

由此解得

$$Z_1=-\frac{\delta_{1P}}{\delta_{11}} \tag{a}$$

式中，δ_{1P} 和 δ_{11} 都是单位荷载在基本结构中引起的位移，如图 8-10(c)、(d)所示。

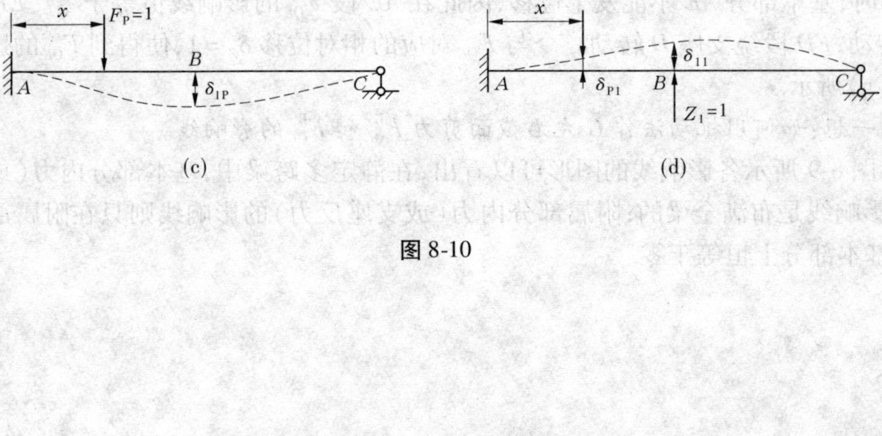

图 8-10

由位移互等定理可知

$$\delta_{1P}=\delta_{P1}$$

因此,式(a)可写为

$$Z_1 = -\frac{\delta_{P1}}{\delta_{11}} \tag{b}$$

式中,δ_{P1}所代表的位移如图 8-10(d)所示。它是基本结构在单位荷载 $Z_1=1$ 单独作用下荷载 F_P 作用点的竖向位移。

在式(b)中,支座反力 Z_1 和位移 δ_{P1} 都随荷载 F_P 的移动而变化,它们都是荷载位置参数 x 的函数。δ_{11} 则是一个常数,不随荷载位置 x 变化。因此,式(b)可写为

$$Z_1(x) = -\frac{1}{\delta_{11}}\delta_{P1}(x) \tag{8-3}$$

式中,$Z_1(x)$是 Z_1 的影响线;$\delta_{P1}(x)$是由 $Z_1=1$ 引起的荷载作用点的竖向位移图,即挠度图。

式(8-3)表明,Z_1 的影响线 $Z_1(x)$与荷载作用点的挠度图 $\delta_{P1}(x)$成正比。根据这一关系,可利用荷载作用点的挠度图作出超静定力的影响线。其步骤与用机动法作静定结构影响线类似,可归纳如下:

(1)撤去与所求量 Z_1 相应的约束,代以未知力 Z_1。

(2)使体系沿 Z_1 的正方向发生位移,作出荷载作用点的挠度图 $\delta_{P1}(x)$,即为 Z_1 影响线的轮廓图。

(3)在 $\delta_{P1}(x)$图中,令 $\delta_{11}=1$,便可确定影响线上纵坐标的数值。

(4)横坐标轴以上图形为正号,横坐标轴以下图形为负号。

【例 8-1】　试作图 8-11(a)所示连续梁 M_C、M_1、M_2、F_{QC}^R、F_{Q1}影响线的轮廓图。

解　(1)M_C 的影响线

首先撤去与 M_C 相应的约束,即原刚结点变为铰结点,代以未知力 M_C;然后让体系沿 M_C 的正方向发生位移,作出荷载作用点的挠度图 $\delta_{P1}(x)$,即为 M_C 影响线的轮廓图,如图 8-11(b)所示。

(2)F_{QC}^R的影响线

首先撤去与 F_{QC}^R相应的约束,代以未知力 F_{QC}^R;然后让体系沿 F_{QC}^R的正方向发生位移,作出荷载作用点的挠度图 $\delta_{P1}(x)$,即为 F_{QC}^R影响线的轮廓图,如图 8-11(e)所示。

同理,可作出 M_1、M_2 和 F_{Q1}的影响线如图 8-11(c)、(d)、(f)所示。

应当指出,上述作法与机动法作静定结构内力(或支座反力)的影响线虽然相似,但它们之间是有区别的:对于静定结构而言,荷载作用点的位移图是几何可变体系的刚体位移图,因而是折线图形;对于超静定结构而言,荷载作用点的位移图是几何不变体系的挠度图,因而是曲线图形。

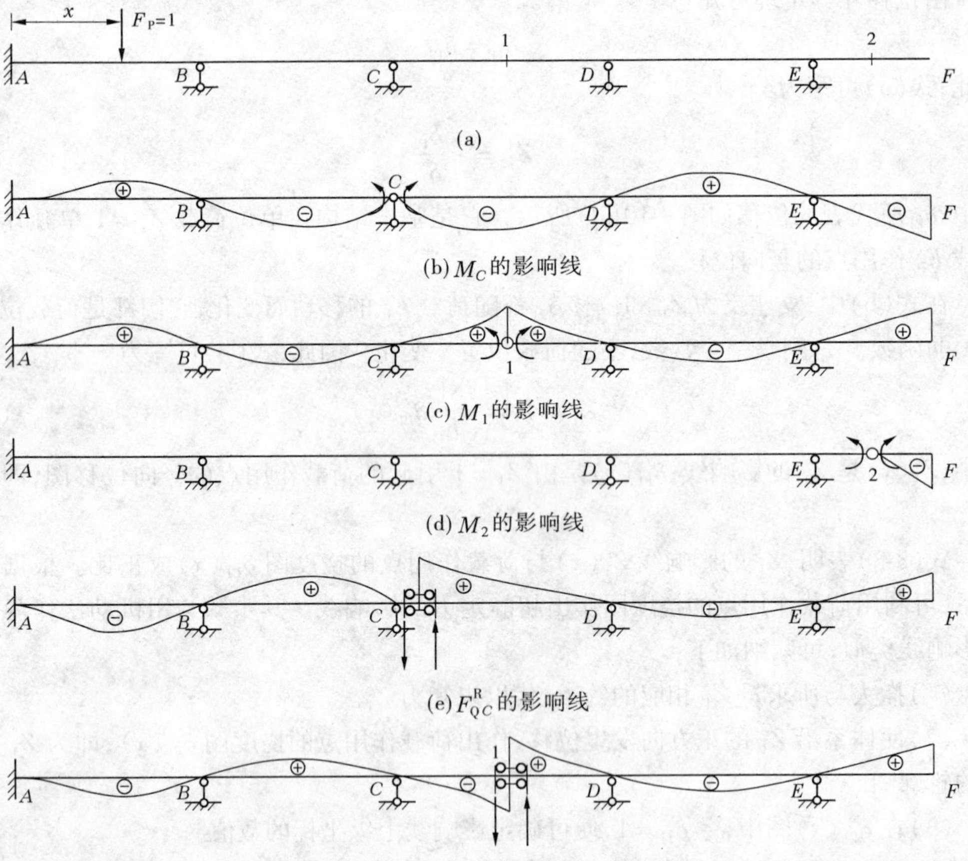

(a)

(b) M_C 的影响线

(c) M_1 的影响线

(d) M_2 的影响线

(e) F_{QC}^{R} 的影响线

(f) F_{Q1} 的影响线

图 8-11

第七节　影响线的应用

影响线是研究移动荷载作用下结构内力计算的基本工具。它的实际应用主要体现在两个方面:一是当实际的移动荷载在结构上的位置已知时,如何利用影响线求出结构某量的数值;二是如何利用影响线确定实际移动荷载对结构某量的最不利荷载位置。下面分别加以讨论。

一、静定结构影响线的应用

(一) 求各种固定荷载作用下的影响

作影响线时,用的是单位荷载。根据叠加原理,可利用影响线求实际荷载作用下产生的总影响。

1. 一组集中荷载作用的情况

设有一组集中荷载 F_{P1}、F_{P2}、F_{P3} 作用于简支梁,位置已知,如图 8-12(a)所示。如 F_{QC}

的影响线在各荷载作用点的纵坐标分别为 y_1、y_2、y_3，则由 F_{P1} 产生的 F_{QC} 等于 $F_{P1}y_1$，由 F_{P2} 产生的 F_{QC} 等于 $F_{P2}y_2$，由 F_{P3} 产生的 F_{QC} 等于 $F_{P3}y_3$。根据叠加原理可知，在这组荷载作用下，F_{QC} 为

$$F_{QC}=F_{P1}y_1+F_{P2}y_2+F_{P3}y_3$$

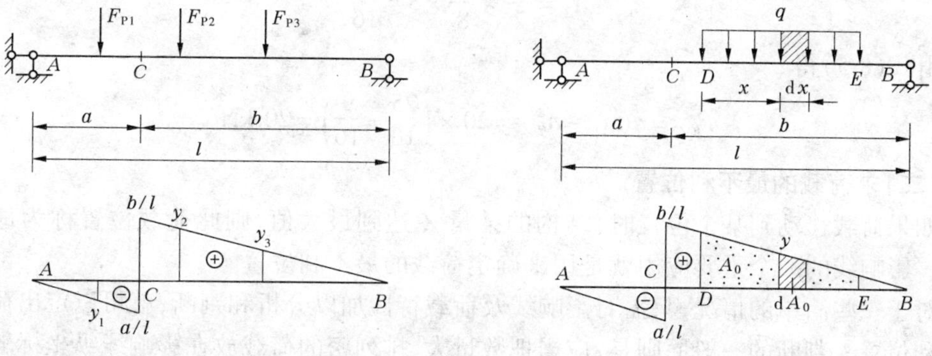

(a) F_{QC} 的影响线　　(b) F_{QC} 的影响线

图 8-12

一般说来，设有一组集中荷载 F_{P1}，F_{P2}，…，F_{Pn} 作用于结构上，而结构某量 Z 的影响线在各荷载作用点的纵坐标分别为 y_1，y_2，…，y_n，则

$$Z=F_{P1}y_1+F_{P2}y_2+\cdots+F_{Pn}y_n=\sum_{i=1}^{n}F_{Pi}y_i \tag{8-4}$$

2. 均布荷载作用的情况

如图 8-12(b)所示，结构在 DE 段承受均布荷载 q 的作用，则微段 $\mathrm{d}x$ 上的荷载 $q\mathrm{d}x$ 可看做集中荷载，它所引起的 Z 值为 $y\cdot q\mathrm{d}x$。因此，根据叠加原理，在 DE 段均布荷载作用下的 Z 值为

$$Z=\int_D^E yq\mathrm{d}x=q\int_D^E y\mathrm{d}x=qA_0 \tag{8-5}$$

式中，A_0 表示影响线图形在受荷段 DE 上的面积。

式(8-5)表明，均布荷载引起的 Z 值等于荷载集度乘以受荷段的影响线图形面积。应用此式时，要注意面积 A_0 的正负号。

【例 8-2】　图 8-13(a)所示简支梁，全跨受均布荷载作用。试利用影响线计算 F_{QC} 的数值。

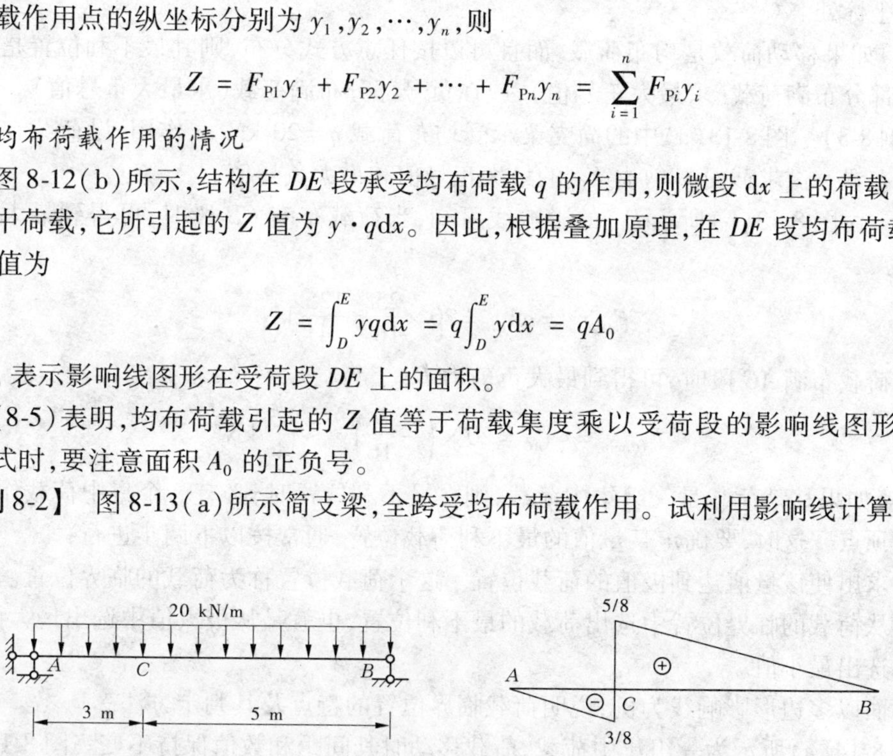

(a)　　(b) F_{QC} 的影响线

图 8-13

解 F_{QC}的影响线如图 8-13(b)所示,影响线正号部分的面积以 A_1 表示,负号部分的面积以 A_2 表示,则

$$A_1=\frac{1}{2}\times\frac{5}{8}\times5=\frac{25}{16}$$

$$A_2=\frac{1}{2}\times\frac{3}{8}\times3=\frac{9}{16}$$

由式(8-5)得

$$F_{QC}=q(A_1-A_2)=20\times\left(\frac{25}{16}-\frac{9}{16}\right)=20\ \text{kN}$$

(二)求荷载的最不利位置

如果荷载移动到某个位置时,结构的某量 Z 达到最大值,则此荷载位置称为最不利位置。影响线的一个重要应用就是用来确定荷载的最不利位置。

对于一些简单的情况,只需对影响线及荷载特性加以分析和判断,就可以定出荷载的最不利位置。判断的一般原则是:应当把数量大、排列密的荷载放在影响线纵坐标较大的部分。

下面讨论几种特殊情况下荷载最不利位置的判定方法。

(1)如果移动荷载是单个集中荷载,则最不利位置是这个集中荷载作用在影响线的最大纵坐标处。

(2)如果移动荷载是均布荷载,而且可以按任意方式分布,则其最不利位置是在影响线正号部分布满荷载(求最大正号值),或在负号部分布满荷载(求最大负号值)。

【例 8-3】 图 8-13(a)中的简支梁承受均布荷载 $q=20$ kN/m 作用,设荷载在梁上可以任意布置。试求截面 C 剪力 F_{QC}的最大正号值和最大负号值。

解 由图 8-13(b)所示 F_{QC}的影响线可知,当荷载布满 CB 段时,可得到最大正剪力 $F_{QC\max}$为

$$F_{QC\max}=qA_{CB}=20\times\frac{25}{16}=\frac{125}{4}\ \text{kN}$$

当荷载布满 AC 段时,可得到最大负剪力 $F_{QC\min}$为

$$F_{QC\min}=qA_{AC}=20\times\left(-\frac{9}{16}\right)=-\frac{45}{4}\ \text{kN}$$

(3)如果移动荷载是一组集中荷载,则在最不利位置时,必有一个集中荷载作用在影响线的顶点。这时,要确定某量值的最不利荷载位置,通常按以下两步进行:

①求出使该量值达到极值的荷载位置。这个荷载位置称为荷载的临界位置。

②从荷载的临界位置中选出荷载的最不利位置,也就是从极大值中选出最大值,从极小值中选出最小值。

下面以多边形影响线为例,说明荷载临界位置的特点及其判定方法。

图 8-14(a)所示为一组集中荷载,荷载移动时其间距和数值保持不变。图 8-14(b)所示为某量 Z 的影响线,为一多边形。各边的倾角以 α_1、α_2、α_3 表示(其中 α_1 和 α_2 是正的,α_3 是负的)。各边区间内荷载的合力用 F_{R1}、F_{R2}、F_{R3}表示。

根据叠加原理,并按各边区间内荷载的合力来计算,则

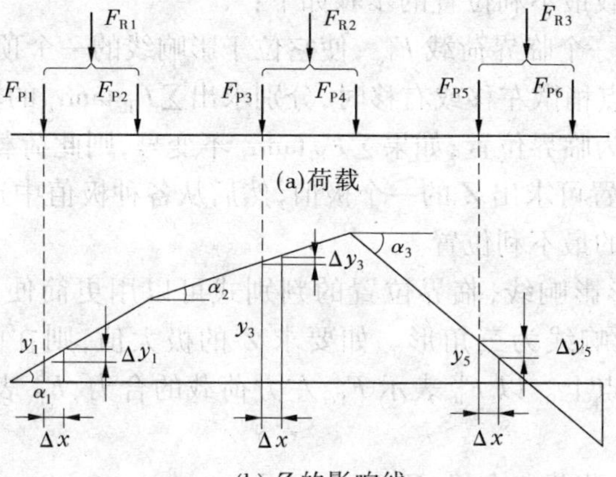

图 8-14

$$Z = F_{R1}\bar{y}_1 + F_{R2}\bar{y}_2 + F_{R3}\bar{y}_3 = \sum_{i=1}^{3} F_{Ri}\bar{y}_i$$

式中，$\bar{y}_1$、$\bar{y}_2$、$\bar{y}_3$ 分别是各段荷载合力 F_{R1}、F_{R2}、F_{R3}对应的影响系数。

设荷载移动 Δx（设向右移动时 Δx 为正），则影响线竖距 $\bar{y}_i$ 的增量为

$$\bar{y}_i = \Delta x \cdot \tan\alpha_i$$

因此，Z 的增量为

$$\Delta Z = \Delta x \cdot \sum_{i=1}^{3} F_{Ri}\tan\alpha_i$$

显然，使 Z 成为极大值的临界位置，必须满足如下条件：荷载自临界位置向右或向左移动时，Z 值均应减小或等于零（$\Delta Z \leqslant 0$），即

$$\Delta x \cdot \sum_{i=1}^{3} F_{Ri}\tan\alpha_i \leqslant 0 \tag{8-6}$$

由式(8-6)可知

$$\left.\begin{aligned} &\text{当 } \Delta x > 0 \text{ 时（荷载稍向右移）}, \sum F_{Ri}\tan\alpha_i \leqslant 0 \\ &\text{当 } \Delta x < 0 \text{ 时（荷载稍向左移）}, \sum F_{Ri}\tan\alpha_i \geqslant 0 \end{aligned}\right\} \tag{8-7a}$$

同理，使 Z 成为极小值的临界位置，必须满足如下条件

$$\left.\begin{aligned} &\text{当 } \Delta x > 0 \text{ 时（荷载稍向右移）}, \sum F_{Ri}\tan\alpha_i \geqslant 0 \\ &\text{当 } \Delta x < 0 \text{ 时（荷载稍向左移）}, \sum F_{Ri}\tan\alpha_i \leqslant 0 \end{aligned}\right\} \tag{8-7b}$$

式(8-7a)和式(8-7b)称为临界位置的判别式。

如果只考虑 $F_{Ri}\tan\alpha_i \neq 0$ 的情形，这时可得出如下结论：如果 Z 为极值，则荷载稍向左、右移动时，$\sum F_{Ri}\tan\alpha_i$ 必须变号。由于影响线各段的斜率 $\tan\alpha_i$ 并不随荷载的移动而变化，若各段的荷载合力 F_{Ri}不变，则$\sum F_{Ri}\tan\alpha_i$ 不会变号。因此，要使$\sum F_{Ri}\tan\alpha_i$ 变号，显然只有当某一个集中力恰好位于影响线的某一顶点时才有可能。当然，并不是每一个集中力都能使$\sum F_{Ri}\tan\alpha_i$ 变号，我们称能使$\sum F_{Ri}\tan\alpha_i$ 变号的集中力为临界荷载，用符号 F_{Pcr} 表示。

归纳起来,确定荷载最不利位置的步骤如下:

(1)从荷载中选定一个临界荷载 F_{Pcr},使它位于影响线的一个顶点上。

(2)当 F_{Pcr} 在该顶点稍微左移或右移时,分别求出 $\sum F_{Ri}\tan\alpha_i$ 的数值。如果 $\sum F_{Ri}\tan\alpha_i$ 变号,则此荷载位置即为临界位置;如果 $\sum F_{Ri}\tan\alpha_i$ 不变号,则此荷载位置不是临界位置。

(3)对每个临界位置可求出 Z 的一个极值,然后从各种极值中选出最大值或最小值。同时,也就确定了荷载的最不利位置。

对于常见的三角形影响线,临界位置的判别式可以用更简便的形式表示出来。如图 8-15 所示,设 Z 的影响线为三角形。如要求 Z 的极大值,则在临界位置必有一荷载 F_{Pcr} 正好在影响线的顶点上。以 F_R^L 表示 F_{Pcr} 左方荷载的合力,F_R^R 表示 F_{Pcr} 右方荷载的合力,式(8-7a)可写为

$$\left.\begin{aligned}&\text{荷载向右移},F_R^L\tan\alpha-(F_{Pcr}+F_R^R)\tan\beta\leqslant 0\\&\text{荷载向左移},(F_R^L+F_{Pcr})\tan\alpha-F_R^R\tan\beta\geqslant 0\end{aligned}\right\}$$

在上式中,代入 $\tan\alpha=\dfrac{c}{a}$,$\tan\beta=\dfrac{c}{b}$,得

$$\left.\begin{aligned}&\frac{F_R^L}{a}\leqslant\frac{F_{Pcr}+F_R^R}{b}\\&\frac{F_R^L+F_{Pcr}}{a}\geqslant\frac{F_R^R}{b}\end{aligned}\right\}\tag{8-8}$$

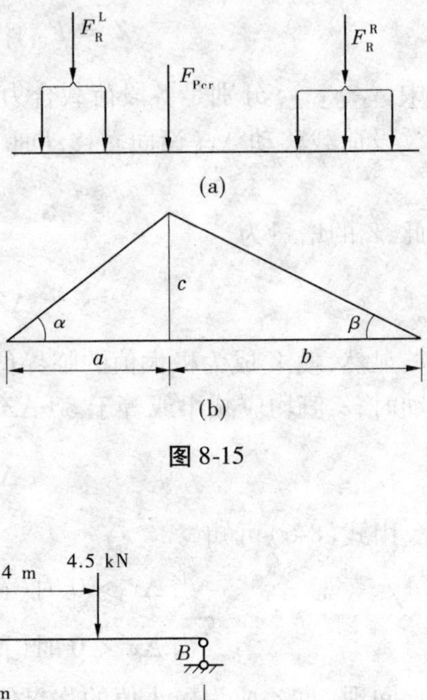

图 8-15

式(8-8)表明,三角形影响线临界位置的特点为:将临界荷载 F_{Pcr} 计入哪一边(左边或右边),则哪一边荷载的平均集度就大。

【例 8-4】 图 8-16(a)所示简支梁 AB,跨度为 16 m,承受汽车车队荷载。试求截面 C 的最大弯矩。

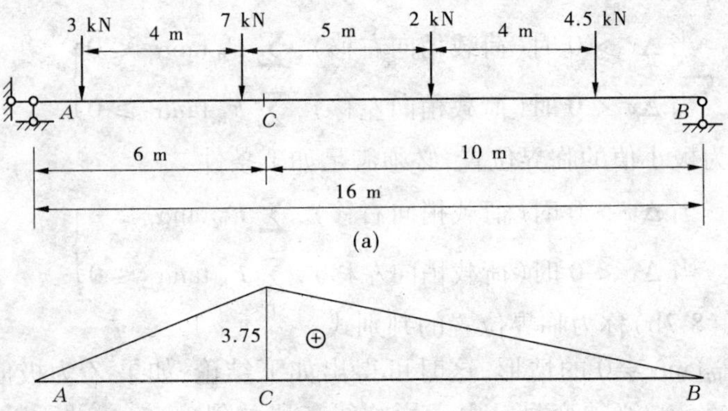

(b) M_C 的影响线

图 8-16

解 (1)作截面 C 的弯矩 M_C 的影响线如图 8-16(b)所示。

(2)求荷载的临界位置

对应于弯矩 M_C 的临界荷载的判别式为

$$\left.\begin{aligned}\frac{F_R^L}{6}&\leqslant\frac{F_{Pcr}+F_R^R}{10}\\\frac{F_R^L+F_{Pcr}}{6}&\geqslant\frac{F_R^R}{10}\end{aligned}\right\}$$

依次取 F_{Pcr} 为 $F_{P1}=4.5$ kN、$F_{P2}=2$ kN、$F_{P3}=7$ kN、$F_{P4}=3$ kN，根据上式判断荷载是否满足临界荷载的要求。

当 $F_{Pcr}=F_{P1}=4.5$ kN 时，$F_R^L=F_{P2}=2$ kN，$F_R^R=0$，则判别式(8-8)为

$$\left.\begin{aligned}\frac{2}{6}&<\frac{4.5}{10}\\\frac{4.5+2}{6}&>\frac{0}{10}\end{aligned}\right\}$$

满足要求，故 F_{P1} 为临界荷载。

其他情况的计算过程见表 8-1。由计算结果可知，F_{P1} 和 F_{P3} 是临界荷载。

表 8-1　计算过程

F_{Pcr}	F_R^L	F_R^R	$\left.\begin{aligned}\frac{F_R^L}{6}&\leqslant\frac{F_{Pcr}+F_R^R}{10}\\\frac{F_R^L+F_{Pcr}}{6}&\geqslant\frac{F_R^R}{10}\end{aligned}\right\}$	结论
$F_{P1}=4.5$ kN	$F_{P2}=2$ kN	0	$\left.\begin{aligned}\frac{2}{6}&<\frac{4.5}{10}\\\frac{4.5+2}{6}&>\frac{0}{10}\end{aligned}\right\}$	满足
$F_{P2}=2$ kN	$F_{P3}=7$ kN	$F_{P1}=4.5$ kN	$\left.\begin{aligned}\frac{7}{6}&>\frac{2+4.5}{10}\\\frac{7+2}{6}&>\frac{4.5}{10}\end{aligned}\right\}$	不满足
$F_{P3}=7$ kN	$F_{P4}=3$ kN	$F_{P1}+F_{P2}=6.5$ kN	$\left.\begin{aligned}\frac{3}{6}&<\frac{7+6.5}{10}\\\frac{3+7}{6}&>\frac{6.5}{10}\end{aligned}\right\}$	满足
$F_{P4}=3$ kN	0	$F_{P2}+F_{P3}=9$ kN	$\left.\begin{aligned}\frac{0}{6}&<\frac{3+9}{10}\\\frac{3}{6}&<\frac{9}{10}\end{aligned}\right\}$	不满足

(3)求荷载的最不利位置

分别将 F_{P1}、F_{P3} 放在 M_C 影响线的顶点位置，由此求得可能的最大影响量

$$M_{C1}=\sum F_{Pi}y_i=4.5\times3.75+2\times1.25=19.375\ \text{kN}\cdot\text{m}$$

$$M_{C3}=\sum F_{Pi}y_i=4.5\times0.38+2\times1.88+7\times3.75+3\times1.25=35.47\ \text{kN}\cdot\text{m}$$

由此可见，M_{C3}为M_C的最大值，所对应的荷载位置为荷载的最不利位置。

二、连续梁影响线的应用

连续梁所受荷载通常包括恒荷载和活荷载两部分。恒荷载产生的内力是固定不变的，而活荷载产生的内力则随活荷载分布的不同而改变。设计时为了保证结构在各种荷载作用下都能安全使用，必须求得各截面在各种荷载作用下的最大内力。因此，求截面最大内力的主要问题在于确定活荷载的影响。只要求出了活荷载作用下某一截面的最大正内力和最大负内力（或称最大内力和最小内力），再加上恒荷载作用下该截面的内力，就可以得到恒荷载和活荷载共同作用下该截面的最大、最小内力值。

计算连续梁截面在活荷载作用下的最大、最小弯矩时，需要事先知道相应的活荷载最不利分布情况，这可利用影响线来判断。

图 8-17（a）所示五跨连续梁，其支座截面 B 和一个跨中截面 2 的弯矩影响线分别如图 8-17（b）、（e）所示。由影响线图形可知，活荷载布满各跨时并不是连续梁的最不利情况。最不利的情况为以下几种。

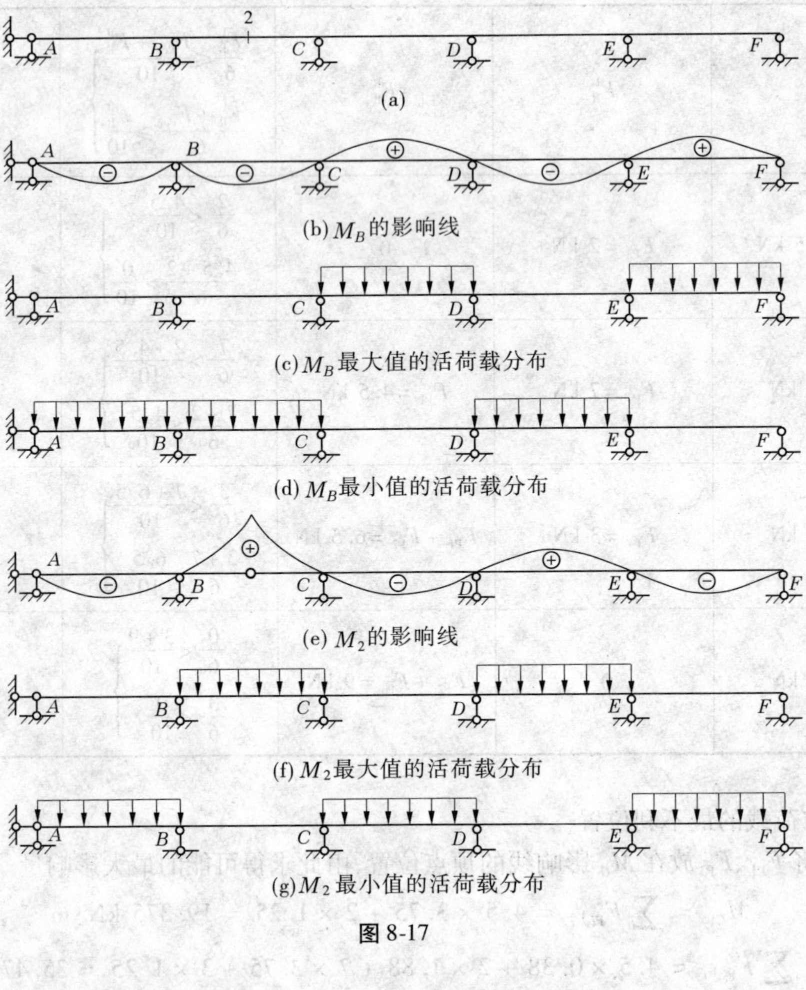

图 8-17

(1)支座截面最大正弯矩：荷载最不利分布如图 8-17(c)所示。

(2)支座截面最大负弯矩：支座两个邻跨有活荷载，然后每隔一跨有活荷载(见图 8-17(d))。

(3)跨中截面最大正弯矩：本跨有活荷载，然后每隔一跨有活荷载(见图 8-17(f))。

(4)跨中截面最大负弯矩：荷载最不利分布如图 8-17(g)所示。

关于连续梁剪力的荷载最不利分布由读者利用连续梁剪力的影响线自行推导。

第八节　简支梁的内力包络图与绝对最大弯矩

前面讨论了在移动荷载作用下梁的某一截面内力的最大值(或最小值)的计算方法。对结构设计来说，还应当求得所有截面的内力最大值(或最小值)，我们把连接各截面最大、最小内力值的曲线，称为内力包络图。也就是说内力包络图表示的是各截面内力可能变化的范围，是结构设计中的重要依据。不同结构、不同类型的活荷载有不同的内力包络图。

一、简支梁的内力包络图

作简支梁内力包络图时，先将梁轴划分为若干等份，然后分别计算各等分截面的最大内力值和最小内力值。再分别将各截面内力最大值和最小值竖距连成两条曲线，就得到了简支梁的内力包络图。

下面以图 8-18(a)所示简支梁在单个移动集中荷载 F_P 作用下弯矩的包络图为例加以说明。

当单个集中荷载在梁上移动时，某个截面 C 的弯矩影响线如图 8-18(b)所示。由影响线可以断定，当荷载正好作用于截面 C 时，M_C 为最大值，且 $M_C=\frac{ab}{l}F_P$。由此可见，荷载由 A 向 B 移动时，只需逐个算出荷载作用点处的截面弯矩，便可以得到弯矩包络图。我们选一系列截面(把梁分成十等份)，对每一截面利用图 8-18(b)中 M_C 影响线求出其最大弯矩。例如，在截面 4 处，$a=0.4l$，$b=0.6l$，$(M_4)_{max}=0.24F_Pl$。各截面的最小弯矩值均为零。

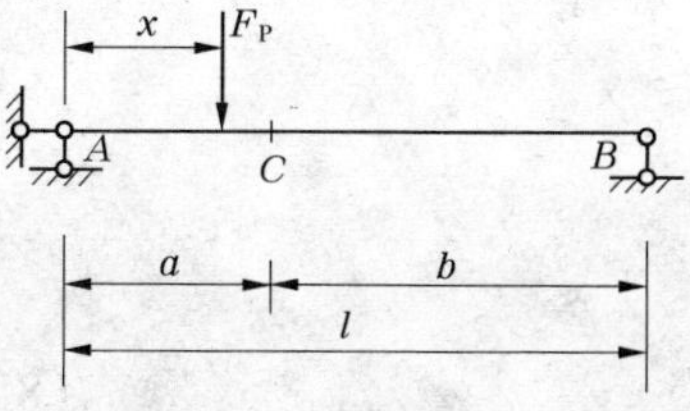

(a)

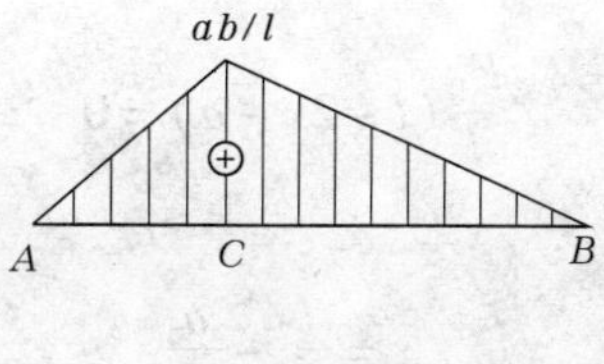

(b) M_C 的影响线

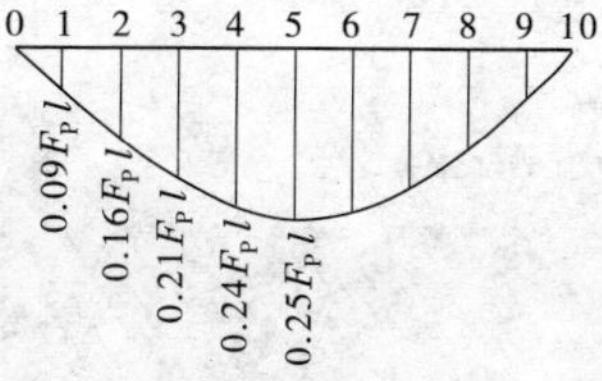

(c)弯矩包络图

图 8-18

根据逐点算出的最大、最小弯矩值而连成的图形即为弯矩包络图(见图 8-18(c))。弯矩包络图表示出各截面的弯矩可能变化的范围。

二、简支梁的绝对最大弯矩

包络图表示各截面内力变化的极值。弯矩包络图中最高的纵坐标称为绝对最大弯矩。它代表在一定移动荷载作用下梁内可能出现的弯矩最大值。下面以简支梁为例介绍绝对最大弯矩的计算方法。

如图 8-19 所示为一简支梁。移动荷载 $F_{P1},\cdots,F_{Pn}$ 的数量和间距不变,在梁上移动。试求梁内所能发生的最大弯矩,即绝对最大弯矩。

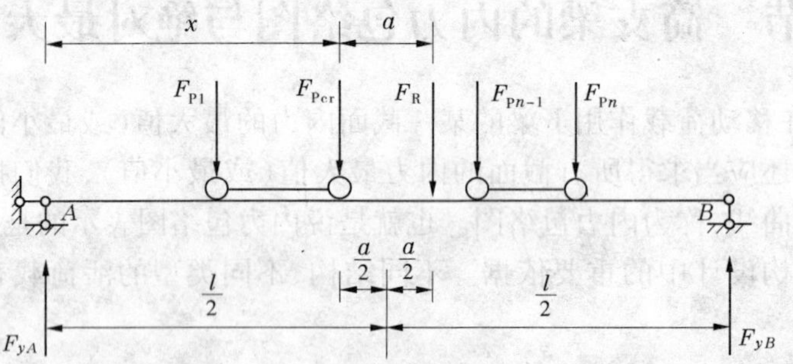

图 8-19

荷载在任一位置时,梁的弯矩图的顶点永远发生在集中荷载作用处。因此,可以断定,绝对最大弯矩必定发生在某一集中荷载的作用点。

试取一集中荷载 F_{Pcr},研究它的作用点处弯矩何时最大。以 x 表示 F_{Pcr} 与 A 点的距离,a 表示梁上荷载的合力 F_R 与 F_{Pcr} 的作用线之间的距离。由 $\sum M_B=0$,得

$$F_{yA}=\frac{l-x-a}{l}F_R$$

则 F_{Pcr} 作用点处的弯矩为

$$M=F_{yA}x-M_{cr}=F_R\,\frac{l-x-a}{l}x-M_{cr}$$

式中,M_{cr} 表示 F_{Pcr} 左面的荷载对 F_{Pcr} 作用点的力矩之和,是与 x 无关的常数。

根据极值条件

$$\frac{dM}{dx}=0$$

得

$$\frac{F_R}{l}(l-2x-a)=0$$

即

$$x=\frac{l}{2}-\frac{a}{2} \tag{8-9}$$

式(8-9)表明,F_{Pcr} 作用点的弯矩为最大值时,梁的中线正好平分 F_{Pcr} 与 F_R 之间的距离。此时最大弯矩为

$$M_{max}=\frac{F_R}{l}\left(\frac{l}{2}-\frac{a}{2}\right)^2-M_{cr} \tag{8-10}$$

应用式(8-9)和式(8-10)时，须注意 F_R 是梁上实有荷载的合力。安排 F_{Pcr} 与 F_R 的位置时，有些荷载可能来到梁上或者离开梁上，这时应重新计算合力 F_R 的数值和位置。

比较各个荷载作用点的最大弯矩，选择其中最大的一个，就是绝对最大弯矩，在实际计算中，常常可以估计出哪个荷载或哪几个荷载需要考虑。

【例 8-5】 试求图 8-20(a)所示吊车梁的绝对最大弯矩，已知 $F_{P1}=F_{P2}=F_{P3}=F_{P4}=82\ \text{kN}$。

解 不难看出，绝对最大弯矩将发生在荷载 F_{P2} 或 F_{P3} 作用处的截面。

先求荷载 F_{P2} 作用处的最大弯矩。合力 $F_R=4\times82=328\ \text{kN}$，合力作用线在 F_{P2} 与 F_{P3} 中间。此时，$a=0.75\ \text{m}$(见图 8-20(b))，F_{P2} 距跨中 0.375 m。由式(8-10)可知

$$M_{\max}=\frac{328}{12}\times\left(\frac{12}{2}-\frac{0.75}{2}\right)^2-82\times3.5=578\ \text{kN}\cdot\text{m}$$

再求荷载 F_{P3} 作用处的最大弯矩。此时，$a=-0.75\ \text{m}$(见图 8-20(c))。由式(8-10)可知

$$M_{\max}=328\times\left[\frac{12}{2}-\left(\frac{-0.75}{2}\right)\right]^2\times\frac{1}{12}-(82\times5+82\times1.5)=578\ \text{kN}\cdot\text{m}$$

由于对称，本题在 F_{P2} 和 F_{P3} 下的最大弯矩相等。因此，绝对最大弯矩为 578 kN·m。

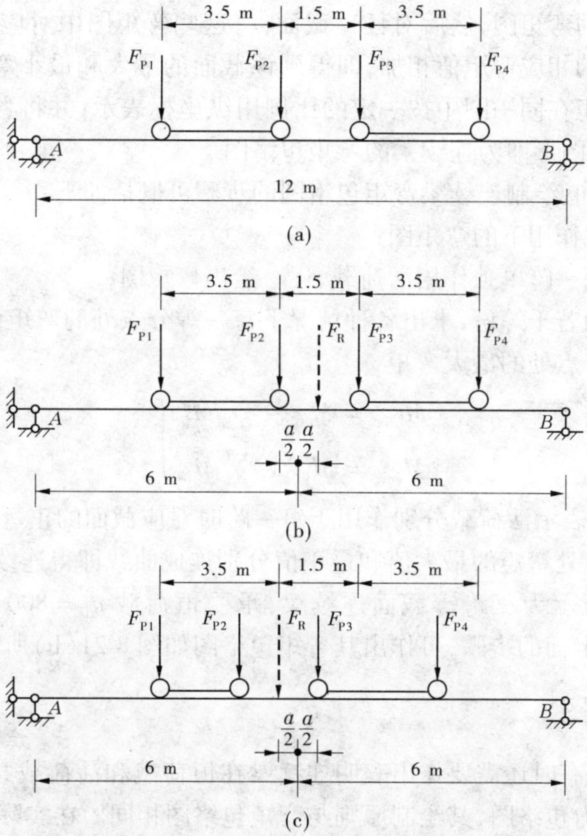

图 8-20

第九节　连续梁的内力包络图

连续梁是工程中一种常见的结构形式。在设计连续梁时,为了保证它能安全使用,必须求出各个截面在恒荷载及活荷载共同作用下的最大内力。对于某一个截面来说,恒荷载产生的内力是固定不变的,而活荷载产生的内力则随活荷载分布不同而变化。只要求出活荷载作用下各截面的最大内力,再加上恒荷载作用下产生的内力,就得到梁上各截面内力的最大值,将梁上内力的最大正值、最大负值分别连线,就可得到连续梁的内力包络图。

内力包络图在结构设计中是很有用的,它清楚地表明了连续梁各截面内力变化的极限情形,可以根据它合理地选择截面尺寸。在设计钢筋混凝土梁时,也是配置钢筋的重要依据。

一、弯矩包络图

由连续梁弯矩的影响线可知,在移动均布活荷载作用下,连续梁弯矩的最大值和最小值可由每跨单独布满活荷载时的弯矩值叠加求得。因此,可按每一跨单独布满活荷载的情况逐一作出相应的弯矩图,然后对任一截面,将这些弯矩图中对应的所有正(负)弯矩值与恒荷载作用下的相应弯矩值相加,即得到该截面的最大和最小弯矩值。将各截面的最大弯矩和最小弯矩在同一图中按一定的比例用纵坐标表示,并将各纵坐标的顶点分别连成两条曲线,所得图形即为连续梁的弯矩包络图。

由以上分析可知,绘制连续梁弯矩包络图的步骤可概括如下:

(1)绘出恒荷载作用下的弯矩图;

(2)依次考虑每一跨单独作用活荷载,逐一绘出弯矩图;

(3)将各跨分为若干等份,求出各种情况下每一等分点处的弯矩值;

(4)计算各等分点处的最大弯矩

$$\left.\begin{aligned} M_{\max} &= M_{恒} + \sum M_{活}^{+} \\ M_{\min} &= M_{恒} + \sum M_{活}^{-} \end{aligned}\right\} \tag{8-11}$$

式中,$\sum M_{活}^{+}$与$\sum M_{活}^{-}$表示活荷载分别作用于每一跨时对应截面的正弯矩、负弯矩之和。

(5)将各等分点处弯矩的最大值和最小值分别连成曲线即得连续梁的弯矩包络图。

如图 8-21(a)所示为三跨等截面连续梁,承受恒荷载 q_1 = 800 kN/m,活荷载 q_2 = 1 500 kN/m。根据上面的步骤,可作出其弯矩包络图如图 8-21(b)所示。

二、剪力包络图

在结构设计中,有时还需要作出表明连续梁在恒荷载和活荷载共同作用下的最大剪力和最小剪力的剪力包络图,其绘制原则与弯矩包络图相同。在实际设计中,主要用到各支座附近截面上的剪力值。因此,通常只要将各跨两端靠近支座截面上的最大剪力和最小剪力求出,作相应的纵坐标并在每跨中用直线相连,就可近似地作出所求的剪力包

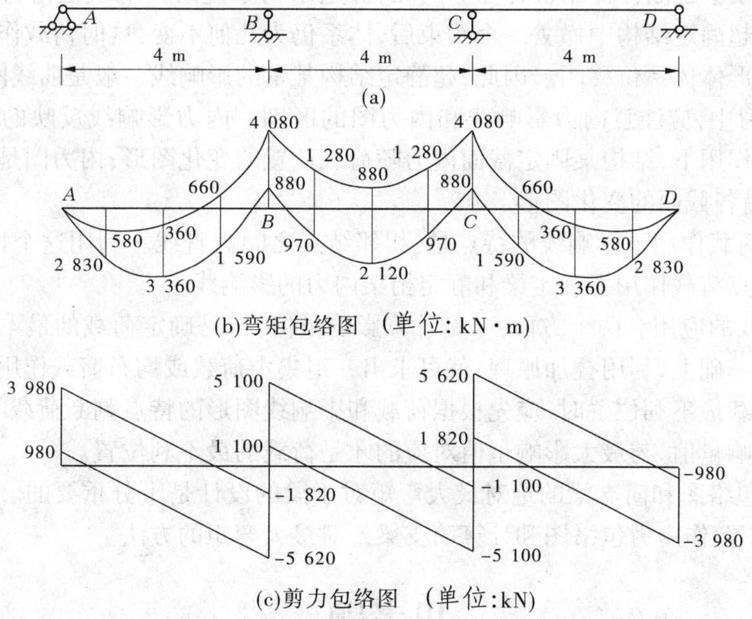

图 8-21

络图。

以图 8-21(a)所示三跨等截面连续梁为例,说明剪力包络图的绘制方法。

(1)作出恒荷载作用下的剪力图和活荷载单独作用于各跨时的剪力图。

(2)将恒荷载剪力图中各支座左右两侧截面处的纵坐标值与所有各种活荷载剪力图中对应的正(负)纵坐标值相加,便得到相应截面的最大剪力值和最小剪力值。

(3)把各跨两端截面(即支座侧边的截面)上的最大剪力值和最小剪力值分别用直线相连,即得到剪力包络图,如图 8-21(c)所示。

本章小结

本章重点讨论绘制静定结构和连续梁影响线的基本方法,并利用影响线来确定结构在移动荷载作用下的最不利荷载位置及相应的最大量值,以作为设计时的主要依据,这是学习影响线的主要目的。

(1)作结构某量影响线的基本方法包括静力法和机动法。静力法是绘制静定结构影响线的最基本方法,应正确和熟练掌握。静力法是以荷载位置参数作为变量,通过静力平衡条件建立影响线函数,从而作出结构的影响线。机动法是应用虚功原理,将作结构影响线的静力问题转变为作体系位移图的几何问题。在应用机动法作结构某量的影响线时,应先在结构中撤去与该量相应的约束,代以约束力;再让体系沿约束力的正方向发生单位位移,这时所得到的荷载作用点的位移图即为所求量的影响线。

在静定结构中撤去一个约束后,结构就变成了具有一个自由度的机构,这时荷载作用点的位移图实质上是刚体体系位移图。因此，静定结构某量的影响线是由直线段组成的折线图。而在超静定结构中撤去一个约束后，体系仍为几何不变，这时荷载作用点的位移图实质上是变形体体系位移图。因此，超静定结构某量的影响线一般是曲线图。

(2)在学习中，应注意内力影响线和内力图的区别。内力影响线反映的是在单位移动荷载 $F_P=1$ 作用下，结构某固定截面内力随荷载位置的变化图形；内力图是指荷载位置固定时，内力沿各截面的变化图形。

(3)结点荷载作用下影响线的特点是：相邻结点之间为直线。利用这个特点，可以方便地绘制出结点荷载作用下静定梁和静定桁架内力的影响线。

(4)影响线的应用有两个方面：一是计算影响量值，二是确定荷载的最不利位置。在影响线概念的基础上，利用叠加原理，就可求出一组集中荷载或均布荷载作用时的影响量值。在确定荷载最不利位置时，应先根据荷载和影响线图形的特点判断荷载的临界位置，计算相应的影响量值，与最大影响量值对应的才是荷载的最不利位置。

(5)内力包络图和简支梁的绝对最大弯矩对于梁的设计是十分重要的。要着重理解它们的概念，了解作内力包络图和计算简支梁绝对最大弯矩的方法。

思考题

8-1　影响线的含义是什么？它的 x 和 y 坐标各代表什么物理意义？

8-2　在什么情况下，影响线的方程必须分段求出？

8-3　只有在叠加原理成立的条件下，才能引入影响线的概念，对吗？由此说明影响线的应用条件是什么？

8-4　为什么静定多跨梁附属部分的内力(或支座反力)影响线在基本部分上的线段与基线重合？

8-5　比较静力法和机动法绘制影响线的特点。

8-6　什么是临界荷载和荷载的临界位置？

8-7　移动荷载组的临界位置和最不利荷载位置有何区别与联系？

8-8　静定梁与超静定梁的影响线有何区别？

8-9　什么叫简支梁的内力包络图与绝对最大弯矩？二者有什么关系？

8-10　如何作连续梁的弯矩包络图和剪力包络图？

习　题

8-1　试用静力法作图 8-22 所示悬臂梁 F_{yA}、M_A、M_C 及 F_{QC} 的影响线。

8-2　试用静力法作图 8-23 所示伸臂梁 F_{yB}、M_C、F_{QB}^L 的影响线。

8-3　试用静力法作图 8-24 所示结构 F_{yA}、F_{QB}、M_E、F_{QE}、F_{yC}、M_F、F_{QF} 的影响线。

8-4　试用静力法作图 8-25 所示结构 M_F、F_{QF}、M_E、F_{QE} 的影响线。

8-5　试用静力法作图 8-26 所示结构 F_{QE}、M_E、F_{QF}^L 的影响线。

8-6　试用静力法作图 8-27 所示桁架 F_{N1}、F_{N2}、F_{N3} 的影响线。

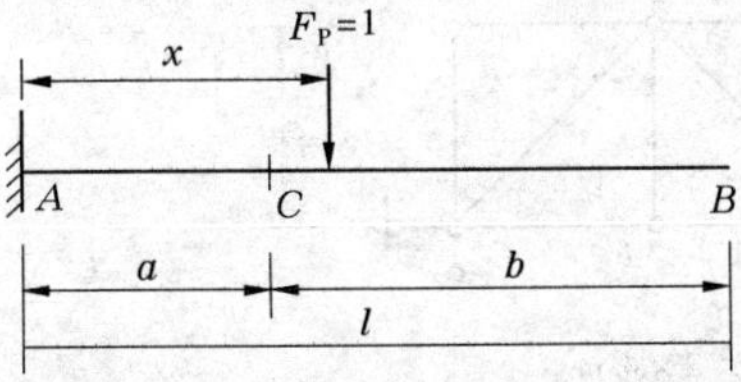

图 8-22

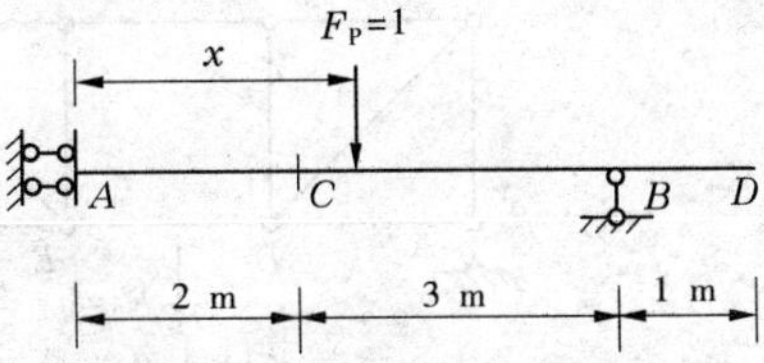

图 8-23

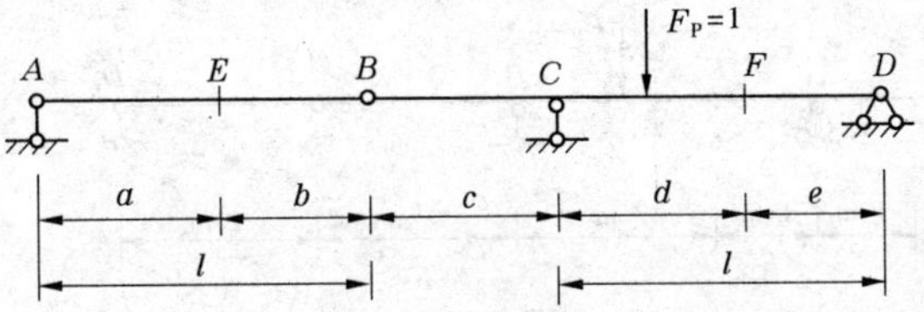

图 8-24

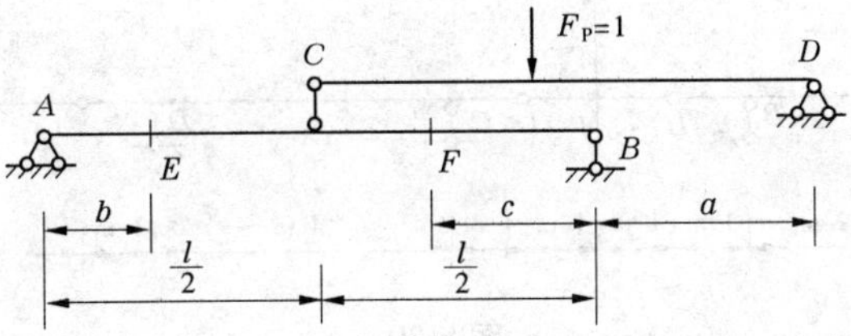

图 8-25

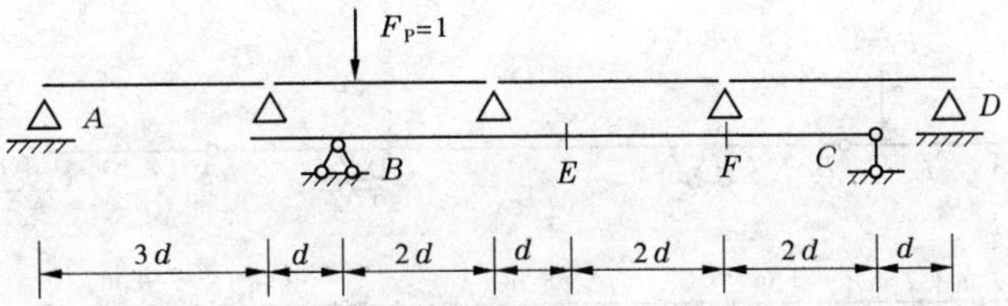

图 8-26

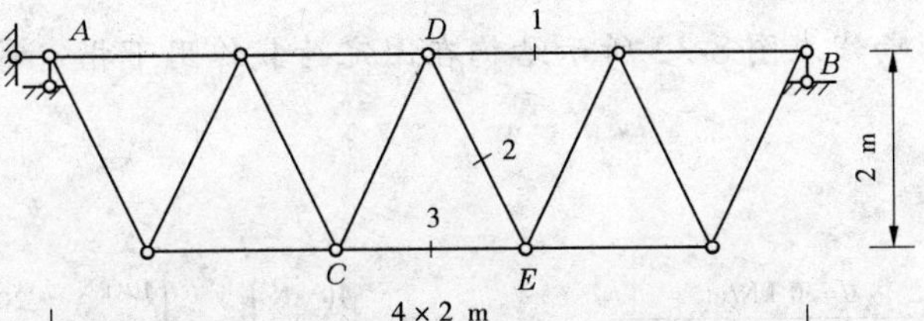

图 8-27

8-7　试用静力法作图 8-28 所示桁架 F_{N1}、F_{N2}、F_{N3}、F_{N4} 的影响线。

8-8　试用机动法作图 8-29 所示结构 M_E、F_{QB}^{L}、F_{QB}^{R} 的影响线。

8-9　试用机动法作图 8-30 所示静定多跨梁 F_{yA}、F_{yC}、F_{QB}^{L}、F_{QB}^{R} 和 M_F、F_{QF}、M_G、F_{QG} 的影响线。

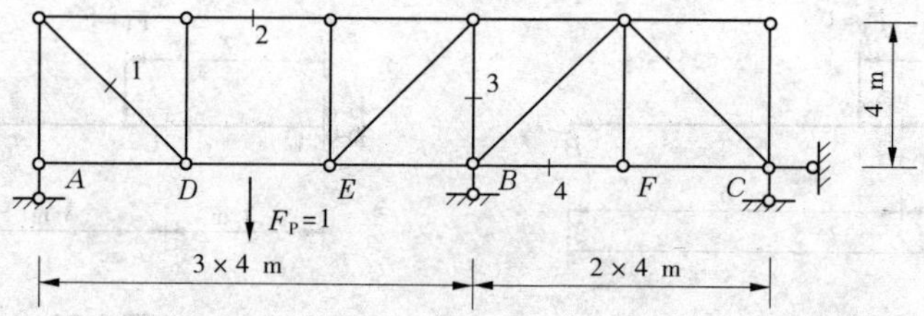

图 8-28

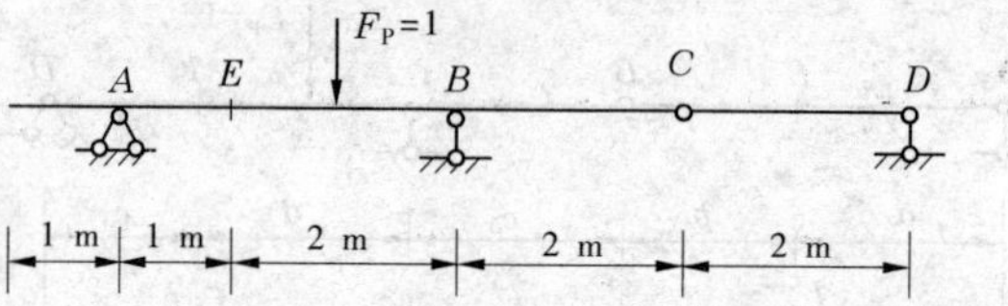

图 8-29

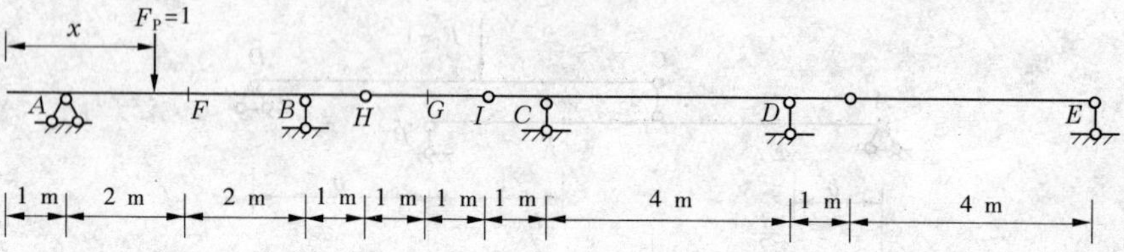

图 8-30

8-10　试用机动法作图 8-31 所示静定多跨梁 F_{yC}、F_{QC}^{L}、F_{QC}^{R}、M_C、M_K 的影响线。

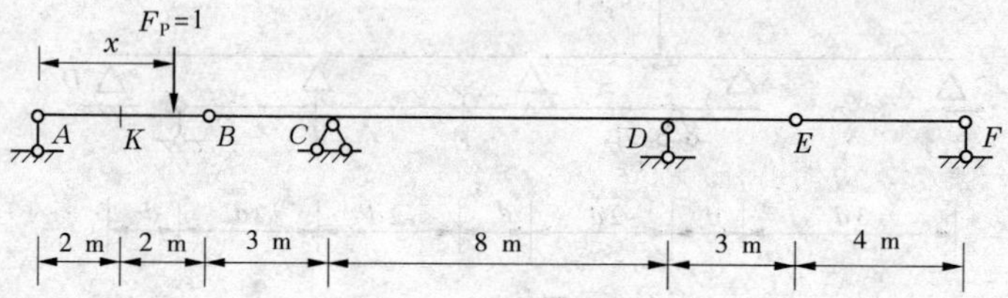

图 8-31

8-11　试利用影响线求图 8-32 所示结构在固定荷载作用下指定量值的大小。

(a) M_C、F_{QC}；

(b) F_{yC}、M_E、F_{QC}^{L}。

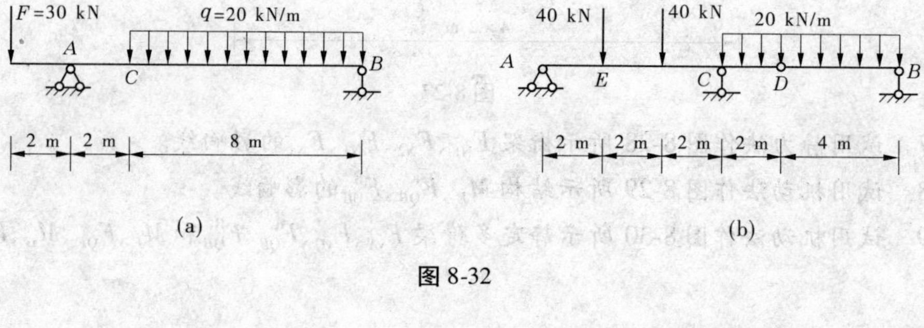

图 8-32

8-12　试求图 8-33 所示简支梁在移动荷载作用下截面 C 上的最大弯矩、最大正剪力和最大负剪力。

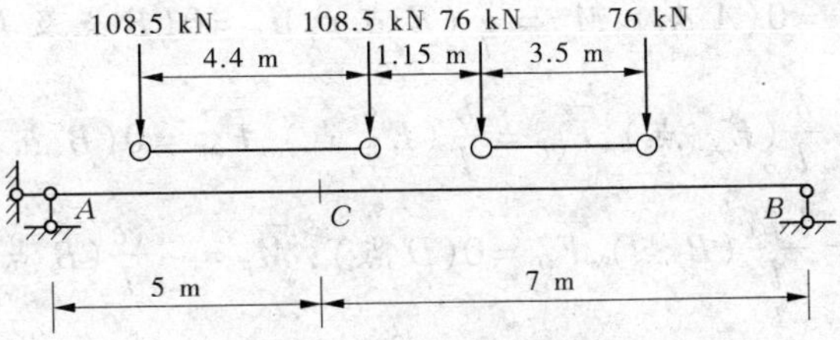

图 8-33

8-13　试求图 8-34 所示简支梁在移动荷载作用下的绝对最大弯矩，并与跨中截面上的弯矩作比较。

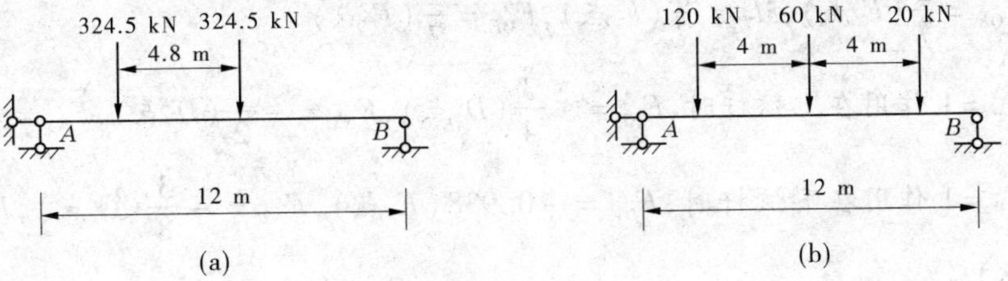

图 8-34

8-14　试作图 8-35 所示连续梁中 M_A、M_K、M_C、F_{yB}、F_{QK} 的影响线的轮廓图。

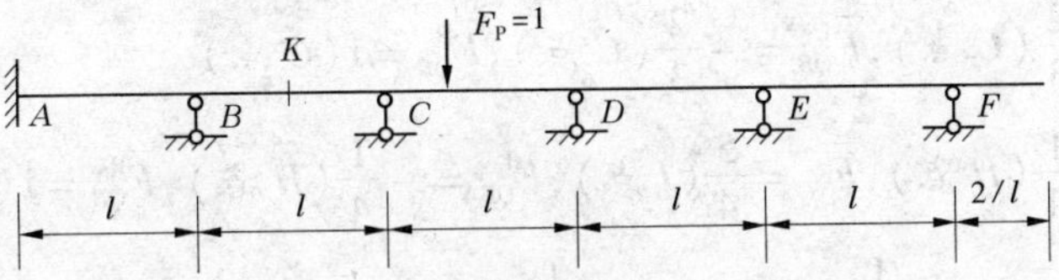

图 8-35

8-15　图 8-36 所示连续梁各跨除承受均布恒荷载 $q=10$ kN/m 的作用外，还承受均布活荷载 $q_1=20$ kN/m，试绘制其弯矩包络图。设 EI 为常数。

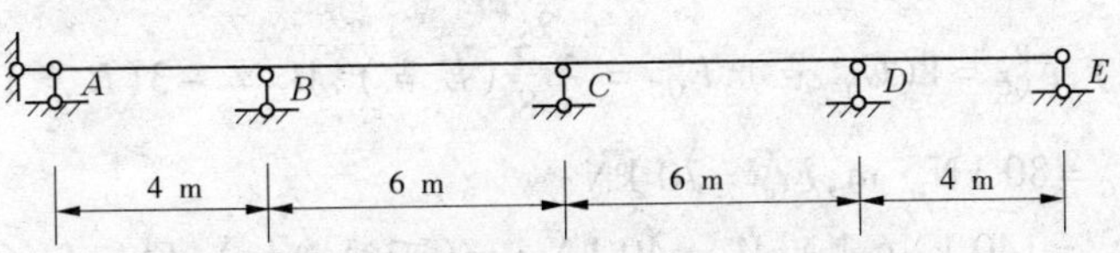

图 8-36

习题参考答案

8-1　$\overline{F}_{yA}=1, \overline{M}_A=-x, \overline{M}_C=\begin{cases}0 & (0\leqslant x\leqslant a)\\ -(x-a) & (a\leqslant x\leqslant l)\end{cases}, \overline{F}_{QC}=\begin{cases}0 & (0\leqslant x\leqslant a)\\ 1 & (a\leqslant x\leqslant l)\end{cases}$

8-2　$\overline{F}_{yB}=1$；$\overline{M}_C=3$（C 点以左），$\overline{M}_C=0$（B 点），$\overline{M}_C=-1$（D 点）；$\overline{F}^{\mathrm{L}}_{QB}=-1$（$B$ 点以

左），$\overline{F}^{\mathrm{L}}_{QB}=0$（$B$ 点以右）

8-3　$\overline{F}_{yA}=1$（A 点），$\overline{F}_{yA}=0$（B 点以右）；$\overline{F}_{QB}=0$（A 点），$\overline{F}_{QB}=-1$（B 点），$\overline{F}_{QB}=0$（B 点以右）；$\overline{M}_E=0$（A 点），$\overline{M}_E=\dfrac{ab}{l}$（$E$ 点），$\overline{M}_E=0$（B 点及 B 点以右）；$\overline{F}_{QE}=0$（A 点），$\overline{F}_{QE}=-\dfrac{a}{l}$（$E_{左}$ 点），$\overline{F}_{QE}=\dfrac{b}{l}$（$E_{右}$ 点），$\overline{F}_{QE}=0$（B 点及 B 点以右）；$\overline{F}_{yC}=0$（A 点），$\overline{F}_{yC}=\dfrac{l+c}{l}$（$B$ 点），$\overline{F}_{yC}=0$（D 点）；$\overline{M}_F=-\dfrac{ce}{l}$（$B$ 点）；$\overline{F}_{QF}=\dfrac{c}{l}$（$B$ 点）

8-4　$\overline{M}_F=\dfrac{l^2}{2c(l-c)^2}$（$C$ 点），$\overline{F}_{QF}=-\dfrac{l^2}{2(l-c)^2}$（$C$ 点），$\overline{M}_E=\dfrac{l^2}{2b(l-b)^2}$（$C$ 点），$\overline{F}_{QE}=\dfrac{l^2}{2(l-b)^2}$（$C$ 点）

8-5　$\overline{F}_{QE}=\dfrac{2}{7}$（$F$ 点），$\overline{M}_E=\dfrac{6d}{7}$（$F$ 点），$\overline{F}^{\mathrm{L}}_{QF}=\dfrac{2}{7}$（$F$ 点）

8-6　$F_P=1$ 作用在上弦杆时，$\overline{F}_{N1}=-\dfrac{3}{4}$（$D$ 点），$\overline{F}_{N2}=-\dfrac{1}{2}$（$D$ 点），$\overline{F}_{N3}=\dfrac{1}{8}$（$D$ 点）；$F_P=1$ 作用在下弦杆时，$\overline{F}_{N1}=-0.938$（E 点），$\overline{F}_{N2}=-\dfrac{3}{8}$（$C$ 点），$\overline{F}_{N3}=\dfrac{3}{4}$（$C$ 点）

8-7　$\overline{F}_{N1}=\sqrt{2}$（$D$ 点），$\overline{F}_{N2}=-1$（D 点），$\overline{F}_{N3}=0$（D 点），$\overline{F}_{N4}=\dfrac{1}{2}$（$D$ 点）

8-8　$\overline{M}_E=-\dfrac{2}{3}$（$C$ 点），$\overline{F}^{\mathrm{L}}_{QB}=-\dfrac{2}{3}$（$C$ 点），$\overline{F}^{\mathrm{R}}_{QB}=1$（$C$ 点）

8-9　$\overline{F}_{yA}=-\dfrac{1}{4}$（$H$ 点），$\overline{F}_{yC}=\dfrac{5}{4}$（$I$ 点），$\overline{F}^{\mathrm{L}}_{QB}=-\dfrac{1}{4}$（$H$ 点），$\overline{F}^{\mathrm{R}}_{QB}=1$（$H$ 点），$\overline{M}_F=-\dfrac{1}{2}$（$H$ 点），$\overline{F}_{QF}=-\dfrac{1}{4}$（$H$ 点），$\overline{M}_G=\dfrac{1}{2}$（$G$ 点），$\overline{F}_{QG}=\dfrac{1}{2}$（$G_{右}$ 点）

8-10　$\overline{F}_{yC}=\dfrac{11}{8}$（$B$ 点），$\overline{F}_{yC}=\dfrac{3}{8}$（$E$ 点）；$\overline{F}^{\mathrm{L}}_{QC}=-1$（$B$ 点），$\overline{F}^{\mathrm{L}}_{QC}=-1$（$C_{左}$ 点）；$\overline{F}^{\mathrm{R}}_{QC}=\dfrac{3}{8}$（$B$ 点），$\overline{F}^{\mathrm{R}}_{QC}=1$（$C_{右}$ 点），$\overline{F}^{\mathrm{R}}_{QC}=-\dfrac{3}{8}$（$E$ 点）；$\overline{M}_C=-3$（B 点）；$\overline{M}_K=1$（K 点）

8-11　(a) $M_C=80\ \mathrm{kN\cdot m}$，$F_{QC}=70\ \mathrm{kN}$；

(b) $F_{yC}=140\ \mathrm{kN}(\uparrow)$，$M_E=40\ \mathrm{kN\cdot m}$（下边受拉），$F^{\mathrm{L}}_{QC}=-60\ \mathrm{kN}$

8-12　$M_{C\max}=626.9\ \mathrm{kN\cdot m}$，$F_{QC\max}=108\ \mathrm{kN}$，$F_{QC\min}=-44.3\ \mathrm{kN\cdot m}$

8-13　(a) $M_{\max}=1\ 248\ \mathrm{kN\cdot m}$；

(b) $M_{\max}=426.7\ \mathrm{kN\cdot m}$

8-14　略

8-15　略

第九章 矩阵位移法

本章主要讨论结构分析的矩阵位移法。首先介绍如何建立在局部坐标系和整体坐标系下的单元刚度矩阵及其转换关系,然后利用单元集成法建立连续梁和平面刚架的整体刚度矩阵,最后介绍结点等效荷载的计算方法。单元分析和整体分析是本章的重点。

在学习中,要理解结构的离散化和结点位移的编码规则,掌握利用单元集成法形成结构整体刚度矩阵的过程和等效结点荷载的集成方法。

第一节 概 述

力法和位移法是计算超静定结构的最基本方法,它们都是建立在手算基础上的计算方法。当计算简图较复杂、基本未知量数目较多时,手工计算将是极为烦琐和困难的。随着计算机技术的发展和广泛应用,结构分析的计算方法也得到了空前的发展,结构矩阵分析方法就是其中最重要的方法之一。

结构矩阵分析方法是以结构力学的原理为基础,用矩阵代数表达计算公式,并以电子计算机为运算工具的一种三位一体的分析方法。采用矩阵进行运算,不仅使得公式紧凑,而且形式上统一,便于使计算过程规格化和程序化。这些正是适应了电子计算机进行自动化计算的要求。

与传统的力法和位移法相对应,在结构矩阵分析中也有矩阵力法和矩阵位移法。当以结构的多余未知力作为基本未知量时,称为矩阵力法;当以结构的结点位移作为基本未知量时,称为矩阵位移法。矩阵位移法的程序简单且通用性强,故应用最广。本章只介绍矩阵位移法。

矩阵位移法计算杆件结构的基本原理与传统的位移法相同,其基本思路是:

先把结构分解为有限个较小的单元,即进行所谓的结构离散化。对于杆件结构,一般以一根杆件或一根杆件的一段作为一个单元。对每一单元,分析单元的杆端力和杆端位移及荷载之间的关系,并用矩阵形式表示,建立所谓的单元刚度矩阵,这称为单元分析。

再把各单元集合成原来的结构,使各单元满足原结构的几何条件(包括支承条件、结点处的变形连续条件)和平衡条件,从而建立整个结构的刚度方程,以求解原结构的位移和内力,这称为整体分析。

第二节 局部坐标系下的单元刚度矩阵

一、结构的离散化

在杆件结构中,通常将每一根杆件作为一个单元。图 9-1(a)所示连续梁是由杆 *AB*

和杆 BC 组成的，用矩阵位移法计算时，可将结构离散为①、②两个单元。图 9-1(b)所示刚架由 AB、BC、CD 三根杆组成，可离散为①、②、③三个单元。

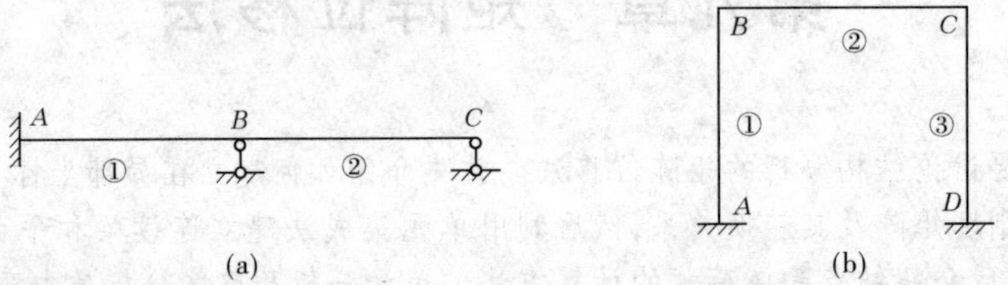

图 9-1

二、杆端位移、杆端力的符号规定

如图 9-2 所示为任一杆件单元ⓔ，两个端点的局部编码分别为 1、2。在矩阵位移法中，由单元端点 1 到端点 2 的方向规定为杆轴的正方向，如图中箭头所示。单元的局部坐标系用 $\overline{x}\overline{O}\overline{y}$ 表示，其中 $\overline{x}$ 轴与杆轴正向重合，以 $\overline{x}$ 轴正方向顺时针旋转 90°为 $\overline{y}$ 轴的正方向。

用 $\overline{u}$、$\overline{v}$、$\overline{\theta}$ 分别表示单元杆端的轴向位移分量、杆端垂直于杆轴方向的位移分量与杆端截面的转角。单元ⓔ的杆端 1、2、各有三个位移分量，分别记为 $\overline{u}_1^e$、$\overline{v}_1^e$、$\overline{\theta}_1^e$ 和 $\overline{u}_2^e$、$\overline{v}_2^e$、$\overline{\theta}_2^e$，如图 9-2(a)所示。

用 $\overline{F}_N$、$\overline{F}_Q$、$\overline{M}$分别表示单元杆端的轴力、剪力和弯矩。单元ⓔ的杆端 1、2 各有三个力分量，分别记为 $\overline{F}_{N1}^e$、$\overline{F}_{Q1}^e$、$\overline{M}_1^e$ 和 $\overline{F}_{N2}^e$、$\overline{F}_{Q2}^e$、$\overline{M}_2^e$，如图 9-2(b)所示。

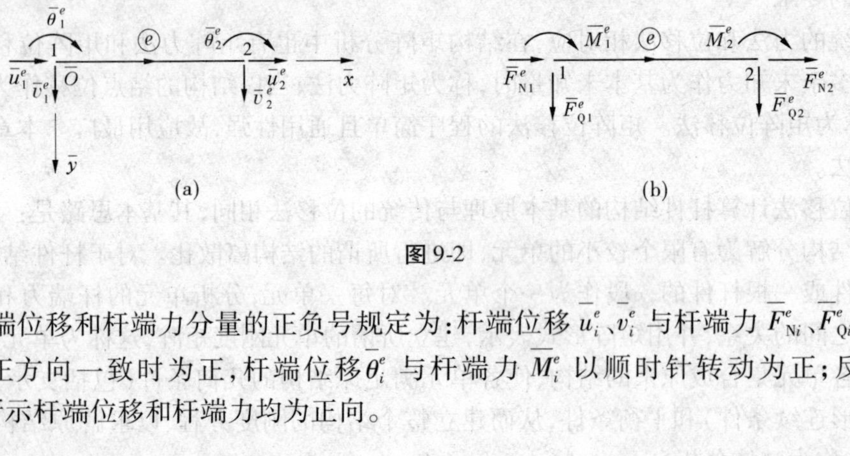

图 9-2

杆端位移和杆端力分量的正负号规定为：杆端位移 $\overline{u}_i^e$、$\overline{v}_i^e$ 与杆端力 $\overline{F}_{Ni}^e$、$\overline{F}_{Qi}^e$ 以与坐标轴 $\overline{x}$、$\overline{y}$ 正方向一致时为正，杆端位移 $\overline{\theta}_i^e$ 与杆端力 $\overline{M}_i^e$ 以顺时针转动为正；反之为负。图 9-2所示杆端位移和杆端力均为正向。

三、单元分析

如图 9-3 所示为两端刚结的一般杆单元，单元的弹性模量为 E，截面惯性矩为 I，截面面积为 A，杆长为 l。

根据位移法的形常数，可以求出由各杆端位移所引起的杆端力。然后由叠加原理可得

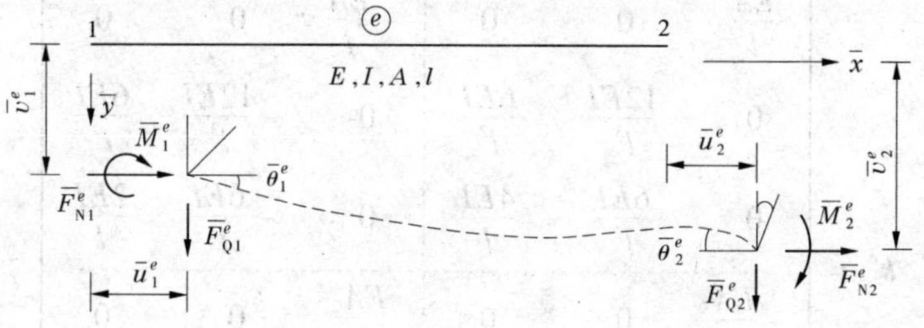

图 9-3

$$
\left.\begin{aligned}
\overline{F}^e_{N1} &= \frac{EA}{l}(\overline{u}^e_1 - \overline{u}^e_2)\\
\overline{F}^e_{Q1} &= \frac{12EI}{l^3}\overline{v}^e_1 + \frac{6EI}{l^2}\overline{\theta}^e_1 - \frac{12EI}{l^3}\overline{v}^e_2 + \frac{6EI}{l^2}\overline{\theta}^e_2\\
\overline{M}^e_1 &= \frac{6EI}{l^2}\overline{v}^e_1 + \frac{4EI}{l}\overline{\theta}^e_1 - \frac{6EI}{l^2}\overline{v}^e_2 + \frac{2EI}{l}\overline{\theta}^e_2\\
\overline{F}^e_{N2} &= -\frac{EA}{l}(\overline{u}^e_1 - \overline{u}^e_2)\\
\overline{F}^e_{Q2} &= -\frac{12EI}{l^3}\overline{v}^e_1 - \frac{6EI}{l^2}\overline{\theta}^e_1 + \frac{12EI}{l^3}\overline{v}^e_2 - \frac{6EI}{l^2}\overline{\theta}^e_2\\
\overline{M}^e_2 &= \frac{6EI}{l^2}\overline{v}^e_1 + \frac{2EI}{l}\overline{\theta}^e_1 - \frac{6EI}{l^2}\overline{v}^e_2 + \frac{4EI}{l}\overline{\theta}^e_2
\end{aligned}\right\}\qquad(9\text{-}1)
$$

写成矩阵形式，则有

$$
\begin{bmatrix} \overline{F}^e_{N1}\\ \overline{F}^e_{Q1}\\ \overline{M}^e_1\\ \cdots\\ \overline{F}^e_{N2}\\ \overline{F}^e_{Q2}\\ \overline{M}^e_2 \end{bmatrix}
=
\left[\begin{array}{ccc:ccc}
\frac{EA}{l} & 0 & 0 & -\frac{EA}{l} & 0 & 0\\
0 & \frac{12EI}{l^3} & \frac{6EI}{l^2} & 0 & -\frac{12EI}{l^3} & \frac{6EI}{l^2}\\
0 & \frac{6EI}{l^2} & \frac{4EI}{l} & 0 & -\frac{6EI}{l^2} & \frac{2EI}{l}\\
\hdashline
-\frac{EA}{l} & 0 & 0 & \frac{EA}{l} & 0 & 0\\
0 & -\frac{12EI}{l^3} & -\frac{6EI}{l^2} & 0 & \frac{12EI}{l^3} & -\frac{6EI}{l^2}\\
0 & \frac{6EI}{l^2} & \frac{2EI}{l} & 0 & -\frac{6EI}{l^2} & \frac{4EI}{l}
\end{array}\right]
\begin{bmatrix} \overline{u}^e_1\\ \overline{v}^e_1\\ \overline{\theta}^e_1\\ \cdots\\ \overline{u}^e_2\\ \overline{v}^e_2\\ \overline{\theta}^e_2 \end{bmatrix}
\qquad(9\text{-}2)
$$

式(9-2)即为单元ⓔ在局部坐标系中的刚度方程，可简写为

$$\overline{\boldsymbol{F}}^e = \overline{\boldsymbol{k}}^e\overline{\boldsymbol{\Delta}}^e \qquad(9\text{-}3)$$

式中，

$$\overline{\boldsymbol{F}}^e = [\overline{F}^e_{N1}\quad \overline{F}^e_{Q1}\quad \overline{M}^e_1\quad \overline{F}^e_{N2}\quad \overline{F}^e_{Q2}\quad \overline{M}^e_2]^{\mathrm{T}} \qquad(9\text{-}4)$$

$$\overline{\boldsymbol{\Delta}}^e = [\overline{u}^e_1\quad \overline{v}^e_1\quad \overline{\theta}^e_1\quad \overline{u}^e_2\quad \overline{v}^e_2\quad \overline{\theta}^e_2]^{\mathrm{T}} \qquad(9\text{-}5)$$

分别称为单元的杆端力列向量和杆端位移列向量。

$$\bar{\boldsymbol{k}}^e = \left[\begin{array}{ccc:ccc} \frac{EA}{l} & 0 & 0 & -\frac{EA}{l} & 0 & 0 \\ 0 & \frac{12EI}{l^3} & \frac{6EI}{l^2} & 0 & -\frac{12EI}{l^3} & \frac{6EI}{l^2} \\ 0 & \frac{6EI}{l^2} & \frac{4EI}{l} & 0 & -\frac{6EI}{l^2} & \frac{2EI}{l} \\ \hdashline -\frac{EA}{l} & 0 & 0 & \frac{EA}{l} & 0 & 0 \\ 0 & -\frac{12EI}{l^3} & -\frac{6EI}{l^2} & 0 & \frac{12EI}{l^3} & -\frac{6EI}{l^2} \\ 0 & \frac{6EI}{l^2} & \frac{2EI}{l} & 0 & -\frac{6EI}{l^2} & \frac{4EI}{l} \end{array}\right] \tag{9-6}$$

称为局部坐标系下的单元刚度矩阵。

单元刚度矩阵 $\bar{\boldsymbol{k}}^e$ 是杆端力与杆端位移之间的转换矩阵，其中的任一个元素 $\bar{k}_{ij}^e$ 称为单元刚度系数，它表示当第 j 个杆端位移分量等于1（其余杆端位移分量均为零）时，所引起的第 i 个杆端力分量的值。单元刚度矩阵 $\bar{\boldsymbol{k}}^e$ 具有如下性质：

（1）对称性。单元刚度矩阵 $\bar{\boldsymbol{k}}^e$ 是一个对称矩阵，即 $\bar{k}_{ij}^e = \bar{k}_{ji}^e\,(i \neq j)$。

（2）奇异性。单元刚度矩阵 $\bar{\boldsymbol{k}}^e$ 是奇异矩阵，其行列式等于零，即 $|\bar{\boldsymbol{k}}^e| = 0$。因此，其不存在逆矩阵。也就是说，如已知杆端位移 $\bar{\boldsymbol{\Delta}}^e$，则可由式（9-2）直接计算出杆端力 $\bar{\boldsymbol{F}}^e$，且解答是唯一的。但如果已知杆端力 $\bar{\boldsymbol{F}}^e$，则不一定能计算出杆端位移 $\bar{\boldsymbol{\Delta}}^e$，$\bar{\boldsymbol{\Delta}}^e$ 可能无解，如果有解，也是非唯一解。

式（9-2）是一般杆件的单元刚度方程。下面在此基础上，讨论几种特殊杆件的单元刚度方程。

在桁架结构中，由于只需考虑杆件的轴向变形和轴力，由式（9-2）可知，其单元刚度方程为

$$\begin{bmatrix} \bar{F}_{N1}^e \\ \bar{F}_{N2}^e \end{bmatrix} = \begin{bmatrix} \frac{EA}{l} & -\frac{EA}{l} \\ -\frac{EA}{l} & \frac{EA}{l} \end{bmatrix} \begin{bmatrix} \bar{u}_1^e \\ \bar{u}_2^e \end{bmatrix} \tag{9-7}$$

相应的单元刚度矩阵为

$$\bar{\boldsymbol{k}}^e = \begin{bmatrix} \frac{EA}{l} & -\frac{EA}{l} \\ -\frac{EA}{l} & \frac{EA}{l} \end{bmatrix} \tag{9-8}$$

对于连续梁，通常忽略轴向变形的影响。同时，连续梁均支承在刚性支座上，无横向位移。由式（9-2）可知，其单元刚度方程为

$$\begin{bmatrix} \bar{M}_1^e \\ \bar{M}_2^e \end{bmatrix} = \begin{bmatrix} \frac{4EI}{l} & \frac{2EI}{l} \\ \frac{2EI}{l} & \frac{4EI}{l} \end{bmatrix} \begin{bmatrix} \bar{\theta}_1^e \\ \bar{\theta}_2^e \end{bmatrix} \tag{9-9}$$

相应的单元刚度矩阵为

$$\bar{\boldsymbol{k}}^e = \begin{bmatrix} \frac{4EI}{l} & \frac{2EI}{l} \\ \frac{2EI}{l} & \frac{4EI}{l} \end{bmatrix} \tag{9-10}$$

在计算刚架时，通常忽略杆件轴向变形的影响。由式(9-2)可知，其单元刚度方程为

$$\begin{bmatrix} \bar{F}_{Q1}^e \\ \bar{M}_1^e \\ \cdots \\ \bar{F}_{Q2}^e \\ \bar{M}_2^e \end{bmatrix} = \left[\begin{array}{cc:cc} \frac{12EI}{l^3} & \frac{6EI}{l^2} & -\frac{12EI}{l^3} & \frac{6EI}{l^2} \\ \frac{6EI}{l^2} & \frac{4EI}{l} & -\frac{6EI}{l^2} & \frac{2EI}{l} \\ \hdashline -\frac{12EI}{l^3} & -\frac{6EI}{l^2} & \frac{12EI}{l^3} & -\frac{6EI}{l^2} \\ \frac{6EI}{l^2} & \frac{2EI}{l} & -\frac{6EI}{l^2} & \frac{4EI}{l} \end{array}\right] \begin{bmatrix} \bar{v}_1^e \\ \bar{\theta}_1^e \\ \cdots \\ \bar{v}_2^e \\ \bar{\theta}_2^e \end{bmatrix} \tag{9-11}$$

相应的单元刚度矩阵为

$$\bar{\boldsymbol{k}}^e = \left[\begin{array}{cc:cc} \frac{12EI}{l^3} & \frac{6EI}{l^2} & -\frac{12EI}{l^3} & \frac{6EI}{l^2} \\ \frac{6EI}{l^2} & \frac{4EI}{l} & -\frac{6EI}{l^2} & \frac{2EI}{l} \\ \hdashline -\frac{12EI}{l^3} & -\frac{6EI}{l^2} & \frac{12EI}{l^3} & -\frac{6EI}{l^2} \\ \frac{6EI}{l^2} & \frac{2EI}{l} & -\frac{6EI}{l^2} & \frac{4EI}{l} \end{array}\right] \tag{9-12}$$

第三节　整体坐标系下的单元刚度矩阵

上述单元刚度方程和单元刚度矩阵是在局部坐标系$\bar{x}\bar{O}\bar{y}$中建立起来的，对于一般杆系结构，分析时所划分的各单元的局部坐标系显然不相同。因此，在研究结构的平衡条件和变形协调条件时，必须选定一个统一的坐标系 xOy，称为整体坐标系。同时，还必须把在局部坐标系中建立的单元刚度矩阵转换为整体坐标系下的单元刚度矩阵。本节主要介绍坐标变换的方法。

图 9-4 所示为一单元ⓔ，其局部坐标系为$\bar{x}\bar{O}\bar{y}$，整体坐标系为 xOy，由 x 轴到 $\bar{x}$ 轴的夹角 α 以顺时针转向为正。

局部坐标系中的杆端力分量为 $\bar{F}_N^e$、$\bar{F}_Q^e$、$\bar{M}^e$（见图 9-4(a)），整体坐标系中的杆端力分量为 F_N^e、F_Q^e、M^e（见图 9-4(b)），两者有如下关系

$$\left.\begin{aligned}
\overline{F}^e_{N1} &= F^e_{N1}\cos\alpha + F^e_{Q1}\sin\alpha \\
\overline{F}^e_{Q1} &= -F^e_{N1}\sin\alpha + F^e_{Q1}\cos\alpha \\
\overline{M}^e_1 &= M^e_1 \\
\overline{F}^e_{N2} &= F^e_{N2}\cos\alpha + F^e_{Q2}\sin\alpha \\
\overline{F}^e_{Q2} &= -F^e_{N2}\sin\alpha + F^e_{Q2}\cos\alpha \\
\overline{M}^e_2 &= M^e_2
\end{aligned}\right\} \tag{9-13}$$

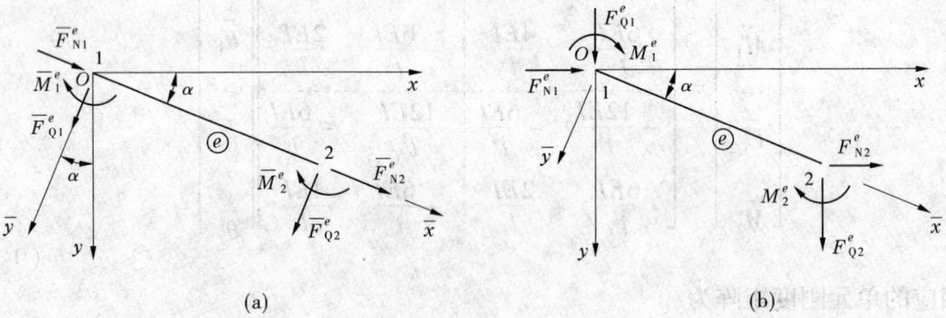

图 9-4

将式(9-13)写成矩阵形式为

$$\begin{bmatrix} \overline{F}^e_{N1} \\ \overline{F}^e_{Q1} \\ \overline{M}^e_1 \\ \cdots \\ \overline{F}^e_{N2} \\ \overline{F}^e_{Q2} \\ \overline{M}^e_2 \end{bmatrix} = \begin{bmatrix} \cos\alpha & \sin\alpha & 0 & 0 & 0 & 0 \\ -\sin\alpha & \cos\alpha & 0 & 0 & 0 & 0 \\ 0 & 0 & 1 & 0 & 0 & 0 \\ 0 & 0 & 0 & \cos\alpha & \sin\alpha & 0 \\ 0 & 0 & 0 & -\sin\alpha & \cos\alpha & 0 \\ 0 & 0 & 0 & 0 & 0 & 1 \end{bmatrix} \begin{bmatrix} F^e_{N1} \\ F^e_{Q1} \\ M^e_1 \\ \cdots \\ F^e_{N2} \\ F^e_{Q2} \\ M^e_2 \end{bmatrix} \tag{9-14}$$

记为

$$\overline{\boldsymbol{F}}^e = \boldsymbol{T}\boldsymbol{F}^e \tag{9-15}$$

式(9-15)即为两种坐标系中单元杆端力的转换公式。其中 $\boldsymbol{T}$ 为单元坐标转换矩阵,且

$$\boldsymbol{T} = \begin{bmatrix} \cos\alpha & \sin\alpha & 0 & 0 & 0 & 0 \\ -\sin\alpha & \cos\alpha & 0 & 0 & 0 & 0 \\ 0 & 0 & 1 & 0 & 0 & 0 \\ 0 & 0 & 0 & \cos\alpha & \sin\alpha & 0 \\ 0 & 0 & 0 & -\sin\alpha & \cos\alpha & 0 \\ 0 & 0 & 0 & 0 & 0 & 1 \end{bmatrix} \tag{9-16}$$

可以证明,单元坐标转换矩阵 $\boldsymbol{T}$ 为一正交矩阵。因此,其逆矩阵等于其转置矩阵,即

$$\boldsymbol{T}^{-1} = \boldsymbol{T}^{\mathrm{T}} \tag{9-17}$$

则式(9-15)可变换为

$$\boldsymbol{F}^e = \boldsymbol{T}^{\mathrm{T}}\overline{\boldsymbol{F}}^e \tag{9-18}$$

同理,可求出局部坐标系中的单元杆端位移 $\overline{\boldsymbol{\Delta}}^e$ 和整体坐标系中的单元杆端位移 $\boldsymbol{\Delta}^e$ 的转换关系为

$$\overline{\boldsymbol{\Delta}}^e = \boldsymbol{T}\boldsymbol{\Delta}^e \tag{9-19}$$

或

$$\boldsymbol{\Delta}^e = \boldsymbol{T}^{\mathrm{T}}\overline{\boldsymbol{\Delta}}^e \tag{9-20}$$

将式(9-15)和式(9-19)代入式(9-3),得

$$\boldsymbol{T}\boldsymbol{F}^e = \overline{\boldsymbol{k}}^e\boldsymbol{T}\boldsymbol{\Delta}^e$$

上式两边左乘 $\boldsymbol{T}^{\mathrm{T}}$,并考虑式(9-17),得

$$\boldsymbol{F}^e = \boldsymbol{T}^{\mathrm{T}}\overline{\boldsymbol{k}}^e\boldsymbol{T}\boldsymbol{\Delta}^e \tag{9-21}$$

令

$$\boldsymbol{k}^e = \boldsymbol{T}^{\mathrm{T}}\overline{\boldsymbol{k}}^e\boldsymbol{T} \tag{9-22}$$

则式(9-21)可表示为

$$\boldsymbol{F}^e = \boldsymbol{k}^e\boldsymbol{\Delta}^e \tag{9-23}$$

式(9-23)为整体坐标系下的单元刚度方程。其中,$\boldsymbol{k}^e$ 为整体坐标系下的单元刚度矩阵,式(9-22)即为单元刚度矩阵由局部坐标系向整体坐标系转换的公式。

整体坐标系中的单元刚度矩阵 $\boldsymbol{k}^e$ 与局部坐标系中的单元刚度矩阵 $\overline{\boldsymbol{k}}^e$ 同阶,且具有类似的性质:

(1)元素 k_{ij}^e 表示在整体坐标系中第 j 个杆端位移分量等于1时,所引起的第 i 个杆端力分量值。

(2)$\boldsymbol{k}^e$ 是对称矩阵。

(3)一般单元的 $\boldsymbol{k}^e$ 是奇异矩阵。

【例9-1】　试求图9-5所示刚架中各单元在整体坐标系中的刚度矩阵 $\boldsymbol{k}^e$。已知各杆的截面尺寸相同,且 $b \times h = 0.5\ \mathrm{m} \times 1.0\ \mathrm{m}$,弹性模量 $E = 3 \times 10^7\ \mathrm{kPa}$。

解　(1)基本参数计算

$$A = 0.5\ \mathrm{m}^2, I = \frac{1}{24}\ \mathrm{m}^4$$

$$\frac{EA}{l} = 300 \times 10^4\ \mathrm{kN/m}$$

$$\frac{EI}{l} = 25 \times 10^4\ \mathrm{kN \cdot m}$$

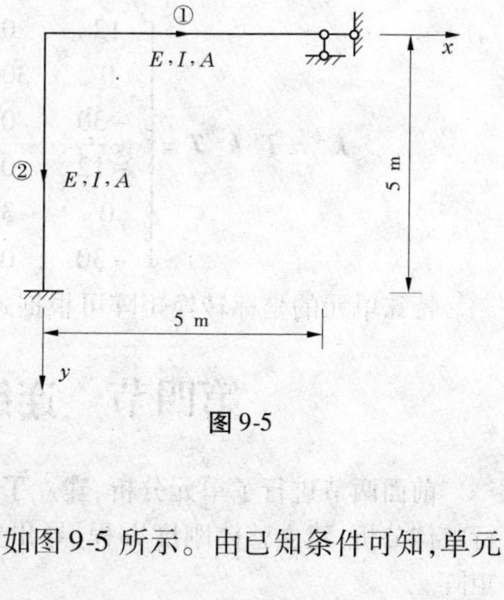

图9-5

(2)局部坐标系下的单元刚度矩阵 $\overline{\boldsymbol{k}}^e$

此结构有两个杆件单元①和②,其局部坐标系如图9-5所示。由已知条件可知,单元刚度矩阵 $\overline{\boldsymbol{k}}^{①}$ 和 $\overline{\boldsymbol{k}}^{②}$ 相等,即

$$\bar{\boldsymbol{k}}^{①}=\bar{\boldsymbol{k}}^{②}=\left[\begin{array}{ccc|ccc}300 & 0 & 0 & -300 & 0 & 0\\0 & 12 & 30 & 0 & -12 & 30\\0 & 30 & 100 & 0 & -30 & 50\\\hline -300 & 0 & 0 & 300 & 0 & 0\\0 & -12 & -30 & 0 & 12 & -30\\0 & 30 & 50 & 0 & -30 & 100\end{array}\right]\times 10^4$$

(3)整体坐标系下的单元刚度矩阵 $\boldsymbol{k}^e$

单元①:局部坐标系与整体坐标系相同,故有

$$\boldsymbol{k}^{①}=\bar{\boldsymbol{k}}^{①}=\left[\begin{array}{ccc|ccc}300 & 0 & 0 & -300 & 0 & 0\\0 & 12 & 30 & 0 & -12 & 30\\0 & 30 & 100 & 0 & -30 & 50\\\hline -300 & 0 & 0 & 300 & 0 & 0\\0 & -12 & -30 & 0 & 12 & -30\\0 & 30 & 50 & 0 & -30 & 100\end{array}\right]\times 10^4$$

单元②:$\alpha=90°$,故其坐标转换矩阵为

$$\boldsymbol{T}=\left[\begin{array}{ccc|ccc}0 & 1 & 0 & 0 & 0 & 0\\-1 & 0 & 0 & 0 & 0 & 0\\0 & 0 & 1 & 0 & 0 & 0\\\hline 0 & 0 & 0 & 0 & 1 & 0\\0 & 0 & 0 & -1 & 0 & 0\\0 & 0 & 0 & 0 & 0 & 1\end{array}\right]$$

由式(9-22)可得

$$\boldsymbol{k}^{②}=\boldsymbol{T}^{\mathrm{T}}\bar{\boldsymbol{k}}^{②}\boldsymbol{T}=\left[\begin{array}{ccc|ccc}12 & 0 & -30 & -12 & 0 & -30\\0 & 300 & 0 & 0 & -300 & 0\\-30 & 0 & 100 & 30 & 0 & 50\\\hline -12 & 0 & 30 & 12 & 0 & 30\\0 & -300 & 0 & 0 & 300 & 0\\-30 & 0 & 50 & 30 & 0 & 100\end{array}\right]\times 10^4$$

特殊单元的坐标转换矩阵可根据式(9-16)得到,此处不再赘述。

第四节　连续梁的整体刚度矩阵

前面两节进行了单元分析,建立了单元刚度方程,推导了单元刚度矩阵。从本节起进行整体分析,建立整体刚度方程,导出整体刚度矩阵。本节主要讨论连续梁的整体刚度矩阵。

整体刚度方程是按位移法建立的。具体方法有两种:一种是传统位移法,另一种是单元集成法(也称为刚度集成法或直接刚度法)。单元集成法的优点是便于实现计算过程的程序化。

为了将两种方法加以比较，先简单回顾一下传统的位移法。

图 9-6(a)所示连续梁，位移法的基本体系如图 9-6(b)所示。位移法的基本未知量为结点转角位移 Δ_1、Δ_2、Δ_3，它们组成整体结构的结点位移向量 $\boldsymbol{\Delta}=[\Delta_1 \quad \Delta_2 \quad \Delta_3]^{\mathrm{T}}$。与 Δ_1、Δ_2、Δ_3 对应的力是附加约束力矩 F_1、F_2、F_3，它们组成整体结构的结点力向量 $\boldsymbol{F}=[F_1 \quad F_2 \quad F_3]^{\mathrm{T}}$。

在传统位移法中，分别考虑每个结点转角 Δ_1、Δ_2 和 Δ_3 单独引起的结点力矩，如图 9-6(c)、(d)、(e)所示。

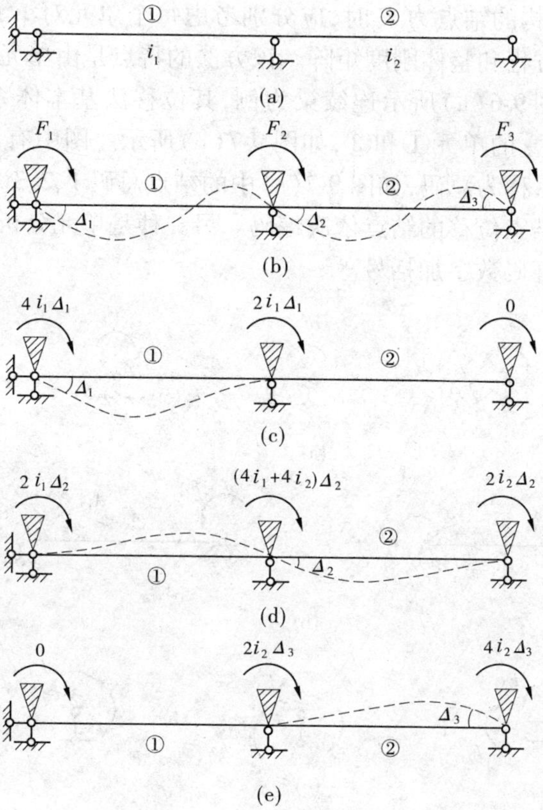

图 9-6

叠加上述三种情况，即得到结点力矩 F_1、F_2、F_3 为

$$\begin{bmatrix} F_1 \\ F_2 \\ F_3 \end{bmatrix} = \begin{bmatrix} 4i_1 & 2i_1 & 0 \\ 2i_1 & 4i_1+4i_2 & 2i_2 \\ 0 & 2i_2 & 4i_2 \end{bmatrix} \begin{bmatrix} \Delta_1 \\ \Delta_2 \\ \Delta_3 \end{bmatrix} \tag{9-24}$$

记为

$$\boldsymbol{F}=\boldsymbol{K\Delta}$$

式(9-24)称为连续梁结构的整体刚度方程。它表示了结构的结点位移和结点力之间的转换关系。其中

$$\boldsymbol{K}=\begin{bmatrix}4i_1 & 2i_1 & 0\\ 2i_1 & 4i_1+4i_2 & 2i_2\\ 0 & 2i_2 & 4i_2\end{bmatrix} \tag{9-25}$$

称为连续梁结构的整体刚度矩阵。

下面详细介绍单元集成法。

一、单元集成法的概念

按单元集成法求结构的结点力 $\boldsymbol{F}$ 时,应分别考虑每个单元对 $\boldsymbol{F}$ 的单独贡献,然后进行叠加,得到整体刚度方程和整体刚度矩阵。该方法的特点是由单元直接集成。

为便于对比,仍以图 9-6(a)所示连续梁为例,其位移法基本体系如图 9-7(a)所示。将连续梁分解成两个独立的单元①和②,如图 9-7(b)所示。图中有两种编码:一种是在整体结构中的统一编码,称为总码,如图 9-7(a)中的结点总码 1、2、3。结点总码在整体分析中使用,通常只对有结点位移的结点依次编码。另一种是单元分析中的编码,称为局部码。为与总码区别,局部码数字加括号。

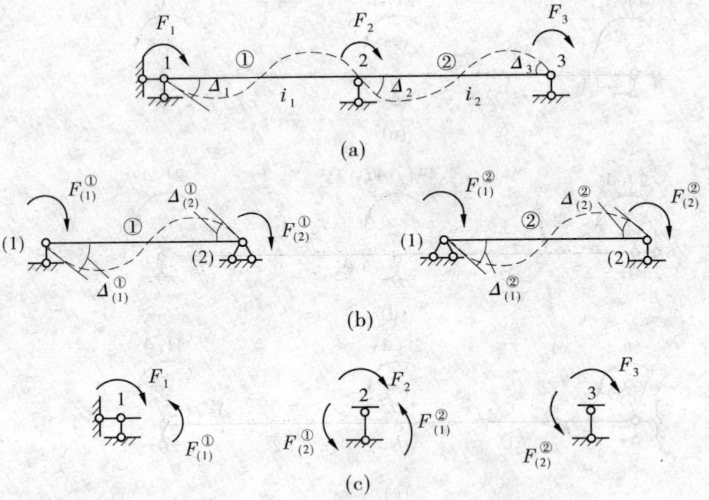

图 9-7

现对图 9-7(b)所示单元①、②分别写出其单元刚度方程。

单元①的刚度方程为

$$\begin{bmatrix}F^{①}_{(1)}\\ F^{①}_{(2)}\end{bmatrix}=\begin{bmatrix}4i_1 & 2i_1\\ 2i_1 & 4i_1\end{bmatrix}\begin{bmatrix}\Delta^{①}_{(1)}\\ \Delta^{①}_{(2)}\end{bmatrix} \tag{9-26a}$$

单元②的刚度方程为

$$\begin{bmatrix}F^{②}_{(1)}\\ F^{②}_{(2)}\end{bmatrix}=\begin{bmatrix}4i_2 & 2i_2\\ 2i_2 & 4i_2\end{bmatrix}\begin{bmatrix}\Delta^{②}_{(1)}\\ \Delta^{②}_{(2)}\end{bmatrix} \tag{9-26b}$$

式中,$F^{e}_{(1)}$、$F^{e}_{(2)}$ 表示单元ⓔ在(1)端和(2)端的杆端力矩;$\Delta^{e}_{(1)}$、$\Delta^{e}_{(2)}$ 表示单元ⓔ在(1)端和(2)端的杆端转角。

将离散的单元集合成整体时,应满足变形协调条件,即

$$\Delta_{(1)}^{①} = \Delta_1, \Delta_{(2)}^{①} = \Delta_{(1)}^{②} = \Delta_2, \Delta_{(2)}^{②} = \Delta_3 \tag{a}$$

式中,Δ_1、Δ_2、Δ_3 分别表示连续梁在结点总码 1、2、3 处的位移。

式(a)表示了各个单元的(1)端和(2)端的转角与整体结构的结点位移的关系。因此,在整体刚度方程中,各单元对 $\boldsymbol{F}$ 的贡献可以用各个结点发生位移时的各单元的杆端力表示,即将单元ⓔ的刚度方程中用局部码表示的(1)端和(2)端的角位移改用整体码的结点位移表示,而结点位移对单元端部杆端力影响为零的用零元素填充。因此,各单元对 $\boldsymbol{F}$ 的贡献可分别写出。

单元①对 $\boldsymbol{F}$ 的贡献为

$$\begin{bmatrix} F_{(1)}^{①} \\ F_{(2)}^{①} \\ 0 \end{bmatrix} = \begin{bmatrix} 4i_1 & 2i_1 & 0 \\ 2i_1 & 4i_1 & 0 \\ 0 & 0 & 0 \end{bmatrix} \begin{bmatrix} \Delta_1 \\ \Delta_2 \\ \Delta_3 \end{bmatrix}$$

记为

$$\boldsymbol{F}^{①} = \boldsymbol{K}^{①}\boldsymbol{\Delta} \tag{b}$$

其中

$$\boldsymbol{K}^{①} = \begin{bmatrix} 4i_1 & 2i_1 & 0 \\ 2i_1 & 4i_1 & 0 \\ 0 & 0 & 0 \end{bmatrix}$$

称为单元①的贡献矩阵。

单元②对 $\boldsymbol{F}$ 的贡献为

$$\begin{bmatrix} 0 \\ F_{(1)}^{②} \\ F_{(2)}^{②} \end{bmatrix} = \begin{bmatrix} 0 & 0 & 0 \\ 0 & 4i_2 & 2i_2 \\ 0 & 2i_2 & 4i_2 \end{bmatrix} \begin{bmatrix} \Delta_1 \\ \Delta_2 \\ \Delta_3 \end{bmatrix}$$

记为

$$\boldsymbol{F}^{②} = \boldsymbol{K}^{②}\boldsymbol{\Delta} \tag{c}$$

其中

$$\boldsymbol{K}^{②} = \begin{bmatrix} 0 & 0 & 0 \\ 0 & 4i_2 & 2i_2 \\ 0 & 2i_2 & 4i_2 \end{bmatrix}$$

称为单元②的贡献矩阵。

在结点处,各单元的杆端力和结点力应满足静力平衡条件(见图 9-7(c)),即

$$\left.\begin{aligned} F_1 &= F_{(1)}^{①} \\ F_2 &= F_{(2)}^{①} + F_{(1)}^{②} \\ F_3 &= F_{(2)}^{②} \end{aligned}\right\} \tag{d}$$

式(d)用矩阵表示为

$$\begin{bmatrix} F_1 \\ F_2 \\ F_3 \end{bmatrix} = \begin{bmatrix} F_{(1)}^{①} \\ F_{(2)}^{①} \\ 0 \end{bmatrix} + \begin{bmatrix} 0 \\ F_{(1)}^{②} \\ F_{(2)}^{②} \end{bmatrix}$$

即

$$\boldsymbol{F} = \boldsymbol{F}^{①} + \boldsymbol{F}^{②} \tag{9-27}$$

将式(b)和式(c)代入式(9-27)得

$$\boldsymbol{F} = (\boldsymbol{K}^{①} + \boldsymbol{K}^{②})\boldsymbol{\Delta}$$

记为

$$\boldsymbol{F} = \boldsymbol{K\Delta} \tag{9-28}$$

其中

$$\boldsymbol{K} = \boldsymbol{K}^{①} + \boldsymbol{K}^{②} \tag{9-29}$$

式(9-29)表明,整体刚度矩阵为各单元贡献矩阵之和。

式(9-28)的展开式即为式(9-24),说明单元集成法与传统位移法的分析结果是一样的。

由以上的分析可以看出,单元集成法求整体刚度矩阵的步骤主要包括:

(1)由单元刚度矩阵 $\boldsymbol{k}^e$ 求单元贡献矩阵 $\boldsymbol{K}^e$;

(2)叠加各单元贡献矩阵,得到整体刚度矩阵。

二、单元定位向量

前面已指出,$\boldsymbol{K}^e$ 是由 $\boldsymbol{k}^e$ 的元素及零元素重新排列而成的矩阵。这里要着重讨论 $\boldsymbol{k}^e$ 的元素在 $\boldsymbol{K}^e$ 中的定位问题。

首先,要注意每个单元的结点位移分量的局部码和结点总码之间的对应关系。对于图 9-7(a)所示连续梁的单元①和单元②,其对应关系见表 9-1。

表 9-1　单元定位向量

单元	对应关系 局部码→总码	单元定位向量
①	(1)→1 (2)→2	$\boldsymbol{\lambda}^{①} = \begin{pmatrix} 1 \\ 2 \end{pmatrix}$
②	(1)→2 (2)→3	$\boldsymbol{\lambda}^{②} = \begin{pmatrix} 2 \\ 3 \end{pmatrix}$

由单元的结点位移总码组成的向量称为单元定位向量,记为 $\boldsymbol{\lambda}^e$。单元两种编码的对应关系即由单元定位向量来表示。因此,单元定位向量也可称为单元换码向量。

其次,要注意单元刚度矩阵 $\boldsymbol{k}^e$ 和单元贡献矩阵 $\boldsymbol{K}^e$ 中元素的排列方式。在 $\boldsymbol{k}^e$ 中,元素按局部码排列;在 $\boldsymbol{K}^e$ 中,元素按总码排列。为了由单元刚度矩阵 $\boldsymbol{k}^e$ 得出单元贡献矩阵 $\boldsymbol{K}^e$,其做法可概括为:

(1)换码。将原单元刚度矩阵 $\boldsymbol{k}^e$ 中元素的行码(i)、列码(j)换成在单元贡献矩阵 $\boldsymbol{K}^e$ 中的新行码 λ_i 和新列码 λ_j。

(2)重新排位。将原单元刚度矩阵 $\boldsymbol{k}^e$ 中的第(i)行第(j)列元素改排在单元贡献矩阵中第 λ_i 行第 λ_j 列元素的位置上。

由 $\boldsymbol{k}^e$ 求 $\boldsymbol{K}^e$ 的问题实质上就是如何确定 $\boldsymbol{k}^e$ 中的元素在 $\boldsymbol{K}^e$ 中的位置问题,其基本定位规则为

$$k^e_{(i)(j)} \rightarrow K^e_{\lambda_i\lambda_j}$$

即根据单元定位向量 $\boldsymbol{\lambda}^e$ 将元素 $k^e_{(i)(j)}$ 定位在 $\boldsymbol{K}^e$ 中第 λ_i 行第 λ_j 列的位置上。

下面应用上述定位方法,来确定图 9-7(a)所示的连续梁中各单元刚度矩阵 $\boldsymbol{k}^e$ 中的元素在其单元贡献矩阵 $\boldsymbol{K}^e$ 中的位置。

单元①:单元定位向量 $\boldsymbol{\lambda}^{①}=[1,2]^{\mathrm{T}}$,则

$$\boldsymbol{k}^{①}=\begin{matrix} (1) & (2) \\ \begin{bmatrix} 4i_1 & 2i_1 \\ 2i_1 & 4i_1 \end{bmatrix} \end{matrix}\begin{matrix}(1)\\(2)\end{matrix} \Rightarrow \boldsymbol{K}^{①}=\begin{matrix} 1 & 2 & 3 \\ \begin{bmatrix} 4i_1 & 2i_1 & 0 \\ 2i_1 & 4i_1 & 0 \\ 0 & 0 & 0 \end{bmatrix} \end{matrix}\begin{matrix}1\\2\\3\end{matrix}$$

单元②:单元定位向量 $\boldsymbol{\lambda}^{②}=[2,3]^{\mathrm{T}}$,则

$$\boldsymbol{k}^{②}=\begin{matrix} (1) & (2) \\ \begin{bmatrix} 4i_2 & 2i_2 \\ 2i_2 & 4i_2 \end{bmatrix} \end{matrix}\begin{matrix}(1)\\(2)\end{matrix} \Rightarrow \boldsymbol{K}^{②}=\begin{matrix} 1 & 2 & 3 \\ \begin{bmatrix} 0 & 0 & 0 \\ 0 & 4i_2 & 2i_2 \\ 0 & 2i_2 & 4i_2 \end{bmatrix} \end{matrix}\begin{matrix}1\\2\\3\end{matrix}$$

三、单元集成法的实施步骤

如前所述,用单元集成法求整体刚度矩阵的步骤分为两步:第一步,将 $\boldsymbol{k}^e$ 中的元素按照单元定位向量 $\boldsymbol{\lambda}^e$ 在 $\boldsymbol{K}^e$ 中定位;第二步,将各 $\boldsymbol{K}^e$ 中的元素累加,从而得到整体刚度矩阵。但在实际的实施过程中,可以将两步合为一步,即采用"边定位、边累加"的方法,由单元刚度矩阵 $\boldsymbol{k}^e$ 直接形成整体刚度矩阵 $\boldsymbol{K}$,而无须形成单元贡献矩阵 $\boldsymbol{K}^e$。这样做可以使计算更为简洁。

具体地说,按照单元集成法形成 $\boldsymbol{K}$ 的过程就是依次将每个 $\boldsymbol{k}^e$ 中的元素在 $\boldsymbol{K}$ 中按 $\boldsymbol{\lambda}^e$ 定位并进行累加的过程,其步骤为:

(1)将 $\boldsymbol{K}$ 置零,这时 $\boldsymbol{K}=\boldsymbol{0}$。

(2)将 $\boldsymbol{k}^{①}$中的元素在 $\boldsymbol{K}$ 中按 $\boldsymbol{\lambda}^{①}$定位,这时 $\boldsymbol{K}=\boldsymbol{K}^{①}$。

(3)将 $\boldsymbol{k}^{②}$中的元素在 $\boldsymbol{K}$ 中按 $\boldsymbol{\lambda}^{②}$定位并进行累加,这时 $\boldsymbol{K}=\boldsymbol{K}^{①}+\boldsymbol{K}^{②}$。

(4)按此做法对所有单元循环一遍,最后可得到 $\boldsymbol{K}=\sum \boldsymbol{K}^e$。

【例 9-2】 试求图 9-8(a)所示连续梁的整体刚度矩阵 $\boldsymbol{K}$。

解 (1)结点位移分量总码

结构有三个结点转角位移分量 Δ_1、Δ_2、Δ_3,其总码分别为 1、2、3,如图 9-8(b)所示。在固定端处的结点位移分量为零,故其总码为零。

(2)单元定位向量 $\boldsymbol{\lambda}^e$

各单元定位向量可由图 9-8(b)得到,即

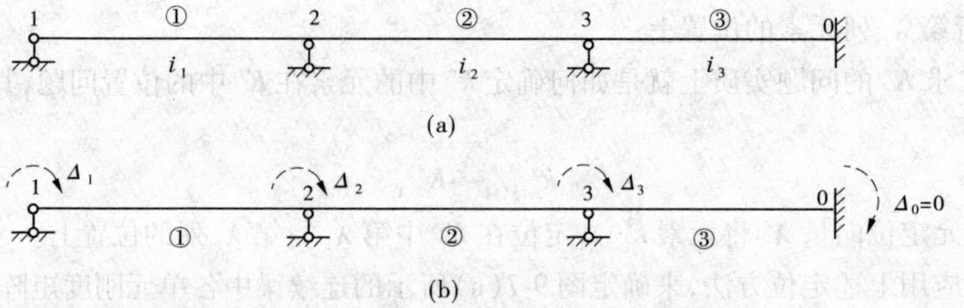

图 9-8

$$\boldsymbol{\lambda}^{①}=[1\quad 2]^{\mathrm{T}},\boldsymbol{\lambda}^{②}=[2\quad 3]^{\mathrm{T}},\boldsymbol{\lambda}^{③}=[3\quad 0]^{\mathrm{T}}$$

(3)形成整体刚度矩阵 $\boldsymbol{K}$

单元①的刚度矩阵为

$$\boldsymbol{k}^{①}=\begin{bmatrix}4i_1 & 2i_1\\ 2i_1 & 4i_1\end{bmatrix}\begin{matrix}(1)\\(2)\end{matrix}\qquad \text{列号 }(1)\ (2)$$

依据 $\boldsymbol{\lambda}^{①}$,把局部码(1)换成总码 1,局部码(2)换成总码 2,将 $\boldsymbol{k}^{①}$ 中的元素直接放到 $\boldsymbol{K}$ 中相应的位置上,此时 $\boldsymbol{K}$ 为

$$\boldsymbol{K}=\begin{bmatrix}4i_1 & 2i_1 & 0\\ 2i_1 & 4i_1 & 0\\ 0 & 0 & 0\end{bmatrix}\begin{matrix}1\\2\\3\end{matrix}\qquad \text{列号 }1\ 2\ 3$$

单元②的刚度矩阵为

$$\boldsymbol{k}^{②}=\begin{bmatrix}4i_2 & 2i_2\\ 2i_2 & 4i_2\end{bmatrix}\begin{matrix}(1)\\(2)\end{matrix}\qquad \text{列号 }(1)\ (2)$$

依据 $\boldsymbol{\lambda}^{②}$,把局部码(1)换成总码 2,局部码(2)换成总码 3,将 $\boldsymbol{k}^{②}$ 的元素直接累加到 $\boldsymbol{K}$ 中相应的位置,此时 $\boldsymbol{K}$ 为

$$\boldsymbol{K}=\begin{bmatrix}4i_1 & 2i_1 & 0\\ 2i_1 & 4i_1+4i_2 & 2i_2\\ 0 & 2i_2 & 4i_2\end{bmatrix}\begin{matrix}1\\2\\3\end{matrix}\qquad \text{列号 }1\ 2\ 3$$

单元③的刚度矩阵为

$$\boldsymbol{k}^{③}=\begin{bmatrix}4i_3 & 2i_3\\ 2i_3 & 4i_3\end{bmatrix}\begin{matrix}(1)\\(2)\end{matrix}\qquad \text{列号 }(1)\ (2)$$

依据 $\boldsymbol{\lambda}^{③}$,把局部码(1)换成总码 3,局部码(2)换成总码 0。值得注意的是,局部码(2)对应总码为 0,表明 $\boldsymbol{k}^{③}$ 中的元素 $k_{12}^{③}$、$k_{21}^{③}$、$k_{22}^{③}$在 $\boldsymbol{K}$ 中没有位置,因此在集成过程中应当

舍弃。这样,就可以将 $\boldsymbol{k}^{③}$ 中的元素累加到 $\boldsymbol{K}$ 中的相应位置上,此时 $\boldsymbol{K}$ 为

$$\boldsymbol{K}=\begin{bmatrix}4i_1 & 2i_1 & 0\\ 2i_1 & 4i_1+4i_2 & 2i_2\\ 0 & 2i_2 & 4i_2+4i_3\end{bmatrix}\begin{matrix}1\\2\\3\end{matrix}\quad(\text{列号 }1\ 2\ 3)$$

这就是连续梁的整体刚度矩阵。

点一点:对于已知为零值的结点位移分量,其总码均编为零。

第五节　平面刚架的整体刚度矩阵

本节讨论用单元集成法求平面刚架的整体刚度矩阵 $\boldsymbol{K}$。与连续梁相比,刚架的整体刚度矩阵的分析思路与一般连续梁是相同的,只不过分析过程要复杂一些。这是因为刚架中的结点一般要有三个位移分量(一个角位移和两个线位移),在进行结点位移分量编码时,应考虑每个结点的位移情况;而且各杆方向也不尽相同,在整体分析中需进行坐标转换;此外,刚架中除刚结点外,有时还包含铰结点等。

一、单元集成法的实施过程

(一)结点位移分量编码

由于连续梁的每一个结点只有一个转角位移,因此连续梁的每一个结点只对应于一个结点编号。而刚架中的每一个结点可能有多个结点位移分量,因此在进行结点位移分量编码时,应考虑每个结点的位移情况,对结构的所有结点位移分量进行统一编码。

图 9-9(a)所示平面刚架,结点 A 有三个位移分量:沿 x 方向的线位移 u_A、沿 y 方向的线位移 v_A 和角位移 θ_A,它们的总码编为[1　2　3];结点 B 为固定端,三个位移分量 u_B、v_B、θ_B 均为零,它们的总编码为[0　0　0];结点 C 为铰支座,其线位移 u_C 和 v_C 均为零,只有角位移 θ_C,它们的总编码为[0　0　4]。因此,该刚架共有四个未知结点位移分量,即

$$\boldsymbol{\Delta}=[\Delta_1\quad \Delta_2\quad \Delta_3\quad \Delta_4]^{\mathrm{T}}=[u_A\quad v_A\quad \theta_A\quad \theta_C]^{\mathrm{T}}$$

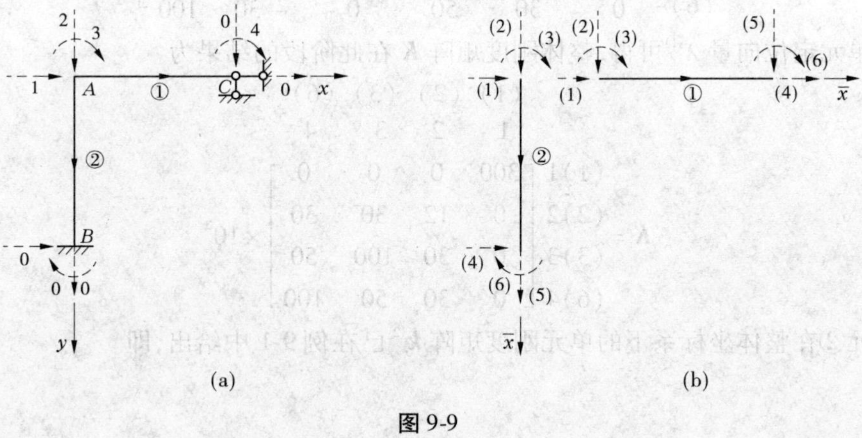

图 9-9

相应的结点力向量 $\boldsymbol{F}$ 为

$$\boldsymbol{F}=[F_1\quad F_2\quad F_3\quad F_4]^{\mathrm{T}}$$

(二)单元定位向量

图 9-9(a)所示刚架有两个杆件单元①、②。每个单元的两端共有 6 个位移分量,分别用局部码(1),(2),…,(6)表示,各单元的局部坐标系如图 9-9(b)所示。

各单元结点位移分量的局部码和总码之间的对应关系列于表 9-2,从而可以得到各单元的定位向量(见表 9-2)。

表 9-2　单元定位向量

单元①		单元②	
局部码→总码	单元定位向量	局部码→总码	单元定位向量
(1)→1 (2)→2 (3)→3 (4)→0 (5)→0 (6)→4	$\boldsymbol{\lambda}^{①}=\begin{Bmatrix}1\\2\\3\\0\\0\\4\end{Bmatrix}$	(1)→1 (2)→2 (3)→3 (4)→0 (5)→0 (6)→0	$\boldsymbol{\lambda}^{②}=\begin{Bmatrix}1\\2\\3\\0\\0\\0\end{Bmatrix}$

(三)单元集成过程

单元①在整体坐标系下的单元刚度矩阵 $\boldsymbol{k}^{①}$ 已在例 9-1 中给出,即

$$\boldsymbol{k}^{①}=\begin{matrix}(1)\\(2)\\(3)\\(4)\\(5)\\(6)\end{matrix}\overset{\begin{matrix}(1)&\quad(2)&\quad(3)&\quad(4)&\quad(5)&\quad(6)\end{matrix}}{\begin{bmatrix}300&0&0&-300&0&0\\0&12&30&0&-12&30\\0&30&100&0&-30&50\\-300&0&0&300&0&0\\0&-12&-30&0&12&-30\\0&30&50&0&-30&100\end{bmatrix}}\times10^4$$

由单元定位向量 $\boldsymbol{\lambda}^{①}$ 可得,整体刚度矩阵 $\boldsymbol{K}$ 在此阶段的结果为

$$\boldsymbol{K}=\begin{matrix}(1)1\\(2)2\\(3)3\\(6)4\end{matrix}\overset{\begin{matrix}(1)&(2)&(3)&(6)\\1&2&3&4\end{matrix}}{\begin{bmatrix}300&0&0&0\\0&12&30&30\\0&30&100&50\\0&30&50&100\end{bmatrix}}\times10^4$$

单元②在整体坐标系下的单元刚度矩阵 $\boldsymbol{k}^{②}$ 已在例 9-1 中给出,即

$$\boldsymbol{k}^{②}=\begin{matrix} & (1) & (2) & (3) & (4) & (5) & (6) \\ (1) & 12 & 0 & -30 & -12 & 0 & -30 \\ (2) & 0 & 300 & 0 & 0 & -300 & 0 \\ (3) & -30 & 0 & 100 & 30 & 0 & 50 \\ (4) & -12 & 0 & 30 & 12 & 0 & 30 \\ (5) & 0 & -300 & 0 & 0 & 300 & 0 \\ (6) & -30 & 0 & 50 & 30 & 0 & 100 \end{matrix}\times 10^4$$

根据单元定位向量 $\boldsymbol{\lambda}^{②}$ 将 $\boldsymbol{k}^{②}$ 中的元素在 $\boldsymbol{K}$ 中定位并与前阶段结果累加，即

$$\boldsymbol{K}=\begin{matrix} & (1)\ 1 & (2)\ 2 & (3)\ 3 & 4 \\ (1)1 & 300+(12) & 0+(0) & 0+(-30) & 0 \\ (2)2 & 0+(0) & 12+(300) & 30+(0) & 30 \\ (3)3 & 0+(-30) & 30+(0) & 100+(100) & 50 \\ 4 & 0 & 30 & 50 & 100 \end{matrix}\times 10^4$$

整理得

$$\boldsymbol{K}=\begin{matrix} & 1 & 2 & 3 & 4 \\ 1 & 312 & 0 & -30 & 0 \\ 2 & 0 & 312 & 30 & 30 \\ 3 & -30 & 30 & 200 & 50 \\ 4 & 0 & 30 & 50 & 100 \end{matrix}\times 10^4$$

二、铰结点的处理

下面以图 9-10 所示具有铰结点的刚架为例，说明对铰结点的处理方法。

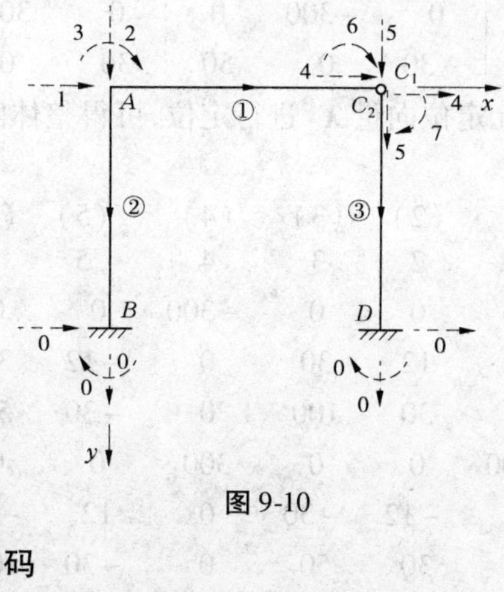

图 9-10

(一) 结点位移分量编码

在固定端 B 和 D 处，三个位移分量的总码均为[0　0　0]。在刚结点 A 处，编码为[1　2　3]。而铰结点 C 处的两根杆件的杆端结点应作为两个半独立的结点 C_1 和 C_2 来处理，二者的线位移相同，而角位移不同。因此，它们的线位移应采用相同的总码，而角位

移则采用不同的总码。如结点 C_1 的总码可编为[4　5　6],而结点 C_2 的总码则可编为[4　5　7]。

(二)单元定位向量

单元①、②、③的局部坐标系的 $\bar{x}$ 轴正方向如图 9-10 中箭头所示,则各杆的单元定位向量为

$$\boldsymbol{\lambda}^{\text{①}} = [1\quad 2\quad 3\quad 4\quad 5\quad 6]^{\mathrm{T}}$$
$$\boldsymbol{\lambda}^{\text{②}} = [1\quad 2\quad 3\quad 0\quad 0\quad 0]^{\mathrm{T}}$$
$$\boldsymbol{\lambda}^{\text{③}} = [4\quad 5\quad 7\quad 0\quad 0\quad 0]^{\mathrm{T}}$$

(三)单元集成过程

设图 9-10 所示刚架中各杆的几何尺寸与材料性质均与例 9-1 相同,则可知局部坐标系下各单元的刚度矩阵为

$$\bar{\boldsymbol{k}}^{\text{①}} = \bar{\boldsymbol{k}}^{\text{②}} = \bar{\boldsymbol{k}}^{\text{③}} = \left[\begin{array}{ccc:ccc} 300 & 0 & 0 & -300 & 0 & 0 \\ 0 & 12 & 30 & 0 & -12 & 30 \\ 0 & 30 & 100 & 0 & -30 & 50 \\ \hdashline -300 & 0 & 0 & 300 & 0 & 0 \\ 0 & -12 & -30 & 0 & 12 & -30 \\ 0 & 30 & 50 & 0 & -30 & 100 \end{array}\right] \times 10^4$$

通过坐标转换,可得各单元在整体坐标系下的刚度矩阵为

$$\boldsymbol{k}^{\text{①}} = \bar{\boldsymbol{k}}^{\text{①}}$$

$$\boldsymbol{k}^{\text{②}} = \boldsymbol{k}^{\text{③}} = \boldsymbol{T}^{\mathrm{T}}\bar{\boldsymbol{k}}^{\text{②}}\boldsymbol{T} = \left[\begin{array}{ccc:ccc} 12 & 0 & -30 & -12 & 0 & -30 \\ 0 & 300 & 0 & 0 & -300 & 0 \\ -30 & 0 & 100 & 30 & 0 & 50 \\ \hdashline -12 & 0 & 30 & 12 & 0 & 30 \\ 0 & -300 & 0 & 0 & 300 & 0 \\ -30 & 0 & 50 & 30 & 0 & 100 \end{array}\right] \times 10^4$$

单元①的集成:按照单元定位向量 $\boldsymbol{\lambda}^{\text{①}}$ 进行定位,可得整体刚度矩阵 $\boldsymbol{K}$ 的第一阶段结果为

$$\boldsymbol{K} = \begin{array}{r} \\ \\ (1)1 \\ (2)2 \\ (3)3 \\ (4)4 \\ (5)5 \\ (6)6 \\ 7 \end{array} \begin{array}{c} \begin{array}{ccccccc} (1) & (2) & (3) & (4) & (5) & (6) & \\ 1 & 2 & 3 & 4 & 5 & 6 & 7 \end{array} \\ \left[\begin{array}{ccccccc} 300 & 0 & 0 & -300 & 0 & 0 & 0 \\ 0 & 12 & 30 & 0 & -12 & 30 & 0 \\ 0 & 30 & 100 & 0 & -30 & 50 & 0 \\ -300 & 0 & 0 & 300 & 0 & 0 & 0 \\ 0 & -12 & -30 & 0 & 12 & -30 & 0 \\ 0 & 30 & 50 & 0 & -30 & 100 & 0 \\ 0 & 0 & 0 & 0 & 0 & 0 & 0 \end{array}\right] \end{array} \times 10^4$$

单元②的集成:按照 $\boldsymbol{\lambda}^{\text{②}}$ 进行定位并与前阶段结果叠加,即得 $\boldsymbol{K}$ 的第二阶段结果为

$$\boldsymbol{K}=\begin{array}{r}\\ \\ (1)1\\ (2)2\\ (3)3\\ 4\\ 5\\ 6\\ 7\end{array}\begin{array}{c}\begin{array}{ccccccc}(1) & (2) & (3) & & & & \\ 1 & 2 & 3 & 4 & 5 & 6 & 7\end{array}\\ \left[\begin{array}{ccccccc}300+12 & 0+0 & 0-30 & -300 & 0 & 0 & 0\\ 0+0 & 12+300 & 30+0 & 0 & -12 & 30 & 0\\ 0-30 & 30+0 & 100+100 & 0 & -30 & 50 & 0\\ -300 & 0 & 0 & 300 & 0 & 0 & 0\\ 0 & -12 & -30 & 0 & 12 & -30 & 0\\ 0 & 30 & 50 & 0 & -30 & 100 & 0\\ 0 & 0 & 0 & 0 & 0 & 0 & 0\end{array}\right]\end{array}\times 10^{4}$$

单元③的集成：按照 $\boldsymbol{\lambda}^{③}$ 进行定位并与前阶段结果叠加，即得 $\boldsymbol{K}$ 的最后结果为

$$\boldsymbol{K}=\begin{array}{r}\\ \\ 1\\ 2\\ 3\\ (1)4\\ (2)5\\ 6\\ (3)7\end{array}\begin{array}{c}\begin{array}{ccccccc} & & & (1) & (2) & & (3)\\ 1 & 2 & 3 & 4 & 5 & 6 & 7\end{array}\\ \left[\begin{array}{ccccccc}312 & 0 & -30 & -300 & 0 & 0 & 0\\ 0 & 312 & 30 & 0 & -12 & 30 & 0\\ -30 & 30 & 200 & 0 & -30 & 50 & 0\\ -300 & 0 & 0 & 300+12 & 0+0 & 0 & 0-30\\ 0 & -12 & -30 & 0+0 & 12+300 & -30 & 0+0\\ 0 & 30 & 50 & 0 & -30 & 100 & 0\\ 0 & 0 & 0 & 0-30 & 0+0 & 0 & 0+100\end{array}\right]\end{array}\times 10^{4}$$

即

$$\boldsymbol{K}=\left[\begin{array}{ccccccc}312 & 0 & -30 & -300 & 0 & 0 & 0\\ 0 & 312 & 30 & 0 & -12 & 30 & 0\\ -30 & 30 & 200 & 0 & -30 & 50 & 0\\ -300 & 0 & 0 & 312 & 0 & 0 & -30\\ 0 & -12 & -30 & 0 & 312 & -30 & 0\\ 0 & 30 & 50 & 0 & -30 & 100 & 0\\ 0 & 0 & 0 & -30 & 0 & 0 & 100\end{array}\right]\times 10^{4}$$

第六节　等效结点荷载

在第六章中，讨论建立位移法基本方程时，分别考虑了两种状态：

（1）基本结构在外荷载单独作用下，此时各结点位移 $\boldsymbol{\Delta}$ 为零，在基本结构中所引起的结点约束力为 $\boldsymbol{F}_{\mathrm{P}}$。

（2）基本结构在结点位移 $\boldsymbol{\Delta}$ 单独作用下，此时在基本结构中所引起的结点约束力为 $\boldsymbol{F}=\boldsymbol{K\Delta}$。

因此，位移法的基本方程为

$$\boldsymbol{F}+\boldsymbol{F}_{\mathrm{P}}=\boldsymbol{0}$$

即

$$\boldsymbol{K\Delta} + \boldsymbol{F}_{\mathrm{P}} = \boldsymbol{0} \tag{9-30}$$

由此可知,整体刚度方程 $\boldsymbol{K\Delta}=\boldsymbol{F}$ 表示结点位移 $\boldsymbol{\Delta}$ 与结点力 $\boldsymbol{F}$(即在基本结构的附加约束中引起的约束力)之间的关系,它只反映结构的刚度性质,而不涉及原结构上作用的实际荷载。因此,整体刚度方程 $\boldsymbol{K\Delta}=\boldsymbol{F}$ 并不是用以分析原结构的位移法基本方程。

一、等效结点荷载的概念

作用于结构上的荷载可能是结点荷载,也可能是非结点荷载。为了计算方便,需将作用于结构上的非结点荷载转换成与之等效的结点荷载,记为 $\boldsymbol{P}$。等效的原则是要求原荷载与其等效结点荷载在基本结构中引起相同的结点约束力 $\boldsymbol{F}_{\mathrm{P}}$,即

$$\boldsymbol{P} = -\boldsymbol{F}_{\mathrm{P}} \tag{9-31}$$

将式(9-31)代入式(9-30),则位移法基本方程可写为

$$\boldsymbol{K\Delta} = \boldsymbol{P} \tag{9-32}$$

式(9-32)表明,将整体刚度方程 $\boldsymbol{K\Delta}=\boldsymbol{F}$ 中的结点约束力 $\boldsymbol{F}$ 换成等效结点荷载 $\boldsymbol{P}$,即得到位移法基本方程。

二、单元的等效结点荷载

在局部坐标系下,在每个单元两端加上六个附加约束,使该单元两端固定。在给定荷载作用下,可求出六个固端约束力,它们组成固端约束力向量 $\overline{\boldsymbol{F}}_{\mathrm{P}}^{e}$ 为

$$\overline{\boldsymbol{F}}_{\mathrm{P}}^{e} = [\,\overline{F}_{\mathrm{N1}}^{\mathrm{F}}\quad \overline{F}_{\mathrm{Q1}}^{\mathrm{F}}\quad \overline{M}_{1}^{\mathrm{F}}\quad \overline{F}_{\mathrm{N2}}^{\mathrm{F}}\quad \overline{F}_{\mathrm{Q2}}^{\mathrm{F}}\quad \overline{M}_{2}^{\mathrm{F}}\,]^{\mathrm{T}} \tag{9-33}$$

表 9-3 给出了几种典型荷载作用下固端约束力的计算公式。将求得的固端约束力 $\overline{\boldsymbol{F}}_{\mathrm{P}}^{e}$ 反号,即得到局部坐标系下单元等效结点荷载 $\overline{\boldsymbol{P}}^{e}$,即

$$\overline{\boldsymbol{P}}^{e} = -\overline{\boldsymbol{F}}_{\mathrm{P}}^{e} \tag{9-34}$$

然后通过坐标变换,即可求得整体坐标系下的单元等效结点荷载 $\boldsymbol{P}^{e}$ 为

$$\boldsymbol{P}^{e} = \boldsymbol{T}^{\mathrm{T}}\overline{\boldsymbol{P}}^{e} \tag{9-35}$$

三、结构的等效结点荷载

根据单元定位向量 $\boldsymbol{\lambda}^{e}$,依次将每个单元的等效结点荷载 $\boldsymbol{P}^{e}$ 中的元素在 $\boldsymbol{P}$ 中进行定位并累加,最后得到 $\boldsymbol{P}$。

值得注意的是,当结构同时承受直接作用于结点的荷载 $\boldsymbol{F}_{0}$ 和非结点荷载共同作用时,结点力 $\boldsymbol{F}$ 应为直接作用的结点荷载 $\boldsymbol{F}_{0}$ 和非结点荷载的等效结点荷载 $\boldsymbol{P}$ 之和,即

$$\boldsymbol{F} = \boldsymbol{F}_{0} + \boldsymbol{P} \tag{9-36}$$

【例 9-3】 试求图 9-11 所示刚架在给定荷载作用下的等效结点荷载向量 $\boldsymbol{P}$

解　(1)求局部坐标系下的固端约束力 $\overline{\boldsymbol{F}}_{\mathrm{P}}^{e}$

单元①:由表 9-3 得

$$\begin{cases}\overline{F}_{\mathrm{N1}}^{\mathrm{F}} = 0\\ \overline{F}_{\mathrm{Q1}}^{\mathrm{F}} = -12\ \mathrm{kN}\\ \overline{M}_{1}^{\mathrm{F}} = -10\ \mathrm{kN\cdot m}\end{cases}\qquad \begin{cases}\overline{F}_{\mathrm{N2}}^{\mathrm{F}} = 0\\ \overline{F}_{\mathrm{Q2}}^{\mathrm{F}} = -12\ \mathrm{kN}\\ \overline{M}_{2}^{\mathrm{F}} = 10\ \mathrm{kN\cdot m}\end{cases}$$

表 9-3　局部坐标系下的单元固端约束力

序号	荷载简图	固端力	始端(1)	末端(2)
1	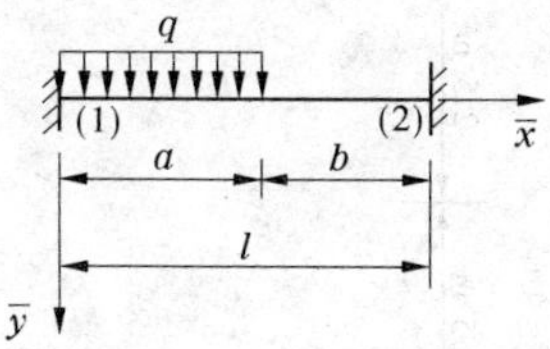	$\overline{F}_N^F$	0	0
		$\overline{F}_Q^F$	$-qa\left(1-\frac{a^2}{l^2}+\frac{a^3}{2l^3}\right)$	$-\frac{qa^3}{l^2}\left(1-\frac{a}{2l}\right)$
		$\overline{M}^F$	$-\frac{qa^2}{12}\left(6-8\frac{a}{l}+3\frac{a^2}{l^2}\right)$	$\frac{qa^3}{12l}\left(4-3\frac{a}{l}\right)$
2	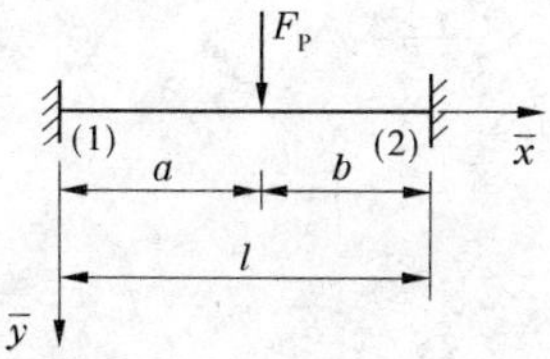	$\overline{F}_N^F$	0	0
		$\overline{F}_Q^F$	$-\frac{F_Pb^2}{l^2}\left(1+2\frac{a}{l}\right)$	$-\frac{F_Pa^2}{l^2}\left(1+2\frac{b}{l}\right)$
		$\overline{M}^F$	$-\frac{F_Pab^2}{l^2}$	$\frac{F_Pa^2b}{l^2}$
3	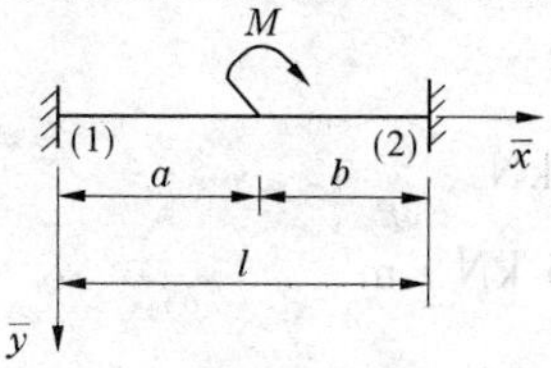	$\overline{F}_N^F$	0	0
		$\overline{F}_Q^F$	$\frac{6Mab}{l^3}$	$-\frac{6Mab}{l^3}$
		$\overline{M}^F$	$\frac{Mb}{l}\left(2-3\frac{b}{l}\right)$	$\frac{Mb}{l}\left(2-3\frac{a}{l}\right)$
4	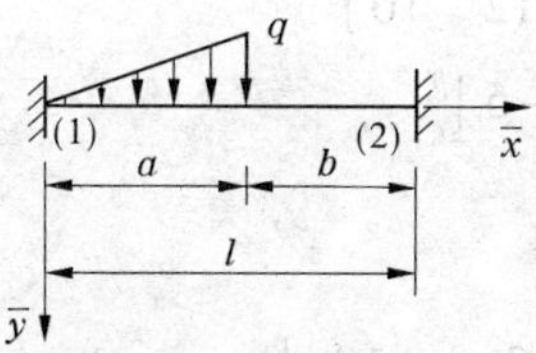	$\overline{F}_N^F$	0	0
		$\overline{F}_Q^F$	$-\frac{qa}{4}\left(2-3\frac{a^2}{l^2}+1.6\frac{a^3}{2l^3}\right)$	$-\frac{qa^3}{4l^2}\left(3-1.6\frac{a}{l}\right)$
		$\overline{M}^F$	$-\frac{qa^2}{6}\left(2-3\frac{a}{l}+1.2\frac{a^2}{l^2}\right)$	$\frac{qa^3}{4l}\left(1-0.8\frac{a}{l}\right)$
5	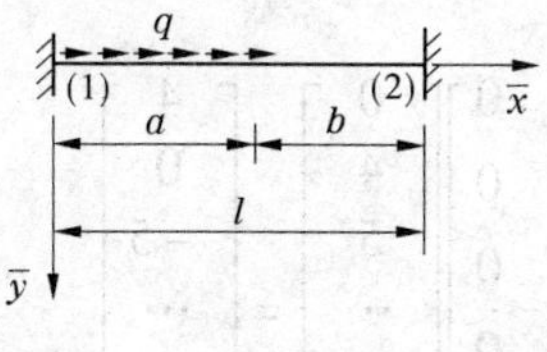	$\overline{F}_N^F$	$-qa\left(1-0.5\frac{a}{l}\right)$	$-0.5q\frac{a^2}{l}$
		$\overline{F}_Q^F$	0	0
		$\overline{M}^F$	0	0
6	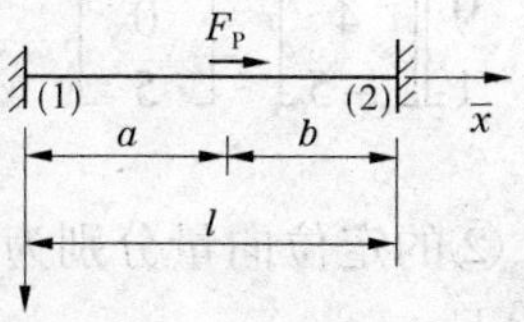	$\overline{F}_N^F$	$-F_P\frac{b}{l}$	$-F_P\frac{a}{l}$
		$\overline{F}_Q^F$	0	0
		$\overline{M}^F$	0	0
7	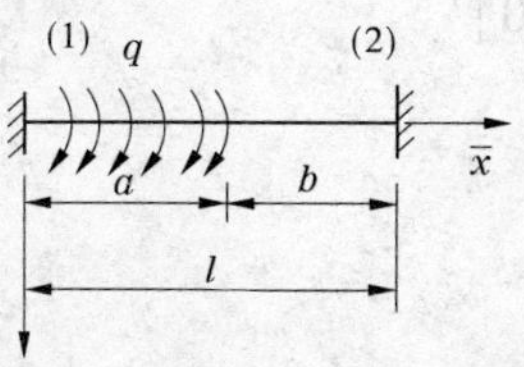	$\overline{F}_N^F$	0	0
		$\overline{F}_Q^F$	$\frac{qa^2}{l^2}\left(\frac{a}{l}+3\frac{b}{l}\right)$	$-\frac{qa^2}{l^2}\left(\frac{a}{l}+3\frac{b}{l}\right)$
		$\overline{M}^F$	$-\frac{qab^2}{l^2}$	$\frac{qba^2}{l^2}$

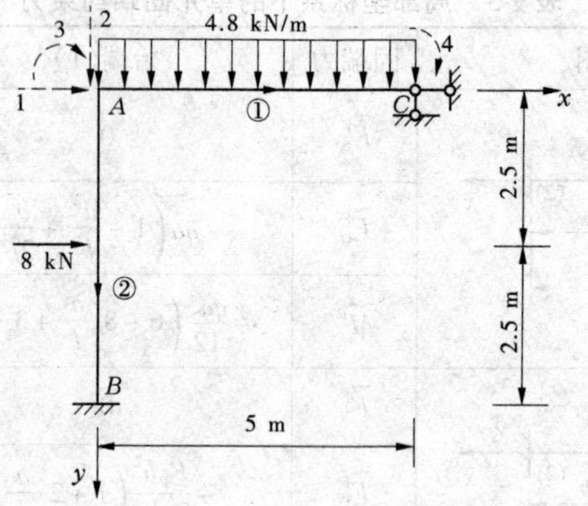

图 9-11

单元②:由表 9-3 得

$$\begin{cases}\overline{F}_{N1}^{F} = 0\\ \overline{F}_{Q1}^{F} = 4\ \text{kN}\\ \overline{M}_{1}^{F} = 5\ \text{kN}\cdot\text{m}\end{cases}\qquad \begin{cases}\overline{F}_{N2}^{F} = 0\\ \overline{F}_{Q2}^{F} = 4\ \text{kN}\\ \overline{M}_{2}^{F} = -5\ \text{kN}\cdot\text{m}\end{cases}$$

因此

$$\overline{\boldsymbol{F}}_{P}^{①} = [0\quad -12\quad -10\quad 0\quad -12\quad 10]^{T}$$

$$\overline{\boldsymbol{F}}_{P}^{②} = [0\quad 4\quad 5\quad 0\quad 4\quad -5]^{T}$$

(2)整体坐标系下的等效结点荷载 $\boldsymbol{P}^{e}$

单元①:$\alpha = 0°$,故有

$$\boldsymbol{P}^{①} = -\overline{\boldsymbol{F}}_{P}^{①} = [0\quad 12\quad 10\quad 0\quad 12\quad -10]^{T}$$

单元②:$\alpha = 90°$,故有

$$\boldsymbol{P}^{②} = -\boldsymbol{T}^{T}\overline{\boldsymbol{F}}_{P}^{②} = -\begin{bmatrix}0 & -1 & 0 & 0 & 0 & 0\\ 1 & 0 & 0 & 0 & 0 & 0\\ 0 & 0 & 1 & 0 & 0 & 0\\ 0 & 0 & 0 & 0 & -1 & 0\\ 0 & 0 & 0 & 1 & 0 & 0\\ 0 & 0 & 0 & 0 & 0 & 1\end{bmatrix}\begin{bmatrix}0\\ 4\\ 5\\ \cdots\\ 0\\ 4\\ -5\end{bmatrix} = \begin{bmatrix}4\\ 0\\ -5\\ \cdots\\ 4\\ 0\\ 5\end{bmatrix}$$

(3)刚架的等效结点荷载 $\boldsymbol{P}$

结点位移分量总码如图 9-11 中虚线所示。单元①、②的定位向量分别为

$$\boldsymbol{\lambda}^{①} = [1\quad 2\quad 3\quad 0\quad 0\quad 4]^{T}$$

$$\boldsymbol{\lambda}^{②} = [1\quad 2\quad 3\quad 0\quad 0\quad 0]^{T}$$

先将 $\boldsymbol{P}^{①}$ 中的元素按 $\boldsymbol{\lambda}^{①}$ 定位在 $\boldsymbol{P}$ 中,此时 $\boldsymbol{P}$ 为

$$\boldsymbol{P} = \begin{matrix}(1)1\\ (2)2\\ (3)3\\ (6)4\end{matrix}\begin{bmatrix}0\\ 12\\ 10\\ -10\end{bmatrix}$$

再将 $\boldsymbol{P}^{②}$ 中的元素按 $\boldsymbol{\lambda}^{②}$ 定位并累加在 $\boldsymbol{P}$ 中，最后得 $\boldsymbol{P}$ 为

$$\boldsymbol{P}=\begin{matrix}(1)1\\(2)2\\(3)3\\4\end{matrix}\begin{bmatrix}0+4\\12+0\\10-5\\-10\end{bmatrix}=\begin{bmatrix}4\\12\\5\\-10\end{bmatrix}$$

第七节　矩阵位移法的应用举例

由上一节的分析可知，刚架中各杆的杆端内力是由两部分组成的：一部分是在结点位移被约束住的条件下由非结点荷载引起的杆端内力，即各杆的固端约束力 $\overline{\boldsymbol{F}}_{\mathrm{P}}^{e}$；另一部分是由单元杆端位移所引起的杆端内力，可由式(9-2)求出。将两部分内力叠加，即得

$$\overline{\boldsymbol{F}}^{e}=\overline{\boldsymbol{k}}^{e}\overline{\boldsymbol{\Delta}}^{e}+\overline{\boldsymbol{F}}_{\mathrm{P}}^{e} \tag{9-37}$$

因此，矩阵位移法的计算步骤可归纳如下：

(1)计算基本参数，对单元和结构进行局部码和总码编码。

(2)按式(9-6)形成局部坐标系下的单元刚度矩阵 $\overline{\boldsymbol{k}}^{e}$。

(3)按式(9-22)形成整体坐标系下的单元刚度矩阵 $\boldsymbol{k}^{e}$。

(4)应用单元集成法形成整体刚度矩阵 $\boldsymbol{K}$。

(5)按式(9-34)求解局部坐标系下的单元等效结点荷载 $\overline{\boldsymbol{P}}^{e}$。

(6)按式(9-35)求整体坐标系下的单元等效结点荷载 $\boldsymbol{P}^{e}$。

(7)应用单元集成法形成整体结构的等效结点荷载 $\boldsymbol{P}$。

(8)解方程 $\boldsymbol{K\Delta}=\boldsymbol{P}$，求出结点位移 $\boldsymbol{\Delta}$。应注意，当作用有直接结点荷载 $\boldsymbol{F}_0$ 时，方程应为 $\boldsymbol{K\Delta}=\boldsymbol{P}+\boldsymbol{F}_0$。

(9)按式(9-37)求解各杆的杆端内力 $\overline{\boldsymbol{F}}^{e}$。

对于连续梁结构，由于局部坐标系就是整体坐标系，没有坐标变换问题，因此单元刚度矩阵 $\boldsymbol{k}^{e}=\overline{\boldsymbol{k}}^{e}$，单元的等效结点荷载向量 $\boldsymbol{P}^{e}=\overline{\boldsymbol{P}}^{e}=-\overline{\boldsymbol{F}}_{\mathrm{P}}^{e}$。

【例 9-4】　试求图 9-12(a)所示连续梁结构的内力，已知 EI 为常数。

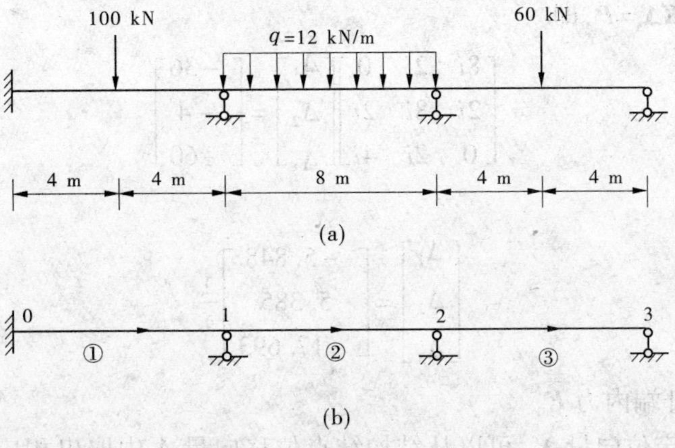

图 9-12

解　(1)单元编码与结点位移分量总码如图 9-12(b)所示。固定端的结点位移分量总码为 0。

(2)求单元刚度矩阵 $\boldsymbol{k}^e$

各单元的线刚度相同，且 $i=\dfrac{EI}{l}=\dfrac{EI}{8}$，由式(9-10)可得

$$\boldsymbol{k}^{①}=\boldsymbol{k}^{②}=\boldsymbol{k}^{③}=\begin{bmatrix}4i & 2i\\2i & 4i\end{bmatrix}$$

(3)求整体刚度矩阵 $\boldsymbol{K}$

各单元的定位向量分别为

$$\boldsymbol{\lambda}^{①}=[0\quad 1]^{\mathrm{T}},\boldsymbol{\lambda}^{②}=[1\quad 2]^{\mathrm{T}},\boldsymbol{\lambda}^{③}=[2\quad 3]^{\mathrm{T}}$$

根据单元定位向量，将各单元刚度矩阵 $\boldsymbol{k}^e$ 中的元素集成到整体刚度矩阵 $\boldsymbol{K}$ 的相应位置上，得到 $\boldsymbol{K}$ 为

$$\boldsymbol{K}=\begin{bmatrix}8i & 2i & 0\\2i & 8i & 2i\\0 & 2i & 4i\end{bmatrix}$$

(4)求单元等效结点荷载 $\boldsymbol{P}^e$

各单元的固端力向量 $\overline{\boldsymbol{F}}_{\mathrm{P}}^{e}$ 分别为

$$\overline{\boldsymbol{F}}_{\mathrm{P}}^{①}=\begin{bmatrix}-100\\+100\end{bmatrix},\overline{\boldsymbol{F}}_{\mathrm{P}}^{②}=\begin{bmatrix}-64\\+64\end{bmatrix},\overline{\boldsymbol{F}}_{\mathrm{P}}^{③}=\begin{bmatrix}-60\\+60\end{bmatrix}$$

由 $\boldsymbol{P}^e=\overline{\boldsymbol{P}}^e=-\overline{\boldsymbol{F}}_{\mathrm{P}}^{e}$ 可求得各单元的等效结点荷载 $\boldsymbol{P}^e$ 分别为

$$\boldsymbol{P}^{①}=\begin{bmatrix}100\\-100\end{bmatrix},\boldsymbol{P}^{②}=\begin{bmatrix}64\\-64\end{bmatrix},\boldsymbol{P}^{③}=\begin{bmatrix}60\\-60\end{bmatrix}$$

(5)求结构等效结点荷载向量 $\boldsymbol{P}$

根据单元定位向量 $\boldsymbol{\lambda}^e$，将各单元等效结点荷载向量 $\boldsymbol{P}^e$ 中的元素集成到结构等效结点荷载向量 $\boldsymbol{P}$ 的相应位置上，得

$$\boldsymbol{P}=[-36\quad -4\quad -60]^{\mathrm{T}}$$

(6)解方程 $\boldsymbol{K\Delta}=\boldsymbol{P}$，即

$$\begin{bmatrix}8i & 2i & 0\\2i & 8i & 2i\\0 & 2i & 4i\end{bmatrix}\begin{bmatrix}\Delta_1\\\Delta_2\\\Delta_3\end{bmatrix}=\begin{bmatrix}-36\\-4\\-60\end{bmatrix}$$

求得

$$\begin{bmatrix}\Delta_1\\\Delta_2\\\Delta_3\end{bmatrix}=\begin{bmatrix}-5.848\\5.385\\-17.693\end{bmatrix}\frac{1}{i}$$

(7)求各杆杆端内力 $\overline{\boldsymbol{F}}^e$

根据各单元定位向量 $\boldsymbol{\lambda}^e$，可以从结构结点位移向量 Δ 中取出相应位移，得到各单元的杆端位移向量 $\overline{\boldsymbol{\Delta}}^e$ 为

$$\overline{\boldsymbol{\Delta}}^{①}=\begin{bmatrix}0\\-5.848\end{bmatrix}\frac{1}{i},\overline{\boldsymbol{\Delta}}^{②}=\begin{bmatrix}-5.848\\5.385\end{bmatrix}\frac{1}{i},\overline{\boldsymbol{\Delta}}^{③}=\begin{bmatrix}5.385\\-17.693\end{bmatrix}\frac{1}{i}$$

由 $\overline{\boldsymbol{F}}^e=\overline{\boldsymbol{k}}^e\overline{\boldsymbol{\Delta}}^e+\overline{\boldsymbol{F}}_{\mathrm{P}}^e$ 可求得连续梁各杆端内力。

单元①的杆端内力为

$$\overline{\boldsymbol{F}}^{①}=\begin{bmatrix}4i&2i\\2i&4i\end{bmatrix}\begin{bmatrix}0\\-5.848\end{bmatrix}\frac{1}{i}+\begin{bmatrix}-100\\+100\end{bmatrix}=\begin{bmatrix}-111.70\\76.62\end{bmatrix}$$

单元②的杆端内力为

$$\overline{\boldsymbol{F}}^{②}=\begin{bmatrix}4i&2i\\2i&4i\end{bmatrix}\begin{bmatrix}-5.848\\5.385\end{bmatrix}\frac{1}{i}+\begin{bmatrix}-64\\+64\end{bmatrix}=\begin{bmatrix}-76.62\\73.84\end{bmatrix}$$

单元③的杆端内力为

$$\overline{\boldsymbol{F}}^{③}=\begin{bmatrix}4i&2i\\2i&4i\end{bmatrix}\begin{bmatrix}5.385\\-17.693\end{bmatrix}\frac{1}{i}+\begin{bmatrix}-60\\+60\end{bmatrix}=\begin{bmatrix}-73.84\\0\end{bmatrix}$$

作弯矩图与剪力图分别如图 9-13(a)、(b)所示。

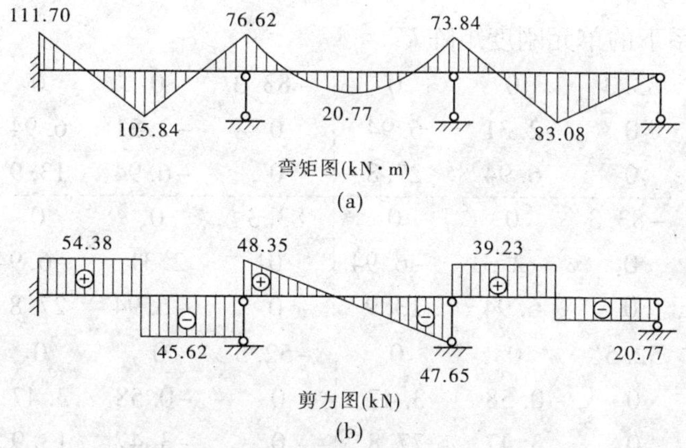

图 9-13

【例 9-5】 试求图 9-14(a)所示刚架的内力。已知各杆为矩形截面，立柱的截面尺寸为 $b_1\times h_1=0.5\ \mathrm{m}\times1.0\ \mathrm{m}$，横梁的截面尺寸为 $b_2\times h_2=0.5\ \mathrm{m}\times1.26\ \mathrm{m}$。

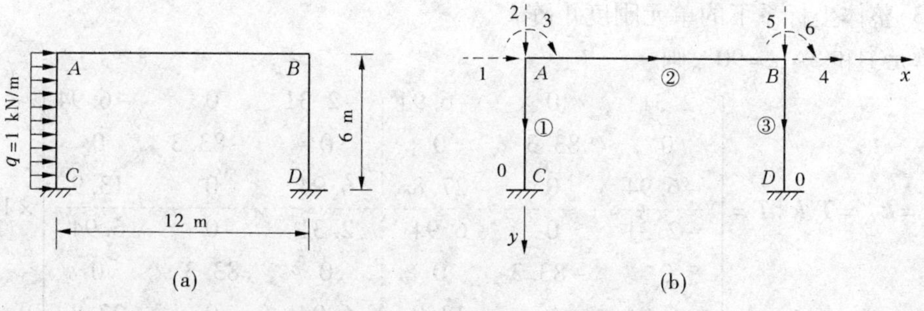

图 9-14

解　(1)基本参数计算与编码

$$A_1 = 0.5\ \mathrm{m}^2, I_1 = \frac{1}{24}\ \mathrm{m}^4, A_2 = 0.63\ \mathrm{m}^2, I_2 = \frac{1}{12}\ \mathrm{m}^4$$

为计算方便，设 $E = 1$，则有

$$\frac{EA_1}{l_1} = 83.3 \times 10^{-3}, \frac{EI_1}{l_1} = 6.94 \times 10^{-3}, \frac{2EI_1}{l_1} = 13.9 \times 10^{-3}$$

$$\frac{4EI_1}{l_1} = 27.8 \times 10^{-3}, \frac{6EI_1}{l_1^2} = 6.94 \times 10^{-3}, \frac{12EI_1}{l_1^3} = 2.31 \times 10^{-3}$$

$$\frac{EA_2}{l_2} = 52.5 \times 10^{-3}, \frac{EI_2}{l_2} = 6.94 \times 10^{-3}, \frac{2EI_2}{l_2} = 13.9 \times 10^{-3}$$

$$\frac{4EI_2}{l_2} = 27.8 \times 10^{-3}, \frac{6EI_2}{l_2^2} = 3.47 \times 10^{-3}, \frac{12EI_2}{l_2^3} = 0.58 \times 10^{-3}$$

单元编码、局部坐标系、整体坐标系与结点位移分量的统一编码如图 9-14(b)所示。结点 C 和 D 为固定端，三个位移分量均为零，编码为 0；结点 A 的编码为［1　2　3］，结点 B 的编码为［4　5　6］。

(2)局部坐标系下的单元刚度矩阵 $\bar{\boldsymbol{k}}^e$

$$\bar{\boldsymbol{k}}^{①} = \bar{\boldsymbol{k}}^{③} = \left[\begin{array}{ccc|ccc} 83.3 & 0 & 0 & -83.3 & 0 & 0 \\ 0 & 2.31 & 6.94 & 0 & -2.31 & 6.94 \\ 0 & 6.94 & 27.8 & 0 & -6.94 & 13.9 \\ \hline -83.3 & 0 & 0 & 83.3 & 0 & 0 \\ 0 & -2.31 & -6.94 & 0 & 2.31 & -6.94 \\ 0 & 6.94 & 13.9 & 0 & -6.94 & 27.8 \end{array}\right] \times 10^{-3}$$

$$\bar{\boldsymbol{k}}^{②} = \left[\begin{array}{ccc|ccc} 52.5 & 0 & 0 & -52.5 & 0 & 0 \\ 0 & 0.58 & 3.47 & 0 & -0.58 & 3.47 \\ 0 & 3.47 & 27.8 & 0 & -3.47 & 13.9 \\ \hline -52.5 & 0 & 0 & 52.5 & 0 & 0 \\ 0 & -0.58 & -3.47 & 0 & 0.58 & -3.47 \\ 0 & 3.47 & 13.9 & 0 & -3.47 & 27.8 \end{array}\right] \times 10^{-3}$$

(3)整体坐标系下的单元刚度矩阵 $\boldsymbol{k}^e$

单元①和③：$\alpha = 90°$，则

$$\boldsymbol{k}^{①} = \boldsymbol{k}^{③} = \boldsymbol{T}^{\mathrm{T}}\bar{\boldsymbol{k}}^{①}\boldsymbol{T} = \left[\begin{array}{ccc|ccc} 2.31 & 0 & -6.94 & -2.31 & 0 & -6.94 \\ 0 & 83.3 & 0 & 0 & -83.3 & 0 \\ -6.94 & 0 & 27.8 & 6.94 & 0 & 13.9 \\ \hline -2.31 & 0 & 6.94 & 2.31 & 0 & 6.94 \\ 0 & -83.3 & 0 & 0 & 83.3 & 0 \\ -6.94 & 0 & 13.9 & 6.94 & 0 & 27.8 \end{array}\right] \times 10^{-3}$$

单元②：$\alpha = 0°$，则

$$\boldsymbol{k}^{②} = \bar{\boldsymbol{k}}^{②}$$

(4)整体刚度矩阵 $\boldsymbol{K}$

各单元的定位向量分别为

$$\boldsymbol{\lambda}^{①} = [1 \quad 2 \quad 3 \quad 0 \quad 0 \quad 0]^{\mathrm{T}}$$
$$\boldsymbol{\lambda}^{②} = [1 \quad 2 \quad 3 \quad 4 \quad 5 \quad 6]^{\mathrm{T}}$$
$$\boldsymbol{\lambda}^{③} = [4 \quad 5 \quad 6 \quad 0 \quad 0 \quad 0]^{\mathrm{T}}$$

根据单元定位向量 $\boldsymbol{\lambda}^e$，依次将各单元刚度矩阵 $\boldsymbol{k}^e$ 中的元素在 $\boldsymbol{K}$ 中定位并累加，最后得到 $\boldsymbol{K}$ 为

$$\boldsymbol{K} = \begin{bmatrix} 54.81 & 0 & -6.94 & -52.5 & 0 & 0 \\ 0 & 83.88 & 3.47 & 0 & -0.58 & 3.47 \\ -6.94 & 3.47 & 55.6 & 0 & -3.47 & 13.9 \\ -52.5 & 0 & 0 & 54.81 & 0 & 6.94 \\ 0 & -0.58 & -3.47 & 0 & 83.88 & -3.47 \\ 0 & 3.47 & 13.9 & 6.94 & -3.47 & 55.6 \end{bmatrix} \times 10^{-3}$$

(5)单元等效结点荷载 $\boldsymbol{P}^e$

局部坐标系下的单元等效结点荷载 $\overline{\boldsymbol{P}}^e$ 为

$$\overline{\boldsymbol{P}}^{①} = -\overline{\boldsymbol{F}}_{\mathrm{P}}^{①} = [0 \quad -3 \quad -3 \quad 0 \quad -3 \quad 3]^{\mathrm{T}}$$

单元①的倾角 $\alpha = 90°$，因此单元①在整体坐标系中的等效结点荷载 $\boldsymbol{P}^{①}$ 为

$$\boldsymbol{P}^{①} = \boldsymbol{T}^{\mathrm{T}}\overline{\boldsymbol{P}}^{①} = \begin{bmatrix} 0 & -1 & 0 & 0 & 0 & 0 \\ 1 & 0 & 0 & 0 & 0 & 0 \\ 0 & 0 & 1 & 0 & 0 & 0 \\ 0 & 0 & 0 & 0 & -1 & 0 \\ 0 & 0 & 0 & 1 & 0 & 0 \\ 0 & 0 & 0 & 0 & 0 & 1 \end{bmatrix} \begin{bmatrix} 0 \\ -3 \\ -3 \\ \cdots \\ 0 \\ -3 \\ 3 \end{bmatrix} = \begin{bmatrix} 3 \\ 0 \\ -3 \\ \cdots \\ 3 \\ 0 \\ 3 \end{bmatrix}$$

(6)结构的等效结点荷载向量 $\boldsymbol{P}$

根据单元定位向量 $\boldsymbol{\lambda}^{①} = [1 \quad 2 \quad 3 \quad 0 \quad 0 \quad 0]^{\mathrm{T}}$，将 $\boldsymbol{P}^{①}$ 中的元素在 $\boldsymbol{P}$ 中定位，得

$$\boldsymbol{P} = [3 \quad 0 \quad -3 \quad 0 \quad 0 \quad 0]^{\mathrm{T}}$$

(7)解位移法基本方程

$$10^{-3} \times \begin{bmatrix} 54.81 & 0 & -6.94 & -52.5 & 0 & 0 \\ 0 & 83.88 & 3.47 & 0 & -0.58 & 3.47 \\ -6.94 & 3.47 & 55.6 & 0 & -3.47 & 13.9 \\ -52.5 & 0 & 0 & 54.81 & 0 & 6.94 \\ 0 & -0.58 & -3.47 & 0 & 83.88 & -3.47 \\ 0 & 3.47 & 13.9 & 6.94 & -3.47 & 55.6 \end{bmatrix} \begin{bmatrix} u_A \\ v_A \\ \theta_A \\ \cdots \\ u_B \\ v_B \\ \theta_B \end{bmatrix} = \begin{bmatrix} 3 \\ 0 \\ -3 \\ \cdots \\ 0 \\ 0 \\ 0 \end{bmatrix}$$

求得

$$[u_A \quad v_A \quad \theta_A \quad u_B \quad v_B \quad \theta_B]^{\mathrm{T}} = [847 \quad -5.13 \quad 28.4 \quad 824 \quad 5.13 \quad 96.5]^{\mathrm{T}}$$

(8)求各杆杆端力 $\overline{\boldsymbol{F}}^e$

单元①：$\alpha=90°$

整体坐标系下的单元杆端力为

$$\boldsymbol{F}^{①}=\boldsymbol{k}^{①}\boldsymbol{\Delta}^{①}+\boldsymbol{F}_{\mathrm{P}}^{①}$$

$$=10^{-3}\begin{bmatrix} 2.31 & 0 & -6.94 & -2.31 & 0 & -6.94 \\ 0 & 83.3 & 0 & 0 & -83.3 & 0 \\ -6.94 & 0 & 27.8 & 6.94 & 0 & 13.9 \\ -2.31 & 0 & 6.94 & 2.31 & 0 & 6.94 \\ 0 & -83.3 & 0 & 0 & 83.3 & 0 \\ -6.94 & 0 & 13.9 & 6.94 & 0 & 27.8 \end{bmatrix}\begin{bmatrix} 847 \\ -5.13 \\ 28.4 \\ \cdots \\ 0 \\ 0 \\ 0 \end{bmatrix}+\begin{bmatrix} -3 \\ 0 \\ 3 \\ \cdots \\ -3 \\ 0 \\ -3 \end{bmatrix}=\begin{bmatrix} -1.24 \\ -0.43 \\ -2.09 \\ \cdots \\ -4.76 \\ 0.43 \\ -8.49 \end{bmatrix}$$

局部坐标系下的单元杆端力为

$$\overline{\boldsymbol{F}}^{①}=\boldsymbol{T}\boldsymbol{F}^{①}=[-0.43 \quad 1.24 \quad -2.09 \quad 0.43 \quad 4.76 \quad -8.49]^{\mathrm{T}}$$

单元②：$\alpha=0$，则

$$\overline{\boldsymbol{F}}^{②}=\boldsymbol{F}^{②}=\boldsymbol{k}^{②}\boldsymbol{\Delta}^{②}$$

$$=10^{-3}\times\begin{bmatrix} 52.5 & 0 & 0 & -52.5 & 0 & 0 \\ 0 & 0.58 & 3.47 & 0 & -0.58 & 3.47 \\ 0 & 3.47 & 27.8 & 0 & -3.47 & 13.9 \\ -52.5 & 0 & 0 & 52.5 & 0 & 0 \\ 0 & -0.58 & -3.47 & 0 & 0.58 & -3.47 \\ 0 & 3.47 & 13.9 & 0 & -3.47 & 27.8 \end{bmatrix}\begin{bmatrix} 847 \\ -5.13 \\ 28.4 \\ \cdots \\ 824 \\ 5.13 \\ 96.5 \end{bmatrix}=\begin{bmatrix} 1.24 \\ 0.43 \\ 2.09 \\ \cdots \\ -1.24 \\ -0.43 \\ 3.04 \end{bmatrix}$$

单元③：$\alpha=90°$

整体坐标系下的单元杆端力为

$$\boldsymbol{F}^{③}=\boldsymbol{k}^{③}\boldsymbol{\Delta}^{③}$$

$$=10^{-3}\times\begin{bmatrix} 2.31 & 0 & -6.94 & -2.31 & 0 & -6.94 \\ 0 & 83.3 & 0 & 0 & -83.3 & 0 \\ -6.94 & 0 & 27.8 & 6.94 & 0 & 13.9 \\ -2.31 & 0 & 6.94 & 2.31 & 0 & 6.94 \\ 0 & -83.3 & 0 & 0 & 83.3 & 0 \\ -6.94 & 0 & 13.9 & 6.94 & 0 & 27.8 \end{bmatrix}\begin{Bmatrix} 824 \\ 5.13 \\ 96.5 \\ \cdots \\ 0 \\ 0 \\ 0 \end{Bmatrix}=\begin{Bmatrix} 1.24 \\ 0.43 \\ -3.04 \\ \cdots \\ -1.24 \\ -0.43 \\ -4.38 \end{Bmatrix}$$

局部坐标系下的单元杆端力为

$$\overline{\boldsymbol{F}}^{③}=\boldsymbol{T}\boldsymbol{F}^{③}=[0.43 \quad -1.24 \quad -3.04 \quad -0.43 \quad 1.24 \quad -4.38]^{\mathrm{T}}$$

作弯矩图和剪力图分别如图 9-15(a)、(b)所示。

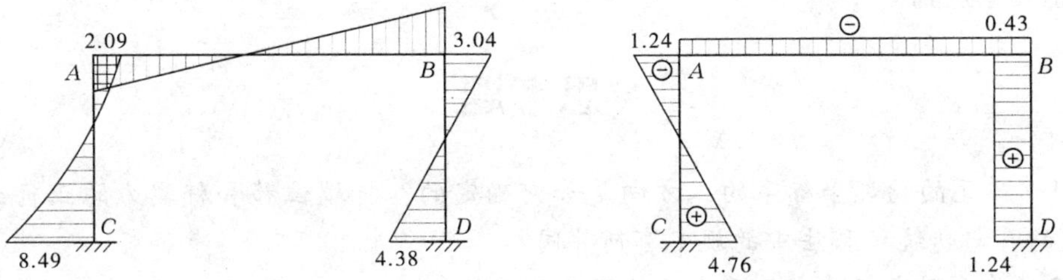

(a)弯矩图 (kN·m)　　(b)剪力图 (kN)

图 9-15

本章小结

矩阵位移法是最常用的计算机分析方法之一。它以传统的位移法为力学原理,以矩阵组织数据和进行数学运算,以计算机作为计算工具。学习时,应将矩阵位移法与传统的位移法进行对照,以便理解和掌握在矩阵位移法中用矩阵符号表示的各物理量的意义。

矩阵位移法的基本计算步骤为:结构离散化;建立单元刚度方程;集成结构,建立整体刚度方程;解位移法基本方程得结点位移;用单元刚度方程计算杆件内力。

(1)结构离散化。

离散化是将结构在结点处划分为单元,并对单元和结点进行编码,建立矩阵位移法的计算模型。

(2)单元分析。

单元分析的主要内容是建立表示单元杆端力和杆端位移之间关系的单元刚度方程。而单元刚度矩阵是单元刚度方程的关键,是矩阵位移法的核心。本章主要介绍了一般杆单元的刚度矩阵,而其他杆单元的刚度矩阵,如不考虑轴向变形的梁单元、连续梁单元、桁架单元等,均可看成是一般杆单元刚度矩阵的特殊情况。

(3)整体分析。

整体分析的主要内容是建立表示结构的结点位移和结点力之间关系的整体刚度方程 $\boldsymbol{K\Delta}=\boldsymbol{F}$。将整体刚度方程中的结点约束力 $\boldsymbol{F}$ 换成等效结点荷载 $\boldsymbol{P}$,即得到位移法基本方程为

$$\boldsymbol{K\Delta}=\boldsymbol{P}$$

利用它可以求出所有的未知结点位移。

建立位移法基本方程需要解决两个问题:一是形成整体刚度矩阵 $\boldsymbol{K}$,二是形成结构的等效结点荷载向量 $\boldsymbol{P}$。

在形成整体刚度矩阵 $\boldsymbol{K}$ 时,采用的是单元集成法,即根据各单元的定位向量 $\boldsymbol{\lambda}^e$,依次将各单元刚度矩阵 $\boldsymbol{k}^e$ 中的元素定位在 $\boldsymbol{K}$ 中的相应位置并进行累加。因此,集成包含了定位与累加两个环节。而在计算机程序中,这两个环节是同时进行的,即采取“边定位边累加”的办法形成整体刚度矩阵 $\boldsymbol{K}$。

在形成结构的等效结点荷载向量 $\boldsymbol{P}$ 时,应先将非结点荷载转换成单元等效结点荷载向量 $\boldsymbol{P}^e$,再根据单元定位向量 $\boldsymbol{\lambda}^e$ 将 $\boldsymbol{P}^e$ 中的元素定位并累加到 $\boldsymbol{P}$ 中。如有直接结点荷载

作用,也要累加到 $\boldsymbol{P}$ 中。

思考题

9-1　单元的局部坐标系的正方向是如何确定的？杆端位移和杆端力的正负号是怎样规定的？与传统位移法中的规定有何异同？

9-2　单元刚度矩阵中各元素的物理意义是什么？

9-3　单元坐标转换矩阵中的倾角 α 是如何规定的？

9-4　单元刚度矩阵有哪些性质？

9-5　什么是单元定位向量？如何确定单元定位向量？

9-6　什么是单元集成法？用单元集成法形成整体刚度矩阵 $\boldsymbol{K}$ 时，结构的平衡条件和变形协调条件是如何满足的？

9-7　整体刚度矩阵中各元素的物理意义是什么？

9-8　刚架中铰结点是如何处理的？为什么铰结点的角位移在矩阵位移法中作为基本未知量，而在传统位移法中却不作为基本未知量？

9-9　在矩阵位移法中，为什么要将非结点荷载转化为等效结点荷载？

9-10　如何计算单元等效结点荷载？矩阵位移法中的等效结点荷载和传统位移法基本体系的约束力是相同的吗？

9-11　矩阵位移法中，整体刚度方程 $\boldsymbol{F}=\boldsymbol{K\Delta}$ 与位移法基本方程有何异同？

习　题

9-1　试给图 9-16 所示结构的结点和结点位移分量编号，并确定各单元的定位向量。

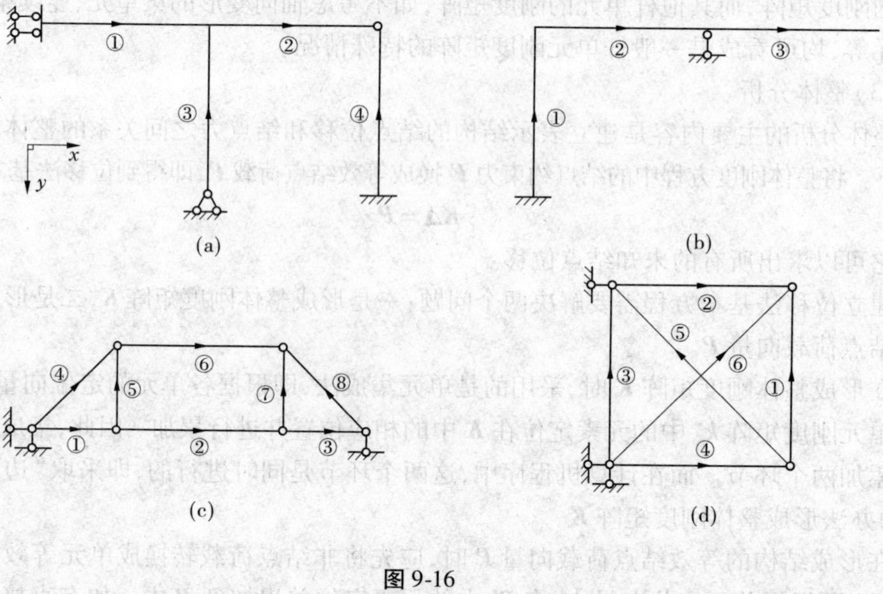

图 9-16

9-2　试求图9-17所示连续梁的结构刚度矩阵，已知 $l=6$ m。

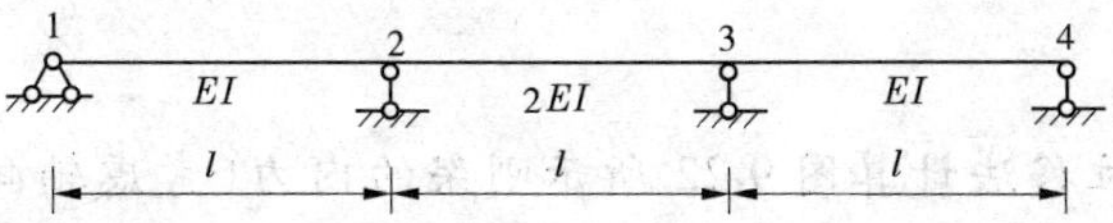

图9-17

9-3　试用矩阵位移法计算图9-18所示连续梁，并作弯矩图。已知 $l=4$ m，$EI=$ 常数。

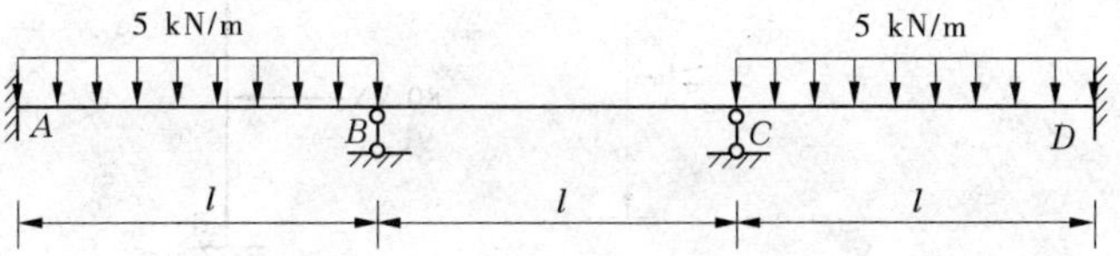

图9-18

9-4　试用矩阵位移法计算图9-19所示连续梁，并作弯矩图。已知 EI 为常数。

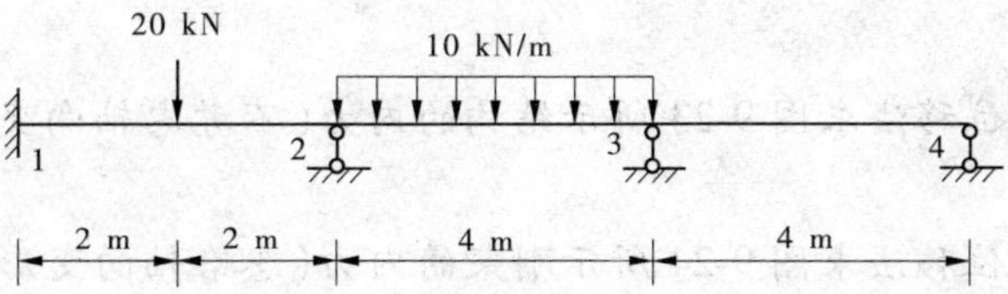

图9-19

9-5　试用矩阵位移法求图9-20所示刚架的内力（忽略轴向变形的影响），并作弯矩图。已知各杆长度均为 l，EI 为常数。

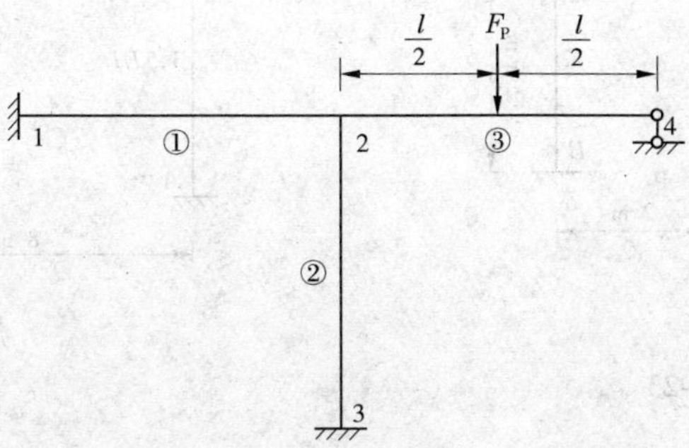

图9-20

9-6　试用矩阵位移法求图 9-21 所示刚架的内力。已知各杆的 E、A、I 相同，且 $A=\dfrac{1\,000I}{l^2}$。

9-7　试用矩阵位移法计算图 9-22 所示刚架的内力（考虑轴向变形），并作弯矩图。已知各杆 $A=0.5\ \text{m}^2$，$I=\dfrac{1}{24}\ \text{m}^4$，$E=3\times10^7\ \text{kN/m}^2$。

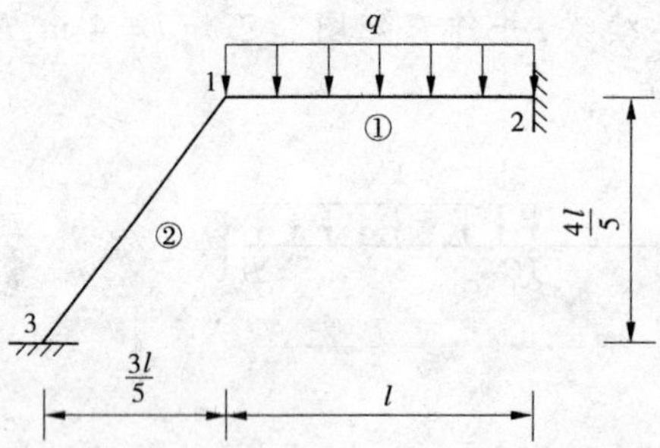

图 9-21

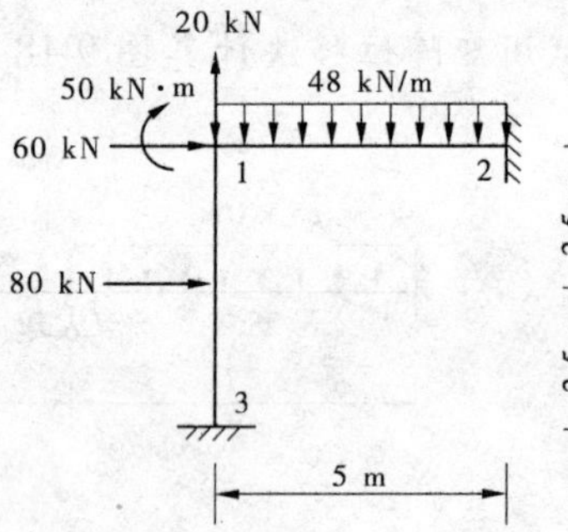

图 9-22

9-8　试用矩阵位移法求图 9-23 所示结构的内力（不考虑轴向变形），并作弯矩图，已知 EI 为常数。

9-9　试用矩阵位移法求图 9-24 所示刚架的内力（忽略轴向变形影响），并作内力图。

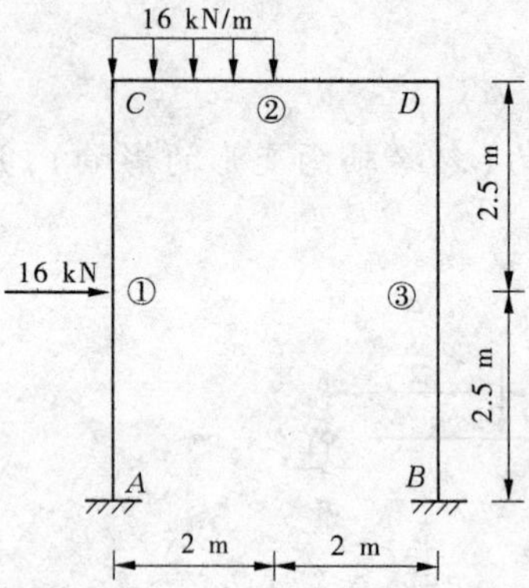

图 9-23

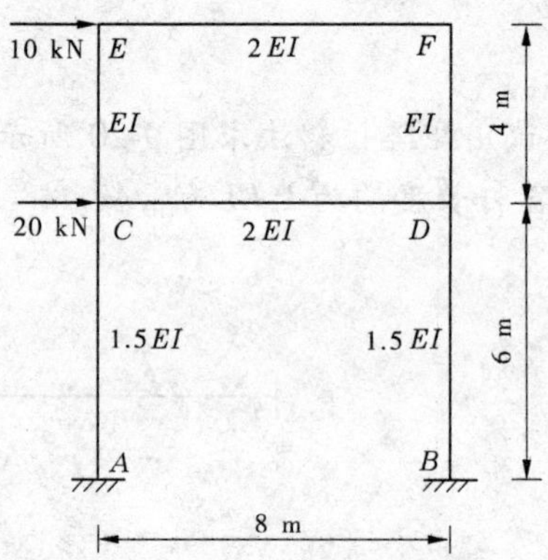

图 9-24

9-10　试用矩阵位移法计算图 9-25 所示桁架各杆轴力。已知单元①和单元②的截面面积为 A，单元③的截面面积为 $2A$，各杆的 E 值相同。

9-11　试用矩阵位移法计算图 9-26 所示桁架各杆轴力。设各杆 $\dfrac{EA}{l}$ 相同。

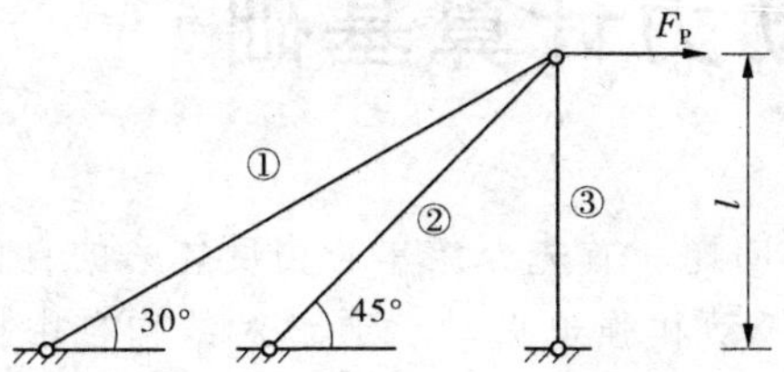

图 9-25

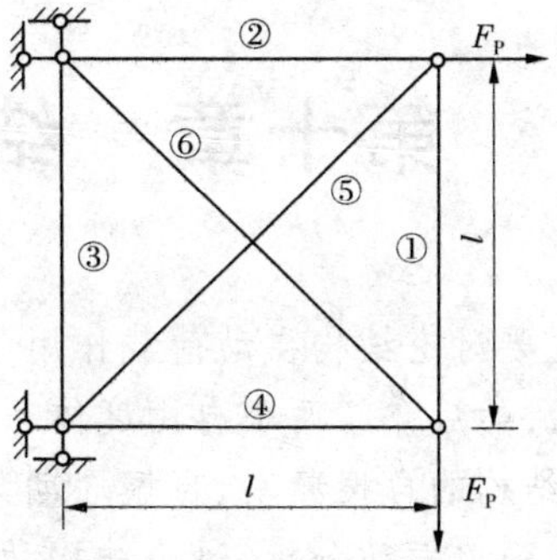

图 9-26

习题参考答案

9-1　略

9-2　$\boldsymbol{K}=\begin{bmatrix} \frac{2EI}{3} & \frac{EI}{3} & 0 & 0 \\ \frac{EI}{3} & 2EI & \frac{2EI}{3} & 0 \\ 0 & \frac{2EI}{3} & 2EI & \frac{EI}{3} \\ 0 & 0 & \frac{EI}{3} & \frac{2EI}{3} \end{bmatrix}$

9-3　$M_{AB}=-8.89\ \mathrm{kN\cdot m}, M_{BA}=2.22\ \mathrm{kN\cdot m}$

9-4　$M_{12}=-8.08\ \mathrm{kN\cdot m}, M_{21}=13.85\ \mathrm{kN\cdot m}, M_{32}=6.54\ \mathrm{kN\cdot m}$

9-5　$M_{12}=\frac{3F_Pl}{88}, M_{21}=\frac{3F_Pl}{44}, M_{23}=\frac{3F_Pl}{44}, M_{32}=\frac{3F_Pl}{88}, M_{24}=\frac{3F_Pl}{22}$

9-6　$F_{N1}^{①}=0.383ql, F_{Q1}^{①}=0.426ql, M_1^{①}=0.036ql^2$

9-7　$M_{12}=40.38\ \mathrm{kN\cdot m}, M_{21}=133.87\ \mathrm{kN\cdot m}, M_{13}=90.38\ \mathrm{kN\cdot m}, M_{31}=-35.36\ \mathrm{kN\cdot m}$

9-8　$M_{AC}=-20.02\ \mathrm{kN\cdot m}, M_{CA}=2.79\ \mathrm{kN\cdot m}, M_{DB}=-10.9\ \mathrm{kN\cdot m}, M_{BD}=-11.86\ \mathrm{kN\cdot m}$

9-9　$M_{AC}=-52.36\ \mathrm{kN\cdot m}, F_{QAC}=15\ \mathrm{kN}, M_{CA}=-37.7\ \mathrm{kN\cdot m}, F_{QCA}=15\ \mathrm{kN}$

9-10　$F_N^{①}=0.629F_P, F_N^{②}=0.644F_P, F_N^{③}=-0.77F_P$

9-11　$F_N^{①}=0.326F_P, F_N^{②}=1.327F_P, F_N^{③}=0, F_N^{④}=-0.673F_P, F_N^{⑤}=-0.462F_P, F_N^{⑥}=0.952F_P$

第十章 结构动力计算基础

本章主要讨论结构在动荷载作用下的振动问题。首先介绍单自由度体系的自由振动和强迫振动，然后介绍两个自由度体系的自由振动和强迫振动。通过对结构自由振动的分析，讨论结构的自振频率、自振周期与振型等动力特性的计算方法；通过对结构在动荷载作用下的强迫振动分析，讨论结构动位移和动内力的计算方法，确定它们随时间变化的规律，从而求出其最大值以作为设计依据。

第一节 概 述

一、结构动力计算的目的

前面各章讨论的都是结构在静荷载作用下的计算，它只研究结构处于静力平衡位置时外荷载对结构的影响。但是，在实际工程中绝大多数荷载都是随时间而变化的，在这种荷载作用下结构将发生明显的振动，使结构产生不容忽视的加速度，这类荷载称为动荷载。随着科学技术的迅速发展，研究动荷载作用下的结构计算原理和方法具有十分重要的意义。例如，在现代化高层厂房设计中，如何防止机器振动带来的影响，以及在房屋结构中如何考虑对地震的设防等，都需要对动荷载的影响作深入的研究。

在结构动力计算中，首先，要确定结构在动荷载作用下可能产生的最大内力，作为设计时强度计算的依据；其次，还需找出结构在动荷载作用下的最大位移、速度和加速度，使其不超过规范所规定的允许值，以避免振动对人体健康、工艺过程和建筑物造成有害的影响。在动荷载作用下，结构产生的动内力、动位移、速度和加速度等统称为结构的动力反应。

二、动荷载分类

根据动荷载的变化规律及其对结构的作用特点，可将其划分为以下几类：

(1) 周期荷载。荷载随时间作周期性变化，称为周期荷载。其中，如果荷载随时间按正弦（或余弦）规律变化，则称为简谐荷载，如具有旋转部件的机器在匀速运转时，其偏心质量产生的离心力对结构的影响就是这种荷载。其他周期荷载称为非简谐周期荷载。

(2) 冲击荷载。这类荷载在很短的时间内，荷载值急剧增大或急剧减小，如爆炸、打桩机的桩锤对桩的冲击、车轮对轨道接头处的撞击等。

(3) 随机荷载。荷载在将来任一时刻的数值不能预先确定，此类荷载称为随机荷载，又称非确定性荷载。如风荷载和地震作用都属于随机荷载。

三、结构动力计算的特点

动荷载与静荷载相比，其特点是荷载的三要素（大小、方向、作用位置）随时间变化，而且变化速度较快。在动荷载作用下，结构体系将产生显著的加速度，这时惯性力的影响是不容忽视的。因此，在结构动力分析中，应根据达朗伯原理引入惯性力，把结构动力计算问题转化为静力平衡问题来处理。但这种平衡是一种形式上的平衡，是一种动平衡，是在引入惯性力条件下的平衡。与静力平衡方程所不同的是，动力平衡方程是微分方程，它的解也就是结构的动力反应，是随时间变化的，因而动力分析比静力分析更加复杂。

四、结构动力计算自由度及其简化方法

在动力计算中，首先需要选取一个合理的计算简图，其选取原则与静力计算基本相同。但由于要考虑惯性力的作用，因此在动力计算简图中，多了一项关于质量分布的处理问题。质量的位置可以用某些独立的参数来表示，我们把确定体系上全部质量位置所需独立几何参数的数目称为该体系的动力自由度。

由于实际结构的质量都是连续分布的，因此任何一个实际结构都可以说具有无限个自由度。但是如果把所有结构都按无限自由度问题去计算，则不仅十分困难，而且也没有必要。所以，通常需要对结构体系的动力自由度加以简化，常用的简化方法有以下两种。

（一）集中质量法

这种方法是把体系的连续分布的质量离散为有限个集中质量点，这时无限自由度问题就转变为有限自由度问题，从而使计算得以简化。下面举几个例子加以说明。

由于本章只讨论平面结构的振动问题，为了进一步减少振动的自由度数，对于受弯杆件，通常不考虑轴向变形的影响。图 10-1(a)所示为一个水塔，由于质量大部分集中在塔顶上，因此可简化为一个自由度问题，如图 10-1(b)所示。

图 10-2(a)所示为两层平面刚架，在水平荷载作用下，计算刚架的侧向振动时，可将柱的分布质量化为作用于上下横梁处的集中质量，因而刚架的全部质量都作用于横梁上。此外，每个横梁上各点的水平位移可以认为彼此相等，因此横梁上的分布质量可用一个集中质量来替代，其计算简图如图 10-2(b)所示，体系只有两个自由度。

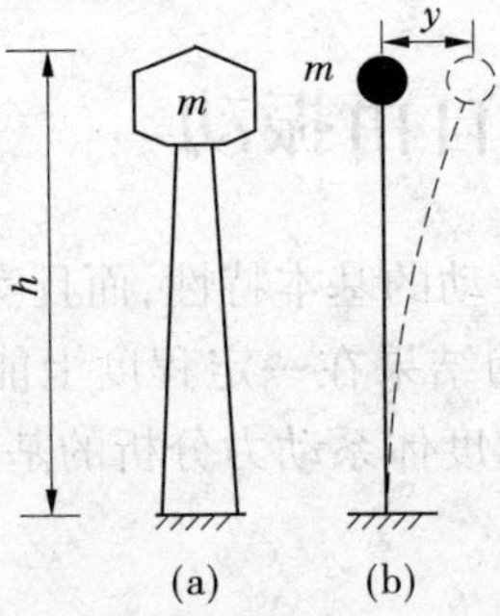

图 10-1

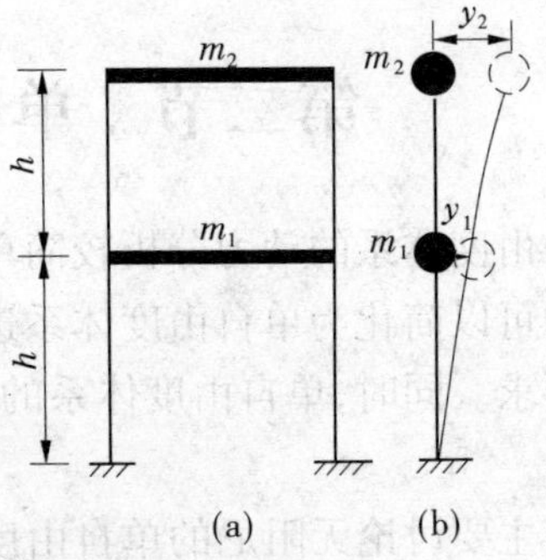

图 10-2

又如图 10-3(a)所示的简支梁，将连续分布质量化成 4 个集中质量，计算简图如图 10-3(b)所示。

对于较复杂的体系，可以通过用限制集中质量点运动的方法来确定体系的自由度。即使体系上所有集中质量点完全被固定，在集中质量点上所需增设的最少链杆数即为体

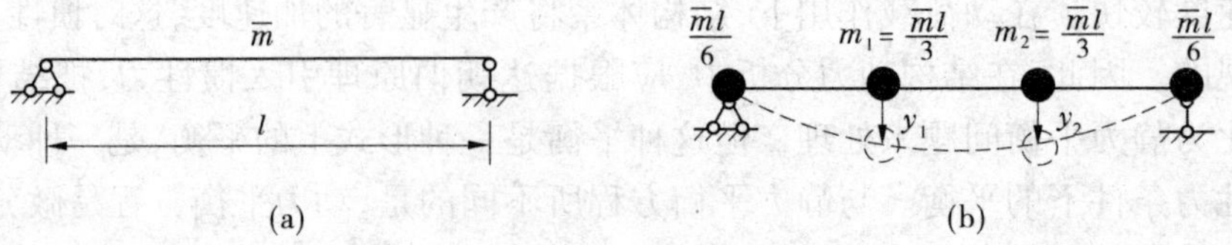

图 10-3

系的动力自由度数。图 10-4(a)所示体系具有两个集中质量点，为将其全部固定，需在体系中增设三根链杆，如图 10-4(b)所示，因此该体系具有三个自由度。同时，还可以看到，动力自由度的数目与集中质量点的数目不一定相等。

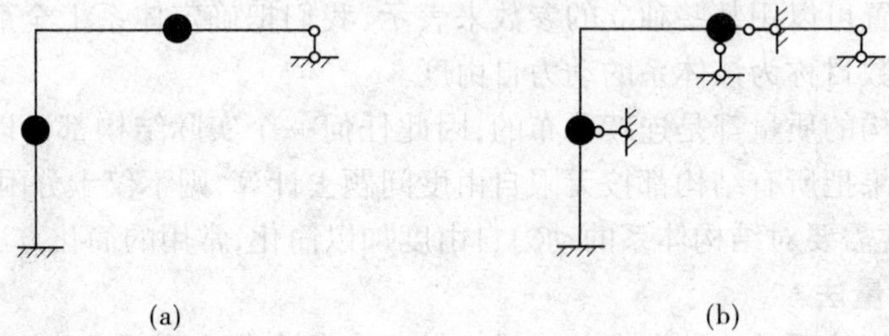

图 10-4

(二)广义坐标法

广义坐标法是从数学角度提供一种减少动力自由度的简化方法。这个方法是假定体系的振动曲线为

$$y(x) = \sum_{k=1}^{n} a_k \omega_k(x)$$

式中，$\omega_k(x)$为满足位移边界条件的给定函数；a_k 为未知的系数，称为广义坐标。

上式表明，体系的振动曲线完全由 n 个待定的广义坐标所确定，也就是说把体系的动力自由度减少为 n 个。

第二节　单自由度体系的自由振动

单自由度体系的动力分析较简单，但它能够反映出振动的基本特性，而且实际工程中很多问题可以简化为单自由度体系进行动力分析，所得的结果在一定程度上能够满足工程上的要求。同时，单自由度体系的动力分析又是多自由度体系动力分析的基础，因此非常重要。

本节主要讨论无阻尼的单自由度体系的自由振动。

一、自由振动微分方程的建立

在结构动力分析中，建立体系振动微分方程的基本方法主要有两种，即刚度法与柔度法。下面以图 10-5(a)所示单自由度体系的自由振动为例，说明体系振动微分方程的建立过程。

(一)刚度法

图10-5(a)所示为单自由度体系的自由振动模型。其中,m 为集中质量,$y(t)$ 为质量点的水平位移。为了建立体系的振动微分方程,取质量 m 为隔离体,如图10-5(b)所示。隔离体上受到的力有两个:

(1)弹性力 $F_s(t)$。它是振动过程中,由于杆件的弹性变形所产生的恢复力,它的大小与质点的位移成正比,方向相反,即为 $-ky(t)$。

(2)惯性力 $F_I(t)$。它的大小等于质量与其加速度的乘积,方向与加速度方向相反,即为 $-m\ddot{y}(t)$。

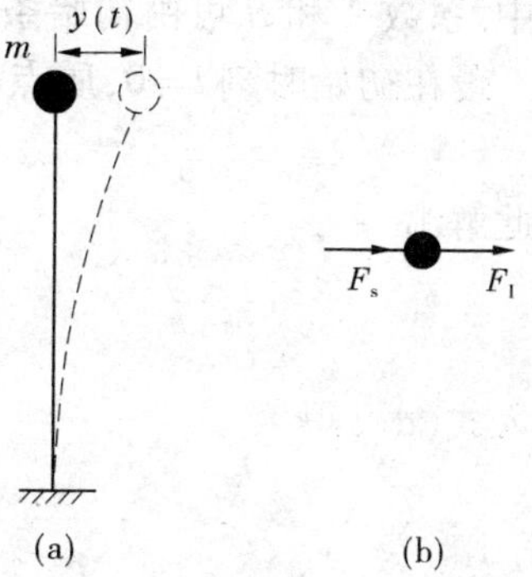

图10-5

根据达朗伯原理,可列出隔离体的平衡方程为

$$F_s(t) + F_I(t) = 0 \tag{a}$$

即

$$m\ddot{y}(t) + ky(t) = 0 \tag{10-1}$$

式(10-1)即为单自由度体系无阻尼自由振动的振动微分方程。上述建立体系振动微分方程的方法称为刚度法。

(二)柔度法

体系的振动微分方程也可以根据位移协调条件来建立。此时,图10-5(a)所示质点的位移 $y(t)$ 可以视为由惯性力 $F_I(t)$ 所引起的,即

$$y(t) = F_I(t)\delta \tag{b}$$

式中,δ 表示在质点的运动方向上施加单位力所产生的体系在运动方向的位移,称为柔度系数。

将惯性力的表达式代入式(b),得

$$y(t) = -m\ddot{y}(t)\delta \tag{10-2}$$

式(10-2)即为根据位移协调条件建立的振动微分方程。这种建立体系振动微分方程的方法称为柔度法。

由于柔度系数 δ 与刚度系数 k 互为倒数,即 $\delta = \frac{1}{k}$,将其代入式(10-2),即得出与刚度法相同的结果。

二、振动微分方程的解

为计算方便,将式(10-1)改写为

$$\ddot{y}(t) + \omega^2 y(t) = 0 \tag{10-3}$$

其中

$$\omega = \sqrt{\frac{k}{m}} \tag{c}$$

式(10-3)为二阶常系数齐次微分方程,它的通解为

$$y(t) = A\sin\omega t + B\cos\omega t \tag{d}$$

式中，系数 A 和 B 可由初始条件确定。

设在初始时刻 $t=0$，质点有初始位移 y_0 和初始速度 v_0，即

$$y(0) = y_0, \dot{y}(0) = v_0$$

由此解出

$$A = \frac{v_0}{\omega}, B = y_0$$

代入式(d)，得

$$y(t) = \frac{v_0}{\omega}\sin\omega t + y_0\cos\omega t \tag{10-4}$$

整理得

$$y(t) = C\sin(\omega t + \varphi) \tag{10-5}$$

式中，C 为振幅，φ 为初相位角，且

$$\left.\begin{aligned} C &= \sqrt{y_0^2 + \frac{v_0^2}{\omega^2}} \\ \varphi &= \arctan\frac{y_0\omega}{v_0} \end{aligned}\right\} \tag{10-6}$$

质点的位移公式求出后，即可求出作用于质点上的惯性力为

$$F_I(t) = -m\ddot{y}(t) = m\omega^2 C\sin(\omega t + \varphi) \tag{e}$$

对于单自由度体系的自由振动，体系中任一截面的内力和变形都可认为是由作用于体系上的惯性力所引起的。由式(e)可知，作用于质点上的惯性力与质点的位移是同时达到幅值的。因此，体系中任一截面的内力和变形、惯性力以及质点的位移是同步变化的，即同时达到幅值。

三、结构的自振周期

式(10-5)右边是一个周期函数，其周期为

$$T = \frac{2\pi}{\omega} \tag{10-7}$$

不难验证，式(10-5)中的位移 y 满足周期运动，即

$$y(t + T) = y(t)$$

这表明，在自由振动过程中，质点每隔一段时间 T 又回到原来的位置，因此 T 称为结构的自振周期。

自振周期的倒数称为工程频率，记为 f，且

$$f = \frac{1}{T} = \frac{\omega}{2\pi} \tag{10-8}$$

频率 f 表示单位时间内的振动次数，其常用单位为 1/秒(1/s)，或称为赫兹(Hz)。

由式(10-8)可知

$$\omega = 2\pi f = \frac{2\pi}{T} \tag{10-9}$$

式中，ω 表示在 2π 时间内完成的振动次数，称为圆频率或角频率，简称频率。

由式(10-7)可知,结构的自振周期 T 的计算式为

$$T = 2\pi\sqrt{\frac{m}{k}} = 2\pi\sqrt{m\delta} = 2\pi\sqrt{\frac{W\delta}{g}} = 2\pi\sqrt{\frac{y_{st}}{g}} \tag{10-10}$$

式中,W 为质点的重量;g 为重力加速度;y_{st}表示在质点上沿振动方向上施加数值为 W 的荷载时质点沿振动方向所产生的静位移,且 $y_{st} = W\delta$。

由式(10-9)可知,结构自振频率 ω 的计算式为

$$\omega = \sqrt{\frac{k}{m}} = \sqrt{\frac{1}{m\delta}} = \sqrt{\frac{g}{W\delta}} = \sqrt{\frac{g}{y_{st}}} \tag{10-11}$$

结构的自振周期和频率是结构动力特性中非常重要的数量标志,它们只与结构的质量和刚度有关,而与外界干扰因素无关,外界干扰只能改变振幅的大小。

【例 10-1】 图 10-6 所示悬臂梁长度 $l = 2$ m,其末端有一质量 $m = 100$ kg 的发动机。该梁用 8 号工字钢($I = 78\ \text{cm}^4$)做成,弹性模量 $E = 2.058 \times 10^{11}\ \text{N/m}^2$,梁的重量可略去不计,试求自振频率和周期。

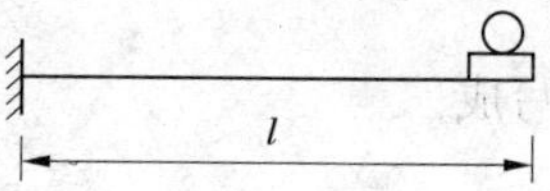

图 10-6

解

$$y_{st} = \frac{mgl^3}{3EI} = \frac{100 \times 9.8 \times 2^3}{3 \times 2.058 \times 10^{11} \times 78 \times 10^{-8}} = 16.28 \times 10^{-3}\ \text{m}$$

分别代入式(10-11)和式(10-10)得

$$\omega = \sqrt{\frac{g}{y_{st}}} = \sqrt{\frac{9.8}{16.28 \times 10^{-3}}} = 24.53\ \text{s}^{-1}$$

$$T = \frac{2\pi}{\omega} = \frac{2 \times 3.1416}{24.53} = 0.256\ \text{s}$$

【例 10-2】 试求图 10-7(a)所示刚架的自振频率和周期,略去柱的质量。

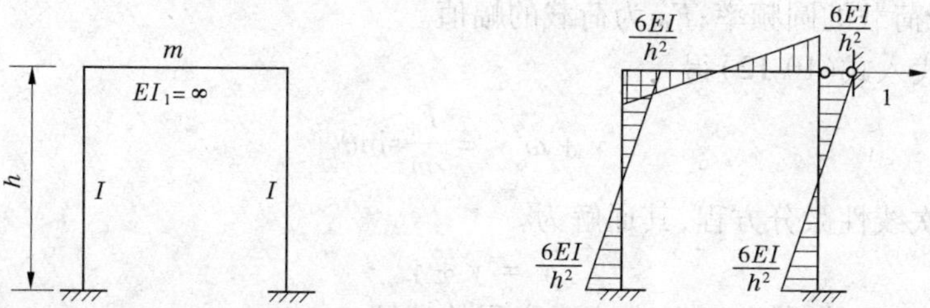

图 10-7

解 在不考虑轴向变形的情况下,横梁各质点的水平位移相同,故它是一个单自由度体系。

先求刚架的刚度系数 k。为此,作出刚架梁发生单位水平位移时的弯矩图,如图 10-7(b)所示。根据横梁的平衡条件可求得

$$k = \frac{24EI}{h^3}$$

分别代入式(10-11)、式(10-10),得

$$\omega = \sqrt{\frac{k}{m}} = \sqrt{\frac{24EI}{mh^3}}$$

$$T = \frac{2\pi}{\omega} = 2\pi\sqrt{\frac{mh^3}{24EI}}$$

第三节　单自由度体系的强迫振动

强迫振动是指体系在动荷载作用下所产生的振动。图 10-8(a)所示为单自由度体系强迫振动的模型,由图 10-8(b)所示隔离体,可列出它的振动微分方程为

$$m\ddot{y} + ky = F_P(t)$$

或写成

$$\ddot{y} + \omega^2 y = \frac{F_P(t)}{m} \tag{10-12}$$

式中,$\omega = \sqrt{\frac{k}{m}}$;$m$ 为体系的质量;k 为弹簧的刚度系数;$F_P(t)$为体系所承受的动荷载。

下面就讨论几种常见的动荷载 $F_P(t)$ 作用下的振动情况和动力特性。

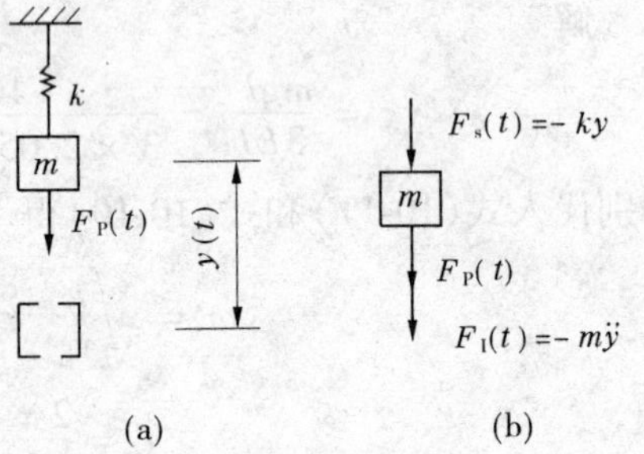

图 10-8

一、简谐荷载

设结构所受简谐荷载的表达式为

$$F_P(t) = F_P\sin\theta t \tag{a}$$

式中,θ 为简谐荷载的圆频率;F_P 为荷载的幅值。

将式(a)代入式(10-12)得

$$\ddot{y} + \omega^2 y = \frac{F_P}{m}\sin\theta t \tag{b}$$

式(b)为非齐次线性微分方程,其通解为

$$y = \bar{y} + y^* \tag{c}$$

式中,$\bar{y}$ 为齐次方程的通解;y^* 为非齐次方程的特解。

$\bar{y}$ 已经在上节中求出,现求其特解 y^*。

设特解为

$$y^* = D\sin\theta t \tag{d}$$

将式(d)代入式(b),整理得

$$(\omega^2 - \theta^2)D\sin\theta t = \frac{F_P}{m}\sin\theta t$$

由此得

$$D = \frac{F_P}{m(\omega^2 - \theta^2)}$$

所以,特解 y^* 为

$$y^* = \frac{F_P}{m(\omega^2 - \theta^2)}\sin\theta t \tag{e}$$

故方程的通解为

$$y(t) = A\sin\omega t + B\cos\omega t + \frac{F_P}{m(\omega^2 - \theta^2)}\sin\theta t \tag{f}$$

其中,积分常数 A 和 B 可由初始条件确定。设在 $t=0$ 时刻的初始位移和初始速度均为零,则由式(f)可得

$$A = -\frac{F_P}{m(\omega^2 - \theta^2)} \times \frac{\theta}{\omega},\ B = 0$$

代入式(f)即得

$$y(t) = \frac{F_P}{m(\omega^2 - \theta^2)} \cdot \left(\sin\theta t - \frac{\theta}{\omega}\sin\omega t\right) \tag{10-13}$$

式(10-13)表明,此振动由两部分组成:第一部分按荷载的频率 θ 振动,第二部分按结构的自振频率 ω 振动。由于在实际振动过程中存在阻尼力,因此按结构自振频率振动的那一部分将很快地衰减而逐渐消失,最后只剩下按荷载频率振动的那一部分。我们将振动刚开始时两种振动同时存在的阶段称为"过渡阶段",而将只按荷载频率振动的阶段称为"平稳阶段"。后者的振幅和频率都是恒定的,在此阶段的振动一般称为纯受迫振动或稳态受迫振动。

下面讨论纯受迫振动情况,任一时刻的位移为

$$y(t) = \frac{F_P}{m(\omega^2 - \theta^2)}\sin\theta t \tag{g}$$

其中

$$\frac{F_P}{m(\omega^2 - \theta^2)} = \frac{F_P}{m\omega^2\left(1 - \frac{\theta^2}{\omega^2}\right)} = \frac{F_P\delta}{1 - \frac{\theta^2}{\omega^2}}$$

令

$$y_{st} = F_P\delta \tag{h}$$

式中,y_{st}表示由荷载幅值 F_P 所产生的位移,称为最大静位移。由此,式(g)将变为

$$y(t) = y_{st}\frac{1}{1 - \frac{\theta^2}{\omega^2}}\sin\theta t \tag{10-14}$$

令

$$\mu = \frac{1}{1 - \frac{\theta^2}{\omega^2}} \tag{10-15}$$

式中,μ 为位移动力系数或放大系数。因此,式(10-14)可以写成

$$y(t) = \mu y_{st}\sin\theta t \tag{10-16}$$

值得指出的是,当干扰力作用于质点上时,单自由度体系上的位移动力系数与内力动

力系数是完全相同的。

质点的位移方程确定后，即可求出作用于质点上的惯性力为

$$F_{\mathrm{I}}(t) = -m\ddot{y}(t) = m\theta^2\mu y_{\mathrm{st}}\sin\theta t \tag{i}$$

式(i)表明，惯性力与动荷载是同步变化的，即同时达到幅值。

对于单自由度体系的强迫振动，体系中任一截面的内力和变形是由动荷载和惯性力共同引起的。因此，体系中任一截面的内力和变形、惯性力以及动荷载是同时达到幅值的。

为了进一步说明单自由度体系在简谐荷载作用下的动力特性，现在来讨论动力系数 μ 的变化。

将式(10-15)进一步整理得

$$\mu = \frac{1}{1-\dfrac{\theta^2}{\omega^2}} = \frac{1}{1-\beta^2} \tag{10-17}$$

式中，$\beta = \dfrac{\theta}{\omega}$，称为频比，即动荷载频率与结构自振频率的比值。

当 $\theta < \omega$，即 $\beta < 1$ 时，$\mu > 1$。这时结构的动力位移幅值恒大于简谐荷载幅值所产生的静位移。

当 $\theta \ll \omega$ 时，$\mu \to 1$。这时结构的动力反应与动荷载幅值所产生的静力反应趋于一致，因此可将其视为静荷载处理。

当 $\theta > \omega$，即 $\beta > 1$ 时，$\mu < 0$。动力系数的绝对值 $|\mu|$ 随 β 的增大而减小。

当 $\theta \gg \omega$ 时，$\mu \to 0$。这表明质点只在静平衡位置附近作微小振动。

当 $\theta = \omega$，即 $\beta = 1$ 时，$\mu \to \infty$。这表明当荷载频率 θ 与结构自振频率 ω 重合时，动位移和动内力都将无限增大，这种现象称为“共振”。但由于阻尼的存在，共振时的内力和位移虽然会很大，但不会无限大。然而，由于共振将产生较大的位移和内力，在设计中应尽量加以避免。

想一想：当动荷载不作用于质点上时，单自由度体系上的位移动力系数与内力动力系数是否相同？

【例 10-3】 重量 $Q = 40$ kN 的发电机置于简支梁的中点上，如图 10-9 所示，梁的惯性矩 $I = 8.8 \times 10^{-5}$ m^4，$E = 210$ GPa，发电机转动时的离心力的垂直分力为 $F_{\mathrm{P}} = 10$ kN，不考虑阻尼，试求当发电机的转数为 $n = 500$ r/min时，梁的最大弯矩和挠度（梁的自重忽略不计）。

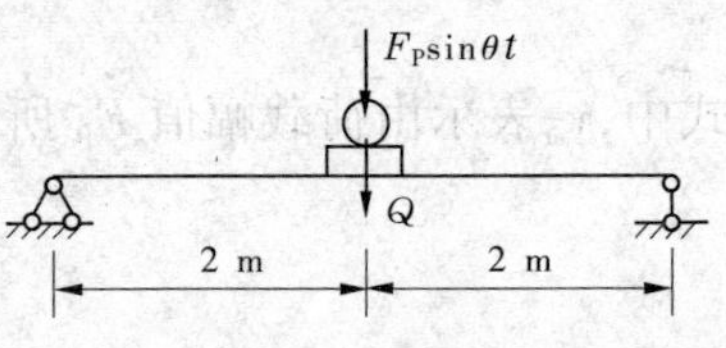

图 10-9

解 (1)在发电机的重量作用下，梁中点的最大静力位移为

$$y_{\mathrm{st}} = \frac{Ql^3}{48EI} = \frac{40 \times 10^3 \times 4^3}{48 \times 210 \times 10^9 \times 8.8 \times 10^{-5}} = 2.89 \times 10^{-3}\ \mathrm{m}$$

(2)结构的自振频率为

$$\omega = \sqrt{\frac{g}{y_{st}}} = \sqrt{\frac{9.8}{2.89 \times 10^{-3}}} = 58.2\ \mathrm{s}^{-1}$$

（3）荷载的频率

$$\theta = \frac{2\pi n}{60} = \frac{2 \times 3.14 \times 500}{60} = 52.3\ \mathrm{s}^{-1}$$

（4）动力系数μ为

$$\mu = \frac{1}{1 - \dfrac{\theta^2}{\omega^2}} = \frac{1}{1 - \dfrac{52.3^2}{58.2^2}} = 5.21$$

（5）梁跨中的最大动弯矩为

$$M_{max} = M_Q + \mu M_{st} = \frac{40 \times 4}{4} + \frac{5.21 \times 10 \times 4}{4} = 92.1\ \mathrm{kN \cdot m}$$

（6）梁中点的最大挠度为

$$y_{max} = y_Q + \mu y_{st} = \frac{Ql^3}{48EI} + \mu \frac{F_P l^3}{48EI}$$

$$= 2.89 \times 10^{-3} + 5.21 \times \frac{10 \times 10^3 \times 4^3}{48 \times 210 \times 10^9 \times 8.8 \times 10^{-5}} = 6.65 \times 10^{-3}\ \mathrm{m}$$

二、一般动力荷载

在一般动力荷载作用下，式(10-12)的特解可利用瞬时冲量作用下的振动来导出。如图10-10(a)所示为一瞬时荷载F_P，在结构上的作用时间为$\Delta t = \mathrm{d}t$，其产生的瞬时冲量为$\mathrm{d}S = F_P \mathrm{d}t$。由于冲量$\mathrm{d}S$的作用，体系将产生初始速度$v_0 = \dfrac{\mathrm{d}S}{m}$，但初位移为零。因此，由式(10-4)可得

$$y(t) = \frac{\mathrm{d}S}{m\omega}\sin\omega t \tag{10-18}$$

式(10-18)即为$t=0$时刻作用瞬时冲量$\mathrm{d}S$所引起的动力反应。如果在$t=\tau$时刻作用瞬时冲量$\mathrm{d}S$，则在以后任意时刻$t(t>\tau)$的位移为

$$y(t) = \frac{\mathrm{d}S}{m\omega}\sin\omega(t-\tau) \tag{j}$$

对于图10-10(b)所示体系在任意动荷载$F_P(t)$作用下的情况，可以认为整个加载过程是由一系列瞬时冲量所组成的。例如，在$t=\tau$时刻作用的动荷载为$F_P(\tau)$，此荷载在$\mathrm{d}\tau$时间段内所产生的瞬时冲量为$\mathrm{d}S = F_P(\tau)\mathrm{d}\tau$。根据式(j)可知，对于$t>\tau$，此瞬时冲量所引起的动力反应为

$$\mathrm{d}y(t) = \frac{F_P(\tau)}{m\omega}\sin\omega(t-\tau)\mathrm{d}\tau \tag{k}$$

然后对加载过程中产生的所有微分反应进行叠加，即对式(k)进行积分，可得出总反应为

$$y(t) = \frac{1}{m\omega}\int_0^t F_P(\tau)\sin\omega(t-\tau)\mathrm{d}\tau \tag{10-19}$$

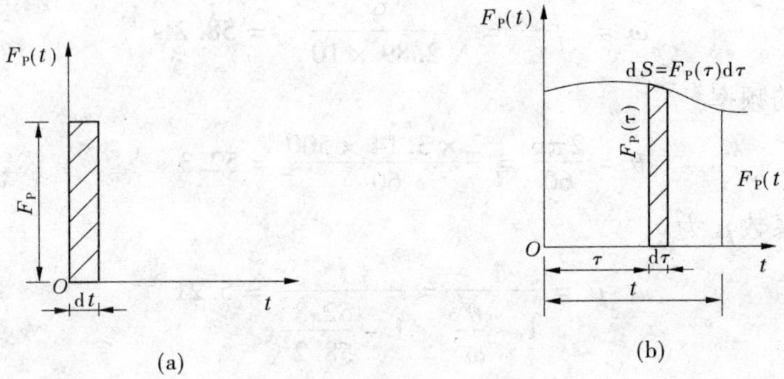

图 10-10

式(10-19)称为杜哈梅(Duhamel)积分。这就是初始处于静止状态的单自由度体系在任意动荷载 $F_P(t)$ 作用下的位移公式。如初始位移 y_0 和初始速度 v_0 不为零,则总位移为

$$y(t) = y_0\cos\omega t + \frac{v_0}{\omega}\sin\omega t + \frac{1}{m\omega}\int_0^t F_P(\tau)\sin\omega(t-\tau)\,d\tau \tag{10-20}$$

下面应用式(10-20)来讨论几种动荷载的动力反应。

(一)突加荷载

突加荷载是指突然施加于结构并继续作用在结构上的荷载。它可以表示为

$$F_P(t) = \begin{cases} 0 & 当\ t < 0 \\ F_P & 当\ t > 0 \end{cases}$$

如果原结构的初始位移和初始速度都等于零,则在突加荷载作用下的受迫振动可按式(10-19)计算。将荷载表达式代入式(10-19)并进行积分,可得当 $t>0$ 时,结构的动力位移为

$$y(t) = \frac{1}{m\omega}\int_0^t F_P\sin\omega(t-\tau)\,d\tau = \frac{F_P}{m\omega^2}(1-\cos\omega t) = y_{st}(1-\cos\omega t) \tag{10-21}$$

式中,$y_{st} = \dfrac{F_P}{m\omega^2} = F_P\delta$,表示在静荷载 F_P 作用下所产生的位移。

由式(10-21)可知,$[y(t)]_{max} = 2y_{st}$,即突加荷载引起的最大动力位移为相应静力位移的 2 倍。

(二)短时荷载

所谓短时荷载,是指只在很短时间内停留于结构上的荷载。也就是说,当 $t=0$ 时,突然有荷载加入,但到 $t=t_0$ 时荷载又突然消失。对于这种情况,可以认为:首先当 $t=0$ 时,有突加荷载加入并一直作用于结构上;到 $t=t_0$ 时,又有一个大小相等但方向相反的突加荷载加入。这样,就可利用上述突加荷载作用下的计算结果,按叠加方法求得此体系的振动方程。设在 $t=0$ 时体系处于静止状态,则:

当 $0<t<t_0$ 时,因其荷载情况与突加荷载相同,故由式(10-21)得

$$y(t) = y_{st}(1-\cos\omega t) \tag{10-22}$$

当 $t>t_0$ 时,由式(10-21)可知

$$y(t) = y_{st}(1-\cos\omega t) - y_{st}[1-\cos\omega(t-t_0)]$$

$$= y_{st}[\cos\omega(t - t_0) - \cos\omega t]$$

$$= 2y_{st}\sin\frac{\omega t_0}{2}\sin\omega\left(t - \frac{t_0}{2}\right) \tag{10-23}$$

下面讨论体系的最大动力反应。分两个阶段讨论如下：

(1)当加载时间 $t_0 > T/2$（T 为结构的自振周期）时，体系的最大动力反应发生在 $0 < t < t_0$ 阶段。由式(10-22)可知，动力系数 $\mu = 2$。

(2)当加载时间 $t_0 < T/2$ 时，体系的最大动力反应发生在 $t > t_0$ 阶段。由式(10-23)可知，动力系数为

$$\mu = 2\sin\frac{\omega t_0}{2} = 2\sin\frac{t_0}{T}\pi$$

综上所述，短时荷载作用下位移动力系数可表示为

$$\mu = \begin{cases} 2 & \left(\dfrac{t_0}{T} > \dfrac{1}{2}\right) \\ 2\sin\dfrac{t_0}{T}\pi & \left(\dfrac{t_0}{T} < \dfrac{1}{2}\right) \end{cases} \tag{10-24}$$

由此可以看出，动力系数与短时荷载停留在结构上的时间长短（即 t_0 的大小）有关。根据式(10-24)可画出 μ 与 t_0/T 间的关系曲线，如图 10-11 所示。这种动力系数 μ 与结构参数(T)和动荷载参数(t)间的关系曲线，称为动力系数反应谱。

(三)线性渐增荷载

在一定时间内($0 \leqslant t \leqslant t_1$)，荷载由 0 增至 F_{P0}，然后荷载值保持不变，如图 10-12 所示。荷载表达式为

$$F_P(t) = \begin{cases} \dfrac{t}{t_1}F_{P0} & (0 \leqslant t \leqslant t_1) \\ F_{P0} & (t \geqslant t_1) \end{cases}$$

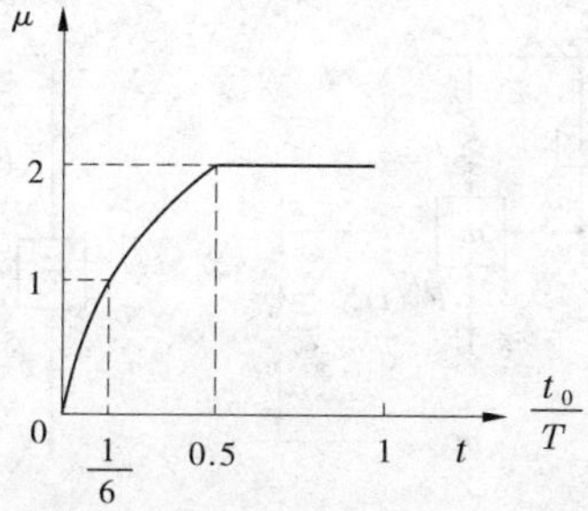

图 10-11

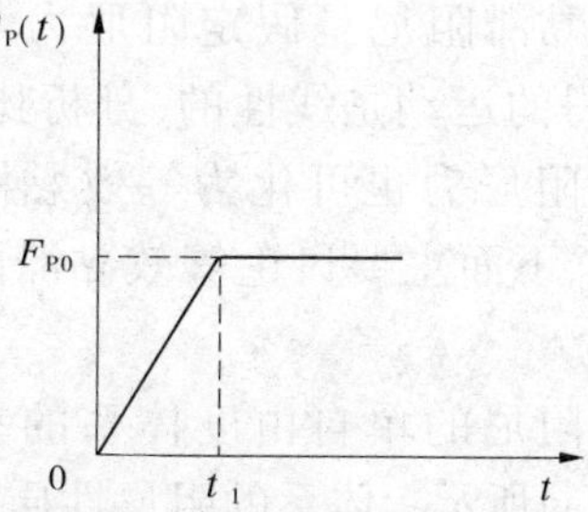

图 10-12

这种荷载引起的反应同样可利用杜哈梅积分公式来求解，结果如下

$$y(t) = \begin{cases} y_{st}\dfrac{1}{t_1}\left(t - \dfrac{\sin\omega t}{\omega}\right) & (0 \leqslant t \leqslant t_1) \\ y_{st}\left\{1 - \dfrac{1}{\omega t_1}[\sin\omega t - \sin\omega(t - t_1)]\right\} & (t \geqslant t_1) \end{cases} \tag{10-25}$$

对于这种线性渐增荷载，其动力反应与升载时间 t_1 的长短有很大关系。图 10-13 所

示曲线表示动力系数 μ 随升载时间比值 t_1/T 而变化的情形,即动力系数的反应谱曲线。由图可知,动力系数 μ 介于 1 与 2 之间,且随时间的增加而减小。在工程设计中,常以图 10-13所示外包虚线作为设计依据。

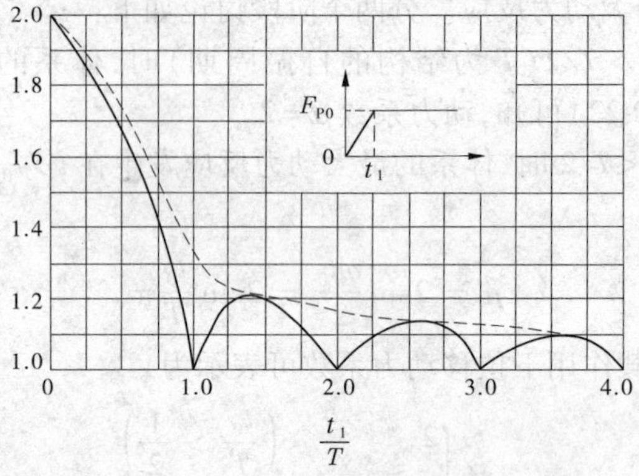

图 10-13

第四节 阻尼对振动的影响

以上各节在研究体系振动时没有考虑阻尼的影响。而实际结构中存在着阻尼,振动中的阻尼有多种来源,如振动过程中结构与支承之间的摩擦、材料之间的摩擦、周围介质的阻力等。阻尼力对质点的运动起阻碍作用,它的方向总是与质点的速度方向相反,它的大小根据不同的阻尼因素有不同的假设。其中,被广泛采用的是等效黏滞阻尼假设理论,其假定阻尼力与质点的速度成正比,即

$$F_{\mathrm{D}}(t) = -c\dot{y}(t) \tag{10-26}$$

式中,c 为黏滞阻尼系数。

由于黏滞阻尼是假定阻尼力与速度成正比,它所得的运动是线性的,分析比较简便,其他类型的阻尼力也可化为等效黏滞阻尼来分析。因此,下面主要讨论等效黏滞阻尼力对振动的影响。

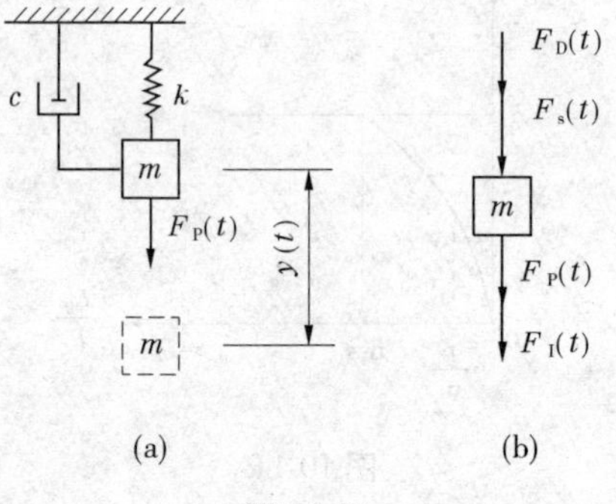

图 10-14

具有阻尼的单自由度体系的振动模型如图 10-14(a)所示。体系的阻尼性质用阻尼减震器表示,阻尼系数为 c。取图 10-14(b)所示的隔离体,作用在质量 m 上的力有:弹性力 $F_{\mathrm{s}}(t) = -ky(t)$、阻尼力 $F_{\mathrm{D}}(t) = -c\dot{y}(t)$、惯性力 $F_{\mathrm{I}}(t) = -m\ddot{y}(t)$和动荷载 $F_{\mathrm{P}}(t)$。所以,可列出动力平衡方程为

$$m\ddot{y}(t) + c\dot{y}(t) + ky(t) = F_{\mathrm{P}}(t) \tag{10-27}$$

下面分别讨论自由振动和强迫振动。

一、有阻尼的自由振动

在式(10-27)中,令 $F_P(t)=0$,即得到考虑黏滞阻尼作用时单自由度体系自由振动的微分方程为

$$m\ddot{y}(t)+c\dot{y}(t)+ky(t)=0 \tag{10-28}$$

令

$$\xi=\frac{c}{2m\omega} \tag{10-29}$$

且 $\omega^2=\frac{k}{m}$,将 ξ 与 ω^2 代入式(10-28),整理得

$$\ddot{y}(t)+2\xi\omega\dot{y}(t)+\omega^2 y(t)=0 \tag{10-30}$$

这是一个常系数齐次线性方程,其特征方程为

$$r^2+2\xi\omega r+\omega^2=0$$

求得特征方程的解为

$$r_{1,2}=\omega(-\xi\pm\sqrt{\xi^2-1}) \tag{10-31}$$

因此,振动方程(10-30)的一般解为

$$y(t)=C_1 e^{r_1 t}+C_2 e^{r_2 t} \tag{10-32}$$

式(10-32)的最终形式取决于式(10-31)中根号内的取值。现分 $\xi<1$、$\xi=1$、$\xi>1$ 三种情况讨论如下。

(一)$\xi<1$(弱阻尼)

此时,r_1 和 r_2 为共轭复数,分别为

$$r_{1,2}=-\omega\xi\pm i\omega\sqrt{1-\xi^2}$$

令

$$\omega_d=\omega\sqrt{1-\xi^2} \tag{10-33}$$

则振动方程的一般解可写成

$$y(t)=e^{-\xi\omega t}(C_1\cos\omega_d t+C_2\sin\omega_d t) \tag{10-34}$$

由初始条件可确定积分常数,即

$$C_1=y_0, C_2=\frac{v_0+\xi\omega y_0}{\omega_d}$$

将 C_1 与 C_2 代入式(10-34),整理得

$$y(t)=e^{-\xi\omega t}\left(y_0\cos\omega_d t+\frac{v_0+\xi\omega y_0}{\omega_d}\sin\omega_d t\right) \tag{10-35}$$

式(10-35)也可写成

$$y(t)=e^{-\xi\omega t}C\sin(\omega_d t+\varphi) \tag{10-36}$$

其中

$$C=\sqrt{y_0^2+\left(\frac{v_0+\xi\omega y_0}{\omega_d}\right)^2}, \varphi=\arctan\frac{\omega_d y_0}{v_0+\xi\omega y_0}$$

通过式(10-36)分析弱阻尼自由振动,可得到如下结论:

(1)对于弱阻尼自由振动,体系的运动时间—位移曲线为幅值按指数规律衰减的正弦曲线,如图 10-15 所示。

(2)阻尼对振幅的影响。从图 10-15 可以看出,体系从任一时刻 t_k 经过一个周期后,其振幅的比值为

$$\frac{A_k}{A_{k+1}} = \frac{e^{-\xi\omega t_k}}{e^{-\xi\omega(t_k+T)}} = e^{\xi\omega T} \tag{10-37}$$

式(10-37)表明,相隔一个周期后两个振幅之比为一个常数。对式(10-37)取对数有

$$\xi\omega T = \ln\frac{A_k}{A_{k+1}} \tag{10-38}$$

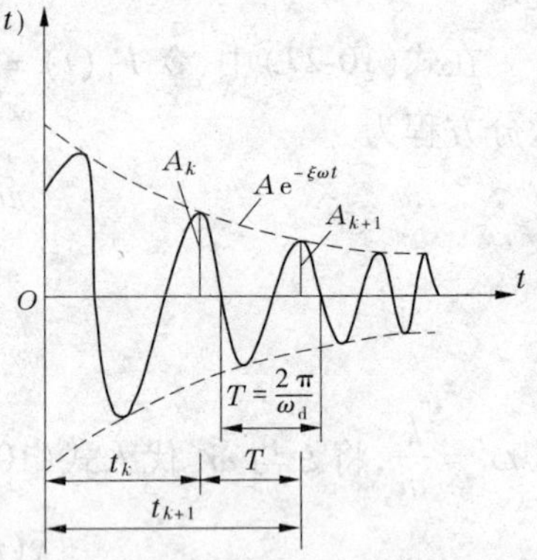

图 10-15

式中,$\ln\frac{A_k}{A_{k+1}}$称为振幅的对数衰减率。

将 $T=\frac{2\pi}{\omega_d}$代入式(10-38),整理得

$$\xi = \frac{1}{2\pi}\frac{\omega_d}{\omega}\ln\frac{A_k}{A_{k+1}} \tag{10-39}$$

ξ 是有阻尼振动过程中一个重要参数,称为阻尼比。工程实际中 ξ 通常为 0.02 ~ 0.2,且 $\omega_d=\omega\sqrt{1-\xi^2}$,所以可认为 $\omega_d\approx\omega$。因此,有

$$\xi \approx \frac{1}{2\pi}\ln\frac{A_k}{A_{k+1}} \tag{10-40}$$

同样,用 A_k 和 A_{k+n}表示两个相隔 n 个周期的振幅,则有

$$\xi = \frac{1}{2\pi n}\frac{\omega_d}{\omega}\ln\frac{A_k}{A_{k+n}} \tag{10-41}$$

当 $\omega_d\approx\omega$ 时,有

$$\xi \approx \frac{1}{2\pi n}\ln\frac{A_k}{A_{k+n}} \tag{10-42}$$

利用式(10-42),根据实际测量的位移等计算结构的阻尼比,再由式(10-29)便可求得结构的黏滞阻尼系数 c,即

$$c = 2m\omega\xi = 2\xi\sqrt{km} \tag{10-43}$$

(3)阻尼对频率的影响。由式(10-33)可知,有阻尼自由振动的频率小于无阻尼自由振动的频率。但由于阻尼比 ξ 通常远小于 1,因此二者差异甚小。实际分析中一般不计阻尼对频率的影响。

(二)$\xi=1$(临界阻尼)

此时,式(10-31)为 $r_{1,2}=-\omega$,方程(10-30)的解为

$$y(t) = e^{-\omega t}(C_1 + C_2 t)$$

再引入初始条件,得

$$y(t) = e^{-\omega t}[y_0(1+\omega t)+v_0 t] \tag{10-44}$$

其 $y \sim t$ 曲线如图 10-16 所示。这条曲线仍具有衰减性,但不具有图 10-15 所示的波动性质。这表明,当 $\xi=1$ 时,体系振动过程中初始能量全部耗散于克服阻尼的影响,没有多余的能量来引起振动,这种情况称为临界阻尼。这时的阻尼系数称为临界阻尼系数,并用 c_r 表示。由式(10-43)得

$$c_r = 2m\omega = 2\sqrt{km} \tag{10-45}$$

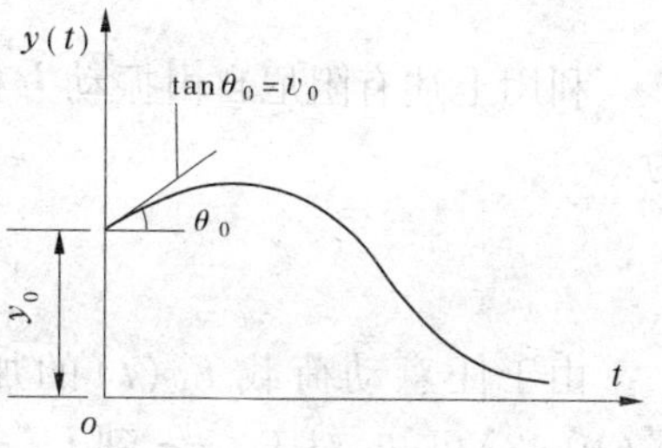

图 10-16

由式(10-43)和式(10-45)可知

$$\xi = \frac{c}{c_r} \tag{10-46}$$

式中,ξ 为阻尼比,即阻尼系数与临界阻尼系数的比值。

(三)$\xi>1$(超阻尼)

此时,式(10-31)中的 r_1 和 r_2 为两个负的实根,方程(10-30)的解为

$$y(t) = e^{-\xi\omega t}[C_1 \mathrm{sh}\omega t\sqrt{\xi^2-1}+C_2\mathrm{ch}\omega t\sqrt{\xi^2-1}] \tag{10-47}$$

其 $y \sim t$ 曲线大体上与图 10-16 相似,它也无振动发生,这种情况为超阻尼或强阻尼。在实际问题中很少遇到这种情况,故不再进一步讨论。

【例 10-4】 图 10-17 所示刚架,设横梁的 $EI_1=\infty$,质量 $m=5\ 000$ kg,柱子的高度为 3 m,抗弯刚度 $EI=4.5\times10^6$ N·m²,不计质量。在横梁处用千斤顶使横梁产生 25 mm 的侧移,然后突然卸荷,使刚架发生水平自由振动,经过 5 个周期后,测得侧移的幅值为 7.12 mm。试计算结构的阻尼比 ξ 和阻尼系数 c。

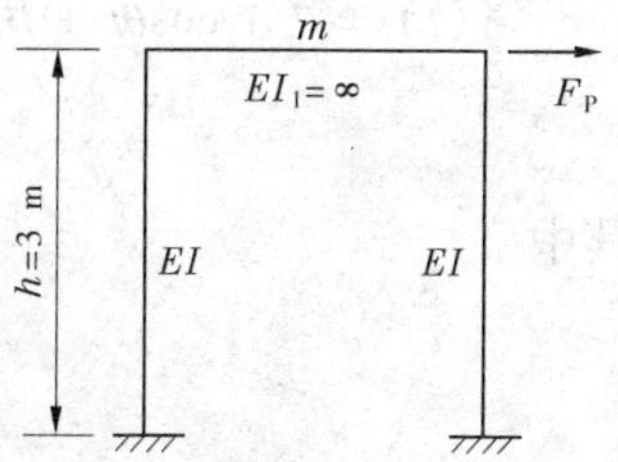

图 10-17

解　(1)求阻尼比 ξ

$$\xi = \frac{1}{2\pi n}\ln\frac{A_k}{A_{k+n}} = \frac{1}{2\pi\times5}\ln\frac{25}{7.12} = 0.04$$

(2)求侧移刚度 k

$$k = 2\times\frac{12EI}{h^3} = 2\times\frac{12\times4.5\times10^6}{3^3} = 4.0\times10^6\ \mathrm{N/m}$$

(3)求阻尼系数

$$c = 2\xi\sqrt{km} = 2\times0.04\times\sqrt{4.0\times10^6\times5\ 000} = 11\ 313.7\ \mathrm{kg/s}$$

大量结构实测结果表明,对于钢筋混凝土和砌体结构,$\xi=0.04\sim0.05$;对于钢结构,$\xi=0.02\sim0.03$;各种坝体的 $\xi=0.03\sim0.2$。

二、有阻尼受迫振动

有阻尼体系(设 $\xi<1$)在一般动荷载 $F_P(t)$ 作用下,其动力位移也可表示为杜哈梅积分。由式(10-35)可知,单独由初始速度 v_0(初始位移为零)所引起的振动为

$$y(t) = e^{-\xi\omega t}\frac{v_0}{\omega_d}\sin\omega_d t$$

利用上述有阻尼自由振动方程，可导出在瞬时冲量 $dS = F_P dt$ 作用下的动力位移公式为

$$y(t) = e^{-\xi\omega t}\frac{F_P}{m\omega_d}\sin\omega_d t dt \tag{10-48}$$

由于任意动荷载 $F_P(t)$ 的加载过程可看做是由无限多个瞬时冲量所组成的，由式(10-48)可知，对于 $t=\tau$ 到 $t=\tau+d\tau$ 时间段上的微分冲量 $dS = F_P(\tau)d\tau$ 来说，它所引起的动力位移为

$$dy = \frac{F_P(\tau)}{m\omega_d}e^{-\xi\omega(t-\tau)}\sin\omega_d(t-\tau)d\tau \quad (t > \tau)$$

积分后即得开始处于静止状态的单自由度体系有阻尼的受迫振动位移公式为

$$y(t) = \int_0^t \frac{F_P(\tau)}{m\omega_d}e^{-\xi\omega(t-\tau)}\sin\omega_d(t-\tau)d\tau \tag{10-49}$$

式(10-49)即为在有阻尼情况下的杜哈梅积分。下面利用该式来计算开始处于静止状态，后来承受简谐荷载的有阻尼受迫振动。

将简谐荷载 $F_P(\tau) = F_P\sin(\theta\tau)$ 代入式(10-49)，积分后可得

$$y(t) = (A_1\cos\theta t + B_1\sin\theta t) - e^{-\xi\omega(t-\tau)}\left[A_1\left(\cos\omega_d t + \frac{\xi\omega}{\omega_d}\sin\omega_d t\right) + B_1\frac{\theta}{\omega_d}\sin\omega_d t\right] \tag{10-50}$$

其中

$$\left.\begin{aligned} A_1 &= \frac{-2\xi\omega\theta}{(\omega^2-\theta^2)^2 + 4\xi^2\omega^2\theta^2}\cdot\frac{F_P}{m} \\ B_1 &= \frac{\omega^2-\theta^2}{(\omega^2-\theta^2)^2 + 4\xi^2\omega^2\theta^2}\cdot\frac{F_P}{m} \end{aligned}\right\} \tag{10-51}$$

式(10-50)表明，振动由两部分组成：一部分振动的频率与动荷载的频率 θ 一致，另一部分的频率则与体系的自振频率 ω_d 一致。由于阻尼的作用，频率为 ω_d 的那一部分振动含有因子 $e^{-\xi\omega t}$，它将很快衰减而消失掉。最后只剩下按荷载频率 θ 的那一部分振动，这部分振动为稳态受迫振动或称纯受迫振动。下面重点讨论平稳阶段的纯受迫振动的一些性质。

由式(10-50)可知，纯受迫振动的方程为

$$y(t) = A_1\cos\theta t + B_1\sin\theta t \tag{10-52}$$

令

$$A_1 = -C\sin\varphi,\ B_1 = C\cos\varphi \tag{10-53}$$

则式(10-52)可表示为

$$y(t) = C\sin(\theta t - \varphi) \tag{10-54}$$

式中，C 为有阻尼的纯受迫振动的振幅；φ 为位移与干扰力之间的相位差。

利用式(10-51)和式(10-53)可确定 C 与 φ，即

$$\left.\begin{aligned} C &= \frac{1}{\sqrt{(\omega^2-\theta^2)^2+4\xi^2\omega^2\theta^2}}\cdot\frac{F_P}{m} \\ \varphi &= \arctan\frac{2\xi\omega\theta}{\omega^2-\theta^2} \end{aligned}\right\} \tag{10-55}$$

由于 $y_{st}=\frac{F_P}{m\omega^2}$、$\beta=\frac{\theta}{\omega}$，则振幅 C 可写成

$$C=\frac{1}{\sqrt{(1-\beta^2)^2+4\xi^2\beta^2}}\times y_{st}=\mu y_{st} \tag{10-56}$$

其中

$$\mu=\frac{1}{\sqrt{(1-\beta^2)^2+4\xi^2\beta^2}} \tag{10-57}$$

式(10-57)表明，动力系数 μ 不仅与频比 β 有关，而且与阻尼比 ξ 有关。图 10-18 表示动力系数 μ 与频比 β 和阻尼比 ξ 之间的关系。从图中可以看出：

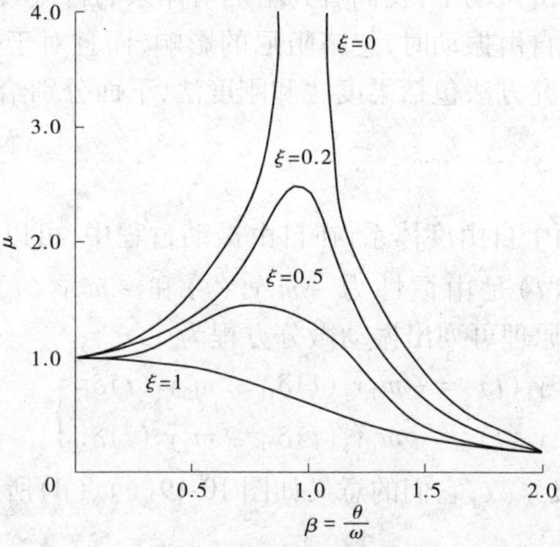

图 10-18

(1)当 $\theta\ll\omega$ 时，$\mu\approx1$。这表明当体系振动很慢时，可近似地将 $F_P\sin\theta t$ 作为静荷载来计算。

(2)当 $\theta\gg\omega$ 时，μ 很小。这表明质量 m 接近于不动或只作微小振动。

(3)当 $\theta\approx\omega$ 时，μ 增加很快，而且这时阻尼比 ξ 对 μ 的数值有极大影响，在 $0.75<\beta<1.25$(习惯称此区域为共振区)的范围内，阻尼力大大地减小了受迫振动的位移。但在此范围以外，阻尼对 μ 的影响较小，可按无阻尼来计算。

(4)μ 的最大值并不发生在 $\beta=1$ 处。利用求极值的方法可知，μ 最大值发生在 $\beta=\sqrt{1-2\xi^2}$ 处。但因 ξ 的值通常都很小，故计算时可近似地将 $\beta=1$ 时的值作为最大值，并称此时的振动为共振，其动力系数可由式(10-58)求得，即

$$\mu=\frac{1}{2\xi} \tag{10-58}$$

(5)由式(10-54)可知，体系内的三个平衡力为：

惯性力 $F_I(t) = -m\ddot{y}(t) = \mu F_P\beta^2\sin(\theta t - \varphi)$

阻尼力 $F_D(t) = -c\dot{y}(t) = -2\xi\mu F_P\beta\cos(\theta t - \varphi)$

恢复力 $F_s(t) = -ky(t) = -\mu F_P\sin(\theta t - \varphi)$

由此可见,当 $\beta\to0$ 时,外荷载主要由恢复力来平衡,这时体系的响应与静力结果相差不大;当 $\beta\to\infty$ 时, $\mu\to0$,体系的动位移很小,外荷载主要由质点的惯性力来平衡;在共振区,当 $\beta\to1$ 时, $\mu\to\dfrac{1}{2\xi},\varphi\to\dfrac{\pi}{2}$,外荷载主要由阻尼力来平衡。

第五节 两个自由度体系的自由振动

前面各节讨论了单自由度体系的振动问题。但在实际工程中,很多结构不易简化为单自由度体系问题,因此研究时有必要采用更符合实际情况的多自由度体系的计算简图。本节主要讨论两个自由度体系的自由振动问题。

在单自由度体系的自由振动中,我们看到阻尼对体系的自振频率的影响很小。因此,在研究两个自由度体系的自由振动时,忽略阻尼的影响,而且对于受弯杆件,略去轴向变形和剪切变形的影响。研究方法包括柔度法和刚度法,下面分别给予讨论。

一、柔度法

图 10-19(a)所示为两个自由度体系,在自由振动过程中,可以认为任一时刻质量 m_1 和 m_2 的位移 $y_1(t)$ 和 $y_2(t)$ 是由惯性力 $-m_1\ddot{y}_1(t)$ 和 $-m_2\ddot{y}_2(t)$ 共同作用产生的(见图 10-19(b))。应用叠加原理可列出振动微分方程为

$$\left.\begin{aligned} y_1(t) &= -m_1\ddot{y}_1(t)\delta_{11} - m_2\ddot{y}_2(t)\delta_{12} \\ y_2(t) &= -m_1\ddot{y}_1(t)\delta_{21} - m_2\ddot{y}_2(t)\delta_{22} \end{aligned}\right\} \tag{10-59}$$

式中,δ_{11}、δ_{12}、δ_{21}、δ_{22} 为柔度系数,它们的意义如图 10-19(c)、(d)所示。

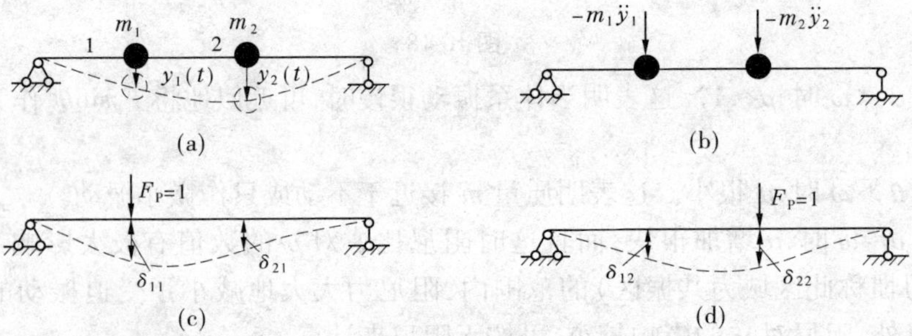

图 10-19

设微分方程的解为

$$\left.\begin{aligned} y_1(t) &= \phi_1\sin(\omega t + \varphi) \\ y_2(t) &= \phi_2\sin(\omega t + \varphi) \end{aligned}\right\}$$

式中,ϕ_1 和 ϕ_2 为两质点的位移幅值;ω 为两质点的自振频率;φ 为两质点的初始相位角。

代入式(10-59),整理得

$$\left.\begin{aligned}\left(\delta_{11}m_1-\frac{1}{\omega^2}\right)\phi_1+\delta_{12}m_2\phi_2=0\\ \delta_{21}m_1\phi_1+\left(\delta_{22}m_2-\frac{1}{\omega^2}\right)\phi_2=0\end{aligned}\right\}\tag{10-60}$$

式(10-60)是关于质点位移振幅 ϕ_1 和 ϕ_2 的齐次线性方程组,称为柔度法的振型方程。

显然,$\phi_1=\phi_2=0$ 是方程式(10-60)的一组解,它表明体系不发生振动。若要体系发生振动,应使方程式(10-60)有非零解,即

$$D=\begin{vmatrix}\delta_{11}m_1-\frac{1}{\omega^2} & \delta_{12}m_2\\ \delta_{21}m_1 & \delta_{22}m_2-\frac{1}{\omega^2}\end{vmatrix}=0\tag{10-61}$$

式(10-61)是关于体系自振频率 ω 的方程,可由它求出体系的自振频率。因此,该方程称为柔度法的频率方程。

令 $\lambda=\frac{1}{\omega^2}$,式(10-61)可展开为

$$\lambda^2-(\delta_{11}m_1+\delta_{22}m_2)\lambda+(\delta_{11}\delta_{22}-\delta_{12}\delta_{21})m_1m_2=0$$

由此可解得 λ 的两个正的实根为

$$\lambda_{1,2}=\frac{(\delta_{11}m_1+\delta_{22}m_2)\pm\sqrt{(\delta_{11}m_1+\delta_{22}m_2)^2-4(\delta_{11}\delta_{22}-\delta_{12}\delta_{21})m_1m_2}}{2}$$

相应的两个频率为

$$\omega_1=\sqrt{\frac{1}{\lambda_1}},\omega_2=\sqrt{\frac{1}{\lambda_2}}\tag{10-62}$$

可见,两个自由度体系有两个自振频率,其中较小的 ω_1 称为第一频率或基本频率,较大的 ω_2 称为第二频率。

自振频率确定以后,可将其代入式(10-60)的任意一个方程,即可求出体系相应的主振型。

如将 $\omega=\omega_1$ 代入式(10-60)中的第一个方程,得

$$\frac{\phi_{11}}{\phi_{21}}=-\frac{\delta_{12}m_2}{\delta_{11}m_1-\frac{1}{\omega_1^2}}\tag{10-63}$$

式中,质点振幅 ϕ 的第一个下标表示质点的序号,第二个下标表示频率的序号。

同样,将 $\omega=\omega_2$ 代入式(10-60)中的第一个方程,得

$$\frac{\phi_{12}}{\phi_{22}}=-\frac{\delta_{12}m_2}{\delta_{11}m_1-\frac{1}{\omega_2^2}}\tag{10-64}$$

式(10-63)和式(10-64)表明,在振动过程中,两个质点的位移比值保持不变,这种相对位移保持不变的振动形式称为主振型。其中,式(10-63)为第一主振型,式(10-64)为第二主振型。

二、刚度法

刚度法是以动力平衡条件来建立振动微分方程的。如图 10-20(a)所示为两个自由度体系的自由振动模型,取两个质点 m_1、m_2 为研究对象,如图 10-20(b)所示。根据达朗伯原理可得平衡方程为

$$\left.\begin{aligned} F_{s1} + F_{I1} &= 0 \\ F_{s2} + F_{I2} &= 0 \end{aligned}\right\} \tag{10-65}$$

式中,F_{s1}、F_{s2}为质点 m_1 和 m_2 上的弹性恢复力,它们的大小与质点的位移 y_1 和 y_2 有关。

F_{s1}、F_{s2}可由叠加原理(见图 10-20(c)、(d))求得,即

$$\left.\begin{aligned} F_{s1} &= -k_{11}y_1 - k_{12}y_2 \\ F_{s2} &= -k_{21}y_1 - k_{22}y_2 \end{aligned}\right\} \tag{a}$$

F_{I1}、F_{I2}为质点 m_1 和 m_2 上的惯性力,其表达式为

$$\left.\begin{aligned} F_{I1} &= -m_1\ddot{y}_1 \\ F_{I2} &= -m_2\ddot{y}_2 \end{aligned}\right\} \tag{b}$$

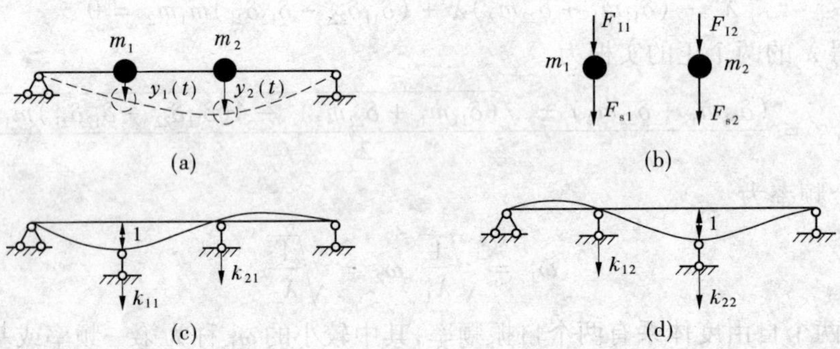

图 10-20

将式(a)、式(b)代入式(10-65),整理得

$$\left.\begin{aligned} m_1\ddot{y}_1 + k_{11}y_1 + k_{12}y_2 &= 0 \\ m_2\ddot{y}_2 + k_{21}y_1 + k_{22}y_2 &= 0 \end{aligned}\right\} \tag{10-66}$$

式中,k_{11}、k_{12}、k_{21}、k_{22}为刚度系数。

式(10-66)即为按刚度法建立的振动微分方程。

设振动方程的解为

$$\left.\begin{aligned} y_1(t) &= \phi_1\sin(\omega t + \varphi) \\ y_2(t) &= \phi_2\sin(\omega t + \varphi) \end{aligned}\right\}$$

将其代入式(10-66),整理得

$$\left.\begin{aligned} (k_{11} - \omega^2 m_1)\phi_1 + k_{12}\phi_2 &= 0 \\ k_{21}\phi_1 + (k_{22} - \omega^2 m_2)\phi_2 &= 0 \end{aligned}\right\} \tag{10-67}$$

式(10-67)是以质点位移振幅 ϕ_1 和 ϕ_2 为未知量的齐次线性方程组,称为刚度法的振型方程。方程组(10-67)有非零解,即要求

$$D = \begin{vmatrix} k_{11} - m_1\omega^2 & k_{12} \\ k_{21} & k_{22} - m_2\omega^2 \end{vmatrix} = 0 \tag{10-68}$$

式(10-68)即为刚度法的频率方程,由它可求出体系的振动频率。

将式(10-68)展开并整理得

$$(\omega^2)^2 - \left(\frac{k_{11}}{m_1} + \frac{k_{22}}{m_2}\right)\omega^2 + \frac{k_{11}k_{22} - k_{12}k_{21}}{m_1m_2} = 0$$

由此可解得 ω^2 的两个正的实根为

$$\omega^2 = \frac{1}{2}\left(\frac{k_{11}}{m_1} + \frac{k_{22}}{m_2}\right) \pm \sqrt{\left[\frac{1}{2}\left(\frac{k_{11}}{m_1} + \frac{k_{22}}{m_2}\right)\right]^2 - \frac{k_{11}k_{22} - k_{12}k_{21}}{m_1m_2}} \tag{10-69}$$

进而求出体系的两个自振频率 ω_1 和 ω_2。然后将求得的频率代入式(10-67),即可求得两个相应的主振型。

第一主振型为

$$\frac{\phi_{11}}{\phi_{21}} = -\frac{k_{12}}{k_{11} - \omega_1^2 m_1} \tag{10-70}$$

第二主振型为

$$\frac{\phi_{12}}{\phi_{22}} = -\frac{k_{12}}{k_{11} - \omega_2^2 m_1} \tag{10-71}$$

三、主振型的正交性

主振型即是体系按某一频率所作的简谐振动。根据前面所述简谐自由振动的特性可知,位移和惯性力将同时达到幅值。于是第一主振型就可视为由惯性力幅值 $\omega_1^2 m_1 \phi_{11}$ 和 $\omega_1^2 m_2 \phi_{21}$ 所产生的静位移,第二主振型就可视为由惯性力幅值 $\omega_2^2 m_1 \phi_{12}$ 和 $\omega_2^2 m_2 \phi_{22}$ 所产生的静位移,如图 10-21 所示。

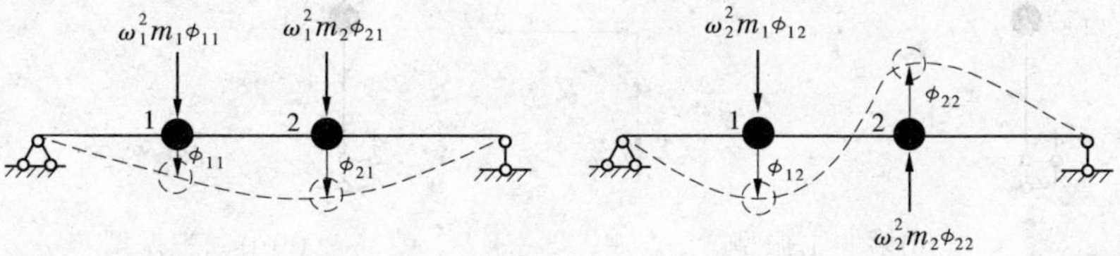

(a)第一主振型　　(b)第二主振型

图 10-21

对上述两种静力平衡状态应用功的互等定理,可得

$$(\omega_1^2 m_1\phi_{11})\phi_{12} + (\omega_1^2 m_2\phi_{21})\phi_{22} = (\omega_2^2 m_1\phi_{12})\phi_{11} + (\omega_2^2 m_2\phi_{22})\phi_{21}$$

移项后,可得

$$(\omega_1^2 - \omega_2^2)(m_1\phi_{11}\phi_{12} + m_2\phi_{21}\phi_{22}) = 0$$

如果 $\omega_1 \neq \omega_2$,则有

$$m_1\phi_{11}\phi_{12} + m_2\phi_{21}\phi_{22} = 0 \tag{10-72}$$

式(10-72)就是两个主振型之间存在的第一个正交关系。

四、振动微分方程的一般解

由上面的讨论可知,两个自由度体系如果按某个主振型自由振动,由于它的振动形式保持不变,因此实际上是像一个单自由度体系那样在振动。两个自由度体系能够按某个主振型振动的条件是:初始条件应当与此主振型相对应。主振型实际上是两个自由度体系能够按单自由度振动时所具有的特定形式。

在一般情况下,两个自由度体系的自由振动可看做是两种频率及其主振型的组合振动,即

$$\left.\begin{aligned} y_1(t) &= A_1\phi_{11}\sin(\omega_1 t+\varphi_1)+A_2\phi_{12}\sin(\omega_2 t+\varphi_2) \\ y_2(t) &= A_1\phi_{21}\sin(\omega_1 t+\varphi_1)+A_2\phi_{22}\sin(\omega_2 t+\varphi_2) \end{aligned}\right\}$$

这就是微分方程式(10-59)或式(10-66)的全解。其中的待定系数 A_1、φ_1 和 A_2、φ_2 可由初始条件来确定。

【例 10-5】　图 10-22(a)所示对称刚架,质量分布也是对称的,求其频率和振型。

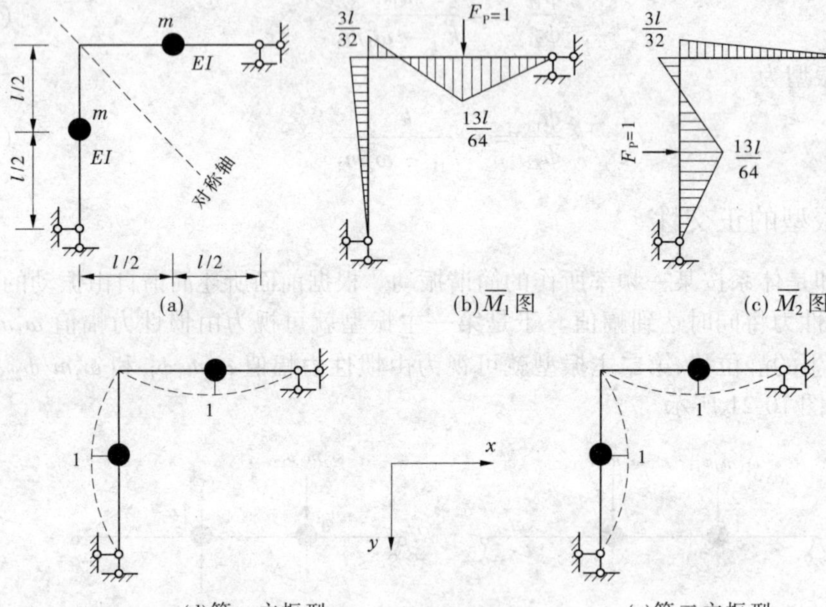

图 10-22

解　由自由度分析可知,结构是两个自由度体系,按柔度法求解。

(1)频率方程为

$$D=\begin{vmatrix} \delta_{11}m_1-\dfrac{1}{\omega^2} & \delta_{12}m_2 \\ \delta_{21}m_1 & \delta_{22}m_2-\dfrac{1}{\omega^2} \end{vmatrix}=0$$

(2)求柔度系数

作 $\overline{M}_1$ 图和 $\overline{M}_2$ 图如图 10-22(b)、(c)所示,由图乘法可得

$$\delta_{11}=\delta_{22}=\frac{23l^3}{1\,536EI},\ \delta_{12}=\delta_{21}=-\frac{9l^3}{1\,536EI}$$

(3)求自振频率

将求得的δ_{11}、δ_{12}、δ_{21}、δ_{22}代入频率方程,并注意有$m_1=m_2=m$,可求得

$$\lambda_1=(\delta_{11}-\delta_{12})m=\frac{32ml^3}{1\,536EI},\ \lambda_2=(\delta_{11}+\delta_{12})m=\frac{14ml^3}{1\,536EI}$$

从而求得两个自振圆频率为

$$\omega_1=\frac{1}{\sqrt{\lambda_1}}=\sqrt{\frac{1\,536EI}{32\ ml^3}}=6.928\sqrt{\frac{EI}{ml^3}}$$

$$\omega_2=\frac{1}{\sqrt{\lambda_2}}=\sqrt{\frac{1\,536EI}{14\ ml^3}}=10.474\sqrt{\frac{EI}{ml^3}}$$

(4)求主振型

将求得的自振频率ω_1和ω_2代入式(10-63)和式(10-64),可得

第一主振型为

$$\frac{\phi_{11}}{\phi_{21}}=-\frac{\delta_{12}m_2}{\delta_{11}m_1-\frac{1}{\omega_1^2}}=\frac{1}{-1}$$

第二主振型为

$$\frac{\phi_{12}}{\phi_{22}}=-\frac{\delta_{12}m_2}{\delta_{11}m_1-\frac{1}{\omega_2^2}}=\frac{1}{1}$$

第一主振型如图10-22(d)所示,是反对称的。第二主振型如图10-22(e)所示,为正对称的。由此可得到这样的结论:如果结构和质量均对称,则其中一个主振型必然是对称的,而另一个主振型则必然是反对称的。

【例10-6】 图10-23(a)所示两层刚架,已知横梁是刚性的,各立柱的抗弯刚度为EI,立柱的质量忽略不计,横梁的质量$m_1=m_2=m$,每层的高度为H,试求其自振频率和振型。

解 由自由度分析可知,结构是两个自由度体系,按刚度法求解。

(1)频率方程为

$$D=\begin{vmatrix}k_{11}-m_1\omega^2 & k_{12}\\ k_{21} & k_{22}-m_2\omega^2\end{vmatrix}=0$$

(2)求刚度系数

静力分析如图10-23(b)、(c)所示,由此可求得

$$k_{11}=2\times\frac{12EI}{H^3}=\frac{24EI}{H^3}$$

$$k_{12}=k_{21}=-2\times\frac{12EI}{H^3}=-\frac{24EI}{H^3}$$

$$k_{22}=2\times\frac{3EI}{H^3}+2\times\frac{12EI}{H^3}=\frac{30EI}{H^3}$$

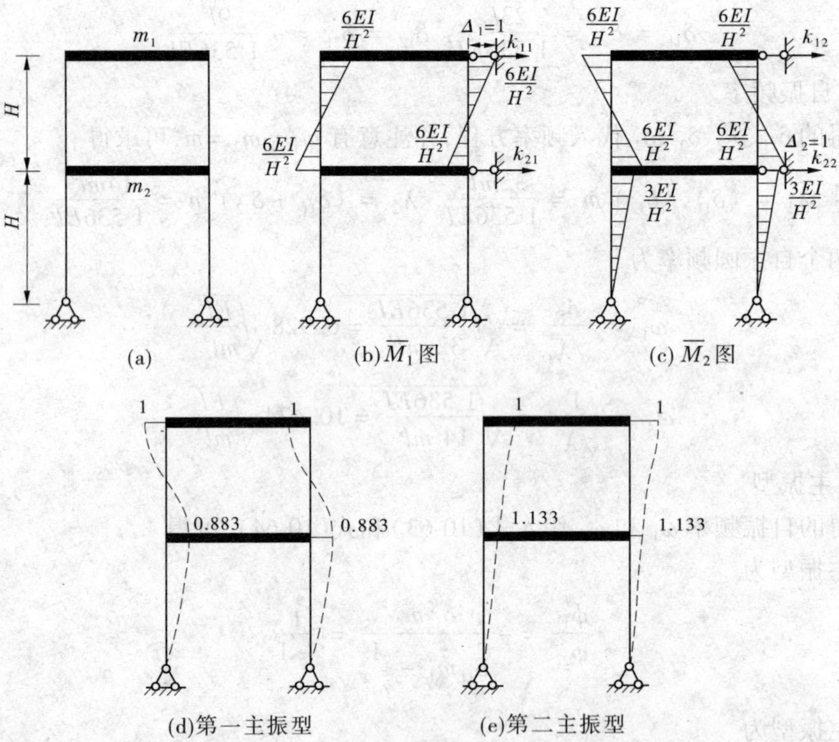

图 10-23

(3)求自振频率

将刚度系数 k_{11}、k_{12}、k_{21}、k_{22}和质量 m_1、m_2 代入频率方程,可求得

$$\omega_1^2 = \frac{27EI}{mH^3} - \frac{\sqrt{585}EI}{mH^3} = 2.813\frac{EI}{mH^3}$$

$$\omega_2^2 = \frac{27EI}{mH^3} + \frac{\sqrt{585}EI}{mH^3} = 51.187\frac{EI}{mH^3}$$

即

$$\omega_1 = 1.677\sqrt{\frac{EI}{mH^3}},\ \omega_2 = 7.155\sqrt{\frac{EI}{mH^3}}$$

(4)求主振型

将求得的自振频率 ω_1 和 ω_2 代入式(10-70)和式(10-71),可得:

第一主振型为

$$\frac{\phi_{11}}{\phi_{21}} = -\frac{k_{12}}{k_{11} - \omega_1^2 m_1} = \frac{1}{-0.883}$$

第二主振型为

$$\frac{\phi_{12}}{\phi_{22}} = -\frac{k_{12}}{k_{11} - \omega_2^2 m_1} = \frac{1}{1.133}$$

两个振型图分别如图 10-23(d)、(e)所示。从图中可以看到,按第一频率振动时,两质点始终保持反向的位移;按第二频率振动时,两质点位移是同向位移。

第六节　两个自由度体系的强迫振动

本节讨论两个自由度体系在简谐荷载作用下不考虑阻尼影响的强迫振动。

一、简谐荷载的强迫振动

如图 10-24(a)所示为两个自由度体系在简谐荷载作用下的强迫振动,其计算简图如图 10-24(b)所示。由刚度法可写出振动微分方程为

$$\left.\begin{aligned} m_1\ddot{y}_1 + k_{11}y_1 + k_{12}y_2 &= F_{P1}\sin\theta t \\ m_2\ddot{y}_2 + k_{21}y_1 + k_{22}y_2 &= F_{P2}\sin\theta t \end{aligned}\right\} \tag{10-73}$$

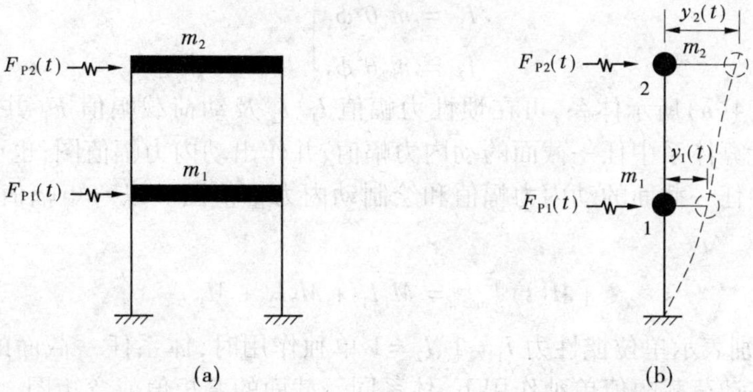

图 10-24

在平稳振动阶段,各质点也作简谐振动。因此,有如下稳态解

$$\left.\begin{aligned} y_1(t) &= \phi_1\sin\theta t \\ y_2(t) &= \phi_2\sin\theta t \end{aligned}\right\} \tag{a}$$

式中,ϕ_1、ϕ_2 为位移幅值。

将其代入式(10-73),整理得

$$\left.\begin{aligned} (k_{11} - \theta^2 m_1)\phi_1 + k_{12}\phi_2 &= F_{P1} \\ k_{21}\phi_1 + (k_{22} - \theta^2 m_2)\phi_2 &= F_{P2} \end{aligned}\right\} \tag{10-74}$$

解方程,得

$$\phi_1 = \frac{D_1}{D}, \phi_2 = \frac{D_2}{D} \tag{10-75}$$

其中

$$D = \begin{vmatrix} k_{11} - \theta^2 m_1 & k_{12} \\ k_{21} & k_{22} - \theta^2 m_2 \end{vmatrix} \tag{b}$$

$$D_1 = \begin{vmatrix} F_{P1} & k_{12} \\ F_{P2} & k_{22} - \theta^2 m_2 \end{vmatrix} \tag{c}$$

$$D_2 = \begin{vmatrix} k_{11} - \theta^2 m_1 & F_{P1} \\ k_{21} & F_{P2} \end{vmatrix} \tag{d}$$

将式(10-75)代入式(a),即得到体系纯受迫振动的响应。

求得各质点的位移公式后,即可求出惯性力为

$$\left.\begin{aligned} -m_1\ddot{y}_1 &= m_1\theta^2\phi_1\sin\theta t \\ -m_2\ddot{y}_2 &= m_2\theta^2\phi_2\sin\theta t \end{aligned}\right\} \tag{e}$$

由于位移、动荷载及惯性力同时达到幅值,动内力也在同一时间达到幅值,因此动内力幅值的计算可以在各质点的惯性力幅值与动荷载幅值共同作用下按静力分析方法计算。

设惯性力幅值以 I_1、I_2 表示,则有

$$\left.\begin{aligned} I_1 &= m_1\theta^2\phi_1 \\ I_2 &= m_2\theta^2\phi_2 \end{aligned}\right\} \tag{f}$$

对于图 10-24(a)所示体系,可在惯性力幅值 I_1、I_2 及动荷载幅值 F_P 共同作用下,由静力平衡条件计算体系中任一截面的动内力幅值,并作出动内力幅值图;也可以利用叠加原理计算体系中任一截面的动内力幅值和绘制动内力幅值图。以弯矩幅值为例,叠加公式为

$$[M(t)]_{\max} = \overline{M}_1 I_1 + \overline{M}_2 I_2 + M_P \tag{10-76}$$

式中,$\overline{M}_1$、$\overline{M}_2$ 分别表示单位惯性力 $I_1 = 1$、$I_2 = 1$ 单独作用时,体系任一截面的弯矩值或弯矩图;M_P 表示在动荷载幅值单独作用下,体系同一截面的弯矩值或弯矩图。

对于其他内力,如剪力、轴力等,也可按同样的方法计算。

想一想:如何应用柔度法计算图 10-24(a)所示两个自由度体系在简谐荷载作用下的强迫振动?

二、共振分析

如果行列式 D 为零,即 θ 满足条件

$$D = \begin{vmatrix} k_{11} - \theta^2 m_1 & k_{12} \\ k_{21} & k_{22} - \theta^2 m_2 \end{vmatrix} = 0 \tag{10-77}$$

则位移幅值 ϕ 将为无穷大,即出现共振现象。

将式(10-77)和频率方程式(10-68)比较可知,如果 $\theta = \omega_i\ (i = 1,2)$,则将出现共振现象。因此,在 n 个自由度体系的振动中,当动荷载的频率等于体系的任一自振频率时,都会出现共振现象,即体系存在 n 个共振点。

三、吸震原理

在图 10-24(a)中,如果体系只受一个简谐荷载 $F_{P1}\sin\theta t$ 的作用,则式(10-75)可简化为

$$\phi_1 = \frac{k_{22} - \theta^2 m_2}{D}F_{P1},\quad \phi_2 = \frac{k_{21}}{D}F_{P1}$$

如果改变体系的刚度系数 k_{22} 和 m_2，令

$$\frac{k_{22}}{m_2} = \theta^2 \tag{10-78}$$

则

$$\phi_1 = 0,\ \phi_2 = \frac{F_{P1}}{k_{12}}$$

上式表明，为减少两个自由度体系主体结构的振动，可适当地附加质量和弹簧系统。只要合理地设计质量和弹簧，使 k_{22} 和 m_2 的比值等于或接近于动荷载的频率 θ^2，就可以消除主体结构质点 m_1 的振动，这就是吸震器的原理。

【例 10-7】　试求图 10-25(a)所示体系的最大动位移，并作最大动弯矩图。已知 EI 为常数，$m_1 = m_2 = m, \theta = 3\sqrt{\frac{EI}{ml^3}}$。

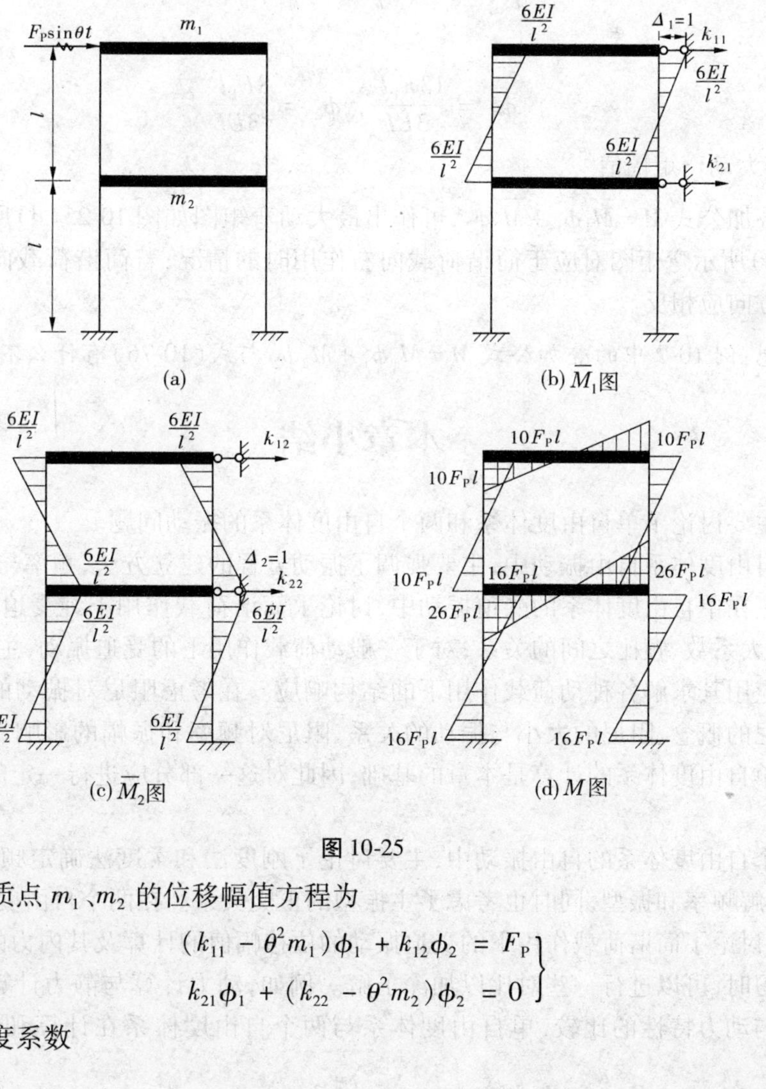

图 10-25

解　(1)质点 m_1、m_2 的位移幅值方程为

$$\left.\begin{aligned}(k_{11} - \theta^2 m_1)\phi_1 + k_{12}\phi_2 &= F_P \\ k_{21}\phi_1 + (k_{22} - \theta^2 m_2)\phi_2 &= 0\end{aligned}\right\}$$

(2)求刚度系数

作$\overline{M}_1$ 和 $\overline{M}_2$ 图如图 10-25(b)、(c)所示,则

$$k_{11} = 2 \times \frac{12EI}{l^3} = \frac{24EI}{l^3}$$

$$k_{12} = k_{21} = -2 \times \frac{12EI}{l^3} = -\frac{24EI}{l^3}$$

$$k_{22} = 4 \times \frac{12EI}{l^3} = \frac{48EI}{l^3}$$

(3)求位移幅值

将求得的刚度系数代入位移幅值方程,得

$$\left.\begin{aligned}\left(\frac{24EI}{l^3} - \frac{9EI}{l^3}\right)\phi_1 - \frac{24EI}{l^3}\phi_2 = F_P \\ -\frac{24EI}{l^3}\phi_1 + \left(\frac{48EI}{l^3} - \frac{9EI}{l^3}\right)\phi_2 = 0\end{aligned}\right\}$$

由此解得

$$\phi_1 = \frac{13F_P l^3}{3EI},\ \phi_2 = \frac{8F_P l^3}{3EI}$$

(4)最大动弯矩幅值

根据叠加公式 $M = \overline{M}_1\phi_1 + \overline{M}_2\phi_2$,可作出最大动弯矩图如图 10-25(d)所示。应注意,图 10-25(d)所示弯矩图对应于简谐荷载向右作用时的情况;若简谐荷载向左作用,弯矩图的受力方向应相反。

想一想:例 10-7 中的叠加公式 $M = \overline{M}_1\phi_1 + \overline{M}_2\phi_2$ 与式(10-76)有什么不同?

本章小结

本章主要讨论了单自由度体系和两个自由度体系的振动问题。

在单自由度体系自由振动中,主要强调了振动方程的建立方法、频率与周期的计算方法等内容。在单自由度体系的受迫振动中,讨论了简谐荷载作用下纯受迫振动的位移幅值、动力放大系数、频比之间的关系;对于一般动荷载作用下的受迫振动,主要讨论了杜哈梅积分及应用其求解各种动荷载作用下的结构响应。在考虑阻尼对振动的影响中,主要介绍了阻尼的概念、阻尼的大小与振动的关系、阻尼对频率和振幅的影响、阻尼比的确定等问题。单自由度体系的计算是本章的基础,因此对这一部分应进行一定的练习,以求切实掌握。

在两个自由度体系的自由振动中,主要讨论了刚度法和柔度法确定频率方程和振型方程,并求解频率和振型,同时也考虑了主振型的正交关系。在两个自由度体系的受迫振动中,主要讨论了简谐荷载作用下的受迫振动的位移幅值的计算及其内力的求解。

在学习时,可以进行一些对比以加深了解。例如,动力计算与静力计算的比较,结构静力特性与动力特性的比较,单自由度体系与两个自由度体系在计算和性能方面的异同等。

思考题

10-1　动荷载与静荷载有什么区别？动力计算与静力计算有什么区别？

10-2　什么是结构的动力自由度？如何确定动力自由度？它与静力几何组成分析的自由度有什么区别？

10-3　为什么说结构的自振频率和周期是结构的固有性质？怎样去改变它们？

10-4　什么叫动力系数？简谐荷载作用下的动力系数与哪些因素有关？在什么情况下位移动力系数与内力动力系数是一样的？

10-5　什么叫临界阻尼和临界阻尼比？阻尼对结构自振频率是否有影响？

10-6　杜哈梅积分中时间变量 τ 与 t 有什么区别？

10-7　什么叫主振型？何谓主振型的正交性？

10-8　刚度法和柔度法求解自振频率时各有何优缺点？在什么情况下用柔度法较好？在什么情况下用刚度法较好？

习　题

10-1　试确定图 10-26 所示结构的动力自由度。杆件质量除注明外略去不计，略去质点的转动惯量，且忽略轴向变形。

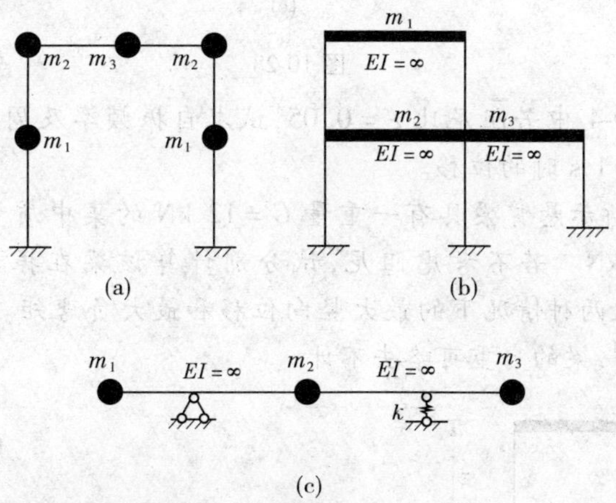

图 10-26

10-2　试列出图 10-27 所示体系的振动方程。

10-3　试求图 10-28 所示梁的自振周期和频率。结构自重和阻尼忽略不计。

10-4　试求图 10-29 所示刚架水平振动时的自振频率和周期。横梁的刚度可视为无穷大，重量为 $mg = 20$ kN（柱子的部分重量已集中到横梁处，不需另加考虑），柱的 $EI = 5\times10^4$ kN · m^2，$g = 9.81$ m/s^2。

10-5　有一无阻尼单自由度体系，其质量 $m = 2\ 000$ kg，刚度 $k = 200$ kN/m。已知 $t = 0$ 时的位移为 0.01 m，$t = 1$ s 时的位移为 0.01 m。试求振幅和 $t = 2$ s 时的位移。

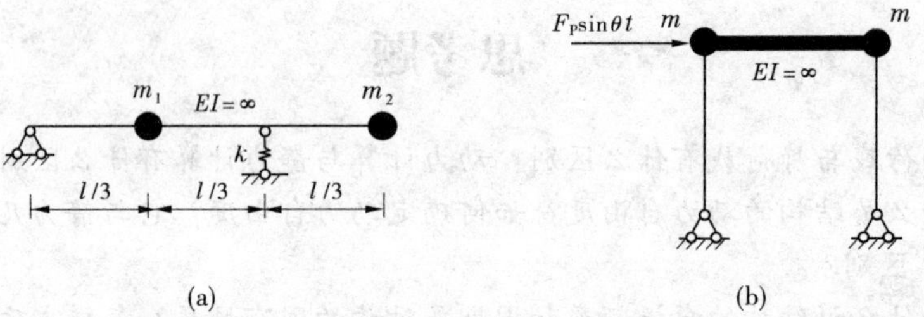

图 10-27

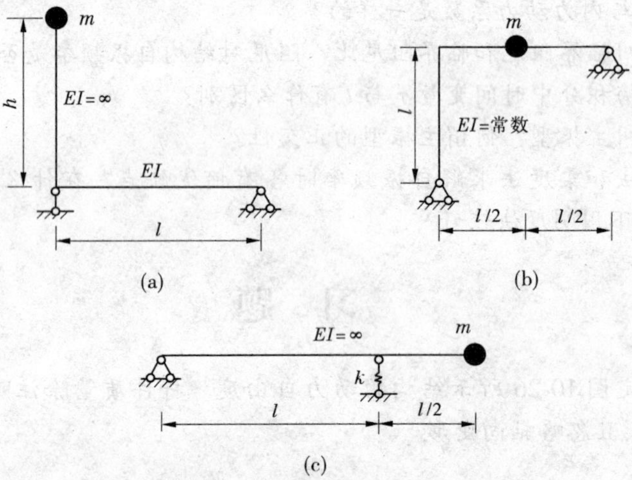

图 10-28

10-6　在习题 10-4 中若阻尼比 $\xi=0.05$，试求自振频率及周期。又若 $y_0=10$ mm，$\dot{y}_0=0.1$ m/s，试求 $t=1$ s 时的位移。

10-7　图 10-30 所示悬臂梁具有一重量 $G=12$ kN 的集中质量，其上受有振动荷载 $F_P\sin\theta t$，其中 $F_P=5$ kN。若不考虑阻尼，试分别计算该梁在振动荷载为每分钟振动 (1)300 次、(2)600 次两种情况下的最大竖向位移和最大负弯矩。已知 $l=2$ m，$E=210$ GPa，$I=3.4\times10^{-5}$ m^4，梁的自重可略去不计。

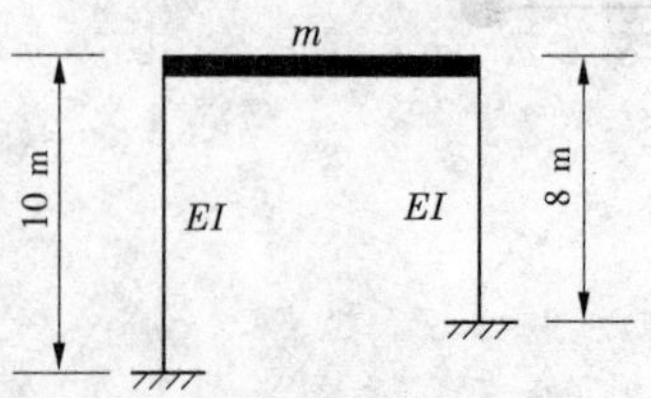

图 10-29

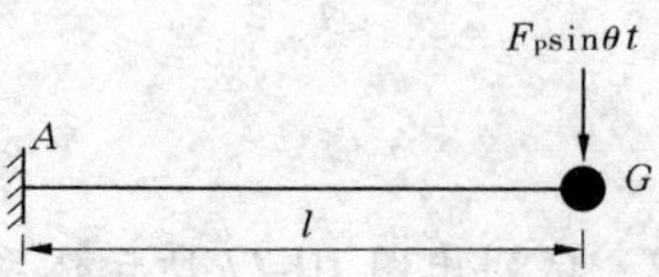

图 10-30

10-8　测得某结构自由振动经过 10 个周期后振幅由原来的 1.2 mm 减小到 0.06 mm，试求该结构在阻尼和简谐荷载作用下共振时的动力系数。

10-9　爆炸荷载可近似表示为

$$F_P(t)=\begin{cases}F_P(1-\dfrac{t}{t_1}) & (t\leqslant t_1)\\ 0 & (t\geqslant t_1)\end{cases}$$

如果不考虑阻尼作用，且结构在初始时刻处于静止状态，试求单自由度结构在该荷载作用下的动力位移公式。

10-10　试求图 10-31 所示结构的自振频率和主振型。梁的自重可略去不计，EI＝常数。

10-11　试求图 10-32 所示梁的自振频率和主振型。梁的自重可略去不计，EI＝常数。

10-12　试求图 10-33 所示梁的自振频率和主振型。梁的自重可略去不计，EI＝常数。

10-13　试求图 10-34 所示刚架的自振频率和主振型。

10-14　试求图 10-35 所示刚架的自振频率和主振型。

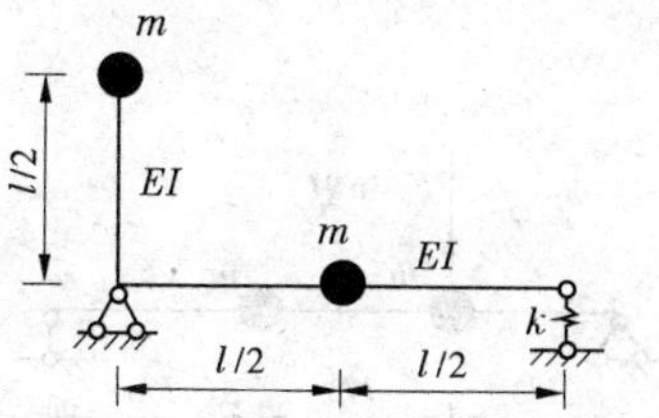

图 10-31

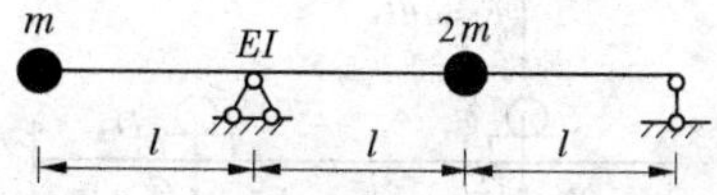

图 10-32

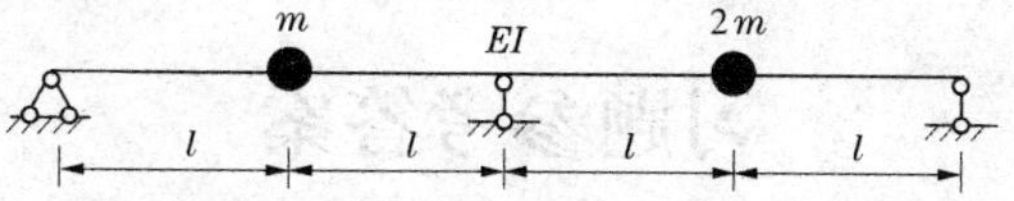

图 10-33

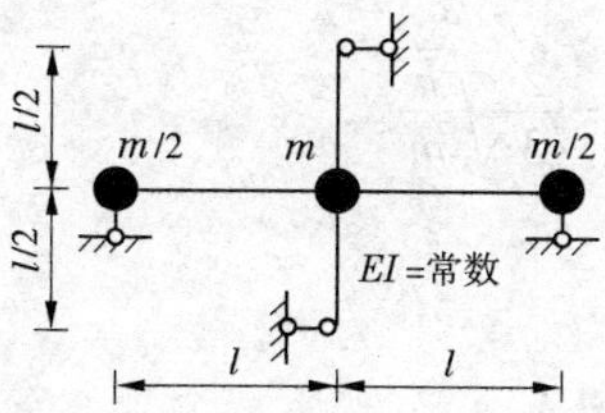

图 10-34

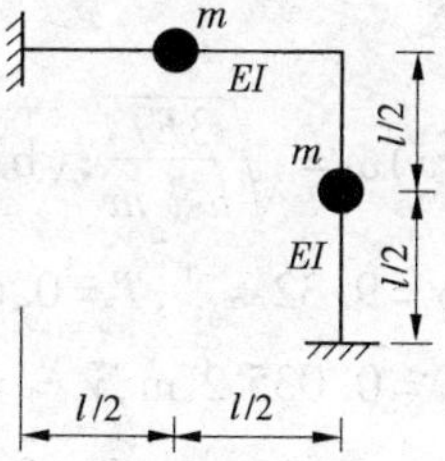

图 10-35

10-15　试求图 10-36 所示刚架的自振频率和主振型。

10-16　图 10-37 所示两层刚架，设楼面质量分别为 $m_1=120$ t、$m_2=100$ t，柱子质量已集中于楼面；柱子的线刚度分别为 $i_1=20$ MN · m、$i_2=14$ MN · m，横梁 $EI=\infty$，在二层楼面处沿水平方向作用一简谐荷载 $F_P\sin\theta t$，其幅值 $F_P=5$ kN，$\theta=15.7\ s^{-1}$ 试求第一、二层楼面处的位移幅值和柱端弯矩的幅值。

10-17　图 10-38 所示悬臂梁上装有两个发电机，重量均为 $G=30$ kN，振动力最大值为 $F_P=5$ kN。试求当发电机 D 不开动，发电机 C 在每分钟转动次数为(1)300 次、(2)500 次时梁的动力弯矩图。已知梁的 $E=210$ GPa，$I=2.4\times10^{-4}\ m^4$，梁重可略去。

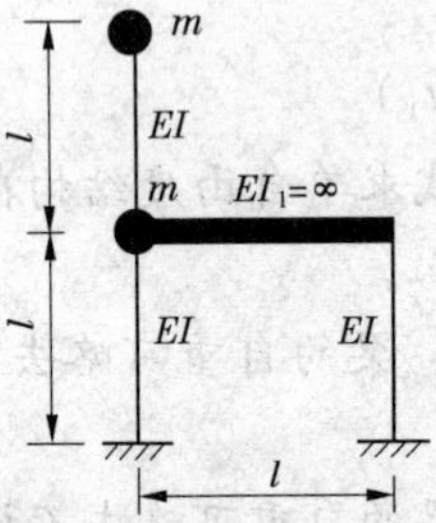

图 10-36

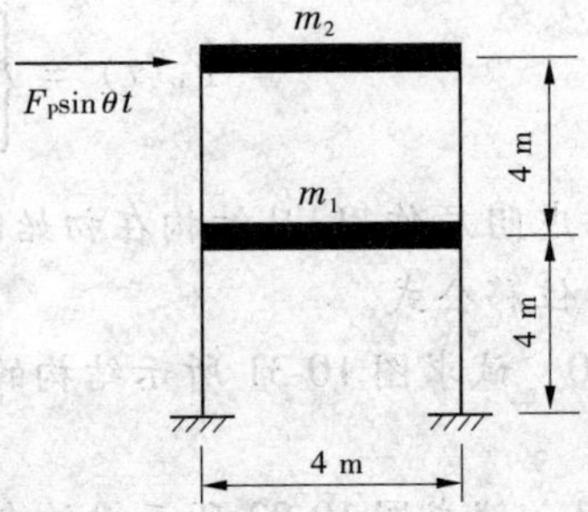

图 10-37

10-18　试求图 10-39 所示体系的最大动位移和动内力图。已知 $\theta=0.6,\omega_1=3.4152\times\sqrt{\dfrac{EI}{ml^3}}$，$m_1=m_2=m$，$EI=$常数。

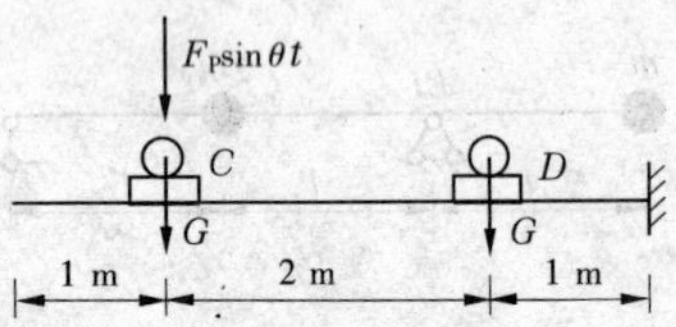

图 10-38

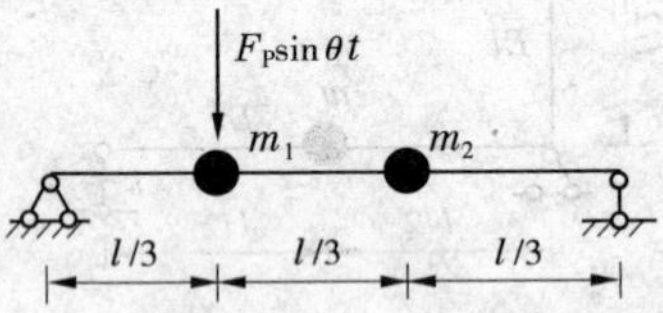

图 10-39

习题参考答案

10-1　(a)4；(b)2；(c)1

10-2　略

10-3　(a)$\omega=\sqrt{\dfrac{3EI}{h^2 l\, m}}$；(b)$\omega=8.172\sqrt{\dfrac{EI}{ml^3}}$；(c)$\omega=\dfrac{2}{3}\sqrt{\dfrac{k}{m}}$

10-4　$\omega=9.32\ \text{s}^{-1}, T=0.674\ \text{s}$

10-5　$C=0.0352\ \text{m}, y_{t=2}=-0.0268\ \text{m}$

10-6　$\omega_d=9.30\ \text{s}^{-1}, T=0.676\ \text{s}, y_{t=1}=-5.34\ \text{mm}$

10-7　(1)$\Delta_{max}=7.88\ \text{mm}(\downarrow), M_A=-42.2\ \text{kN}\cdot\text{m}$

(2)$\Delta_{max}=6.18\ \text{mm}(\downarrow), M_A=-36.4\ \text{kN}\cdot\text{m}$

10-8　$\xi=0.0477, \mu=10.5$

10-9　当 $t\leqslant t_1$ 时，$y=y_{st}\left(1-\cos\omega t+\dfrac{\sin\omega t}{\omega t_1}-\dfrac{t}{t_1}\right)$；

当 $t\geqslant t_1$ 时，$y=y_{st}\left[-\cos\omega t+\dfrac{\sin\omega t-\sin\omega(t-t_1)}{\omega t_1}\right]$

10-10　$\omega_1=1.883\sqrt{\dfrac{EI}{ml^3}}, \omega_2=5.737\sqrt{\dfrac{EI}{ml^3}}; \dfrac{\phi_{11}}{\phi_{21}}=\dfrac{1}{0.644}, \dfrac{\phi_{12}}{\phi_{22}}=\dfrac{1}{-1.553}$

10-11　$\omega_1 = 0.931\sqrt{\frac{EI}{ml^3}}, \omega_2 = 2.352\sqrt{\frac{EI}{ml^3}}; \frac{\phi_{11}}{\phi_{21}} = \frac{1}{-0.305}, \frac{\phi_{12}}{\phi_{22}} = \frac{1}{1.638}$

10-12　$\omega_1 = 1.928\sqrt{\frac{EI}{ml^3}}, \omega_2 = 3.327\sqrt{\frac{EI}{ml^3}}; \frac{\phi_{11}}{\phi_{21}} = \frac{1}{-1.592}, \frac{\phi_{12}}{\phi_{22}} = \frac{1}{0.314}$

10-13　$\omega_1 = 6.928\sqrt{\frac{EI}{ml^3}}, \omega_2 = 10.404\sqrt{\frac{EI}{ml^3}}; \frac{\phi_{11}}{\phi_{21}} = \frac{1}{1}, \frac{\phi_{12}}{\phi_{22}} = \frac{1}{-1}$

10-14　$\omega_1 = 10.47\sqrt{\frac{EI}{ml^3}}, \omega_2 = 13.86\sqrt{\frac{EI}{ml^3}}; \frac{\phi_{11}}{\phi_{21}} = \frac{1}{-1}, \frac{\phi_{12}}{\phi_{22}} = \frac{1}{1}$

10-15　$\omega_1 = 1.622\sqrt{\frac{EI}{ml^3}}, \omega_2 = 5.232\sqrt{\frac{EI}{ml^3}}; \frac{\phi_{11}}{\phi_{21}} = \frac{1}{0.123}, \frac{\phi_{12}}{\phi_{22}} = \frac{1}{-8.123}$

10-16　最大动位移幅值 $\phi_1 = -0.202$ mm，$\phi_2 = -0.206$ mm；柱端弯矩幅值为 6.06 kN · m

10-17　(1) $M_D = 33.90$ kN · m；(2) $M_D = 29.45$ kN · m

10-18　$y^1_{\max} = \frac{8F_P l^3}{486EI}$，$M^1_{\max} = \frac{2F_P l}{9}$，$F^1_{Q\max} = \frac{2F_P}{3}$

第十一章　结构的稳定计算

本章在材料力学简单压杆稳定问题的基础上,进一步讨论结构的稳定性问题。首先介绍两类稳定问题的基本概念,然后介绍有限自由度体系和无限自由度体系分支点稳定问题的两种基本解法——静力法和能量法。

第一节　概　述

结构在荷载作用下,应当对其进行强度、刚度和稳定性验算。其中,强度验算是最基本的和必不可少的,而稳定性验算在某些情况下则是非常重要的。比如,当结构中某些构件受较大的压力作用时,若只满足强度和刚度的要求,将很可能突然发生一种新的变形而导致局部甚至整个结构的毁坏,这种现象称为结构丧失稳定性。

历史上曾有过不少因结构失稳而造成破坏的工程事故。如 1925 年苏联的莫兹尔桥在试车时由于桥梁桁架中个别压杆丧失稳定性而造成事故;1983 年北京中国社会科学院科研楼在施工过程中因钢管脚手架的严重缺陷导致脚手架整体丧失稳定性而破坏等。如今,随着大跨度及高层建筑日益广泛地采用高强材料和薄壁结构,结构的稳定性问题也就显得愈来愈重要。

结构的稳定性计算与强度计算的最大不同是计算要在结构变形后的几何形状和位置上进行,其方法已属于几何非线性范畴,此时叠加原理已不再适用。

我们在材料力学中已经对压杆的稳定问题作过初步讨论,本章将在此基础上对杆件结构的各种稳定问题作进一步的讨论。

第二节　两类稳定问题的基本概念

在考察稳定性时,通常将结构的平衡状态分为三种形式:稳定平衡状态、不稳定平衡状态和随遇平衡状态。

如果结构原来处于某种平衡状态,后来由于受到轻微干扰而偏离其原来位置,当干扰消除后,若结构能回到原来的平衡位置,则称原来的平衡状态为稳定平衡状态,如图 11-1(a)所示;当干扰消除后,若结构不能回到原来的平衡位置,甚至偏离越来越大,则称原来的平衡状态为不稳定平衡状态,如图 11-1(b)所示;从稳定平衡到不稳定平衡过渡的中间状态称为随遇平衡状态,也称为中性平衡状态,如图 11-1(c)所示。

当结构处于不稳定平衡时,任何轻微的扰动都可能使它发生新的变形而导致局部甚至整体破坏,这种现象称为结构丧失稳定性,简称失稳。结构的弹性失稳现象可分为两类,即分支点失稳和极值点失稳。

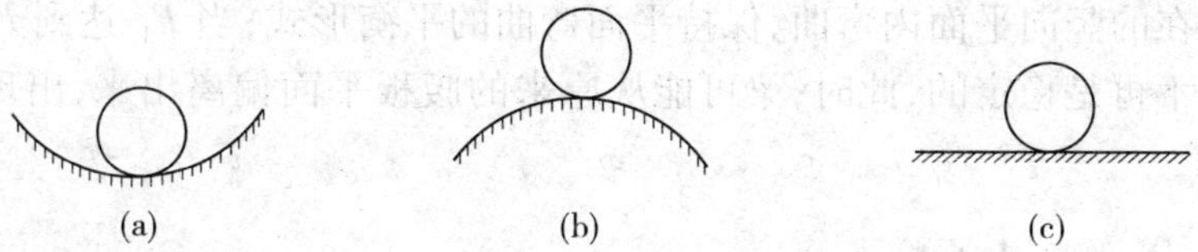

图 11-1

一、分支点失稳

图 11-2(a)所示为简支压杆的完善体系或理想体系,即杆件轴线是理想的直线(没有初曲率),且荷载 F_P 是理想的中心受压荷载(没有偏心)。

作荷载 F_P 和压杆中点挠度 Δ 之间的关系曲线,如图 11-2(b)所示。这条曲线可分为如下两个阶段:

当 $0 \leqslant F_P < F_{Pcr}$ 时,压杆保持直线的平衡状态,而且此时的平衡状态为稳定平衡状态。在此阶段中无论荷载为何值,均有 $\Delta = 0$,$F_P \sim \Delta$ 曲线为图 11-2(b)中的 OA 段。

当 $F_P \geqslant F_{Pcr}$ 时,压杆在理论上仍可保持直线状态($\Delta = 0$),$F_P \sim \Delta$ 曲线即为图 11-2(b)中的 AB 段。但此时的平衡是不稳定的,在任何微小的干扰作用下,压杆都会发生不可自动恢复的弯曲变形,且 Δ 随荷载的增大而增大,$F_P \sim \Delta$ 曲线为图 11-2(b)中的曲线 AD。

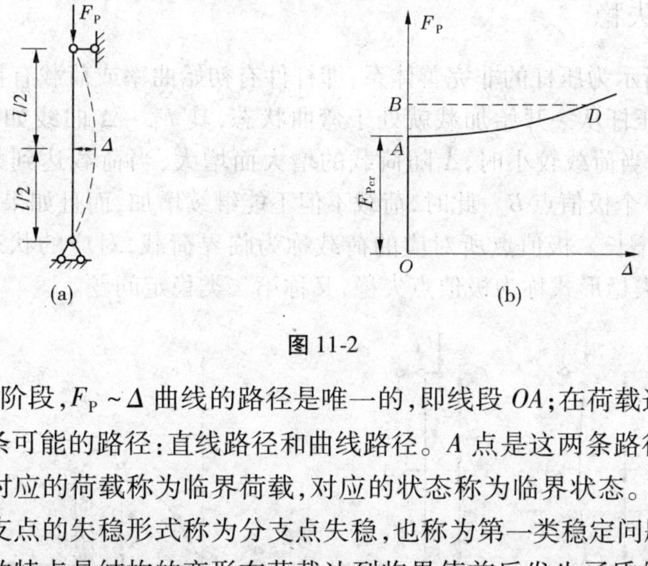

图 11-2

总之,在初始阶段,$F_P \sim \Delta$ 曲线的路径是唯一的,即线段 OA;在荷载达到临界值以后,$F_P \sim \Delta$ 曲线有两条可能的路径:直线路径和曲线路径。A 点是这两条路径的交点,称为分支点。分支点所对应的荷载称为临界荷载,对应的状态称为临界状态。这种在荷载达到临界值时出现分支点的失稳形式称为分支点失稳,也称为第一类稳定问题。

分支点失稳的特点是结构的变形在荷载达到临界值前后发生了质的突变,分支点存在平衡形式的二重性。图 11-2(a)中压杆从单纯的轴向压缩突变为压弯组合变形即是一例。此外,丧失第一类稳定性的现象还可以在其他结构中发生。图 11-3(a)所示承受均布水压力的圆环,当压力达到临界值时,原有圆形平衡形式将成为不稳定的,而可能出现新的有质的区别的平衡形式,如图中虚线所示。图 11-3(b)所示承受均布荷载的抛物线拱和图 11-3(c)所示在结点承受集中荷载的刚架,在荷载达到其临界值以前,均处于轴向压缩变形状态;当荷载达到临界值时,则可能出现具有压缩和弯曲变形的新的平衡形式,如图中虚线所示。图 11-3(d)所示的薄壁工字梁,当荷载达到其临界值 F_{Pcr} 之前,工字梁只在其腹板所在的竖向平面内弯曲，保持平面弯曲的平衡形式；当 F_P 达到 F_{Pcr} 时，平面弯曲形式的平衡不再是稳定的，此时，梁可能从原来的腹板平面偏离出来，出现斜弯曲和扭转。

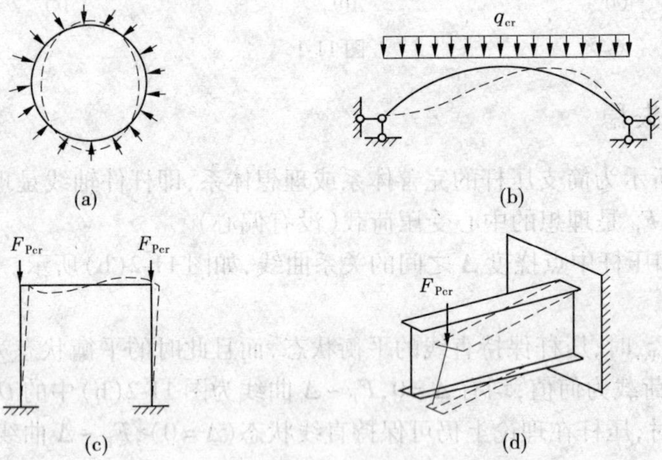

图 11-3

二、极值点失稳

图 11-4(a)所示为压杆的非完善体系，即杆件有初始曲率或荷载有初始偏心。

该体系中的压杆从一开始加载就处于弯曲状态，其 $F_P \sim \Delta$ 曲线如图 11-4(b)所示。从图中可以看出，当荷载较小时，Δ 随荷载的增大而增大；当荷载达到某一个临界值时，$F_P \sim \Delta$ 曲线出现一个极值点 B。此时，荷载不但不能继续增加，而且如果稍加干扰，杆件的挠度 Δ 就会继续增长。极值点所对应的荷载称为临界荷载，对应的状态称为临界状态。具有这种特点的失稳形式称为极值点失稳，又称第二类稳定问题。

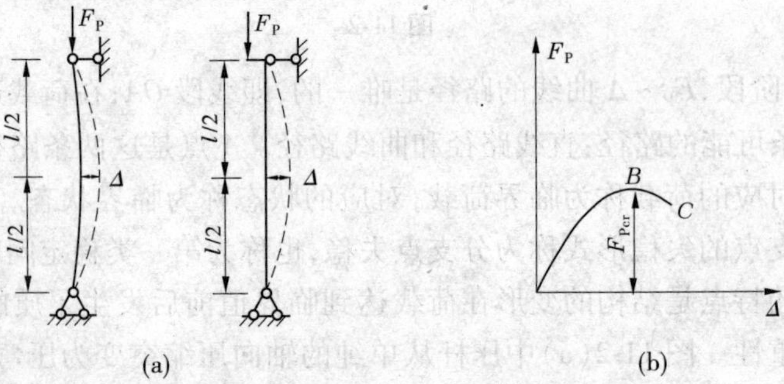

图 11-4

不论是第一类失稳，还是第二类失稳，对于工程结构来说都是不能容许的。因为它们或者使得结构不能维持原来的工作状态，或者使其丧失承载能力，而且变形常急剧增加导致结构破坏，因此在许多工程结构的设计中，只考虑强度条件是不充分的，为了保证其安全，还应进行稳定校核。在结构力学中，稳定计算的中心问题在于确定临界荷载。

工程中的结构实际上不可能处于理想的中心受压状态，因此实际上均属第二类稳定问题。第二类稳定问题的分析比第一类稳定问题复杂，有时亦将其化为第一类稳定问题来处理，而将偏心等影响通过各种系数反映。本章只限于讨论在弹性范围内丧失第一类稳定性的问题。

在稳定计算中，需涉及结构稳定自由度的概念。所谓结构稳定自由度，是指为确定结构失稳时所有可能的变形状态所需的独立参数数目。如图 11-5(a)所示支承在抗转弹簧上的刚性压杆，为了确定其失稳时所有可能的变形状态，仅需一个独立参数(转角 φ)，故此结构只有一个稳定自由度；如图 11-5(b)所示结构需两个独立参数 y_1 和 y_2 才能确定结构失稳时的变形状态，因此具有两个自由度；而图 11-5(c)所示弹性压杆则具有无限多个自由度。

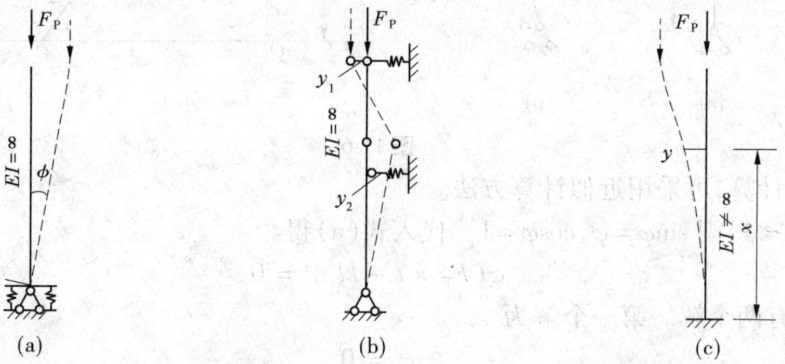

图 11-5

第三节　有限自由度体系的稳定分析

本节将详细介绍稳定分析中确定临界荷载的两种基本方法：静力法和能量法。

一、静力法

如图 11-6(a)所示为简支压杆的完善体系，由于杆件为刚性杆，故属于单自由度稳定问题。已知弹簧的刚度系数为 k。

当杆件处于竖直位置时，显然体系能够维持平衡，这种平衡形式就是原始平衡形式。现在考虑在图 11-6(b)所示的倾斜位置是否还存在新的平衡形式，为此可写出平衡条件为

$$F_P \times l\sin\varphi - (kl\sin\varphi) \times l\cos\varphi = 0$$

整理得

$$\sin\varphi(F_P \times l - kl^2\cos\varphi) = 0 \tag{a}$$

式(a)有两个解，第一个解为

$$\varphi = 0$$

对应于原始的平衡形式，即直线平衡形式(见图 11-6(c)中的直线 OAB)。

第二个解为

$$F_P = kl\cos\varphi$$

对应于新的平衡形式（见图 11-6（c）中曲线 AC）。

作 $F_P \sim \varphi$ 曲线如图 11-6（c）所示。A 点为两个平衡路径的交点，称为分支点，其所对应的荷载为临界荷载，即

$$F_{Pcr} = kl$$

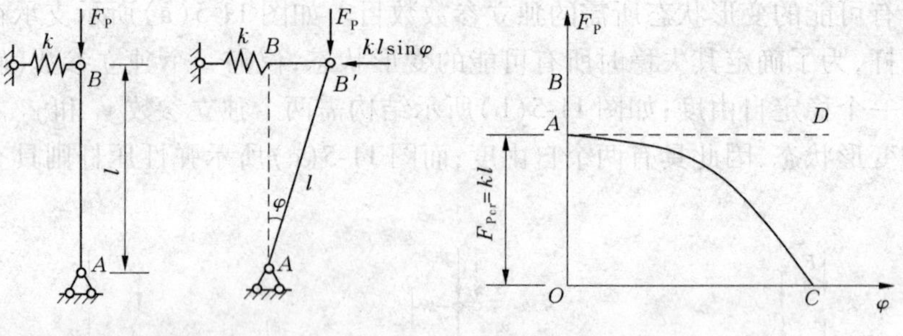

图 11-6

为方便计算，可采用近似计算方法。

由于 $\varphi \ll 1$，则 $\sin\varphi = \varphi$，$\cos\varphi = 1$。代入式（a）得

$$\varphi(F_P \times l - kl^2) = 0 \tag{b}$$

式（b）有两个解。第一个解为

$$\varphi = 0$$

对应于直线平衡形式（见图 11-6（c）中的直线 OAB）。

第二个解为

$$F_P = kl$$

对应于新的平衡形式（见图 11-6（c）中直线 AD），且此种平衡为随遇平衡。

由此可知，临界荷载为

$$F_{Pcr} = kl$$

由以上的分析可知，两种计算方法所得到的临界荷载值相同，但所得到的新的平衡路径是不同的。因此，对于分支点失稳问题，可采用近似计算方法求得临界荷载；但如果要求得新的平衡路径的话，就必须通过精确计算来求解。

【例 11-1】 试求图 11-7（a）所示结构的临界荷载。

解 此体系为单自由度压杆完善体系。设失稳时体系新的平衡形式如图 11-7（b）所示，取杆件 AB 为隔离体（见图 11-7（c）），则由 $\sum M_B = 0$ 可得

$$F_P l\varphi - 12\frac{EI}{l}\varphi = 0$$

整理有

$$\left(F_P l - 12\frac{EI}{l}\right)\varphi = 0$$

解得

$$F_P = \frac{12EI}{l^2}$$

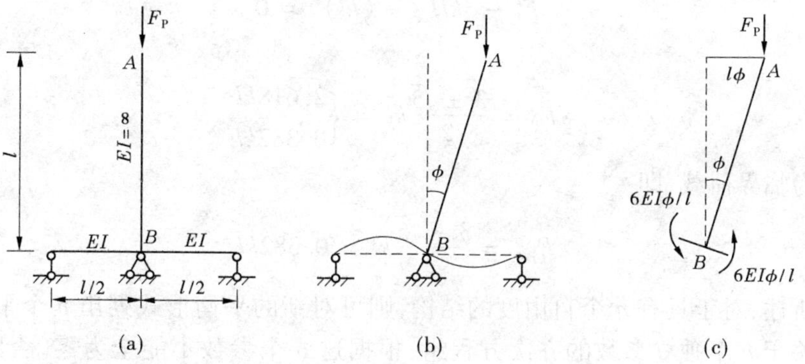

图 11-7

由此可知,临界荷载为

$$F_{Pcr}=\frac{12EI}{l^2}$$

【例 11-2】 试求图 11-8(a)所示结构的临界荷载。已知弹性支座的刚度系数为 k。

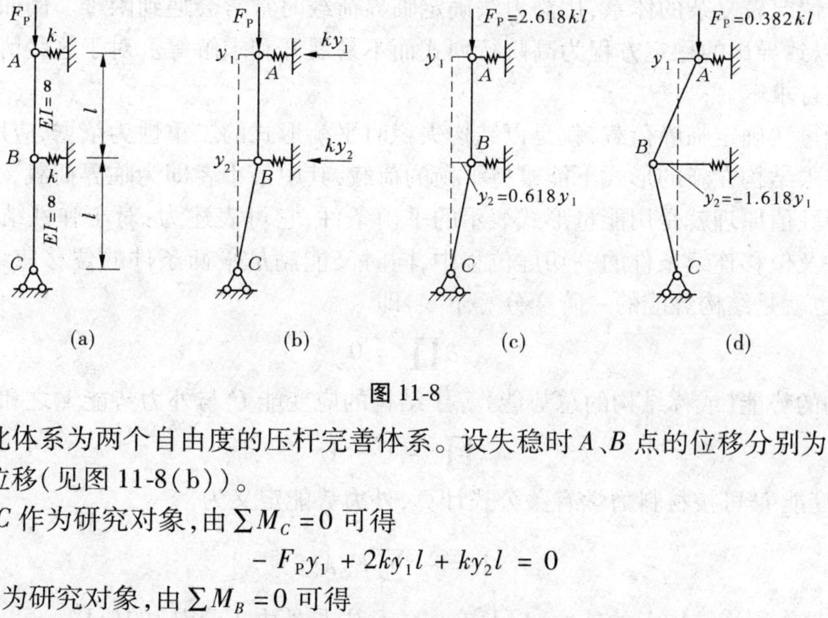

图 11-8

解　此体系为两个自由度的压杆完善体系。设失稳时 A、B 点的位移分别为 y_1 和 y_2,且为微小位移(见图 11-8(b))。

取 ABC 作为研究对象,由 $\sum M_C=0$ 可得

$$-F_P y_1+2ky_1 l+ky_2 l=0 \qquad ①$$

取 AB 为研究对象,由 $\sum M_B=0$ 可得

$$F_P(y_2-y_1)+ky_1 l=0 \qquad ②$$

将式①、式②联立成方程组,并整理得

$$\left.\begin{aligned}(2kl-F_P)y_1+kly_2&=0\\(kl-F_P)y_1+F_P y_2&=0\end{aligned}\right\} \qquad ③$$

显然,$y_1=y_2=0$ 是式③的解,对应于原始的直线平衡形式。要求得新的平衡形式,即要求 y_1 和 y_2 不全为零,所以有

$$\begin{vmatrix}2kl-F_P & kl\\ kl-F_P & F_P\end{vmatrix}=0$$

展开得

$$F_P^2 - 3klF_P + (kl)^2 = 0$$

解得

$$F_P = \frac{3 \pm \sqrt{5}}{2}kl = \begin{cases} 2.618kl \\ 0.382kl \end{cases}$$

取最小值为临界荷载,即

$$F_{Pcr} = \frac{3 - \sqrt{5}}{2}kl = 0.382kl$$

综上所述,对于具有 n 个自由度的结构,则可对新的平衡形式列出 n 个平衡方程,它们构成了关于 n 个独立参数的齐次方程组,根据这 n 个参数不能全为零(否则对应于原有平衡形式),因而其系数行列式 D 应等于零的条件便可建立稳定方程为

$$D = 0 \tag{11-1}$$

此稳定方程有 n 个根,即有 n 个特征荷载,其中最小者为临界荷载。

二、能量法

对于情况较复杂的体系,用静力法确定临界荷载时常常会遇到困难。例如,边界条件较复杂,以致导出的稳定方程为高阶行列式而不易展开和求解等。对于这些情况,可应用能量法进行求解。

用能量法确定临界荷载,就是以结构失稳时平衡形式的二重性为依据,应用势能驻值原理来寻求结构在新的形式下能维持平衡的荷载,其中最小者即为临界荷载。

势能驻值原理就是用能量形式表示的平衡条件,它可表述为:对于弹性结构,在满足支承条件及位移连续条件的一切虚位移中,同时又能满足平衡条件的位移使结构的势能为驻值,也就是结构势能的一阶变分等于零,即

$$\delta \prod = 0 \tag{11-2}$$

结构的势能(或称结构的总势能)等于结构的应变能 U 与外力势能 V 之和,即

$$\prod = U + V \tag{11-3}$$

其中,应变能 U 可按材料力学有关公式计算,外力势能定义为

$$V = -\sum_{i=1}^{n} F_{Pi}\lambda_i \tag{11-4}$$

式中,F_{Pi} 是作用于结构上的外力;λ_i 是在虚位移中与外力 F_{Pi} 相应的位移。

由此可见,外力势能等于外力所做虚功的负值。

对于具有 n 个自由度的结构,所有可能的位移状态用 n 个独立参数 $\alpha_1, \alpha_2, \cdots, \alpha_n$ 即可表示,结构的势能 $\prod$ 可表示为这 n 个独立参数的函数。因此,应用势能驻值原理时,只需使用普通的微分计算即可求解。

对于单自由度结构,势能 $\prod$ 只是参数 α_1 的一元函数,当 α_1 有一任意微小增量 $\delta\alpha_1$(称为位移的变分)时,势能的变分为

$$\delta \prod = \frac{\mathrm{d}\prod}{\mathrm{d}\alpha_1}\delta\alpha_1 \tag{11-5}$$

当结构处于平衡时,应有 $\delta\prod=0$,而由于 $\delta\alpha_1$ 是任意的,故只有当

$$\frac{\mathrm{d}\prod}{\mathrm{d}\alpha_1}=0 \tag{11-6}$$

势能的变分 $\delta\prod$ 才能等于零,即势能才能为驻值。由式(11-6)即可建立稳定方程以求解临界荷载。

对于多自由度结构,则势能的变分为

$$\delta\prod=\frac{\partial\prod}{\partial\alpha_1}\delta\alpha_1+\frac{\partial\prod}{\partial\alpha_2}\delta\alpha_2+\cdots+\frac{\partial\prod}{\partial\alpha_n}\delta\alpha_n \tag{11-7}$$

由 $\delta\prod=0$ 及 $\delta\alpha_1,\delta\alpha_2,\cdots,\delta\alpha_n$ 的任意性,就必须有

$$\left.\begin{aligned}\frac{\partial\prod}{\partial\alpha_1}&=0\\\frac{\partial\prod}{\partial\alpha_2}&=0\\&\vdots\\\frac{\partial\prod}{\partial\alpha_n}&=0\end{aligned}\right\} \tag{11-8}$$

由式(11-8)可得到一组关于 $\alpha_1,\alpha_2,\cdots,\alpha_n$ 的齐次线性方程,要使 $\alpha_1,\alpha_2,\cdots,\alpha_n$ 不全为零,则此方程组的系数行列式应等于零,由此可建立稳定方程,从而确定临界荷载。

【例 11-3】 图 11-9(a)所示压杆 $EI=\infty$,上端水平弹簧的刚度系数为 k,试用能量法确定其临界荷载。

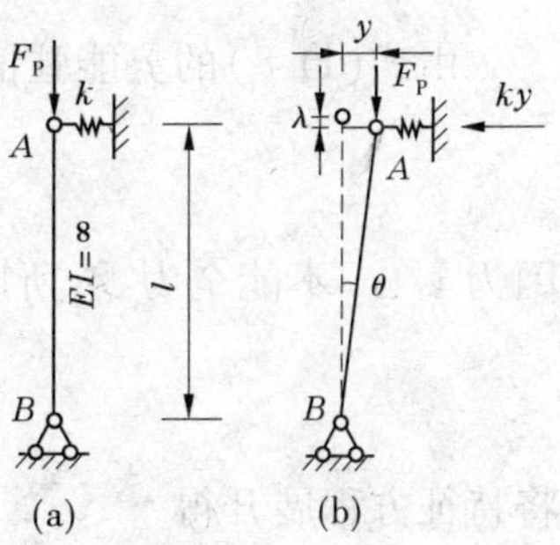

图 11-9

解　此体系为单自由度压杆完善体系。设结构失稳时新的平衡形式如图 11-9(b)所示,A 端的水平位移为 y,竖向位移为 λ。通过几何关系可得

$$\lambda=l-l\cos\theta\doteq l\frac{\theta^2}{2}=\frac{y^2}{2l}$$

弹簧的应变能为

$$U=\frac{1}{2}ky\cdot y=\frac{1}{2}ky^2$$

外力势能为

$$V=-F_P\lambda=-\frac{F_P}{2l}y^2$$

结构的总势能为

$$\Pi=U+V=\frac{1}{2}ky^2-\frac{F_P}{2l}y^2=\frac{kl-F_P}{2l}y^2$$

由式(11-8)的势能驻值条件可得

$$\frac{kl-F_P}{l}y=0$$

因为 y 不能为零,由此可知

$$\frac{kl - F_P}{l} = 0$$

解得

$$F_P = kl$$

由此可知,临界荷载为

$$F_{Pcr} = kl$$

【例 11-4】 试用能量法计算图 11-10(a)所示结构的临界荷载。

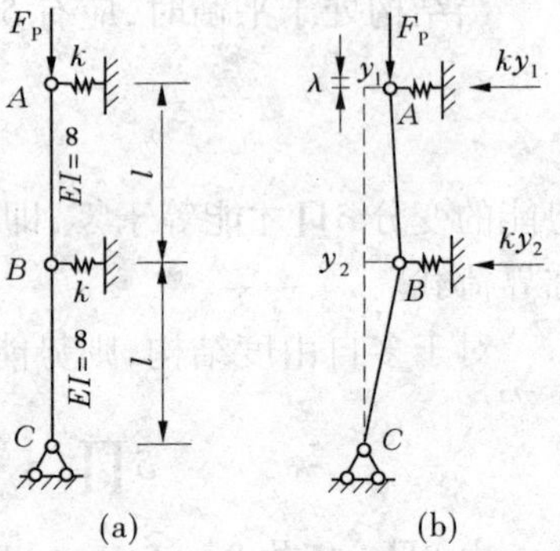

图 11-10

解 此体系为两个自由度的压杆完善体系。设结构失稳时的新的平衡形式如图 11-10(b)所示,其中 A 端的水平位移为 y_1,B 端的水平位移为 y_2,A 端的竖向位移为 λ。

弹簧的应变能为

$$U = \frac{1}{2}ky_1^2 + \frac{1}{2}ky_2^2$$

外力势能为

$$U = -F_P\lambda = -F_P\left[\frac{y_2^2}{2l} + \frac{(y_1 - y_2)^2}{2l}\right]$$

结构的总势能为

$$\prod = U + V = \frac{1}{2l}[(kl - F_P)y_1^2 + 2F_Py_1y_2 + (kl - 2F_P)y_2^2]$$

由式(11-8)的势能驻值条件可得

$$\left.\begin{aligned}(kl - F_P)y_1 + F_Py_2 = 0\\ F_Py_1 + (kl - 2F_P)y_2 = 0\end{aligned}\right\}$$

因为 y_1、y_2 不能全为零,所以有

$$\begin{vmatrix} kl - F_P & F_P \\ F_P & kl - 2F_P \end{vmatrix} = 0$$

将特征方程展开得

$$F_P^2 - 3klF_P + (kl)^2 = 0$$

解得

$$F_P = \frac{3 \pm \sqrt{5}}{2}kl$$

取最小值为临界荷载,即

$$F_{Pcr} = \frac{3 - \sqrt{5}}{2}kl$$

第四节　无限自由度体系的稳定分析

前面讨论了有限自由度体系的稳定问题,现在讨论无限自由度体系的稳定问题,压杆稳定是其典型的代表。

一、静力法

如图 11-11(a)所示为一端固定、另一端铰支的等截面压杆完善体系。设体系已处于新的曲线平衡形式,则其任一截面的弯矩为

$$M = -F_P y + F_R(l - x)$$

式中,F_R 为上端支座的反力。

杆件挠曲线的近似微分方程为

$$EIy'' = M = -F_P y + F_R(l - x)$$

即

$$y'' + \frac{F_P}{EI}y = \frac{F_R}{EI}(l - x)$$

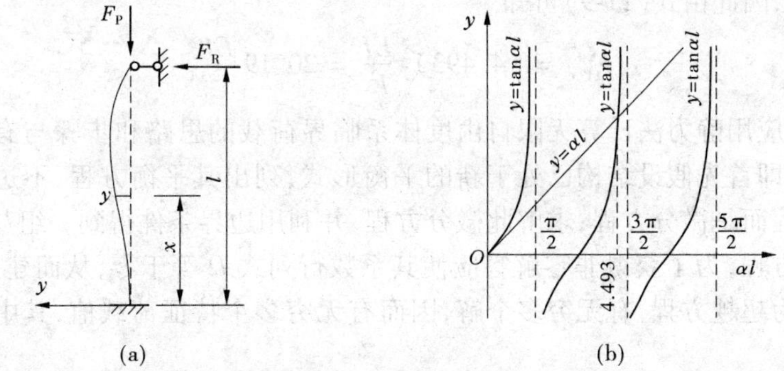

图 11-11

令

$$\alpha^2 = \frac{F_P}{EI} \tag{11-9}$$

则有

$$y'' + \alpha^2 y = \alpha^2 \frac{F_R}{F_P}(l - x)$$

此方程的通解为

$$y = A\cos\alpha x + B\sin\alpha x + \frac{F_R}{F_P}(l - x) \tag{a}$$

式中,积分常数 A、B 和$\frac{F_R}{F_P}$可由边界条件确定。

本结构的边界条件为:当 $x=0$ 时,$y=0$ 和 $y'=0$;当 $x=l$ 时,$y=0$。将式(a)代入上述边界条件,可得

$$\left.\begin{aligned} &A + \frac{F_R}{F_P}l = 0 \\ &B\alpha - \frac{F_R}{F_P} = 0 \\ &A\cos\alpha l + B\sin\alpha l = 0 \end{aligned}\right\} \tag{b}$$

由于 $y(x)$ 不恒等于零，所以 A、B、$\frac{F_R}{F_P}$ 不全为零，于是方程组(b)的系数行列式应等于零，即稳定方程为

$$D=\begin{vmatrix}1 & 0 & l\\ 0 & \alpha & -1\\ \cos\alpha l & \sin\alpha l & 0\end{vmatrix}=0 \tag{c}$$

将式(c)展开，整理得

$$\tan\alpha l=\alpha l \tag{11-10}$$

此方程为超越方程，可用试算法或图解法求解。采用图解法时，作 $y=\alpha l$ 和 $y=\tan\alpha l$ 两组曲线，其交点即为方程组的解答，如图 11-11(b)所示，结果得到无穷多个解。因此，弹性杆有无限个自由度，因而有无穷多个特征荷载值，其中最小的一个是临界荷载 F_{Pcr}。由于 $(\alpha l)_{min}=4.493$，因此由式(11-9)可知

$$F_{Pcr}=(4.493)^2\frac{EI}{l^2}=20.19\frac{EI}{l^2}$$

综上所述，应用静力法计算无限自由度体系临界荷载的思路和步骤与有限自由度体系的情况相同，即首先假设结构已处于新的平衡形式，列出其平衡方程，不过此时平衡方程不是代数方程而是微分方程；求解此微分方程，并利用边界条件得到一组与未知常数数目相同的齐次方程，为了获得非零解答应使其系数行列式 D 等于零，从而建立稳定方程；此时稳定方程为超越方程，有无穷多个解，因而有无穷多个特征荷载值，其中最小者为临界荷载。

在工程结构中常遇到具有弹性支座的压杆，例如在一些刚架中，常可将其中某根压杆取出，而以弹性支座代替其余部分对它的约束作用。如图 11-12(a)所示刚架，AB 杆上端铰支，下端不能移动而可转动，但其转动要受到 BC 杆的弹性约束，这可以用一个抗转弹簧来表示，如图 11-12(b)所示。抗转弹簧的刚度系数 k 可通过对杆件 BC 的分析来确定，由图 11-12(c)可知，$k=\frac{3EI_1}{l_1}$。

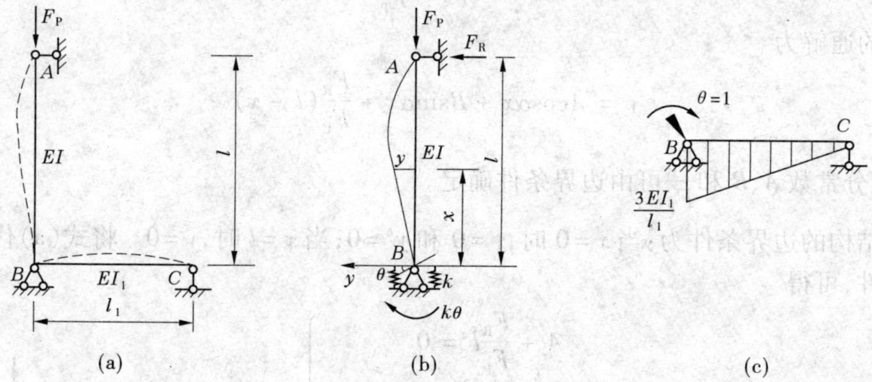

图 11-12

【例 11-5】　试求图 11-12(a)所示结构的稳定方程。

解　压杆失稳时变形如图 11-2(b)所示。其中,B 端转角为 θ,则相应的约束力矩为 $M=k\theta$,A 端反力为 F_R。

取杆件 AB 为研究对象,由 $\sum M_B=0$ 可得

$$F_R l - M = 0$$

即

$$F_R = \frac{M}{l} = \frac{k\theta}{l} \tag{d}$$

压杆的挠曲线微分方程为

$$EIy'' = -F_P y + F_R(l-x) \tag{e}$$

令 $\alpha^2 = \dfrac{F_P}{EI}$,并将式(d)代入式(e)得

$$y'' + \alpha^2 y = \frac{k\theta}{EIl}(l-x)$$

上式的通解为

$$y = A\cos\alpha x + B\sin\alpha x + \frac{k\theta}{F_P l}(l-x) \tag{f}$$

式中有三个未知常数:A、B、θ。而边界条件为:当 $x=0$,$y=0$ 和 $y'=\theta$;当 $x=l$,$y=0$。将式(f)代入边界条件,由此可建立齐次方程组为

$$\left.\begin{aligned} A + \frac{k}{F_P}\theta &= 0 \\ B\alpha - \left(\frac{k}{F_P l}+1\right)\theta &= 0 \\ A\cos\alpha l + B\sin\alpha l &= 0 \end{aligned}\right\}$$

A、B、θ 不能全为零,因而稳定方程为

$$\begin{vmatrix} 1 & 0 & \dfrac{k}{F_P} \\ 0 & \alpha & -\left(\dfrac{k}{F_P l}+1\right) \\ \cos\alpha l & \sin\alpha l & 0 \end{vmatrix} = 0$$

将其展开,并注意到 $F_P=\alpha^2 EI$,整理后可得

$$\tan\alpha l = \frac{\alpha l}{1+\dfrac{EI}{kl}(\alpha l)^2} \tag{11-11}$$

当弹簧的刚度 k 值给定时,便可由此超越方程解出 αl 的最小正根,从而求得临界荷载 F_{Pcr}。

对于一端弹性固定、另一端自由的压杆,如图 11-13(a)所示。按照同样的步骤可求得其稳定方程为

$$\alpha l \times \tan\alpha l = \frac{kl}{EI} \tag{11-12}$$

式中,k 为弹性支座的转动刚度系数。

对于一端固定、另一端有一抗移动弹簧支座的压杆（见图 11-13(b)），稳定方程为

$$\tan\alpha l = \alpha l - \frac{EI(\alpha l)^2}{kl^3} \tag{11-13}$$

式中，k 为抗移动弹簧的刚度系数。

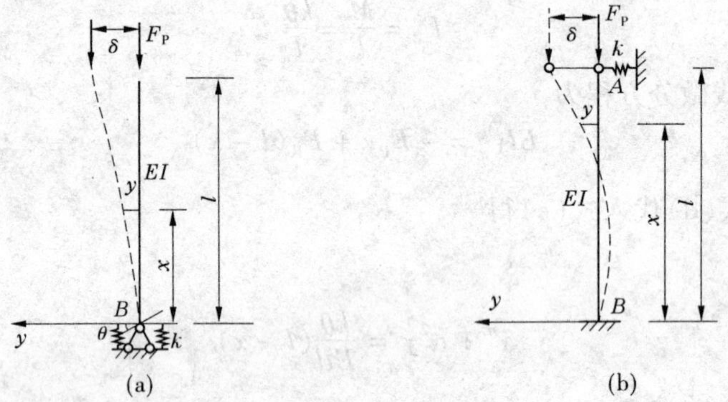

图 11-13

【例 11-6】　试求图 11-14(a)所示结构的稳定方程。

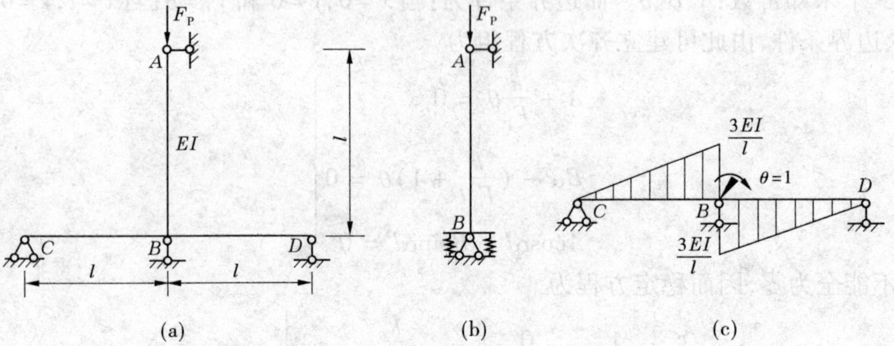

图 11-14

解　AB 杆是一端铰支、另一端弹性固定的压杆，与图 11-14(b)所示情况相当。因此，只需求出其弹性固定端的转动刚度系数 k，代入式(11-11)，即可求得结构的稳定方程。

由位移法（见图 11-14(c)）可知

$$k = \frac{3EI}{l} + \frac{3EI}{l} = \frac{6EI}{l}$$

将 k 代入式(11-11)，便可得到稳定方程为

$$\tan\alpha l = \frac{\alpha l}{1 + \frac{(\alpha l)^2}{6}}$$

【例 11-7】　试求图 11-15(a)所示刚架的临界荷载。

解　此结构为对称刚架承受对称荷载，故其失稳形式为正对称的（见图 11-15(b)）或为反对称的（见图 11-15(c)），现分别计算如下：

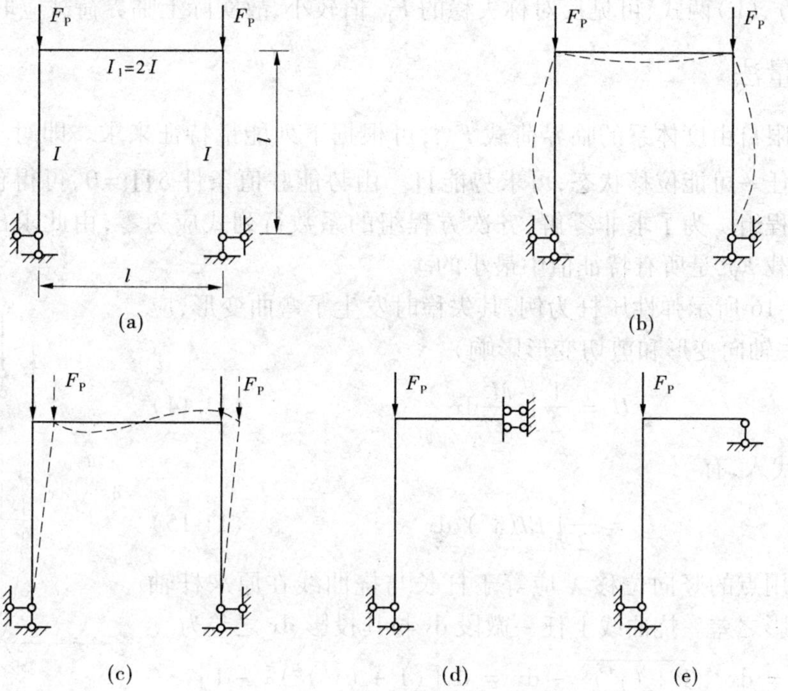

图 11-15

（1）正对称失稳时，取半边结构（见图 11-15（d））计算，立柱为下端铰支、上端弹性固定的压杆。由位移法可知，弹性固定端的抗转刚度为

$$k = 2i = 2 \times \frac{2EI}{l} = \frac{4EI}{l}$$

代入式（11-11）得稳定方程为

$$\tan\alpha l = \frac{\alpha l}{1 + \dfrac{(\alpha l)^2}{4}}$$

用试算法解得其最小正根为 $\alpha l = 3.83$，故临界荷载为

$$F_{\text{Pcr}} = \alpha^2 EI = \frac{(3.83)^2 EI}{l^2} = \frac{14.67EI}{l^2} \tag{g}$$

（2）反对称失稳时，亦取半边结构（见图 11-15（e））计算，压杆上端为弹性固定，上下两端有相对侧移而无水平反力，故实际上与图 11-13（a）情况相同，弹性固定端的抗转刚度为

$$k = 6i = 6 \times \frac{2EI}{l} = \frac{12EI}{l}$$

代入式（11-12），得稳定方程为

$$\alpha l \times \tan\alpha l = 12$$

用试算法解得其最小正根为 $\alpha l = 1.45$，故临界荷载为

$$F_{\text{Pcr}} = \alpha^2 EI = \frac{(1.45)^2 EI}{l^2} = \frac{2.10EI}{l^2} \tag{h}$$

比较(g)、(h)两式,可见反对称失稳的 F_{Pcr} 值较小,故实际上临界荷载应取式(h)。

二、能量法

对于无限自由度体系的临界荷载 F_{Pcr},可根据下列能量特征来求。即对于满足位移边界条件的任一可能位移状态,可求势能 Π。由势能驻值条件 $\delta\Pi=0$,可得包含待定参数的齐次方程组。为了求非零解,齐次方程组的系数行列式应为零,由此求出特征荷载值。临界荷载 F_{Pcr} 是所有特征值中最小的。

以图 11-16 所示弹性压杆为例,其失稳时发生了弯曲变形,应变能为(略去轴向变形和剪切变形影响)

$$U = \frac{1}{2}\int_0^l \frac{M^2}{EI}\mathrm{d}x \tag{11-14}$$

将 $M=EIy''$ 代入,有

$$U = \frac{1}{2}\int_0^l EI(y'')^2\mathrm{d}x \tag{11-15}$$

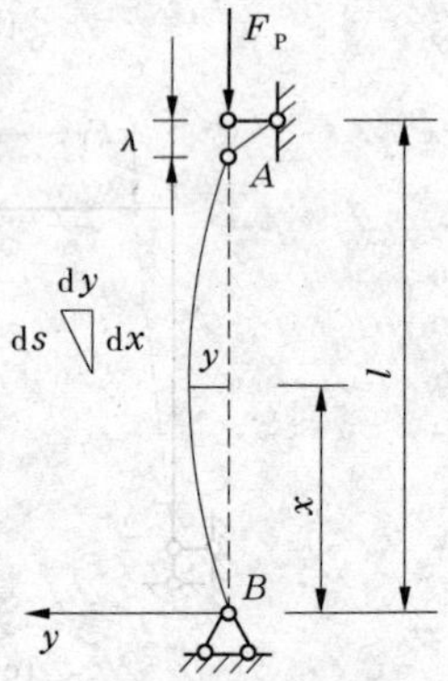

图 11-16

荷载作用点的竖向位移 λ 应等于杆长与挠曲线在原来杆轴方向上的投影之差。挠曲线上任一微段 ds 与其投影 dx 之差为

$$\mathrm{d}s-\mathrm{d}x = \mathrm{d}x\sqrt{1+(y')^2}-\mathrm{d}x = \mathrm{d}x[(1+(y')^2)^{\frac{1}{2}}-1]$$

$$= \mathrm{d}x[1+\frac{1}{2}(y')^2+\cdots-1] \approx \frac{1}{2}(y')^2\mathrm{d}x$$

将此式沿杆件全长积分,得

$$\lambda = \frac{1}{2}\int_0^l (y')^2\mathrm{d}x \tag{11-16}$$

因此,外力势能为

$$V = -F_P\lambda = -\frac{F_P}{2}\int_0^l (y')^2\mathrm{d}x \tag{11-17}$$

于是,结构的势能为

$$\Pi = U+V = \frac{1}{2}\int_0^l EI(y'')^2\mathrm{d}x - \frac{F_P}{2}\int_0^l (y')^2\mathrm{d}x \tag{11-18}$$

此时,挠曲函数 y 是未知的,它可以看做是无限多个独立参数的函数,结构的势能 Π 是挠曲线函数 y 的函数,亦即是一个泛函,而势能驻值条件 $\delta\Pi=0$ 是求泛函的极值,即变分问题。因此,对于无限自由度结构,精确地应用势能驻值原理,需要用到变分计算,这是比较复杂的,而且只能先得到微分方程,然后求解,而不是直接求得问题的解。所以,在实用上是将无限自由度问题近似简化为有限自由度问题来处理,即瑞利-李兹法。

瑞利-李兹法是假设挠曲线函数 y 是有限个已知函数的线性组合,其一般形式为

$$y = a_1\varphi_1(x)+a_2\varphi_2(x)+\cdots+a_n\varphi_n(x) = \sum_{i=1}^{n}a_i\varphi_i(x) \tag{11-19}$$

式中,$\varphi_i(x)$ 是满足位移边界条件的已知函数;a_i 是任意参数。

这样,结构的所有变形状态便由 n 个独立参数 $a_1,a_2,\cdots,a_n$ 所确定,原无限自由度问题就被简化为只有 n 个自由度的问题。因而,可按前面所述有限自由度的情况来确定其

临界荷载,这样所得的临界荷载是一个近似解。

如果式(11-19)中只取一项,即

$$y = a_1\varphi_1(x)$$

便简化为单自由度问题,解答的近似程度取决于所假设的挠曲线与真实挠曲线的接近程度。对于假设的挠曲线,要求它至少应满足位移边界条件。为使解答的误差不至于过大,通常可取在某一横向荷载作用下的挠曲线作为失稳时的近似挠曲线。然而,挠曲线函数仅取一项,往往不能较好地接近于真实挠曲线。为了提高解答的准确程度,可取多项计算,一般取 2 ~ 3 项就可得到比较好的结果了。

应当指出,按这种方法所求得的临界荷载近似值,总是比精确解大,这是因为所假设的挠曲线与真实的曲线不相同,故相当于加入了某些约束,从而增大了压杆抵抗失稳的能力。

【例 11-8】 试求图 11-17(a)所示两端铰支的等截面压杆的临界荷载。

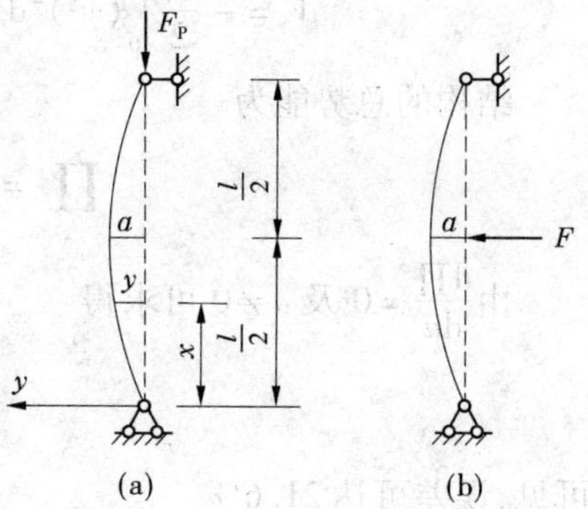

图 11-17

解 假设挠曲线函数只取一项,即简化为单自由度问题来计算。

(1)设挠曲线为正弦曲线

$$y = a\sin\frac{\pi x}{l}$$

它显然满足压杆两端的位移边界条件,由式(11-15)和式(11-17)可分别求得应变能和外力势能,即

$$U = \frac{1}{2}\int_0^l EI(y'')^2\mathrm{d}x = \frac{EI}{2}\int_0^l\left(-\frac{\pi^2 a}{l^2}\sin\frac{\pi x}{l}\right)^2\mathrm{d}x = \frac{\pi^4 a^2 EI}{4l^3}$$

$$V = -\frac{F_P}{2}\int_0^l(y')^2\mathrm{d}x = -\frac{F_P}{2}\int_0^l\left(\frac{\pi a}{l}\cos\frac{\pi x}{l}\right)^2\mathrm{d}x = -\frac{\pi^2 a^2 F_P}{4l}$$

结构的总势能为

$$\prod = U + V = \left(\frac{\pi^4 EI}{4l^3} - \frac{\pi^2 F_P}{4l}\right)a^2$$

根据能量驻值原理式(11-6)可知

$$\frac{\mathrm{d}\prod}{\mathrm{d}a} = 2a\left(\frac{\pi^4 EI}{4l^3} - \frac{\pi^2 F_P}{4l}\right) = 0$$

而 $a\neq 0$,故有

$$\frac{\pi^4 EI}{4l^3} - \frac{\pi^2 F_P}{4l} = 0$$

得

$$F_{Pcr} = \frac{\pi^2 EI}{l^2}$$

这与静力法所得的精确解相同,这是因为所假设的挠曲线就是实际挠曲线,一般这是很少

见的。

(2)设挠曲线为抛物线,即

$$y = \frac{4a}{l^2}(lx - x^2)$$

满足位移边界条件。

应变能与外力势能分别为

$$U = \frac{1}{2}\int_0^l EI(y'')^2 \mathrm{d}x = \frac{EI}{2}\int_0^l \left(-\frac{8a}{l^2}\right)^2 \mathrm{d}x = \frac{32a^2 EI}{l^3}$$

$$V = -\frac{F_P}{2}\int_0^l (y')^2 \mathrm{d}x = -\frac{F_P}{2}\int_0^l \left[\frac{4a}{l^2}(l - 2x)\right]^2 \mathrm{d}x = -\frac{8a^2 F_P}{3l}$$

结构的总势能为

$$\prod = U + V = \left(\frac{32EI}{l^3} - \frac{8F_P}{3l}\right)a^2$$

由$\frac{\mathrm{d}\Pi}{\mathrm{d}a}=0$及$a\neq 0$可求得

$$F_{Pcr} = \frac{12EI}{l^2}$$

可见,误差可达21.6%。

(3)以中点受横向荷载F作用(见图11-17(b))时的挠曲线

$$y = \frac{F}{EI}\left(\frac{l^2 x}{16} - \frac{x^3}{12}\right) = a\left(\frac{3x}{l} - \frac{4x^3}{l^3}\right) \quad \left(0 \leqslant x \leqslant \frac{l}{2}\right)$$

作为近似曲线,则应变能和外力势能分别为

$$U = 2 \times \frac{1}{2}\int_0^{\frac{l}{2}} EI(y'')^2 \mathrm{d}x = EI\int_0^{\frac{l}{2}} \left(-\frac{24x}{l^3}a\right)^2 \mathrm{d}x = \frac{24EIa^2}{l^3}$$

$$V = -\frac{F_P}{2} \times 2\int_0^{\frac{l}{2}} (y')^2 \mathrm{d}x = -F_P\int_0^{\frac{l}{2}} \left[a\left(\frac{3}{l} - \frac{12x^2}{l^3}\right)\right]^2 \mathrm{d}x = -\frac{12a^2 F_P}{5l}$$

结构的总势能为

$$\prod = U + V = \left(\frac{24EI}{l^3} - \frac{12F_P}{5l}\right)a^2$$

由$\frac{\mathrm{d}\Pi}{\mathrm{d}a}=0$及$a\neq 0$可求得

$$F_{Pcr} = \frac{10EI}{l^2}$$

误差仅为1.3%,可见选取横向荷载作用下的挠曲线有着良好的近似性。

【例11-9】 试求图11-11(a)所示压杆的临界荷载。

解 按两个自由度问题计算,即设挠曲线函数为

$$y = a_1 x^2(l - x) + a_2 x^3(l - x)$$

应变能和外力势能为

$$U = \frac{1}{2}\int_0^l EI(y'')^2 \mathrm{d}x = \frac{EI}{2}\int_0^l [2a_1(l - 3x) + 6a_2 x(l - 2x)]^2 \mathrm{d}x$$

$$= \frac{EI}{2}\left(4l^3 a_1^2 + 8l^4 a_1 a_2 + \frac{24}{5}l^5 a_2^2\right)$$

$$V = -\frac{F_P}{2}\int_0^l (y')^2 dx = -\frac{F_P}{2}\int_0^l [a_1(2lx - 3x^2) + a_2 x^2(3l - 4x)]^2 dx$$

$$= -\frac{F_P}{2}\left(\frac{2}{15}l^5 a_1^2 + \frac{1}{5}l^6 a_1 a_2 + \frac{3}{35}l^7 a_2^2\right)$$

结构总势能为

$$\prod = U + V = \frac{EI}{2}\left(4l^3 a_1^2 + 8l^4 a_1 a_2 + \frac{24}{5}l^5 a_2^2\right) - \frac{F_P}{2}\left(\frac{2}{15}l^5 a_1^2 + \frac{1}{5}l^6 a_1 a_2 + \frac{3}{35}l^7 a_2^2\right)$$

由式(11-8)可得

$$\left.\begin{aligned}(4EI - \frac{2}{15}l^2 F_P)a_1 + (4EIl - \frac{1}{10}l^3 F_P)a_2 = 0\\(4EI - \frac{1}{10}l^2 F_P)a_1 + (\frac{24}{5}EIl - \frac{3}{35}l^3 F_P)a_2 = 0\end{aligned}\right\}$$

要求 a_1、a_2 不全为零,则有

$$\begin{vmatrix} 4EI - \frac{2}{15}l^2 F_P & 4EIl - \frac{1}{10}l^3 F_P \\ 4EI - \frac{1}{10}l^2 F_P & \frac{24}{5}EIl - \frac{3}{35}l^3 F_P \end{vmatrix} = 0$$

展开并整理得

$$F_P^2 - 128\frac{El}{l^2}F_P - 2\,240\left(\frac{El}{l^2}\right)^2 = 0$$

解方程,取最小正根作为临界荷载,即

$$F_{Pcr} = \frac{20.92EI}{l^2}$$

与精确解比较,误差为3.6%。

本章小结

本章首先讨论了弹性结构稳定问题中的一些概念:平衡形式、完善体系和非完善体系、分支点失稳与极值点失稳、稳定的自由度等,这些是稳定计算的基础。

其次讨论了单自由度、有限自由度、无限自由度稳定分析中临界荷载的两种基本解法:静力法和能量法。而临界状态的静力特征和能量特征是两种解法的基础。

临界状态的静力特征是平衡状态的二重性。静力法的基本方程都是关于位移的齐次方程:在有限自由度体系中为齐次代数方程,而在无限自由度体系中为齐次微分和齐次边界条件。根据齐次方程解答的二重性,可以得出特征方程,并用以解出特征荷载和临界荷载。

临界状态的能量特征是:当荷载为特征荷载时,势能为驻值,且位移有非零解。根据这个条件可以得出特征方程,并用以解出特征荷载,其中最小值即为临界荷载。对于难以

用静力法求得精确解的复杂系统,往往可用能量法来求近似解,而其结果总是偏高的。这时,所设的失稳形态必须满足位移边界条件,如果所设失稳形态就是真实的变形情形,则能量法所得的结果是精确解。

思考题

11-1　第一类失稳和第二类失稳特征有何异同?

11-2　稳定分析的自由度与静力几何构造分析中的自由度有何区别?

11-3　静力法和能量法求临界荷载的原理和步骤,对于单自由度、有限自由度和无限自由度体系有什么不同?

11-4　增大或减小杆端约束的刚度,对压杆的临界荷载数值有何影响?

11-5　在什么情况下刚架的稳定问题才宜于简化为一根弹性支承压杆的稳定问题?

习　题

11-1　试用静力法和能量法确定图 11-18 所示结构的临界荷载。已知弹性支座的刚度系数为 k。

11-2　试用静力法和能量法确定图 11-19 所示结构的临界荷载。已知弹性支座的刚度系数为 k。

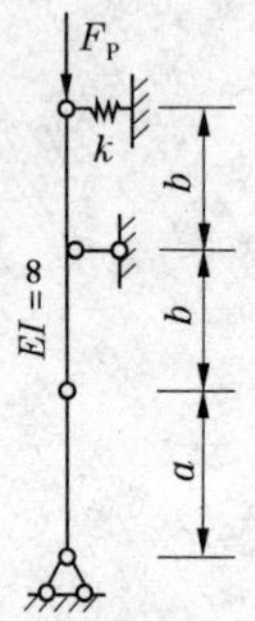

图 11-18

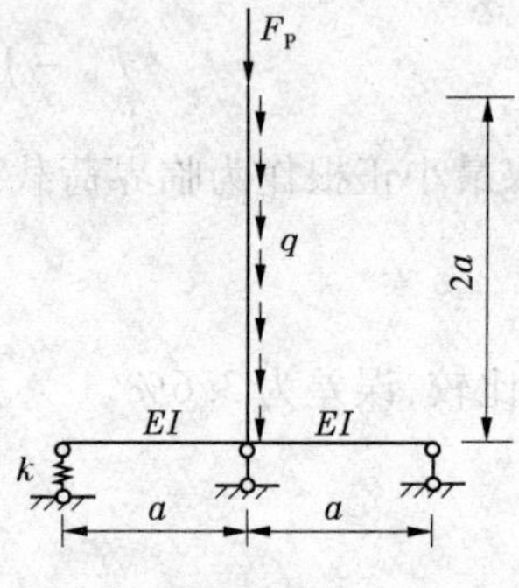

图 11-19

11-3　试用静力法和能量法确定图 11-20 所示结构的临界荷载。已知弹性支座的刚度系数为 k。

11-4　图 11-21 所示结构各杆 $EI=\infty$,弹性铰的抗转刚度分别为 k_1、k_2,试用静力法和能量法确定其临界荷载。

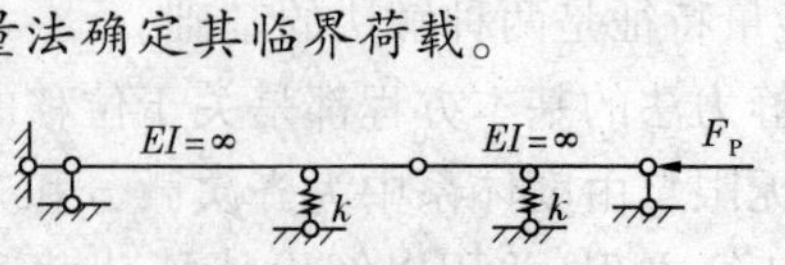

图 11-20

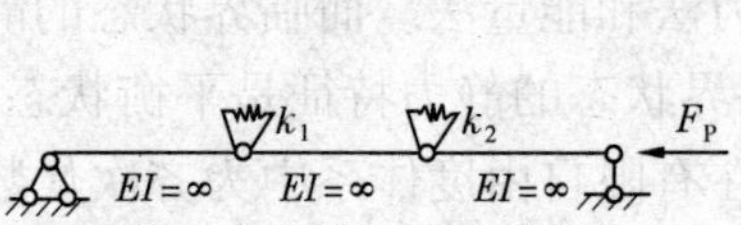

图 11-21

11-5　试用静力法求图 11-22 所示结构的稳定方程及临界荷载。

11-6 试用静力法求图 11-23 所示结构的稳定方程及临界荷载。

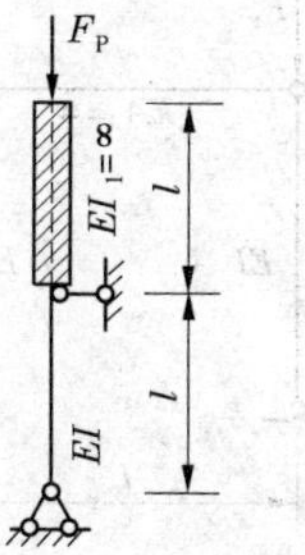

图 11-22

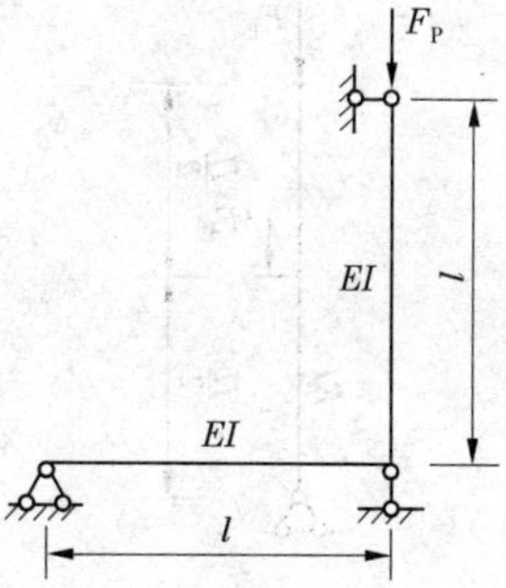

图 11-23

11-7 试用静力法求图 11-24 所示结构的稳定方程及临界荷载。

11-8 试用静力法求图 11-25 所示结构的稳定方程及临界荷载。

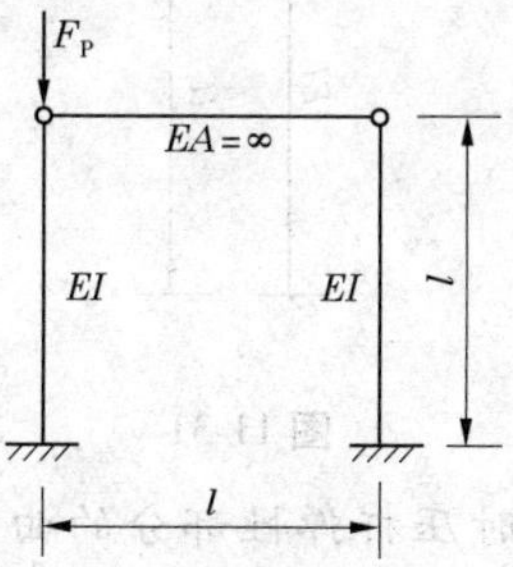

图 11-24

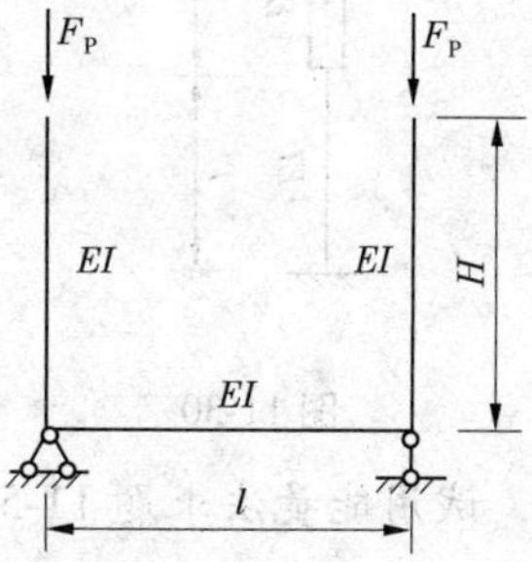

图 11-25

11-9 试用静力法求图 11-26 所示结构的稳定方程及临界荷载。

11-10 试用静力法求图 11-27 所示结构的稳定方程及临界荷载。

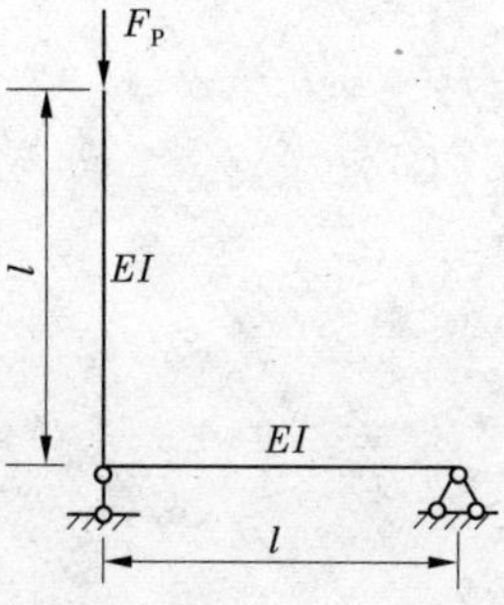

图 11-26

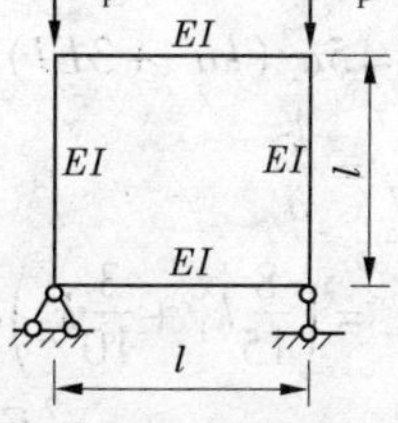

图 11-27

11-11 试用静力法和能量法计算图 11-28 所示结构的临界荷载。各柱 EI = 常数。

11-12 试用静力法和能量法计算图 11-29 所示结构的临界荷载。各柱 EI = 常数。

11-13 试用能量法求图 11-30 所示结构的临界荷载。设失稳时压杆弹性部分的曲线可近似地取为抛物线 $y=\dfrac{ax^2}{l^2}$。

11-14　试用能量法求图 11-31 所示结构的临界荷载。设变形曲线为 $y=ax^2(l-x)$。

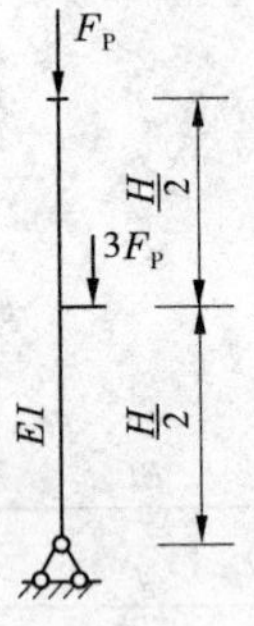

图 11-28

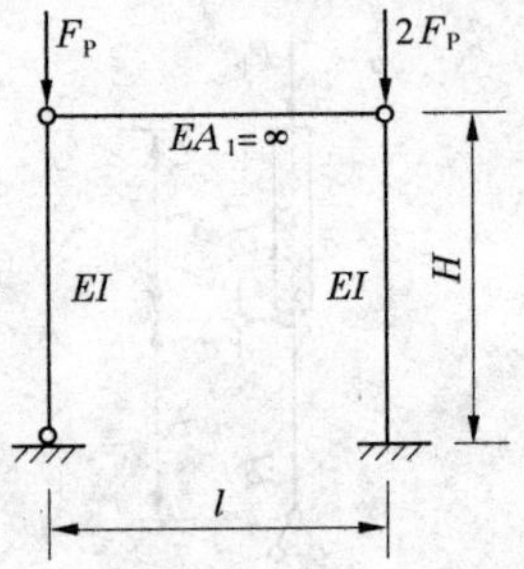

图 11-29

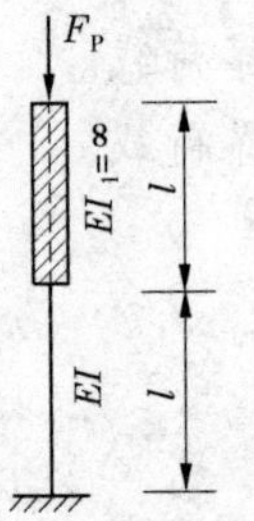

图 11-30

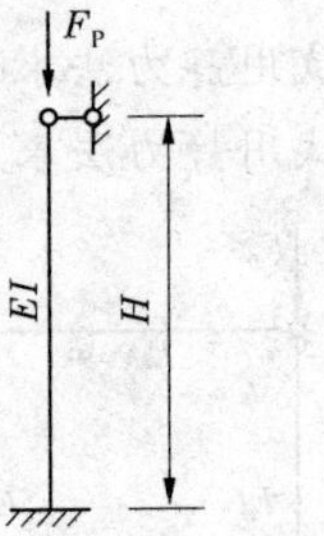

图 11-31

11-15　试用能量法求题 11-5 的临界荷载。设失稳时压杆弹性部分的曲线可近似地采用简支梁在杆端受一力偶作用的挠曲线 $y=ax\left(1-\frac{x^2}{l^2}\right)$。

习题参考答案

11-1　$F_{\mathrm{Pcr}}=\frac{ab}{2a+b}k$

11-2　$q_{\mathrm{cr}}=5a^3(ka^3+3EI)$

11-3　$F_{\mathrm{Pcr}}=\frac{k}{a}$

11-4　$F_{\mathrm{Pcr}}=\left(\frac{8}{15}k_1+\frac{3}{10}k_2\right)a$

11-5　$\cos\alpha l=0, F_{\mathrm{Pcr}}=\frac{\pi^2 EI}{4l^2}$

11-6　$\tan\alpha l=\alpha l-\frac{(\alpha l)^3}{3}, F_{\mathrm{Pcr1}}=\frac{4.86EI}{l^2}, F_{\mathrm{Pcr2}}=\frac{13.883EI}{l^2}$

11-7　$\left(1-\frac{3EI}{F_P l^2}\right)\sin\alpha l=0, F_{\mathrm{Pcr1}}=\frac{3EI}{l^2}$（此时压杆偏而不弯），$F_{\mathrm{Pcr2}}=\frac{\pi^2 EI}{l^2}$（此时弯而不偏），应取小者 $F_{\mathrm{Pcr1}}=\frac{3EI}{l^2}$

11-8　$F_{\mathrm{Pcr1}}=\dfrac{2EI}{lH}, F_{\mathrm{Pcr2}}=\dfrac{6EI}{lH}$

11-9　$\alpha l\tan\alpha l=6, F_{\mathrm{Pcr}}=\dfrac{1.422EI}{l^2}$

11-10　反对称变形时临界荷载较小,稳定方程为

$$1+\cos\alpha l=\frac{\alpha l}{6}\sin\alpha l \text{ 或 } \frac{\alpha l}{2}\tan\alpha l=3 \text{ 或 } \tan\alpha l=\frac{12\alpha l}{(\alpha l)^2-36}, F_{\mathrm{Pcr1}}=\frac{5.688EI}{l^2}$$

11-11　$F_{\mathrm{Pcr}}=\dfrac{1.513EI}{H^2}$

11-12　$F_{\mathrm{Pcr}}=\dfrac{0.876EI}{H^2}$

11-13　$F_{\mathrm{Pcr}}=\dfrac{0.75EI}{l^2}$

11-14　$F_{\mathrm{Pcr}}=\dfrac{20.19EI}{H^2}$

11-15　$F_{\mathrm{Pcr}}=\dfrac{2.5EI}{l^2}$

第十二章　结构的极限荷载

本章主要讨论在材料应力超过弹性极限后，结构的极限承载能力（即极限荷载）问题，是结构塑性分析的重要内容。首先介绍了极限弯矩、塑性铰、极限状态和极限荷载的概念，然后讨论了确定极限荷载的一般性定理，最后介绍了超静定梁和刚架的极限荷载的计算方法（机构法和试算法）。

第一节　概　述

一、极限状态与极限荷载

结构在正常使用条件下假设应力与应变为线性关系，荷载全部卸除后结构没有残余变形。这种应力和变形状态，弹性计算能够给出足够准确的计算结果。利用弹性计算的结果，以许用应力为依据来确定截面的尺寸或进行强度验算，这就是弹性设计所采用的方法。在弹性设计中，认为结构的最大应力达到材料的屈服极限应力 σ_s 时结构将会破坏，故其强度条件为

$$\sigma_{max} \leqslant [\sigma] = \frac{\sigma_s}{K} \tag{12-1}$$

式中，σ_{max} 为结构的实际最大应力；$[\sigma]$ 为材料的容许应力；σ_s 为材料的屈服极限应力；K 为安全系数。

弹性设计方法有一定的缺点，对于塑性材料的结构，特别是超静定结构，当最大应力到达屈服极限 σ_s，甚至某一局部已进入塑性阶段时，结构并没有破坏，也就是说，并没有耗尽结构的全部承载能力。弹性设计没有考虑材料超过屈服极限后结构的这一部分承载力，因而弹性设计是不够经济合理的。

为此，我们建立和发展了按极限荷载计算结构强度的设计方法，即不是以结构在弹性阶段的最大应力达到极限应力作为结构破坏的标志，而是以结构进入塑性阶段并最后丧失承载能力时的极限状态作为结构破坏的标志。此时，结构的破坏状态称为极限状态，这种方法称为塑性分析方法。结构在极限状态时所能承受的荷载称为极限荷载。其强度条件可表示为

$$F_P \leqslant \frac{F_{Pu}}{K} \tag{12-2}$$

式中，F_P 为结构实际承受的荷载；F_{Pu} 为极限荷载。

显然，按塑性分析方法进行结构设计将更为经济合理，而且安全系数是从整个结构所能承受的荷载来考虑的，与弹性设计方法相比，能比较正确地反映结构的强度储备。但按极限荷载进行结构计算的方法也有一定局限性，这就是它只反映了结构的最后状态，而不

能反映结构由弹性阶段到塑性阶段再到极限状态的过程，而且在给定安全系数 K 后，结构在实际荷载作用下处于哪种工作状态也无法确定。实际工程中，结构在设计荷载作用下，大多仍处于弹性阶段，弹性分析对于研究结构的实际工作状态及其性能具有很重要的作用，因此在结构设计中塑性计算与弹性计算是互相补充的。

为了简化计算，在结构塑性分析方法中通常假设材料为理想弹塑性材料，其应力—应变关系如图 12-1所示。

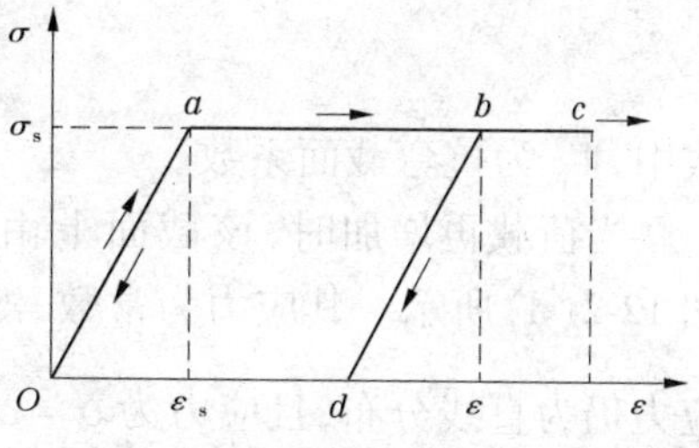

图 12-1

在应力 σ 达到屈服极限 σ_s 以前，如图中 Oa 段所示，应力—应变为线性关系，即 $\sigma=E\varepsilon$。当应力到达屈服极限时，如图中 ab 段所示，材料进入塑性流动状态，应力不再增加，而应变可继续增大。如果塑性流动达到 b 点后进行卸载，如图中 bd 段所示，则 ε 的减小值 $\Delta\varepsilon$ 与 σ 的减小值 $\Delta\sigma$ 成正比，即 $\Delta\sigma=E\Delta\varepsilon$，这里 $bd/\!/Oa$。由此可以看出，材料加载时是弹塑性的，卸载时是弹性的。同时，还可以看出，在材料经历塑性变形之后，应力与应变之间不再存在一一对应关系，即同一个应力值可对应于不同的应变值，同一个应变值可对应于不同的应力值。要得到弹塑性问题的解，需要追踪全部受力变形过程。由于以上的原因，结构的弹塑性计算比弹性计算要复杂一些。

在实际的钢结构中，加载后其应变通常不致于超过屈服阶段，故采用上述简化图形（见图 12-1）是适宜的。对于钢筋混凝土受弯构件，在混凝土受拉区出现裂缝后，拉力完全由钢筋承受，故也可以采用上述简化图形。需要指出的是，在结构的塑性分析中，叠加原理不再适用，因此对于各种荷载组合都必须单独进行计算。

二、极限弯矩、塑性铰

下面以理想弹塑性材料的矩形截面梁（见图 12-2（a））受弯情况为例，说明一些基本概念。

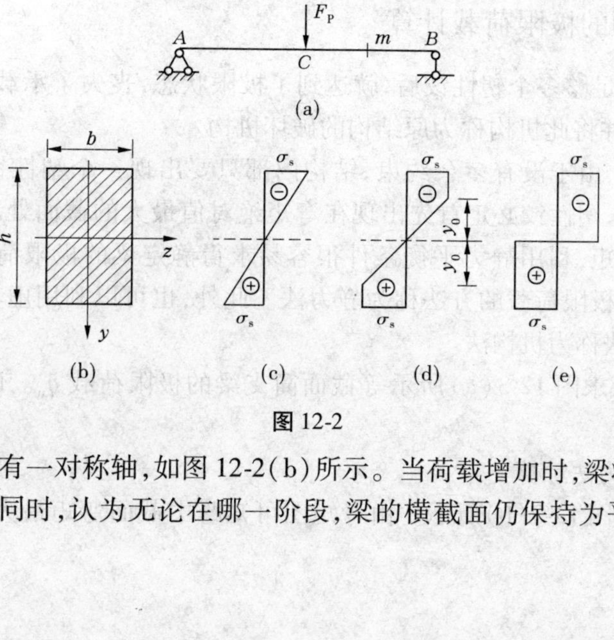

图 12-2

设梁的横截面有一对称轴，如图 12-2（b）所示。当荷载增加时，梁将由弹性阶段逐渐过渡到塑性阶段。同时，认为无论在哪一阶段，梁的横截面仍保持为平面。当荷载较小时，梁完全处于弹性阶段，梁截面上的正应力都小于屈服极限 σ_s，并沿截面高度成直线分布，如图 12-2(c)所示。当荷载增加到一定值时，若不考虑剪应力的影响，梁截面最外边缘处正应力将首先达到屈服极限 σ_s，相应于此时的弯矩称为屈服弯矩 M_s，由弹性阶段的应力计算公式可知

$$M_s = W_p\sigma_s = \frac{bh^2}{6}\sigma_s \tag{12-3}$$

式中，W_p 为抗弯截面系数。

当荷载再增加时，该截面上由外向内将有更多的部分相继进入塑性流动阶段，如图 12-2(d)所示。其应力为常数，即 $\sigma = \sigma_s$。但其余部分（$|y| \leqslant y_0$）仍处于弹性阶段，其应力仍为直线分布，且应力为 $\sigma = \sigma_s \dfrac{y}{y_0}$。

随着荷载的继续增加，塑性区域将由外向内逐渐扩展，最后扩展为整个截面的应力都达到了屈服极限 σ_s，正应力分布图形如图 12-2(e)所示。这时的弯矩达到了该截面所能承受的最大值，称为该截面的极限弯矩，以 M_u 表示，且

$$M_u = \frac{bh^2}{4}\sigma_s \tag{12-4}$$

由此可知，极限弯矩与屈服弯矩的比值为

$$\frac{M_u}{M_s} = 1.5 \tag{12-5}$$

式(12-5)表明，对于矩形截面梁来说，按塑性计算比按弹性计算可使截面的承载能力提高 50%。

当达到极限状态时，截面的弯矩不再增大，但弯曲变形则可任意增长，这就相当于在该截面处出现了一个铰，称之为塑性铰。塑性铰与普通铰是有所区别的，即普通铰不能承受弯矩，而塑性铰能承受极限弯矩；普通铰可以向两个方向自由转动，为双向铰，而塑性铰是单向铰，只能沿着弯矩的方向转动，当弯矩减小时，材料则恢复弹性，塑性铰消失。

三、静定结构的极限荷载计算

当结构出现了足够多个塑性铰后，就达到了极限状态，丧失了承载能力，变成了机构（几何可变体系），并将此机构称为原结构的破坏机构。

对于静定结构，由于没有多余约束，结构内部只要出现一个塑性铰就形成了破坏机构。对于等截面梁，塑性铰必定首先出现在弯矩绝对值最大的截面处。根据塑性铰处的弯矩值等于极限弯矩，利用静力平衡条件很容易求得静定梁的极限荷载 F_{Pu}。这种利用静力平衡条件确定极限荷载的方法称为静力法。此外，也可以利用虚功原理来求结构的极限荷载，这种方法称为机构法。

【例 12-1】 试求图 12-3(a)所示等截面简支梁的极限荷载 q_u。已知梁的极限弯矩为 M_u。

解 (1)按静力法计算

梁的弯矩图如图 12-3(b)所示。由弯矩图可知跨中截面弯矩最大，该处出现塑性铰

时，梁将成为破坏机构，同时该截面弯矩达到极限弯矩 M_u，即

$$\frac{1}{8}q_u l^2 = M_u$$

求得极限荷载为

$$q_u = \frac{8M_u}{l^2}$$

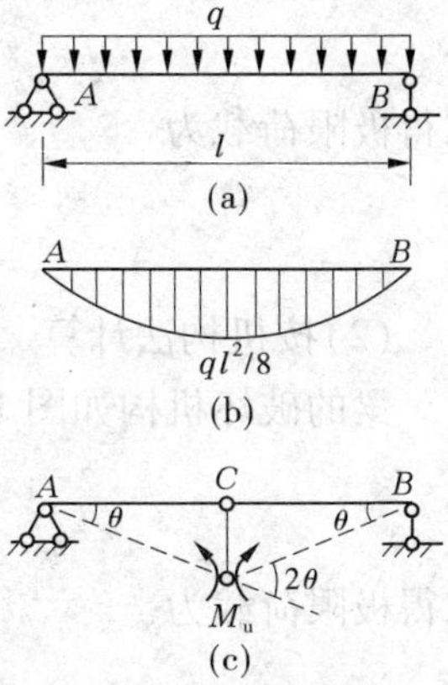

图 12-3

（2）按机构法计算

梁的破坏机构如图 12-3（c）所示。外力所做虚功为

$$W = q_u \times \frac{1}{2}l \times \frac{1}{2}l\theta = \frac{q_u l^2\theta}{4}$$

内力所做虚功为

$$W_i = -M_u \times 2\theta = -2M_u\theta$$

虚功方程为

$$\frac{q_u l^2\theta}{4} - 2M_u\theta = 0$$

求得极限荷载为

$$q_u = \frac{8M_u}{l^2}$$

【例 12-2】　试求图 12-4（a）所示等截面静定多跨梁的极限荷载 F_{Pu}。已知 $l = 2$ m，$M_u = 600$ kN · m。

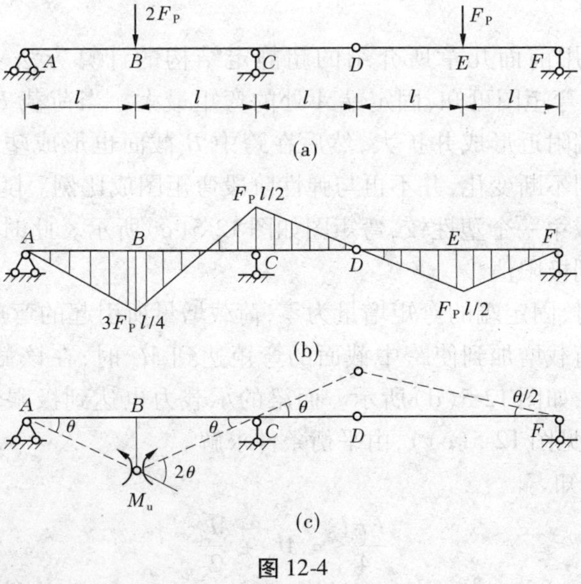

图 12-4

解　（1）按静力法计算

梁的弯矩图如图 12-4（b）所示。由弯矩图可知 B 截面的弯矩最大，该处出现塑性铰时，梁将成为破坏机构，同时该截面弯矩达到极限弯矩 M_u，即

$$\frac{3F_{P}l}{4} = M_{u}$$

求得极限荷载为

$$F_{Pu} = \frac{4M_{u}}{3l} = \frac{4 \times 600}{3 \times 2} = 400\ \text{kN}$$

(2)按机构法计算

梁的破坏机构如图12-4(c)所示。根据破坏机构列出虚功方程为

$$2F_{P} \times l\theta - F_{P} \times \frac{1}{2}l\theta - M_{u} \times 2\theta = 0$$

求得极限荷载为

$$F_{Pu} = 400\ \text{kN}$$

第二节　超静定梁的极限荷载

一、超静定单跨梁的极限荷载

超静定梁由于具有多余约束,当结构内部出现一个塑性铰时,原结构并没有变成机构,还能继续承受荷载。只有当结构内部出现足够多的塑性铰时,才能使其变为机构,从而丧失承载能力。

下面以图12-5(a)所示等截面梁为例,说明超静定梁由弹性阶段到弹塑性阶段,直至极限状态的过程。

在弹性阶段,可用前面几章所介绍的超静定结构的计算方法求出梁的弯矩图,如图12-5(b)所示。由弯矩图可知,固定端A处的弯矩最大。当荷载F_{P}增大到一定值时,塑性区首先在固定端附近形成并扩大,然后在跨中B截面也形成塑性区。此时,随着荷载F_{P}的增加,弯矩图不断变化,并不再与弹性阶段弯矩图成比例。随着塑性区的扩大,首先在固定端A处形成第一个塑性铰,弯矩图如图12-5(c)所示。此时梁已转化为静定梁,但承载能力尚未达到极限值。

当荷载再增加时,固定端的弯矩增量为零,荷载增量所引起的弯矩增量图即为相应简支梁的弯矩图。当荷载增加到使跨中截面的弯矩达到M_{u}时,在该截面形成第二个塑性铰,于是梁变为机构,如图12-5(d)所示。而梁的承载力也达到极限值,极限荷载可根据极限状态的弯矩图(见图12-5(e)),由平衡条件求解。

由图12-5(e)可知

$$\frac{F_{Pu}l}{4} = M_{u} + \frac{M_{u}}{2}$$

由此求得极限荷载为

$$F_{Pu} = \frac{6M_{u}}{l}$$

另外,极限荷载F_{Pu}还可以应用虚功原理用机构法求解。图12-5(d)所示为梁的破坏

机构，由此可得虚功方程为

$$F_{\mathrm{Pu}}\frac{l}{2}\theta-(M_{\mathrm{u}}\times\theta+M_{\mathrm{u}}\times2\theta)=0$$

解得

$$F_{\mathrm{Pu}}=\frac{6M_{\mathrm{u}}}{l}$$

由以上的分析可以看出，极限荷载的计算实际上不需要考虑变形的发展过程，只要确定结构最后破坏机构的形式，使破坏机构中各塑性铰处的弯矩都等于极限弯矩，然后由静力平衡条件或利用虚功原理即可确定极限荷载，并且超静定梁极限荷载的计算具有如下特点：

(1)超静定梁极限荷载的计算无需考虑结构弹塑性变形的发展过程，只需考虑最后的破坏机构。

(2)超静定梁极限荷载的计算只需考虑静力平衡条件，无需考虑变形协调条件，因此比弹性计算简单。

(3)温度改变、支座移动等因素对超静定结构的极限荷载没有影响。

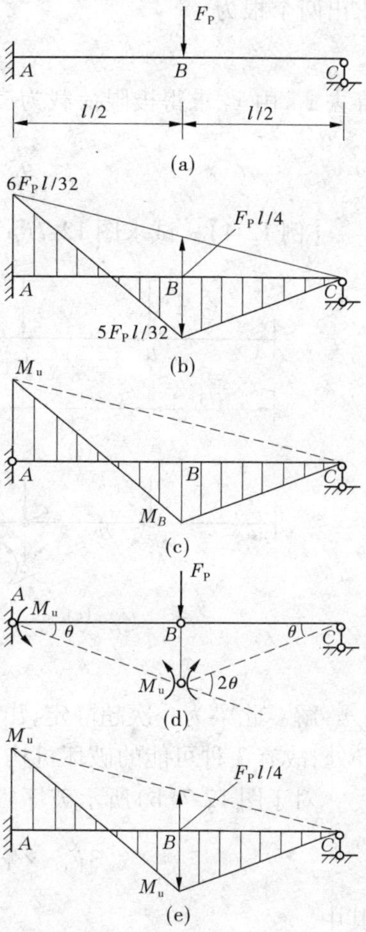

图 12-5

【例 12-3】　试求图 12-6(a)所示梁在均布荷载作用下的极限荷载值 q_{u}，已知极限弯矩为 M_{u}。

解　当梁处于极限状态时，有一个塑性铰会在固定端 A 形成，另一个塑性铰 C 的位置则有待确定。设塑性铰 C 距 A 端的距离为 x，破坏机构如图 12-6(b)所示。虚功方程为

$$q_{\mathrm{u}}\frac{l\times y}{2}=M_{\mathrm{u}}(\theta_A+\theta_C)$$

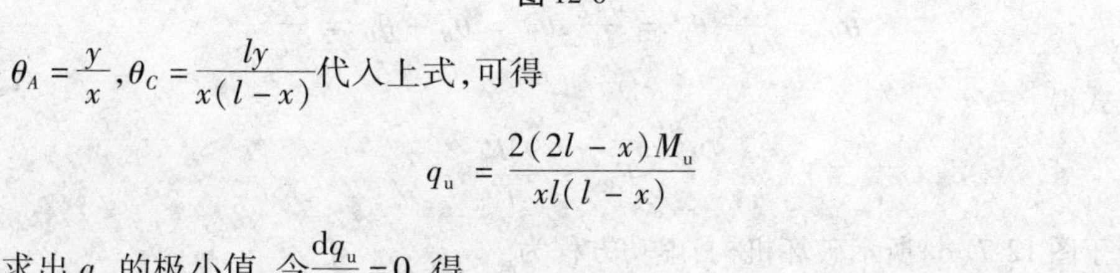

图 12-6

将 $\theta_A=\dfrac{y}{x},\theta_C=\dfrac{ly}{x(l-x)}$代入上式，可得

$$q_{\mathrm{u}}=\frac{2(2l-x)M_{\mathrm{u}}}{xl(l-x)}$$

为求出 q_{u} 的极小值，令$\dfrac{\mathrm{d}q_{\mathrm{u}}}{\mathrm{d}x}=0$，得

$$x^2-4lx+2l^2=0$$

求出两个根为

$$x_1 = (2+\sqrt{2})l, x_2 = (2-\sqrt{2})l$$

弃去 x_1，由 x_2 求得极限荷载为

$$q_u = \frac{2\sqrt{2}}{3\sqrt{2}-4} \times \frac{M_u}{l^2} = 11.7\frac{M_u}{l^2}$$

【例 12-4】 试求图 12-7(a)所示等截面梁的极限荷载，已知极限弯矩为 M_u。

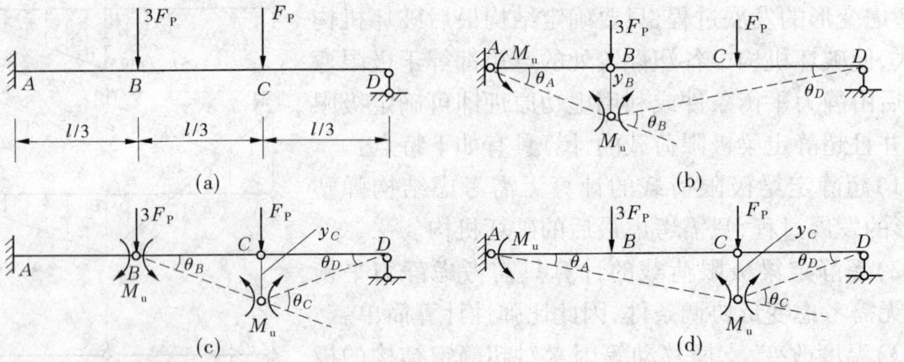

图 12-7

解 此梁为一次超静定，出现两个塑性铰即为破坏机构，而塑性铰可能出现在 A、B、C 处，故有 3 种可能的破坏机构，如图 12-7(b)、(c)、(d)所示。

对于图 12-7(b)所示破坏机构，虚功方程为

$$3F_{P1} \times y_B + F_{P1} \times \frac{y_B}{2} = M_u \times \theta_A + M_u \times \theta_B$$

其中

$$\theta_A = \frac{3y_B}{l}, \theta_D = \frac{3y_B}{2l}, \theta_B = \theta_A + \theta_D = \frac{9y_B}{2l}$$

代入上式得

$$F_{P1} = \frac{15M_u}{7l}$$

对于图 12-7(c)所示破坏机构，虚功方程为

$$F_{P2} \times y_C = M_u \times \theta_B + M_u \times \theta_C$$

其中

$$\theta_B = \frac{3y_C}{l}, \theta_D = \frac{3y_C}{l}, \theta_C = \theta_B + \theta_D = \frac{6y_C}{l}$$

代入上式得

$$F_{P2} = \frac{9M_u}{l}$$

对于图 12-7(d)所示破坏机构，虚功方程为

$$3F_{P3} \times \frac{y_C}{2} + F_{P3} \times y_C = M_u \times \theta_A + M_u \times \theta_C$$

其中

$$\theta_A = \frac{3y_C}{2l},\ \theta_D = \frac{3y_C}{l},\ \theta_C = \theta_A + \theta_D = \frac{9y_C}{2l}$$

代入上式得

$$F_{P3} = \frac{12M_u}{5l}$$

故可知极限荷载为

$$F_{Pu} = \min\{F_{P1}, F_{P2}, F_{P3}\} = \frac{15M_u}{7l}$$

梁的最终破坏机构如图 12-7(b)所示。

二、连续梁的极限荷载

现在以图 12-8(a)所示两跨连续梁为例,讨论连续梁破坏机构的可能形式。

梁在每一跨度内为等截面,但各跨的截面可以不同,所承受的荷载作用方向彼此相同,且按比例增加。各跨独立形成破坏机构(见图 12-8(b)、(c)),而不可能由相邻几跨联合形成一个破坏机构(见图 12-8(d))。因为当各跨荷载均为向下作用时,每跨内的负弯矩在跨端为最大。故对每跨各为等截面的连续梁来说,由负弯矩产生的塑性铰只能在跨端出现,B、D 截面处不可能由负弯矩形成塑性铰。因此,图 12-8(d)所示的机构不可能出现。根据连续梁的这种破坏特点,只要按照图 12-8(b)、(c)所示的机构,分别求出每跨破坏时的破坏荷载,其中最小的破坏荷载值便是连续梁的极限荷载。

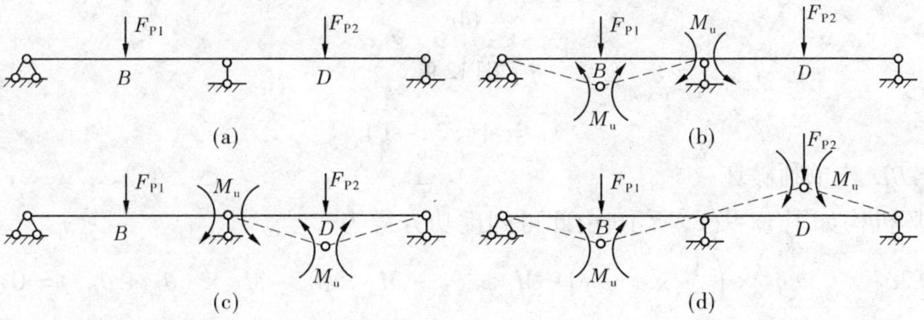

图 12-8

【例 12-5】 试求图 12-9(a)所示连续梁的极限荷载,已知梁的极限弯矩为 M_u。

解 (1)AB 跨单独破坏

破坏机构如图 12-9(b)所示,由此可列虚功方程为

$$q_1 \times \left(\frac{1}{2} \times 4 \times y\right) - M_u \times \theta_B - M_u \times (\theta_A + \theta_B) = 0$$

将 $\theta_A = \dfrac{y}{x_1}$、$\theta_B = \dfrac{y}{4 - x_1}$代入上式,并利用极值条件可得

$$q_1 = 1.457M_u$$

此时

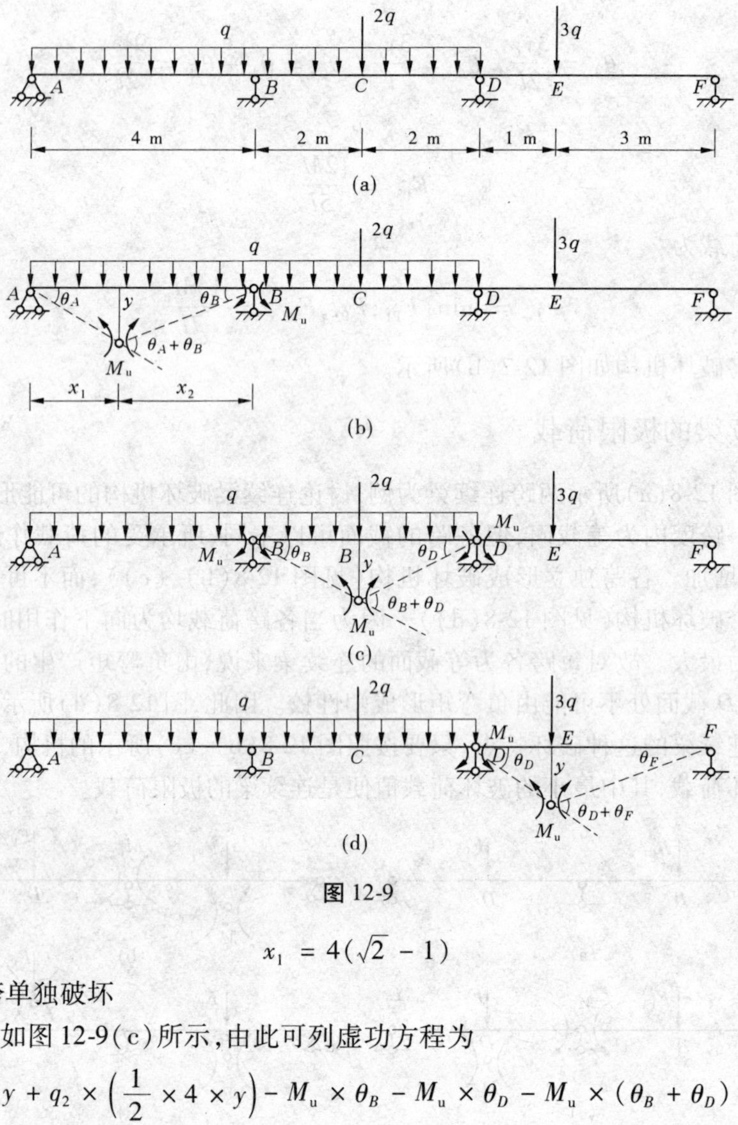

图 12-9

$$x_1 = 4(\sqrt{2} - 1)$$

(2)BD 跨单独破坏

破坏机构如图 12-9(c)所示,由此可列虚功方程为

$$2q_2 \times y + q_2 \times \left(\frac{1}{2} \times 4 \times y\right) - M_u \times \theta_B - M_u \times \theta_D - M_u \times (\theta_B + \theta_D) = 0$$

将 $\theta_B = \frac{y}{2}$、$\theta_D = \frac{y}{2}$代入上式,得

$$q_2 = \frac{1}{2} M_u$$

(3)DF 跨单独破坏

破坏机构如图 12-9(d)所示,由此可列虚功方程为

$$3q_3 \times y - M_u \times \theta_D - M_u \times (\theta_D + \theta_F) = 0$$

将 $\theta_D = y$、$\theta_F = \frac{y}{3}$代入上式,得

$$q_3 = \frac{7}{9} M_u$$

故极限荷载为

$$q_u = \min\{q_1, q_2, q_3\} = \frac{1}{2}M_u$$

连续梁的破坏机构如图 12-9(c)所示,即 BD 跨单独形成破坏机构。

第三节　比例加载的一般定理

对于只有一种破坏机构的结构,不难求得其极限荷载。但对于具有多种可能破坏形式的结构,就需要判断哪一种破坏形式是实际破坏机构,以便确定其极限荷载。

本节主要讨论比例加载时有关极限荷载的几个定理。所谓比例加载,是指作用于结构上的所有荷载按同一比例增加,不出现卸载的加载方式。同时,我们还假设材料是理想弹塑性的,截面的正极限弯矩与负极限弯矩的绝对值相等,而且忽略轴力和剪力对极限弯矩的影响。

一、极限状态应满足的条件

结构在极限状态下,必须满足以下三个条件:

(1)平衡条件。在结构的极限受力状态中,结构的整体或任一局部都能维持平衡。

(2)内力局限条件。在极限受力状态中,任一截面的弯矩绝对值都不超过其极限弯矩,即 $|M| \leq M_u$。

(3)单向机构条件。在极限受力状态中,已有某些截面的弯矩达到极限弯矩,结构中已经出现足够数量的塑性铰,使结构成为机构,能够沿荷载方向(使荷载做正功的方向)作单向运动。

以上三个条件同时满足时,所求得的荷载就是极限荷载。

二、可破坏荷载、可接受荷载、极限荷载

(一)可破坏荷载

对任意单向破坏机构,根据平衡条件求得的荷载值称为可破坏荷载,记为 F_P^+。可破坏荷载满足平衡条件和单向机构条件。

(二)可接受荷载

如果在某个荷载值的情况下,能够找到某一内力状态与之平衡,且各截面的内力都不超过其极限值,则此荷载值称为可接受荷载,记为 F_P^-。可接受荷载满足平衡条件和内力局限条件。

(三)极限荷载

同时满足平衡条件、内力局限条件和单向机构条件的荷载称为极限荷载,记为 F_{Pu}。显然,极限荷载既是可破坏荷载又是可接受荷载。

三、一般定理

定理 1(基本定理):可破坏荷载 F_P^+ 恒不小于可接受荷载 F_P^-,即 $F_P^+ \geq F_P^-$。

证明:取任一可破坏荷载 F_P^+,对于相应的单向机构位移列出虚功方程,得

$$F_P^+\Delta = \sum_{i=1}^{n} |M_{ui}|\cdot|\theta_i| \tag{a}$$

式中,n 是塑性铰的数目,M_{ui}和 θ_i 分别是第 i 个塑性铰处的极限弯矩和相对转角。根据单向机构条件,式(a)右边原应为 $M_{ui}\theta_i$,其值恒为正值,故可用其绝对值来表示。又 F_P^+ 和 Δ 均为正值。

再取任一可接受荷载 F_P^-,相应的弯矩图称为 M^- 图。令此荷载及其内力状态经历上述机构位移,可列出虚功方程,得

$$F_P^-\Delta = \sum_{i=1}^{n} M_i^-\theta_i \tag{b}$$

式中,M_i^- 是 M^- 图中对应于上述机构位移状态第 i 个塑性铰处的弯矩值。

根据内力局限条件

$$M_i^- \leqslant |M_{ui}|$$

可得

$$\sum_{i=1}^{n} M_i^-\theta_i \leqslant \sum_{i=1}^{n} |M_{ui}|\cdot|\theta_i|$$

将式(a)、式(b)代入上式,由于 Δ 为正值,故得

$$F_P^+ \geqslant F_P^-$$

这就证明了基本定理。

定理 2(唯一性定理):极限荷载值是唯一确定的。

证明:设存在两种极限内力状态,相应的极限荷载分别为 F_{Pu1} 和 F_{Pu2}。

由于每个极限荷载既是可破坏荷载,又是可接受荷载,因此如果把 F_{Pu1} 看做 F_P^+,把 F_{Pu2}看做 F_P^-,由基本定理可知

$$F_{Pu1} \geqslant F_{Pu2}$$

反之,如果把 F_{Pu1} 看做 F_P^-,把 F_{Pu2}看做 F_P^+,则有

$$F_{Pu1} \leqslant F_{Pu2}$$

由于以上两式要同时满足,因此有

$$F_{Pu1} = F_{Pu2}$$

这就证明了极限荷载值是唯一的。

应当指出,同一结构在同一广义力作用下,其极限内力状态可能不止一种,但每一种极限内力状态相应的极限荷载值则仍彼此相等。换句话说,极限荷载值是唯一的,而极限内力状态则不一定是唯一的。

定理 3(上限定理):可破坏荷载是极限荷载的上限;或者说,极限荷载是可破坏荷载中的极小值。

证明:因为极限荷载 F_{Pu}是可接受荷载,因此由基本定理可知

$$F_{Pu} \leqslant F_P^+$$

定理 4(下限定理):可接受荷载是极限荷载的下限;或者说,极限荷载是可接受荷载中的极大值。

证明:因为极限荷载 F_{Pu} 是可破坏荷载,故由基本定理可知

$$F_{Pu} \geqslant F_P^-$$

四、定理的应用

上述定理可以用来求极限荷载的近似解,并给出精确解的上下限范围;也可以用来求极限荷载的精确解。以上述定理为理论基础的求解极限荷载的基本方法一般有机构法与试算法。

(一)机构法

根据上限定理求极限荷载的方法称为机构法,即列出结构所有可能的破坏机构,从相应的各种可破坏荷载中取出其最小值,便是极限荷载的精确解。如果只是从所有的可能破坏机构中选取了一种或几种可能破坏机构,则相应破坏荷载的最小值是极限荷载的近似解。

(二)试算法

根据唯一性定理求极限荷载的方法称为试算法,即选择一种破坏机构,并验算相应的可破坏荷载是否同时也是可接受荷载。也就是说,求出此破坏机构的内力分布,如果这一内力分布能够满足内力局限条件,则这一可破坏荷载就是极限荷载;否则,就不是极限荷载。

第四节　刚架的极限荷载

本节应用确定极限荷载的定理来讨论刚架的极限荷载计算,仍然不考虑剪力和轴力的影响,各杆件的极限弯矩可以不同,但每根杆件各截面的极限弯矩为常数。

与连续梁的极限荷载计算相同,计算刚架的极限荷载时,首先要确定刚架破坏机构的可能形式。确定刚架的破坏机构要复杂些,通常需先确定一些基本破坏机构,简称基本机构;由这些基本机构适当组合,得到若干新的破坏机构,称为组合机构。刚架的基本机构数目 m 可按下式确定

$$m = h - n \tag{12-6}$$

式中,h 为刚架可能出现的塑性铰总数;n 为刚架内多余约束数,即超静定次数。

由刚架弯矩图的形状特征可知,刚架中的塑性铰可能出现在集中力作用点、刚结点、固定端、截面突变处、分布荷载范围内的剪力等零处。

对于简单刚架,用机构法求极限荷载是方便的。但对于比较复杂的刚架,由于可能的破坏形式有很多种,容易漏掉一些破坏形式,因而得到的可破坏荷载的最小值不一定就是极限荷载,而只是极限荷载的上限值,而且寻求各个破坏机构所对应的可破坏荷载的计算工作也比较繁重。因此,计算刚架的极限荷载常采用试算法。

用试算法求极限荷载时,不必考虑全部的破坏机构,而是只考虑一种(或数种)破坏情况,求出一个(或数个)可破坏荷载。然后检查它(或它们中的最小的)是否满足内力极限条件,如果满足,则此可破坏荷载也是可接受荷载,由唯一性定理可知,该荷载就是极限荷载。

如图 12-10(a)所示刚架，各杆分别为等截面杆，由弯矩图的形状可知，塑性铰只可能在 A、B、C、D、E 五个截面处出现。可能的塑性铰数 $h=5$，超静定次数 $n=3$，基本机构数目 $m=h-n=5-3=2$，基本机构如图 12-10(b)、(c)所示。此外，还有 1 个组合机构，如图 12-10(d)所示。先用机构法求解刚架的极限荷载。

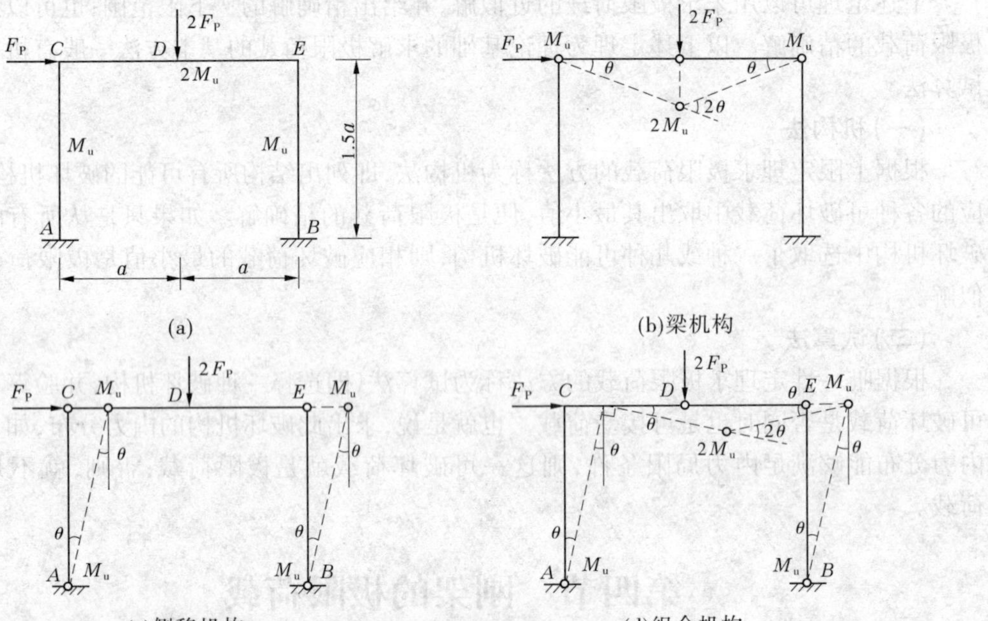

(a)　(b)梁机构　(c)侧移机构　(d)组合机构

图 12-10

梁机构：横梁上出现 3 个塑性铰而成为瞬变体系，如图 12-10(b)所示。由虚功原理可得

$$2F_{P1}^{+}a\theta = M_u\theta + 2M_u \times 2\theta + M_u\theta$$

解得

$$F_{P1}^{+} = \frac{3M_u}{a}$$

侧移机构：刚架分别在 A、B、C、E 四个截面处出现塑性铰，如图 12-10(c)所示。由虚功原理可知

$$F_{P2}^{+} \times 1.5a\theta = 4M_u\theta$$

解得

$$F_{P2}^{+} = \frac{2.67M_u}{a}$$

组合机构：刚架分别在 A、B、D、E 四个截面处出现塑性铰，如图 12-10(d)所示。由虚功原理可知

$$F_{P3}^{+} \times 1.5a\theta + 2F_{P3}^{+}a\theta = M_u\theta + 2M_u \times 2\theta + M_u \times 2\theta + M_u\theta$$

解得

$$F_{P3}^{+} = \frac{2.29M_u}{a}$$

由以上的分析可知，结构的极限荷载为

$$F_{Pu} = \min\{F_{P1}^{+}, F_{P2}^{+}, F_{P3}^{+}\} = \frac{2.29M_u}{a}$$

然后用试算法来确定结构的极限荷载。

首先选择侧移机构，按上述方法求出其相应的可破坏荷载为 $F_P^{+} = \frac{2.67M_u}{a}$。然后作弯矩图如图 12-11(a)所示，先绘制柱的 M 图，再用叠加法绘制横梁的 M 图，可知 D 截面处的弯矩为

$$M_D = \frac{M_u - M_u}{2} + \frac{2F_P^{+} \times 2a}{4} = 2.67M_u > 2M_u$$

不满足内力局限条件，这种破坏形式是不可能的。

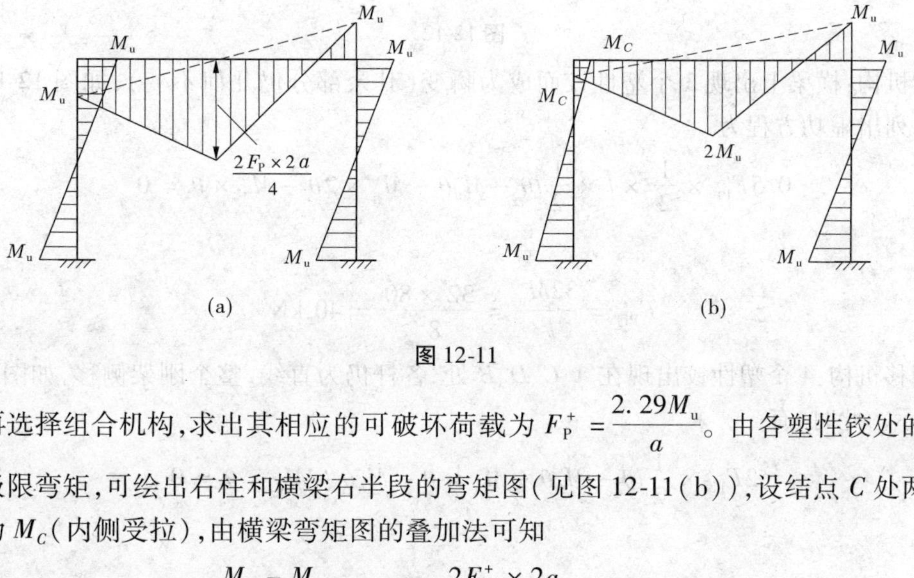

图 12-11

再选择组合机构，求出其相应的可破坏荷载为 $F_P^{+} = \frac{2.29M_u}{a}$。由各塑性铰处的弯矩等于极限弯矩，可绘出右柱和横梁右半段的弯矩图(见图 12-11(b))，设结点 C 处两杆端弯矩为 M_C(内侧受拉)，由横梁弯矩图的叠加法可知

$$\frac{M_u - M_C}{2} + 2M_u = \frac{2F_P^{+} \times 2a}{4} = 2.29M_u$$

解得

$$M_C = 0.42M_u < M_u$$

满足内力局限条件，所以极限荷载为

$$F_{Pu} = \frac{2.29M_u}{a}$$

【例 12-6】　试求图 12-12(a)所示等截面刚架的极限荷载，已知各杆 $M_u = 80\ \text{kN}\cdot\text{m}$。

解　此刚架及荷载比较简单，用机构法求极限荷载较为简便。塑性铰可能出现在 A、B、C、D 结点及梁中某一截面处，可能的塑性铰数 $h = 5$，超静定次数 $n = 3$，基本机构数目 $m = h - n = 5 - 3 = 2$。基本机构如图 12-12(b)、(c)所示。

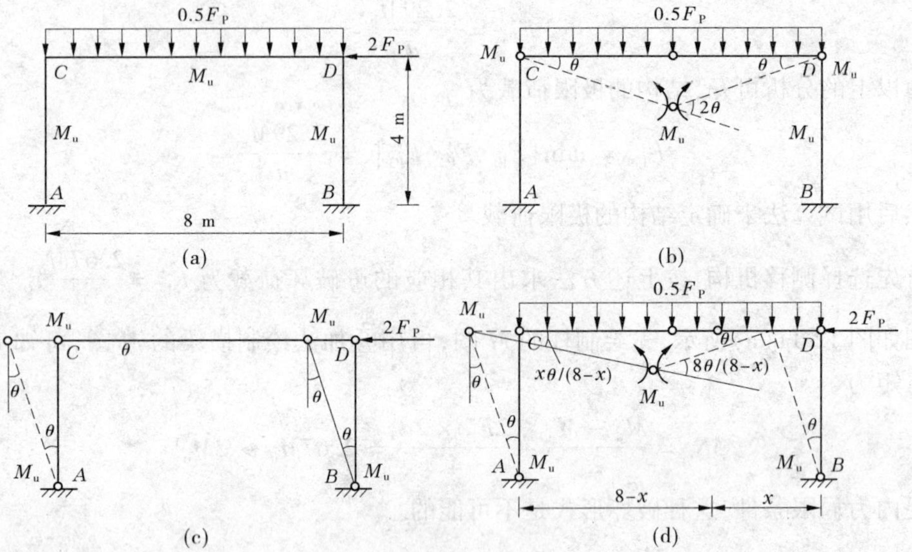

图 12-12

梁机构：横梁上出现 3 个塑性铰而成为瞬变（其余部分仍几何不变），如图 12-12（b）所示。列出虚功方程为

$$0.5F_{P1}\times\frac{1}{2}\times l\times\frac{1}{2}l\theta-M_u\theta-M_u\times2\theta-M_u\times\theta=0$$

整理得

$$F_{P1}=\frac{32M_u}{l^2}=\frac{32\times80}{8^2}=40\ \text{kN}$$

侧移机构：4 个塑性铰出现在 A、C、D、B 处，各杆仍为直线，整个刚架侧移，如图 12-12（c）所示。此时，有

$$2F_{P2}\times\frac{1}{2}l\theta-M_u\theta-M_u\times\theta-M_u\theta-M_u\times\theta=0$$

整理得

$$F_{P2}=\frac{4M_u}{l}=\frac{4\times80}{8}=40\ \text{kN}$$

组合机构：塑性铰出现在 A、C、B 及 CD 杆跨中某截面处，如图 12-12（d）所示。注意到此时刚结点 D 处两杆夹角仍保持直角，又因位移微小，故 C 和 D 点水平位移相等。据此即可确定虚位移图中的几何关系，从而可得

$$2F_{P3}\times\frac{l}{2}\theta+0.5F_{P3}\times\frac{l\times x\theta}{2}-M_u\times\theta-M_u\times\frac{l\theta}{l-x}-M_u\times\frac{l\theta}{l-x}-M_u\times\theta=0$$

整理得

$$F_{P3}=\frac{M_u(16l-8x)}{l(4l-4x+lx-x^2)}=\frac{80(16-x)}{32+4x-x^2}$$

求 F_{P3} 的极小值，令 $\frac{dF_{P3}}{dx}=0$，可得

$$\frac{-(32+4x-x^2)-(16-x)(4-2x)}{(32+4x-x^2)^2}=0$$

解出 $x=3.35$ m，可得

$$F_{P3}=\frac{80\times(16-3.35)}{32+4\times3.35-3.35^2}=29.61\ \text{kN}$$

经分析可知，再无其他可能的机构，故此刚架的极限荷载为

$$F_{Pu}=\min\{F_{P1},F_{P2},F_{P3}\}=29.61\ \text{kN}$$

本章小结

本章讨论材料应力超过弹性极限以后，结构破坏时的极限承载能力问题，即极限荷载计算问题，是结构塑性分析的重要内容之一。主要内容包括：

(1)当杆件截面最外纤维处应力达到屈服极限时，截面仍能承受荷载；只有当整个截面达到塑性流动状态，出现了塑性铰时，截面才丧失继续承受荷载的能力。

(2)对于静定结构，只要出现一个塑性铰，结构就变成了机构，承载力也就不能再增加了，即达到了结构承载能力的极限状态。根据极限状态的特点，可以求出极限荷载。

(3)连续梁在同向荷载按比例增加的情况下，只可能在各跨独立形成破坏机构；在所有的可破坏荷载中，最小者即为连续梁的极限荷载。

(4)刚架的极限荷载可用机构法和试算法求得。所谓机构法，是指列出刚架所有可能的破坏机构，从中求出破坏荷载的最小值，便是极限荷载。所谓试算法，是指选择一种破坏机构，验算相应的可破坏荷载是否同时也是可接受荷载，如果是，则这个荷载就是极限荷载，如果不是，则此荷载不是极限荷载，只是极限荷载的上限。

思考题

12-1　什么叫极限状态和极限荷载？计算极限荷载的基本假定是什么？

12-2　什么叫极限弯矩？极限弯矩如何计算？极限弯矩与作用在结构上的外荷载有关吗？

12-3　什么叫塑性铰？它与普通铰有什么区别？

12-4　什么叫破坏机构？为什么通过对破坏机构的分析可直接求出极限荷载，而不必对结构进行弹塑性全过程分析？

12-5　静定结构出现一个塑性铰时是否一定成为破坏机构？n 次超静定结构是否必须出现 $n+1$ 个塑性铰才能成为破坏机构？

习　题

12-1　试求图 12-13 所示单跨静定梁的极限荷载。已知梁的极限弯矩为 M_u。

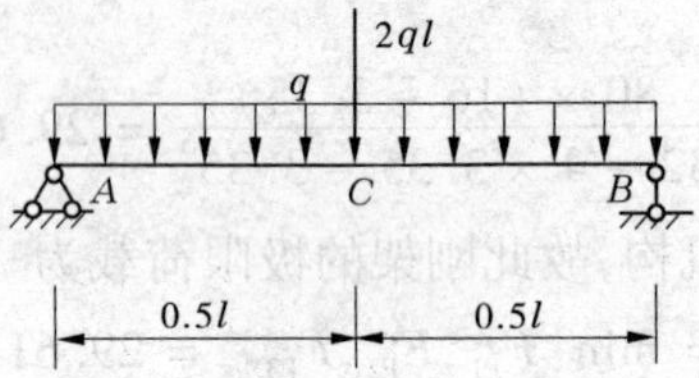

图 12-13

12-2　试求图 12-14 所示静定多跨梁的极限荷载。

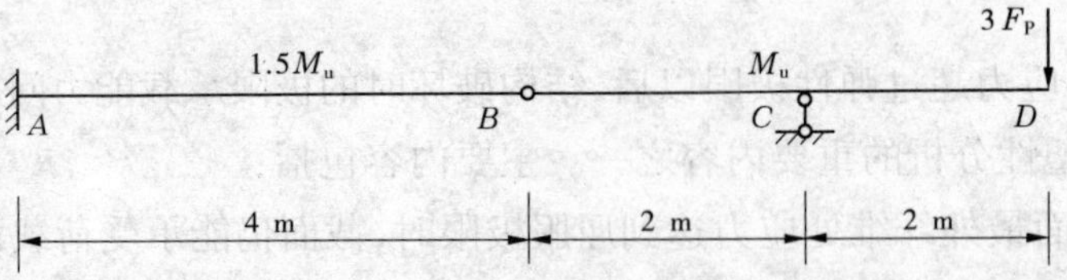

图 12-14

12-3　试求图 12-15 所示单跨静定梁的极限弯矩。

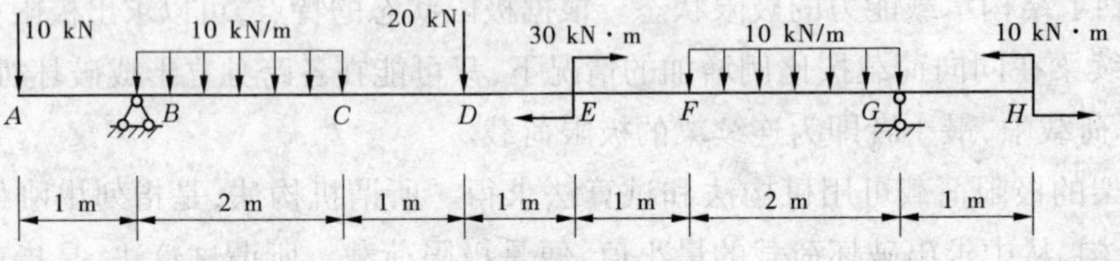

图 12-15

12-4　试求图 12-16 所示超静定梁的极限荷载。已知 $M_u = 120\ \text{kN}\cdot\text{m}$。

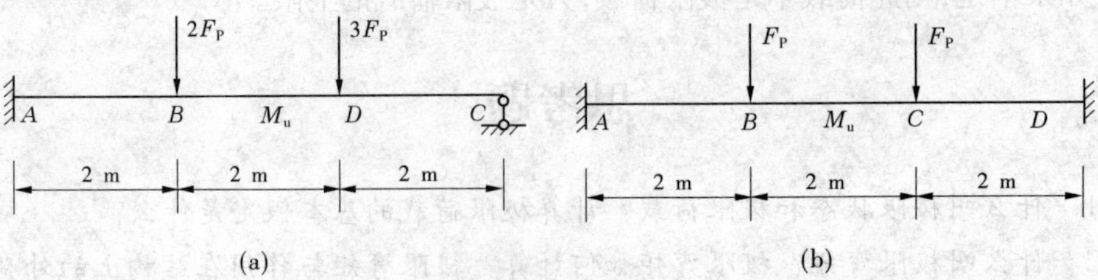

图 12-16

12-5　试求图 12-17 所示超静定变截面梁的极限荷载。

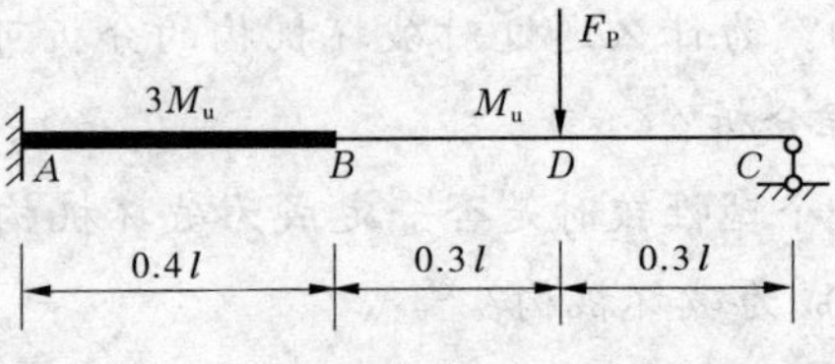

图 12-17

12-6　试求图 12-18 所示超静定多跨梁的极限荷载。

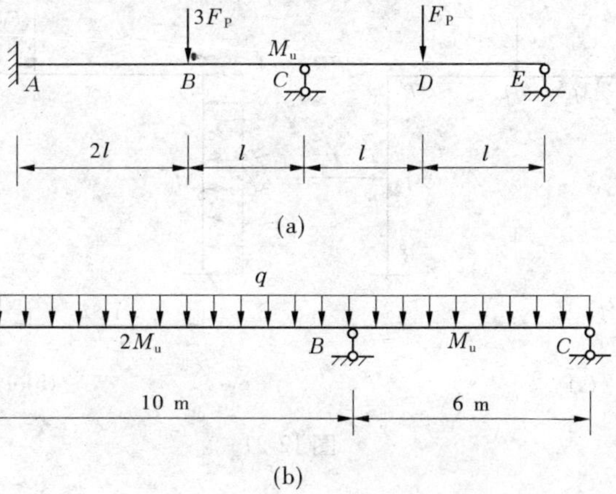

图 12-18

12-7　试求图 12-19 所示连续梁的极限荷载。

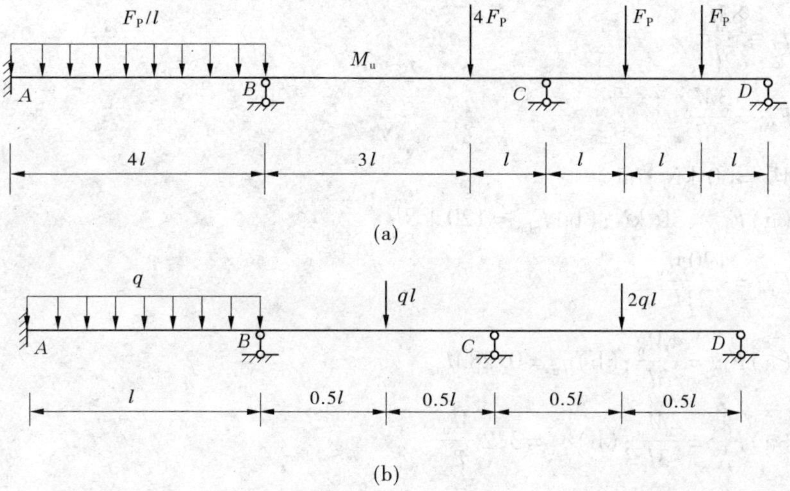

图 12-19

12-8　试求图 12-20 所示刚架的极限荷载。

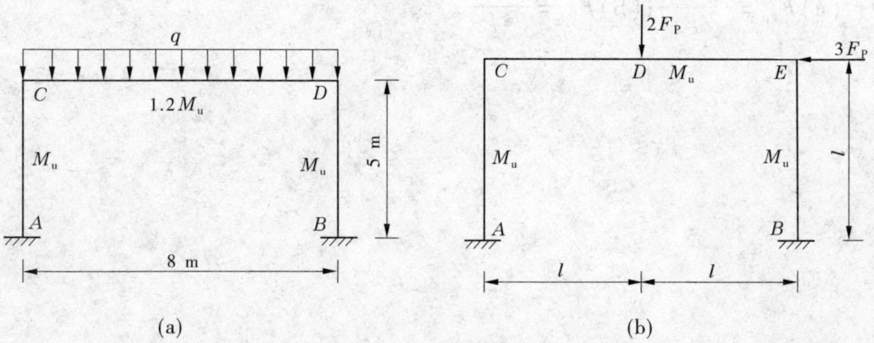

图 12-20

12-9　试求图 12-21 所示刚架的极限荷载。

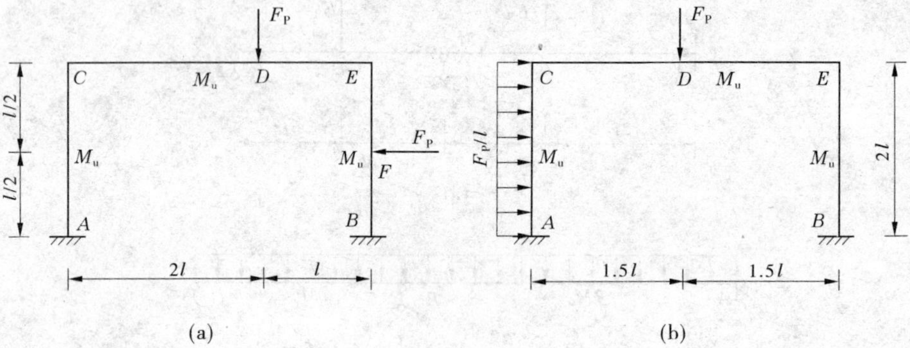

图 12-21

习题参考答案

12-1　$q_u = \dfrac{8M_u}{5l^2}$

12-2　$F_{Pu} = \dfrac{3M_u}{8l}$

12-3　$M_u = 60\ \text{kN}\cdot\text{m}$

12-4　(a) $F_{Pu} = 30\ \text{kN}$；(b) $F_{Pu} = 120\ \text{kN}$

12-5　$F_{Pu} = \dfrac{190M_u}{21l}$

12-6　(a) $F_{Pu} = \dfrac{4M_u}{3l}$；(b) $q_u = 0.28M_u$

12-7　(a) $F_{Pu} = \dfrac{2M_u}{3l}$；(b) $q_u = 3.2\dfrac{M_u}{l^2}$

12-8　(a) $q_u = \dfrac{1.1M_u}{4}$；(b) $F_{Pu} = \dfrac{1.2M_u}{l}$

12-9　(a) $F_{Pu} = \dfrac{1.5M_u}{l}$；(b) $F_{Pu} = \dfrac{1.7M_u}{l}$

参 考 文 献

[1] 龙驭球,包世华.结构力学[M].北京:高等教育出版社,2006.
[2] 包世华.结构力学[M].武汉:武汉理工大学出版社,2007.
[3] 王焕定.结构力学[M].北京:清华大学出版社,2006.
[4] 单建.结构力学[M].南京:东南大学出版社,2004.
[5] 刘昭培,张韫美.结构力学[M].天津:天津大学出版社,2000.
[6] 胡兴国,吴莹.结构力学[M].武汉:武汉理工大学出版社,2007.
[7] 文国治.结构力学[M].重庆:重庆大学出版社,2009.
[8] 阳日,莫宣志. 结构力学[M]. 重庆:重庆大学出版社,2006.